中国石油勘探开发研究院年鉴

(2020)

中国石油勘探开发研究院　编

石油工业出版社

《中国石油勘探开发研究院年鉴》
编 委 会

主　任：马新华

委　员：窦立荣　雷　群　宋新民　邹才能　穆龙新
　　　　曹建国　胡素云　吴忠良　郭三林　胡永乐
　　　　熊湘华　杨　杰　陈蟒蛟　姚根顺　李　忠
　　　　王盛鹏　曹　宏　赵玉集　李东堂　张　宇
　　　　王建强　赵明清　路金贵　王家禄　夏永江
　　　　雷振宇　董学伟　张红超

《中国石油勘探开发研究院年鉴》
编 辑 部

主　编：张红超

编　辑：孔　娅　韩伟业　汪梦诗　廖　峻　侯梅芳
　　　　张光伟　桑宁燕　巴　丹　马丽亚　禹　航

校　对：韩伟业

编辑说明

一、《中国石油勘探开发研究院年鉴》是中国石油天然气股份有限公司勘探开发研究院组织编纂的专业性年鉴，以马克思列宁主义、毛泽东思想、邓小平理论、"三个代表"重要思想、科学发展观和习近平新时代中国特色社会主义思想为指导，以"存史、资政、育人"为目的，是一部全面、系统、客观地反映中国石油勘探开发研究院工作情况的综合性纪实材料，旨在为领导决策提供参考资料，为有关人士了解中国石油勘探开发研究院提供直观资料。

二、本卷年鉴主要记述中国石油勘探开发研究院2019年科技创新、企业管理和改革发展等方面的基本情况和重要事项，展示中国石油勘探开发研究院为推进科技创新创效、支撑中国石油发展所作出的努力和取得的成绩。

三、本年鉴采用分类编纂，点面结合，综合记述和条目记述相结合方式，力求全面反映所记事项。全书分为类目、分目和条目三个层次，以文字记述为主，辅以必要的图表和照片。本卷共设11个类目：总述、职能部门、北京院、西北分院、杭州地质研究院、科研成果、书刊论文、大事记、规章制度、机构与人物、各类荣誉。

四、为行文简洁，机构名称一般在首次出现时用全称，随后出现时用简称，如"中国石油天然气集团有限公司"简称为"集团公司"，"中国石油天然气股份有限公司"简称为"股份公司"，"中国石油天然气股份有限公司勘探开发研究院"简称为"中国石油勘探开发研究院""研究院"等。

五、本年鉴稿件、资料主要由中国石油勘探开发研究院各部门、各单位提供。遵照年鉴编纂的有关规范，编辑部对撰稿人提供的稿件进行了必要的编辑加工，主要是统一全书体例，规范专业名词术语，删除了明显重复，补充部分资料，理顺语言文字，力求做到文字顺畅、资料翔实、叙述简洁、数据准确。

六、年鉴编纂涉及面广、内容繁杂，是一项复杂的系统工程。谨向为本年鉴提供稿件和资料、审查稿件，以及提供各种帮助的专家学者致以诚挚谢意，并恳请读者对疏漏和不足之处提出批评意见。

序

2019年是"十三五"收官准备之年，是"十四五"开局的思考之年，也是中国石油勘探开发研究院既定部署和规划目标全面抓推进和落地之年。研究院深入学习贯彻习近平总书记系列重要批示指示精神，聚焦集团公司高质量发展重大需求，紧紧围绕"一部三中心"定位职责，超前谋划"十三五"收官和"十四五"开局，圆满完成各项任务，实现了新发展。

一年来，研究院以扎实开展"不忘初心、牢记使命"主题教育为重点，以做实"一部三中心"定位职责为主线，汇聚全院力量，着力抓好"深入学习贯彻习近平总书记重要指示批示和讲话精神，精心组织'不忘初心、牢记使命'主题教育，扎实抓好巡视问题整改，加强高端领军人才培养，提升战略决策支持水平，突出科技创新重点工作，推进上游科技园区环境建设"七件大事要事。

一年来，研究院围绕重大需求、瞄准任务目标，坚持做好决策参谋，聚焦重大接替领域准备，强化提高采收率技术攻关和海外中东业务技术支持，推动大气区发现与上产建设，支撑集团公司海外业务优质高效发展，坚持党的领导，落实全面从严治党，提升服务保障能力，推进科研条件和园区建设，全面推进十个方面重点工作落地见效。

一年来，研究院党的建设、科技创新、生产创效、人才培养各项工作迈上新台阶，成果丰硕。全年获国家、集团公司、省部级科技奖励共39项。其中，国家科技进步一等奖1项、二等奖1项，中国专利奖银奖1项；集团公司科技进步特等奖1项、技术发明一等奖3项、基础研究一等奖1项、专利金奖1项。制修订行业标准12项；获授权发明专利257件、实用新型专利28件；获软件著作权236项；出版专著55部，发表论文1267篇，其中SCI收录279篇、EI收录251篇。油田开发研究所魏晨吉获"中央企业劳动模范"称号。石油地质研究所杨智入选国家"万人计划"青年拔尖人才。"老油田二次挖潜创新团队"获集团公司"科技创新团队"荣誉称号。

2020年，研究院将在集团公司党组正确领导下，坚持"一部三中心"定位职责，瞄准目标，同心同德，攻坚克难，积极进取，扎实推进各项重点工作，努力实现"十三五"完美收官和"十四五"顺利开局，奋力开创世界一流勘探开发研究院建设的崭新篇章，为集团公司建设世界一流示范企业、保障国家能源安全做出新的更大贡献。

中国石油勘探开发研究院院长、党委书记

2019年2月27日,国家能源局副局长、党组成员李凡荣到中国石油勘探开发研究院廊坊院区调研

2019年2月12日,中国石油天然气集团有限公司总经理、党组副书记张伟到中国石油勘探开发研究院调研

2019年4月11日，中国石油天然气集团有限公司副总经理、党组成员焦方正到中国石油勘探开发研究院西北分院调研

2019年1月16日，中国石油天然气集团有限公司副总经理焦方正，中国石油天然气股份有限公司副总裁、中国工程院院士孙龙德等到中国石油勘探开发研究院参加《中国石油科技进展丛书（2006—2015年）》发布会

2019年1月23日,中国石油勘探开发研究院召开2019年工作会议暨职代会、党风廉政建设和反腐败工作会议

2019年7月1日,中国石油勘探开发研究院召开纪念建党98周年大会

2019年11月29日,中国石油勘探开发研究院召开干部大会

2019年11月29日,中国石油勘探开发研究院新任院长、党委书记马新华在干部大会上作表态发言

2019年12月2日，中国石油勘探开发研究院新领导班子首次召开工作例会

2019年12月26—27日，中国石油勘探开发研究院召开2019年务虚会

2019 年 2 月 14 日,中国石油天然气集团有限公司重大科技专项"大力提升勘探开发力度"研讨会在中国石油勘探开发研究院召开

2019 年 5 月 7 日,中国工程院"大数据驱动的油气勘探开发发展战略研究"重点咨询研究项目启动会在中国石油勘探开发研究院召开

2019年10月31日，阿布扎比国家石油公司高级代表团
参观中国石油勘探开发研究院国家重点实验室

2019年6月5日，中国石油勘探开发研究院举办"弘扬石油精神，重塑良好形象"
活动周公众开放日活动

2019年12月3日,中国石油勘探开发研究院李宁教授当选中国工程院院士

2019年9月23日,中国石油勘探开发研究院魏晨吉获"中央企业劳动模范"称号

2019年11月12日,《全球油气勘探开发形势及油公司动态(2019)》发布会在中国石油勘探开发研究院举行

2019年1月16日,《中国石油科技进展丛书(2006—2015年)》首发式在中国石油勘探开发研究院举行

2019 年 3 月 18 日，中国石油勘探开发研究院首届国际化青年英才能力提升培训班结业

2019 年 4 月 26 日，中国石油勘探开发研究院举办纪念五四运动 100 周年"青春心向党·建功新时代"主题活动

2019年3月27日，第十一届国际石油技术大会（IPTC）学生教育周留学生到中国石油勘探开发研究院参观

2019年10月17—18日，中国石油勘探开发研究院2019年职工篮球比赛在杭州地质研究院举办

2019年12月26日,中国石油勘探开发研究院举办新年音乐会

2019年9月25日,中国石油勘探开发研究院离退休职工管理处举办庆祝中华人民共和国成立70周年主题活动·文艺演出

目　录

第一篇　总述

综　述

中国石油勘探开发研究院基本情况 (3)
中国石油勘探开发研究院2019年工作情况概述 (6)

特　载

扎实做好高质量发展　为打好上游业务进攻仗提供强有力科技支撑
　　——在研究院2019年工作会议暨职代会上的报告 (11)

专　文

国家能源局副局长李凡荣到研究院调研 (24)
集团公司总经理张伟到研究院调研 (24)
集团公司副总经理焦方正到研究院西北分院调研 (25)
研究院召开2019年工作会议暨职代会、党风廉政建设和反腐败工作会议 (26)
研究院召开干部大会 (27)
研究院召开2019年务虚会 (28)
研究院举办《全球油气勘探开发形势与油公司动态（2019年）》发布会 (29)
研究院气藏型储气库建设技术研究取得新进展 (29)
研究院参编国家标准发布实施 (30)
研究院与法国国家科学技术研究中心签署国际科研项目合作协议 (31)
研究院举办首届国际化青年英才能力提升班 (31)
《中国石油科技进展丛书（2006—2015年）》首发 (32)
研究院李宁教授当选中国工程院院士 (32)
研究院魏晨吉获中央企业劳动模范荣誉称号 (33)

第二篇　职能部门

派驻勘探开发研究院纪检组……………………………………………………（37）
院办公室（党委办公室）…………………………………………………………（41）
科研管理处（信息管理处）………………………………………………………（45）
计划财务处…………………………………………………………………………（48）
人事处（党委组织部）……………………………………………………………（51）
党群工作处（党委宣传部、工会、青年工作部/团委）………………………（55）
企管法规处…………………………………………………………………………（59）
质量安全环保处……………………………………………………………………（61）
国际合作处…………………………………………………………………………（64）
审计处………………………………………………………………………………（67）

第三篇　北京院

科研单位

石油地质研究所……………………………………………………………………（71）
油气资源规划研究所………………………………………………………………（77）
石油地质实验研究中心……………………………………………………………（82）
油气地球物理研究所………………………………………………………………（87）
测井与遥感技术研究所……………………………………………………………（93）
油田开发研究所……………………………………………………………………（97）
油气开发战略规划研究所…………………………………………………………（102）
采收率研究所………………………………………………………………………（106）
热力采油研究所……………………………………………………………………（110）
数模与软件中心……………………………………………………………………（114）
采油采气工程研究所………………………………………………………………（118）
采油采气装备研究所………………………………………………………………（122）
压裂酸化技术服务中心……………………………………………………………（126）
油田化学研究所……………………………………………………………………（133）
工程技术中心………………………………………………………………………（138）

中国石油物探钻井工程造价管理中心……………………………………………（143）

石油工业标准化研究所……………………………………………………………（146）

天然气地质研究所…………………………………………………………………（150）

气田开发研究所……………………………………………………………………（155）

渗流流体力学研究所………………………………………………………………（160）

地下储库研究所……………………………………………………………………（164）

非常规研究所………………………………………………………………………（170）

新能源研究所………………………………………………………………………（176）

全球油气资源与勘探规划研究所…………………………………………………（180）

海外战略与开发规划研究所………………………………………………………（185）

国际项目评价研究所………………………………………………………………（189）

中亚俄罗斯研究所…………………………………………………………………（192）

中东研究所…………………………………………………………………………（196）

非洲研究所…………………………………………………………………………（201）

美洲研究所…………………………………………………………………………（206）

亚太研究所…………………………………………………………………………（211）

生产运营研究所……………………………………………………………………（215）

海外综合管理办公室………………………………………………………………（218）

四川盆地研究中心…………………………………………………………………（221）

准噶尔盆地研究中心………………………………………………………………（226）

塔里木盆地研究中心………………………………………………………………（229）

鄂尔多斯盆地研究中心……………………………………………………………（232）

迪拜技术支持分中心………………………………………………………………（237）

阿布扎比技术支持分中心…………………………………………………………（239）

支撑保障单位

计算机应用技术研究所……………………………………………………………（242）

总工程师办公室（专家室）………………………………………………………（245）

科技文献中心………………………………………………………………………（247）

档案处（中国石油天然气集团有限公司勘探开发资料中心）…………………（250）

技术培训中心………………………………………………………………………（253）

基建办公室…………………………………………………………………………（256）

综合服务中心………………………………………………………………………（258）

物业管理中心（石油大院社区居民委员会） ………………………………………………… (261)
北京市瑞德石油新技术有限公司 …………………………………………………………… (265)

第四篇　西北分院

西北分院 …………………………………………………………………………………………… (271)

第五篇　杭州地质研究院

杭州地质研究院 …………………………………………………………………………………… (283)

第六篇　科研成果

获奖成果 …………………………………………………………………………………………… (297)
所获专利 …………………………………………………………………………………………… (307)
软件产品 …………………………………………………………………………………………… (316)

第七篇　书刊论文

期刊杂志 …………………………………………………………………………………………… (325)
书籍出版 …………………………………………………………………………………………… (328)
发表论文 …………………………………………………………………………………………… (331)

第八篇　大事记

中国石油勘探开发研究院2019年大事记 …………………………………………………… (417)

第九篇　规章制度

2019年中国石油勘探开发研究院制修订规章制度目录 ……………………………………… (429)

第十篇　机构与人物

2019年中国石油勘探开发研究院组织机构图 ……………………………………………… (433)

2019年中国石油勘探开发研究院总部及北京院区、廊坊院区处所主要领导 …………（434）
2019年中国石油勘探开发研究院西北分院领导 ……………………………………（441）
2019年中国石油勘探开发研究院杭州地质研究院领导 ……………………………（442）
2019年中国石油勘探开发研究院两院院士 …………………………………………（443）
2019年中国石油勘探开发研究院专家名录 …………………………………………（444）
2019年中国石油勘探开发研究院退休职工简表 ……………………………………（446）

第十一篇　各类荣誉

2019年中国石油勘探开发研究院各级各类荣誉 ……………………………………（451）

第一篇

总 述

综 述

中国石油勘探开发研究院基本情况

中国石油天然气股份有限公司勘探开发研究院（英文缩写 RIPED）是面向中国石油全球油气勘探开发业务的综合性研究机构，是中国石油国内外油气业务发展的战略决策参谋部、重大理论与高新技术研发中心、技术支持与服务中心和高层次科技人才培养中心（简称"一部三中心"）。

研究院包括北京院区、西北分院和杭州地质研究院，业务领域涉及油气勘探、油气田开发、油气井工程、信息化与标准化、新能源勘探开发、技术培训与研究生教育等方面。截至2019年底，有员工2927人，其中两院院士9人、教授级高级工程师140人、高级工程师1365人，具有硕士研究生以上学历1952人；建有提高石油采收率国家重点实验室、国家能源页岩气研发（实验）中心、国家能源二氧化碳驱油与埋存技术研发（实验）中心、国家能源致密油气研发中心和国家油气战略研究中心等5个国家级重点实验室（研究中心），以及17个集团公司级重点实验室，拥有众多国内外高精尖仪器设备，科研条件优越；与国内外知名油公司、研究机构和高等院校建立了广泛的交流与合作关系，出版《石油勘探与开发》等一批优秀刊物，在国内外油气行业和科技界具有良好影响力。

一、历史沿革

研究院成立于1958年，建院以来直接参与了中国陆上大多数大、中型油气田以及中国石油海外油气勘探的研究与发现，为石油工业发展发挥重要作用；推动建立中国陆相油气地质与油气田开发理论技术体系，为油气科技进步做出重大贡献；培养造就以19名院士、400余名教授为代表的一大批国内外知名专家，为中国石油人才事业发展做出突出贡献；传承石油工业优良传统，形成以"儒雅、厚重、勤勉、求实、创新、包容"为内核的特色文化，增强了支撑持续发展的软实力。

主要经历了五个发展阶段。

第一阶段（1958年至1972年），石油工业部/燃料化学工业部石油科学研究院：艰苦奋斗、奠定基业。

1955年，石油工业部成立。1958年11月15日，经国务院批准，石油工业部决定，在北京石油地质勘探研究所和石油炼制研究所两个筹建处的基础上，合并成立石油工业部石油科学研究院。1970年，石油工业部、煤炭工业部、化学工业部合并，组建燃料化学工业部。作为新中国石油工业第一个面向全国的综合性科研机构，研究院立足科技报国，开展地质调查、机理研究和技术攻关，编制一系列重要的基础地质与评价图件，为石油工业勘探发展寻找新方向、新领域。以邱中建、李德生、童宪章、刘文章等为代表的一大批科研人员直接参与大庆油田勘探、早期评价和快速开发上产建设工作，为大庆油田发现、快速探明和上产作出突出贡献，推动中国陆相石油地质与油田开发理论技术体系的建立和发展，为新中国石油工业和科技事业的快速起步发挥重要作用。抽调以李德生、胡见义等为代表的一批技术骨干参加渤海湾盆地石油会战,为胜利油田和大港油田等主力油田的发现做出了重要贡献。

第二阶段(1972年至1978年),燃料化学工业部/石油化学工业部石油勘探开发规划研究院:乘势而行、恢复发展。

1972年5月16日,燃料化学工业部决定,将原石油科学研究院的地质研究机构独立设置,成立石油勘探开发规划研究院。1975年1月,燃料化学工业部撤销,分别成立煤炭工业部和石油化学工业部。作为中国石油工业上游领域以规划决策研究为主的全国性科研机构,研究院坐镇北京、面向全国,全面领导国内各油田勘探开发与生产建设、技术发展及管道建设等规划的审查与编制,组织开展多次全国性的经验技术交流和重大技术攻关,直接参与了大庆油田、胜利油田、大港油田、辽河油田、四川油气田、新疆油田、吉林油田、江苏油田、河南油田等油田的勘探开发生产实践,为各油气田的建设发展做出历史性贡献,为我国石油工业迅速恢复发展和原油产量上产1亿吨发挥了重要参谋决策与技术支撑作用。

第三阶段(1978年至1998年),石油工业部/中国石油天然气总公司石油勘探开发科学研究院:锐意探索、阔步前行。

1978年4月26日,石油工业部决定,将原来管道设计、规划建设职能分出,成立规划设计总院;石油勘探开发规划研究院转变职能,成立石油勘探开发科学研究院,立足油气勘探开发相关的基础地质与关键技术研究和学科建设,开始新的以研发与技术服务为主的新阶段。1988年,以石油工业部为基础,组建中国石油天然气总公司。研究院坚持面向一线、贴近生产,以科学探索井项目为纽带,推动发现了吐哈油田与陕北气田,开辟了西北地区侏罗系与陕甘宁盆地天然气勘探新领域;参加塔里木油田和吐哈油田等油田会战,为吐哈油田年产原油300万吨上产建设,稳定东部、发展西部和增储上产做出了重要贡献;成立冀东勘探开发公司,探索将科研成果直接向生产转化的科研生产联合体发展之路;组织开展两次全国油气资源评价研究摸清石油工业发展的家底,为国家制定能源战略和经济发展规划提供了科学依据;以思考和解剖渤海湾盆地各主力油田形成、分布特征等为切入点,建立形成以复式油气聚集(区)带理论、源控论、煤成气形成与分布理论、稠油热采开发技术等为代表的完整配套的油气勘探开发理论技术体系,确立了研究院在我国油气勘探开发研发领域的重要地位。

第四阶段(1998年至2008年),中国石油勘探开发研究院:重组改制、持续发展。

1998年中国石油石化行业实现战略重组,两大集团公司正式挂牌。1999年7月16日,中国石油天然气集团公司决定在原石油勘探开发科学研究院基础上,成立中国石油勘探开发研究院,并赋予"一部三中心"新的职责定位。作为中国石油工业上游最主要的综合性研究机构,研究院完成了重组改制和机构调整,由国家大院大所转变为油公司上游研发服务中心。研究院以支持中国石油国内与海外上游业务健康发展为己任,全面参与油气勘探开发增储上产建设,在岩性地层油气藏、天然气地质学、煤成油机理、大幅度提高采收率技术与产品,以及钻井工程装备、工艺技术研究等方面取得一系列重要成果,获显著的经济与社会效益,在集团公司上游业务快速发展中发挥科技主力军作用。研究院加强上游发展战略规划研究和决策支持体系建设,高质量完成由中国工程院主持的"中国可持续发展油气资源战略研究"任务,获国务院领导高度评价;主持集团公司风险勘探项目实施,通过自主研究和联合推举目标,推动实现四川安岳气田、吉林长深气田等气田的重大发现,为国内油气储量保持高峰增长做出重要贡献;成立海外研究中心,全面支撑苏丹、委内瑞拉和哈萨克斯坦等项目的评价优选和上产建设,发挥了集团公司"海外油气勘探开发生命线"的作用。

第五阶段(2008年至今),中国石油勘探开发研究院(全球):改革创新,跨越前进。

2008年以来,集团公司加快走出去步伐,海外业务规模发展对技术支撑和服务的需求急剧增长。为发挥中国石油整体科研实力和技术优势,实现海外业务规模优质发展,集团公司决定将海外研究中心并入研究院,成立新的中国石油勘探开发研究院,把海外业务作为研究院发展的重要板块之一。研究院立足国内、布局全球,加快转型升级、加速业务全球化发展,进一步聚焦集团公司上游业务发展重大战略规划和生产需求,强化高端智库建设,牵头成立国家油气战略研究中心,打造《决策参考》《全球油气勘探形势与油公司动态》等系列品牌,为支撑国家能源战略发展、集团公司科学决策提供支撑;注重基础、平行和合作三个层次研发组织与蓝天计划,重大应用技术与生产服务等近中远三个阶段研究安排,依托国家和集团公司级重大专项,在古老碳酸盐岩油气成藏、中低丰度天然气藏大型化成藏、中国页岩气经济成矿条件与富集规律及有效开发、高含水老油田二次开发与三次采油新技术等方面取得一系列重大成果;加大靠前技术支持服务力度,成立国内重点盆地研究中心和油田项目部,为确保集团公司石油产量长期稳产在1亿吨以上、天然气产量突破1000亿立方米大关做出贡献;构建全方位海外技术支持服务体系,与中油国际共享共建新的海外研究中心,以迪拜技术支持分中心为桥头堡,以支撑中国石油获NEB资产群领导者为标志,为集团公司海外业务优质高效可持续发展做出重要贡献。

二、发展现状

近年来,研究院立足"一部三中心"定位职责,坚定战略目标,持续推动理论技术升级发展、人才队伍提速发展、应用成效规模发展,深化改革创新,加强党的建设,实现持续健康发展,为集团公司国内外上游业务稳健发展提供技术支撑。

全力推进科技创新和生产创效,瞄准制约集团公司勘探开发的重大、关键和共性技术难题,集中优势力量,依托国家和集团公司级重大专项,加强前瞻性应用基础理论和关键技术攻关,持续推进生产研发和技术支持体系建设,强化国内外重点探区靠前技术支持,收获一批重大成果,创新认识、创新技术和应用成效取得新增量。以战略研究、规划部署、决策参考为抓手,兼顾国家和集团公司两个层面,立足近中远三个时间点,加强战略规划、勘探部署、开发对策、经营策略、国家政策等宏观、重大与战略性问题研究,提供有前瞻性和建设性的决策建议与咨询服务,持续打造高层次决策参谋部,为国家和集团公司科学决策提供支撑;以风险目标推举、技术有形化、基础地质理论创新为抓手,做好风险勘探项目技术支撑,不断强化自主研究目标推举,推动重大勘探领域准备和战略突破取得重要新进展,为储量高峰期工程顺利实施做出重要贡献;以老油田效益挖潜、复杂储量有效动用、关键技术攻关为抓手,为集团公司油气稳产增产提供最佳方案;以新技术新产品研发、低品位储量与非常规资源有效开发、生产管理优化为抓手,为低品位资源有效开发提供最佳服务;以五大油气合作区勘探部署、开发方案编制、新项目评价和经营策略谋划为抓手,构建海外技术支持体系,为海外项目提供全方位技术支持和服务,为海外上游业务质量效益发展提供有力保障。

着力推动综合改革和环境建设,坚持问题和目标导向,依法合规、平稳有序推进综合改革，推进"一体两翼"格局和"一院两区"建设，进一步优化研发服务组织与管理体系；全面实施"双序列"职级体系，搭建科研单位去行政化新途径，实施更加积极的人才培养、激励和考评政策，为优秀专业技术人员提供独立、通畅和稳定的职业发展通道；研究制定科技成果创效激励政策，推动科研成果转化，激发科技创新活力动力。突出"强化基础、集成共享、合作共赢"，推进科研环境新发展，总体建成以国家和集团公司级重点实验室为主体的科研条件平台，成为原创成果的重要孵化器和对外合作交流的重要平台；深化开放合作共赢，与国内外多家企业、院校和科研机构建立良好伙伴关系，广泛开展交流与合作；推动院区建设，呈现"管理有序、人文和谐、宜居宜研"新风貌。

持续加强党建引领和文化传承，贯彻落实党中央和集团公司党组关于全面从严治党、加强党的建设的重要部署，围绕规定动作抓思想建设，围绕知识分子团队特点抓组织建设，围绕重点领域的突出问题抓作风建设，围绕两个责任筑牢防线抓反腐倡廉建设，围绕科学规范管理抓制度建设，以思想政治工作提振士气，以文化传承释放活力，营造"积极向上、干事创业"的良好环境，发展内动力、团队凝聚力、文化软实力进一步提升。

今后一个时期，研究院继续贯彻落实党中央决策部署和集团公司党组要求，围绕建设世界一流综合性国际能源公司上游研究院发展目标，准确把握发展方向，科学布局发展重点，提升创新和服务能力，持续完善体制机制，加强人才培养和文化传承，努力实现理论技术、优秀人才与应用成效三大目标跨越发展，担当集团公司上游科技创新发展主力军，为支撑集团公司发展、保障国家能源安全作出贡献。

（张红超、韩伟业）

中国石油勘探开发研究院2019年工作情况概述

2019年，研究院全面落实集团公司重要部署和高质量发展要求，紧紧围绕建设世界一流勘探开发研究院目标和业务全球化发展战略，牢牢把握"一部三中心"定位职责，以开展"不忘初心、牢记使命"主题教育为重点，以做实"一部三中心"定位职责为主线，凝心聚力，砥砺奋进，圆满完成各项任务，党的建设、科技创新、生产创效、人才培养各项工作再上新台阶，世界一流研究院建设迈出坚实步伐。

一、重点抓好七件大事要事

一是深入学习贯彻习近平总书记贺信等重要指示批示和讲话精神，进一步提高政治站位，"四个意识"更加牢固，"四个自信"更加坚定，"两个维护"更加坚决。二是精心组织"不忘初心、牢记使命"主题教育，高标准推动主题教育全员覆盖、入脑入心，提升全体党员干部勇担职责使命、焕发干事创业的激情活力。三是抓好巡视问题整改工作。严格对照集团公司党组第五巡视组反馈意见和要求，压实压紧整改工作责任，上下联动形成合力，截至2018年底整改率100%。四是持续加强高端领军人才培养，依托高端科研平台，大力实施领军人才培养工程，加速石油科学家培育和青年科技英才成长，李宁教授当选中国工程院院士，研究院累计培养造就两院院士19名，高层次人才和智力中心地位进一步巩固。五是不断提升《决策参考》编写质量水平，组织编写的天然气和页岩油业务发展两个报告，获中央领导批示，为国家科学制定油气行业政策提供高水平决策支持。六是突出抓好科技创新重点工作,"中东巨厚复杂碳酸盐岩油藏亿吨级产能工程及高效开发"项目获国家科技进步一等奖;"多类型复杂油气藏叠前地震直接反演技术及基础软件工业化"获国家科技进步二等奖。"一种高成熟凝析油油源确定方法"获国家专利银奖。三项成果入选2019年中国石油十大科技进展。七是全力推进上游科技园区环境建设,实现现代化上游科技园区建设的全面升级。

二、着力做好年初部署十方面工作

一是围绕战略支撑做高决策参谋,高端智库建设取得新进展。依托国家油气战略研究中心,开展统筹空间发展与油气资源开发重大问题研究、中国陆相页岩油勘探开发现状与前景研究等,推动国家相关政策制定。支撑集团公司"十四五"国内外上游业务和科技发展规划编制,强化全球常规—非常规油气资源潜力评价、国内重大勘探领域研究,围绕高效勘探、低成本开发,编制年度勘探开发部署方案和优化建议,支撑国内外上游业务和科技创新健康发展。持续打造科研成果特色载体,发布《全球油气勘探开发形势及油公司动态(2019)》,为国内油公司"走出去"开展能源合作及制定国家能源发展战略提供可靠依据;高质量编报61期《决策参考》,其中23期被国家部委采纳,5期获党组成员批示,进一步凸显研究院智囊高参作用。

二是聚焦重大接替领域准备,勘探业务取得新突破。全面加强风险勘探目标评价,围绕海相碳酸盐岩、深层、新区新领域和页岩油气四大领域85个重点区带,统一评价风险目标,推动54个目标部署上钻,支撑高探1井、玛页1井、车探1井、城页1井、城页2井等5口井获得重要突破。持续深化地质基础理论创新,开展古老烃源岩形成与分布主控因素基础地质研究,完成鄂尔多斯盆地长7页岩油原位转化先导试验区优选、方案编制和松辽盆地嫩江组页岩油资源量评价、有利区优选。强化特色软件研发,创新发展智能物探新技术、多波处理技术和非均质储层预测技术,研发并推广SEC油气储量独立自评估管理系统,推进iPreSeis2.0、Ciflog3.0等特色软件开发,为复杂油气识别与评估提供技术利器。

三是强化提高采收率技术攻关和海外中东业务技术支持,开发业务取得新实效。围绕油田开发业务发展,组织开展集团公司油气开发对标分析,深入论证重点油田上产稳产的资源接替方式与规模。倡导并强力推进"控递减和提高采收率"重大战略工程,与新疆油田携手攻关,连续两年实现老油田超产,为老油田焕发青春引领示范。做优中东业务技术支持,助推中方主导的首个伊拉克国际合作项目如期实现日产目标,作为阿布扎比国家石油公司资产群领导者,实现特低渗透油藏气驱转加密注水开发方式的突破,显示中国石油技术实力,赢得资源国赞誉。加快老油田气驱开发方式转换,按照"多气并举、因藏施气"的思路,提出5个亿吨级注气开发试验规划。加强低品位资源有效动用技术研究,利用缝网匹配水驱调整、空气泡沫驱、重力驱、烃类和CO_2混相驱等技术,低渗透—致密油等低品位资源提高采收率效果明显。加强稠油高效动用技术研究,发展多介质辅助注蒸汽技术,蒸汽驱后老油田有望实现进一步稳产,多井型驱泄复合的效益开发模式采收率达到70%以上,火驱工业化应用稳步推进。

四是突出重大难题破解,工程业务形成新亮点。强化工程技术攻关,第四代分层注水油藏工程一体化技术在吉林、大庆等示范区推广应用21口井,缝控压裂改造技术在新疆和长庆致密油、昭通页岩气实现规模应用,推动稳油增气提效。纳米驱油技术在长庆姬源油田先导试验取得初步效果,为低渗透致密油藏有效开发提供新手段。做大工程技术有形化品牌,自主研发适用于页岩气平台井的泡沫排水智能化集群加注设备,在浙江油田、重庆气矿等成功应用;完成采油采气优化决策系统升级换代,在长庆油田、大庆油田等油田规模应用1.9万井次,系统效率平均提高2.8个百分点;创新形成基于物联网和大数据的油井智能生产系统,在大庆油田、长庆油田、吉林油田、大港油田4个油田现场应用,首次实现低成本物联网条件下油井高精度工况诊断。持续优化生产管理,构建标准化管理成熟度量化考核方法,发布集团公司工程技术服务市场化计价规则,完成44口风险探井钻井方案研究审查及959口重点井钻井动态跟踪分析,保障工程质量和安全。

五是立足大气区发现与上产建设,天然气业务做出新贡献。推进天然气勘探发现,推动松辽盆地南部深层天然气勘探,长深40风险井有望获千亿立方米规模储量;建立塔里木盆地库车坳陷白垩系沉积新模式,博孜9井风险井完钻试油获高产,提交天然气预测储量1153亿立方米。保障气田稳产上产,牵头开展集团公司17个已开发主力气田稳产潜力与对策分析,首次系统开展长庆气区、气田、区块、气井四级产量递减规律及提高采收率研究,提交西南气区高磨震旦系灯四气藏8口开发新井位,为气田高效开发和产能建设提供重要依据。承担天然气保供安全重任,深化储气库机理研究,加大盐穴储气库关键技术攻关,创新提出中国特色储气库地质理论体系,有效指导集团公司首次年调峰气量超百亿立方米的保供方案编制,为避免"气荒"再次发生筑牢底气。推动新能源业务战略布局与创新,建成太阳能制氢与新材料储能实验室并取得初步成果;推进地热、铀矿、油田水锂资源等新能源发展;推动煤炭地下气化这一颠覆性能源技术通过集团公司重大立项,初步优选3个试验目标区。

六是围绕集团公司海外业务优质高效发展,海外研究中心做出新支撑。推进新项目开拓,结合油气地质、资源潜力和合作环境,超前优选26个有利合作区块,完成55个新项目系统评价,成功支撑北极LNG-2区块、莫桑比克M区块、巴西勘探区块中标,延期阿曼5区块合同。推动储量规模发展,解剖10个重点勘探领域和区带,推荐16个风险勘探目标,支撑两个亿吨级场面发现;苏丹6区、乍得H区、哈萨克PK项目、安第斯T区等成熟探区精细勘探多点开花,新增地质储量4862万吨油当量。科学部署油气田效益开发,完成20个油田开发及调整方案编制,提供新井井位1517口、措施井位1077口,支撑海外油气权益产量突破1亿吨。精准实施工程增效,攻关高密井网防碰绕障、长井段水平井造斜段井壁稳定等特色钻完井技术,研发固体酸化、水平井分段压裂等技术,支撑措施年增油700万吨。强化海外经营策略研究,首次系统开展海外项目发展能力评价,完善开发动态分析、经济评价模型与SEC储量管理平台。

七是始终坚持党的领导,党的建设跃上新台阶。高度重视思想建党,以开展"不忘初心、牢记使命"主题教育和整改巡视反馈问题为契机,深化习近平新时代中国特色社会主义思想和党的十九届四中全会精神系统学习,通过读原著、学原文、悟原理,广大党员干部理论认识水平跃升到新高度。深化基层党建工作,坚持每季度召开党支部书记例会和座谈会,持续完善基层党组织"三会一课"制度,督导基层党支部开展特色活动,控规保质发展党员30名,战斗堡垒作用明显提升。强化干部队伍建设,健全选人用人制度体系,加大优秀年轻干部培养选拔力度,实施差异化精准化干部考核测评,严格执行领导干部个人事项报告制度,干部队伍素质和能力稳步提升。传承弘扬石油精神,推进意识形态工作责任制全面落实,以庆祝中华人民共和国成立 70 周年为契机,组织职工中英文演讲比赛等系列活动,进一步凝聚干事创业的精神力量。

八是落实全面从严治党要求,作风建设展现新气象。严格落实"两个责任"、做实"一岗双责",逐级签订党风廉政建设责任书 916 份,党员干部廉洁从业承诺书 2328 份。强化监督执纪问责,坚持领导干部述职述廉、诫勉谈话制度,加强警示教育,全年组织处理 17 人,诫勉谈话 7 人,党纪政纪处分 3 人,正风肃纪效果显著。建立廉洁风险防控体系,梳理重点领域廉洁风险点 168 条,强化对重点领域关键环节的风险管控。一体化推进"三不腐"有效机制建设,切实将党风廉政建设与反腐败工作不断向基层延伸。深入开展违反中央八项规定精神和"四风"问题专项整治,持续营造风清气正的政治生态。

九是大力提升服务保障能力,队伍建设释放新活力。统筹推进管理服务创效,做好有关国家部委和集团公司领导来研究院调研筹备工作,持续提升机关管理和服务意识,强化国家重大专项经费管理和执行,依规高效安排年度投资和大修计划,扎实推进财务共享工作实施,持续强化合规管理和风险防控,圆满完成内部审计监督和服务工作,升级院外事管理系统,推进首批院级国际科技合作项目落地实施。持续优化人才队伍建设,向集团公司推荐两名首席专家作为石油科学家培育对象,继续做好 35 岁以下科研单位副总师选拔聘任,27 名 35 岁以下优秀青年专业技术人员晋升高级工程师;首次招聘掌握俄、英、汉三种语言的外籍员工,举办两期国际化青年英才能力提升班,派出 11 名青年到国外大学和研究机构深造,鼓励技术骨干参与国际交流合作,50 余人任职国际学术组织,为业务全球化战略储备人才。

十是推进科研条件和园区建设,生产生活环境展现新风貌。稳步开展"国家能源油气地下储库工程研发(实验)中心"和"油气物联网国家重点实验室"申请工作,发挥实验平台对基础研究的支撑作用;推动勘探开发认知计算分析平台研发,综合管理平台与科研管理公共信息平台实现融合,初步形成勘探开发业务领域大数据、人工智能技术发展规划,推进院网络安全攻防实验室、集团公司网络安全队伍建设;《石油勘探与开发》SCI 影响因子突破 2.5,在全球石油工程类 SCI 期刊中排名第 3。强化安全管理和基础保障,确保重要时间节点安全稳定和各类会议活动顺利开展;完成工字楼改造和家具家电购置、北实验区办公条件配备及搬迁工作,如期移交居委会社区管理服务职能,合规完成全年物资采购任务,幼儿园、卫生所服务质量稳步提升。

三、为职工群众办好十件实事

一是落实劳保用品管理规定,启动工服订制工作,保障员工安全与健康;二是提升就餐服务,增设早中餐现场烹饪和自助晚餐,提供网上预选、送货上门等便民服务;三是落实环保要求,完成北京院区餐厅油烟净化设备更新、实验区排风净化装置安装和廊坊院区燃气锅炉低氮改造等项目;四是开通廊坊北京院区往返班车,实现公务用车削减目标,为职工通勤提供便利;五是关注员工健康,邀请北京大学第三医院专家团队来研究院开展体检报告个体咨询和健康指导;六是加强安全隐患治理,完成信息楼钢梁防火涂料修缮一期、主楼屋面防水保温修缮、住宅一二期散水垮塌与外墙瓷砖脱落修缮等工作;七是改造居民区雨水、污水系统,解决困扰居民生活的排污问题;八是配合海淀区政府,推进老旧住宅加装电梯,12 号楼电梯顺利投用;九是加装电动自行车充电桩,方便职工群众;十是推出工作区"3000"一号通、一站式物业服务专员、手机APP报修等多项便民服务新举措。

2019年,研究院各项工作进展顺利、成果丰硕。全年获国家、集团公司、省部级科技奖励39项。其中,国家科技进步一等奖1项、二等奖1项,中国专利奖银奖1项;集团公司科技进步特等奖1项、技术发明一等奖3项、基础研究一等奖1项、专利金奖1项。制修订行业标准12项;获授权发明专利257件、实用新型专利28件;获软件著作权236项;出版专著55部,发表论文1267篇,其中SCI收录279篇、EI收录251篇。油田开发研究所魏晨吉获"中央企业劳动模范"称号。石油地质研究所杨智入选国家"万人计划"青年拔尖人才。"老油田二次挖潜创新团队"获集团公司"科技创新团队"荣誉称号。

(张红超、韩伟业)

特 载

扎实做好高质量发展
为打好上游业务进攻仗提供强有力科技支撑

——在研究院 2019 年工作会议暨职代会上的报告
院长、党委书记　赵文智
（2019 年 1 月 23 日）

各位代表，同志们：

今天，我们召开研究院 2019 年工作会议，主要任务是深入贯彻习近平新时代中国特色社会主义思想和党的十九大精神，认真落实集团公司工作会议部署，全面总结 2018 年工作成绩，安排部署 2019 年重点工作。号召全体干部员工围绕高质量发展，立足新任务、明确新目标、选好新支点，做好新的研发和服务，坚定不移走业务全球化、人才国际化发展道路，坚持不懈围绕既定目标提速抓好组织推进，毫不动摇将全面从严治党引向深入，努力以一流理论技术创新、一流生产服务成效和一流人才队伍建设，为高质量建设世界一流综合性国际能源公司做出更大贡献。

下面，我向大会作报告，题目是《扎实做好高质量发展，为打好上游业务进攻仗提供强有力科技支撑》。

一、2018 年主要成果

2018 年是研究院深化改革、推进发展的积淀之年，是承前启后、继往开来的传承之年，是布局全球、实现跨越的成长之年。一年来，在集团公司党组领导支持下，在总部机关和专业板块指导帮助下，研究院牢牢把握新形势新要求，紧紧围绕年初部署的"六个一工程"，扎实推进各项工作，比较圆满地完成了各项任务，实现了新发展，开创了新局面。

（一）汇聚全院力量，聚焦重大需求，把任务目标铆实钉紧抓落地见实效

2018 年，研究院贯彻中央要求，深入思考加大油气勘探开发力度的可行路径与应对策略；聚焦公司需求，积极推动上游业务高质量发展；坚定政治追求，全面加强党的建设，为保障国家油气安全、支撑公司上游业务稳健发展做出重要贡献。

1. 敢于担当、直面挑战，以加大国内油气勘探开发力度为己任，不断提升决策建议层次

一年来，为贯彻习近平总书记关于"大力提升勘探开发力度，保障我国能源安全"重要指示精神，研究院深入思考出良策、科学谋划提建议、主动作为创实效，油气上游高端战略智库的地位、话语权和影响力都进一步提升。

一是加强国家油气战略研究中心建设。汇聚国内 7 大油公司研究力量，建立完整的油气行业数据库，出色完成国家能源局、中国工程院委托的多项油气重大发展战略、重要

规划、产业政策和体制机制改革等方面的研究任务。其中,"应对石油对外依存度过快增长方案"被国家发改委采纳;"中美贸易战对我国油气供应安全的研判与对策建议"得到中国工程院肯定;"2025年油气生产消费形势预测""保障国内原油2亿吨途径与对策""国内天然气上产2500亿方对策"等研究成果获得国家有关部委充分肯定,为国家科学制定油气行业政策、保障能源安全提供了上乘一流的决策支持。

二是认真梳理下步勘探重点领域和方向。围绕待探明剩余优质油气资源潜力与分布,立足战略接替领域准备和规模效益储量发现,对四川、准噶尔、塔里木、柴达木、鄂尔多斯、渤海湾和松辽等七大盆地资源探明率、储量变化趋势、勘探目的层转化、油藏类型与储量品质变化特征等逐一进行分析和摸底。在2018年3月至5月集团公司重点盆地勘探技术座谈会系列汇报基础上,向集团公司主管领导及相关板块全面汇报了国内油气勘探形势的研判,提出石油勘探"两增三稳一延缓"、天然气勘探"三主三辅"的发展趋势,围绕集中勘探、高效勘探、风险勘探和综合勘探,提出未来勘探发展规划和具体部署建议,有力支撑集团公司加快勘探方案的落实,为公司加大勘探力度和年末一系列新发现的获得做了很好的技术准备。

三是加强战略研究成果集成与应用。牢牢把握世界大势、国内形势、行业趋势、市场走势和企业态势,围绕事关集团公司发展全局性、长远性和方向性的重大战略与政策问题,开展国际油价走势预测、资源国重要政策调整、国际油公司生产经营策略、重点地区生产挑战与对策等研究,高水平编报51期《决策参考》,其中2期被中央办公厅、5期被国资委采纳,研究院决策支持品牌地位和特色进一步提升。成功发布《全球油气勘探开发形势及油公司动态(2018)》,分析全球油气勘探投资、勘探新发现、未来勘探领域和发展趋势,总结全球油气新建产能和产量动态变化特征,研判全球主要油公司勘探开发业务发展动向与策略,为国内各油公司海外业务发展提供了重要参考。

2. 厚植基础、靠前服务,以集团公司高质量发展为目标,扎实打好油气勘探开发进攻仗

一年来,围绕集团公司推动高质量发展的部署要求,研究院勇于担当、主动作为,不断加强科技创新,持续强化生产服务,稳步打牢发展基础,努力为集团公司稳健发展提供高质量科技支撑。

一是着力加强自主创新组织和推进。以国家和公司两级重大专项为依托,瞄准制约公司油气勘探开发的重大、关键和共性科技难题,在制约优质资源发现的关键科学问题攻关创新、突破技术盲区的地球物理全频保幅处理特色技术研发、天然气勘探开发技术、高含水油田提高采收率、采油采气工程新技术新产品、海外大型油气田勘探开发,以及页岩气、致密油勘探开发技术等方面取得一批重要成果,部分成果现场应用已见到良好成效。承担集团公司基础科学和战略储备研究课题,自筹经费设立超前基础研究项目,在纳米智能驱油剂、高性能金属电池储能技术研究等方面取得重要进展,展示了良好成长性。

二是积极构建靠前技术支持服务体系。先后成立四川、塔里木、鄂尔多斯和准噶尔盆地研究中心,从京内外抽调近300名精兵强将,长期驻扎油气生产一线,坚守主战场,围绕大发现,努力提供靠前支撑和及时有效的技术服务。实行"总院管总、中心主战、学科主建"管理架构,突出前后方协调一体化的组织方式,明确前后考核侧重点,建立人员轮转交流机制和员工轮休模式,提高驻现场工作补助标准,奖金向一线倾斜,确保各盆地研究中心快速组建运行、快速进入角色、快速取

得成效。四个盆地研究中心瞄准关键生产难题，提供精准技术支持，与油田现场建立了良好协作关系，取得了超过以往的服务生产实效，得到集团公司和相关油气田领导好评。四川盆地研究中心聚焦西南油气田勘探突破发现与天然气增储上产，取得重要阶段性成果；准噶尔盆地研究中心加强基础研究，有力支撑新疆老区与玛湖、吉木萨尔地区勘探开发建设；鄂尔多斯盆地研究中心注重发挥整体专业技术力量，全面支持长庆油田公司5000万吨稳产建设；塔里木盆地研究中心深化地质认识，推动秋里塔格构造带勘探实现战略性突破。

三是积极推进重点学科建设。为保证盆地研究中心成立以后，前后方衔接不断档，学科建设不弱化，按照"夯实基础学科、突出优势学科、培植新兴学科、重视交叉学科"要求，优选16个重点学科和28个重点研究方向，作为未来一个时期内研究院重点发展和建设的方向，以保持研究院在油气勘探开发领域的领先地位。依托重点实验室建设，通过现场和后方一体化发展，产学研、国内外优势学科联合研究，以及配套经费支持三大举措，稳定方向持续研究，实行3年小考核、5年大考核机制，努力通过持续积累，积跬步创新以致创造千里跨越，形成重大理论技术成果，重点关注高影响因子文章、发明专利、自然科学奖和技术发明奖的数量和地位，保持学科建设与服务生产同发展、同成长。

3. 提高站位、强化意识，以新时代党建新要求为根本遵循，全面汇聚科技创新和改革发展动力

一年来，院党委将贯彻落实习近平新时代中国特色社会主义思想和党的十九大精神作为首要政治任务，足斤足两、不折不扣落实党中央和集团公司党组部署要求，围绕科研生产中心扎实有效抓好党建和思想政治工作，充分发挥把方向、管大局、保落实的核心作用。

一是牢牢把握正确政治方向。始终把党的政治建设摆在首位，坚持院处两级中心组学习制度，在中央党校举办3期领导干部培训班，共计培训287人次，组织院党委委员和支部书记深入基层讲党课，不断巩固和深化对习近平新时代中国特色社会主义思想和党的十九大精神学习，引导党员干部牢固树立"四个意识"、切实增强"四个自信"、自觉践行"两个维护"，在思想上、政治上和行动上同党中央和集团公司党组保持高度一致。强化意识形态工作，印发《研究院党组织意识形态工作责任制实施办法》，把意识形态工作作为党的建设和领导班子建设、干部队伍建设的重要内容，纳入工作规划和年度工作要点，对各类意识形态阵地实施分层分类管理和督查，坚决抵制错误思想和负面言论，确保党员干部走正道、扬正气、干正事。

二是谋划统领高质量发展全局。深入学习贯彻党中央高质量发展要求和集团公司党组《关于坚持稳健发展方针推动高质量发展的意见》，在全院范围内分路开展专题学习讨论，全面领会高质量发展的重要内涵、目标任务和重点部署，鼓励党员干部进一步解放思想、更新观念、统一认识，汇总形成研究院推进高质量发展的初步意见，夯实了团结拼搏奋进、推进改革发展的思想基础。立足"一部三中心"定位职责，深刻剖析集团公司高质量发展需求，进一步明确科研生产工作的主攻方向、重点举措和保障措施，逐步调整优化研究服务格局，努力为集团公司大力实施创新战略、打赢勘探开发进攻仗披荆斩棘、建功立业。

三是着力强化基层组织责任落实。抓实党建工作"最后一公里"，要求基层党支部工作要有抓手、有内涵，切实强化"管业务必须管党建"理念，推进党支部工作与科研生产工作的深度融合，真正把党的工作扛在肩上、落实在日常行动中。制定党的工作量化考核指标，构建业务、专业技术和党建"三位一体"考核新机制，制定《院党建工作责任制考核办法》《院党支部达标晋级管理实施办法》等规章制度，将党建工作责任制考核结果纳入年终业绩考核，首次实行支部书记现场述职，真正让党的工作有目标、有抓手、可考核、可量化，确保党的各项工作落地见实效。

（二）瞄准中心任务，上下联动抓推进，把"六个一工程"部署做扎实出成效

2018年，研究院紧紧围绕年初部署的"六个一工程"扎实抓好组织推进，科技创新和改革发展实现了年初播种、年中开花、年底结果的良好局面。

1. 建院60年回顾与展望主题活动铭记历史、擘画愿景，队伍凝聚力和向心力空前提振

成功举办建院60年回顾与展望主题活动，充分展示了"陶醉辉煌历史、铭记前人功绩、感恩上级关怀、谋划长远发展"的活动追求与目标。特别是集团公司领导在活动期间亲临研究院调研指导工作并与干部职工及专家代表亲切座谈，体现了集团公司党组对研究院发展的高度重视与殷切期待，让我们在建设世界一流勘探开发研究院的伟大征程中倍受鼓舞，让我们士气更盛、信心倍增。

以展示成就贡献、加强学术交流为主线，精心安排主题活动内容。在主题活动筹备委员会的统一组织下，全体干部员工积极参与、通力合作，重点做了五个方面工作：一是精挑细选确定"辉煌一甲子，梦筑百年强"活动主题，精雕细琢形成《传承历史辉煌，谱写百年华章，为建设世界一流勘探开发研究院而奋斗》主题报告，既充分体现了对研究院建院60年光辉历程和业绩的陶醉，也高度关心和关注研究院未来发展的愿景、地位与作用。二是成功举办专家论坛、国际能源论坛高级研讨会、国家油气战略研究中心研讨会等一系列重要高端国际学术会议，以加深交流合作、携手应对挑战、探寻发展机遇。三是隆重举办主题大会和职工文艺演出等活动，以提振士气、鼓舞人心、谋划未来。四是编辑出版研究院《六十年发展史》《六十年理论技术文集》《石油勘探与开发（特刊）》《重点实验室宣传册》等出版物，以回顾历史、铭记前人、陶醉辉煌。五是策划制作六十年成就展、宣传画册和电视片，以标注里程碑、宣传里程碑、续写里程碑。建院60年回顾与展望主题系列活动既简朴又庄重，既活跃气氛、凝聚人心，又格调高雅、引领发展，体现了高层次，创造了影响力和地位，获得了院内外高度评价，成为推进研究院理论技术创新、服务生产创效和人才培养创名望的一次盛会。

以续写辉煌未来、开创百年伟业为追求，勾绘长远发展蓝图美景。建院60年回顾与展望主题系列活动，既是对研究院一甲子改革发展巨大成就的全面总结，也是激励全体研究院人踏上建设世界一流研究院新征程的重要起航。我们确定了建设世界一流、业务覆盖传统油气和新能源的综合性研究院的宏伟目标，提出了到2020年全面完成"十三五"规划、到2030年率先建成世界一流勘探开发研究院、到本世纪中叶努力建成具有全球影响力的权威性综合研究机构的"三步走"发展路线。这是研究院站在新的历史起点上对未来长远发展的美好畅想，也是我们立足60年发展的深厚积淀对建设百年研究院做出的总体规划。我们必须以一张蓝图绘到底的执着、以看准了就干的韧性，努力把规划愿景变成可以垒筑的阶段目标，一步一个脚印真抓实干，为保障国家能源安全、支撑集团公司稳健发展创造新的骄人业绩。

2. 科研生产既定部署全面落地，科技创新和服务创效量质齐升

一年来，研究院面向世界油气科技前沿，面向国家和公司重大油气战略，面向国内外

油气生产主战场，既站高位置、看清形势，又做好布局、选好切入点，一大批有地位、有实效、有显示度的成果竞相涌现。

勘探一路聚焦重大接替领域准备，推动油气发现取得新突破。一是立足高效勘探，评价优选"20油、8气"规模储量区，编制完成"十三五"后三年滚动规划和2019年度预探计划方案，有力支撑公司勘探决策部署。二是加强风险目标评价推举，提出角探1、剑探1、潼探1等18口风险井通过论证并大部分上钻，推动准噶尔盆地高探1井、塔里木盆地中秋1井获重大突破、四川盆地川东五探1获高产气流。其中，高探1井创准噶尔盆地单井日产量最高纪录，成为准噶尔盆地油气勘探史上的重要里程碑。三是强化关键理论技术研发，持续推进陆相致密油勘探开发理论技术发展，完善高精度深度域成像与波场保真一体化技术方案，深化孔隙结构表征和储层品质评价预测配套技术，为勘探发现提供有效手段。四是做好超前基础研究，推进太阳能耦合催化高效制氢材料设计与技术研发，部分材料的制氢技术指标和稳定性达到国际先进水平。

开发一路加强提高采收率技术攻关，提升公司国内外油田开发效益。一是基于国内油气供需形势分析，预测老油田降递减、提高采收率和新区效益建产等多情景发展趋势，提出集团公司原油1亿吨稳产对策。二是升级老油田"二三结合"技术，建立不同类型油藏大幅提高采收率新模式，针对新疆油田老区"3533"稳产工程推进12个开发方案编制和实施，支撑老区年产量超计划36万吨。三是围绕低渗透—致密油有效开发，推动缝网匹配水驱调整、空气泡沫驱、烃类和CO_2混相驱等技术应用，提高采收率效果明显。四是建立"井网重构、层位重建、介质辅助"的稠油吞吐末期调整开发方式，在新疆风城和九区新建产能30万吨，实现稠油年产400万吨以上目标。五是按照集团公司做大中东战略部署，全面推进哈法亚日产油40万桶、艾哈代布稳产、伊朗南北阿一体化方案、鲁迈拉和西古项目上产及阿布扎比项目各项工作，取得显著成效，为中东公司权益产量实现集团公司海外业务"半壁江山"做出重要贡献。

工程一路强化新技术、新工具、新产品研发与应用，助推资源规模动用和降本增效。一是强化技术攻关，地质工程一体化压裂设计方法在长庆杏河老区试验增产1.2倍，缝控储量压裂技术在玛湖、吐哈等致密油区块成功应用36口井，超短半径侧钻技术在吉林油田成功复活"死井"，第四代分层注水技术在油田示范区配注合格率持续保持在95%以上，多元微胶粒深部调驱等新型调堵体系实现高温高盐油藏稳油控水。二是做亮特色品牌，钻井液用抑制剂、排水采气用起泡剂等获集团公司产品质量认证，低分子抗盐聚合物在大庆三类油藏试验增油效果显著，纳米泡排体系在长庆、青海气区应用取得良好成效，PetroPE完成功能升级并应用1.2万余井次。三是强化决策支持，完成石油工业标准化信息平台建设，发布公司储层改造技术发展纲要，完成30口风险探井钻井方案审查及781口重点井钻井动态跟踪，创新"大监督"理念保障工程质量和安全。

天然气一路突出常规资源发现和非常规资源利用，支撑公司天然气业务快速上产。一是开展"全油气系统"新理念研究，促进塔里木库车、大港成熟探区深层天然气成藏研究与勘探取得重要突破。二是强化主力气区评价，提出长庆气区上产稳产规划与主要对策，开展西南气区龙王庙组气藏水侵机理及对采收率影响研究，完成震旦系气藏二期18亿立方米开发方案编制，促进重点气区高效开发。三是编制集团公司页岩气2035年、煤层气2025年产量发展规划，编制太阳—大寨区块年产8亿立方米、威201井区年产10亿立方米开发方案,提出低煤阶"多元成藏"富集模式指导有利目标优选。四是牵头完成集团公司储气库 2030 年工作气量战略规划;优化储气库注采系统,低成本快速新增调峰能力 1200 万米^3/天。五是超前谋划新能源发展,完成东部重点盆地地热资源评价和集团公司地热规划,推进煤炭地下气化和氢能业务前期工作。

海外研究中心深化重点合作区生产支持服务,支撑海外业务优质高效发展。一是加强全球油气资源评价与超前选区研究,优选 26 个合作区块,获得 5 项实质性进展;系统评价 55 个新项目,成功签约阿布扎比 2018 项目、延期哈萨克斯坦阿雷斯库姆油田项目,优化海外业务战略布局。二是深化成熟探区"三新"领域地质认识,集成配套勘探技术,助推中西非、中亚和美洲多领域取得突破,新增原油地质储量 2 亿吨;优选 30 个风险领域和区带,支撑缅甸深水获重大天然气发现。三是强化开发动态分析、规划计划与生产策略组织实施,完成 13 份可研报告、10 个开发调整方案和 5 项后评价的效益测算,以及 17 项经营策略研究,支撑海外权益产量达 9818 万吨油当量。四是加大海外工程技术支持和现场服务力度,形成覆盖海外重点项目的关键工程技术系列,支撑年增油 600 万吨以上。

京外分院发挥地域与特色技术优势,实现"一体两翼"整体协调发展。西北分院一是加强风险勘探研究,支撑沙探 1 井、白杨 1 井获得重要突破,开辟准噶尔盆地新战略接替领域;推动集团公司南苏丹第一口岩性油气藏风险探井获得突破,拓展中非地区岩性油气藏新领域。二是突出地质地震一体化优势,推动准噶尔盆地玛湖斜坡上乌尔禾组、柴达木盆地冷北斜坡—英雄岭构造带基岩、塔里木盆地塔中隆起深层等新区新层系立体勘探。三是加强物探技术攻关,创新模数转换前置时变放大、高效多通道三维地震物理模拟数据采集和纯纵波算子 TTI 逆时偏移等方法,发展"两宽一高"和转换波地震处理解释一体化特色技术,有效提高地震勘探精度和效率。

杭州地质研究院一是开展古老碳酸盐岩定年技术攻关,深化微生物岩—膏盐岩共生体系的白云石化与成储机理研究,碳酸盐岩沉积储层基础研究取得新进展。二是深化塔里木、四川和鄂尔多斯盆地深层海相碳酸盐岩有利储集相带与油气成藏条件研究,持续深化准噶尔和塔里木盆地碎屑岩沉积储层研究及目标评价,初步揭示柴西藻丘—颗粒滩优质碳酸盐岩储层分布规律,有力支撑了井位落实和储量发现。三是推动缅甸 AD1/8 区块获得发现,深化巴西里贝拉和佩罗巴区块油气地质研究与评价,为海上区块勘探生产提供技术支持。四是自主研发矿权与自然保护区图形信息管理系统,为公司矿权区块调整提供决策依据。

3. 党建与反腐倡廉建设与时俱进,党组织先进性和党员优秀性日益彰显

一年来,以凝聚队伍士气、提升团队正能量作为党建工作的出发点和落脚点,全面压实党建工作责任,深入推进反腐倡廉建设,党建工作为新时期科研生产和改革创新提供坚强的思想和组织保障。

以党建工作责任制为基础强化组织推动,全面构建齐抓共管、层层落实的"大党建"新格局。一是贯彻"一岗双责"制度要求,印发《院落实"大党建"工作格局实施办法》,完善院处领导班子职责分工,形成党组织履行主体责任、党组织书记承担第一责任、兼任副书记的行政正职领导承担重要责任、专职副书记承担直接责任、其他党组织班子成员分工负责的一级抓一级、层层抓落实的党建工作新格局。二是加强干部队伍建设,提拔处级干部 15 名,其中 75 后 6 名、80 后 4

名;继续执行处级干部提前退出机制,优化精简处级干部11人,干部队伍年龄结构进一步优化。新选拔科研单位副总师30人,在职人数达到67人,基本实现全覆盖,后备干部力量得到有效补充。三是持续推进基层党组织建设,贯彻落实党组织审议前置程序原则,修订完善《"三重一大"决策制度实施细则》,强化党建"三联"责任点建设,坚持支部书记季度例会制度,不断创新"三会一课"、民主生活会和党员民主评议等内容和形式,积极推广党建信息化平台,控规保质发展党员21名,充分发挥基层党组织战斗堡垒作用。

以巡视巡察为契机强化监督保障,持续营造风清气正、廉洁自律的从严治党氛围。一是牢固树立大局意识,全心全意支持好、配合好中共中央办公厅专项督查和集团公司第五巡视组巡视工作。全体党员干部旗帜鲜明讲政治、顾大局,以对组织忠诚、对组织负责的态度,及时准确提供材料,实事求是报告工作,客观公正反映问题,使督查组和巡视组能够全面了解和掌握真实情况,圆满完成工作任务。通过这两次"政治体检",研究院经受住了组织考验,为进一步整改存在问题、健全监督机制、推动持续健康发展奠定了坚实基础。二是以"发现问题、形成震慑"为主要任务,组建6个巡察组,采用"一拖三"形式对18家院属单位和部门开展两轮巡察,组织问卷调查和民主测评569人次、个别谈话590人次、听取汇报18次,调阅各类资料共计3278件,发现问题139个,收到举报8件,向派驻纪检组移送线索1件,巡察利剑的震慑、遏制作用初步显现。三是严格落实党委主体责任和派驻纪检组监督责任,召开党建与反腐倡廉建设工作会议,逐级签订党风廉政建设责任书、领导人员廉洁从业承诺书,对近两年新提任的52名处级干部开展"六个一"廉洁教育。强化监督执纪问责,加大对干部离任与任中经济责任、投资建设项目、大修项目竣工决算审计力度,坚决处理违纪违规行为,不断将党风廉政建设和反腐败工作引向深入。

4. 业务全球化战略布局初具规模,海外业务技术支持与服务大显身手

一年来,扎实推进"122243"全球化战略部署,进一步理顺海外技术支持体系建设,加快做大面向全球的海外技术支持和服务,实现了全球化战略布局起步稳、开门红。

一是正式组建海外研究中心。经过一年多的筹备,在中油国际和研究院共同努力下,海外研究中心于7月16日正式挂牌成立,这是贯彻集团公司海外业务优质高效发展战略、落实海外油气业务体制机制改革方案的具体行动,也是中油国际和研究院站在新时代发展的新起点上,进一步加强互助合作、实现共同发展的重要里程碑。自成立之日起,海外研究中心牢记使命责任,积极主动作为,全面履行海外油气业务"一部三中心"职责,配齐配强党政主要领导,成立综合管理办公室、生产运营研究所和工程技术研究所,积极做好各专业技术分中心与国内油气田对口技术支持的整体协调和推动工作,在"1+14+N"海外技术支持体系中的核心地位更加突出,为海外油气业务科学决策和生产平稳运行提供了坚实保障,获得中油国际和海外地区公司的广泛赞誉。

二是发展完善海外靠前技术支持体系。迪拜技术支持分中心运行平稳有序,积极做好中东地区项目技术代表和技术支持工作,创造了中国石油在中东地区的良好影响。以迪拜技术支持分中心为样板,设立阿布扎比技术支持分中心,依托NEB资产领导者角色,引领中东典型低渗低黏碳酸盐岩油藏开发,展示了研究院的技术实力,得到阿布扎比国家石油公司高度认可。同时,成立北迪石油科技公司,搭建研究院参与中东地区高端石油技术服务竞争商务平台,海外技术支持

公司运行体制机制进一步完善。自此，研究院业务全球化布局取得重要进展，形成以海外研究中心为大后方，迪拜和阿布扎比技术支持分中心为桥头堡的前线后方互动、研发服务并重的海外业务战略格局。

5. 综合改革和管理创新迎难而上，体制机制优化和队伍活力释放稳中有进

一年来，围绕激励机制落地、"三供一业"分离移交和混合所有制改革等重点综改任务，积极思考良方、寻找对策、优化机制，取得了一些进展和成效，但也存在一些推进不得力、落实不到位的问题。

一是推动激励机制落地，充分激发科研人员创新创效热情。经过积极争取，在集团公司总部有关部门的大力支持下，国家重大专项激励政策最终落地，年底从专项间接费用中提取1500万元用于奖励有突出贡献的团队和个人；依托集团公司科技成果转化创效激励政策，对集团公司批复的12个科技成果转化项目发放奖酬金246万元；同时，专门拿出513万元对全院26项技术服务、技术咨询类转化创效项目进行奖励。通过积极争取、多措并举，改革发展成果进一步惠及员工，人均薪酬收入实现较大幅度增长，科研人员科技创新和服务创效的积极性和主动性显著提高。

二是推进"三供一业"分离移交，保质保量按时完成国家和集团公司改革任务。按照上级部署和要求，分别与宝石花家园、国家电网北京市电力公司、北京市自来水集团公司和北京市热力集团公司签订物业、供电、供水和供热移交协议，积极做好资产和人员平稳有序划转，为创新物业管理模式、增设服务项目、提升服务水平创造了新机遇。

同时，为进一步创新收入分配机制、拓展科技研发的市场化转化渠道，以瑞德公司为平台积极探索混合所有制改革新途径，初步形成了瑞德公司混合所有制改革框架方案，

但受现有体制机制限制，加之我们对相关政策法规的理解不够透彻、寻求突破的方向不够明确、争取支持的沟通不够主动、推进混改的意志不够坚决，导致改革方案还无法推进落实，在一定程度上制约了研究院转型升级发展的步伐，需要我们进一步加强研究、努力探求改革新出路。

6. 各项基础建设统筹推进，科技支撑和服务保障能力显著提升

一年来，持续保持并发展行之有效的管理经验，改进并调整推进工作成效不突出的管理措施，有力推动了管理科学化和服务专业化水平提升，为科研生产工作提供了坚实保障。

加强组织协调，推动管理创效，机关履职能力建设实现新跃升。积极做好有关国家部委和集团公司领导来院调研工作筹备，为上级领导进一步了解研究院情况、给予政策支持提供坚实保障。强化国家重大专项经费管理，建立国拨经费使用季报制度，每期院务会上对国家重大专项经费执行情况进行点评，显著提高经费执行率。完成机关职能部门职责梳理，各部门分工合理、各司其职、通力合作，机关管理和服务水平有效提升。完善全员培训体系，邀请13名两院院士为科研人员授课，3门在线课程被评为集团公司优秀课程，项目数量、师资水平和培训质量稳步提升。依规高效安排年度财务预算和投资大修计划，严控五项费用及非生产性费用支出，提高资金计划执行率和防范资金风险，确保全院全年各项计划财务指标的完成。完成3家院属公司工商注销和资产处置，强化全业务流程风险控制。全面启用外事管理平台与一站式代办服务，丰富中东地区外事支持内容与方式，实现因公出国管理与服务的升级发展。

坚持引用并举，培育骨干精英，优秀技术和管理人才队伍展现新风貌。设立院士工作

室,制定退休院士聘用管理办法,明确企业技术专家返聘报酬标准,保护老院士、老专家投身科技事业的工作热情。连续举办7期企业技术专家领导力基础培训班和授课技巧培训班,使他们不仅在理论技术研发和生产创效中担纲领军,又增强了领导能力、履职能力、谋划发展能力和团队建设能力,提升了管理艺术和管理水平。举办首届国际化青年后备英才选拔赛,选拔一批专业过硬、外语突出的优秀青年进行长期重点培养,逐步形成一批具有国际影响力的上游科技与战略规划人才,打造一支具有国际业务运作能力的商务、法务及翻译人才队伍,为业务全球化战略储备人才。制定首批石油科学家、青年科技英才培养计划,完成石油科学家培育协议签订,组织4名青年科技英才出国交流。举办青年学术交流会、团青干部培训班、青年大讲堂和青年岗位讲述活动,畅通青年优秀人才脱颖而出的通道。严把毕业生选聘质量关,招收优秀毕业生45名,并组织赴新疆油田现场实习锻炼,为研究院发展注入新鲜血液。

立足强基固本,规划长远发展,科研条件建设实现新升级。加强实验室设备的完善提升和深度开发利用,5个国家级和17个公司级重点实验室平稳运行,实验室对基础研究和学科建设的支撑作用进一步发挥。制定国际合作交流业务发展规划,明确未来5—10年国际科技合作的方向和目标,创新国际科技合作业务分类管理、分层实施的管理机制和组织模式,努力推动国内科技自主研发和国际科技合作研发并重发展。出台信息化总体规划,确定了到2020年实现共享研究院、到2025年实现智能研究院、到2035年实现智慧研究院的信息化三步走发展路线;启动勘探开发认知计算平台和勘探开发云平台建设,完成"一院两区"两条千兆网络连接,有力支撑安全、高效、协同的科研办公环境。履行集团公司资料中心职责,顺利完成勘探开发资料向自然资源部汇交任务,为公司矿权设立与延续提供保障。《石油勘探与开发》SCI影响因子首次突破2.0,达到2.065,排名世界石油科技期刊第三名;在中国科技核心期刊中影响因子达到4.024,连续5年蝉联第一。

优化办公环境,美化园区建设,和谐美丽矿区实现新发展。完成北实验区改造工程,新增科研实验面积2万平方米;推动工字楼住户腾退和改造,园区环境进一步提升。稳步推进廊坊院区"三个基地"建设,按照"特型实验、产品中试、技术培训"三大功能进行统筹规划、整体配置。坚决推进南厂区清退,圆满处置华普花园房产纠纷,维护集团公司利益。持续提升社区管理和物业服务水平,加强物资采购管理和供应商遴选。强化全员安全环保专业培训教育与安全网格化管理,完善危险化学品管理等制度,持续推进质量和HSE体系有效运行,全年实现"四零"目标。上线运行"石油大院RIPED"微信公众平台,畅通职工利益诉求渠道,加强北京和廊坊院区离退休职工统一管理和服务,落实好老同志政治生活待遇,做好文体活动组织、节日慰问关怀等工作,营造了团结和谐的氛围。

同志们,回顾过去一年,研究院各项工作进展顺利、成果丰硕。全年获国家科技进步一等奖1项;获集团公司科技进步奖12项,其中特等奖2项,一等奖5项;获集团公司技术发明奖三等奖1项;获集团公司基础研究奖3项,其中一等奖2项;获其他省部级奖19项,其中一等奖4项;获授权发明专利157件,其中国际发明专利4件;获软件著作权登记55项。此外,主导和参与制修订国家、行业和企业标准27项;出版专著53部,发表科技论文1329篇,其中SCI收录209篇,EI收录321篇。张水昌教授获何梁何利基金科学与技术进步(地球科学)奖和集团公司"杰出成就奖";邓胜徽教授获第八届尹赞勋地层古生物学奖；王晓梅博士获第九届黄汲清青年地质科学技术奖，金旭博士获孙越崎能源青年科学技术奖、中国能源协会优秀青年科技工作者称号，2名在读研究生获孙越崎优秀学生奖。

这些成绩的取得，离不开集团公司党组、股份公司管理层的正确领导，离不开总部部门和专业分公司的大力支持，离不开全院干部员工的共同努力，也离不开老领导、老专家和全院离退休职工的关心指导和建言献策。在此，我谨代表院党委和院领导班子，向全院广大干部员工一年里付出的辛苦和做出的贡献，向员工家属给予的理解和支持，向各位院士、老领导、老专家和离退休老同志给予的关心、关怀和帮助表示衷心感谢！

二、面临形势与任务

当前，我国已进入中国特色社会主义新时代，党的十九大对建设现代化经济体系、推动我国经济高质量发展做出了一系列重大战略部署。推动高质量发展，已经成为新时代我国经济社会发展的大形势、大格局、大逻辑，也是当前和今后一个时期国有企业谋划各项工作的根本出发点。2018年以来，集团公司党组牢牢把握新时代公司肩负的责任使命，坚持稳健发展方针，坚决推动高质量发展，明确了建设世界一流综合性国际能源公司的三个阶段战略安排。在2019年集团公司工作会议上，集团公司党组又对推动高质量发展做了进一步部署和安排，提出要提高政治站位，以创建世界一流示范企业为抓手，在党的建设、业务发展、改革创新、和谐企业建设等各方面树立一流标准，扎实有效工作，不断开创世界一流综合性国际能源公司建设新局面。

国内外油气勘探开发业务是中国石油的发展之基、效益之源，是定位为优先发展的业务领域，也是公司推动高质量发展、建立世界一流企业的优势和潜力所在。研究院作为集团公司全球上游业务发展的"一部三中心"，在集团公司科技创新体系和实践创新战略中肩负着重要使命，在推动勘探开发理论技术进步、促进国内外油气业务发展中具有不可替代的地位和作用。我们必须不忘初心、牢记使命，坚决履行"一部三中心"定位职责，认真贯彻落实高质量发展部署和要求，持续加大研发创新和生产服务力度，稳步推进学科建设、人才培养、综合改革和管理创新，努力实现战略决策支持高质量、理论技术创新高质量、现场生产服务高质量、学科人才队伍高质量、发展环境和基础条件高质量，推动集团公司上游业务稳健发展。

近年来，研究院立足60年发展深厚积淀，确立了建设世界一流勘探开发研究院目标和业务全球化发展战略，积极推动由面向国内为主到扎根国内、布局全球的根本转变，转型升级发展迎来了崭新局面。但随着国内油气资源品位变差、开发对象日益复杂、刚性成本居高不下，以及油价不确定性增大、海外油气业务风险和难度加大，上游业务增储上产、提质增效还面临诸多困难和挑战。同时，全球能源格局正在加速转型，科技创新节奏明显加快，第四次工业革命的浪潮悄然而至，这也为我们提供了难得发展机遇。在这个机遇与挑战并存的新时代，如果没有直面挑战的勇气担当，没有抢抓机遇的敏锐嗅觉，我们就会在发展黄金期得过且过、错失良机，长此以往将裹足不前、输掉未来。为此，我们必须转变发展思路，在扎实推进已有战略部署和科研任务落实的基础上，积极拓展思维、大胆未雨绸缪，超前关注和谋划下一步发展的新领域和新路径，努力为集团公司推动高质量发展、建设世界一流综合性国际能源公司提供强有力的科技支撑。

三、2019年工作部署

2019年是"十三五"收官准备之年，是"十四五"开局的思考之年，也是研究院既定部署和规划目标全面抓推进和落地之年。全年工作的指导思想是：深入贯彻习近平新时代中国特色社会主义思想和党的十九大精神，全面落实集团公司2019年工作会议部署和高质量发展要求，紧紧围绕建设世界一流勘探开发研究院目标和业务全球化发展战略，牢牢把握"一部三中心"定位职责，超前谋划"十三五"收官和"十四五"开局，抓实抓好十方面重点工作，为集团公司打好勘探大发展进攻仗、打胜油田开发上产进攻仗、打赢天然气快发展进攻仗、打准工程技术降本增效进攻仗，提供强有力科技支撑，千方百计力保公司原油产量稳中有升和天然气产量快速发展，为保障国家能源安全做出新贡献。

（一）不忘初心、牢记使命，坚持"一部三中心"定位职责，行稳致远

"一部三中心"定位是在长期发展实践中形成和确立的，既是研究院科研生产各项工作的立足点和出发点，也是未来持续健康发展的根本保证，我们必须长期坚持并不断发展。

一是做高战略决策支持，继续发挥好高端智库作用。突出油气战略研究，响应中央号召、保障国家油气供应安全，毫不动摇实施资源战略，认真分析勘探开发现状、形势与潜力，组织开展油气供应和消费趋势预测、油气勘探开发形势及发展趋势分析、油气资源统筹协同发展战略、原油稳产、天然气增产途径和对策、非常规油气潜力与有效开发途径、加大勘探开发力度配套政策等重大问题研究，统筹考虑储量与产量、速度与质量、规模与效益、老区与新区、当前与长远、国内与海外的关系，合理匹配储量、产量、工作量、投资、效益目标，继续以国家油气战略研究中心为窗口面向行业主管部门，以《决策参考》为窗口面向公司总部，为国家和公司中长期油气发展规划、重大战略制定、重大决策部署、重大政策出台提供前瞻性研究和综合性研判，充分发挥油气高端智库作用。

二是做深理论技术创新，继续厚植长远发展基础和优势。依托4个国家级重点实验室、17个公司级重点实验室，以国家和公司两级重点项目为主体，以自主设立的一批院级基础研究项目为补充，以16个重点学科建设为抓手，深化海相碳酸盐岩、中新元古—下古生界古老深层油气、纳米智能驱油剂、储层改造、非常规油气开发等有重大需求远景的超前基础理论和重大、关键、共性技术研究，大力推进页岩油基础地质研究、关键技术攻关和实验条件平台建设，积极储备智慧油气田、地下煤制气、海洋深水超深水、地热、铀矿、天然气水合物、氢能、储能和新材料等领域理论技术，瞄准前沿形成优势，瞄准需求拓展方向，培育和储备一批引领重大勘探开发领域突破和科学破题的理论技术成果，夯实发展基础和后劲，努力把研究院的理论技术优势转化为公司稳健发展的强大支撑。

三是做实生产技术支持服务，继续全力支撑油田增储上产发展。瞄准国内外重点油气区和重点盆地的重大生产需求，坚持深入生产一线、贴近现场服务，发挥多年积累的理论技术特色优势，科学诊脉制约油气田发展的难点和挑战，强化国内盆地研究中心和海外研究中心在支撑油气田勘探发现与开发建设中的龙头作用，扎实推进老油田稳产和提高采收率、低渗透油藏有效开发、低品位与难采储量大规模动用、较大幅度提高单井产量等技术研发与创新，认真做好重点地区开发方案编制、工程技术支持和生产管理优化，着力抓好海外五大油气合作区新项目获取、成熟探区精细勘探、开发方案编制与工程技术支持，加快成熟技术、特色软件和产品转化应用，持续在国内与海外油气生产主战场同步发力，成为有力支撑集团公司国内外上游业务稳健发展的高水平技术支持服务中心。

四是做强人才队伍建设，继续打造高层

次智力高地。坚持"人才立院"根本宗旨,完善人才布局和梯队建设,积极落实石油科学家培育计划,对标高层次、专业化、国际化要求,选择业务强、外语好、懂经营、善管理的科研和管理人员,通过交叉任职、项目派遣、出国培训等形式,吸收国内外的经营管理理念、前沿理论和最新技术,造就一批世界水平的科学家、科技领军人才、高技能人才和高水平管理团队。用好用足国家人才引进政策,积极引进集团公司技术薄弱领域急需紧缺的领军人才。认真贯彻青年科技英才培养工程,加大对中青年科技人才的推举和选拔,鼓励开展兴趣驱动的开创性研究,鼓励有能力的青年人勇挑重担,在研发创新中磨练自我、脱颖而出。倡导儒雅、厚重、勤勉、求实、创新、包容的优秀文化,引导科研人员淡泊名利、矢志创新,打造集团公司一流的上游高层次人才聚集高地。

(二)承前启后、继往开来,做好"十三五"收官和"十四五"启动,稳中求进

要以抓好"收官"和"开局"为契机,培育有含金量、有显示度的重大成果,进一步把准方向、选好目标、配齐力量,用能力创造地位、用优秀争取机会、用高水平赢得信任。

一是加强成果管理,精心抓好"十三五"重大成果的梳理、总结和凝练升华。全面梳理"十三五"期间已有成果、最新进展和制约瓶颈,及时发现问题、查漏补缺,提升创新的准确性、服务生产的敏锐性、成果转化的时效性,把增量做足、成效做实、地位做高,确保"十三五"顺利收官和成果颗粒归仓。围绕理论、技术、产品、装备的重大创新方向,精心遴选确定10项左右重大成果,重点培育、打磨提升、凝练集成,加大自然科学奖和技术发明奖申报的组织力度,力求用掷地有声的一流成果、一流人才和一流实效,让研究院的地位、作用和影响力更加突显。

二是突出超前谋划,着力抓好"十四五"各项部署的思考、规划和落地措施。认真开展油气开发重大专项接续战略研究,明确"十四五"总体目标和阶段性目标,既做好已有研究的继承发展,又做好新方向、新目标的衔接和转轨,瞄准油气上游领域"卡脖子"技术,补足短板、追求颠覆性突破,努力实现油气勘探开发理论技术的跨越式发展。积极支撑集团公司"十四五"和年度科技与勘探开发规划编制,突出质量效益发展需求,科学制定发展思路,努力做好投资优化、结构调整和改革创新部署,强化目标、工作量与人力资源的合理布局,做到目标明确、思路清晰、重点突出、措施可行。深入研究并制定研究院"十四五"发展规划,聚焦全球化发展战略和转型升级发展需求,集思广益抓好顶层设计,明确重大领域、重点学科发展方向,统筹兼顾关键、基础和共性问题,持续加大研发投入,使全院上下行有方向、抓有重点、干有目标,努力让研究院走在高质量发展的前列。

(三)突出重点、培育亮点,聚焦十方面重点工作,看准做实

一是在加大勘探力度的大背景下,要立足大型主力含油气盆地,以风险勘探和四个盆地研究中心为抓手,坚持在原始地质资料中精耕细作,坚持在"三个盲区"里深挖细找,通过扎实过硬的基础研究,努力找准主攻方向和突破口,努力发现优质高效储量,支持油气勘探高质量发展。

二是在加强重大接替领域准备的大背景下,要瞄准页岩油革命的未来契机,发挥页岩油研发中心作用,推进重点实验室和配套条件平台建设,开展中低成熟度页岩油原位转化先导试验,做好基础研究、工程与工艺技术发展和选区评价三篇文章,努力形成领先地位。

三是在原油产量稳中有增的大背景下,要坚持产量和效益并重,加强开发机理与核心技术超前研究,以老油田二次开发、低品位

储量规模动用和提高采收率为抓手,努力培育亮点、做出样本、形成模式,引领上游生产持续健康发展。

四是在加大加快天然气勘探和规模上产的大背景下,要加强大气田形成条件与控制因素研究,强化主力气区技术支持与服务,做好常规非常规两类资源发现、老气田稳产和非常规资源快速上产文章,确保天然气发展快速、稳健而有成效。

五是在大打油气勘探开发进攻仗的大背景下,工程技术要瞄准降低成本和消除运行体制弊端,扎实做好核心技术创新、成熟技术配套优化及有效工艺流程与方案优化研究,努力提供可借鉴的降本增效工程技术新方案。

六是在推进海外业务优质高效发展的大背景下,要以与中油国际共享共建海外研究中心为抓手,加强基础研究与生产应用,打造"国家"与"地方"两支队伍,把功夫花在地下,花在成熟技术转化、开发方案优化、新项目评价和优选上,努力支撑海外业务高质量发展。

七是在坚持党的领导、加强党的建设的大背景下,要坚决贯彻落实中央和集团公司党组部署,做实党建基础工作,做强意识形态工作,做好优秀文化传承,努力发挥院党委把方向、管大局、保落实的作用。要以强化制度建设为抓手,全面深化党建"三基建设",推动基层党建全面提质升级,充分发挥群团组织纽带作用,努力让党建工作成为稳健发展、人才辈出和科技进步的坚强保障。

八是在全面从严治党不断深入的大背景下,要进一步加强党组织党风廉政建设主体责任的落实,做实"一岗双责",扎实抓好巡视问题整改,持续加大内部巡察力度,不断强化内部审计工作,提升问题发现和成果运用能力,将党风廉政建设与反腐败工作不断向基层延伸,严肃查处违规违纪行为,维护良好政治生态。

九是在不断深化体制机制改革的大背景下,要持续强化职能部门管理和服务意识,优化管理流程、改进管理作风、提升管理绩效,积极争取有利政策支持,深入推进人事劳动分配三项制度改革,深化组织机构优化整合和全面定岗定员,推行院属单位分类和领导人员分级分类管理,完善薪酬分配制度,进一步释放创新创效热情和活力。

十是在持续推进一流上游科技园区建设的大背景下,要以满足职工群众科研和生活需求为根本,持续完善基础设施、创造便利条件,力求年内完成科技园区建设改造任务,为"一院两区"全面落地创造条件,积极办好惠民实事、关爱"一老一少",打造安全和谐优美园区,夯实有利于科技创新和成果培育的一流环境基础。

以上十个方面是2019年研究院工作的重点方向,各路主管领导要结合全院重点部署要求,在保持已有进展的基础上,扎实抓好重点研发和服务、重点学科建设与人才培养、党建与反腐倡廉建设各项工作的部署落地,努力通过新的一年的组织和增量建设,为研究院"十三五"研发创新、服务创效与人才成长创名望全面丰收取得新成绩、做出新贡献。

各位代表、同志们,研究院2018年各项工作成果丰硕、成绩斐然,这是集团公司党组正确领导、院党委精心部署、职能部门和全院各单位齐心协力、广大干部职工拼搏进取的结果,成绩归功于大家,再次衷心感谢大家一年来付出的辛劳和汗水。

2019年新春佳节即将来临,借此机会,衷心祝愿大家新春快乐、身体健康、阖家幸福,在充满期待的新一年、在高质量发展的新征程中取得更辉煌业绩、做出更大贡献!

谢谢大家!

专 文

国家能源局副局长李凡荣到研究院调研

2月27日,国家能源局副局长、党组成员李凡荣一行到研究院廊坊院区开展页岩气和储气库专题调研,看望慰问一线干部员工,参观国家能源页岩气研发(实验)中心和集团公司油气地下储库重点实验室。研究院院长、党委书记赵文智,副院长邹才能,中国石油天然气股份有限公司勘探与生产分公司(简称勘探与生产分公司)副总经理汤林,研究院非常规研究所所长王红岩、地下储库研究所所长郑得文等参加调研并出席会议。

赵文智对国家能源局给予研究院的一贯支持和大力帮助表示感谢,并表示研究院将一如既往做好国家能源局支撑工作。随后,王红岩作题为"加强基础理论和关键技术研发,助力我国页岩气产业发展"的报告,汇报国家能源页岩气研发(实验)中心建设成果和研究院在中国页岩气增储上产中发挥的重要作用。郑得文作题为"中国油气储存发展战略与建议"的报告,汇报国内外储气库发展现状和中国储气库发展技术对策。

李凡荣充分肯定和高度赞赏研究院国家能源页岩气研发(实验)中心在中国页岩气发展中做出的重大贡献以及油气地下储库实验室为中国储气库建设和运行提供的技术支持,并对下一步工作提出四点要求:一是要做好现有国家级页岩气示范区的分析总结,研究提出二期试验区的工作设想。二是要进一步加强技术攻关,形成页岩气勘探开发自主配套技术系列。三是要加快地下储气库建设,确保集团公司储气能力建设按时足量完成。四是要深入研究我国天然气对外依存度与储气库匹配关系,加快地下储气库建设,确保我国能源安全。

集团公司总经理张伟到研究院调研

2月12日,集团公司总经理、党组副书记张伟到研究院调研,看望慰问一线干部员工,参观研究院60年成就展和国家重点实验室,听取研究院院长、党委书记赵文智工作汇报并作讲话。股份公司副总裁兼勘探与生产分公司总经理、党委副书记李鹭光,集团公司总经理助理兼人事部总经理刘志华等参加调研并出席会议。

赵文智在汇报中介绍了研究院基本情况、近年来工作思路和举措以及取得的重要进展,并对国内油气上游勘探开发形势提出五点认识和建议:一是待发现常规油气资源潜力较大,通过加强前期准备和管理创新,资源劣质化趋势有望改变。二是坚持成熟区和新区勘探并重,可保证探明储量高峰增长再延续较长时间。三是天然气处于上产发展期,产量具备倍增发展的可能性,需要提早做好技术创新与认识创新"两篇大文章"。四是从油田开发形势与储量准备看,国家有基础达至每年2亿吨原油生产量,但效益和规模兼顾难度大。五是扎实做好老油田挖潜和低品位储量规模有效动用两篇文章,是实现原油稳产乃至上产的基础。

张伟指出,研究院在60年发展历程中,形成了非常好的优良传统、深厚的理论技术和人才积淀,扎实推动理论技术创新、生产服务创效和科技人才培养,取得了丰硕成果,为集团公司高质量发展以及石油科技事业的不断进步发挥了重要驱动和支撑作用。他表示,本次到研究院来调研,一是代表集团公司党组来看望油气科技工作者,给大家拜年;二是想深入了解油气勘探开发理论技术研究的发展情况和科研队伍现状。

张伟强调,研究院下一步要重点做好四方面工作:一是要坚持创新思维,牢固树立创新是引领发展第一动力的理念,秉持大胆创新、敢闯敢试的进取精神,发挥主观能动性和创造性,敢于突破前人、突破常规、突破自我,不断形成创造性的科研成果。二是要牢记责任使命,坚定不移推动理论技术创新,依托学科优势和科研基础条件,持续深耕基础理论、战略性前瞻性技术研究;面向集团公司发展重大需求,加大国内外上游业务靠前技术支持与服务力度,引领和支撑集团公司高质量发展。三是要创新激励机制,营造鼓励大胆创新、勇于创新、包容创新的良好氛围,完善人才队伍建设、青年人才成长、激励机制等相关政策,激发创新活力,让有创新梦想的科研人员有信心又有激情地投入创新事业中。四是要加强党的建设,把政治建设摆在首位,将党建与科研工作紧密结合,持续传承弘扬石油精神和研究院优秀文化,汇聚起科技创新的强大动力。

集团公司副总经理焦方正到研究院西北分院调研

4月11日,集团公司副总经理、党组成员焦方正到研究院西北分院调研检查指导工作,看望慰问一线干部员工,参观集团公司油藏描述重点实验室、集团公司物联网重点实验室和集团公司大数据高性能计算中心,实地查看基础研究条件,检查指导技术研发工作。集团公司科技管理部副总经理杜吉洲、生产经营管理部副总经理李军,政策研究室副总经济师潘涛,研究院总地质师胡素云、西北分院领导班子全体成员参加调研并出席会议。

西北分院院长、党委副书记杨杰从西北分院概况、近年来所取得的主要成果及下一步工作安排等方面作全面汇报。

焦方正指出,西北分院三十五年来为中国石油的勘探突破、勘探发现做出了重大贡献。近年来,西北分院技术发展尤其是物探处理解释技术发展较快,针对油田生产实际的软件研发逐渐形成特色,人才培养成效显著,在西部油田的圈闭发现、集团公司信息化建设方面做了大量的工作。他强调,西北分院结合实际和科研人员特点,创新党的建设,科研队伍的凝聚力进一步提升,战斗力进一步增强,拥有一批热爱石油、乐于奉献的科研骨干,党政班子团结一致,带领大家为中国石油增储上产做出了重要贡献,这支队伍是中国石油事业发展的宝贵财富。他要求,下一步要全面落实习近平总书记重要指示批示精神,强化基础研究、技术攻关、重点盆地新领域勘探和特色发展,重点做好六个方面工作:一要强化责任担当,扛起保障国家能源安全的重任。二要强化基础研究,为新领域油气发现提供认识基础。三要强化技术引领,为新领域的发现提供技术支撑。四要强化重点盆地新领域研究,为推动油气勘探发现做出贡献。五要强化特色发展,推动世界一流研究院建设。六要强化党的建设,为世界一流研究院建设提供坚强政治保障。

研究院召开2019年工作会议暨职代会、党风廉政建设和反腐败工作会议

1月23日,研究院召开2019年工作会议暨职代会、党风廉政建设和反腐败工作会议,深入贯彻习近平新时代中国特色社会主义思想和党的十九大精神,以及集团公司2019年工作会议精神,全面总结2018年主要成绩,安排部署2019年重点任务。

研究院院长、党委书记赵文智传达集团公司2019年工作会议精神,作题为《扎实做好高质量发展,为打好上游业务进攻仗提供强有力科技支撑》的工作报告,全面总结研究院2018年工作成果,深刻剖析当前面临的形势和任务,提出未来一个时期的发展方向和目标。

赵文智指出,2018年是研究院深化改革、推进发展的积淀之年,是承前启后、继往开来的传承之年,是布局全球、实现跨越的成长之年。一年来,在集团公司党组领导支持下,研究院牢牢把握新形势下新要求,汇聚全院力量,聚焦重大需求,坚决把"加大油气勘探开发力度、推动集团公司上游业务高质量发展和全面加强党的建设"三项目标任务铆实钉紧、落地见效;紧紧围绕年初部署的"六个一工程",上下联动扎实推进各项工作,较圆满完成科技创新、生产创效、深化改革、党的建设和服务保障等各项任务,实现新发展,开创新局面。

赵文智强调,2019年研究院要深入贯彻习近平新时代中国特色社会主义思想和党的十九大精神,全面落实集团公司2019年工作会议部署和高质量发展要求,紧紧围绕建设世界一流勘探开发研究院目标和业务全球化发展战略,牢牢把握"一部三中心"定位职责,超前谋划"十三五"收官和"十四五"开局,抓实抓好十方面重点工作,为集团公司打好勘探大发展进攻仗、打胜油田开发上产进攻仗、打赢天然气快发展进攻仗、打准工程技术降本增效进攻仗提供科技支撑,千方百计力保集团公司原油产量稳中有升和天然气产量快速发展,为保障国家能源安全做出新贡献。

集团公司派驻研究院纪检组组长吴忠良作题为《发挥派驻优势,凝聚监督合力,深入推进全面从严治党向纵深发展》的专题通报,系统回顾研究院党委推进全面从严治党、纪检组强化监督执纪的新成效,深刻剖析当前研究院党风廉政建设和反腐败工作存在的主要问题,并对2019年重点工作做具体部署和安排。

吴忠良强调,2019年研究院党风廉政建设和反腐败工作要以习近平新时代中国特色社会主义思想为指导,深入学习贯彻党的十九大精神,全面落实集团公司党风廉政建设和反腐败工作部署,坚持稳中求进的工作总基调,以党的政治建设为统领,在净化政治生态上积极作为;以"五个坚持"为抓手,在强化日常监督上积极作为;以"四种形态"为引导,在抓早抓小治未病上积极作为;以"提高五个能力"为准则,在加强自身建设上积极作为,以高质量的纪检监察工作推动研究院全面从严治党向纵深发展。

赵文智在总结讲话中对研究院今后一个时期的工作提出四点要求。一是要继续毫不动摇坚持既定方向和部署，朝着世界一流勘探开发研究院目标行稳致远。二是要继续不折不扣树立责任担当意识，把支撑集团公司高质量发展的重任扛在肩上。三是要继续持之以恒传承和弘扬研究院优秀文化，让历久弥新的石油精神成为推动发展的强大内动力。四是要继续恪尽职守围绕业绩合同抓好落实，推动研究院2019年改革发展各项工作再上新台阶。

会议还表彰了研究院2018年度青年十大科技进展和先进集体、先进工作者，签订了业绩合同、安全环保稳定责任书和党风廉政建设责任书，12个单位和个人作了典型经验交流发言。

研究院领导、院士、离退休老领导、老同志，北京院区各单位主要负责人，西北分院和杭州地质研究院领导及主要职能部门负责人，科研骨干、职工代表及受表彰人员250余人参加会议。

研究院召开干部大会

11月29日，研究院召开干部大会，宣布集团公司党组关于研究院主要领导调整的决定。集团公司副总经理、党组成员焦方正参加会议并作重要讲话。

集团公司总经理助理、人事部总经理刘志华宣读集团公司党组关于研究院主要领导的任免文件，由马新华任研究院院长、党委书记，赵文智因达到退休年龄，免去研究院院长、党委书记职务。

焦方正在讲话中指出，此次集团公司党组对研究院主要领导进行调整，是一次干部新老交替的正常调整。近年来，在以赵文智为班长的院领导班子带领下，研究院坚决贯彻中央和集团公司党组决策部署，把握"一部三中心"定位职责，面对勘探对象越来越隐蔽复杂、开发对象越来越充满挑战的新情况新变化，突出理论技术创新，强化技术服务支撑，注重战略规划布局，推进综合配套改革，各方面工作都取得新进展新成效。

焦方正强调，研究院作为集团公司上游业务发展的"一部三中心"，在集团公司科技创新体系中处于龙头地位，在实践创新战略中肩负着重要使命。希望以马新华为班长的新一届领导班子带领全体干部员工，认识面临的新任务、新挑战，进一步增强责任感、使命感，以习近平新时代中国特色社会主义思想为指导，贯彻集团公司党组各项决策部署，做好科技创新"三大工程"，持续推进认识创新和理论创新，不断提升决策参谋、理论创新、技术研发、支持服务及人才培养的能力水平，为集团公司高质量发展、不断开创世界一流综合性国际能源公司建设新局面贡献智慧和力量。

焦方正对研究院下一步工作提出四点要求：一是要坚持战略定位，着力推进"一部三中心"高水平建设，为集团公司油气勘探开发战略决策、国内外油气生产建设、科技进步和人才培养多作贡献。二是要坚持自主创新，加强支撑油气工业发展的超前基础理论和重大关键共性技术研究，力争成为核心理论和技术的领跑者，着力为上游业务发展提供高质量科技供给。三是要坚持深化改革，落实集团公司深化科技体制机制改革政策，在动态运行"双序列"职级体系、引进吸收优秀专业技术人才、实施完全项目制试点等方面，搞好试验田、铺好新路子、创造新经验，着力增强科技创新的动力和活力。四是要坚持人才强院,用好用足国家人才引进相关政策,落实石油科学家培养培育计划,引进集团公司薄弱技术急需人才,实施青年科技英才培养工程,着力打造高层次国际化人才队伍。

赵文智、马新华分别作表态发言,表示坚决拥护集团公司党组决定。

集团公司人事部干部一处处长李炯、集团公司办公厅秘书林大鹏,研究院领导班子全体成员,一级专家,副总师,职能部门正副职、院属各单位党政正职参加会议。

研究院召开2019年务虚会

12月26—27日,研究院召开2019年务虚会,传达学习中央政治局12月6日会议精神、12月10—12日中央经济工作会议精神、《2019—2023年全国党政领导班子建设规划纲要》,以及《领导干部报告个人有关事项》等内容,听取"十四五"发展规划编制总体情况汇报,并围绕改革发展、科技创新、人才队伍建设、体制机制调整、党建与反腐倡廉建设等主题进行交流发言,共同思考和谋划研究院"十四五"和未来发展。

研究院院长、党委书记马新华听取大家的意见和建议,并发表总结讲话。他指出,"一部三中心"定位是在长期发展实践中形成和确立的,是集团公司总部赋予研究院的重要使命,也是研究院安身立命之本。我们必须长期坚持并不断发展,把"一部三中心"定位细化到内部组织结构、具体项目团队和每一位员工。要按照集团公司党组的部署和要求,积极适应由面向国内为主到扎根国内、布局全球的根本转变,为集团公司推动高质量发展、建设世界一流综合性国际能源公司作出新的更大贡献。

马新华强调,要聚焦"世界一流"发展目标,对标世界一流油公司研发机构特点,对照高质量发展要求,集思广益看清客观差距,找出问题短板,描绘实现目标的具体可行路径,明确每条路径上存在的困难和应对策略,建立科学合理、符合我国油公司特点的世界一流研究院指标体系,找准重大领域、重点学科发展方向,科学推动"十四五"规划编制工作。

马新华要求,下一步要抓好八项重点工作:一是要以习近平新时代中国特色社会主义思想为指导,贯彻习近平总书记系列重要指示批示精神,落实新的发展理念和高质量发展要求,进一步完善"十四五"发展规划顶层设计,形成全面引领研究院未来发展的总体规划。二是要构建完善研究院科技创新和研发服务体系,落实集团公司2019年领导干部会议精神,研究和利用好科研管理和激励政策,推动科研队伍建设和学科发展。三是要加快研究院国际化发展,强力推动海外研究中心建设,加大对中油国际总部和地区公司的技术支持力度,支撑集团公司海外油气业务拓展。四是要加强信息科研力量的整合和管理,抓住集团公司勘探开发梦想云平台等项目建设机遇,推动研究院上游信息支持中心和共享研究院建设。五是要稳步推进重点领域改革,包括劳动人事分配三项制度改革、混合所有制改革、油公司改革、简政放权等,释放科技创新与生产创效活力和动力。六是要抓好重大科研项目的收官和接续,做好国家重大专项和集团公司重大专项的总结和谋划。七是要加强党的建设和反腐倡廉工作,落实党组织书记第一责任人职责,履行党风廉政建设"一岗双责",持续改进作风,营造风清气正的科研创新环境。八是要着力改善科研条件和员工生产生活环境,推进科技园区建设,提升职工食堂和公寓条件,加强安全环保和后勤服务。

研究院领导班子全体成员、京外单位和海外研究中心党政负责同志、首席专家、副总师、职能部门主要负责人等40余人参加会议。

研究院举办《全球油气勘探开发形势与油公司动态(2019年)》发布会

11月12日,研究院在北京举办《全球油气勘探开发形势及油公司动态(2019年)》发布会。

《全球油气勘探开发形势及油公司动态(2019年)》由全球油气勘探形势、全球油气开发形势、全球石油公司发展动向与策略三大章组成,旨在为中国油公司海外勘探及超前选区,为国家制定能源战略及油气行业政策,为中国油公司海外业务发展提供前瞻性、战略性参考和借鉴。

在全球油气勘探形势方面,2018年全球油气勘探投资仍在低位徘徊,占上游总投资比例略有增长;勘探工作量维持在较低水平,但钻井数量明显增加;全球常规油气勘探发现持续低迷,海域勘探新发现占绝对主体。报告指出,海域已经成为全球常规油气勘探的主战场,中国油公司应加强海上勘探开发技术储备,积极稳妥推进海上区块合作。同时,大力实施自主勘探战略,提前布局前沿勘探领域,重视多用户地震资料利用,及早夯实超前选区研究基础,掌握油气勘探主动权。

从全球油气开发形势看,在美国原油产量大幅增长带动下,全球原油产量增长加快,天然气产量进入高速增长阶段。但受供大于求、全球制造业收缩等因素影响,国际油价存在下行风险。报告认为,深水、LNG、致密油、油砂已成为全球油气开发重点领域,应在成本管控、技术革新等方面持续发力。

对于我国石油公司下一步发展战略谋划,报告建议做好五个方面工作。一是做好国内外勘探开发的平衡,储备优质前沿资产,夯实资源基础。二是重视优化资产组合,继续加大国内非常规油气开发力度,配置LNG与深水资产,合理优化油砂、重油资产。三是推动建立资产剥离制度,将不符合企业中长期发展战略的非核心资产加以剥离,提升资产总体收益率。四是在保持油气业务核心地位的同时,逐步构建"天然气+新能源"的发展模式,加快从石油公司向能源公司转变。五是抢占智能化数字化转型战略高点,加快智能化数字化技术在勘探、开发、钻井和生产等各环节的应用,持续推进降本增效。

研究院气藏型储气库建设技术研究取得新进展

12月14日,复杂地质条件气藏型地下储气库关键技术及产业化成果鉴定会在北京召开,由12名中国科学院和中国工程院院士领衔的专家组认为,由研究院研发的"复杂地质条件下气藏型储气库建设技术"创造世界储气库建设的多项第一,即"断裂系统最复杂、储层埋藏最深、地层温度最高、注气压力最高、地层压力系数最低",创新成果整体达到国际先进水平。

专业组成员、中国科学院院士贾承造表示,我国天然气"产输储销"全产业链中,"储"历来是较弱的一环,主要缘于我国储气库建设的独特复杂性;我国枯竭气藏地质条件复杂,主体为复杂断块气藏,构造破碎、储层低渗透、非均质性强、流体复杂、埋藏深,给建设储气库带来巨大挑战。

针对此种挑战,以研究院为主体的科研团队,经过近20年攻关,创建复杂地质体动态密封理论,突破复杂断块选库禁区;创建复杂地质条件下气藏型储气库库容动用理论及优化设计方法,解决储气空间高效动用难题,储气库库容利用率提高;创新复杂地质条件下储气库工程建设关键技术,解决巨大力量交替剧烈变化条件下水泥环长期密封、大压差钻井防漏和高压大流量注采关键装备研制难题;创新复杂地质条件下储气库长期运行风险预警与管控技术,形成地质体—井筒—地面三位一体的风险管控体系,储气库"注得进,存得住,采得出"。

专家组认为,建设气藏型储气库的创新成果,对国家加强天然气"产供储销"体系建设、实现储气库建设目标有重要支撑作用,满足我国天然气产业链的战略需求,具有巨大的推广价值。

研究院参编国家标准发布实施

3月1日,我国数据中心运行维护首项国家标准《数据中心基础设施运行维护标准》(GB/T 51314—2018)颁布实施,该标准由工业和信息化部电子工业标准化研究院主编,研究院、清华大学和国家电网公司信息通信分公司等单位参编完成。

研究院作为《数据中心基础设施运行维护标准》的第一参编单位,代表中国石油首次参编国家信息技术标准,在全国范围内示范中国石油数据中心运行与维护的先进技术水平,同时成功搭建关于数据中心运行与维护的对外技术交流与合作的创新应用的平台,为"共享中国石油"高质量发展提供技术保障,对推进集团公司信息化高质量发展具有积极的作用。

该标准对数据中心的电气系统、通风空调系统、消防系统、智能化系统和室内环境等运行维护内容及相关技术要求均进行规范制定,适用性广,可操作性强,为我国数据中心的运行维护工作迈向体系化、标准化和规范化提供技术支持,创新驱动我国数据中心在当前信息通信产业新生态下的高质量发展。

经过近10年的技术创新,中国石油数据中心的运行与维护,先后获ISCCC信息技术服务管理认证、国标A级机房认证、中国优秀数据中心和中国数据中心优秀运维与管理单位等国家级资质和奖项,发明专利5项。

研究院与法国国家科学技术研究中心签署国际科研项目合作协议

10月11日,研究院与法国国家科学技术研究中心(CNRS)签署国际科研项目合作协议并举行签约仪式,双方达成长达三年的科研合作。研究院总地质师胡素云、国际合作处处长张兴阳、石油地质实验研究中心主任张水昌,法国国家科学技术研究中心教授Jacques Pironon、法国驻华大使馆科技处专员Luc Moreau、法国国家科学研究中心中国代表处项目负责人李心,以及集团公司盆地构造与油气成藏重点实验室全体技术骨干参加签约仪式。

胡素云就研究院的发展历程、研究重点、战略定位和行业地位等情况作简要介绍。他指出,研究院紧紧围绕建设世界一流勘探开发研究院目标和业务全球化发展战略,牢牢把握"一部三中心"定位职责,积极参与国内各大油气田的勘探开发实践,为一批大油气田的发现做出巨大贡献。同时,研究院在油气勘探开发领域具有先进的理论和技术,希望通过与法国国家科学技术研究中心等国外科研机构和高校加强合作研究,推进油气勘探前沿技术发展,同时把这些技术向油田勘探开发的应用实践中转化,为油气工业的增储上产作出新的更大贡献。

法国国家科学技术研究中心教授Jacques Pironon对其单位、科研团队、关键技术和理论成果等方面作简要介绍。他指出,其领导的团队具有国际领先的流体包裹体相关研究技术,在沉积盆地油气流体运移历史重建和酸性气体、温室气体捕获及保存等研究领域取得显著成果,其成果的创新性和应用性得到世界上业内专家广泛认可,极大地推动了世界流体包裹体前沿技术的发展。希望通过与研究院合作研究,共同推进流体包裹体等技术发展,全面丰富油气成藏研究手段。

研究院举办首届国际化青年英才能力提升班

2018年12月18日—2019年3月18日,研究院依托集团公司广州培训中心举办首届国际化青年英才能力提升培训班,目的是为世界一流研究院建设及全球化发展战略实施储备人才。来自研究院4个院区17个单位的20名青年科技及管理人员完成为期3个月的脱产封闭培训,培训取得成功。

研究院副院长穆龙新在验收培训实效、听取总结汇报及学员感受后,充分肯定培训取得的成果。穆龙新指出,本次培训班是研究院青年国际化英才培训的"黄埔一期",培训组织有效、学习刻苦、成效显著、展示精彩、值得肯定、值得宣传,达到"学有所得、学有所长、学有所成"的培训总体要求。

穆龙新强调,参训学员要以本次培训班为契机,坚持学习英语、坚持对外交流、努力拓宽眼界,不断提升自身国际化水平。同时,研究院也将努力为学员提供更多的锻炼平台和能力提升机会,促进学员的快速成长,为世界一流研究院建设和业务全球化战略实施做出应有的贡献。

参训学员表示,通过培训班的学习,他们自身的英语能力进一步提升,特别是专业英语无障碍交流能力、中英文口笔译能力、英文科技文章写作能力,对跨文化交际、国际合作与商务谈判、科研团队建设与领导力有更深刻的认识,并在三个月的共同学习与生活中,相互间建立友谊。他们表示,在今后的学习与工作中,要以本次培训班为起点,提升自身国际化水平与能力,发挥模范带头作用,为研究院国际化业务贡献自己的力量。

《中国石油科技进展丛书(2006—2015年)》首发

1月16日 由石油工业出版社出版发行的《中国石油科技进展丛书(2006—2015年)》(简称《丛书》)在北京举行首发式。研究院院士赵文智、邹才能、刘合等参加首发式。

《丛书》由中国石油集团公司组织编写。编写工作2016年正式启动,历时两年多。《丛书》全面系统总结集团公司"十一五""十二五"期间各专业领域的基础理论、配套技术、重大装备和软件,以及超前技术储备等方面取得的创新性成果。

《丛书》共46个分册,分为领域进展和重点专著两个层次。其中,领域进展共15个分册,综述各领域的科技进展与展望,对技术领域进行全覆盖,包括石油地质、物探、测井、钻完井、采油、油气藏工程、提高采收率、地面工程、井下作业、油气储运、石油炼制、石油化工、安全环保节能、海外油气勘探开发和非常规油气勘探开发等;31部重点专著反映各领域的重大标志性成果,突出专业深度和学术水平。

研究院李宁教授当选中国工程院院士

11月22日,中国工程院院士名单出炉,中国石油勘探开发研究院李宁教授入选。

李宁作为地球物理测井专家,1982年毕业于华东石油学院(77级本科),1989年获博士学位。现任中国石油勘探开发研究院首席技术专家,曾任北京市科协常委、北京地球物理学会理事长。

几十年来先后担任二十余项国家和省部级科研项目负责人,是国家油气重大专项项目"测井重大装备与软件"的首任项目长。在地球物理测井理论方法研究、复杂储层测井评价体系建立,以及大型测井软件研发三个方面作出突出贡献。先后获国家科技进步二等奖3项,中国专利金奖1项;省部级科技进步特等奖1项、一等奖4项和省部级技术发明一等奖2项;获第三届中国青年科技奖;被俄罗斯欧亚地球物理协会授予"为测井技术发展做出突出贡献者"。其科研团队获中华全国总工会"全国工人先锋号"和中国石油与化学工业联合会"李宁创新团队"奖。

研究院魏晨吉获中央企业劳动模范荣誉称号

9月21日，中央企业先进集体和劳动模范表彰大会在人民大会堂召开。中国石油勘探开发研究院魏晨吉获"中央企业劳动模范"荣誉称号。

作为"十三五"国家重大专项"丝绸之路经济带大型碳酸盐岩油气藏开发关键技术"副课题长和中国石油海外勘探开发公司技术支持项目"中东地区油田开发技术支持与研究"课题长，魏晨吉投身中东地区油气田开发工作，取得一系列创新性成果。近年获省部级科技进步奖5项，局级特等奖1项，发表SCI/EI收录论文25篇，出版专著/译著4部，获国际专利授权1件，获发明专利授权4件，受邀在SPE等国际会议作学术报告7次。先后获中国石油十大杰出青年、中央企业劳模等荣誉。

第二篇

职能部门

派驻勘探开发研究院纪检组

【概况】

派驻勘探开发研究院纪检组(简称派驻纪检组)是集团公司党组派驻勘探开发研究院机构,主要职责是督促研究院党组织全面落实从严治党主体责任,履行对研究院的监督责任;检查研究院领导班子及其成员遵守党章党规,贯彻落实党的理论和路线方针政策及集团公司党组决策部署,遵守政治纪律和政治规矩,以及贯彻执行民主集中制、选拔任用干部、加强作风建设、依法依规行使职权和廉洁从业等情况;按照监督权限,负责处置和核查反映研究院下属机构领导班子和非党组管理干部的问题线索,受理对研究院党组织和党员违反党纪行为的检举、控告以及不服处分的申诉;负责贯彻落实党的作风建设、廉洁自律等相关制度规定,组织开展落实中央八项规定精神、反对"四风"的监督检查、合规管理监察及廉洁风险防控等工作;负责派驻纪检组干部的日常管理和监督,协助研究院党委做好巡察和落实党风廉政建设责任制建设和考核工作。

2019年工作思路:以习近平新时代中国特色社会主义思想为指导,深入学习贯彻党的十九大精神和中央纪委二次、三次全会精神,全面落实集团公司党风廉政建设和反腐败工作部署,坚持稳中求进的工作总基调,以党的政治建设为统领,在净化政治生态上积极作为;以"五个坚持"为抓手,在强化日常监督上积极作为;以"四种形态"为引导,在抓早抓小治未病上积极作为;以"提高五个能力"为准则,在加强自身建设上积极作为;以高质量的纪检监察工作推动研究院全面从严治党向纵深发展。

组长:吴忠良,主持纪检组全面工作。负责纪检队伍建设、组内干部教育管理、政策理论研究、制度建设和对外宣传统筹协调等工作。协助研究院党委开展党风廉政建设与反腐败工作和党内巡察工作。

副组长:刘明锐,负责信访与案件监督管理、执纪审查组织等工作。

副组长:宁宁,负责党风监督、履职监督、巡视巡察等工作,负责党支部工作。

副组长:郑海新(1月始),负责执纪审理、合规管理监督、HSE管理、专项检查等工作,参与安全事故和环境事件调查工作。

截至2019年底,派驻纪检组在册职工9人。其中男职工7人,女职工2人;博士(后)1人,硕士5人,本科3人;教授级高工1人,高工7人,其他1人;35岁及以下1人,36—45岁3人,46岁及以上5人。当年,郑海新、韩玉堂调入。

【业务工作情况】

2019年,派驻纪检组忠诚履职,担当作为,稳中求进,成效显著。

一、始终坚持党的集中统一领导,切实做到"两个维护",有效推进政治监督具体化、常态化

把深入学习习近平新时代中国特色社会主义思想、坚决贯彻落实习近平总书记对中国石油批示指示精神作为首要政治任务。坚守政治机关职能,围绕研究院党委中心组学习情况,推进主题教育情况,以及学习贯彻党的十九大、十九届中央纪委历次全会精神等开展监督检查。坚持党中央和集团公司决策部署到哪里、监督检查就跟进到哪里。

把压紧压实主体责任作为推进党风廉政建设和反腐败工作的内在动力。协助推进党委书记履行第一责任人责任,担负起党风廉政建设和反腐败工作领导责任,全面掌握研究院领导班子成员行使权力、落实责任和廉洁从业情况,定期听取党风廉政建设和反腐败工作、巡视整改和内部巡察等工作汇报,推进廉洁风险防控体系建设,着力构建"三不腐"体制机制。督促党委委员履行本岗位管理职责同时,承担分管业务范围内的党风廉政建设工作责任,推进工作落实并强化监督制约。督促院属各级党组织履行党风廉政建设主体责任,年终组织领导班子成员将落实党风廉政建设责任制的情况纳入述职述廉和考核环节。协调推进设立党风廉政建设室,协助组织党员领导干部签订《党风廉政建设责任书》。

把严肃党内政治生活、严明政治纪律和政治规矩作为管党治党重要抓手。严肃党内政治生活,加强落实"三会一课"、民主生活会、组织生活会、民主评议党员等组织活动制度的监督检查,参与督导民主生活会15次。

把从严落实选人用人政治标准作为构建良好政治生态的重要途径。建立廉政档案,包括党员领导干部任免情况、人员基本情况、移交的问题线索和处置情况,开展谈话函询、审查调查以及组织处理情况等资料。严把政治关、品行关、作风关、廉洁关,全年回复研究院党风廉政意见168人次。督促制订有关领导干部选拔任用工作规范,完善民主推荐形式,强化组织考察程序。

把落实巡视整改任务、稳步推进巡察全覆盖作为企业高质量发展重要保障。巩固扩大巡视成果,做好巡视"后半篇文章",针对集团公司第五巡视组提出的7方面23个问题,制定整改方案和工作运行表。开展巡视整改工作"回头看"。根据中央巡视反馈问题,制定实施方案,成立9个专项整改工作组和专项整治工作组,推进巡视整改工作。强化成果运用,发挥巡察利剑作用,针对18个党支部开展两轮巡察,发现问题135个,对1个党组织开展巡察"回头看"。针对中央巡视、集团公司巡视移交的信访举报、问题线索,集中力量,分类处置,按期高质量完成处置任务。

二、始终保持正风肃纪高压态势,驰而不息纠正"四风",中央八项规定精神成果不断巩固拓展

通过专项检查常态化加强内部制约。围绕重要时间节点,开展"四风"问题专项监督检查,全年成立检查组7个,重点检查抽查下属11个单位,印发情况通报2次,发现问题19个。督促开展"小金库"专项检查,重点对隐匿收入、虚列支出、转移资产以及其他形式设立"小金库"的情况开展自查自纠。督促开展公务接待和会议费使用专项检查和自查自纠工作,对2014年以来落实公务接待管理制度和中央八项规定精神要求情况开展检查。

完善相关制度促进监督与管理的融合。及时制定完善相关制度,严格落实中央八项规定实施细则精神,修订办公用房管理办法,开展办公用房专项整治活动,对办公用房整改不到位党员领导干部分别作出诫勉谈话或批评教育等组织处理决定。研究制定关于贯彻落实习近平总书记重要指示精神,集中整治形式主义、官僚主义的实施方案,严格对标分析,从严从实查摆整治在贯彻落实党的路线方针政策、中央重大决策部署,联系群众、服务群众,履职尽责,学风会风文风及检查研研等4个方面12类突出问题。持续开展扶贫领域作风问题自查自纠工作,发现存在管理制度不健全等问题,制定脱贫攻坚帮扶工作管理办法,用以规范扶贫项目的立项、实施、财务管理等工作。

三、始终坚持"惩前毖后治病救人"方针,依规依纪履行监督执纪问责,"派"的权威充分彰显

信访举报受理,做到三个"强化",注重三个"致力于"。一是强化规范受理,致力于为下一步线索处置和立案审查做好准备。正确区分检举控告和业务外举报,做到规范分类、规范录入、规范分流、规范处置。全年受理信访举报52件。二是强化综合分析机制,致力于为构建良好的政治生态"把脉问诊"。不定期召开案情分析会,梳理检举控告相关内容,定期研判检举控告反映的深层次情况,对反映出的苗头性、倾向性、普遍性问题,研究提出针对性工作建议,视情况形成综合分析报告。三是强化实名检举控告受理反馈,致力于推进检举控告处理工作依法、合规、有序发展。依托案件管理系统,实现信访举报的受理、办理、处置、反馈等全流程闭环管理。建立健全检举控告办理结果反馈机制,按照"谁调查谁反馈"的原则,及时向实名检举控告人反馈。

问题线索处置,做到三个"精准",坚持三个"注重"。一是精准排查,注重意见"会诊"。全年处置问题线索37个,召开线索排查会6次、案情分析会156次、立案会6次,以初步核实方式处置问题线索27件,以谈话函询方式处置10件。二是精准实施,注重分类管理。多维度分析研判,对问题线索分类,对检举控告反映问题轻微、影响不大的,及时通过谈话、函询等方式核查,严查快办巡视移交和涉及中央八项规定精神的线索。三是精准处置,注重"四种形态"的运用。全年组织处理17人,诫勉谈话7人,党政纪处分3人。

做好执纪审查后半篇文章,做到四个"加强"、四个"确保"。一是加强发挥"问责"利器,确保进一步压实主体责任。在处分宣布送达、谈心谈话过程中要求分管院领导或党支部书记参加,压实主体责任,并推动领导干部"一岗双责"的落实到位。二是加强警示教育力度,确保查处一案教育一片。严格落实定期通报制度,在党风廉政建设与反腐败工作协调会议上和警示教育大会上通报;在纪委委员、纪检委员培训班上对已查实问题进行案情剖析,组织专题讨论。三是加强整改落实,确保纪律处分执行到位。推动研究院党委相关部门限期回复纪律检查建议书,并对建议落实及处分执行情况复核。四是加强正向激励,确保把思想政治工作贯穿监督执纪工作始终。注重正面引导,督促各级党组织发挥好作用,坚持约束与激励并重,激发广大党员干部干事创业积极性、担当作为斗争性。

四、始终立足监督第一职责,推进日常监督全覆盖,"驻"的优势有效发挥

在整合资源增强合力上下功夫,大监督格局基本形成。落实集团公司"在构建大监督体制机制上要有新突破"的总体部署,以党内监督带动促进专责监督、合规监督、审计监督等其他监督。成立联合监督协调机构,制定联合监督工作规则、定期召开会议、印发通报、开展检查、落实整改。全年召开联合监督协调小组会议4次,开展联合监督检查15次。

在综合施策防控风险上下功夫,廉洁风险防控体系有效建立。制定加强廉洁风险防控体系建设实施方案,以腐败易发多发的领域和岗位为重点,组织60余个基层党组织查找廉洁风险点1000余条,经归纳汇总,梳理廉洁风险点168条,形成《研究院关键业务环节廉洁风险防范汇总表》,制定风险防范措施,规范权力运行,强化对重点领域关键环节的风险管控。

在抓早抓小"治未病"上下功夫,把抓苗头性倾向性问题挺在前面。紧盯关键少数,抓早抓小、抓常抓细,以强有力的工作措施,开展日常监督。出(列)席涉及"三重一大"

决策事项的有关会议，对贯彻落实中央、党组重大决策部署和执行民主集中制等情况开展监督。落实党内谈心谈话制度，对发现的党员领导干部存在的苗头性、倾向性问题，及时谈话提醒、立查立改、整改提升，全年开展谈话提醒119人次。审核专项申报事项，监督复核因私出国、操办婚丧喜庆事宜、专项检查中承诺事项。开展"画像评价"，对领导班子成员加强党的领导和党的建设、履行全面从严治党主体责任和党风廉政状况等情况逐一"画像"评价。针对领导人员亲属经商办企业问题开展专项治理，完成对党组管理干部、中层及其以下管理人员的专项申报和信息筛查。

在大数据技术分析应用上下功夫，电子监察系统作用初步显现。将信息技术与制度建设相融合，利用电子监察系统，自动预警涉嫌违规或较大风险行为，有效实现事前监督。

五、始终牢记打铁必须自身硬，严明纪律强自身，把握新形势新任务展现新担当新作为

加强政治建设，提升纪检干部政治素养。旗帜鲜明讲政治，深入学习贯彻习近平新时代中国特色社会主义思想，集中开展学习研讨，推进"不忘初心，牢记使命"主题教育。组织开展"走进科研了解科研"系列活动和主题党日活动。去大庆油田学习调研，重温入党誓词，参观改革开放40周年展，坚定政治立场，提高政治站位。

加强学习宣贯，落实纪检监察体制机制改革成果。召开纪委委员、纪检委员座谈会，赴海外研究中心进行海外业务调研访谈；全面开展对纪检监察体制改革若干文件的学习和宣贯，理顺派驻纪检组和研究院党委的工作界面。

加强履职本领，提高纪检监察工作质量和水平。组织纪委委员、纪检委员培训班2期，研究院110人参加培训，选拔基层工作能力突出的纪检委员参加组内调训，提升基层纪检干部综合能力。强化业务培训，派驻纪检组全体干部通过中纪委组织的纪检监察业务考试。

加强自我监督自我约束，依规依纪履职尽责。刀刃向内，完成信访举报处理工作中形式主义、官僚主义问题自查自纠及问题整改工作；围绕纪检监察干部队伍中存在"三不两弱、一不平衡"问题，开展纪检监察队伍检视工作，进一步强化队伍建设。

【党建与精神文明建设】

截至2019年底，派驻纪检组党支部有党员9人。

党支部：书记宁宁，委员张瑞雪、彭建春。

2019年，派驻纪检组党支部以习近平新时代中国特色社会主义思想为指导，深入学习贯彻党的十九大和十九届二中、三中、四中全会精神，坚决落实中央和研究院党委关于全面从严治党的决策部署，开展"不忘初心、牢记使命"主题教育，履行党风廉政建设主体责任，以忠诚干净担当为根本点，从严从实加强派驻纪检组队伍建设，营造良好政治生态，为派驻纪检组监督、执纪、问责等各项工作顺利开展保驾护航。

一是坚持党的领导，加强政治建设，发挥把方向、管大局、保落实的领导作用。扎实开展"不忘初心、牢记使命"主题教育，丰富活动形式，激励派驻纪检组全体党员加强党性修养，提高政治素养，提升理论水平，增强"四个意识"、坚定"四个自信"、做到"两个维护"。

二是落实"一岗双责"，坚决贯彻落实集团公司和研究院党委部署要求，在思想发动上抓"执行力"。加强领导班子建设，支部书记带头做到重要工作亲自部署、重大问题亲自过问、重点环节亲自协调；强化组织建设，全年召开支委会15次，组务会18次，执行"三重一大"决策制度，做到党风廉政建设与党建、业务工作同计划、同部署、同落实。

三是加强党风廉政建设和作风建设。组织全体党员签署党风廉政建设责任书,落实惩防腐败体系建设组织实施责任,组织完成基层管理人员及其亲属经商办企业自查,开展"四个诠释"岗位实践,通过网上答题竞赛、纪检委员培训、参观廉洁教育基地等方式,强化廉洁教育宣传,开展谈心谈话7人次。落实中央八项规定精神,执行研究院公务活动有关管理规定,锤炼务实作风,敢于监督,善于监督,敢于发声,勇于亮剑,以更高的标准,履行好党章赋予的职责,建功立业新时代。

【大事记】

1月4日 郑海新任党组纪检组派驻勘探开发研究院纪检组副组长(勘研党干字〔2019〕4号)。

3月5日 韩玉堂任党组纪检组派驻勘探开发研究院纪检组副处级纪律检查员(勘研党干字〔2019〕10号)。

11月18日 驻勘探开发研究院纪检组与勘探开发研究院党委组织召开2019年警示教育大会。

(卜海、宁宁)

院办公室(党委办公室)

【概况】

院办公室(党委办公室)是全院政务事务重要的综合协调部门,是沟通上下、联系左右、协调内外的中枢机构,是领导的直接参谋和助手,是各类重要工作信息的集散地。肩负着为研究院领导服务、为科研服务、为基层服务等主要职责,对于全院各项工作的协调、组织和推进具有十分重要的作用。

主任:张宇,负责组织、协调和推进院办公室(党委办公室)全面工作。负责研究院领导日常办公和公务活动安排,重要会议及活动的组织、筹备和接待工作,研究院重大决策、重要工作情况的检查和督办,日常事务管理,文电管理,与上级部门、友邻单位、地方及研究院各部门之间的协调沟通,研究院办公楼、职工住宅楼的管理和分配等工作。分管秘书一科、接待管理科、房产管理科。

书记、副主任:刘志舟,作为第一责任人负责院办公室(党委办公室)党建、意识形态与全面从严治党工作。负责研究院重要文件起草、综合性材料组织、深化改革推进、研究院保密管理等工作。分管保密管理科。

副主任兼信访办主任:张士清,负责院办公室(党委办公室)日常值班、维稳信访工作。分管生产调度科。

副主任、副书记:李芬,作为直接责任人负责院办公室(党委办公室)党建、意识形态与全面从严治党工作。负责党委办公室、党风廉政建设工作。分管秘书二科、党风廉政建设室。

副主任:熊波,负责廊坊院区日常管理工作。分管综合管理科。

副主任:张红超,负责重要文件、领导讲话和工作总结等文字材料的起草、政策研究、年鉴编纂等工作。分管政策研究室。

院办公室(党委办公室)下设9个科室:政策研究室、秘书一科、秘书二科、保密管理科、党风廉政室、生产调度科、接待管理科、房产科、综合管理科。

政策研究室:负责组织调研,起草研究院向总部上报材料及重要建议、研究院领导汇报材料及重要讲话、研究院重要报告及会议纪要,发挥决策参谋作用。主任徐斌。

秘书一科:负责研究院领导和院办公室

职工日常行政管理,承办行政文件登记、传阅和归档工作,负责发送文件信函、管理公章等工作。科长刘卓。

秘书二科:负责研究院党委文电处理、公文核稿、文件发放及印章管理。副科长姚建欢。

保密管理科:负责研究院保密委员会日常工作,完成研究院保密委员会交办的各项任务;贯彻执行国家、集团公司、研究院商业秘密保密工作的方针、政策和部署;制订研究院保密工作计划和年度工作要点;制订研究院保密工作制度并检查制度执行情况;会同法律、监察等有关部门调查、处理失密、泄密、窃密事件;指导、监督、检查院属各单位保密管理工作;负责开展保密宣传教育工作。科长侯梅芳。

党风廉政室:主要负责协助落实研究院党委全面从严治党主体责任相关工作,按照集团公司党组、纪检组要求,每年以书面形式报告党委落实党风廉政建设主体责任情况;督促院属各单位党委、党支部(党总支)履行党风廉政建设主体责任、党组织书记第一责任和班子成员"一岗双责",细化责任清单,定期向党委汇报履职情况,将履职情况纳入述职考核,对失职失责问题追责;开展研究院党风廉政建设状况调研,加强党风廉政建设和反腐败工作制度建设,推进作风建设相关工作,督促各单位各部门落实中央八项规定精神,持之以恒纠正"四风";加强党员干部党纪党风教育和警示教育,营造反腐倡廉工作氛围。主任王影。

生产调度科:发挥承上启下、联络协调的枢纽作用,负责重要来电登记、处理、归档;承担研究院总值班工作,负责24小时值班值守;及时掌握和报告研究院内外相关重大情况和动态;负责研究院对外联络和沟通工作;指导院属各单位节日值班工作;负责值班记录的填写、存档等;负责传真件的报送、批办、归档等工作;负责重要会议通知、公务用车审批、院部和院办网络安全维护及资产管理,以及完成领导交办的其他工作事项。科长刘兵。

接待管理科:负责日常服务管理、会议办公设备管理,提供会议服务和接待工作。科长史立勇。

房产科:负责院房产日常管理和调配,修订完善职工住房档案数据库,负责职工住房配售工作。科长赵海涛。

综合管理科:负责后勤服务,参与各类行政后勤会议,核算、签订合同,参与临时性修建、改造、绿化工程,检查验收工程等工作。科长张剑锋。

截至2019年底,院办公室(党委办公室)在册职工27人。其中男职工16人,女职工11人;博士1人,硕士13人,本科及以下13人;副高级职称9人;中级职称10人,初级及以下职称8人;35岁及以下8人,36—45岁10人,46岁及以上9人。当年,于凤云、曹丽萍退休;孔娅、关春晓调入。

【业务工作情况】

2019年,院办公室(党委办公室)坚持以服务领导、服务科研、服务机关、服务基层为宗旨,统筹抓好北京院区和廊坊院区综合协调、服务保障、决策参谋等重点工作,努力做到办文办事快捷稳妥、信息传递及时准确、调查研究有的放矢、内部协调规范顺畅,为确保全院政令畅通、科研生产顺利开展作出新贡献。

一、突出以文辅政,做好决策参谋

文稿编撰质高效优。围绕集团公司需求和研究院党委部署要求,把握工作重点、难点,吃透上情,开展调查研究,把握下情,坚持高效率高质量办文,发挥好参谋助手作用。全年完成各类工作报告、领导讲话、汇报材料等100余份,各类会议纪要近100期。

公文流转顺畅有序。推进公文流转信息

化,注重OA系统使用规范,强化公文管理,确保公文处理不延误、不泄密。全年收发、传阅文件2200余份,归档2018年文件2500余份。

决策支持实现突破。发挥智囊参谋作用,打造决策支持特色品牌,全年向集团公司报送《决策参考》近60篇,近30篇被中央办公厅、国务院办公厅及有关国家部委采纳,其中一篇天然气方面的决策参考获中央领导同志批示。

史志编纂稳步推进。接续奋进,主动作为,不断规范年鉴编纂,提升年鉴质量;做好集团公司年鉴、研究院组织史等资料整理和供稿工作,为高质量发展提供翔实资料基础。

二、突出统筹协调,做好服务保障

对接服务细致周全。牵头国家相关部委和集团公司领导来研究院调研、听取汇报等相关筹备和接待服务,精心组织、周密安排,完成各项服务保障任务。做好兄弟单位来研究院参观交流接待服务,为双方经验交流、学习合作提供保障。

办会水平不断提高。组织做好研究院2019年工作会议暨职代会、党风廉政会、"不忘初心,牢记使命"主题教育、集团公司党组第五巡视组、党建和"三超"专项工作督导组来研究院工作等重大会议活动。加强会议管理,提升会议服务水平,完成会议接待服务7000余次,保障研究院各类会议活动有序运转。

综合服务不断提升。做好研究院印章管理,规范公务用车,完善"维稳零报告"制度和应急处置预案,做好维稳信访、值班值守等工作。推进大院一体化建设和发展,协调好北实验区、工字楼等办公用房、公寓的调配周转、家具设备搬迁等工作,加强公有住房、青年公寓、地下空间等安全管理,及时消除安全隐患。

保密意识不断增强。完善保密规章制度,加强保密基础设施建设,做好定期保密检查工作。开展多种形式的保密宣传教育活动,举办保密专题讲座,提升保密意识。组织好集团公司保密办公室来研究院调研检查、办公专网风险测评等,推进集团公司保密工作。

三、突出督查督办,做好推动落实

贯彻落实不折不扣。提高站位和认识,全面参与院长办公会、研究院党委会、院务会、专题会议等各类重大会议组织工作,加强对研究院党委重点部署和决策的理解力、执行力,强化责任分工,抓好精神覆盖和部署落实。

督查督办持续发力。注重实效,以"不忘初心,牢记使命"主题教育为契机,围绕深入学习习近平新时代中国特色社会主义思想和习近平总书记系列重要批示指示精神、贯彻落实集团公司领导干部会议精神、学习陈建军同志先进事迹、页岩油重点实验室申请与建设、"三供一业"分离移交、北实验区与工字楼修缮改造和廊坊院区员工进京等重点工作,狠抓时间节点督办推进,当好贯彻部署、检查落实总督导,推进各项工作落实落地。

【党建与精神文明建设】

截至2019年底,院办公室(党委办公室)党支部有党员24人。

党支部:书记刘志舟,副书记李芬,宣传委员张宇,纪检委员熊波,青年委员史立勇,组织委员徐斌。

工会:主席赵海涛。

青年工作站:站长刘卓,副站长徐斌。

2019年,在研究院党委的正确领导下,院办公室(党委办公室)坚持"五个注重、五个着力、五个强调、五个确保",明确党建工作重点、要求、标准和目标,发挥党建引领作用,圆满完成各项指标任务。

一、履行好党建工作主体责任

始终把抓好党的建设作为首要政治任务，构建"大党建"工作格局，夯实主体责任，把党建工作放在高质量发展大局中谋划、推进。支部书记履行第一责任人职责，带头谋划党建任务和工作目标，落实"一岗双责"，发挥党建引领作用。调整班子成员职责，提升班子合力。严肃党内政治生活，全年召开12次党员大会、12次支委会，举办2次党课、2次领导干部民主生活会、2次党员民主评议活动。强化制度保障，严格执行"三重一大"制度，制修订研究院党委党务公开等党建制度，推进院"三重一大"事项平台上线运行，提升党建科学化、信息化水平。

二、加强领导班子和干部队伍建设

调整支委会结构，明确班子分工，增设党风廉政建设室，优化办公室整体职能，进一步提升支部向心力、战斗力。优化队伍结构，厚实后备力量储备，调整科室长4名，新增人员2名。重视人才培养，坚持"师带徒"，提升综合素养，2名员工被推荐评选为副高级职称。

三、抓好基层党建工作

坚持把思想政治建设摆在首位，将"不忘初心、牢记使命"主题教育、"两学一做"学习教育常态化制度化有机结合，引领全体党员守初心、明职责、找差距，真正做到用理论武装头脑、指导实践、推动工作。聚焦巡视巡察、民主生活会、主题教育等16项整改问题，制定41条整改措施，提升管理服务水平。优化党小组设置，加强北京—廊坊院区沟通交流，提升支部向心力。狠抓作风建设，持之以恒反"四风"，上半年减少研究院发文11.7%，减少院级会议15.6%，切实为基层减负松绑。

四、强化党风廉政建设

加强制度建设，以巡视巡察为重点，修订公务接待、办公用房、会议管理等办法，推动构建"三不腐"体制机制，不断完善党风廉政体系。加强廉政教育，做好舆情和意识形态工作，筑牢拒腐防变思想防线。压紧压实党风廉政建设主体责任，逐级签订"两书"，梳理岗位职责风险点，全年无任何违规违纪问题。

【大事记】

2月，院办公室（党委办公室）设立党风廉政建设室（人组字〔2019〕12号），王影任党风廉政建设室主任。

8月，赵海涛任房产管理科科长，侯梅芳任保密管理科科长，姚健欢任秘书二科副科长，李巧云任秘书一科高级主管，赵泳任生产调度科主管（人事〔2019〕4号）。

（孔娅、张红超）

科研管理处(信息管理处)

【概况】

科研管理处(信息管理处)的职责是负责全院科技发展中长期规划和年度科研计划的编制;科研项目的组织、协调与管理;科研经费的落实、拨款与检查监督;科研成果的鉴定、验收与评奖;知识产权保护、技术产品的展览和宣传;信息化工作的组织与管理;科研装备规划及年度计划组织制定与实施;科研设备与实验室管理;科技政策和科技管理办法制定等科技管理工作。

处长、副书记:韩永科,负责全面工作,负责科研经费计划管理、HSE体系管理与保密安全等工作。分管综合管理室和国家重大专项管理室。

常务副处长(正处级):陈建军,协助处长抓好全面工作,主要负责天然气勘探开发和廊坊院区相关业务的科研管理,分管科研处廊坊办公室。

副处长(正处级):赵明清,主要负责信息业务管理,分管信息管理室。

副处长(正处级):关德师,主要负责勘探业务和西北分院相关业务的科研管理,负责科研项目合同审查、科研设备计划和重点实验室的科研管理工作,分管条件管理室。

科研管理处(信息管理处)下设6个科室。

综合管理室:负责全处日常工作,完成领导交办的各项任务。主任王拥军。

项目管理室:负责集团公司、板块、院级项目管理工作。主任李辉。

条件管理室:负责科研设备计划和重点实验室的科研管理工作。主任齐明明。

信息管理室:负责全院信息工作相关事宜。主任张弢。

国家重大专项管理室:负责国家重大专项、国家自然科学基金项目管理工作。主任刘磊。

成果管理室:负责全院知识产权管理、成果申报奖励等管理工作。主任杨胜建。

截至2019年底,科研管理处(信息管理处)在册职工22人。其中男职工15人,女职工7人;博士(后)6人,硕士15人,本科4人;教授级高级工程师2人,高级工程师17人,工程师3人;35岁以下4人,36—45岁8人,46—55岁10人。当年,李长山退休,宋文枫调入,王家禄调离。

【业务工作情况】

2019年,科研管理处(信息管理处)贯彻落实院工作会议精神,紧紧围绕建设世界一流研究院目标和业务全球化战略,全面完成各项业绩指标,取得丰硕成果,为全面提升创新能力提供支撑。

一是全面完成集团公司基金项目验收和中评估工作,组织好年度科研交底、项目检查和成果验收工作

全面加强24个项目立项、评估、过程及经费管理,实行动态调整机制,保证直属院所基金项目成为研究院青年科技人员培育的试验田和学术增长极;按照"年初交底、年中检查、年底收获"的原则,完成各所年度科研交底工作,科研交底到位率90%以上;组织半年科研检查,对照年初重点工作安排和计划任务书,查实物工作量、查进展、查短板、定措施,全院检查课题630个,占比94%,实现对研究院科研项目质量的全面把控,保证全院科研工作的落实和推进。全年经费拨付及时率100%,重点工作完成率达95%以上,科技贡献率、成果应用率达85%以上。

二是持续强化科研成果有形化及成果转化创效工作,加大技术现场试验与推广应用力度,有形化成果喜获丰收。

有序开展科研成果有形化及技术推广工作。全院申报发明专利319件、实用新型专利47件,获授权发明专利257件、实用新型专利28件;获软件著作权236项;出版专著55部,发表论文1267篇,其中SCI收录279篇、EI收录251篇。进一步强化科研成果有形化工作,加大技术现场试验与推广应用力度,全年形成14项有形化成果。

三是组织完成院级成果奖励评审工作,统筹申报国家、北京市、集团公司等科技成果9类106项,获奖成果79项。

组织国家、北京市、集团公司及行业协会等有关科技成果奖励申报与推荐工作,研究院获国家科技进步奖一等奖1项;自主研究成果获集团公司科技进步奖9项,其中特等奖1项、一等奖3项、二等奖4项、三等奖1项;获集团公司技术发明奖4项,其中一等奖3项、二等奖1项;获集团公司基础研究奖2项,其中一等奖1项、二等奖1项。获中国石油和化学工业联合会科技进步奖16项,其中一等奖1项、二等奖6项、三等奖9项;技术发明奖2项,其中一等奖1项、二等奖1项。组织完成院级成果奖励47项。

四是推动综合管理、勘探开发云、成果与知识三大共享平台以及勘探开发认知计算等信息化建设项目取得实质性进展。

完成综合管理平台一期建设任务,初步形成智能好用、统一集中的综合办公体系;完成勘探开发云项目专家论证审核并开始实施;完成成果与知识共享平台前期调研和方案设计工作。完成认知计算项目现状调研,确认5个业务场景并完成需求分析报告编写,通过由勘探与生产分公司组织的专家审查;完成详细方案设计和系统原型研发,通过信息管理部初审,待正式审查;完成测井油气层智能识别和抽油机井工况自动诊断两个应用场景的敏捷开发,取得初步应用成果。

【党建与精神文明建设】

截至2019年底,科研管理处(信息管理处)党支部有党员19人。

党支部:副书记:韩永科,支部委员韩永科、张弢、赵明清、杨胜建、王夏阳。

工会:主席王拥军。

青年工作站:站长王夏阳。

2019年,科研管理处(信息管理处)党支部不忘初心、牢记使命,完成党建各项任务,成绩显著。

一、理论学习方面

严格按照研究院党委部署和安排,学习党的十九大精神,及时贯彻落实集团公司党组和研究院党委重大决策部署,全面落实研究院工作会议、党建与反腐倡廉工作会议精神,深入开展"不忘初心,牢记使命"主题教育。组织全体党员学习党章、《准则》和《条例》,严格遵守党的政治纪律和组织纪律。

二、基层党组织建设方面

落实"三会一课"制度,严肃党内政治生活;完成1名预备党员的发展工作,及时做好退休和调转党员的组织关系转接;开展党建工作自查工作,按组织部提出整改建议逐一落实整改,立行立改7项,持续完善9项;强化支部委员会建设,坚持"双培养"原则,将年轻同志充实到党支部、工会、科室等岗位。

三、思想宣传工作方面

组织党员开展党的十九大精神再学习、再宣传、再讨论;制发《关于贯彻落实集团公司关于加快推进科技创新有关精神,全面提升科技创新能力的通知》;落实意识形态工作责任制、常态化,定期向主管院领导汇报意识形态工作。

四、党风廉政建设方面

切实履行"一岗双责",逐级签订《党风

廉政建设责任书》《廉洁从业承诺书》,编制关键岗位廉洁风险清单;编制完成科研管理处《关于贯彻落实院集中整治形式主义工作的专项报告》;突出警示教育,将"四风"问题相关典型案例向全处进行传达、警示。

五、开展主题教育方面

集中学习全员参与,领导干部带头推进,全体党员轮流领学;调查研究聚焦重点,累计收集问题19项;检视问题深刻系统,领导班子检视问题12项,全处个人梳理问题累计93项;高质量落实整改方案,形成3份专题整改工作方案,指定分管领导精心组织、加速推进整改落实。

六、特色党建方面

贯彻落实集团公司党组关于加快推进科技创新驱动公司高质量发展的指导意见,提出加强5方面工作、完善4项制度、推进4项建设、编制2个方案以及确保在13个方面取得一批重要成果的举措及要求。全年承担支撑集团公司总部重大会议及科技创新活动十多次,得到科技管理部的肯定。开展"四讲四学"活动,邀请业务主管领导,讲理论技术、讲实践认识、讲创新创效、讲人才成长,激发科研人员学理论长知识、学技术求创新、学思路解难题、学经验作贡献热情。联合研究院团委组织70周年中国石油科技创新成就展参观活动,支持青年工作站参加研究院团委组织的"青春心向党·建功新时代"主题活动,参加研究院工会组织的"庆祝新中国成立70周年系列活动"。2019年,李辉被评为院科技领军建功人才称号,齐明明被评为研究院优秀共产党员,张弢被评为优秀共青团干部,杨胜建被评为青年岗位能手;在研究院"我和我的祖国"中英文演讲比赛中,张弢获中文组一等奖,巴丹获英文组三等奖。

(巴丹、韩永科)

计划财务处

【概况】

计划财务处(简称计财处)主要负责贯彻执行国家和上级的财政法规、财经纪律和各项规章制度,加强规划计划管控,严格财务预算管理,规范财务核算行为,全面、真实、完整反映全院资金运行情况,注重经济活动分析,发挥计划财务的管理和监督职能,保证全院科研生产运行,为领导经营决策当好参谋和助手。

支部书记、副处长:李东堂,主持处全面业务工作、支部工作,负责工会管理、青年管理、规划计划管理、统计管理、造价管理、后评价管理等。分管综合科、计划科。

常务副处长:赵清,负责处廊坊院区计划财务管理工作、支部党风廉政建设,西北分院、杭州院计划财务重大事项协调管理工作及廊坊市万科石油天然气技术工程有限公司财务业务的协调工作。分管廊坊计划财务科。

副处长:高利生,负责处信息化管理工作及海外财务管理工作,协助李东堂书记分管计划管理工作。分管迪拜技术支持中心财务管理工作。

副处长:华山,负责支部宣传工作,负责处资金管理、财务核算管理、资产管理、稽查税价管理及物业和公司财务业务的协调工作。分管资金科、财务一科、财务二科、资产科、稽查科。

副总会计师:宋育红,负责处政策研究、预算管理、报表及经济分析管理、信息系统管理、清欠管理,协助高利生副处长分管处信息化工作。分管会计科、清欠办公室。

计财处下设10个科室。

计划科:主要负责研究院总体规划和投资、项目管理工作,组织制定相关规章制度;负责编制和下达研究院投资和大修计划,组织执行情况考核工作;负责项目跟踪实施,确保项目工程质量;组织实施项目后评价分析工作;负责全院综合统计管理工作。副科长种盛琦。

综合科:主要负责日常行政事务、制度制定、安全生产、办公设备、办公环境、保密管理、纪律考勤等工作。科长郭利新。

财务一科:主要负责股份业务日常财务核算、资金、财务管理工作;做好财务分析工作,为决策提供真实、可靠、完整的财务信息。科长王雪飞,副科长,苏艳琪(正科级)。

财务二科:主要负责集团业务和重大专项日常财务核算、资金、财务管理工作;做好财务分析工作,为决策提供真实、可靠、完整的财务信息。科长朱艳清。

会计科:主要负责研究院期初建账、规范会计科目、指导日常财务核算;负责岗位分工、协调、检查和考评工作;负责预算、决算工作,做好财务分析,为领导决策提供真实、可靠、完整的财务信息;负责财务信息系统维护工作。科长孙淑岭。

资产科:主要负责固定资产、无形资产的核算和报表工作,规范资产日常管理工作,提高资产利用率。科长张杨。

稽查科:主要负责税收、内控、稽查、审计工作;做好审计检查配合工作,及时沟通梳理相关问题,监督各单位对审计问题进行整改落实。科长余兰。

资金科:主要负责研究院资金计划、银行账户、授信担保、商业保险等工作,规范资金管理工作,确保资金使用高效安全。科长展坤。

廊坊计财科:主要负责廊坊院区财务核算、资金、资产、税收、清欠、财务分析等工作。科长王小勇,副科长刘国海(正科级)、胡兰(正科级)、张振良(正科级)。

清欠办公室:主要负责分解落实、检查监督本单位各项往来清欠管理工作,确保完成股份公司下达的年度清欠业绩指标;负责维护单位往来信息,及时清理单位往来款项。主任董齐辉。

截至2019年底,计财处在册职工34人。其中,男职工9人,女职工25人;硕士7人,本科17人,大专10人;高级职称10人,中级职称6人,初级职称18人;35岁以下11人,36—45岁14人,46—55岁9人。当年,赵旭芳退休,张帅、刘恺、马洋、魏森调出。

【业务工作情况】

2019年,计财处紧密围绕大院一体化建设和全院总体发展目标,继续保持和发扬计划财务队伍的优良传统,以饱满的精神状态和扎实的工作作风,攻坚克难、锐意进取,全体职工上下齐心努力,完成各项工作任务。

一、计划工作

一是加强投资计划管理,突出质量效益。坚持稳健发展,突出规划引领,把握好"稳增长、调结构、补短板、提效益、防风险"的总体要求,坚持有所为有所不为。

二是深化项目前期工作,坚持依法合规。加强效益评价,控制工程费用,规范项目审查和计划管理程序,严格按照框架计划控制全年投资规模,杜绝计划外项目、超计划项目。

三是提高管控力度,强化监督考核。加强项目建设过程每个重要节点的跟踪,提高计划项目执行监督力度。加强审计、监察巡视、后评价、年终决算等全方位监管,突出投资管理与业绩考核挂钩。

二、财务工作

一是严肃预算编制、执行与考核。切实贯彻中央八项规定和集团公司党组二十条要求,严格落实集团公司下达的各项指标,将"厉行节约、反对浪费"的理念落实到全年预算的编制、执行、控制、分析与评价等管理环节中去,强化预算的日常管理和监督。

二是严格资金计划管理。按照"年计划、月预算、周控制、日安排"原则,结合研究院实际情况,细化全院资金年度预算、月度计划和日结算的管理,不断提高资金计划的执行率,确保资金使用高效安全。

三是加强资产清查清欠工作。组织开展资产清理清查工作,摸清家底,夯实基础,确保资产账实相符;加大清欠工作力度,推动清欠工作由事后清欠向事前防范、事中监督的转变,努力完成清欠工作目标任务。

四是配合各种检查工作。完成集团公司资金管理业务专项检查,配合企管法规处完成年度内控测试检查,配合驻研究院纪检组完成对压裂中心回头看检查以及对部分科研处所贯彻执行八项规定精神的相关检查工作;完成年度税审、年度财务审计、科研项目现场核查、验收审计等工作。

五是完善财务管理制度体系建设。及时出台、健全和补充各类财务管理制度、办法和要求,使财务各项工作的开展规范化、科学化,为全院各项工作的有序开展提供保障。

六是加大稽查监管力度。注重日常基础工作监管力度,完善各项资金、财务工作流程,提供真实可靠的财务资料,全年各单位无小金库等违规违纪事件。

七是推进财务共享工作实施。优化财务核算和业务流程,简化管理层级,促进管理效率提升,形成符合科研单位管理需求和规律的财务共享平台实施方案。

八是加大重大专项经费管理力度。深入项目组就经费执行及在经费执行过程中遇到的问题进行现场解答;及时向有关部门反映,沟通项目进展情况,确保国家重大专项经费使用安全。

【党建与精神文明建设】

截至2019年底,计财处党支部有党员23人,预备党员2人。

党支部:书记李东堂,组织委员苏艳琪,纪检委员赵清,宣传委员华山,青年委员展坤。

工会:主席朱艳清,工会委员郭利新、张帅。

青年工作站:站长李笑雪。

2019年,计财处党支部围绕抓实党务工作、做好文化传承、凝聚职工队伍、加强青年培养、坚定反腐倡廉、构建激励机制等方面创造性地开展工作。

一、加强党的思想政治建设,贯彻研究院党委各项工作部署

开展党的十九大精神再学习、再宣传、再讨论活动,重点解读《学习贯彻党的十九大精神专题辅导宣讲提纲》,提高党员政治理论素养;开展"不忘初心,牢记使命"主题教育活动,制定运行方案及学习研讨计划安排,全文学习《习近平新时代中国特色社会主义思想学习纲要》(简称《纲要》)和《习近平关于"不忘实心、牢记使命"重要论述选编》(简称《选编》);做好到基层单位调研和全面征求意见建议工作,将党建学习的成果应用到具体工作中。

二、注重基层党建工作,夯实党务工作基础

根据实际业务需要,做好支部"三会一课",全年召开61次会议;召开两次民主生活和组织生活会,领导班子通过征求党员和群众的意见,深入剖析原因并提出整改措施;党员通过批评和自我批评,认识到自身存在的问题和不足,提出改进措施;注重对党员的思想教育和对入党积极分子的培养,争取把对党信念坚定的业务骨干吸纳入党员队伍,发挥党员的先锋模范作用。

三、创新党员教育方式,开展特色党员教育实践活动

围绕"不忘初心、牢记使命"主题,组织开展唱响主旋律、参观上海中共一大、中共二大会址纪念馆、人民英雄纪念塔、"不忘初心"座谈会等活动。到红谷党员教育基地、到香山双清别墅开展爱国主义教育活动,追踪红色印记,重温那些峥嵘岁月,探寻共产党人的初心使命。组织观看《你是时代脉搏跳跃在我的祖国》音乐会和《东方红》经典红色演出活动;组织观看影片《我和我的祖国》,感受和分享祖国发展取得的巨大成就,激励和鼓舞全体党员在新时代继续奋斗。

四、抓作用发挥,展现支部党建的成果

以"不忘初心,牢记使命"主题教育活动为契机,组织到油田化学研究所开展调研活动,有效促进业财融合,进一步提升财务管理水平;对历史售房款收据进行电子化,方便老同志查询使用,提高工作效率,保证票据完整不损坏;内部各科室统一沟通协调,简化退休职工在计划财务处的盖章手续。

五、全力支持青年站和工会活动,最大程度团结党员群众

做好青年站工作,开展观看爱国教育题材电影,参加"奇迹多米诺"活动,举办国际化英才博学交流会和退休老同志的经验分享等,丰富职工生活;探寻电子化、网络化、智能化服务手段,打造多维度财务管理服务新模式;做好工会工作,组织开展"三八"节插花、春季樱花节健步走、节日慰问职工送温暖等活动,关注职工结婚生育、小孩入托、疗养休假的情况,帮助职工解决日常实际困难。

【大事记】

1月 董齐辉任清欠办公室主任(人事〔2019〕6号)。

(展坤、李东堂)

人事处(党委组织部)

【概况】

人事处(党委组织部)主要负责贯彻落实国家有关组织、干部、人事、劳资方面的政策;负责党的建设,负责制定研究院人事劳资相关政策制度;负责领导班子建设、干部管理、薪酬福利、业绩考核、员工培训、员工管理、社会保险、人事档案管理等具体工作。

2019年工作目标:全面深化党建"三基建设",提升基层党组织组织力,增强政治功能,推动基层党建全面进步、全面过硬。推进实施好2019年两轮内部巡察工作,对2018年第一轮巡察单位的整改情况回头看,推动全面从严治党不断向纵深发展,为加快建设世界一流勘探开发研究院提供政治保证。全面推进三项制度改革工作,深化组织机构优化整合,推行院属单位分级分类管理,完成院属单位全面定编定员,构建形成科学合理的薪酬分配机制。全面落实干部任期制,选拔优秀年轻干部,继续做好科研单位副总师选拔聘任工作,加强干部年度和任期考核,加大考核结果运用。完善研究院人才通道建设,持续为专业技术序列赋权赋能,完成首届集团公司高级专家评聘工作。

处长(部长)、副书记:王盛鹏,主要负责人事处(党委组织部)全面工作,以及研究院党建、干部、人事、薪酬、人才交流等方面工作的协调和推进。分管综合业务。

书记、副处长(副部长):张德强,主要主持党支部的日常工作,群团及安全稳定工作。负责院党建、干部监督、巡视巡察以及组织史等方面工作。分管党建与干部监督科(巡察办)。

副处长(副部长):王晓梅,主要负责干部管理、技术干部管理、教育培训、年鉴及档案管理工作。分管干部与综合科、技术干部与培训科。

副处长(副部长):姚子修,主要负责薪酬管理、组织机构、员工管理、社会保险、统计信息及业绩考核等方面工作。分管薪酬与保险科。

人事处(党委组织部)下设4个科室。

干部与综合科:负责院属单位领导班子建设;负责处级、科级管理人员、后备干部的教育、考察、考核、监督和日常管理工作;负责管理人员培训、任免、考核信息维护等工作;负责人员调派工作;负责院属单位及员工的业绩考核等工作;负责毕业生接收等工作;负责处里日常管理、综合文字性材料起草、合同管理、核算资产、人事档案管理等工作。科长杨晶,副科长陈哲龙、明华。

党建与干部监督科(巡察办):负责研究院领导班子民主生活会的组织、协调工作;负责党员管理和发展党员工作;负责党组织关系的接转,党费收缴管理等工作;负责研究制定人事监督工作有关的制度、规定和政策,建立和完善工作制度体系和机制;负责对研究院及院属各单位关于干部选拔任用工作有关制度的执行情况实施监督;研究制定巡视巡察有关制度及研究院每年巡察工作方案,承担组织开展巡察工作的具体实施。科长丁厉(至8月)、江珊(8月始)。

技术干部与培训科:负责各级专家和技术人员的聘任、考核和奖惩等管理工作;负责专业技术人员管理,组织职称评审工作;负责专业技术人员培训项目计划的编制;负责集团公司年度培训计划的落实;负责研究院培训计划的制定、实施、协调与考核；负责培训的实施效果评估、培训档案的归档；负责操作员工的职业技能鉴定工作；负责职工在职教育管理、托福考试等工作。科长杨伟为，副科长金亦秋（至7月）。

薪酬与保险科：负责全院工资总额管理；负责建立基本工资制度和薪酬分配的激励机制，制定考核奖惩办法；负责员工薪酬福利政策的制定及薪酬福利的发放；负责劳务费管理等工作；负责研究院组织机构和定编定员方案的制定和实施；负责员工队伍结构和劳动组织改革；负责员工日常管理、人力资源信息系统管理、人事统计、市场化用工管理等工作；负责员工社会保险、企业年金、补充医疗保险和住房公积金等管理工作；负责离退休人员待遇管理。科长王叶，副科长刘烨、马琳芮。

截至2019年底，人事处（党委组织部）在册职工20人。其中男职工10人，女职工10人；博士（后）3人，硕士10人，本科7人；教授级高级工程师1人，高级工程师7人，工程师12人；35岁以下12人，36—45岁6人，46—55岁2人。当年，借调钟金萍、马丽亚、黄家旋调入，丁厉、金亦秋调离。

【业务工作情况】

2019年，人事处（党委组织部）全面贯彻落实2019年研究院工作会议部署的重点任务，完成研究院领导和上级部门下达的工作任务、组织人事日常工作等，创新工作方式，大力推进管理与服务工作，为科研生产提供良好的支持和保障。

一是按照"一年抓短板弱项、两年抓巩固提升、三年抓深化上水平"的工作目标，重点围绕基层党组织建设的薄弱环节开展工作，初步形成"1+5"基础党建工作体系，即一个党建工作领导管理机制带动五方面基础党建管理模块。

二是按照既定计划，在上下半年各组织一轮常规巡察，每轮设三个巡察小组，实行"一挑三"，完成18个基层党组织的巡察工作，巡察时长2个月；在两轮巡察间隙，选取之前已经过常规巡察的一家基层党支部进行"回头看"。

三是进一步完善研究院人事劳动分配制度改革实施方案与细则。机关处室以人事处（党委组织部）为试点，率先开展改革试行工作，原有9个科室经过重组合并为干部与综合、党建与干部监督科（巡察办）、技术干部与培训、薪酬与保险4大科室，各个科室按照科长、高级主管、主管的人员配置协同开展各种工作。科研单位以油气地球物理研究所为试点，进行突出主营业务、精简管理、提高系统运行效率的宏观管理；以技管职能回归，明晰双序列工作职责，明确技术序列在科研工作中的主体地位和责任，形成长效制度保障为改革重心；实行以科技创新计划、人才培养计划、考核激励方案为主体的"高地计划"，将原有9个业务科室重组合并为物探战略规划部、新技术研发部、地震资料处理部、资料综合解释部等4个部门，有效实现单序列向双序列协同工作转变、行政指令向协调服务转变的改革目的。

四是做好科研单位副总师选拔聘任工作，让一批优秀科技骨干提前得到锻炼，给他们一个施展才华和比武的舞台，拓展研究院优秀青年后备干部资源，促进研究院干部有序接替。全年提拔科级干部约80人次，全面落实科级干部三年任期制，加强岗位锻炼，加强年轻干部岗位交流。

五是全面开展"双序列"改革后的评估工作，以开展的2020年"双序列"新一轮选聘摸底工作为基础，结合"不忘初心、牢记使命"主题教育调研工作问题整改措施，全面梳理现行专业技术岗位聘任工作模式下岗位设置、岗位聘任、上岗后作用发挥有效性高效性等关键环节上的发展瓶颈，拟订切实有效的解决办法,完善相关配套制度,形成可操作的实施方案。完成专业技术岗位人员2019年绩效考核和首次聘任的任期综合考核,并将任期考核结果与岗位调整挂钩,真正做到考用结合,实现动态管理,促进专业技术岗位人员更好地履职尽责、提升技术业绩。

六是进一步健全薪酬保险相关规章制度,明确专家待遇,提升技术序列薪酬标准;探索设立项目负责人奖金系数,精准激励各类科研项目负责人;完成成果转化创效奖励的发放工作;落实各盆地中心和境外工作人员薪酬福利待遇;开展院属单位分级分类初步方案编制、员工队伍结构分析预测;安排完成全年薪酬顺利发放、保险基数按期调整;提升年金管理制度规范,保障离退休同志切身利益;推动综合管理平台建成及正式上线运行工作。

【党建与精神文明建设】

截至2019年底,人事处(党委组织部)党支部有党员20人。

党支部:书记张德强,委员王盛鹏、王晓梅、姚子修、杨晶。

工会:主席杨晶,宣传委员杨伟为、组织委员王叶。

青年工作站:站长江珊、组织委员王博扬、文体委员马琳芮、宣传委员刘烨。

2019年,人事处(党委组织部)党支部重点围绕贯彻中央和集团公司党组、研究院党委关于基层党建工作部署要求,围绕问题抓党建,聚焦"四力"求实效,全面落实支部从严治党责任。

一是党支部组织学习宣传、执行党中央重大决策部署,开展"不忘初心、牢记使命"主题教育系列活动。及时传达学习贯彻集团公司和研究院工作会议、党建与党风廉政建设等重要会议精神。

二是组织党支部学习贯彻党中央、国务院国资委相关决策部署,坚决执行集团公司党组、纪检监察组工作要求,全面落实中央八项规定精神,严格执行《研究院关于进一步贯彻落实中央八项规定精神实施细则》。

三是执行"三重一大"民主决策程序和相关规定,对于"三重一大"决策事项有详细的党支部会议及领导班子会议作记录。班子成员"一岗双责"具体工作内容明确,建立党建责任清单制度,要求四位班子成员细化抓好分管领域党建工作职责要求,保证班子成员切实履行党建工作责任,构建"大党建"工作格局。

四是每月按时收缴党费,100%实现通过党建平台缴纳,安排党支部经费的合理使用,先后组织开展红色教育实践活动、"我和我的祖国"演讲比赛、红色歌舞《东方红》和爱国主义影片《决胜时刻》等观影活动、"伟大历程、辉煌成就"建国70周年成就展等主题教育活动。

五是按照集团公司党组和研究院党委要求,党支部于第一批率先组织开展"不忘初心、牢记使命"主题教育并取得实效。同时结合人事处(党委组织部)实际情况,把"四个诠释"岗位实践活动作为主题教育的特色载体和实践抓手,充分运用"不忘初心、牢记使命"主题教育成果,按照习近平总书记关于"四个对照""四个找一找"的要求,盘点收获、检视问题,深刻剖析。

六是党支部执行组织生活会、谈心谈话、民主评议党员等组织生活制度,增强党支部的凝聚力、吸引力、战斗力。同时党支部积极全面推行支部主题党日,处长、书记先后作题为《不忘初心、牢记使命——为实现中华民族伟大复兴中国梦不懈奋斗》《守初心担使命保障研究院高质量发展》的专题党课。

七是党支部、工会、青年工作站支持研究院工会和团委开展庆祝新中国成立70周年重大活动,包括"我和我的祖国"演讲比赛、快闪录制活动等;全年规范均衡使用工会及青年工作经费,执行完成率100%,先后开展集体生日、职工慰问、玉渊潭赏樱花、观看教育影片、参观世界园艺博览会、南京红色教育、羽毛球交流、健步走、古北水镇秋游、多米诺骨牌等多次活动,增强党支部的凝聚力。

2019年,王莹莹获集团公司人事档案工作先进工作者,王叶获研究院青年岗位管理创新大赛一等奖。

(马丽亚、王盛鹏)

党群工作处
（党委宣传部、工会、青年工作部/团委）

【概况】

党群工作处（党委宣传部、工会、青年工作部/团委）主要负责研究制定研究院思想政治、新闻宣传、企业文化、基层建设、统战、群团等业务规章制度，并组织实施；负责全院意识形态工作，落实意识形态工作责任制；负责组织安排和实施研究院党委中心组学习，指导院属各党组织的理论研究、学习和宣传，负责组织全院党员的思想政治学习和形势教育，引导正确的舆论方向；负责内外宣传工作；负责对党的路线方针政策、重要会议精神和集团公司党组、研究院党委重大决策的宣传工作；负责结合研究院实际组织开展弘扬石油精神、传承研究院优秀文化以及上级部署的其他主题教育活动工作；负责研究院新闻发布、电子屏与视频的宣传管理工作；对外开展与石油主流媒体的联络、合作，负责科研成果和典型人物事迹的对外报道以及通讯员队伍建设工作；负责研究院党建网站、公众号和新媒体的建设、组织运维、统筹管理工作；负责研究院网络媒体信息联动、舆情管理和监控工作；负责研究院企业文化建设工作；负责统一战线相关工作；负责政研会科研分会和研究院政研党建分会的统筹组织工作；负责工会相关工作，制定工作计划、活动方案，负责推进民主监督管理、员工健康管理、帮扶救助等工作；负责国家计划生育政策落实、计生工作管理和女工发展和健康等工作；负责青年及共青团工作等。

处长、工会常务副主席、副书记：王建强，主要负责全面工作，分管综合科、计划生育办公室。

党支部书记、副处长兼工会副主席：尹月辉，主要负责院工会日常相关工作及支部工作，分管工会办公室。

副处长：梁忠辉，主要负责思想政治教育、企业文化建设及廊坊院区相关工作，分管思想教育（舆情）科、企业文化科。

副处长：闫建文，主要负责对内外宣传报道、统战工作、新媒体、政研会科研分会等相关工作，分管宣传（统战）科。

副处长兼团委副书记：韦东洋负责共青团和青年工作，分管团委办公室。

党群工作处下设7个科室：综合科、思想教育（舆情）科、宣传（统战）科、企业文化科、工会办公室、计划生育办公室、团委办公室。

综合科：负责全处日常事务综合管理工作。主要负责对外工作联系、会议通知、工作计划、员工考勤、合同管理、安全健康环保等工作。科长辛海燕。

思想教育（舆情）科：负责全员思想政治学习、形势教育、思想动向、舆情监控等工作的统筹计划、组织和实施。负责人李晨成。

宣传（统战）科：负责对内、对外宣传党政工作部署、管理经验与做法、突出科研成果和典型人物的报道，负责网络门户、新媒体与视频的宣传管理，负责政研会科研分会工作及统战工作。副科长窦晶晶。

企业文化科：负责研究院企业文化策划、传承和文化景观布置、文化产品与文化环境设计的组织工作，负责员工职业道德建设工作。副科长翟振宇。

工会办公室：负责工会相关工作，制定工作计划、活动方案，负责推进民主监督管理、员工健康管理、帮扶救助等工作。处长助理王志辉。

计划生育办公室：负责国家计划生育政策落实、计生工作管理和女工发展和健康等有关工作。科长郗桐笛。

团委办公室：负责共青团和青年工作。落实研究院党委对青年工作要求，组织适时学习与交流活动，开展青年教育与培训，搭建青年成长平台与通道，引领青年健康发展、快速成才。副科长张磊。

截至2019年底，党群工作处（党委宣传部、工会、青年工作部/团委）在册职工14人。其中男职工10人，女职工4人；博士（后）3人，硕士7人，本科4人；高级工程师6人，工程师8人。35岁以下5人，36—45岁5人，46—55岁4人。

【业务工作情况】

2019年，党群工作处（党委宣传部、工会、青年工作部/团委）适应新形势明确新定位，发挥政治优势、组织优势和群体优势，围绕中心服务大局，牢记使命积极作为，高标准高质量完成各项任务。

一是组织并参加中华人民共和国成立70周年系列庆祝活动。开展庆祝中华人民共和国成立70周年《我和我的祖国》快闪活动，全院350余名职工参加；举办庆祝中华人民共和国成立70周年《我和我的祖国》中英文演讲比赛，参与人次达400余人；拍摄制作完成"加油中国"祝福视频3个，均在总部"庆祝新中国成立70周年中国石油成就展"大屏滚动播出；推荐集团公司成就展览讲解人员2名，受到集团公司领导表扬；组织"壮丽七十年·奋斗新时代"主题征文16篇，上报石油故事大赛4篇；开展纪念建国70周年"我与祖国共奋进"主题团日、"跟总书记学担当·团干青年正定行"等活动，努力将"凝聚青年、紧跟党走"做到心上；组织书法协会、诗词协会开展庆祝新中国成立70周年作品征集活动，40余部诗词作品内部印刷成册。

二是研究制定《院意识形态阵地管理办法》，及时修改完善研究院相关单位的新闻媒体、文艺社团、教育培训等阵地的管理制度，增强意识形态安全风险管控，加强意识形态阵地建设和管理，实现责任划分、阵地管理有章可循，监督考核、责任追究有据可依。对重要阵地风险点分析等工作，落实意识形态阵地49处；开展网络清理整治，切实维护网络意识形态安全；在研究院第三轮、第四轮内部巡察期间，对18家党支部落实意识形态工作责任制情况专项检查，未发现重大问题。

三是贯彻落实集团公司"十三五企业文化建设规划"，按照年初工作计划，对研究院企业文化建设工作进行系统的梳理和总结。面对新形势新时代，对"儒雅、厚重、勤勉、求实、创新、包容"十二字文化内核进行深刻解读，增加党建文化、专项文化等内容，设计完成近40页2019版《企业文化手册》。

四是开展纪念五四运动100周年"青春心向党·建功新时代"主题活动，召开主题活动大会，表彰研究院十大杰出青年团队和个人。聚焦"业务全球化，人才国际化"主题，通过青春之歌、青春风采、青春故事、青春感悟等环节激励青年建功新时代，推进基层创新，不断激励青年建功立业。

五是全年组织完成院处两级中心组学习20次，邀请金灿荣等知名专家举办两期专题讲座；交流研讨学习加强党的政治建设、"不忘初心、牢记使命""践行四个诠释"等主题教育专题内容。编辑整理发放学习参考6期、学习图书2400余册。

六是完成党建协作配合有关工作，组织

召开基层书记季度例会4次。做好集团公司党组第五巡视组巡视发现问题整改落实相关工作，负责全院主题教育理论学习工作，编制学习研讨方案，配发全院学习用书7000余册。深入开展第十七次"形势、目标、任务、责任"主题教育，引导全体干部员工认清集团公司和研究院肩负的责任使命；与党建职能部门共同完成年度党委工作要点和党建工作要点，共同制定《院表彰管理办法》；组织召开研究院2019年宣传思想文化工作会议，落实全国宣传思想工作会议精神，表彰研究院新闻宣传工作先进单位和个人；组织召开科研分会西北、华北和东北三个片区年会，收到政研论文106篇。

七是对外纸媒宣传稿件累积发表新闻报道97篇，其中《中国石油报》82篇，《石油商报》13篇；《石油大院RIPED》官方微信公众号每周平均推出3—4篇，推送147篇文章；党建工作平台《勘探开发研究院党建》公众号发布新闻75条；拍摄制作完成《弘扬爱国奋斗精神、建功立业新时代》院士专题片7个并上报总部；制作集团公司梦想云大赛院4名选手宣传片；出版《回望石油发现井》专著。

八是做好职工代表提案征集工作，回复率90%以上；组织专题职工代表巡视；做好精准帮扶和个性化慰问工作；严格落实计划生育奖励政策，做好服务转型工作。组织开展节日慰问活动，发放慰问款520余万元；组织开展帮扶工作，及时有效解决好职工群众的生活困难，国庆春节慰问帮扶278人，发放帮扶金116万元；开展精细化、个性化慰问活动，慰问330余人次，慰问总额104万元；举办或组队参加四院区及海淀区、石油体协等组织的20余项比赛活动；召开工会委员会、工会经费审查委员会会议。

【党建与精神文明建设】截至2019年底，党群工作处（党委宣传部、工会、青年工作部/团委）党支部有党员14人。

党支部：书记尹月辉，副书记王建强，委员郗桐笛、翟振宇、张磊。

工会：主席翟振宇。

青年工作站：站长穆歌。

2019年党群工作处（党委宣传部、工会、青年工作部/团委）党支部坚持初心使命，攻坚克难，砥砺前行，各项工作取得显著成绩。

宣传工作方面：组织第三个"弘扬石油精神、重塑良好形象"活动周活动；举办"中国石油开放日"活动，邀请石油主流媒体、地方媒体、街道社区、周边各高校等来研究院参观，展示研究院风采，社会效果良好；编制《院新闻突发事件专项应急预案》《院舆情管控工作管理办法》，将舆情管理纳入研究院应急管理体系，健全舆情监测、研判、应对流程管理；首次加入集团公司新媒体矩阵，在月度集团公司微信公众号新媒体排行榜上，在100余家地区公司中最高名列第25名；对网评员队伍完善更新，上报集团公司专家网评员4人，有研究院网评员61人，基本覆盖北京廊坊两院区各基层党组织；开展党外人士统战数据库完善更新，召开统战工作座谈会，团结党外人士为研究院改革发展献计献策。

工会工作方面：配合开展"听党话、跟党走"红色教育实践活动，研究院工会专项下拨活动经费100万元，保证基层各单位红色教育活动顺利推进；加强工会干部队伍建设，开展基层工会主席培训，提升干部职工整体素质和能力；成立篮球、足球、羽毛球等15个协会，促进文体活动蓬勃发展；开展各基层工会职工之家建设，结合实际开展各类文体活动；做好集体户职工子女入学工作，解除青年员工后顾之忧；鼓励支持多个基层单位开展"一对一"特困生资助活动、图书捐赠等公益爱心活动。

团青工作方面：青年代表参加在人民大

会堂举办的纪念五四运动100周年大会;组织参观中国石油科技创新成就展,感受科技创新的力量;通过举办"大手牵小手"石油知识进幼儿园、工程院院士论坛等志愿者活动,展示研究院青年风采;加强《RIPED》青年公众号建设,发挥基层的智慧、活力和创造力;落实上级团组织安排的各项工作,在协助直属团委组织团干部培训班的过程中,表现突出,做了大量卓有成效的工作,受到集团公司表扬。

(穆歌、王建强)

企管法规处

【概况】

企管法规处主要负责研究院规章制度体系建设、制度修订、制定规划计划、合规审查、规章制度管理系统的管理;研究院重大经营决策的法律论证把关,对重大项目提供法律支持和服务,研究院法律纠纷管理,组织开展普法宣传教育;研究院授权管理、招投标管理、供应商、评审专家管理、合同管理、院级合同审查;研究院内部控制、风险管理和流程管理、内部控制管理体系运行、测试和持续改进、风险评估、预警及防控措施执行监督;研究院及院属法人企业议案审理、决策支持建议,以及股权投资、股权处置、产权登记,研究院及院属法人企业工商事务管理及证照使用管理。

处长:王家禄,负责全面工作,分管综合管理科。

书记:陈东,负责党务工作,主管合同、招标业务,分管合同管理科与招标管理科。

副处长:邹冬平,负责法律、内控业务,分管法律事务科。

副处长:王德建,负责廊坊院区企管法规业务,分管资本运营管理科。

企管法规处下设5个科室。

综合管理科:负责管理及改革政策研究、日常业务处理,规章制度计划、组织制定和审查,执行监督检查。

合同管理科:负责合同统一管理、审查,信息系统维护和统计,合规管理平台应用、员工合规培训和测试、登记。

法律事务管理科:负责管理和处理各类法律纠纷、诉讼、普法宣传,研究院内控及风险管理体系的建设、运行、测试和持续改进管理。

资本运营管理科:负责院属企业议案审理、决策支持意见,组织所属企业股权决算及处置工作,研究院工商登记、变更、注销和证照使用管理。

招标管理科:负责院内招标评审专家抽取、招标过程监督、招标统计管理,招标问题协调。

截至2019年底,企管法规处在册人数10人。其中,男职工5人,女职工5人;硕士7人,本科3人;高级工程师5人,工程师5人;26—35岁3人,36—45岁2人,46—56岁5人。

【2019年工作情况】

2019年,企管法规处落实研究院工作会议精神,在不断深化体制机制改革的大背景下,对标国际先进的管理理念,优化管理流程、改进管理作风、提升管理绩效,建立全方位内控与风险防控体系,推进依法治企和合规管理,取得突出成绩。

一是不断深化研究院制度建设与体系融合,进一步筑牢依法治企根基。建立"年初上报,下达执行,定期跟踪,重点督办,年底考核评价"完整规章制度建设年度计划管理体系,全年组织召开合规性审查会议8次,对院属各单位新修订、新制订的42项规章制度进行合规性审查,其中新制订制度23项、修订制度15项、废止18项。

二是持续加强内控体系建设,不断提升管控效能。编制《内控手册(2020年版)》;对四个院区开展内控测试工作,针对测试中发现的例外事项进行及时反馈,提出整改建议,督促各单位及时整改,完成内控测试报告。

三是不断强化风险管控,切实增强防范

风险能力。出台研究院重大经营风险事件报告工作管理办法,明确风险管控目标、责任部门及岗位,确保重大风险管理责任落实到位。全年无重大风险事故发生。

四是严格执行招标管理制度,继续提高公开招标率。全年招标项目318项;其中公开招标项目202项,邀请招标116项;可不招标项目179项。公开招标率76%,公开招标项目数量首次超过邀请招标项目数量。

五是加强合同管理工作,狠抓合规管理责任落实。新签订合同2262份,其中股份公司1501份,集团公司761份。合同付款3415次,其中股份公司2432次,集团公司983次。不断推进全面合规管理,组织全体职工开展年度合规培训,学习集团公司《诚信合规手册》并做出承诺,完成率达到100%,确保学习培训全员覆盖。

六是强化日常工作,提升服务质量。加大案件管理力度,充分维护我院及员工合法权益;组织开展研究院管理创新成果申报、评奖工作;修订院业务外包管理办法,完成业务外包专项检查工作,提交专项检查报告;牵头组织编制院"十四五"体制机制与人力资源专项规划;制订以"单位考核"为核心的研究院特色考核制度,不断完善研究院业绩考核管理体系;持续推进院治理体系和治理能力现代化建设,起草完成院治理体系和治理能力现代化研究报告;制定研究院对标世界一流管理提升行动实施计划与清单;进一步捋清院属企业投资关系、股权关系;开展万科公司股权清算工作;完成股份院和集团院两院的年度工商年报、年检工作;积极协商地方政府部门组织完成变更中国石油集团廊坊科学技术有限公司的经营范围,申领中国石油集团廊坊科学技术有限公司科技交流中心分支机构的证照;办理证照原件及复印件出具使用290次,股份院营业执照复印件使用186次,集团院营业执照复印件使用41次、原件使用6次,法人身份证复印件使用57次;完成院工商登记资料归档工作。

【党建与精神文明建设】

截至2019年底,企管法规处党支部有党员6人。

党支部:书记陈东,副书记王家禄。

工会:主席许刚。

青年工作站:站长靳昕。

2019年,企管法规处党支部贯彻落实研究院党委各项决策部署,加强党的建设。

一是强化理论武装。学习《习近平关于"不忘初心、牢记使命"重要论述选编》《习近平新时代中国特色社会主义思想学习纲要》《中国共产党党内重要法规汇编》等读本,跟进学习习近平总书记重要讲话重要指示等最新重要讲话文章,系统学习《中国共产党章程》《中国共产党纪律处理条例》《关于新形势下党内政治生活的若干准则》等原著与原文,做到读原文、学原著、悟原理,增强"两个维护"责任感和使命感。

二是重视对年轻人的培养。坚持"开口能讲清楚、提笔能写明白、动手能办成事"的青年人才培养目标,利用参加集团公司的业务培训机会,扩知识、见世面。邹博华被评为集团公司先进招标个人,李黎明当选为集团公司资本运营专家,邹冬平同志获研究院建功立业模范人物,靳昕通过国家法律职业资格考试。

【大事记】

5月8日　企管法规处法律事务科更名为合同管理科,原内控与风险管理科更名为法律事务科,人员及相关职责不变(人组字〔2019〕18号)。

5月30日　举行"全面依法治国"主题讲座。邀请中共中央党校教授张立伟到研究院授课,讲座题目是《习近平全面依法治国新理念、新思想、新战略与依法合规管理》。

(翟振宇、邹冬平、赵清)

质量安全环保处

【概况】

质量安全环保处负责研究院社会治安综合治理、健康安全环境(HSE)和国家安全3个委员会(领导小组)办公室日常工作,是研究院安全、环保、质量、交通、节能工作的归口管理部门,负责全院科研安全、环境保护、质量计量、节能节水、职业健康、事故灾难应急、消防、治安维稳、工程安全监督、标准化、道路交通、地下空间、防汛和集体户籍管理工作,为确保全院科研生产正常、高效运行提供相应的管理与服务支持。

2019年工作思路:贯彻落实集团公司工作会议和HSE委员会会议精神,按照研究院2019年工作会议部署,以支撑世界一流勘探开发研究院建设为目标,牢固树立"以人为本、质量至上、安全第一、环保优先"理念,以质量和HSE管理体系一体化审核为抓手,进一步强化火灾事故预防和安全生产网格化监管,突出抓好责任落实,筑牢基层基础,强化过程管控,始终把握隐患治理、事故防范和风险管控的主动权,杜绝各类安全生产事故,细化、抓实、汇总年度业绩考核指标任务完成情况,确保实现零火灾、零重大伤亡、零群体上访、零环境污染的工作目标,为保障研究院科研生产和工作生活作出重要贡献。

处长、书记:王新民,负责院质量安全环保工作和质量安全环保处党支部工作。

副处长:张宝林,负责廊坊院区质量安全环保管理工作。

副处长:宋清源,协助处长处理日常工作和工会活动,负责北京院区质量安全环保管理工作。

质量安全环保处下设6个业务科室。

综合管理科:负责与院内职能部门和院外对口单位的协调沟通;负责网格、警队、内保、应急、门禁及集体户籍等工作的组织、协调和处理。科长杨静波。

安全生产科:负责消防安全、科研安全、车辆及道路交通、地下空间、人民防空、防汛及工程施工审批等工作的组织、协调和处理。科长买炜。

体系管理科:负责质量与HSE体系建设、计量及标准化等工作的组织、协调和处理。副科长梁英波。

节能环保科:负责危化品、节能、温室气体排放管理及特种作业审批等工作的组织、协调和处理。科长刘姝。

治安维稳科:负责国家安全、治安防范、维护稳定、人员政审、联络公安及街道等工作的组织、协调和处理。负责人梁红静。

廊坊安保科:负责廊坊院区安全环保维稳工作。负责人仲涛。

截至2019年底,质量安全环保处在册职工12人。其中男职工11人,女职工1人;博士1人,硕士4人,本科7人;教授级高级工程师1人,高级工程师2人,工程师6人,助工3人;35岁及以下3人,3—45岁4人,46岁及以上5人。

【业务工作情况】

2019年,质量安全环保处突出抓好责任落实,筑牢基层基础,强化过程管控,始终把风险管控放在突出位置、把握防范事故和治理隐患的主动权。一年来,北京院区和廊坊院区安全管理平稳受控,实现零火灾,零事故,保障院区安全稳定和谐。

一、迅速组织、快速治理实验室气体直排环保违法问题

做好环保执法突击检查工作,针对实验

室废气直排和室内无防渗保护等环保隐患问题,及时组织召开环保问题整改专题会议,安排专人负责废气直排整改工作,提出统一部署、分步实施的工作思路,全年完成实验区一至五区138处排气口废气直排净化整改工作,均达到GB 16297—1996和DB 11-501—2017大气污染物排放标准。

二、突出重点,健全完善制度与标准

首次全面实施质量和HSE管理体系一体化、差异化、量化审核和领导干部履职能力评估工作。一是制定质量和HSE一体化、重点单位和非重点单位差异化、重点单位和实验室指标量化的审核目标;二是组织一期质量和HSE管理体系一体化培训班;三是形成适合研究院的一体化量化审核标准,强化个人安全行动计划等具体内容的审核;四是内部审核和监督审核中全面推进质量和HSE一体化审核,对研究院重点风险单位开展量化审核试点;五是贯彻集团公司要求编制《研究院领导干部安全环保履职能力评估实施细则》,提高领导干部安全环保履职能力。

三、多措并举,全力保障建国70周年国庆安保维稳工作

一是做好建国70周年、澳门回归20周年等国家重大活动,以及集团公司领导来研究院视察、重大国际会议的安保维稳工作。二是严格落实安全隐患问题的自知自查自改,深入开展消防安全"三自活动"和"五清"专项行动,推动集团公司消防专项检查。三是切实做好各类突发事件的应急处置准备,提升应急响应能力。

四、精心谋划,全面提升领导干部安全管理能力

一是贯彻集团公司QHSE培训管理要求,深入开展处级及以上领导干部的安全培训,精心设计课程,保障培训质量和效果,努力提升领导干部安全管理能力。二是组织开展在岗安全管理人员注册安全工程师取证工作,不断提高安全管理人员综合素质和管理水平。三是督促指导各单位开展安全环保培训,使员工自觉从"要我安全"到"我要安全"的转变,使研究院各项安全管理制度、操作流程在基层单位得到较好贯彻和落实。2019年,研究院被评为海淀区2019年度交通安全先进单位,冯进千获海淀区学院路地区消防安全先进个人,买炜获集团公司安全生产先进个人。

【党建与精神文明建设】
截至2019年底,质量安全环保处党支部有党员10人,预备党员1人。

党支部:书记王新民,纪检委员宋清源,宣传委员张宝林,组织委员杨静波,青年委员刘姝。

工会:主席冯进千。

2019年,质量安全环保处党支部落实研究院党委各项工作部署,以开展"不忘初心、牢记使命"主题教育和纪念建党98周年活动为契机,自觉担当践行"四个诠释";以持续"形势目标任务责任"教育为抓手,不断提升管理与服务水平;以抓好"三基"工作为基础,提高党支部组织力、战斗力和保障力的思路开展全年工作,全面推进新形势下质量安全环保工作落实,确保实现"四零"目标,保障庆祝中华人民共和国成立70周年全院平安稳定。

一、深入开展主题教育活动,切实践行"四合格四诠释"

以深入学习贯彻习近平新时代中国特色社会主义思想,锤炼忠诚干净担当的政治品格,团结带领全国各族人民为实现伟大梦想共同奋斗为目标,以"守初心、担使命、找差距、抓落实"为总要求,以理论学习有收获、思想政治受洗礼、干事创业敢担当、为民服务解难题、清正廉洁作表率为具体目标,让主题教育活动在"学习教育、调查研究、检视问题、整改落实"过程中完成。严格完成规定动作,突出特色完成自选工作,在开展主题教育活动中始终以"四个诠释"岗位实践活动为实践载体和特色抓手,以高质量完成研究院质量安全环保工作为着眼点,高标准地完成主题教育活动。

二、开展形势目标教育,不断提升管理服务水平

始终把党的政治建设摆在首位,坚定不移听党话跟党走,在各项工作中坚持以习近平新时代中国特色社会主义思想为指导,深入学习贯彻党的十九大精神和习近平总书记对安全和节能环保方面的重要批示指示精神,贯彻落实集团公司和研究院2019年工作会议精神,紧紧围绕建设世界一流勘探开发研究院的目标,结合质量安全环保处工作职责开展"形势、目标、任务、责任"主题教育活动。

三、抓好三基工作,持续推进能力建设

贯彻落实研究院党委关于"三基工作"即基本阵地、基础工作和基本能力建设的工作要求,严格落实岗位责任制度,采取政治理论学习和多种活动形式加强党支部建设,坚持岗位练兵,每天早例会开展业务讨论,鼓励职工参加岗位能力培训,提高全体党员岗位工作能力,激发党支部的生机和活力,增强党组织组织力和战斗堡垒作用。

四、全面加强党的建设,提升组织力

始终坚持高质量、严要求、讲实效的原则,开展各项党建工作,进一步提高政治站位,筑牢"四个意识",坚定"四个自信",做到"两个维护",将持续开展"形势、目标、任务、责任"主题教育活动、"不忘初心、牢记使命"主题活动与"四合格四诠释"岗位实践活动结合,全年召开支部委员会14次,党员大会44次,书记讲党课活动3次,主题党日活动6次,增加党组织的战斗力和凝聚力,提升全体党员的学习力、执行力和创新力,完成业绩合同中的党建考核指标与工作任务,保障质量安全环保处全年绩效任务完成。

(杨静波、路金贵)

国际合作处

【概况】

国际合作处是研究院国际交流与合作工作的职能管理部门,主要负责国际科技合作管理、国际交流管理、因公出国管理、支撑集团公司间科技战略合作、支撑集团公司参与国际组织及其活动、支持研究院国际化人才培养和支持院海外业务发展。

处长、书记:张兴阳,负责国际合作处全面综合管理与党群工作,分管国际科技合作、支持研究院国际化人才培养、支持研究院海外业务发展等工作。

副处长:夏永江,负责国际合作处安全与保密工作,分管国际交流、因公出国、支撑集团公司间科技战略合作、支撑集团公司参与国际组织及其活动等工作。

国际合作处下设4个科室。

出国管理科:负责研究院因公出国业务管理、境外人员HSE等工作。科长于爱丽。

项目管理科:负责研究院国际科技合作项目的组织管理等工作。副科长赵亮东,副科长卞亚南。

对外交流科:负责研究院国际学术交流、国际组织秘书处、来访接待等工作。科长吴颖。

综合管理科:负责国际合作处日常业务、行政管理、后勤保障及财务报销等工作。科长唐萍。

截至2019年底,国际合作处在册职工14人。其中男职工7人,女职工7人;博士(后)3人,硕士10人,本科1人;教授级高级工程师1人,高级工程师6人,工程师5人,助工2人;35岁以下5人,36—45岁6人,46—55岁3人。

【业务工作情况】

2019年,国际合作处落实集团公司及研究院工作会议部署,助推研究院全球化战略实施与开放合作,取得9项主要进展。

一、升级并运行院外事管理系统,拓展因公出国一站式代办服务,全面实现因公出国"手续办理足不出户、科研人员拎包出国"

通过新增邮件审批、团组跟踪、安保方案提示、数据统计等功能,建立研究院因公出国人员信息库,畅通与集团公司外事平台的数据通道等措施,实现因公出国平台的升级及平稳运行。因公出国一站式代办服务内容由8项拓展至12项,服务流程不断优化,护照、签证办理周期明显压缩,全面实现因公出国"手续办理足不出户、科研人员拎包出国"。

二、制定院国际科技合作项目管理办法,稳步推进首个院级国际科技合作项目规划落地实施

制定发布《院国际科技合作项目管理办法》,组织完成《研究院2019—2021国际科技合作项目立项方案》28个项目的开题工作,研究院各类在研国际科技合作项目70余项,国际科技合作项目规模不断扩大。在全院开展加入工业联盟组织意向调研,对70个意向组织开展综合评价,为择优加入奠定重要基础。按计划组织项目中期检查,在研项目运行规范高效。

三、推进研究院级国外战略伙伴关系建设,服务研究院学科建设、科技进步与人才培养

依托各类国际科技合作项目,与美国得克萨斯州大学奥斯汀分校、科罗拉多矿业学院、宾夕法尼亚州立大学及新西兰惠灵顿维多利亚大学签署科技战略合作框架协议，建立科技战略合作伙伴关系，成功组织召开与得克萨斯州大学奥斯汀分校的首届科技战略合作技术交流会，探索利用全球科技资源，服务研究院学科建设、科技进步与人才培养的新路径。

四、规范外宾来访管理与服务，加强国际会议管理，参会计划性及质量持续提升

在研究院外事管理平台增加外宾来访管理模块，实现外宾来访申请、接待、总结等环节在线管理。通过国际会议分级分类管理及年度参会计划申报，减少一般性、地区性会议团组数量，国际会议参会计划性显著增强。通过立项过程设置论文试讲审批环节，实现国际会议论文试讲全覆盖，参会质量得到有效提升。

五、支撑集团公司参与国际组织及重大学术活动，努力提升集团公司及研究院国际影响力

深度参与 IGU 执委会、理事会、各专业会员会的活动，为提升我国在国际能源治理中的话语权和影响力作出重要贡献。全面协助集团公司承办第十一届 IPTC 大会，协助集团公司完成 G20 天然气日、LNG19 大会、第六届 WPC 青年论坛及 ADIPEC2019 参会参展任务，推动研究院代表入选 IEA－EOR 执委会，提升集团公司及研究院的国际影响力。

六、支撑集团公司间上游战略科技合作，服务重点领域业务发展与技术服务输出

承担集团公司与俄罗斯天然气工业股份公司、俄罗斯石油公司、马来西亚国家石油公司、道达尔公司、挪威国家石油公司等公司的上游科技合作支撑任务。组织与俄罗斯天然气工业股份公司科技交流6次，稳步推进与俄罗斯天然气工业股份公司7个项目合作，承办与俄罗斯石油公司软件专题技术交流会，协调支持集团公司与道达尔公司、马来西亚国家石油公司、挪威国家石油公司在提高采收率、非常规、智慧油田、大数据等多个领域的科技合作。

七、统筹协调联络，为中东地区技术服务业务提供综合外事保障

从联络组织、材料准备、翻译汇报、总结报道等方面，为研究院领导赴中东访问及ADNOC 高级管理层代团组来访提供全方位支持。协调完成中东两个分中心五维安全体系建设、商务和生产经营信息报送、ADNOC 向研究院派驻技术人员、沙特阿美研究中心技术交流等工作，为院中东业务发展提供坚强外事保障。

八、持续推进外事管理服务队伍建设，支撑国际化人才培养，努力提升国际合作交流能力

与人事处、团委共同组织 2 期 47 人的研究院国际化青年英才能力提升班，鼓励依托国际科技合作项目出国访学培训，推荐中青年技术骨干在国际组织及学术活动中任职，研究院国际化人才培养支持工作扎实有效。

九、严格执行各项规章制度，全年无违规事件

2019 年出国 595 个团组、2040 人次，同比增长 12% 和 21%；开展出国人员保密培训 6 期，163 人次；完成归国人员"三防"回访 179 人次；协调防恐培训 147 人；办理外国人来华邀请函 334 件，接待高管代表团 22 个，其中部长级别 7 个。因公出国与外宾来访接待规范，任务完成率 100%，无违规事件。

【党建与精神文明建设】

截至 2019 年底，国际合作处党支部有党员 9 人。

党支部：书记张兴阳，委员夏永江、于爱丽、吴颖。

工会：主席唐萍，副主席杨春霞。

青年工作站：站长邹憬。

2019年，国际合作处党支部贯彻落实中央和上级党委各项工作部署，稳步推进党建与精神文明建设工作，为业务发展提供重要思想和组织保证。

一是履行党建工作责任。制订并落实《2019年党建考核内容与责任清单》《2019年党务及工会青年站活动安排计划》及《"不忘初心、牢记使命"主题教育运行方案及学习研讨计划》，有计划高质量开展各项党建及16项主题教育活动。

二是加强领导班子和干部队伍建设。通过参加主题教育活动、集团公司党性教育培训班及研究院领导干部培训班，提升党员领导干部党性修养。组织召开年度民主生活会及"不忘初心、牢记使命"专题民主生活会，加强思想作风建设。通过七一红色之旅、参观世园会、观影等活动，加强和谐团队建设。

三是加强基层党建工作。按期缴纳党费，合规使用党费。通过党建平台发展党员、参加党的十九大精神答题及日常学习答题活动，提升党建信息化水平。学习《中国共产党支部工作条例（试行）》等党内制度条例，规范支部各项日常党务工作。

四是加强宣传思想工作。通过"不忘初心、牢记使命"主题教育，系统学习习近平新时代中国特色社会主义思想及党的十九大精神。研究院网上新闻报道20余篇，更新制订研究院英文介绍多媒体，利用各类国际交流加强介绍宣传，不断提高研究院国际知名度。各类对外交流中重视舆论阵地建设，重视舆情防控教育，全年无负面影响事件发生。

五是加强党风廉洁建设。学习《中国共产党党内重要法规汇编》等党内法规与制度，提高党规党纪认识水平。制定完善支部相关制度，实施重大事项班子讨论背书制度，打造清正廉洁的党支部及处班子。配合完成党委对国际合作处的巡察工作，执行《国际合作处党风廉政建设主体责任清单》，对全处员工进行廉洁自律提醒，全年无违纪违规情况。

2019年，在集团公司国际合作与外事工作会上，研究院2016—2018年度对外合作交流、因公出国、对外联络及防恐培训等4项指标综合评分在集团公司内排名第一，被评为集团公司外事工作先进单位；李莹、王青被评为"一带一路"油气合作先进个人，于爱丽被评为外事工作先进个人。赵亮东被评为研究院2018年度先进工作者，吴颖被评为研究院2018年度宣传先进个人，邹憬被评为研究院优秀青年岗位能手。

（唐萍、于爱丽）

审计处

【概况】

审计处主要职责为制定研究院审计管理制度,并组织实施;负责编制研究院年度审计计划,并组织实施;负责督促审计发现问题整改工作,协调促进审计成果应用;负责审计业务的日常管理工作;负责审计信息化工作;负责配合协调上级来院审计相关工作;负责审计服务商的管理工作。

2019年工作思路:依据内部审计基本准则,以持续跟进审计整改,加大跟踪督促力度,强化成果应用,提升工作质量为目标,全面落实审计全覆盖要求,加强对重点业务、重要事项、重大风险审计监督,发挥内部审计监督和服务职能。工作任务是完成集团公司下达的专项审计任务,配合集团公司开展专项审计;完成人事组织部门委托的干部经济责任审计;完成研究院投资、大修项目决算审计;完成年度科研项目验收审核;完成研究院领导部署的联合监督任务和其他审计任务。

处长:陈春,主要负责全面审计管理工作,主管经济责任审计、人事、财务、计划、信息与安全保密等工作,协助书记开展党群工作。

副处长:严开涛,主要负责党群工作,协助处长开展审计业务,主管工程建设项目、信息化项目审计。

审计处设审计管理岗,人员为王承卫、张力文。

截至2019年底,审计处在册职工4人,其中男职工2人,女职工2人;博士1人,硕士1人,本科2人;高级工程师2人,审计师1人,助理审计师1人;35岁以下1人,46—55岁3人。

【业务工作情况】

2019年,审计处在研究院党委的领导下,认真学习党的十九大精神和习近平新时代中国特色社会主义理论,高质量开展"不忘初心,牢记使命"主题教育,完成各项审计工作。

一是完成集团公司审计部下达的各项审计工作。按集团公司要求,完成清理拖欠民营企业账款专项审计,及时揭示存在问题,有效促进整改,防止新增逾期欠款;完成扶贫资金专项审计,对资金管理和使用的合规性、效益性及项目效果进行评价,发现管理存在的主要问题,提出可行意见和建议。

二是完成集团公司审计项目的迎审实施工作。配合集团公司审计部委托的审计组,完成"塔里木油田勘探开发关键技术研究与应用"项目经费管理专项审计、"勘探开发一体化协同研究及应用平台(一期)"竣工决算审计、股份公司油气田应用集成系统竣工决算审计等三个项目的迎审工作。

三是完成研究院投资建设项目、大修项目竣工决算审计工作。全年完成18个基建项目、总额2106.58万元的审计工作量,审减64.99万元。审计发现存在工作量核算及计价分类不准确、费用核算未按规定计取、档案管理及隐蔽工程资料留存不规范等问题并提出审计建议。全院基建、大修送审项目审计完成率达到100%。

四是完成研究院人事组织部门委托的经济责任审计工作。对2人开展离任、任中经济责任审计。全年出具审计工作底稿29份,审计发现合同管理、资产管理、科研经费管理、科研项目管理等4类问题,提出审计意见约9条,审计建议9条,经济责任审计委托项目完成率100%。

五是完成租车专项审计。对院属单位(含京外分院)近三年对外租车业务进行内部专项审计。发现租车合同、租车业务、二级单位用车等管理方面存在的问题,并结合研究院具体业务情况提出管理建议。

六是完成年度全部科研课题决算验收审核工作。全年审核54项,涉及科研经费预算总金额约3亿元,决算金额2.64亿元。科研项目结题验收送审项目审核率100%。

七是发挥审计监督职能,完成联合监督和巡察任务。审计处参加"三供一业"移交、基建工程等方面的审计咨询服务工作,参加派驻纪检组组织的节假日"四风"检查,作为研究院巡察领导小组成员单位完成相关的巡察任务。结合主题教育加强审计发现问题整改落实工作,派专人参加两轮内部巡察工作,完成"回头看"专项巡察工作。

【党建与精神文明建设】

截至2019年底,审计处党支部有党员4人。

党支部:书记严开涛,副书记陈春,委员王承卫。

工会:主席张力文。

2019年,审计处党支部贯彻落实院党委重要决策部署,加强党的建设。

一是加强政治建设,强化思想学习,落实意识形态工作,完成"形势、目标、任务、责任"主题教育活动,组织参观淮海战役纪念馆"七一"红色教育实践活动,开展"不忘初心、牢记使命"主题教育活动,落实主题教育整改情况"回头看"等全部学习教育工作。

二是落实从严治党责任,严肃政治生活,完成党风廉政建设主体责任履行情况报告、基层组织党建自查、集中整治形式主义官僚主义工作,严格履行"主体责任"和"一岗双责"。

三是规范化开展支部活动,组织完成支部民主生活会,执行"三会一课",全年召开支部党员会议10次、支委会4次、党课2次,组织主题党日4次,参加各种党务培训、中心组学习6人次;高标准要求,高质量完成重点工作。

(张力文、赵清)

第三篇

北 京 院

科研单位

石油地质研究所

【概况】

石油地质研究所(简称地质所)是研究院在油气勘探方面的主力研究所之一,拥有一支理论水平高、经验丰富、结构合理、专业能力强的科研队伍,以及相对先进的配套科研设备。主要职责是立足国内、着眼全球,以深化油气成藏条件与分布规律理论认识为纽带,开展重大勘探领域、有利区带和勘探目标评价,推动油气勘探战略发现与储量增长。做好"重大勘探领域与目标评价、勘探技术支持与技术服务、勘探理论的研发与集成"三方面工作,力争成为集团公司"油气预探领域的推动者、突破发现的贡献者、增储上产的参与者、勘探理论的形成者"。

2019年工作思路:以研究院工作会议精神、勘探一路工作推进会要求为指导,以国家专项和集团公司重大项目为依托,以寻求油气勘探战略突破为己任,突出"油气风险勘探、基础理论技术研发、重点探区技术服务、团队建设与人才培养"四大工作重点,坚持"强化基础、创新认识、发展技术"有效做法,形成有影响力的创新成果,为勘探新突破和优质储量发现作出重要贡献。

所长、副书记:李建忠,负责全面工作。

书记、副所长:侯连华,负责党支部、保密管理、HSE/QHSE 管理工作。

副所长:王居峰,负责风险勘探、生产研究、软硬件管理工作。

副所长:王铜山,负责科研管理工作。

副总地质师:白斌、江青春、杨智、赵振宇,协助所领导做好重大基础理论研究工作。

地质所下设 12 个研究科室和 1 个办公室。

松辽盆地研究室:主要负责松辽盆地的领域评价、目标优选与油气分布规律研究。主任周海燕。

渤海湾盆地研究室:主要负责渤海湾盆地的领域评价、目标优选与油气分布规律研究。主任刘海涛。

中部研究室:主要负责四川盆地领域评价、目标优选与油气分布规律研究。主任谷志东。

西部研究室:主要负责以准噶尔盆地为主的西部地区领域评价、目标优选与油气分布规律研究。主任卫延召,副主任杨春、杨帆。

风险勘探室:主要负责风险勘探领域、目标的研究与部署。主任袁庆东。

碳酸盐岩成藏研究室:主要负责深层碳酸盐岩成藏综合研究。主任陶小晚。

新领域综合室:主要负责非常规油气成藏综合研究。主任方向,副主任庞正炼。

塔里木盆地研究室:主要负责塔里木盆地的领域评价、目标优选与油气分布规律研究。副主任曹颖辉。

鄂尔多斯室:主要负责研究鄂尔多斯盆地领域评价、目标优选与油气分布规律研究。主任徐旺林,副主任赵振宇(兼)。

超前领域研究室：主要负责扬子、华北、塔里木三大克拉通元古界—寒武系研究，超前开展基础地质研究与勘探评价，创新地质认识，发展评价技术，超前储备勘探接替领域和区带。主任王铜山（兼）。

中东勘探二室：主要负责中东地区区域地质条件综合评价和油气富集规律研究。主任卞从胜，副主任李永新。

所办公室：主要负责财务报销、后勤和行政管理工作。副主任石昕（至7月）、闫继红。

截至2019年底，地质所在册职工94人。其中男职工54人，女职工40人；博士45人，硕士20人，本科7人；教授级高级工程师7人，高级工程师50人，工程师30人；35岁以下27人，36—45岁28人，46—55岁39人。市场化用工2人，劳务用工1人。当年，谭聪、李攀入职，姚丹、马丽亚、张新顺调离，唐志奇、单秀琴退休，石昕离职。

【课题与成果】

2019年，地质所承担各类课题48项。其中国家级课题15项，集团公司级课题15项，院级课题4项，其他课题14项。获集团公司技术发明奖一等奖1项、集团公司油气勘探重大发现奖一等奖1项。获授权发明专利10项。在国内外学术会议及期刊上发表论文91篇，其中SCI收录24篇，EI收录32篇。

2019年石油地质研究所承担科研课题一览表

类别	序号	课题名称	负责人	起止时间
国家级课题	1	下古生界—前寒武系碳酸盐岩油气成藏规律与勘探方向	汪泽成、刘伟	2016—2020
	2	四川盆地及邻区下古生界—前寒武系成藏条件研究与区带目标评价	谷志东	2016—2020
	3	塔里木盆地奥陶系—前寒武系成藏条件研究与区带目标评价	朱光有	2016—2020
	4	鄂尔多斯地区寒武系—中新元古界天然气地质条件综合评价及勘探潜力分析	赵振宇	2016—2020
	5	致密油形成条件、富集规律与资源潜力	陶士振、白斌	2016—2020
	6	重点盆地致密油资源潜力、甜点区预测与关键技术应用	杨智	2016—2020
	7	准噶尔盆地二叠系大型地层油气藏成藏控制因素与区带、圈闭评价研究	杨帆	2017—2020
	8	渤海湾盆地北部油气富集规律与油气增储领域研究	刘海涛、李永新	2016—2020
	9	华北中新元古界潜力评价和有利区带预测	王铜山	2016—2020
	10	海相克拉通盆地深层油气形成条件与有利区综合评价	李秋芬	2017—2020
	11	含油气盆地深层油气分布规律与勘探方向	王铜山	2017—2020
	12	东部裂谷盆地深层油气形成条件与有利区综合评价	刘海涛	2017—2020
	13	致密气资源潜力评价、富集规律与有利区带优选	刘俊榜	2016—2020
	14	超深层及中新元古界油气资源形成保持机制与分布预测	李建忠	2018—2021
	15	深地资源勘查开采理论与技术集成	徐安娜	2018—2021

续表

类别	序号	课题名称	负责人	起止时间
集团公司级课题	16	深层—超深层油气成藏过程与勘探新领域	王铜山	2018—2021
	17	页岩油原位改质技术与甜点区评价研究	邹才能、侯连华	2015—2019
	18	致密油形成地质条件与富集高产主控因素	白斌	2017—2020
	19	深层烃源岩形成与分布	朱光有	2018—2020
	20	华北中新元古界潜力评价和有利区带预测	王铜山	2016—2020
	21	准噶尔盆地侏罗系、白垩系成藏条件与目标评价	卫延召	2018—2021
	22	塔里木盆地寒武—奥陶系新层系新领域成藏条件与有利区带评价	李洪辉	2018—2021
	23	准噶尔盆地整体研究与资源潜力评价	曹正林	2018—2021
	24	鄂尔多斯盆地新层系新领域研究与有利区带评价	徐旺林	2018—2021
	25	松辽盆地致密油/页岩油富集机理与甜点区评价	周海燕	2018—2021
	26	渤海湾盆地新层系新领域研究与有利区带评价	王居峰	2018—2021
	27	中国石油风险勘探重点领域评价及2020年部署研究	袁庆东	2019
	28	中国石油2019年度风险勘探目标评价、优选及部署	袁庆东	2019
	29	东北前白垩系石油地质条件研究及区带优选	方向	2019—2021
	30	"十三五"后三年致密油勘探开发跟踪评价与可持续发展研究	陶士振	2021
院级课题	31	鄂尔多斯盆地基底断裂多期活化对上覆层系油气成藏条件的控制作用	赵振宇	2017—2019
	32	晚震旦—早寒武世克拉通裂陷形成机制与演化研究——以四川盆地为例	谷志东	2016—2019
	33	断缝系统控制下碳酸盐岩流体—岩石作用机理及应用	石书缘	2017—2019
	34	页岩油原位转化机理与评价参数优化研究	罗霞	2018—2021
其他课题	35	稀有气体追踪水溶气成藏及定量化研究方法	秦胜飞	2019—2023
	36	准噶尔盆地石炭系凝灰质烃源岩发育环境与生烃潜力研究	龚德瑜	2019—2021
	37	合川—潼南区块大格架天然气地质条件研究及有利勘探区带优选	李秋芬	2018—2020
	38	古城—肖塘台缘带风险领域综合评价及风险目标优选	曹颖辉	2019
	39	四川盆地震旦纪—寒武纪克拉通内裂陷周缘成藏规律研究	姜华	2017—2020
	40	四川盆地栖霞组—茅口组储层评价及成藏富集规律研究	江青春	2017—2019
	41	准噶尔盆地重点勘探领域区带评价与目标优选	曹正林	2018—2019
	42	北疆石炭系有效烃源岩分布特征与勘探潜力评价(二期)	龚德瑜	2019—2020
	43	鄂尔多斯盆地奥陶系全取心井段烃源岩地球化学分析	徐旺林、李宁熙	2018—2019
	44	鄂尔多斯盆地中东部奥陶系下组合烃源岩综合评价研究	徐旺林、李宁熙	2019

续表

类别	序号	课题名称	负责人	起止时间
其他课题	45	多层系潜山油气成藏规律与有效增储技术研究	王居峰	2018—2020
	46	南堡凹陷沙三段及中古生界石油地质综合研究与区带评价	王居峰	2019—2020
	47	中国矿产地质与成矿规律综合集成和服务	陶士振	2018—2020
	48	重点风险勘探新项目技术评价与决策支持	卞从胜	2018—2019

【交流与合作】

3月5日 杨智、吴因业、方向、王岚到美国参加第53届GSA会议。

4月20日 周海燕、商斐、白斌到美国参加致密油复杂岩相测井评价技术研究会。

5月3日 李建忠、李婷婷到美国参加2019年AAPG年会。

6月10日 江青春到加拿大开展微生物碳酸盐岩储层研究技术交流。

9月20日 王铜山到意大利参加第34届IAS沉积学大会。

9月23日 陈燕燕、张天舒到意大利参加第36届TSOP有机岩石学年会。

9月27日 陶士振到意大利参加第15届ICGG国际气体地球化学学术会议。

【科研工作情况】

2019年,地质所落实院工作会议精神和勘探一路工作部署会议要求,明确工作思路与措施,围绕重大勘探领域、领导关注及油田生产需求,按照"五交六知"要求推动年度重点工作任务,保证实际工作量投入,夯实研究成果基础,强化油田现场工作,推动成果转化,在风险勘探、基础理论、生产服务和海外勘探四项重点工作上取得新进展。

一、强化风险勘探目标评价和钻后分析,为集团公司风险勘探部署提供重要技术支撑

一是梳理四大领域,优选85个重点区带,明确2019年风险勘探主攻方向。二是加强风险目标统一评价优选,推动54口井部署和上钻。三是加强自主风险勘探目标研究,提出独探1井等有利风险勘探目标。

二、加强重大及超前领域基础研究,推动研究成果与生产应用结合

一是超深层及中新元古界研究取得两方面研究进展。发现塔里木南华系克拉通内裂陷优质烃源岩、震旦系克拉通边缘有效烃源岩;明确原油裂解导致塔中寒武系油气相态、地化特征明显差异,以及川中震旦系烃类存在热成熟与异常热液流体蚀变两条演化路径。

二是海相碳酸盐岩研究取得三方面研究进展。明确元古界—寒武系碳酸盐岩成藏要素大型化发育条件,提出四类成藏组合是前寒武系—下古生界油气成藏富集有利区;提出德阳—安岳裂陷槽形成受断裂及冰川型海平面升降控制的新认识;研发微生物碳酸盐岩微相测井识别技术,为古老碳酸盐岩沉积微相编图和有利区带评价提供技术支撑。

三是致密油成藏主控因素与甜点区评价取得两方面研究进展。建立淡水、咸水湖盆源岩、储层发育模式及评价标准;开展碎屑岩、混积岩、湖相碳酸盐岩致密油地质工程一体化案例分析并提出4项主要地质认识。

四是加强页岩油原位转化,完成鄂尔多斯长7段先导试验最终选区;编制《鄂尔多斯盆地长73页岩油(中低熟)原位转化先导试验方案》并通过专家评审;完成松辽嫩江组页岩油原位转化选区评价。

三、加强重点探区生产技术服务,研究成果有效支撑油田勘探部署

在中国六大盆地(四川盆地、准噶尔盆

地、松辽盆地、渤海湾盆地、塔里木盆地、鄂尔多斯盆地）10 个领域承担生产研究任务，为 10 个油田提供技术服务，全年现场服务 1521 人·天，参与油田生产例会 43 期次，油田技术交流 47 次，课题技术汇报 33 次。观察和实测野外剖面 60 条，岩心观察 67 口井，钻测井资料收集与分析 1785 口，二维和三维地震资料收集与解释分别达到 18500 千米和 8050 平方千米，样品送样 6243 块次。

四、深化重点区块成藏条件研究，为中东地区勘探提供技术支持

一是深化阿拉伯板块中东部重点层系成藏条件研究，完成重点招标区块资源潜力评价；二是完成阿联酋陆海项目沉积微相展布、储层地震预测与成藏深化研究，提出 Mishrif 组远源供烃、顶部输导、斜坡区相控成藏模式，优选潜力区块 5 个、钻探目标 2 个。

【党建与精神文明建设】

截至 2019 年底，地质所党支部有党员 62 人。

党支部：书记侯连华，副书记李建忠，委员白斌、卞从胜、赵忠英、赵振宇、杨敏。

工会：主席闫继红，委员张天舒、卢山、姜华、龚德瑜、李宁熙、李婷婷。

青年工作站：站长庞正炼，副站长翟秀芬。

2019 年，地质所党支部在研究院党委领导下，坚持以学习贯彻习近平新时代中国特色社会主义思想作为主线，以开展"不忘初心、牢记使命"主题教育为契机，强化思想建党、理论强党，全面完成党建任务和考核指标，全力助推科研工作再上新台阶。

一、履行党建工作责任，推动形成党建工作合力

一是强化责任意识，切实履行岗位职责，超前制定支部年度计划并组织实施，狠抓党员队伍作风建设，指导督促党员，努力形成党建工作合力。二是落实民主集中制，注重发挥支委会集体智慧，按照支部议事规则，明确制度修订、重点工作安排、职工教育及奖惩等重大事项需经支委会或者全体党员大会集体投票决定，确保决策的民主性、科学性、务实性和有效性。三是落实党建工作责任制，按照党建工作总体要求，加强组织领导，明确职能职责，形成任务清单，将责任落实到人。

二、加强党的基础建设，发挥党支部战斗堡垒作用

一是加强党的政治建设，强化思想建党、理论强党，贯彻执行集团公司和研究院各项工作部署及会议精神，深刻领会习近平新时代中国特色社会主义思想内涵，全年召开学习部署会 9 次。

二是明确组织分工，严格执行地质所"大党建"布局，全年召开党工青联席会议 12 次，完善细化书记负总责、支委委员抓具体的责任分工机制，逐级明确职责，分解任务，将党建工作纳入重要议事日程组织落实。

三是落实组织生活，建立地质所党建活动阵地，为广大党员提供学习、讨论与活动环境。坚持"三会一课"制度，全年召开领导班子民主生活会 1 次、党员大会 8 次、支部委员会 19 次、党小组会 64 次、党课学习 3 次，有效促进全体党员作用发挥。开好组织生活会，丰富主题党日活动，举办集中学习、参观教育基地、红色观影、知识问答、重温入党誓词等活动 11 次，凝心聚力，激发党员队伍活力。

三、抓好宣传思想工作，发挥指航引领作用

一是以践行初心思想为指导，谋划宣传工作整体布局。二是以落实"六个一"工程为途径，不断扩大宣传工作影响。三是加强宣传干部业务培训，不断提高宣传工作者自身素质。通过丰富宣传内容、拓宽宣传范围、加大宣传力度,多渠道、多形式、多角度开展统战宣传工作,营造领导重视、部门协力、全方位立体宣传的良好氛围,全年上报集团公司新闻稿件3篇,6期电子党报,在研究院主页发布新闻稿件20篇。

四、加强党风廉政建设和反腐败工作力度,营造风清气正的良好政治生态

一是针对重大事项,严格按照"三重一大"规则执行,召开"三重一大"工作会议9次,有效保证重大事项的民主科学决策。二是参与构建研究院党风廉政建设体系,上报基层党组织落实党风廉政建设主体责任情况报告、集中整治形式主义官僚主义班子对照检查材料,以及落实支部、支部书记、班子成员党风廉政建设主体责任清单,组织签订党风廉政建设责任书23份、廉洁从业承诺书60份。

五、积极探索党建工作新模式,精心打造特色党建品牌

一是变"被动教育"为"主动教育",鼓励党员以"主讲人"身份组织专题教育活动,激发每名党员的学习热情,使其成为热爱、宣传和拥护党建工作的闪亮"基点"。二是持续推行"表单式"思想动态管理,强化谈心谈话制度,及时掌握员工思想动态,关爱员工身心健康,切实解决员工工作和生活中遇到的问题。三是开展党员争优评先活动,制定地质所党支部"争优评先"规划,增强"争""创"意识,形成你追我赶的局面,激发干事创业激情;评比表彰以党小组自下而上推荐,民主评选、集中审议、坚持标准、严格考核,评选出优秀共产党员,确保评选流程公开、公平、公正。

(李宁熙、李建忠)

油气资源规划研究所

【概况】

油气资源规划所(简称资源规划所)是研究院核心研究所之一。主要任务是根据研究院"一部三中心"定位要求,以推进股份公司上游油气战略与规划研究中心建设为目标,开展油气资源评价与勘探战略研究、油气储量评估与管理、油气勘探目标经济评价与决策分析、重点预探项目跟踪分析与年度勘探部署方案编制、勘探及科技中长期发展战略规划方案编制、非常规油气资源与新能源评价等工作,提供高层次、前瞻性与可操作的建议和方案,发挥决策参谋部作用。

2019年工作思路:以高端智库为发展目标,做高"决策参谋部"地位,做好战略规划、勘探部署、储量SEC自评估、"十三五"资源评价、矿权区块预警评价、页岩油甜点评价等研究,加快规划应用平台建设,为建成世界一流勘探开发研究院贡献力量。

所长:杨涛,负责所全面工作,主管安全环保、保密,分管勘探部署室、新领域评价室和所办公室工作。

书记:张国生,负责党支部全面工作,主管工会、青年工作站工作,分管战略规划室和储量研究室工作。

副所长:李欣,负责所科研管理及相关工作,分管资源评价室和矿权研究室工作。

副总地质师:梁坤。

资源规划所下设7个研究科室和1个办公室。

资源评价研究室:主要从事集团公司油气资源战略定位,开展全国及集团公司矿权区内常规与非常规油气资源评价、剩余油气资源空间分布预测、重点勘探领域与有利目标方向研究;通过油气资源经济性评价和生态环境允许程度评价,明确油气资源勘探开发利用制约因素,提出应对策略。总体思路与宗旨是,立足油气基础地质研究与油气成藏研究,明确油气资源分布富集特征,研发相适应的常规与非常规油气资源评价方法,制定油气资源评价标准,实现国内油气资源系统评价和动态跟踪评价,突出中国石油油气资源评价领域的话语权地位,助推集团公司"资源为王"战略。主任郑民,副主任王建、于京都。

战略规划研究室:主要从事国家、集团公司油气发展战略与规划综合研究。主要承担国家/集团公司油气发展战略方向、油气勘探业务与科技发展中长远规划、勘探投资优化组合与效益评价、勘探项目经济评价与后评价、资源信息平台建设等方面重点工作。总体思路和宗旨是聚焦国家和集团公司上游业务发展重大战略问题,关注全球能源发展趋势,把握油气未来发展方向,围绕集团公司中长远发展,着力战略规划技术研发和信息平台建设,精耕油气上游发展战略和中长期规划业务,为国家和集团公司油气上游业务的发展发挥重要的决策参谋作用。主任黄金亮,副主任陈晓明、苏健。

勘探部署研究室:主要从事中国石油油气勘探规划及计划部署研究,从事中国石油勘探动态跟踪分析及部署调整建议、规划计划研究、勘探潜力与决策建议等三方面重点工作。总体思路与宗旨是立足服务集团公司油气勘探生产和油气资源规划研究所建所宗旨,突出高效勘探、突出成本效益意识、突出领域区带研究、突出关键问题分析,提出勘探规划计划部署建议方案和决策参考,为集团公司实现持续高质量发展作出贡献。主任黄福喜,副主任宋涛、王坤。

新领域评价室:主要从事含油气盆地新区新领域的勘探评价优选和发展规划研究工作,发挥研究院在集团公司新区新领域能源业务发展中的决策支持和参谋部作用。主要业务涵盖油气资源、油区伴生资源等新领域的勘探跟踪评价、潜力分析、经济性评价与有利区优选和相应评价技术的研发与应用,以及致密油气、页岩油气、地热等新领域的发展战略和规划部署等。主任郭彬程,副主任詹路锋。

储量评价研究室:主要从事油气储量评价技术研究,包括国内标准常规油气藏、复杂岩性及非常规油气藏储量评价技术、SEC准则储量评估技术以及储量动态跟踪、信息管理及评审备案等工作。总体思路是立足油气资源规划所建所宗旨,服务集团公司勘探与生产,严把储量入口关,突出储量的经济性和可动用性,推进储量的精细化和动态化管理,为促进集团公司储量高效开发利用作出贡献。主任徐小林,副主任郑婧、鞠秀娟。

矿权研究室:主要从事中国石油矿权管理决策支持研究及技术服务,主要承担油气矿权管理政策和规范研究、矿权状况动态分析、矿权区块评价、预警预案研究及矿权管理决策建议、集团公司日常管理支持服务及矿权信息化建设等工作。主任吴培红,副主任孔凡志。

所办公室:主要协助资源规划所领导作好科研管理和日常行政工作,为全所的科研生产提供后勤保障。包括科研管理、合同管理、财务报销、网络门户管理与维护、计算机耗材及后勤供应、固定资产管理、安全生产、职工生活、文件报刊的收发、考勤管理、职工福利、协助工会计划生育等工作。主任吕芳,副主任王淑芳。

截至2019年底,资源规划所在册职工46人,其中男职工31人,女职工15人,博士18人,硕士17人,本科9人;教授级高级工程师3人,高级工程师21人,工程师19人,助理工程师及以下3人;35岁以下17人,36—45岁9人,46—55岁20人。市场化用工2人,劳务用工1人。党员31人。当年,李志欣入职,王坤调入,郑曼调离。

【课题与成果】

2019年,资源规划所承担科研课题19项。其中国家级课题8项,集团公司级课题11项。获软件著作权登记7项。出版著作3部。在国内外学术会议及期刊上发表论文24篇,其中SCI、EI收录8篇。

2019年油气资源规划研究所承担科研课题一览表

类别	序号	课题名称	负责人	起止时间
国家级课题	1	致密油甜点预测方法与甜点区评价	郭彬程	2016.1—2020.12
	2	陆上油气勘探技术发展战略研究	张国生	2017—2020
	3	致密油(页岩油)资源评价与富集区预测	郭秋麟	2016.1—2019.12
	4	我国含油气盆地深层油气分布规律与资源评价	郑民	2017.1—2020.12
	5	超深层及中新元古界勘探区带评价方法与资源潜力预测	郑民	2018.5—2021.12
	6	废弃矿井地下空间开发利用战略研究	赵文智	2017—2019
	7	煤层气资源现状与发展趋势研究	张国生	2018—2019
	8	中石油矿权区油气资源评价	郑民	2017.1—2019.12

续表

类别	序号	课题名称	负责人	起止时间
集团公司级课题	9	年度扩边新发现储量评估	毕海滨	2019
	10	年度PUD储量更新评估	徐小林	2019
	11	公司油气三级储量动态跟踪分析	袁自学	2019
	12	油气储量评估技术方法体系与管理体系建设	毕海滨	2019
	13	股份公司油气储量数据库平台建设-需求分析及数据库维护	鞠秀娟	2019
	14	股份公司原油未开发储量现状及潜力分析	赵丽华	2019
	15	非常规油气SEC储量评估技术方法研究	毕海滨	2019
	16	中国石油2019年石油勘探潜力分析及2020年勘探计划部署	黄福喜	2019
	17	中国石油页岩油勘探领域区带跟踪分析及有利区带优选	宋涛	2019
	18	中石油油气勘探发展战略及进展	梁坤	2019
	19	新政策形势下股份公司矿权区块风险预警与应对预案决策支持	孔凡志	2019

【科研工作情况】

2019年,资源规划所按照研究院统一部署要求,围绕集团公司和研究院高质量发展需求,攻坚克难,砥砺奋进,完成研究院和勘探一路各项工作任务。

一是全年独立或合作向集团公司上报经研究院审核批准的决策参考8期。

二是开展集团公司上市20年来油气发现规律研究,为"十四五"勘探规划编制提供支撑。

三是突出重点跟踪分析评价,深化规划计划指标体系研发应用,编制半年调整方案和2020年框架计划方案得到采纳。

四是开展油气资源经济性与环境允许程度评价,研发剩余资源空间分布预测技术,实现中国石油矿权区"十三五"资源评价。

五是建立SEC自评估企业标准,推广SEC自评估系统的应用,推动独立自评估。

六是加快致密油甜点区评价技术有形化与应用,开展致密油效益与政策研究,编写决策参考1份,被集团公司办公厅采纳,并呈送中共中央办公厅。

七是加快矿权动态评价分析平台建设,结合政策分析,及时提出预警及相关决策建议得采纳。

八是资源规划信息工作平台UPlan系统建设见成效,具备推广应用条件。

【交流与合作】

4月 苏健到美国参加中美"能源与水"联盟年会。

5月 蔚远江到加拿大参加Geoconvention 2019年地质大会。

5月 武娜到加拿大参加42届IAEE国际会议。

6月 苏健到日本参加IGU G20天然气日活动。

7月 胡俊文到加拿大参加27届IUGG年会。

8月 郭秋麟参加2019年IAMG会议学术交流。

【党建与精神文明建设】

截至2019年底,资源规划所党支部有党员31人。

党支部:书记张国生,委员梁坤、黄金亮、

王淑芳、宋涛。

工会：主席吕芳，副主席兼组织委员詹路锋，文体委员武娜，生活委员高世霞，宣传委员孔凡志。

青年工作站：站长宋涛，副站长郑婧，委员苏健、汪少勇。

2019年，资源规划所党支部坚决贯彻落实党中央、集团公司党组和研究院党委各项部署，团结带领全所党员群众，坚持问题导向，突出加强政治理论学习、加强干部队伍建设、加强党风廉政建设、加强基层基础建设"四个加强"，持续推进党建与科研深度融合发展，不断提升党支部的凝聚力向心力战斗力，完成全年党建工作任务。

一、加强政治思想建设

一是结合"不忘初心、牢记使命"主题教育活动，采取原著领学、视频学习、专题党课、专题研讨等方式，组织召开13次党员大会，深入学习习近平新时代中国特色社会主义思想、党的十九大精神、习近平总书记最新讲话和重要指示批示精神，全体党员的政治思想认识提升；组织召开党员大会或全所大会7次，及时传达学习集团公司与研究院相关会议精神，强化交流研讨，强化学以致用，推动相关决策部署和要求及时落实到所里各项工作中。二是组织参观延庆昌延联合县政府旧址和平北红色第一村纪念馆、观看《烈火英雄》《我和我的祖国》等活动，提高党员党性修养，坚定政治方向。

二、加强组织建设

一是切实压紧压实党建责任，将"党政同责、一岗双责"纳入到领导干部年度业绩合同和安全环保稳定责任书，"一岗双责"明确到所领导班子分工和党支部委员分工文件中；落实"三重一大"事项党支部研究前置程序，组织召开前置会议9次，确保权力规范运行、决策民主科学。二是严格执行党的组织生活制度，全面推行支部主题党日，已开展主题党日活动10次；严格执行"三会一课"制度，组织召开党员大会19次、支委会31次，讲授党课2次；大力推进谈心谈话制度落实，支部书记开展谈心谈话27人次。三是严肃党内政治生活，高质量召开2018年度民主生活会、组织生活会，做好民主评议党员活动。四是开展"不忘初心、牢记使命"主题教育活动，给全体党员购置党史、国史等学习材料，组织全体党员集中学习4个专题、开展2次研讨，高质量召开专题民主生活会，不断提升党性觉悟。四是整合资源，建立党员活动室暨职工之家，打造学习与交流的活动场所。

三、加强党风廉政建设

一是强化党风廉政建设责任，形成不能腐的制度约束。落实党风廉政建设主体责任清单制度，明确班子成员党风廉政建设主体责任；签订党风廉洁建设责任书、领导人员廉洁从业责任书，加强廉洁风险防控体系建设。二是强化廉洁从业与反"四风"警示教育，抓好典型案例学习，及时传达纪检组下发的典型案例通报，集体观看"一抓到底、正风肃纪"秦岭违建整治纪实；抓好廉政警示教育，组织党员到平北红色第一村开展党风廉政教育活动，对新提任的6位科室主任、副主任进行廉洁从业警示教育；抓好规章制度执行，做好形式主义、官僚主义集中整治，严格执行公务接待、办公用房、公务用车等制度要求。

四、加强党员和人才队伍建设

一是做好党员教育和管理，合规发展党员和接转组织关系，发展党员1人，党组织关系转出1人、转入1人；参加研究院组织的党员培训，3位所领导全程参加处级干部培训。二是持续推进"双培养"方针落地，按照"把党员培养成科研骨干、把科研骨干发展成党员"的思路，党支部做好党员发展与党员业务能力提升工作，1位室副主任发展成党员，

6位党员分别获"建功立业模范人物""科技领军建功人才""青年科技立业英才"等荣誉称号,6位中青年同志被选拔担任室主任或副主任。郑民获研究院优秀共产党员、黄金亮获研究院优秀党务工作者。

五、宣传思想工作方面

一是多措并举,加强政治理论学习和意识形态阵地管理,弘扬石油精神和核心价值观,着力提升党员的政治敏锐性和思想先进性。严格执行意识形态管理细则,对相关意识形态阵地及时备案,全年未发生重大舆情事件。二是利用集团公司及研究院所网站、新媒体,开展正面宣传和舆论引导,在研究院主页发布新闻报道25篇,在《中国石油报》、《石油商报》等外部媒体发布评论文章7篇,研究院《RIPED》公众号发文1篇,提升战略决策参谋作用与影响力。

六、加强统战群团工作方面

一是组织参与庆祝中华人民共和国成立70周年重大活动,参加"我和我的祖国"快闪、中英文演讲比赛、合唱团、太极拳表演等活动,柳庄小雪获英文组演讲比赛二等奖。二是为发挥基层党组织的领导核心、政治核心作用,调动全体员工积极性、主动性,持续推进党工青"三位一体"协同工作,全年组织开展新入职员工欢迎会、中秋节员工茶话会、世园会参观等集体活动10次,开展员工及亲属慰问11人次,让员工切实感受到组织的关怀与温暖,增强队伍凝聚力和向心力。

(王淑芳、杨涛)

石油地质实验研究中心

【概况】

石油地质实验研究中心（简称实验中心）是以石油地质应用基础理论研究和地质实验技术研发、分析技术服务为重点的应用基础研究所。拥有油气地球化学、油气储层、盆地构造与油气成藏3个集团公司重点实验室，是国家能源致密油气研发中心的主要依托单位和提高石油采收率国家重点实验室的组成部分。

2019年工作目标：立足深地、岩性、前陆等国家重点项目，建立完善源—汇系统分析与储层非均质性评价方法，研发页岩油赋存定量表征、多元异质复合结构光催化制氢材料等四项特色实验技术；发展细粒沉积学与页岩油富集理论，完善前陆盆地冲断带与岩性地层油气藏富集规律，深化古老油气系统油气成藏要素与成藏潜力研究。

主任：张水昌，负责中心全面科研生产管理工作（包括规划、制度、安全、人事、财务、纪检），兼管地球化学重点实验室和所办公室。

书记、副主任：闫伟鹏，负责党工青、干部管理、安全环保、宣传、计划生育、招投标管理；兼管油区构造研究室与地层古生物研究室。

副主任：柳少波，负责实验技术与实验室建设，兼管国家重点实验室/研发中心和油气成藏重点实验室。

副主任：袁选俊，负责科研管理和学科建设，包括科研项目组织、成果有形化、学术交流、保密等；兼管沉积储层重点实验室。

副主任：张斌，负责学科建设与成果转化，包括油田项目与技术服务、生产服务、市场用工和学生管理、办公和仪器设备管理，协助做好科研管理与学术组工作；主管有机分析实验室和技术研发室，协管油气地球化学研究室。

实验中心下设9个研究科室和1个办公室。

中心办公室：主要从事科研生产服务、日常行政管理和后勤保障等工作。主任孟庆洋（5月起），副主任崔红伟、毕丽娜。

油气地球化学研究室：主要从事烃源岩评价和深层油气成因机制等研究工作。主任苏劲，副主任何坤、田华。

有机分析实验室：主要从事有机地球化学分析、地质实验新技术、新方法研发及相关的科研项目研究工作。主任胡国艺，副主任帅燕华、黄凌。

技术研发室：主要从事实验新技术、新方法、新仪器研发与科研应用等任务。主任倪云燕，副主任王华建。

地层古生物研究室：主要负责四川盆地、塔里木盆地地层古生物研究。主任卢远征，副主任樊茹。

沉积研究室：主要负责湖盆沉积学学科建设与生产应用研究等任务。主任张志杰，副主任周川闽。

储层研究室：主要负责复杂储层成因机理与储层评价研究等任务。主任高志勇，副主任吴松涛、毛治国。

纳米油气工作室：主要负责复杂储层表征、油气运移规律以及新能源材料设计开发等研究任务。主任金旭，副主任李建明、王晓琦。

油区构造研究室：主要负责前陆冲断带构造解释与目标评价、中上元古界原型盆地恢复等研究任务。主任陈竹新，副主任管树巍。

油气成藏研究室：主要从事油气成藏机制及过程、成藏主控因素及油气富集规律等任务。主任鲁雪松，副主任姜林、卓勤功、马行陟。

截至2019年底，实验中心在册职工75人。其中男职工49人，女26人；博士52人，硕士17人，本科5人；教授级高级工程师8人、高级工程师42人、工程师23人、助工1人；35岁以下25人，36—45岁25人，46—55岁18人；56岁以上7人。市场化用工7人。

当年，邓春萍、林鹏退休，黄家旋、何媛媛调离。

【课题与成果】

2019年，实验中心承担科研课题47项。其中国家油气重大专项任务11项，国家"973"、自然科学基金和创新基金等6项；股份公司科研任务15项，油田横向课题6项，院级课题9项。获省部级一等奖2项，二等奖4项。获授权发明专利15项，其中国际发明专利2项，国内发明专利13项。在国内外学术期刊上发表论文89篇，出版专著6部。

2019年石油地质实验研究中心承担科研课题一览表

类别	序号	课题名称	负责人	起止时间
国家级课题	1	中新元古界沉积有机质富集与成烃潜力	张水昌	2018—2021
	2	超深层环境油气生成与烃源灶有效性评价	何坤	2018—2021
	3	超深层有效储层形成机制、表征技术与分布预测	张静	2018—2021
	4	四类岩性不整合结构体储集特征与储盖条件	朱如凯	2017—2020
	5	重点盆地区域不整合断代时限与分布	邓胜徽	2017—2020
	6	前陆冲断带及复杂构造区地质演化过程、深层结构与储层特征	陈竹新	2016—2020
	7	前陆冲断带及复杂构造区油气成藏、分布规律与有利区评价	卓勤功	2016—2020
	8	寒武系—中新元古界盆地原型、烃源岩与成藏条件研究	王晓梅	2016—2020
	9	高过成熟天然气生成机理与源灶有效性评价	胡国艺	2016—2019
	10	致密油形成条件、富集规律与资源潜力专题1致密油储层特征与成因类型	金旭	2016—2020
	11	四川盆地及周缘重点层系优质页岩分布与地化特征	王玉满	2017—2020
	12	中国元古代海相烃源岩形成的生物、海洋和地质因素及耦合关系研究	张水昌	2016—2020
	13	铀的放射性作用对有机质成熟和生烃的影响	王华建	2017—2019
	14	甲烷簇同位素非稳态行为主控因素及预测模型	帅燕华	2018—2021
	15	甘肃平凉中上奥陶统界线附近生物地层、锆石U-Pb年代地层与碳同位素地层	樊茹	2018—2020
	16	中元古代富铁沉积至富有机质沉积的微生物驱动机制	王华建	2019—2022
	17	高过成熟阶段有机质生气机理研究	米敬奎	2017—2020

续表

类别	序号	课题名称	负责人	起止时间
股份公司级课题	18	太阳能制氢材料与技术基础开发研究	李建明	2017—2019
	19	富有机质泥页岩生排烃超微观机理及原位改质研究	王晓琦	2018—2020
	20	油气运聚成藏同位素技术和理论研究	倪云燕	2017—2020
	21	古老层系有机质富集机制与含油气性研究	苏劲	2019—2020
	22	前陆盆地油气成藏规律、关键技术及目标评价	赵孟军	2016—2020
	23	超深层及中新元古界油气资源形成保持机制与分布预测	张水昌	2018—2020
	24	天然气高过成熟天然气生成机理与源灶有效性评价	胡国艺	2016—2020
	25	前陆冲断带多滑脱层复杂构造变形机制与数值模拟技术	王丽宁	2019—2020
	26	前陆盆地源储配置与断—盖组合定量评价技术	鲁雪松	2019—2020
	27	前陆冲断带复杂储层成因机制与综合评价技术	冯佳睿	2019—2020
	28	含油气盆地深层构造及其控油气作用	任荣	2018—2020
	29	油气地球化学实验新方法研究	王汇彤	2017—2019
	30	盆地深层烃源岩发育与分布预测	张水昌	2017—2021
	31	典型湖盆源—汇系统分析与岩相古地理重建	张志杰	2019—2020
	32	复杂储集体非均质性评价与储层建模技术	吴松涛	2019—2020
横向课题	33	四川盆地复杂构造样式研究	陈竹新	2017—2020
	34	鄂尔多斯盆地延长组长9—长10成藏机理及油藏控制因素研究	毛治国	2017—2019
	35	冯75、午146井全取心测试分析	毛治国	2018—2020
	36	四川盆地高—过成熟海相有效烃源岩评价方法研究	陈建平	2017—2020
	37	东方—乐东区储盖层动态演化模拟实验	高志勇	2018—2019
	38	全二维色谱分析技术在腐泥型烃源岩成熟度表征及油品组成识别中的研究	王汇彤	2018—2019
院级课题	39	古老烃源岩有机质富集机制与高过成熟阶段生油气潜力	张水昌	2019—2021
	40	深层油气藏形成机制与成藏模式	柳少波	2019—2021
	41	簇同位素示踪天然气成因技术及地质应用	帅燕华	2017—2020
	42	微纳结构仿生设计与增材制造的应用基础研究	金旭	2017—2020
	43	能源与水纽带关系及高效绿色利用关键技术	孟思炜	2018—2019
	44	石炭—二叠系陆相烃源岩发育环境与资源潜力	张斌	2018—2021
	45	古老层系页岩气同位素实时检测及含气性模型	何坤	2018—2021
	46	深层天然气成因与成藏地球化学示踪技术	苏劲	2019—2021
	47	流体包裹体微区分析与深层-超深层油气成藏演化	范俊佳	2019—2021

【科研工作情况】

2019年，实验中心深化海相碳酸盐岩、中新元古—下古生界古老深层油气等超前基础理论和重大、关键、共性技术研究，推进页岩油基础地质研究、关键技术攻关和实验条件平台建设，储备氢能、储能和新材料等领域理论技术，全面、部分超额完成业务绩效指标和管理绩效指标，项目/课题检查优良率90%以上。

一、超前基础研究

陡山沱组在川东北和川西北为古裂陷沉积，烃源岩大面积连片分布；华北地区铁岭组沉积后长期暴露剥蚀形成风化壳优质储层；深层天然气生成可分为四个阶段，簇同位素确定天然气生成温度为成藏示踪提供直接证据。

二、细粒沉积与页岩油富集规律研究

定量评价盐度对有机质絮凝的贡献，首次提出风力和惯性力驱动的羽状流有利于有机质捕获；中高生熟度陆相页岩油发育三种组合类型，提出页岩油评价需重视三参数——"有机质类型、热成熟度与单位有机碳成烃潜力"。

三、关键实验测试技术开发

建立微量元素—同位素分析技术与古环境恢复方法，实现高温高压流体相态与充注过程可视化观测，首次采用高压合成方式，获得具有高可见光吸收的黑色氮化碳光催化制氢材料。

【交流与合作】

3月6—17日　美国杜克大学教授Avner Vengosh来实验中心进行交流，并在四川盆地开展野外考察。

3月13—15日　金旭、李建明、王晓琦参加在英国牛津举办的国际创新应用能源大会（International Conference on Innovative Applied Energy）。

5月5日—8月10日　帅燕华到美国加州理工大学与John Eiler就甲烷簇同位素技术进行交流合作。

5月10—12日　张水昌、王晓梅、张斌等14名重点实验室人员到广州参加第十届亚非石油地球化学与勘探国际会议（AAAPG2019）。

6月2—4日　袁选俊、朱如凯、高志勇、张志杰、吴松涛参加在北京举办的第八届中国石油地质年会。

6月22—28日　吴松涛参加在俄罗斯圣彼得堡举办的世界石油大会第六届青年论坛，获论文宣讲第一名。

9月1—6日　张斌、苏劲参加2019年瑞典国际有机地球化学会议IMOG。

9月30日—10月5日　倪云燕、陈建平到意大利巴勒莫参加第15届国际气体地球化学学术会议。

10月23日　邀请卡尔加里大学教授黄海平来重点实验室就"页岩含油气系统地质、地球化学表征"进行交流。

10月28日　张水昌参加中国地球科学联合学术年会（CGU）。

12月10日　斯伦贝谢有机地球化学专家Courtney Turich来重点实验室参观、交流。

【党建与精神文明建设】

截至2019年底，实验中心党支部有党员51人。

党支部：书记闫伟鹏，副书记张水昌，委员张斌、金旭、孟庆洋、陈竹新、苏劲。

工会：主席孟庆洋，副主席马行陟。

青年工作站：站长王晓琦，副站长石雨昕。

2019年，实验中心党支部贯彻落实党的十九大精神和集团公司、研究院重要会议精神与工作部署，紧密围绕实验中心的中心工作，结合实验中心工作特点，开拓思路、做实党务，推进基层党建三基工作，持续深化党风廉洁建设,党的建设明显加强,党员凝聚力提升,各项工作取得良好成效。

一是加强思想政治教育,落实党员的优秀性,发挥先锋模范作用。

二是加强基层党的建设,落实党组织的先进性,发挥战斗堡垒作用。

三是深化专项教育活动,拓宽载体扎实推进,凝聚力与干劲提升。

四是党工青一体推进,以人为本贴心服务员工,营造和谐释放新活力。

五是推进建章立制,落实党风廉政建设责任,遵规守纪深入人心。

六是加强人才培养与团队建设,助力科研生产中心任务。通过搭建平台,培养人才,涌现一批先进集体与个人。金旭获孙越崎青年科技奖,陈竹新获研究院"青年科技立业英才"荣誉称号,青年工作站获集团公司"五四红旗团支部""院优秀青年工作站"等荣誉称号。

(孟庆洋、袁选俊)

油气地球物理研究所

【概况】

油气地球物理研究所(简称地物所)是研究院油气勘探核心研究所之一。主要职责是负责石油天然气勘探、开发业务相关的地球物理技术研究与应用,重点发展基础研究、特色技术研发和重点探区技术应用三位一体的学科与团队,推动油气地球物理理论技术创新发展,为重大接替领域及风险勘探目标评价、重点探区关键物探技术攻关与应用、总部技术决策提供强有力的技术支撑,成为国家和集团公司地球物理新技术的孵化中心、地震资料处理解释中心和数据中心。

2019年工作思路:以研究院年度工作会议精神为指导,贯彻勘探一路六条工作组织原则、落实六项重点工作,坚持特色技术研发与应用不放松,全面加强风险目标支撑力度,突出重点工作、突出主营业务、转变管理模式,以人才推动技术创新,以创新助推高质量发展。

所长:曹宏,负责地物所科研和行政管理工作。主管人事、财务、科研、重点实验室和QSHE等工作。分管岩石物理与方法研究室、地震软件研发室和天然气地震技术研究室工作。

副所长:曾庆才,负责地震资料处理方面工作。协助所长组织科研条件建设和廊坊院区财务、合同管理等工作。分管地震资料处理一室和地震资料处理二室工作。

副所长:董世泰,负责规划支持和地震解释方面的工作。协助所长组织科研管理和学术交流工作。分管战略研究与规划支持室、综合解释技术研究室和非常规地震技术研究室工作。

副书记:杨遂发,负责地物所党的建设和群团等方面的工作。主管党支部、工会、青年工作站和统战等工作。协助所长组织人才培养和QSHE等工作。分管综合办公室工作。

1—8月,下设9个研究科室和1个股份公司重点实验室。

战略研究与规划支持室:开展物探技术发展战略与规划部署研究,为集团公司物探技术顶层设计与发展规划提供决策支撑。主任马晓宇,副主任卢明辉。

岩石物理与方法研究室:跟踪岩石物理分析前沿技术与方法,开展岩石物理分析理论、技术与应用研究,研创实验设备和实验方法。主任杨志芳,副主任晏信飞。

地震资料处理一室:主跟踪地震处理前沿技术和方法进展,负责地震资料处理关键技术的研发与集成,开展重点探区复杂地质目标成像及保幅处理技术攻关研究与应用。主任胡英,副主任首皓、王春明、高银波。

地震资料处理二室:跟踪天然气地震处理前沿技术与方法进展,负责天然气领域地震资料处理技术研发与应用方法研究,开展天然气重点探区目标成像及保幅处理技术攻关研究与应用。主任王兴,副主任曾同生。

天然气地震技术研究室:跟踪天然气地震预测前沿技术与方法研究进展,负责常规天然气储层预测、流体检测技术研发与应用研究,开展重点探区常规天然气地震预测技术攻关与应用。主任黄家强,副主任姜仁、李新豫。

非常规地震技术研究室:主要职责是瞄准集团公司油气勘探生产技术瓶颈,跟踪国际地球物理技术发展前缘,立足自主创新,发展具有自主知识产权的地球物理新理论与新技术。主任郭晓龙,副主任陈胜、代春萌。

综合解释技术研究室：负责跟踪地震解释前沿技术与方法研究进展，开展目标评价方法研究、重点探区面向区带和目标的地震资料解释技术集成应用。主任李劲松，副主任李艳东、张明、徐光成。

地震软件研发室：跟踪地震软件开发技术与方法研究进展，开展地震技术有形化与推广应用。主任孙夕平，副主任李凌高。

综合办公室：承担科研服务职能，协助所领导班子进行物探技术研究所日常事务管理。主任杨志祥，副主任孙荣。

股份公司地球物理重点实验室：主要负责股份公司物探重点实验室（北京院区）的建设以及日常运行维护工作。主任曹宏。

8月22日，地物所科室调整，调整后的科室为综合办公室、物探战略规划部、技术研发部、地震资料处理部、物探资料综合解释部。

战略研究与规划支持室：开展物探技术发展战略与规划部署研究，为集团公司物探技术顶层设计与发展规划提供决策支撑。行政主管董世泰，行政助理马晓宇。

技术研发部：面向油公司上游业务物探技术需求，开展应用基础研究、新技术研发和软件产品研制，兼顾地球物理重点实验室运行。跟踪地震软件开发技术与方法研究进展，开展地震技术有形化与推广应用，跟踪岩石物理分析前沿技术与方法；跟踪天然气地震预测前沿技术与方法研究进展，负责常规天然气储层预测、流体检测技术研发与应用研究，开展重点探区常规天然气地震预测技术攻关与应用；开展岩石物理分析理论、技术与应用研究，研创实验设备和实验方法。行政主管曹宏，业务主管李红兵，业务助理杨志芳，行政助理卢明辉，党建助理宋建勇。

地震资料处理部：发展地震资料处理关键技术，开展重点探区复杂地质目标成像及保幅处理技术攻关与应用。主跟踪地震处理前沿技术和方法进展，负责地震资料处理关键技术的研发与集成，开展重点探区复杂地质目标成像及保幅处理技术攻关研究与应用，跟踪天然气地震处理前沿技术与方法进展，负责天然气领域地震资料处理技术研发与应用方法研究，开展天然气重点探区目标成像及保幅处理技术攻关研究与应用。行政主管曾庆才，业务主管胡英，业务助理首皓，行政助理王春明，党建助理高银波。

物探资料综合解释部：开展储层预测、目标评价等方法研究与集成应用，为风险勘探、重点探区目标和储量落实服务。负责跟踪地震解释前沿技术与方法研究进展，开展目标评价方法研究、重点探区面向区带和目标的地震资料解释技术集成应用。行政主管董世泰，业务主管甘利灯，业务助理陈胜，行政助理孙夕平，党建助理徐光成、代春萌。

综合办公室：承担科研服务职能，协助地物所领导班子进行物探技术研究所日常事务管理。主任杨志祥，副主任孙荣。

股份公司地球物理重点实验室：主要负责股份公司物探重点实验室（北京院区）的建设以及日常运行维护工作。主任曹宏。

截至2019年底，地物所在册职工69人。其中男职工47人，女职工22人；博士33人，硕士25人，本科6人；教授级高级工程师工7人，高级工程师39人，工程师19人；30岁以下3人，31—35岁17人，36—40岁19人，41—45岁5人，45—50岁9人，50以上16人。

【课题与成果】

2019年，地物所承担科研课题59项。其中国家级项目11项。获集团公司油气勘探重大发现特等奖1项，中国地球物理学会科技进步一等奖1项，第一完成单位；二等奖1项，第二完成单位。石油化工自动化协会科技进步二等奖1项，第二完成单位。天津市科技进步三等奖1项。申报专利27项，获授权专利25项。软件著作权15项。出版《陆相油藏开发地震技术》。在国内外学术会议及期刊上发表论文47篇,其中SCI 16篇,EI 11篇。

2109年油气地球物理研究所承担科研课题一览表

类别	序号	课题名称	负责人	起止时间
国家级课题	1	前陆冲断带及复杂构造区地震成像关键技术与构造圈闭刻画	胡英	2016—2020
	2	地震储层预测关键技术集成与应用	孙夕平	2017—2020
	3	致密气有效储层预测技术	曾庆才	2016—2020
	4	克深5井区复杂构造处理解释	曾庆才	2017—2020
	5	叠合盆地前寒武系盆地结构重磁电联合解释技术研究	李劲松	2016—2020
	6	强非均质性碳酸盐岩储层与流体预测地震前沿方法研究进展	杨辉	2016—2020
	7	重磁电震约束与联合反演技术	杨辉	2016—2020
	8	三维正演剥层异常提取及正则化下延异常增强技术研究	文百红	2016—2020
	9	超深层重磁电震配套技术研发及经济适用性评价	郑晓东	2016—2020
	10	石油勘探开发大数据与人工智能关键技术研究	郑晓东、杨昊	2019—2020
	11	地震技术大数据应用发展战略研究	郑晓东	2019—2020
集团公司级课题	12	基于深度学习的地震储层识别技术研究	曹宏	2018.4—2020.12
	13	页岩油气地震岩石物理特征与关键技术研究	杨志芳	2019.7—2020.12
	14	地震成像与定量预测软件iPreSeis1.0推广应用	孙夕平、张才	2018—2021
	15	物探重点实验室实验新技术开发——地震成像与储层预测软件系统升级与完善	孙夕平	2017.2—2019.12
	16	叠前储层预测关键软件模块开发	李凌高	2016.12—2019.3
	17	石油勘探开发大数据与人工智能关键技术研究	郑晓东	2019—2020
	18	碎屑岩薄储层地震反演技术研究与集成应用	李红兵、李勇根	2017—2020
	19	井震联合油气藏描述技术完善与应用	戴晓峰	2017—2020
	20	礁滩相储层薄夹层预测与流体检测研究	李勇根	2018—2020
	21	工业联盟组织及其框架技术交流与合作研究	杨志芳	2016—2019
	22	天然气水合物储层地震—电磁响应特征研究	李红兵	2019—2021
	23	针对陆上地震资料的全波形反演技术及应用研究	宋建勇	2018—2020
	24	基于粘弹性波动方程的Vp-Qp联合反演方法研究	胡新海	2018—2020
	25	工业联盟组织及其框架技术交流与合作研究	李萌	2016—2020
	26	花岗岩潜山油藏地震预测关键技术研究	杜文辉	2018—2020
	27	复杂气藏有效储层预测	曾庆才	2016—2020
	28	物探技术跟踪评价与应用策略研究	马晓宇、杨辉	2019

续表

类别	序号	课题名称	负责人	起止时间
集团公司级课题	29	双复杂探区地震采集与成像方法研究与技术开发	王春明、郭宏伟	2018—2021
	30	储层预测质控关键技术研究与软件开发	孙夕平	2018.1—2019.12
	31	裂缝—孔隙型储层渗透性地震预测技术研究与应用	杨昊	2018.1—2019.12
	32	天然气开发前期评价地震技术适应性跟踪及筛选应用	陈胜	2019
	33	页岩气效果跟踪与评价	贺佩	2019
	34	库车地区滚动开发地震有利目标区优选研究	代春萌	2018—2021
	35	磨溪区块震旦系地震含气富集区预测与井位部署研究	曾庆才	2018—2021
院级课题	36	油气地球物理前沿理论与新技术	曹宏	2019—2020
	37	地震保真处理及储层定量预测关键技术研究	董世泰	2019—2021
	38	薄储层预测技术——CRG工业联盟	张明	2019—2021
	39	速度建模与偏移成像技术	秦楠	2019—2021
	40	重磁电震联合反演技术	杨辉、文白红	2019—2021
	41	基于深度学习的地震特征参数提取和噪音压制技术研究	郑晓东	2018—2020
	42	iPreSeisV1.0软件测试与应用	于永才	2017.7—2019.10
	43	波动方程速度反演与成像(斯坦福)	李萌	2019—2021
	44	流体性质表征与地震应用	杨志芳	2019—2021
其他课题	45	准噶尔盆地北三台凸起北43井区三维地震叠前处理解释	高银波、李璇	2018.6—2019.6
	46	四川盆地川西北部双鱼石南地区三维地震叠前处理解释	崔栋	2018.6—2019.6
	47	博孜1区块各向异性叠前深度偏移处理解释一体化研究	代春萌	2017—2019
	48	高石19井区灯四段气藏优质储层预测	戴晓峰	2018.9—2019.6
	49	高石18井区灯四段气藏优质储层预测	戴晓峰、王兴	2019.6—2020.6
	50	四川盆地周缘复杂构造叠前深度偏移成像处理解释	崔栋、徐光成	2019—2020
	51	四川平昌—万源探区地震技术研究	孙夕平、徐光成	2019—2021
	52	川西南永探1火山岩三维地震资料处理解释	代春萌、曾同生	2019.5—2020.6
	53	黄土塬地区地震资料处理解释	于永才、高银波	2019.5—2020.6
	54	岩心声波测试	杨志芳、晏信飞	2019.11—2020.4
	55	2019年度准噶尔盆地南缘吐谷鲁背斜三维叠前深度偏移处理解释	首皓、李劲松	2019—2020
	56	库车坳陷却勒—西秋三维地震采集处理解释一体化	王春明、张征	2019—2020
	57	库车坳陷克深19~21三维地震叠前深度偏移处理解释	胡英、王春明	2019—2020
	58	鄂尔多斯盆地庆城北黄土山区三维地震叠前储层预测和技术评价	卢明辉、高银波	2019—2020
	59	NEB R/S区块三维地震资料解释	张昕、李艳东	2019—2020

【科研工作情况】

2019年，地物所按照研究院勘探一路年初科研工作部署安排和要求，围绕重点工作，加强前沿技术研究和新技术研发，深化页岩油地震预测技术攻关，加强重点领域物探技术攻关及应用，科研各项工作取得新进展。

一、技术有形化

继续完善 iPreSeis1.0，推广安装10套；推进 iPreSeis2.0 开发，释放二次开发平台；基本完成储层预测质控软件开发。持续完善 iPreSeis1.0，安装37套（指标10套），推广应用工区9个。

二、复杂构造成像技术研发与应用

开展最小二乘逆时成像方法研究，通过模型测试，形成模块；完善前陆冲断带速度建模与成像配套技术；开展库车、克深、川西北等资料处理与成像技术攻关，为天然气勘探开发提供技术支持。

三、复杂储层预测技术研发与应用

开展全波形弹性参数反演、裂缝—孔隙型储层渗透性、复杂气藏弹性参数反演技术研究，形成3项关键技术，发展碳酸盐岩储层预测技术，支撑四川盆地天然气地震勘探。

四、页岩油地震预测技术攻关

揭示页岩油关键岩石物理特征，开展页岩油地震预测关键技术攻关，形成中高成熟度碎屑岩致密油甜点富集体预测技术，在示范区试验应用。

五、智能储层预测技术

发展基于深度学习的智能标签技术，初步形成基于深度学习的非线性地震阻抗反演和地震相自动识别技术，并在实际数据中开展测试

六、成熟探区精细地震勘探技术

以南堡凹陷精细目标处理和目标评价为例，形成构造+岩性约束的四步法速度建模技术，探索成熟探区精细勘探技术。

七、风险目标评价

配合勘探一路风险目标评价需求，开展2—3个目标地震预测评价工作，探索风险目标地震评价关键技术。根据股份公司和勘探一路对风险勘探升级管理要求，进一步加大风险勘探支撑和工作组织力度，成立风险目标项目组，按处理解释一体化思路，形成全所支撑风险勘探局面，推动中秋1井、月探1井、前哨2井等取得较突出成效

【交流与合作】

3月8—14日　曹宏参加在阿联酋阿布扎比举办的NEB现场工作。

5月29日—6月3日　李凌高、于永才参加在英国伦敦举办的帝国理工大学CRG2019年会。

6月2—11日　陈胜参加在英国伦敦举办的第81届欧洲地质学家与工程师协会（EAGE）年会。

6月16—23日　曾庆才、代春萌、曾同生、张连群参加在美国丹佛举办的InsightEarth3.0软件的学习与交流。

9月14—20日　宋建勇、徐光成、杨昊、魏超、崔栋参加在美国圣安东尼奥举办的第89届SEG年会。

11月27日—12月1日　卢明辉、晏信飞参加在澳大利亚珀斯市举办的科廷大学油藏地球物理工业联盟2019年会。

12月7—11日　曾庆才、王春明、张才、侯思安参加在加拿大卡尔加里举办的卡尔加里大学CREWES联盟第31届年会。

【党建与精神文明建设】

截至2019年底，地物所党支部有党员43人。

党支部：副书记杨遂发，委员曹宏、曾庆才、董世泰、杨志芳、徐光成、郭宏伟。

工会：主席刘卫东，组织委员杜文辉，女

工委员孙荣,文体委员张连群。

青年工作站:站长徐光成,副站长崔栋。

2019年,地物所党支部落实研究院党委工作部署,深入学习贯彻习近平新时代中国特色社会主义思想和党的十九大精神,以"不忘初心、牢记使命"主题教育为抓手,加强"三基"建设,发挥思想发动、组织推动和服务保障作用,团结带领党员干部落实"高地计划",加强人才培养,多举措推动两地深度融合,为物探业务的高质量发展提供组织保障。

一、落实构建"大党建"工作格局,实现党建科研双融合

设置党建助理(兼党小组长)加强党组织力量,党建工作呈现新局面;评选优秀党员6名,优秀党小组长1名,先进个人10名;为每位党员购置党旗国旗,提醒党员牢记党员使命;预备党员文菁翔转正,骨干李萌被确定为入党积极分子,3名同志提交入党申请;规范接转石玉梅等4名党员组织关系。

二、高质量开展"不忘初心,牢记使命"主题教育,"四个诠释"效果显著

一是理论学习收获丰硕。深刻理解习近平新时代中国特色社会主义思想的重要理论贡献和历史地位;学习马克思主义矛盾观点、实践观点和坚持问题导向、调查研究等工作方法,坚持以人为本,结合实际讨论人才队伍建设等问题。二是思想政治深受洗礼。突出问题导向,以刀刃向内的自我革命精神抓好问题检视和整改落实。针对所内46条问题,合并归类21条,完成整改8条。三是干事创业敢于担当。自觉践行"四个诠释",领导班子面对改革,党员职工面对巨大工作量,不畏困难,勇于担当。四是为民服务解决难题。看望慰问生育、生病职工2人,关心帮扶困难职工3人。协调解决子女入幼儿园问题,为新婚职工送去祝福。五是清正廉洁作出表率。加强党纪党规和规章制度的学习,开展廉洁教育,严格要求,争做表率。

三、加强思想宣传工作,扩大业界影响力

注重思想宣传,强化意识形态工作,加强舆论引导,传递正能量,全年对外宣传稿件5篇,院内新闻宣传稿39篇,石油大院《RIPED》微信公众号材料3篇。

(杨志祥、曹宏)

测井与遥感技术研究所

【概况】

测井与遥感技术研究所(简称测井遥感所)是研究院从事测井技术与遥感技术研究、开发和应用的专业技术研究所。主要任务是坚持关键技术研发、重点探区应用和总部决策支持三位一体,持续提高测井和遥感专业技术的创新和服务能力,测井专业努力形成股份公司复杂储层的测井方法和软件研究中心、重点难点工程的测井处理解释中心和集团公司测井管理的技术支持中心,遥感专业努力形成股份公司环境安全监测技术支持中心、石油遥感应用技术的研发中心和重大工程的遥感技术服务中心。

2019年工作思路:按照研究院工作部署会和勘探一路工作部署会的要求,瞄准勘探瓶颈技术开展基础方法攻关与成果有形化,紧盯风险勘探开展方法应用与综合评价,不断提升测井、遥感两个专业的技术创新和服务生产的能力。

所长、书记:周灿灿,主持所全面工作和党务工作,分管人事、财务、合同工作,主管所办公室。

副所长:李潮流,主要负责所科研管理工作,分管全所员工培训、外事管理、保密等工作,主管碎屑岩测井研究室、复杂岩性测井研究室、测井技术支撑工作室、测井实验室。

副所长:王才志,负责全所技术有形化和安全、质量、档案、资产等管理工作,分管遥感技术研究应用和全所软件研发工作,主管测井软件研究室、遥感地质研究室、遥感环境研究室、遥感信息处理室。

副总工程师:武宏亮、周红英。

测井遥感所下设8个研究科室。

碎屑岩测井研究室:主要从事复杂碎屑岩和非常规储层测井解释理论、方法及实验研究。主任刘忠华,副主任宋连腾。

复杂岩性测井研究室:主要从事非均质复杂岩性储层测井解释理论、方法及实验研究。主任武宏亮。

测井软件研究室:主要从事测井大型处理解释软件系统研发和持续升级维护。副主任李伟忠、刘英明。

测井技术支撑工作室:主要从事国内外测井新技术跟踪评价研究与总部测井管理技术支持。主任宁从前。

遥感油气地质研究室:主要从事油气遥感新技术研发和遥感技术油气地质应用研究。主任于世勇,副主任曾齐红、王文志。

遥感工程环境研究室:主要从事石油环境监测和地面工程优化部署的遥感检测理论、方法、技术研究与应用推广。主任刘杨,副主任周红英。

测井岩石物理实验室:立足于测井岩石物理实验研究,研发非均质复杂储层测井处理解释评价核心技术和专用软件。副主任胡法龙。

所办公室:负责所日常科研、行政管理、后勤保障及财务报销等。主任李赵洲。

截至2019年底,测井遥感所在册员工45人,包括市场化员工2人。其中男职工31人,女职工13人;博士31人,硕士7人,本科及以下7人;教授级高级工程师4人,高级工程师35人,工程师4人;35岁以下4人,36—45岁17人,46以上24人。当年,李赵洲、邹立群退休。

【课题与成果】

2019年,测井遥感所承担科研课题29项,其中国家油气专项课题1项、专题3个。

获省部级奖 4 项,局级一等奖 1 项。获授权专利 16 项。出版著作 2 部。在国内外学术会议及期刊上发表论文 14 篇,其中 SCI 收录 9 篇,EI 收录 4 篇。

2019 年测井遥感所承担科研课题一览表

类别	序号	课题名称	负责人	起止时间
国家级课题	1	致密油甜点区测井评价关键技术	李长喜	2016.1—2019.12
	2	致密油水平井测井资料精细处理解释方法研究	王昌学	2016.1—2019.12
	3	测井交互精细融合处理平台	李宁、王才志	2017.1—2020.12
	4	不整合结构体三维数字露头模型建立与描述	曾齐红	2017.1—2020.12
集团公司级课题	5	各向异性储层电阻率测井融合处理方法研究	李潮流、李霞	2016.1—2018.12
	6	储层基质-裂缝组合渗透率测井计算新方法研究	李宁	2019.1—2020.12
	7	重点井与风险探井测井质量分析与跟踪评价	宁从前	2019.1—2019.12
	8	测井交互精细融合处理平台	王才志	2017.1—2020.12
	9	远探测声波测井处理方法、介电扫描与核磁共振测井联合反演方法研究	武宏亮、胡法龙	2018.1—2020.12
	10	典型区块低饱和度油层成因机理与评价方法研究	程相志	2019.5—2020.5
	11	玛湖凹陷工程品质测井评价方法研究	刘忠华、宋连腾	2019.1—2019.12
	12	准噶尔盆地南缘地区深层测井采集与评价技术支持	宁从前	2018.1—2019.12
	13	页岩油测井评价关键技术研究与应用	李宁	2019.1—2021.12
	14	页岩油各向异性储层电性物性岩石物理特征研究	俞军	2019.1—2021.12
	15	石油勘探开发大数据与人工智能关键技术研究	武宏亮	2018.12—2020.12
	16	微电阻率成像阵列声波测井处理技术集成与应用	武宏亮	
	17	页岩油测井源储评价方法研究	刘忠华、袁超	2019.5—2020.5
	18	中东阿布扎比项目白垩—侏罗系致密油形成条件及资源潜力	李长喜、胡法龙	2019.1—2019.12
	19	海上溢油应急与陆上环保遥感监测	刘杨	2019.1—2019.12
	20	多尺度遥感油气地质信息提取技术	张友炎、曾齐红	2018.1—2020.12
	21	砂岩型铀矿遥感勘查技术研究	申晋利	2019.1—2020.12
	22	现代沉积源汇系统遥感定量研究	周红英	2019.1—2020.12
	23	油气田环境遥感监测与分析技术研究	刘杨	2016.4—2019.3
	24	基于深度学习的高分辨率遥感图像石油信息智能监测方	张楠楠	2018.12—2021.12
院级课题	25	页岩油储层测井评价方法研究	李潮流、李长喜	2019.1—2021.12
其他课题	26	史家湾地区长 6 复杂油水层测井评价方法研究	胡法龙、杜宝会	2019.1—2019.12
	27	复杂岩性致密储层饱和度模型研究	王克文	2018.12—2019.12
	28	元素测井系列与深横波成像测井资料处理深化研究	武宏亮	2018.12—2020.12
	29	合川—潼南区块大格架天然气地质条件研究及有利勘探区带优选	冯周	2018.12—2019.12

【科研工作情况】

2019年，测井遥感所按照研究院部署要求，继续抓好"需求主导、持续注重前沿技术创新，面向现场、持续做好关键技术服务，强化管理、持续提高技术团队水平"三方面工作，推进全所各科研项目工作，取得多项重要技术成果。

一是持续研究和完善碎屑岩复杂储层测井系列技术，基本完成页岩油储层测井岩石物理响应机理研究，突破大斜度井水平井阵列电阻率处理解释方法并在塔里木油田初步应用，为地质甜点选区和有效动用提供有效技术手段。

二是持续缝洞碳酸盐岩储层测井系列技术研究，突破方位远探测横波测井处理方法，开展斯通利波渗透率适用性评价，并在塔里木盆地和四川盆地应用，为井旁隐蔽储集体识别和裂缝有效性判断提供有效技术手段。

三是基本形成页岩油储层测井岩石物理分析与处理评价技术系列，完成适应于页岩油评价的 ADT 介电扫描测井技术研究，初步形成正演模拟方法与解释图版，建立介电扫描测井处理解释技术，为页岩油储层含油性测井定量评价提供全新的技术手段。

四是全面建设环境遥感监测中心，石油环境遥感监测和碳酸盐岩数字露头技术研发和应用取得新进展，促进总部和油田环保管理，取得良好社会效益。持续开发高精度数字露头地质信息提取技术，并逐步走向地质应用。

【交流与合作】

3月13日　申晋利等6人与核工业北京地质研究院遥感国家重点实验室交流。

4月23日　与塔里木油田分公司开展超深井测井技术研讨会。

5月30日　李伟忠等3人到长庆油田进行机器学习驱动下智能化测井处理方法可行性探讨交流。

6月19—23日　张友焱等3人到美国与得克萨斯大学展开学术交流。

7月16日　宁从前等8人参加由斯伦贝谢公司组织的测井新技术应用推进会。

9月6日　刘杨等2人参加第八届石油地质年会。

9月17日　张楠楠等7人与中国科学院自动化所开展深度学习在遥感目标识别中的探索与实践研讨会。

10月12日　遥感环境工程室有关人员与秦皇岛海事局交流海上溢油遥感检测技术应用。

10月27—30日　胡法龙等6人参加中国地球科学年会并作论文宣讲。

【党建与精神文明建设】

截至2019年底，测井遥感所党支部有党员28人。

党支部：书记周灿灿，委员周灿灿、王才志、周红英、胡法龙、李霞。

工会：主席周灿灿，副主席于世勇。

青年工作站：站长李霞。

2019年，测井遥感所党支部将院党委各项工作部署落到实处，找准党建工作与科研工作契合点，努力把党的十九大的新思想、新观点、新要求转化为促进科研工作的新思路新方法、新举措，发挥党支部战斗堡垒作用和党员先锋模范带头作用，切实提高员工队伍的凝聚力和战斗力，营造风清气正、干事创业的的良好工作环境。

一是统一思想，及时传达学习贯彻集团公司和研究院工作会议、党建与党风廉政建设等重要会议精神，制订详细的支部年度工作计划，组织实施，做到党建工作有计划、有部署、有推动、有落实。

二是加强党性教育，全面落实党风廉政建设"一岗双责"主体责任，落实中央八项规定精神，组织签订党风廉政建设责任书和廉洁从业承诺书，开展纪律教育和案例警示教育,构建作风建设常态化长效化机制。

三是加强领导班子建设,明确党支部、书记和班子成员主体责任清单,构建"大党建"工作格局。坚持"围绕科研抓党建、抓好党建促科研"的指导方针,不断健全促进党建工作与科研生产深度融合的制度机制。严格执行"三重一大"决策制度和程序规定,保证民主科学决策,全年无违反规定的情况,无重大决策失误。

四是强化作风建设,宣传正能量,利用新媒体平台、党建平台宣传交流,助力支部树立良好形象。落实意识形态工作责任制,定期研究和汇报。开展宣传报道工作,全年完成研究院主页新闻报道24篇,新媒体公众号11篇,对外新闻报道1篇。开展群团活动,凝心聚力,为促进科研创新提供服务保障。

【大事记】

1月14日 集团公司地球物理测井李宁工作室挂牌成立。

4月18日 第五届全国大学生测井技能大赛在中国石油大学(华东)落幕。测井遥感所研发的CIFLog测井软件再次得到全部参赛队伍的自主选用,彰显研究院科研实力与技术品牌。

10月12日 秦皇岛海事局周延富副局长等来研究院调研并开展海上溢油遥感监测技术交流。

(王才志、张莉)

油田开发研究所

【概况】

油田开发研究所(简称油田开发所)是一个以油田开发研究及技术应用为主,重点解决油田生产难题,兼顾培养油田开发高级人才的综合性研究所。

所长:李保柱,主持油田开发所全面工作。主管财务、科研工作。分管油藏工程研究三室、油气评价与经济研究室。

书记:石成方,主持油田开发所支部、工会、青年工作站全面工作。主管宣传、保密、安全工作,分管所办公室、油藏工程研究一室、油藏工程研究二室。

副所长:朱怡翔,主管油田开发所培训教育、固定资产、仪器设备工作,分管鲁迈拉项目部、岩石地球物理研究室。

副所长:高兴军,主管油田开发所科研管理工作,分管油气地质研究室一室、油气地质研究室二室。

副所长:李勇,主管油田开发所海外项目科研管理工作,分管阿布扎比项目部、塔里木开发研究室。

油田开发所下设1个办公室、8个研究科室及2个项目部。

所办公室:负责所日常事务。主任方杰。

油气地质研究一室:以高含水项目开发地质研究为主要方向。主任李顺明,副主任周新茂、李军。

油气地质研究二室:以低渗透项目开发地质研究为主要方向。主任王友净,副主任龙国清。

岩石地球物理研究室:以开发地震及测井解释为主要方向。主任刘文岭,副主任胡水清、王玉学。

油藏工程研究一室:以高含水老油田开发调整为主要方向。主任王经荣,副主任纪淑红、傅秀娟。

油藏工程研究二室:以低渗透油田开发、调整为主要方向。主任侯建锋,副主任王文环、雷征东。

油藏工程研究三室:以复杂凝析气藏、超高压气藏、碳酸盐岩凝析油气藏为主要方向。主任夏静,副主任张晶。

油藏评价与经济研究室:以原油产能建设和储量评价为主要方向。主任郝银全,副主任郝明强、鲍敬伟。

塔里木开发研究室:以塔里木油田为研究对象。主任:主任焦玉卫,副主任刘卓。

鲁迈拉项目部:为伊拉克鲁迈拉油田的开发做好技术支撑,与英国BP石油公司作为合作伙伴,还肩负着与国际一流大石油公司国际合作研究的职能。主任宋本彪,副主任高严、钱其豪。

阿布扎比项目部:聚焦阿联酋碳酸盐岩油藏开发,为中国石油阿布扎比项目及NEB资产领导者工作提供技术支撑。主任魏晨吉,副主任王继强。

截至2019年底,油田开发所在册职工77人,其中男职工49人,女职工28人;博士后18人,博士26人,硕士27人,本科及以下3人;教授级高级工程师5人,高级工程师37人,工程师26人,助工11人;35岁以下26人,36—45岁21人,46—55岁25人,56岁以上4人。外借刘浪1人。当年,梁淑贤退休,吴波鸿入职,赵航、李佳鸿、冯陶然、郑洁调离。

【课题与成果】

2019年,油田开发所承担科研课题57项。其中国家科技重大专项任务7项,集团公司重大专项15项、股份公司科技项目12项,CDODC技术支持项目6项,油田横向课题9项,院级课题8项。获国家科技进步奖1项,获省部级科技奖励3项,获授权发明专利5项,出版著作5部。在国内外学术会议及期刊上发表论文30篇,其中SCI收录11篇,EI收录8篇。

2019年油田开发研究所承担科研课题一览表

类别	序号	课题名称	负责人	起止时间
国家级课题	1	复杂断块油藏井震结合精细描述关键技术研究	刘文岭	2016—2020
	2	表外储层动用状况与有效开发条件研究	钱其豪	2016—2020
	3	优势渗流通道识别与表征及控制无效循环技术	王继强	2016—2020
	4	基于构型的剩余油分布模式研究	周新茂	2016—2020
	5	超高压有水气藏高效开发技术对策研究	李保柱	2016—2020
	6	大型生物碎屑灰岩油藏注水开发整体部署优化技术	王良善	2017—2019
	7	考虑水侵影响的多尺度缝洞型油藏产量不稳定分析理论研究	李勇	2019—2022
集团公司级课题	8	复杂断块油藏精细表征技术及应用	胡水清	2019—2020
	9	特高含水期水驱开发规律研究	钱其豪	2019—2020
	10	中高渗老油田低品位层动用技术研究	周新茂	2019—2020
	11	层内剩余油定量表征与应用	李顺明	2019—2020
	12	高含水期层系井网分类优化调整技术研究	吴桐	2019—2020
	13	小尺度地质体表征理论及技术	胡水清	2017—2020
	14	基于深度学习的储层参数三维空间建模技术研究	刘文岭	2018—2020
	15	分层注水量智能劈分技术研究	袁江如	2018—2020
	16	低渗透油藏复杂裂缝建模数模一体化技术研究	雷征东	2018—2020
	17	特/超低渗油藏改善水驱技术研究与应用	彭媛媛	2019—2020
	18	特低渗砾岩油藏水平井体积压裂开发优化技术研究	秦勇	2019—2020
	19	昆北砂砾岩油藏有效水驱配套技术研究	侯建锋	2016—2020
	20	超低渗透油藏规模有效开发评价新技术研究	雷征东	2017—2019
	21	深层/超深层凝析气藏提高开发效果关键技术研究	夏静	2019—2020
	22	新一代油藏数值模拟软件	任殿星	2017—2020
	23	注水专项	王继强	2019
	24	低渗透油田水驱控递减关键技术研究与应用	彭缓缓	2018—2021
	25	合作业务动态管理与研究	郝银全	2019
	26	产能建设管理平台研究	郝银全	2019
	27	新区产能建设信息管理及储量流向研究	郝银全	2019
	28	2019年新区产能跟踪评价调整及2020年新区产能建设部署研究	郝银全	2019

续表

类别	序号	课题名称	负责人	起止时间
集团公司级课题	29	上市储量自评估项目——已开发可采储量标定和未开发储量评价分类	王经荣	2019
	30	水介质类和天然气介质类重大开发试验跟踪评价前期研究	王锦芳	2019
	31	2019年原油水平井及平台钻井实施跟踪及开发效果分析与研究	王锦芳	2019
	32	精细油藏描述项目	陈欢庆	2019
	33	股份公司凝析气藏开发动态跟踪研究	张晶	2019—2020
	34	建模与数模动态约束评价反馈机制研究及模块研制	钱其豪	2019—2021
	35	艾哈代布技术服务合同	李勇	2018—2019
	36	阿布扎比NEB资产群领导者技术支持	李保柱	2019
	37	鲁迈拉油田精细储层表征与注水技术研究	宋本彪	2019
	38	阿布扎比陆上项目重点油田油藏描述及开发技术对策研究	魏晨吉	2019
	39	G. Fula FFR Update Study	高兴军	2017—2020
	40	2019年非洲地区油气开发技术支持与综合研究	王经荣	2019
横向课题	41	长庆油气储量分类评价与经济有效开发技术	贾爱林	2017—2020
	42	超低渗透—致密油藏水平井开发规律及开发模式研究	袁江如	2019
	43	阿克塞凝析油气藏开发调整技术研究	李军	2018—2020
	44	海外碳酸盐岩储层测井解释方法研究	李军	2018—2020
	45	俄罗斯SP2井区数值模拟及开发潜力研究	李军	2019—2021
	46	玛湖1井区上乌尔禾组油藏开发方案设计	胡水清	2019—2020
	47	玛东地区砾岩油藏开发方案优化研究	秦勇	2019—2020
	48	高探1井区开发潜力分析及概念设计	夏静	2019—2020
	49	缝洞型断溶体油藏改善注水及注气开发技术攻关	王琦	2019—2021
院级课题	50	超低渗透油藏水平井注CO_2吞吐开采技术研究及应用	郝明强	2017—2020
	51	通过应用大数据深度学习方法预测合注条件下各分层剩余油饱和度的探索研究	袁江如	2017—2019
	52	低渗透油藏水平井自驱实践与可行性研究	王锦芳	2017—2019
	53	碎屑岩储层单砂体构型与注采结构调整——以尕斯库勒油田为例	钱其豪	2019—2021
	54	复杂类型油藏有效开发及提高采收率新方法研究	雷征东	2019—2021
	55	碳酸盐岩储层非均质研究及岩石类型微观表征	宋本彪	2019—2021
	56	大型海相碳酸盐岩精细油藏描述与地质建模技术	高严	2019—2021
	57	碳酸盐岩油藏开发规律及政策研究	李勇	2019—2021

【科研工作情况】

2019年，油田开发所按照研究院年初工作部署，坚持"一部三中心"定位，坚定不移走"技术立院"和"人才立院"发展之路，瞄准高含水、低渗透、中东碳酸盐岩油田开发的重大技术需求，围绕建所宗旨和工作定位，抓机制创新、抓人才培养、抓国际化建设，实现了"出重大成果、出优秀人才、出有影响力的应用成效"三大目标，完成各项科研生产任务，取得多项重要成果。

一、以中东和苏丹合作项目为依托，展示中国石油技术实力

完成阿布扎比陆上 NEB 资产群 6 项 KPI 工作；做好鲁迈拉、阿布扎比陆上、海上项目动态跟踪评价及 SEC 储量评估工作；支撑艾哈代布、哈法亚、鲁迈拉、MIS 等开发研究，并提出多项开发调整建议；完成苏丹 6/124 油田决策支持任务，保障油田持续效益开发。

二、以低渗透油藏建立有效驱替、高含水油田推进无效循环治理为目标，实现老油田降递减

形成以周期注水为代表的特低渗透油藏不稳定注水技术，针对无法有效注水的超低渗透致密储层，形成技术经济一体化井网部署与压裂参数优化方法；以单砂体构型水淹分布样式为指导，揭示大港王官屯油田、王徐庄油田单层水淹规律，确定单砂体构型控制下的剩余油分布特征。

三、强化新疆玛湖开发关键技术攻关，支撑玛湖油田产能建设

围绕玛湖建产工作，开展工程地质一体化技术攻关，初步建立致密砂砾岩油藏全新油层分区分类标准及方法，建立玛湖地区第一个综合地质力学模型；编制完成玛湖 1 井区开发框架部署和 2020 年实施方案。

四、树立决策支持与油田技术服务意识，发挥油田开发所的参谋部作用

深入大庆油田、新疆油田、长庆油田等油田现场调研，编写完成《致密油/页岩油产能建设项目管理指导意见》初稿；跟踪评价重点新区产能建设项目实施进展，编制完成股份公司 2020 年自营原油产能建设框架计划；协助股份公司储量处完成年度新增三级储量技术审查及成果总结。

【交流与合作】

3月4—17日 魏晨吉、高严、韩如冰等5人到阿布扎比进行 DY 油田相关油藏的岩心观察与描述工作。

4月22—27日 宋本彪、熊礼晖到英国参加在英国伦敦举行的 2018 年度的 TRM 技术交流会议。

5月1—6日 魏晨吉到阿布扎比参加阿布扎比石油公司第二届油田水区技术交流会。

5月15—20日 高严到阿布扎比与 ADNOC 进行阶段性技术交流。

5月15日—6月14日 韩如冰到阿布扎比与外方进行层序地层、沉积概念模型和成岩模式的成果交流。

7月20日—8月9日 韩如冰到阿布扎比开展 DY 油田 Habshan 油藏的岩石类型研究，并将相关成果与外方交流。

9月22—28日 魏晨吉、秦勇等到阿布扎比进行 KPI-10"致密油藏开发策略培训"工作。

10月29日—11月5日 楼元可立到阿联酋迪拜进行国际业务社会安全和外事管理调研检查。

11月7—21日 魏晨吉到阿布扎比参加由阿联酋能源部、阿布扎比国家石油公司和阿布扎比工商会联合主办的 2019 年阿布扎比国际石油展览暨会议（ADIPEC）。

【党建与精神文明建设】

截至2019年底,油田开发所党支部有党员60人。

党支部:书记石成方,副书记李保柱,组织委员刘天宇,宣传委员张晶,纪检委员、生活委员胡水清,青年委员周新茂。

工会:主席王继强,组织委员谢雯,文体委员赵昀,女工委员程蒲。

青年工作站:站长蔚涛。

2019年,油田开发所党支部按照研究院党委工作部署,以"提升基本能力、建设基本阵地、夯实党建基础工作"为核心,重点抓三基工作的落地与推进。

一、规范理论学习,提高党性觉悟和理论水平

规范和重视理论学习,落实"三会一课"制度,坚持每个月至少召开1次党员大会,党支部和所领导带头学习习近平中国特色社会主义思想,重要会议文件和习近平重要讲话和党的十九大精神等。制定"党支委讨论+全体党员大会学习+党小组讨论"学习规范,做到"有贯彻、有传达、有部署、有行动"。

二、加强组织建设,提升组织生活质量

严格执行"三重一大"决策制度,规范民主生活会、组织生活会征求意见工作程序,按照"表单式"管理要求做到"时时有通报、事事有记录",开展好班子民主生活会、组织生活会、谈心谈话等活动,明确制定班子成员"一岗双责"内容规范。加强党员管理,"抓学习、抓活动、抓记录",提升党员综合素养。

三、开展丰富活动,加强组织凝聚力

组织开展参观红色教育基地、野外考察、春游、观看改革开放成就影片、党建知识答题、读书会等特色活动,提高员工凝聚力。按照"重温革命史,共筑中国梦,青春心向党,建功新时代"为主题开展相应活动,强化爱国主义和革命传统教育,增加青年人之间的沟通交流,促进青年人的进步与成长。

四、强化技术培训,提高业务素质

严格执行全员培训计划,根据研究项目和青年培养需要,开展针对性较强的培训,如数模、建模、地震、测井软件培训、大数据培训、野外地质考察等,效果显著。

(王琦、李保柱、石成方)

油气开发战略规划研究所

【概况】

油气开发战略规划研究所(简称开发规划所)是研究院核心研究所之一。主要任务是根据研究院"一部三中心"的战略定位要求,深化油气开发战略规划理论方法研究与软件研发,加强数据平台建设,提高战略规划研究和决策支持水平。开展油气开发业务中长期战略与规划、年度计划编制、重点方案部署、储量与产能评估、经济评价等研究,提出高层次、前瞻性的决策参考和可实施的技术方案,提升战略规划的话语权,成为国家和集团公司油气上游业务高端智库。

2019年工作思路与目标:围绕国家和集团公司油气业务加快发展战略,以国家和集团公司能源战略、油气发展规划与决策部署为重点,典型解剖大庆油田、长庆油田、西南油气田等油气区,强化老油田"二三结合"关键技术与模式等开发基础研究,靠实落地发展规划、突出高端战略,实现油气并举协调发展。

所长:冉启全,负责所全面工作,分管所办公室、天然气战略室、天然气规划计划室、气藏评价与开发室。

书记、副所长:张虎俊,负责所党群全面工作,分管经济评价室、科技战略规划室、油藏开发室。

副所长:唐玮,负责所日常科研工作,分管原油战略室、原油规划计划室、油藏评价室。

开发规划所下设10个科室。

原油战略室:负责国家油气战略研究中心办公室事务性工作,组织开展国家油气战略研究中心重大课题研究和报告编写等任务。副主任冯金德。

原油规划计划室:负责国内外原油开发形势跟踪、中长期规划及年度计划部署研究任务。副主任王小林,副主任刘宁。

油藏评价室:负责新区储量与产能评价、新区重大开发问题、不同类型油藏开发模式与对策等任务,为年度产能部署优化、原油开发战略规划提供依据与决策支持。主任白喜俊。

油藏开发室:负责已开发油田开发潜力与开发规律、重大开发方案研究与评价等任务。副主任邹存友。

天然气战略室:负责国家及集团公司天然气中长期发展战略与产业政策研究。主任唐红君,副主任王亚莉。

天然气规划计划室:负责天然气规划计划方法研究、中长期规划与年度计划部署等任务。副主任赵素平。

气藏评价与开发室:负责重点气区及重点气田储量与产能评价、天然气生产运行优化方案、重大开发方案评价等任务。主任孔金平。

经济评价室:负责国内外宏观经济形势分析、投资成本效益分析、上游业务资源优化、经济政策界限确定等任务。主任曲德斌。

科技战略规划室:负责国家与集团公司科技发展战略及科技规划任务。主任窦宏恩。

所办公室:负责开发规划所日常科研、行政管理、后勤保障及财务报销等。主任张宏洋,杨玉凤。

截至2019年底,开发规划所在册职工51人。其中男职工25人,女职工26人;博士23人,硕士20人,本科6人,大专2人;教授级高级工程师2人,高级工程师34人,工程师14人,工人1人;35岁以下11人,36—

45岁15人,46—55岁25人。

【课题与成果】

2019年,开发规划所承担科研课题28项。其中国家级重大专项任务3项。获省部级二等奖1项,局级一等奖1项、二等奖1项。获授权发明专利5项。在国内外学术会议及期刊上发表论文28篇,其中SCI收录7篇,EI收录7篇。

2019年开发规划所承担科研课题一览表

类别	序号	课题名称	负责人	起止时间
国家级课题	1	国内油气开发发展战略研究	唐玮、窦宏恩	2016—2019
	2	"二三结合"提高采收率潜力和模式	邹存友	2016—2020
	3	页岩气开发规模预测及开发模式研究	陆家亮、孙玉平	2016—2020
集团公司级课题	4	国内油气开发发展战略研究	唐玮	2016—2020
	5	多气源天然气供应规模与发展对策研究	赵素平	2019.1—2020.12
	6	大力提升国内油气勘探开发力度的相关重要问题研究	冯金德	2018.1—2019.12
	7	对外合作业务发展滚动规划研究及数据手册和年度生产经营分析报告编制	刘宁	2019.1—2019.12
	8	上游业务资源优化研究深化及平台应用	曲德斌	2018.1—2019.12
	9	天然气勘探开发投资效益研究	王亚莉	2019.1—2019.12
	10	已开发油气田效益评价研究	张爱东	2018.6—2020.6
	11	"二三结合"关键技术与开发模式研究	宋新民、邹存友	2017—2020
	12	已开发油田效益产量分级分类评价及对策研究	诸鸣	2018.6—2020.6
	13	油田开发形势跟踪分析及对策研究	王东辉	2019.1—2019.12
	14	2020年原油开发关键指标匹配关系研究	王小林、匡明	2019.1—2019.12
	15	2020年天然气开发关键指标匹配关系研究	尹德来	2019.1—2019.12
	16	原油开发加快发展规划研究	张学磊、王小林	2019.1—2019.12
	17	天然气开发加快发展规划研究	赵素平	2019.1—2019.12
	18	上市储量自评估项目——重点气区可采储量标定和SEC储量评估(2019)	马惠芳	2019.1—2019.12
	19	原油产能建设潜力分析与研究	白喜俊	2019.1—2019.12
	20	原油开发加快发展规划建产潜力研究	兰丽凤	2019.1—2019.12
	21	气田开发生产能力分析与年度产量论证	孔金平	2019.1—2020.6
	22	产能建设项目优化部署与动态跟踪研究	霍瑶	2019.1—2020.6
	23	气田开发生产能力分析与年度产量论证	孔金平	2018.1—2019.6
	24	产能建设项目优化部署与动态跟踪研究	霍瑶	2018.1—2019.6
其他课题	25	百21井区中低渗砾岩油藏"二三结合"示范工程(Ⅱ期)	宋新民	2017—2020
	26	新疆油田与中石油主要油田生产及经营对标研究	赵蒙	2019.1—2020.1

续表

类别	序号	课题名称	负责人	起止时间
其他课题	27	国内外典型石油公司投资成本管理模式调研	诸鸣	2019.1—2020.1
	28	大庆致密油典型区块大规模压裂建模数模一体化方法研究	刘立峰、徐梦雅	2018.2.8—2019.5.31

【科研工作情况】

2019年，开发规划所围绕国家和集团公司油气业务加快发展战略，以国家和集团公司油气发展规划、重大决策部署为重点，做好人员组织与任务安排，强化现场工作与实物工作量，努力提升决策参谋作用和油田技术支持水平，在科研、管理、学科与队伍建设等方面取得重要进展。

一、聚焦集团公司重大需求，统筹规划编制

围绕集团公司加大油气开发力度战略目标，对三大油区、三大气区、"十三五"规划、2019年计划开展三个层次的调研解剖，深化评价新区上产和老区稳产潜力，论证产量、投资、成本和效益的指标匹配关系，编制完成集团公司"十四五"油气发展规划框架方案及2020年集团公司油气开发建议计划方案，得到集团公司采纳。

二、突出油气战略研究，发挥油气高端智库作用

依托国家油气战略研究中心，聚焦加大油气勘探开发力度等重大问题和重点地区、领域的重大规划，开展研究工作，组织大型会议10次，开展研究课题和任务16项，向国家能源局、中国工程院呈送研究报告3份。

三、强化非常规财税政策研究，助推致密油效益开发

多学科协同开展致密油开发财税支持政策研究，向国家财政部税法司作"页岩油/致密油财税政策支持的意见和建议"汇报，在资源税减征论证中发挥重要作用，有力推动致密油效益开发。

【交流合作】

7月8日 唐玮、冯金德、王东辉、苏云河等参加在北京举办的国家油气战略研究中心上半年工作情况暨四川盆地天然气发展规划汇报会议。

8月6—8日 曲德斌等3人完成对阿联酋ADNOC陆上公司的"经济评价及降本增效"专题培训。

【党建与精神文明建设】

截至2019年底，开发规划所党支部有党员32人。

党支部：书记张虎俊，副书记冉启全，委员赵亮、张宏洋、诸鸣、杨玉凤。

工会：主席刘宁。

青年工作站：站长赵蒙。

2019年，开发规划所党支部深入学习贯彻习近平新时代中国特色社会主义思想和党的十九大精神，围绕贯彻落实党中央和上级党委党建工作部署，结合实际，将研究院党委各项工作部署落到实处，党建工作有计划、有部署、有推动、有落实，党群工作取得新成绩。

一、抓好主题教育，加强政治建设

贯彻落实"不忘初心、牢记使命"主题教育总要求，坚持把"守初心、担使命、找差距、抓落实"贯穿主题教育的全过程，实现全员覆盖，切实在学懂、弄通、做实上下功夫，把主题教育成果转化为科研创新的思想自觉和实际行动。

二、加强支部建设，发挥战斗堡垒作用

深入学习贯彻中央和上级党组织的各项政策精神，抓好党建和党员政治学习工作，细化所党支部工作，分季度制定油气开发战略规划研究所党支部学习工作计划，明确学习内容和重点。严格执行"三会一课"及主题

党日制度,将主题党日活动与"三会一课"制度、"两学一做"制度化常态化结合起来,切实把"三会一课"打造成为党支部政治学习阵地、思想交流平台、党性锻炼"熔炉"。

三、强化管理创新,探索党建科研融合新模式

坚持"围绕科研抓党建、抓好党建促科研"。针对支撑部门多、汇报出差多,多地办公难以集中学习的客观情况,坚持"党员干部到哪里,党组织就在哪里,组织生活不能少",努力做到党建科研两手抓、两手都要硬,增强党员干部的责任感、荣誉感和凝聚力。2019年,全所20余名党员干部、科研骨干赴大庆、长庆、西南重点油气田120余天,传承铁人精神,深入油田现场开展"十四五"规划靠实论证和主题教育学习,切实做到"科研之中有党建,党建之中见科研""党建不分昼夜,学习不分时空"。

(张宏洋、张虎俊)

采收率研究所

【概况】

采收率研究所是研究院从事油田开发研究领域的机构之一，是提高石油采收率国家重点实验室和集团公司油层物理与渗流力学重点实验室、三次采油重点实验室的依托单位。主要从事油气田提高采收率、油层物理与渗流力学领域的基础理论和应用技术研究，同时为集团公司和股份公司三次采油决策进行技术支持，为中国石油所属各油田在储层及流体物性测试、三次采油技术应用等方面提供技术咨询、技术培训和技术服务等。

2019年工作目标：承担新疆老油田稳产工程的主体研究任务，推进"二三结合"实施；完善气驱技术，推进注气试验现场实施；强化砾岩、海外碳酸盐岩、非常规储层油层物理与提高采收率基础研究；加强新型化学驱油剂、原位改质剂、微生物驱油剂等超前技术研发。

所长：马德胜，主管本单位行政工作，分管油层物理与渗流研究室、流体相态研究室，协管国家重点实验室建设与运行、发展战略规划等工作。

副所长：朱友益，主持全所化学驱油用剂的研制和评价工作，分管化学驱研究室。

副所长：王强，主持全所地质、油藏工程和方案工作，分管全所科研工作、综合研究室和注气开发研究室。

副书记：吕伟峰，主抓党支部、工会、青年工作站、外事、对外合作交流、QHSE、安全、保密、档案等工作，分管所办公室、前沿技术研究室。

2019年，采收率研究所下设1个办公室和6个研究科室。

所办公室：主要负责行政、生产的条件保障工作任务。副主任林庆霞。

化学驱研究室：主要负责驱油用化学剂的研究与配方优化任务。主任张群，副主任樊剑、周朝辉。

油层物理及渗流力学研究室：主要负责油层物理及渗流基础理论研究任务。主任刘庆杰，副主任贾宁洪。

流体相态研究室：主要负责岩石物性及流体相态研究任务。主任李实，副主任陈兴隆、张可。

注气研究室：主要负责注气油藏的技术研究与应用任务。主任杨永智，副主任周体尧、史彦尧。

前沿技术研究室：主要负责提高石油采收率新技术研究任务。常务副主任江航，副主任周明辉、宋文枫。

综合研究室：主要负责提高采收率发展战略研究任务。常务副主任高明。

截至2019年底，采收率研究所合同化员工人数64人。其中男职工46人，女职工18人；博士后13人，博士23人，硕士18人，大学8人，高中2人；教授级高级工程师5人，高级工程师33人，工程师20人，助工3人，其他3人；35岁及以下17人，36—45岁24人，46—55岁20人，56岁以上3人；市场化员工3人。当年，张翼、陈钢等退休，许世京、陈希调离。

【课题与成果】

2019年，采收率研究所承担课题47项，其中国家级课题7项，集团公司级课题22项，院级课题2项，其他课题16项。获省部级科技奖励2项。获授权发明专利23项，软件著作权9项，集团公司技术秘密认定13项。出版著作2部。在国内外学术会议及期刊上发表论文22篇，其中SCI收录9篇。

2019年采收率研究所承担科研课题一览表

类别	序号	课(专)题名称	负责人	起止时间
国家级课题	1	CO_2驱油与埋存开发调控技术研究	吕文峰	2016.1—2020.12
	2	CO_2捕集、驱油与埋存发展规划研究	杨永智	2016.1—2020.12
	3	化学驱提高采收率技术	朱友益	2016.1—2020.12
	4	"二三结合"提高采收率潜力和模式	王强	2017.1—2020.12
	5	致密油有效开发技术	张祖波	2016.1—2020.12
	6	低渗—超低渗油藏提高采收率新方法与关键技术	刘庆杰	2017.1—2020.12
	7	砂砾岩致密油藏渗流特征研究	吕伟峰	2016.1—2020.12
集团公司级课题	8	高黏原油原位改质技术研究及先导试验	周明辉	2019.1—2020.12
	9	功能性水驱技术研究及先导试验	伍家忠	2019.1—2020.12
	10	碳酸盐岩/致密油藏提高采收率新方法研究	张祖波	2019.1—2020.12
	11	储层数字化岩心与应用一体化技术研究	贾宁洪	2019.1—2020.12
	12	弱/无碱复合驱油体系研制及试验	周朝辉	2019.1—2020.12
	13	低成本泡沫驱油体系研制及试验	周新宇	2019.1—2020.12
	14	化学复合驱在砾岩和断块高温高盐油藏适应性研究及应用	田茂章	2019.1—2020.12
	15	重力稳定气驱提高采收率关键技术研究	李实	2019.1—2020.12
	16	微生物驱提高采收率技术及应用	魏小芳	2019.1—2020.12
	17	特/超低渗透油藏CO_2驱油与埋存油藏工程技术方法研究	杨永智	2015.1—2020.12
	18	中石油CO_2驱油与埋存技术可持续发展模式研究	王高峰	2015.1—2020.12
	19	特/超低渗透油藏水驱后CO_2驱油与埋存机理及应用研究	李实	2015.1—2020.12
	20	中高温油藏化学复合驱技术研究	朱友益	2017.1—2020.12
	21	复杂断块油田提高采收率关键技术研究	朱友益	2018.1—2020.12
	22	CCUS资源潜力评价和配套政策研究(对外合作)	汪芳	2017.1—2019.12
	23	中高渗油田"二三结合"方案设计及高效驱油体系优化技术研究与应用	高明	2018.6—2021.6
	24	老油田提高采收率潜力及关键技术研究	刘朝霞	2018.6—2021.6
	25	注气提高采收率关键技术研究与应用	周体尧	2018.6—2021.6
	26	重大开发试验跟踪评价前期研究	王正波	2018.1—2019.12
	27	高黏原油化学—生物复合降黏剂研制及机理研究	张帆	2017.9—2020.9
	28	低渗透油藏CO_2驱油与封存油藏工程方法及协同优化技术	王高峰	2018.6—2021.6
	29	多孔介质中原油与CO_2的相间传质和驱替机理	韩海水	2018.6—2021.6
院级课题	30	高内相乳液调控方法及自适应调驱机理	田茂章	2017.1—2020.12
	31	致密储层缝网渗流规律研究	高建	2017.11—2019.10

续表

类别	序号	课(专)题名称	负责人	起止时间
其他课题	32	生物细胞工厂合成驱油剂技术与界面改性机理研究	宋文枫	2019.9—2021.12
	33	NEB油田提高采收率研究与先导试验	罗文利	2018.3—2020.12
	34	石油石化近零排放区驱油与埋存潜力评价	王高峰	2017.6—2020.6
	35	深层碎屑岩油藏微观驱油机理及二三结合技术对策研究	俞宏伟	2019.4—2020.12
	36	克拉玛依中高渗砾岩油藏"二三结合"示范工程	高明	2019.7—2020.6
	37	八区下乌尔禾组巨厚块状油藏立体评价和开发试验研究	周炜	2019.7—2020.6
	38	低渗砂砾岩油藏CO_2混相驱试验评价及应用潜力研究	高建	2019.7—2020.6
	39	红车拐老区注气提高采收率研究及试验	姬泽敏	2019.7—2020.6
	40	新疆低渗透油藏泡沫驱油体系研究与试验	罗文利	2019.7—2020.6
	41	风城重32井区原位改质技术研究及试验	周明辉	2019.7—2020.6
	42	腹部深层特低渗油藏提高采收率研究与试验	桑国强	2019.7—2020.6
	43	新疆低渗砾岩油藏注气物理模拟研究	韩海水	2019.7—2020.6
	44	砾岩非均质油藏复合驱驱油机理深化及体系优化研究	田茂章	2019.7—2020.6
	45	新疆油田注气开发200万吨产能规划部署研究	周体尧	2019.7—2020.6
	46	玛湖致密砾岩储层渗流机理研究	贾宁洪	2019.12—2021.6
	47	东河1CIII油藏注气优势通道评价及气窜防治技术对策研究	廉黎明	2019.4—2021.4

【科研工作情况】

2019年,采收率研究所围绕研究院工作会议部署要求,加强注气技术研究与现场规模实施、老油田"二三结合"关键技术研究及矿场试验、自主创新技术的先导试验、应用基础研究和超前储备研究与学科建设等重点工作,科研生产各方面均取得重要进展。

一、注气技术研究与现场规模实施进一步推动

围绕加快气驱技术转化步伐目标,深入油田现场,开展集团公司注气提高采收率潜力评价、方案优化及跟踪调整研究,完成集团公司注气潜力评价及2025年500万吨产量规划,支撑集团公司气驱技术进步、产量部署与现场实施。

二、油田"二三结合"关键技术研究及矿场试验取得新成效

创新建立多层系立体开发井网"二三结合"接替稳产模式,开展工业化应用示范,覆盖地质储量5956万吨,编制完成七中区克下组、七区八道湾组等水驱挖潜方案,新建产能49.48万吨,日产油由562吨提高到1219吨。

三、自主创新技术的先导试验获得好效果

针对低渗/特低渗油藏,创新研发低成本泡沫驱体系和功能水驱技术,分别在新疆油田、长庆油田和吉林油田等油田开展先导试验,试验见到好效果。

四、应用基础研究取得新进展

瞄准中东碳酸盐、新疆玛湖、吉木萨尔和长庆致密油开发需求,加强应用基础研究创新,重点研究适合于中东碳酸盐的驱油体系、压裂后衰竭式开采机理和不同能量补充方式的开采特征,为现场实施提供依据。

五、超前储备研究与学科建设实现新突破

以高黏原油降黏改质和细胞工厂为突破口,推进吉林长春岭降黏剂现场试验。建立基于室内实验的原位改质油藏工程方法,组织新疆风城重18井区原位改质现场试验实施;明确驱油剂胞内合成机制和路线,研制出功能菌株与生物表活剂及聚合物公斤级产品。

【交流合作】

1月13—15日 韩海水参加在沙特阿拉伯举办的第12届IPTC国际会议。

3月17—22日 朱友益参加在巴林举办的SPE中东油气会议暨展览。

4月7—10日 朱友益、蔡红岩参加在美国休斯敦举办的OCC—2019会议并进行论文宣讲。

4月8—11日 田茂章、廉黎明参加在法国波城举办的2019年EAGE IOR会议。

6月13日 荷兰泡沫驱专家ROSSEN来所开展"国外泡沫驱技术进展"讲座及交流。

6月25日 承办中国石油第八届化学驱提高采收率年会。

9月16—20日 朱友益、魏小芳参加在哥伦比亚举办的IEA-EOR会议。

9月20—21日 王璐参加在上海举办的第三届全国微生物与生物地球化学研讨会。

【党建与精神文明建设】

截至2019年底,采收率研究所党支部有党员43人。

党支部:副书记吕伟峰,委员张可、张群、林庆霞、王璐。

工会:主席林庆霞。

青年工作站:站长王璐。

2019年,采收率研究所党支部按照研究院党委部署要求,坚持党建工作与科研工作深度融合,相互促进,党建各项工作成效显著。

一、加强党的政治建设

深入学习习近平新时代中国特色社会主义思想,全面贯彻落实上级部署要求,提高认识和政治站位。全年通过专题党课、主题党日、座谈会、竞赛答题等形式,学习研讨习近平新时代中国特色社会主义思想和党的十九大精神10次。以全所大会、全体党员大会等形式宣贯集团公司和研究院2019年工作会议、党建与党风廉政建设等重要会议精神6次。加强警示教育,逐级签订《党风廉政建设责任书》《廉洁从业承诺书》,提高红线意识。

二、建设有特色党支部

打造"党、工、青一体化"统筹协同管理模式,将工会主席、青年工作站站长、科研秘书"请进来",形成一体决策、一体协同、合力促进科研的场景,通过"三位一体"方式促进科技创新和改革发展。构筑多级宣传新堡垒,弘扬科研人员扎根现场、勤勉求实的工作作风,树立现场工作团队及个人先进典型,锻造一支先人后己、攻坚克难的党员队伍,营造朝气蓬勃、争先创优、风清气正的事业发展氛围。从党建的角度培养兼具党务、管理、专业的"三维人才",通过红色"1+1"活动开展支部间交流、安排年轻科研骨干讲党课等方式增强年轻科研骨干的政治理论水平。

三、群团工作有成效

做好群团工作,丰富活动类型,工会全年组织活动9次,青年工作站全年组织活动7次。支持研究院开展庆祝中华人民共和国成立70周年重大活动,桑国强在"我和我的祖国"中英文演讲比赛活动中荣获中文组一等奖;青工站获研究院2019年五四主题活动创新大赛一等奖等。工会、青年工作站经费执行率100%。

(高明、林庆霞)

热力采油研究所

【概况】

热力采油研究所(简称热采所),主要负责创新稠油开发技术,服务集团公司国内稠油业务的持续稳定发展;依靠技术优势,开辟海外稠油开发业务,服务集团公司海外稠油业务的快速发展;发展稠油热采学科,提升稠油开发技术研发能力,提高稠油开发技术水平;配套和完善研究手段,发展实验新方法,培养专门人才队伍。

2019年工作思路:全面贯彻落实院工作会议精神,抓好党风廉政和文化建设,以实现集团公司稠油产量的稳定增长和效益开发为目标,主要工作是跟踪研究蒸汽驱后期多介质蒸汽驱技术,初步形成CO_2辅助蒸汽驱开发技术。攻关Ⅲ类超稠油油藏SAGD有效建产技术,深化VHSD机理和关键操作参数,发展多井型SAGD/VHSD技术,开展红浅火驱工业化井组精细分类调控研究,提高火驱工业化油藏管理水平。

所长、副书记:王红庄,教授级高级工程师,负责热采所的全面工作,负责合同招标、审核与签订,分管热采实验室工作。

书记、副所长:李秀峦,教授级高级工程师,主要负责热采所党务、工会、青年工作站以及职工培训工作,分管所办公室、油藏工程室和国际交流工作。

副所长:蒋有伟,高级工程师,主要负责热采所科研管理、安全、保密工作,分管工艺研究室、综合研究室和国际合作工作。

2019年热采所下设1个办公室和4个研究科室。

所办公室:主要负责协助所领导做好所内、所外的信息沟通、上传下达工作,负责所科研核算、财务报销、合同管理、资产管理等为全所科研工作的开展提供良好的服务和保障。主任张建,副主任穆剑东。

油藏工程室:主要负责稠油油藏地质研究,稠油油藏工程理论方法,稠油油藏数值模拟;稠油油藏注蒸汽、注空气、多元热流体等开发方案设计及经济评价;各类稠油油藏开发方案跟踪、调整研究。主任席长丰,副主任张霞、张霞林。

热采实验室:主要负责有关稠油开发技术的基础理论研究及新技术新方法的研发。拥有稠油开采基础测试、注蒸汽采油物理模拟及多元热流体开发模拟等系列配套的稠油开采模拟实验装置,深入探索低成本、高效益、高采收率的稠油开发新技术。主任王伯军,副主任张胜飞、张运军。

工艺研究室:主要负责稠油油藏火烧油层开发技术研究与矿场试验;稀油油藏高压注空气开发技术研究与矿场试验;热采井井筒举升技术研究;火驱点火工艺技术、井筒与地面防腐工艺技术研究;热采新工艺研究。主任唐君实。

综合研究室:主要负责股份公司稠油热采的综合技术服务与支持。中国石油海外油田开发项目的决策支持与技术研究;稠油热采开发技术综合研究;稠油热采开发规划;稠油热采信息化研究与服务。主任吴永彬,副主任郭二鹏。

截至2019年12月31日,热采所在册职工34人,其中男职工23人,女职工11人;外聘人员4人;博士后3人,博士16人,硕士11人,大学2人,大专2人;教授级高级工程师4人,高级工程师15人,工程师10人,助工3人,工人2人;35岁以下16人,36—45岁5人,46—55岁13人。当年,石兰香入职,王梦颖调离,梁红芹退休。

【课题与成果】

2019年,热采所承担科研课题23项。其中国家级课题8项,集团公司级课题5项,院级课题8项,其他课题2项。申请发明专利20件,授权发明专利20件。在国内外学术会议及期刊上发表论文共计12篇,其中,国外期刊发表6篇,其中CSI/EI等收录6篇。

2019年热采究所承担科研课题一览表

类别	序号	课题名称	负责人	起止时间
国家级课题	1	复合溶剂与稠油动态相态实验研究	张胜飞	2018.1—2020.12
	2	稠油多介质蒸汽驱技术研究与应用	沈德煌	2016.1—2020.12
	3	改善SAGD开发效果技术研究与应用	郭二鹏	2016.1—2020.12
	4	稠油火驱提高采收率技术研究与应用	席长丰	2016.1—2020.12
	5	超深层稠油有效开发技术研究与试验	关文龙	2016.1—2020.12
	6	薄层超稠油有效开发技术研究与试验	张忠义	2016.1—2020.12
	7	超重油油藏冷采稳产与改善开发效果技术	吴永彬	2016.1—2020.12
	8	油砂高效开发与提高SAGD效果新技术	吴永彬	2016.1—2020.12
集团公司级课题	9	华北油田三次采油提高采收率技术应用基础	蒋有伟	2017.1—2020.12
	10	稠油老油田提质增效关键技术研究与应用	席长丰	2018.1—2019.12
	11	热介质类与空气介质类试验项目跟踪评价及关键技术研究	郑浩然	2018.7—2019.6
	12	"二三结合"关键技术与开发模式研究	王晓春	2018.1—2019.12
	13	稠油方式转换中后期稳产关键技术研究与试验	蒋有伟	2017.1—2020.12
院级课题	14	水平井多级火驱技术研究	李秋	2017.1—2019.12
	15	九$_6$区齐古组稠油油藏二氧化碳复合驱驱油机理及开发研究	席长丰	2017—2019
	16	重32井区驱泄复合预热参数及调控技术政策研究	周游	2019—2019
	17	多介质复合驱驱油机理及配方体系研究	张运军	2018—2019
	18	高3618块厚层油藏直平组合火驱开采机理与关键设计研究	关文龙	2018.12—2019.12
	19	锦91块边底水油藏火驱开采机理与关键设计研究	关文龙	2018.12—2019.12
	20	特稠油样品火驱测试化验	关文龙	2018.12—2019.12
	21	新疆老油田稳产工程关键技术研究(II期)-热力采油所	李秀峦	2018.12—2019.12
其他课题	22	南苏丹Gasab油田提高石油采收率可行性研究	郭二鹏	2017.1—2019.12
	23	井下高能长效电阻加热开采技术研究	吴永彬	2017.7—2020.6

【科研工作情况】

2019年工作思路,热采所全面贯彻落实研究院工作会议精神,不忘初心,砥砺攻坚,完成各项任务,成绩显著。

一、多介质辅助注蒸汽技术取得重大进展

通过室内实验和现场应用,进一步丰富多介质注蒸汽配方体系和适用油藏条件,多介质吞吐现场实施效果显著,九$_6$区CO_2辅助蒸汽驱试验实施效果初显,初步形成"井网重构、层位重建、介质辅助"的多介质复合汽驱技术。

二、初步形成多井型驱泄复合的开发模式

攻关Ⅲ类超稠油油藏SAGD有效建产技术,深化VHSD机理和关键操作参数,开展多井型/气体协同辅助SAGD技术研究。形成多井型驱泄复合的效益开发模式,深化VHSD开发技术机理及总体调控建议。

三、火驱工业化稳步推进

深化火驱基础研究,划分原油氧化反应温度区间;红浅火驱工业化稳步推进,地下高温燃烧特征明显,对火驱生产效果进行分类并提出相应调控技术策略;对辽河不同类型火驱试验开展研究,提出相应调整对策;完成蒙古林油田砾岩油藏火驱试验方案编制和KBM油田火驱室内实验研究;创新探索火烧辅助蒸汽吞吐新技术,现场应用效果初显。

四、超前新技术取得新进展

初步建立中低成熟度页岩油原位转化高温热解反应数值模拟方法;形成双水平井电预热启动油藏工程优化设计方法,可用于裂缝发育储层的均匀启动;拓展电加热应用领域,初步评价可用于早、中期吞吐水平井,提高吞吐采收率。

【交流与合作】

4月23—30日 李秀峦、赵芳、王伯军参加加拿大艾伯塔举行的AACI工业组织年度技术交流会。

4月28日—5月3日 郭二鹏、高永荣到美国斯坦福大学参加稠油开采技术交流年会。

8月17—27日 关文龙、郭二鹏到俄罗斯推介稠油热采技术。

9月15—23日 郭二鹏、高永荣到哥伦比亚参加四十届提高采收率(IEA-EOR)大会。

【党建与精神文明建设】

截至2019年底,热采所党支部有党员22人,其中预备党员2人。

党支部:书记李秀峦,副书记王红庄,组织委员席长丰,宣传委员关文龙、兼纪检委员,青年委员蒋有伟。

工会:主席李秀峦,副主席席长丰,文体委员郭二鹏,组织委员和宣传委员张运军,女工委员苟燕。

青年工作站:站长杜宣,组织委员赵芳,宣传委员王璐,文体委员于斌。

2019年,热采所党支部深入学习宣传贯彻党的十九大精神和习近平新时代中国特色社会主义思想,贯彻落实研究院工作会议精神,党建工作与科研工作同部署、同谋划,实现党建工作与科研生产工作的有机融合,凝心聚力,完成各项任务目标,党群工作取得新成绩。

一、加强党的政治建设,树牢"四个意识"

将学习习近平新时代中国特色社会主义思想、党的十九大精神、习近平总书记系列重要讲话精神贯穿到全年组织生活中,提高党员的政治素养和思想理论水平,锤炼党性修养,进一步增强"四个意识",坚定"四个自信",做到"两个维护"。

二、落实从严治党主体责任、党风廉政建设常抓不懈

制定热采所党支部主体责任清单、热采所班子成员"一岗双责"责任清单,强化党风廉政建设责任制。建立关键岗位廉洁风险清单及廉洁风险防范自评表,落实关键岗位主体责任清单,传达贯彻上级关于党风廉政建设和反腐败工作的决策部署及精神。严格执行研究院公务接待、办公用房及装修、公务用车、会议管理办法等制度要求。热采所全年无违纪行为。

三、严格执行"三重一大"决策制度和程序规定

依据《热采所"三重一大"事项议事决策规则》,完善制定《热采所党政联席会职责及议事程序》《热采所技术委员会职责及议事程序》。重要人、事、财等首先提交党政联席会审议,重大技术外协等经党政联席会审议后,再提交技术委员会讨论决策,确保党支部前置程序,保障"三重一大"事宜的实施落地。

四、加强基层组织建设、压紧压实党建责任

坚持"围绕科研抓党建、抓好党建促科研"的指导方针,开展好党建工作。针对"形势、目标、任务、责任"主题教育,聚焦重点,组织全员大讨论,引导员工围绕"推进高质量发展,怎么办、如何干"的主题开展全员大讨论,把责任传递到每名党员、落实到每个岗位,为全年科研任务的完成提供思想保障。落实"双培养"方针,贯彻《中国共产党发展党员工作细则》,做好党员发展工作,培养3名入党积极分子,确定2名党员发展对象。

五、严肃党内政治生活,实现高质量组织生活

全面推行主题党日活动,将主题党日与"三会一课"、"两学一做"制度化、常态化结合起来,把"三会一课"打造成党支部政治学习的阵地、思想交流的平台、党性锻炼的"熔炉"。全年召开党员大会6次,主题党日活动10次,支部委员会会议12次,党小组会19次,党课2次。

六、开展"不忘初心、牢记使命"主题教育

成立热采所主题教育领导小组,结合热采所实际情况制定学习方案;围绕主题教育学习要求,3名所领导集中学习研讨7天,开展专题党课1次;通过征求意见、找差距,领导班子和个人检视问题16条,制定整改措施13条。

七、落实好意识形态工作,宣传思想文化工作

完善落实热采所意识形态工作责任制实施方案,按照一岗双责的要求,所班子成员负责分管科室的意识形态工作,及时了解职工的诉求、困惑和意见,发现和化解一些非正常情绪、非主流的意识形态,掌握意识形态工作的主动权。在研究院新闻主页发稿26篇,石油大院《RIPED》及《RIPED》青年公众号发表文章4篇,宣传科研成果、科研人才、科研实力,宣传正能量。

八、释放群团活力,打造有凝聚力的团队

通过组织各种形式的团队活动传递组织的活力,进一步增强职工团队凝聚力、向心力和集体荣誉感、激发科研工作热情、活跃科研创新氛围。青年工作站开展"一元复始山河美,万象更新锦绣春""迎春送福,情暖寒冬""大手牵小手,成长的路上我们一起走"等活动,着力引领青年凝心聚力,不断拓展青年成长的宽度,为稠油事业发展贡献智慧和力量。2019年,杜宣获研究院"我和我的祖国"中英文演讲比赛一等奖。

(穆剑东、王红庄)

数模与软件中心

【概况】

数模与软件中心(简称数软中心)作为研究院油气开发的主力研究所,是中国石油唯一从事油气开发软件自主研发的研究机构。数软中心围绕油气开发技术需求,自主研发不同类型油气藏专业化软件,为中国石油主营业务发展提供有力支撑。

2019年工作思路:落实院党委关于"软件研发、致密油开发和支持中东"的部署和要求,推进自研软件方法创新和功能提升,加强低品位致密油有效开发技术攻关与现场服务,全面支持研究院中东地区碳酸盐岩油藏高效开发,扎实推进党建、科研、学科建设等各项工作。

主任、副书记:李莉,主持数软中心全面工作,主管整体科研安排和人事工作。

党支部书记、副主任:宋杰,负责党支部全面工作,主管财务、安全环保、保密、工会和青年工作站工作。

副主任:肖毓祥,主管数软中心设备、物资工作,分管低品位致密油科研工作。

副主任:吴淑红,主管数软中心培训、外事交流工作,分管软件研发与应用工作。

企业技术专家:吴忠宝,协助首席技术专家主抓数值模拟技术研究。

副总地质师:闫林,协助领导主管数软中心科研工作。

副总工程师:孙圆辉,借调迪拜技术支持中心工作。

数模与软件中心下设1个办公室和7个研究科室。

油藏软件研发室:主要开展覆盖开发地质建模、油藏模拟、油藏动态智能分析诊断与开发优化等业务领域的软件研发与应用。副主任李建芳、李小波。

气藏软件研发室:主要开展气藏描述与地质建模软件、气藏动态评价开发优化与数值模拟软件的自主研发和推广应用,为支持气田生产、提升气田开发管理水平提供服务。副主任李宁。

油藏方法与应用室:开展油藏储层描述与地质建模、油藏开发优化与数值模拟理论方法研究,为软件自主研发奠定基础。主任童敏,副主任任康绪。

气藏方法与应用室:重点开展气藏储层描述与建模、产能评价与预测、开发优化与数模等研究工作,创新发展复杂气藏有效开发理论和技术,解决复杂气藏开发实际问题,支撑特色软件自主研发。主任闫林(兼),副主任陈福利。

开发地质室:以低品位油藏精细地质为研究方向,重点开展油气藏构造、储层、油气水分布等研究,为开发方案编制提供地质依据。主任陈建阳。

开发评价室:主要负责新区油气藏评价和老区滚动评价,优选有利目标,部署开发评价井,为编制产能建设方案奠定基础。主任侯秀林。

开发方案室:主要开展低品位油藏渗流规律、开发机理、井网优化及开发技术政策等研究工作,重点编制开发方案,为低品位储量高效开发提供技术支撑。主任甘俊奇,副主任张文旗。

中心办公室:主要负责协助中心领导做好日常科研、行政管理、后勤保障及财务报销等。副主任张洋。

截至2019年底,数软中心在册职工总数46人。其中男职工25人,女职工21人;博士27人，硕士19人；教授级高级工程师2人，高级工程师19人，工程师19人，助理工程师5人；35岁以下20人，36—45岁14人，46—55岁12人。当年，王睿、塔斯肯调入，王拥军、林旺调离，邓西里借调阿布扎比技术支持分中心，徐青内部退养。

其中国家级课题4项，集团公司级课题8项，院级课题1项，其他课题4项。获省部级科技进步一等奖1项，三等奖1项。获授权专利8项，其中国家发明专利7项，实用新型专利1项。在国内外学术会议及期刊上发表学术论文23篇，其中SCI收录7篇。

【课题与成果】

2019年，数软中心承担科研课题17项。

2019年数模与软件中心承担科研课题一览表

类别	序号	课题名称	负责人	起止时间
国家级课题	1	特低丰度油藏井网与水平井穿层压裂一体化设计技术	吴忠宝	2017—2020
	2	致密油有效开发关键技术	陈福利	2016—2020
	3	陆相致密油甜点成因机制及精细表征	闫林	2016—2019
	4	"二三结合"提高采收率潜力和模式	张吉群	2016—2020
集团公司级课题	5	新一代油藏数值模拟软件HiSim4.0研制	吴淑红	2017—2020
	6	高含水油田个性化井网设计及软件研究	李小波	2019—2020
	7	工业联盟组织及其框架技术交流与合作研究	吴淑红	2016—2019
	8	多组分模拟高精度数值离散及线性求解技术	王宝华	2018—2020
	9	精细油藏分析与智能分层注水方法研究及软件研制	张吉群	2019—2020
	10	"二三结合"关键技术与开发模式研究	邓宝荣	2017—2020
	11	新区规模动用效益建产技术研究与应用	吴忠宝	2018—2020
	12	新区原油效益建产跟踪与评价	闫林	2018—2020
院级课题	13	一体化油藏数值模拟平台研发	吴淑红	2019—2021
其他课题	14	新疆油田稀油新区上产工程一期	肖毓祥	2019—2020
	15	NEB资产群领导者技术支持（Ra-Sn油田）	童敏	2019—2020
	16	艾哈代布油田稳产技术支持与稳油控水对策研究	张文旗	2019—2020
	17	鲁迈拉油田Mishrif油藏分层系注水开发研究	吴忠宝	2019

【科研工作情况】

2019年，数软中心全面落实研究院工作会议精神，推进高质量发展要求，强化新一代油藏数值模拟、非常规油气数值模拟及高含水油田开发优化等三大软件的功能提升，发展完善低品位、致密油有效开发关键技术，做好中东NEB、艾哈代布等海外区块的技术支撑。

一、立足软件自主研发基本定位，做精核心骨架，扩展软件功能

推动HiSim、IRes、UnTOG等具有自主知识产权的特色软件研发和应用实践，谋划极端环境下的替代能力。一是在HiSim软件平台上搭建相态处理HiSimPVT分析模块，实现组合并/劈分及组分流体高压物性模拟等功能。构建注气混相驱混相描述及混相相对渗透率模型，发展组分模拟全隐式离散与多阶段预处理求解技术，建设组分模拟 HiSimComp 模块，实现混相驱组分模拟功能。构建油藏数值模拟一体化分析平台，发展交互式历史拟合与井网部署技术，实现建模—数模—智能拟合—井网部署—方案优化等集成化、智能化、一体化油藏管理模式，并在中东碳酸盐岩油藏注气混相驱开发中进行测试与应用。二是立足老油田分层注水精准调控，完善老油田开发优化软件 IRes，全面支持第四代分层注水项目的油藏分析、评价与注水优化工作，赴大庆油田、长庆油田、吉林油田、华北油田和大港油田现场调研与交流，并指导分层注水调控。应用大数据技术的聚类、决策树以及多目标粒子群优化等算法，进一步发展基于第四代分层注水实测数据的油藏精细分析模型与分层注水优化及配注方案产量预测方法。

二、落实加大国内勘探开发力度要求，提升技术对策，推动效益建产

一是针对长庆油田、新疆油田、大庆油田等新区效益建产示范区，提出效益建产技术对策，形成超低渗及致密油规模动用技术，通过地质—油藏—工程一体化的六项关键技术组合拳，推动新区效益建产。稳步推进13个新区效益建产示范区，坚持开发方案充分融入小井距、密切割、差异化压裂等开发理念，示范区建设整体，提升多项开发、工程技术指标，提高示范效果。二是深化吉木萨尔页岩油地质认识，针对储层岩性复杂，骨架参数多变，油层不易识别的难题，研究出常规与核磁测井综合识别与评价甜点油层的方法，确定甜点平面展布趋势，并建立储层参数地质模型。明确水平井体积压裂产能主控因素，指出甜点钻遇率越高、缝网复杂程度越高、焖井渗吸时间越长，开采效果越好，在此基础上提出吉木萨尔页岩油降本增产技术对策。建立玛湖深层（下乌组及以下地层）地层格架，首次划分油层组、小层完成玛湖1井区全区统层对比；建立高探1井区精细地质模型。

三、做好中东重点区块技术支撑，提高研究成果，保障平稳运行

NEB 资产群 RS 油田开发技术支持稳步推进，完成 2020—2024 年 BP 产量战略规划；明确伊拉克艾哈代布油田 KH2 油藏含水上升规律，制定合理的水平井注水开发技术政策，提出的交替注水、不稳定注水稳油降水先导试验效果显著，保障油田现场平稳运行；针对鲁迈拉油田北 Mishrif 油藏储层渗透率差异大、纵向动用程度不均匀、高渗透层水窜速度快的问题，提出分层系注水开发调整思路，以北 Mishrif Area A 为研究区，开展分层注水可行性研究。

【交流与合作】

6月12—18日　王宝华、李莉、李华、范天一到加拿大卡尔加里大学参加 NSERC/FCMG 油藏数值模拟研究协会年会交流。

8月5—9日　李莉、吴忠宝、李宁到美国参加斯坦福大学特低丰度油藏规模有效动用技术交流。

10月27日—11月1日　吴淑红、范天一到印度尼西亚参加 APOGCE2019 年会技术交流。

【党建与精神文明建设】

截至2019年底，数软中心党支部有党员29人。

党支部：书记宋杰，副书记李莉，纪检委员吴忠宝、组织委员李华、宣传委员任康绪、保密委员王志平、青年委员李心浩。

工会：主席李宁，副主席袁大伟。

青年工作站：站长刘达望，副站长张原。

2019年，数软中心党支部学习贯彻习近平新时代中国特色社会主义思想和党的十九大精神，及时传达学习贯彻集团公司重要会议精神,将研究院党委要求纳入工作计划。

一是落实"一岗双责",夯实"三基"建设,党建、科研深度融合。落实支部书记第一责任人责任,严格执行"三重一大",对中心发展规划、学科建设、人事任免等重大事项集体研究、民主决策。

二是开展"不忘初心、牢记使命"主题教育。按照研究院党委统一部署组织学习研讨,采用多种形式广泛征求意见55条,对照党章党规找差距、检视问题,建立问题台账,落实整改方案,确保主题教育入心入脑,取得实效。

三是落实党风廉政建设主体责任,深入贯彻执行中央八项规定,纠正"四风"常态化。建立数软中心党风廉政建设责任制,签订党风廉政建设责任书和廉洁从业承诺书,按要求开展节日提醒和纠正四风监督检查,落实关键岗位廉洁风险清单、关键岗位廉洁风险防范自评工作。

四是按党管干部党管人才原则选拔任用干部,加强人才队伍建设。注重梯队建设,强化国际化视野,打造智慧高端团队。对待青年,给舞台、炼技能、压担子、担责任,发挥青年科技人员的才智,积极践行"师带徒",发挥传帮带作用。

五是关爱职工,创造和谐,全力打造"家"文化。增强员工对研究院的归属感,切身感受到党组织的关怀,创造和谐良好的工作氛围,推出一系列关爱职工举措,慰问帮助困难职工;发挥工会的桥梁作用,组织形式多样的集体团队活动,为广大职工搭建沟通交流的平台,加强员工参与感、责任心和团队意识,增强凝聚力。

(张洋、宋杰)

采油采气工程研究所

【概况】

采油采气工程研究所主要负责国内外采油采气工程技术战略与规划研究、重大采油采气工程方案设计与编制,机械采油、采气工艺、储气库注采工程、采油采气节能降耗、油气藏地质力学新理论、新技术、新工艺、新产品研究,提供采油采气工程技术服务、技术咨询与技术培训。

2019年工作思路:围绕集团公司原油稳产和天然气上产目标,全面做好采油采气高效、低成本开采技术攻关研究和现场服务;重点做好采油采气工程优化软件、泡沫排水采气工艺技术的完善和推广应用推进集团公司页岩油开采先导性试验;进一步加强页岩气压裂井套损机理及预防对策研究;推进集团公司采油采气重点实验室建设,开展海外技术支持。

所长、副书记:张建军,负责行政全面工作,主管人事、财务、职工培训工作。分管所办公室。

书记、副所长:李文魁,负责党群与维稳一路工作、宣传、保密。分管党支部、工会、青年工作站。

副所长:蒋卫东,协助所长负责科研、海外业务(国际合作)、规划与决策支持、档案、技术交流、QHSE工作。分管综合规划研究室、采油采气地质研究室。

副所长:师俊峰,协助所长负责信息化与标准化、计划与采购、资产与重点实验室。分管机械采油研究室、采气工艺研究室。

采油采气工程研究所下设4个研究科室和1个所办公室。

综合规划研究室:主要负责国内外采油采气工程技术发展战略研究,重大方案编制、新项目评价与老项目后评估、技术支持与服务。主任赵志宏,副主任裴智超、刘翔。

机械采油研究室:负责机械采油设计与诊断及软件开发、装备与工具研发、工艺研究,以及现场服务。副主任张喜顺、邓峰、彭翼。

采气工艺研究室:主要负责排水采气、储气库注采与生产监测工艺研究,采气化学剂、工具产品研发,以及现场实施与效果评价。主任李隽,副主任曹光强、张义。

采油采气地质研究室:主要负责与采油采气工程相关的地质油藏研究、常规与非常规油气藏地质力学研究、地质力学在油气藏开发中的应用研究。副主任张广明。

所办公室:主要负责采油所日常行政管理、科研管理、财务收支管理、安全生产检查、资产管理、合同管理、门户信息维护、后勤服务等。

截至2019年底,采油采气工程研究所在册员工39人。其中合同化员工36人,市场化员工3人;博士15人,硕士17人,本科5人,大专2人;教授级高级工程师4人,高级工程师21人,工程师7人,助工5人,其他2人;35岁以下15人,36—45岁10人,46—55岁12人,55岁以上2人。当年,孙艺真入职,郭东红、崔晓东、杨晓鹏、陈国浩调入,王睿调出。

【课题与成果】

2019年,采油采气工程研究所承担科研课题23项。其中国家重大专项任务4项,国家自然科学基金和创新基金1项。获省部级科技奖励2项。获授权专利11项,其中发明专利8项,实用新型专利3项。在国内外学术会议及期刊上发表论文30篇,其中SCI收录4篇,EI收录15篇。

2019年采油采气工程研究所承担科研课题一览表

类别	序号	课题名称	负责人	起止时间
国家级课题	1	低渗透砂砾岩油藏二氧化碳驱油封窜技术研究	叶正荣	2016.1—2020.12
	2	超高压气藏气井井筒治水工艺技术	裘智超	2016.1—2020.12
	3	孔洞型低压酸性气藏排水采气技术研究	曹光强	2016.1—2020.12
	4	原始地应力场预测方法与系统模块开发	金娟	2016.1—2020.12
	5	油气井多相流核磁共振在线检测新装置与新方法研究	邓峰	2018.1—2020.12
集团公司级课题	6	采油采气工程优化设计与决策支持系统（V4.1）研发及应用	师俊峰	2019.1—2020.12
	7	Fr-Smart压裂系统软件与趾端滑套等新工具研发与应用	张广明	2018.1—2020.12
	8	采油新技术	伊然	2019.1—2019.12
	9	A5项目完善推广支撑	陈诗雯	2019.1—2019.12
	10	2019采气新工艺跟踪与效果评价	贾敏	2019.1—2019.12
	11	页岩气井套损原因分析及预防对策研究	刘建东	2018.1—2020.12
	12	基于抽油机井电参数的大数据分析技术研究与应用	彭翼	2018.1—2020.12
	13	机械采油系统整体提效降耗关键技术研究	赵瑞东	2018.1—2020.12
	14	致密砂岩气藏出水气井开发后期稳产工艺技术研究及应用	曹光强	2019.1—2019.12
	15	气藏型储气库井筒完整性技术及管理规范研究	李隽	2019.1—2019.12
院级课题	16	水平井井下旋流解堵技术机理研究及工具研发	张义	2017.1—2019.12
	17	油气井生产多相流磁共振在线检测方法及装置研究	邓峰	2017.1—2019.12
	18	页岩储层交替压裂技术与应用设想	张广明	2017.1—2019.12
	19	核磁共振多相流量计研制	邓峰	2019.1—2021.12
	20	油井高质量智能生产技术研究	张喜顺	2019.1—2021.12
	21	储层地质力学参数测试评价及建模技术	张广明	2019.1—2021.12
其他课题	22	乍得复杂断块油藏采油工程方案编制与技术支持	刘翔	2019.1—2019.12
	23	艾哈代布油田腐蚀现状及防腐对策	叶正荣	2019.1—2019.12

【科研工作情况】

2019年，采油采气工程研究所按照集团公司和研究院工作会议精神和总体要求，坚持以油气田开发关键技术需要为导向，勇于创新、敢于担当，全面提升采油采气所自主创新能力、科研管理和技术服务水平，完成全年各项科研生产任务。

一、加大新技术新产品研发

建立抽油机井工况诊断与预测技术，利用先进的物联网、大数据技术，实现油井数字化、智慧化实时管理，提高油井运行效率，有效降低生产和管理成本。开展泡排智能加注技术研发，自主研发泡排智能加注系统，研制出国内首套适用于页岩气泡沫排水采气的集群加注设备，构建泡沫排水采气药剂用量在线优化设计方法并成功植入到加注设备，开发出在线智能加注优化设计软件，在浙江油田、重庆气矿现场试验降本增效效果显著。

二、加强非常规油气开采技术研究

初步完成页岩油原位转化先导试验方案，做好原位转化开采工艺风险分析，提出攻关关键技术；开展完井管柱结构优化设计，提出原位转化生产井完井管柱结构；综合评价不同类型人工举升方式，优选原位转化开采举升工艺；分析井筒腐蚀风险，完成井筒防腐工艺初步设计；提出原位转化开采井筒监测初步方案，确定监测方法与工艺。页岩套损研究取得新进展，随着开发和研究的深入，发现新的套损类型，通过分析其原因和机理，结合前期剪切套损机理认识和现场应用成效，制定套损预防综合对策。

三、持续做好集团公司采油气工程技术支撑

牵头完成采油工艺与储层改造技术专题2035科技发展战略研究，通过分析国内外油气产业、采油工程技术发展现状及趋势、集团公司业务发展及技术需求，开展人工举升、储层改造等五大领域国内外主体技术对标，提出集团公司未来5—15年的发展目标，筛选出26项重点发展的技术、5项面临2035重大战略性技术，并制订发展路线图，为集团公司高质量发展提供采油工艺与储层改造技术保障。

四、交流合作

3月 美国哈佛大学终身教授、美国科学院院士、美国工程院院士、美国艺术与科学院院士、美国物理学会会士、英国皇家化学学会会员 David A. Weitz 先生来访，并作题为"Micromodel Studies ofPorous Media"（多孔介质微观孔隙模型）的讲座。

9月 "核磁共振多相流计量研制"团队应邀访问新西兰惠灵顿维多利亚大学（VUW）进行交流，张建军所长代表研究院与VUW签订合作谅解备忘录。

【开展油田气公司机械采油运行系统调查】

完成对中国石油16家油田气公司机械采油运行系统调查，系统总结2015年以来开源节流、降本增效工作取得的成果，剖析机采系统存在的问题及面临的挑战，明确下一步发展方向，形成《股份公司机械采油系统调查分析成果报告》，编写《2019年机械采油系统提效工作进展与下步工作安排》，在集团公司范围内贯彻实施"3+1"机采提效工程，撰写并报送决策参考《关于推动公司机械采油技术转型升级的建议》，有效推进机械采油井提效降耗重点工作的开展。

【党建与精神文明建设】

截至2019年底，采油采气工程研究所党支部有党员36人。

党支部：书记李文魁，副书记张建军，委员师俊峰、裘智超、张义。

工会：主席张娜，委员杨宁、张广明、金娟、王云。

青年工作站：站长邓峰，副站长伊然。

2019年，采油采气工程研究所党支部坚持以习近平新时期中国特色社会主义思想为指导，紧紧围绕贯彻落实院党委各项工作部署，抓党建、促科研，形成特色鲜明党建工作亮点，发挥支部三个"全面"和保驾护航作用，带领全所职工完成各项工作任务。

一、发挥党建引领作用，助推党建与科研生产工作深度融合

做好"不忘初心、牢记使命"迎"七·一"主题党课，带领大家重温党的十九大精神，重申开展主题教育的目的和意义，立足岗位、深入浅出地畅谈党员干部应当如何守住初心、担当使命、找准差距、抓好落实；结合"形势、目标、任务、责任"主题教育活动，书记带头讲主题党课，引领党员干部认清油气勘探开发当前面临的机遇与挑战，增强科技创新的责任感、使命感、紧迫感。

二、激发党员干部担当精神，发挥模范先锋表率作用

发挥专家党员作用，全面完成各项技术

和决策支撑工作,知识产权与有形化成果丰硕;激发党员干部的担当精神与干事热情,勇于创新、善于总结,展现自我风采、收获众多荣誉:师俊峰获研究院建功立业模范人物,邓峰获研究院2018年度青年十大科技进展,张喜顺获研究院2019年度院青年岗位能手、青年岗位管理创新大赛一等奖,孙艺真获研究院"我和我的祖国"中英文演讲比赛英文组二等奖,王才、陈冠宏等获"第七届非常规天然气开发研讨会"优秀论文一等奖。

三、瞄准国际一流,打造国际化人才队伍

贯彻落实研究院"引进来、走出去"战略,组织开展院士讲座与"哈佛面对面"系列技术交流活动,为年轻人搭建开拓视野、展示自我的交流平台;选派曹光强到美国塔尔萨大学作为期半年的访问学者,增强研究院油气井人工举升技术的研发能力与国际影响力;培养张广明、邓峰两名青年骨干担任国际合作项目课题长,加强国际交流合作能力,进一步提升基础研究创新能力;组织骨干参加SPE国际会议交流20余人次,提升研究院采油采气技术国际影响力;邓峰等青年骨干投身国际高端会议志愿者活动,在国际舞台上展示自身组织协调能力与专业技术水平。

2019年,采油采气工程研究所党支部荣获研究院先进基层党组织、2018年度新闻宣传工作先进集体,张义荣获研究院2019年度优秀共产党员。

【大事记】

1月4日 师俊峰任采油采气工程研究所副所长(勘研人〔2019〕13号)。

11月20日 邓峰、彭翼任机械采油研究室副主任,张义任采气工艺研究室副主任(人事〔2019〕11号)。

(张娜、张建军)

采油采气装备研究所

【概况】

采油采气装备研究所(简称装备所)是专门从事采油采气及井下作业新技术、新装备研发的研究所,主要任务是开展以机电一体、新材料、新工艺为特色的油气开采井下工具和装备技术研究,并为集团公司油气开采装备发展规划提供决策支持。

2019年工作目标:强化技术创新,优化柔性钻具侧钻取心技术施工工艺,提高技术可靠性和适应性;深化第四代分层注水开发技术研究,攻关井筒无线通信技术,开展现场应用;持续完善无杆举升装备及配套技术,开展适用于页岩油井举升的小直径机组研制,扩大适用范围。

书记、副所长:张朝晖,负责党务、思想政治工作,主管外事、保密、信息、宣传、工会和青年站等工作,分管所办公室和综合研究室。

副所长:李益良,代理所长职责全面负责所科研、人事、财务、保密等各项行政管理工作,主管安全以及分层注采、完井技术、仿生、采油装备等研究工作,分管仿生工程研究室、完井技术研究室、海外技术支持研究室和实验室。

副所长:沈泽俊,负责科研、全员培训以及井筒控制、机械采油、压裂技术研究等工作。分管井筒控制技术研究室、采油装备研究室

装备所设有7个研究科室和1个办公室。

完井技术研究室:主要从事井下作业装备与工具、生产完井配套技术的研究。主任李涛。

井筒控制技术研究室:主要从事以储层改造技术、智能完井技术为核心的开采配套技术装备与工具研究。主任钱杰。

仿生工程研究室:主要从事分层注采和压裂技术研究,突出仿生工程和新材料的研究和应用。副主任贾德利主持工作,副主任杨青海。

采油装备研究室:主要从事高效举升装备、完井防砂相关技术、采油采气装备战略研究。主任张立新,副主任郝忠献。

海外技术支持研究室:开展海外工程技术项目研究及推广应用等工作。副主任孙福超主持工作。

综合研究室:主要从事各类学会及协会管理工作、科研管理及经费核算等。主任丁爱芹,副主任孙冬梅。

实验室:主要进行原理试验、功能测试和验证、材料试验,构建测试与研究的平台。主任王新忠。

所办公室:协助所领导管理全所的日常行政工作,后勤,合同等工作。主任毕秀玲。

截至2019年底,装备所在册职工41人。其中男职工33人,女职工8人;博士17人,硕士19人,本科5人;教授级高级工程师2名,高级工程师25名,工程师12名,助工1名,实习1名;35岁以下12人,36—45岁19人,46—55岁10人。外聘用工8人。当年,杨瑞入职,郭桐离职。

【课题与成果】

2019年,装备所承担科研课题24项。其中国家重大专项任务2项,国家创新方法专项1项,国家政府间科技合作1项,集团公司级课题16项,研究院级课题4项。获中国创新大赛一等奖1项、中国创新方法大赛北京赛区一等奖1项、研究院科技进步二等奖

1项,研究院青年十大科技进展1项。获授权专利21项,其中发明专利12项,实用新型专利9项。出版著作2部。在国内外学术会议及期刊上发表论文16篇,其中SCI收录6篇,EI收录5篇。

2019年采油采气装备研究所承担科研课题一览表

类别	序号	课题名称	负责人	起止时间
国家级课题	1	高含水油田采油工程配套新技术	李益良	2016.1—2020.12
	2	多级高效压裂关键工具及配套工艺	钱杰	2017.1—2020.12
	3	非常规油气资源开发工程创新方法集成软件开发	陈强	2018.10—2020.10
	4	非传统水资源处理与管理	杨清海	2019.11—2021.10
集团公司级课题	5	FrSmart压裂系统软件与趾端滑套等新工具研发与应用	沈泽俊	2018.10—2021.12
	6	井下油水分离同井注采技术与装备研发及应用	高扬	2019.8—2020.12
	7	智能分层注采全过程监测与控制技术研究	孙福超	2019.8—2020.12
	8	高效举升关键技术装备研发与应用	郝忠献	2019.8—2020.12
	9	抽油机井减磨降阻技术研究与应用	裴晓含	2015.1—2019.12
	10	体积改造设计、实施及评估技术研究与应用(承担体积改造设计工具研究内容)	沈泽俊	2019.1—2019.12
	11	分层注水全过程监测与自动控制技术研究与应用(2019)	贾德利	2019.1—2019.12
	12	无杆举升装备与配套技术研究与应用	郝忠献	2018.6—2019.6
	13	注水专项(2019)	王全宾	2019.1—2019.12
	14	石墨烯流量计基础研究	贾德利	2017.8—2020.7
	15	井下发电蓄能技术	杨清海	2017.8—2020.7
	16	高能新能源储能技术研究	陈琳	2017.8—2020.7
	17	勘探与生产分公司设备管理技术支持(2019)	张立新	2019.7—2019.12
	18	高温金属叶片泵举升技术试验(2019)	王全宾	2019.5—2020.5
	19	集团公司电驱动压裂设备推广应用前景分析(2019)	童征	2019.3—2019.12
	20	新一代智慧油田建设及主要装备的智能化健康管理	贾德利	2019.3—2021.3
院级课题	21	微纳结构仿生设计与增材制造的应用基础研究	郑立臣	2017.11—2020.10
	22	井下压力波数据无线上传技术	孙福超	2017.11—2019.10
	23	带压作业机油管接箍探测器研究	明尔扬	2017.1—2019.12
	24	井下作业工具新材料新技术研究	李益良	2019.5—2022.5

【科研工作情况】

2019年,装备所围绕"原油1亿吨稳产、天然气快速发展"目标任务,落实研究院工作会议要求,以科研"交底"为抓手,开展油气开采装备和工具研发,在井下作业、分层注采、储层改造压裂、人工举升技术等领域取得重大成果,人才培养见到实效。

一、加强井下作业特色技术研究,柔性钻具超短半径侧钻/取心、水平井井筒重建技术取得新进展

优化柔性钻具结构,提高工具下井可靠性;研发液动稳定短节,改善轨迹沉降问题;研制新型取心工具,单次取心长度提高至1.5米,柔性钻具侧钻/取心技术在吉林油田开展现场试验,验证工具改进后的综合机械性能。在水平井井筒重建技术方面,开发PZG-SP型水平井膨胀管补贴系列工具,满足4.5英寸、5英寸、5.5英寸等尺寸水平井井筒重建需求。自主研发设计的两段膨胀管补贴管柱,顺利下入长庆油田罗平16井水平井趾端初始射孔段,并成功膨胀坐封,胀后通径大于105毫米,耐压大于60兆帕,为后续重复压裂奠定良好基础。

二、加大分层注采技术的攻关力度,有线分层注采、同井注采技术取得多项进展和显著生产应用实效

有线分层注采技术重点研制耐温125℃低功耗控制电路和涡街流量计,配水器耐温等级从85℃提高到125℃,进一步提升高温井适应性;扩展应用领域到三次采油,研究试验有线分层注聚工艺;通过油管外预置电缆,实现抽油机井分层采油。累计现场试验24口井,包括21口分层注水井、1口分层注聚井和1口分层采油井,实现分层参数实时监测和分层流量自动控制。在同井注采技术方面,开展两级串联水力旋流器的模拟试验和室内试验,对含水率不低于93%的混合物,分离效率可达99.6%,在区块现场试验2口井,增油效果显著。

三、持续开展工程技术利剑之储层改造技术攻关,开发出系列分段压裂工具

研发延迟型趾端滑套,重点进行延时机构设计和测试,试制5.5英寸、4.5英寸两种延时趾端滑套样机,进行延时时间测试和滑套开启试验,试验结果表明:趾端滑套延时时间达50分钟,超过国外同类产品技术指标。开展全金属可溶解桥塞研究,研制全金属可溶解桥塞样机,重点研究高延伸率镁合金材料,延伸率达30%。

四、针对高效人工举升难题开展攻关,井下直驱螺杆泵、井下直驱滑片泵等两项无杆举升技术取得重要进展

电潜直驱螺杆泵技术开发外径108毫米小直径井下电机,适用范围扩大到新疆致密油井举升,进一步完善井下配套高速低扭距螺杆泵技术,完成系列基础数据测试,修正数值模拟模型,现场试验平均扭距降低30%以上,现场试验9井次,首次开展泵挂2500米现场探索试验,实现向中深井举升发展,同时立项牵头制定《潜油电动螺杆泵机组》行业标准,引领无杆采油技术方向。在电潜直驱滑片泵举升技术方面,设计适用于井下驱动的滑片泵新结构,举升扬程提高到1600米。

五、做好采油、井下作业技术和储层改造技术分析和建议,为集团公司发展提供决策支持

完成集团公司修井作业技术回顾性评价,这是中国石油行业内首次全面系统的回顾性评价。总结"采油重大项目"九年进展,为集团公司采油工程下步发展提供建议。编写"关于公司修井作业发展自动化技术等相关问题的建议",为集团公司修井作业的长远发展献计献策。开展电驱动压裂设备推广应用前景分析,为集团公司规划计划部提供支持。编制集团公司装备制造业务"十四五"发展规划,支撑集团公司装备制造板块提质增效、精益管理。开展勘探开发设备管理技术研究,支撑主营业务高质量发展。

六、加强人才培养和团队建设,人才队伍的凝聚力和战斗力增强

开展形式多样、内容丰富的培训,发挥企

业专家和一级工程师的带头作用,为青年人搭建平台、畅通渠道。举办井下工具、注水、压裂、井下事故处理等专业技术技能培训、青年学术交流研讨等活动,职工科研创新能力和综合素质得到整体提升。

【交流与合作】

2月26日 李益良、童征参加集团公司规划计划部组织的压裂装备技术调研。

8月12日 杨清海到瑞典参加第11届应用能源国际会议。

9月22日 付涛、李明到美国参加水环境联盟技术展览会。

9月29日 陈强到加拿大卡尔加里参加2019年SPE国际会议。

10月15日 王全宾到阿塞拜疆参加2019年SPE Annual Caspian Technical Conference(CTCE2019)。

10月31日 张朝晖参加中国石油学会2019年石油石化质量与可靠性学会学术论坛。

【党建与精神文明建设】

截至2019年底,装备所党支部有党员33人。

党支部:书记张朝晖,纪检委员李益良,青年委员沈泽俊,组织委员王新忠,宣传委员孙福超。

工会:主席韩伟业,文体兼宣传委员李明,组织兼生活委员黄红梅。

青年工作站:站长于川,副站长张绍林。

2019年,装备所党支部深入贯彻习近平新时代中国特色社会主义思想和党的十九大精神,落实院党委的各项部署和高质量发展要求,坚持"围绕科研抓党建、抓好党建促科研"的指导方针,将全面从严治党引向深入,做实党建工作主体责任制,发挥党组织把方向、管大局、保落实的引领作用,让党建工作成为稳健发展、人才辈出和科技进步的坚强保障。

一、强化思想政治教育,为党员干部补足"精神之钙"

制定"不忘初心、牢记使命"主题教育实施方案和行动计划,进行系统集中学习和专题研讨,利用音频和视频等形式,读原著、学原文。结合每月主题党日活动,开展形式多样组织生活,引导党员干部发挥先锋模范作用,将初心使命转化为行动自觉,将精神力量转化为科研动力。

二、深入科学方法论学习,为科技创新提供"方法钥匙"

坚持培养职工良好的科学思维和工作方法,提升科研工作质量和效率。组织专题学习马克思主义思想方法和工作方法,引导职工结合实际工作,掌握运用"坚持问题导向、提升科学思维能力、重视调查研究"等重要理论,深挖异曲同工之处,推动科研创新思维的升华。

三、加强人才队伍建设,为科研生产注入"新鲜动力"

高度重视青年人才培养工作,组织开展针对性的专业技能培训、团队素质拓展、创新设计大赛等特色活动,努力打造"敢打硬仗、能打胜仗"的科研团队,青年技术骨干快速成长。朱世佳被评为研究院青年岗位能手;杨清海被评为研究院先进工作者;带压作业胶芯课题组获得研究院十大杰出青年团队。同时丰富职工文化生活,组织参观"两弹一星"纪念馆,到南京开展红色教育实践活动等。

(孙冬梅、李益良)

压裂酸化技术服务中心

【概况】

压裂酸化技术服务中心(简称压裂中心)主要从事压裂酸化应用基础理论、应用技术和新材料的研究攻关,解决技术瓶颈和生产难题,为决策部门提供综合性、长远性、战略性的压裂酸化技术信息与科学依据,为油气勘探与开发提出压裂酸化新理论、新方法、新技术和新材料,为国内外油气田提供技术服务、技术咨询和技术培训。

2019年工作思路:围绕年度重点目标,积极推进技术攻关、油田服务和决策支持,参与四川盆地、塔里木盆地、准噶尔盆地和鄂尔多斯盆地4个"盆地中心"共建任务,持续攻关非常规油气提产降本改造技术,推进FrSmart压裂系统软件开发,进一步完善"缝控储量"压裂技术体系;完善地质工程一体化重复压裂优化设计方法,体积重复压裂实现规模应用;加强重点风险探井改造技术支持;攻关低成本变粘滑溜水、氯化钙加重压裂液、高温压裂液3套液体产品,推进现场试验应用。

所长:王欣,主持中心全面工作,分管财务、人事、资产、行政、安全等工作,负责压裂优化设计软件研发,负责分管科室的党建、党风廉洁建设和意识形态工作。分管办公室、地质工程一体化研究室。

书记:卢拥军,主管中心党支部、工会、青年工作站,负责党建、党风廉洁建设和意识形态工作,负责产品研发和认证认可工作。分管液体研究室、油气藏改造重点实验室。

副主任:王永辉,分管页岩气改造技术攻关与发展,四川盆地中心相关工作,负责分管科室的党建、党风廉洁建设和意识形态工作。分管压裂研究二室、页岩气研发(实验)中心增产改造技术研发部。

副主任:翁定为,分管科研管理和保密,负责中心项目管理、科研条件、成果申报、知识产权等工作,负责重复压裂等技术公关与发展,负责分管科室的党建、党风廉洁建设和意识形态工作,协助油气藏改造重点实验室平台建设常务工作。分管规划研究室、压裂研究三室、致密油气研发中心压裂改造技术研发部。

副主任:才博,分管致密油与深层改造,负责储层改造力学机理、致密油与深层改造技术攻关与发展,负责分管科室的党建、党风廉洁建设和意识形态工作。分管压裂研究一室、酸化酸压研究室、工程实验室。

压裂中心下设1个办公室和9个研究室。

办公室:协助压裂中心领导,协调好北京分院、压裂中心、研究室之间的关系,做到上传下达无差错;严格执行并完成上级领导和各个职能部门下达的各项工作任务,具体承担中心的科研管理、财务管理、办公室行政后勤管理、产品交通生产安全管理、人事劳资管理、党务管理以及精神文明建设等,同时负责中心中试车间的产品生产、内部的协调管理和日常管理工作。主任谢宇。

规划研究室:主要负责沟通和协调中心内部各科室和项目组的科研工作;负责压裂酸化综合研究类课题的研究、股份公司技术支持和国内外综合类情报跟踪等工作。主任郑伟。

压裂研究一室:主要负责低渗透—致密

油藏储层改造基础理论研究、新工艺研发、应用与效果评估跟踪等的研究工作，同时负责股份公司重点风险（预）探井的方案优化设计、实施与跟踪工作。副主任何春明。

压裂研究二室：主要负责气藏水力压裂技术的相关研究和技术服务工作，追踪国内外气藏压裂研究前沿及趋势，把握制约气藏改造的关键技术，针对国内对非常规气储层改造技术的需要，定位致密气、煤层气和页岩气三大核心研究领域，以最大限度提高储层改造体积为主线，以降低成本、提高单井产量和环境安全为目标，开展复杂裂缝扩展机理、非常规气藏改造优化设计、直井多层与水平井多段改造工艺技术等攻关和实践。主任卢海兵，副主任易新斌。

压裂研究三室：主要负责老井重复压裂技术和复杂岩性储层改造工艺技术的研究与应用，追踪国内外重复压裂研究前沿及趋势，把握制约老井重复压裂改造的关键技术，针对国内油气田的老井重复改造技术难题，以最大限度挖潜老区剩余油、提高老区储量动用程度为目标，开展重复压裂选井选层、重复压裂前地应力场预测、地质工程一体化的重复压裂油藏数值模拟、重复压裂新材料新工艺优选现场实施等技术攻关和实践，形成具有一定特色和优势的老井重复压裂技术和复杂岩性储层改造工艺技术。副主任段瑶瑶、梁宏波。

酸化酸压研究室：主要负责碳酸盐岩储层酸化/酸压改造技术及理论研究、超深/超高温油气藏储层高效改造技术及理论研究、高温加重压裂/酸液材料研发及现场应用等研究工作。副主任杨战伟、王丽伟。

液体研究室：主要负责压裂酸化液体添加剂产品检测、压裂酸化液体添加剂优选技术、压裂酸化液体体系的开发与研究、压裂酸化液体的工程应用技术、现场应用压裂酸化液体体系的质量控制及优化措施、压裂酸化增产措施的机理研究以及与压裂酸化相关的实验室技术、设备、标准和方法的制定等方面的工作，以解决低渗透、超低渗透、致密油（气）、页岩气、煤层、碳酸盐岩储层等油气藏改造中面临的重大难题为工作目标。主任石阳，副主任刘玉婷。

工程实验室：主要负责岩石力学性质、压裂裂缝的物理模型和数学模型研究，压裂支撑剂的评价检测、新型压裂支撑剂的研制，压裂裂缝诊断分析等方面的研究，属集团公司低渗透油气藏改造重点实验室。主任付海峰，副主任修乃岭。

地质工程一体化研究室：主要围绕提高平均单井产能这个关键问题，以三维模型为核心、以地质—储层综合研究为基础，在油气藏的不同阶段，针对遇到的关键性挑战，开展具有前瞻性、针对性、预测性、指导性、实效性和时效性动态研究和及时应用。主任杨立峰，副主任刘哲。

截至2019年底，压裂中心在册职工55人。其中男职工34人，女职工21人；博士（后）11人，硕士32人，本科6人；教授级高级工程师2人，高级工程师27人，工程师23人，助工2人；35岁以下18人，36—45岁16人，46—55岁18人。外聘人员29人。

【课题与成果】

2019年，压裂中心承担科研课题53项。其中国家重大专项任务5项，国家973、国家863、自然科学基金各1项和创新基金2项。获省部级科技奖励3项。获授权发明专利5件，授权实用新型专利1件。出版著作4部。在国内外学术会议及期刊上发表论文49篇，其中SCI收录12篇，EI收录20篇。

2019年压裂酸化技术服务中心承担科研课题一览表

类别	序号	课题名称	负责人	起止时间
国家级课题	1	储层改造关键流体研发	管保山、梁利	2016—2020
	2	储层改造新工艺、新技术	王欣	2016—2020
	3	致密油储层高效体积改造技术	杨立峰	2016—2020
	4	致密油储层高效体积改造技术——改造与高效排采一体化技术研究与应用	石阳	2016—2020
	5	低渗—超低渗油藏提高储量动用关键工艺技术	翁定为、梁宏波	2017—2020
	6	中亚和中东地区复杂碳酸盐岩油气藏采油采气关键技术研究与应用——裂缝孔隙型碳酸盐岩油气藏难动用储层控水改造技术研究	梁冲、韩秀玲	2017—2020
	7	走滑山地页岩气储层高效改造设计方法与工艺技术	田助红、易新斌	2017—2020
	8	砂砾岩致密油压裂方案优化与设计	何春明	2017—2020
	9	页岩层水力压裂控制缝网的理论、计算和实验研究	王永辉、付海峰	2016—2020
	10	深部裂隙岩体水力压裂裂缝三维非平面扩展和复杂缝网形成机理研究	刘云志	2018—2021
集团公司级课题	11	储层改造新工艺、新技术	王欣、翁定为、梁宏波、易新斌	2016—2020
	12	FrSmart压裂系统软件与趾端滑套等新工具研发与应用	雷群、王欣、杨立峰	2018—2021
	13	大尺度三维裂缝扩展机理与形态刻画表征技术研究	付海峰、梁天成	2019—2021
	14	超深高温高压气井井完整性及储层改造技术研究与应用——超深致密气藏缝网形成机理及加重压裂液研究与应用	王丽伟、高莹	2018—2020
	15	体积改造设计、实施及评估技术研究与应用	王永辉、卢海兵、易新斌	2019
	16	老井重复压裂工艺共性基础研究与应用	翁定为	2018—2020
	17	小规模砂体压裂—吞吐立体开发技术经济可行性研究与应用	李阳	2018—2020
	18	低孔低渗储层试油、试采产能评价技术研究	高跃宾、何春明	2018—2020
	19	复杂岩性低渗储层试油配套技术研究	李阳	2019
	20	高温高应力裂缝性油气藏压裂酸化改造技术研究与应用	杨战伟、韩秀玲	2019
	21	重点风险探井改造工程及配套技术攻关	杨战伟、高莹	2019—2020
	22	储层改造新技术	郑伟	2019
	23	重点风险探井储层改造方案优化与动态改造分析	高跃宾、何春明	2019
院级课题	24	非常规储层裂缝扩展规律数值模拟方法研究	王臻	2019—2021
	25	非常规储层支撑剂评价及复杂裂缝导流能力测试方法研究	梁天成	2019—2021
	26	耐高温储层改造液体体系研究	石阳	2019—2021
	27	致密油气缝控储量压裂优化设计平台研发	王臻	2017—2019

续表

类别	序号	课题名称	负责人	起止时间
其他课题	28	储层改造及三次采油提高采收率技术应用基础研究	才博、何春明	2018—2020
	29	大港油区效益增储稳产关键技术研究与应用	段贵府、何春明	2018—2020
	30	2018—2019年华北油田重点探井措施改造方案论证技术服务	何春明	2018—2019
	31	2019年华北油田巴彦河套泥质砂砾岩储层提产措施研究	何春明、李帅	2019
	32	中低煤阶煤层气开发增产技术研究	卢海兵、易新斌、王天一	2017—2020
	33	2017昭通示范区山地页岩气井压后效果评估及其压裂试气方案对策优化研究与试验效果	姜伟、卢海兵	2018—2019
	34	顺煤层分段压裂优化现场应用试验、丛式井压裂优化现场应用试验	姜伟、卢海兵、王天一	2018—2019
	35	火山岩裂缝性储层人工裂缝与现场配套工艺研究应用	李阳	2019
	36	2019准噶尔盆地勘探及重点评价井储层改造方案优化、现场实施跟踪研究	李阳	2019
	37	西北缘石炭系裂缝性储层控水压裂技术	李阳	2017—2019
	38	扎哈泉低渗岩性储层高效改造技术研究	翁定为、梁宏波	2017—2020
	39	2019年工程院非常规油气藏压裂方案论证技术服务	鄢雪梅	2019
	40	水平井重复压裂设计方法研究	翁定为、段瑶瑶	2017—2019
	41	英西地区水平井体积改造工艺技术研究	田助红、梁宏波	2018—2019
	42	环庆区块储层改造技术研究	田助红	2018—2019
	43	YS12H4平台压裂设计优化及压后评估	易新斌、姜伟、王天一	2019—2020
	44	2019年压裂支撑剂检测服务	易新斌、梁天成	2019—2020
	45	准噶尔盆地典型低渗致密区块储层改造优化设计与效果评价研究	杨立峰、刘哲	2018—2019
	46	重点探评价井储层改造实验评价与设计优化研究	高莹、杨战伟	2019—2020
	47	库车侏罗系复杂低渗凝析气藏储层伤害实验评价及对策研究	李素珍、王丽伟	2017—2019
	48	福山油田前期储层改造技术评价及难动用区块储层改造技术研究	李素珍、王辽	2017—2019
	49	低成本加重压裂液现场	杨战伟、王辽	2019—2020
	50	复杂断块低渗透油藏水平井压裂工程方案优化研究	韩秀玲、杨战伟	2019—2020
	51	2017—2018年度福山油田压裂技术服务及材料检测	王辽	2018—2019
	52	苏里格气田山1、盒8大尺寸砂岩露头体积压裂物模实验研究	付海峰	2017—2019
	53	CO_2干法压裂岩心物模实验技术服务	付海峰	2018—2019

【科研工作情况】

2019年,压裂中心按照研究院总体部署,以重大技术创新、重大生产实效为目标,解放思想,凝心聚力,优化资源配置,加强人才队伍建设,培育重大成果,提高技术创新能力,完成各项工作任务。

一、增强储层改造决策支撑能力,发挥好决策参谋作用

撰写《关于加大石英砂推广及本地化砂厂建设,大幅度降低压裂支撑剂成本的建议》和《关于加快推动公司页岩油效益勘探开发的关键储层改造技术攻关建议》2篇决策参考,助推石英砂扩大应用与页岩油效益勘探开发。

二、加强实验室条件建设,助推基础研究与新体系研发

推进油气藏改造重点实验室三期建设;开展芦草沟组页岩油岩石力学测试实验,创新模拟水平层理压裂实验方法,建立考虑渗吸作用的相对渗透率曲线;针对非常规及深层改造需求,研发变黏滑溜水体系、高温压裂液体系、氯化钙加重压裂液体系三套功能型压裂液。

三、深化重复压裂决策软件研究,推动新技术规模应用

开发重复压裂决策系统软件,为工艺模式确定和参数优化提供手段。开展重复压裂一体化优化设计技术、多种暂堵实施技术、驱油补能等新技术试验并快速推广实现规模应用75口井,增产效果明显。

四、支撑重点勘探领域高效改造,助力风险探井获突破

围绕集团公司低渗透、深层、页岩油、滩海新领域等风险勘探设计实施中秋1井、安探101x井、吉华1井、车探1井等22口井,为塔里木库车山前、河套盆地储量升级、准噶尔盆地新发现、鄂尔多斯盆地、松辽页岩油新领域、渤海湾滩海新区带等提供保障。

五、推动缝控压裂技术落地,非常规储层提产成效显著

完成4组水平层理条件侠的缝高延伸物模实验,明确水力裂缝与层理相互作用的3种破裂机制及控制因素。建立缝控压裂"压—注—驱—采"一体化设计数值模型和优化方法、单段多簇限流压裂投球暂堵模拟方法;推进高强度改造技术现场试验;完成现场在用滑溜水和暂堵剂评价,研发FAB-2变黏滑溜水体系;开展平行板携砂实验、微地震、微形变对比监测,试井分析等进行裂缝复杂度评价及支撑特征分析。

六、加快FrSmart压裂设计软件研发,完成核心模块搭建

完成FrSmart压裂系统软件整体框架设计和主体界面开发。完成核心模块开发,初步形成1.0版本。

【交流与合作】

2月5—7日 石阳、刘哲到美国参加2019年SPE水力压裂技术会议和展览。

3月19—21日 邱晓惠、许可、江昀到南京参加2019年第十九届石油工程油田化学技术研讨会。

3月26—28日 李帅、高睿、王丽伟等人在北京参加第十一届国际石油技术大会。

4月1—2日 澳大利亚CSIRO高级首席研究员张浠博士来压裂中心做"复杂人工裂缝扩展建模及求解"培训讲座。

5月5—12日 莫邵元在珠海参加FRACPRO压裂技术研讨会。

5月24—25日 李帅参加第二届石油工程技术论坛。

6月23—26日 胥云、付海峰、修乃岭到美国参加第五十三届岩石力学会议。

6月25—27日 石阳、高莹、韩秀玲、王丽伟等人在成都参加第九届油气藏改造压裂酸化技术研讨会暨中国石油集团油气藏改造重点实验室工作会议。

6月25—26日 邀请加利福尼亚大学河滨分校教授徐冠水来研究院就"全三维裂缝扩展模拟技术和工程应用"开展学术交流。

7月9—11日 邱晓惠等人在昌平科技交流中心参加中国油气开采工程新技术交流会。

7月19—22日 李帅参加青岛2019年非常规油气储层改造技术研讨会。

8月20日 杨立峰等人在北京参加集团公司与俄罗斯石油股份公司双方软件专题技术交流会。

8月27—28日 高跃宾在北京参加2019贝克休斯（中国）智能化油田服务博览会。

9月21日 高跃宾在北京参加2019年International Conference on Civil Engineering, Environment Resources and Energy Materials。

10月15—18日 李帅、李阳、高跃宾、杨战伟等人到西安参加油气田勘探开发国际会议。

10月22—24日 段瑶瑶到莫斯科参加2019 SPE Russian Petroleum Technology Conference。

10月31日—11月1日 王天一、邱晓惠等人在合肥参加31届天然气学术年会。

11月16—19日 李帅前往布里斯班参加SPE亚太非常规会议

11月19日 高莹到成都参加2019全国石油石化科技创新发展论坛。

11月30日—12月4日 韩秀玲和王丽伟到日本参加第五届ISRM青年岩石力学研讨会和国际岩石工程创新未来研讨会。

12月3—8日 车明光、王萌到美国得克萨斯大学奥斯汀分校参加综合地震研究中心2019年会。

【党建与精神文明建设】

截至2019年底，压裂中心党支部有党员35人。

党支部：书记卢拥军，副书记王欣，委员翁定为、才博、付海峰、谢宇、高睿。

工会：主席易新斌，副主席兼组织委员高莹，组织委员许可，女工委员刘玉婷，宣传委员陈祝兴。

青年工作站：站长刘哲，副站长王天一，组织委员李帅，文体委员莫邵元，宣传委员江昀。

2019年，在研究院党委的领导下，压裂酸化技术中心党支部以党的十九大精神和习近平新时代中国特色社会主义思想为指引，开展"不忘初心、牢记使命"主题教育，调动全所党员干部职工积极性、主动性、创造性，树立"我为祖国献石油"坚定信念，用思想引领助力人才成长，党建与科研深度融合，为储层改造创新发展提供坚强政治保证。

一、加强政治建设，全面履行党建工作责任

贯彻落实党中央决策部署和集团公司重要会议精神，学习十九届四中全会精神、习近平总书记重要批示指示精神、集团公司和研究院2020年工作会议精神等，加强政治建设，提高两个维护的自觉，确保压裂中心工作终沿着正确的方向前行。

二、强化组织建设，加强领导班子和党员队伍管理

班子带头落实"一岗双责"，执行中心"三重一大"管理，构建"大党建"工作格局。高质量开好民主生活会，查摆出10项问题，14条整改措施；开展党建学习、工作推进、调查研究和群众意见征集等多种形式工作，利用微信、QQ群等新媒体拓宽交流渠道，与员工谈心谈话90余人次，100%全覆

盖。落实"双培养"方针,做好党员发展工作。优选青年党员,通过搭平台、压担子,充分锻炼,加速培养党员成长。新建党员活动阵地,上缴党费,经费合规合理使用。

三、强化思想建设,落实学习制度和开展主题教育

落实"三会一课"制度,共组织支部委员会 29 次、党员大会 16 次、党小组会 49 次、书记讲党课 4 次,开展"廉洁从业从我做起""形势、目标、任务、责任"、读书会等主题党日活动 11 次。开展"不忘初心、牢记使命"主题教育,开展"四个诠释"岗位实践活动,强化主题教育效果。紧抓意识形态工作,做好宣传统战,提升正能量。2019 年,在研究院主页发布党建和科技宣传稿 53 篇,在压裂中心主页发布 95 篇,研究院微信公众号 13 篇,压裂中心获研究院 2019 年度优秀宣传集体,刘哲同志获研究院优秀宣传个人。

四、持续深化党风廉政建设,筑牢廉洁从业根基

把党风廉政建设工作纳入党支部目标任务,建立廉洁风险防控体系。签订党风廉政建设承诺书和"廉洁从业从我做起"倡议书。落实巡察整改要求,做好"回头看"巡察工作,持续深化整改。坚决反对形式主义和官僚主义,强化警示教育,提高廉洁意识。

五、加强创新,推进特色党建主题活动

提前谋划,上下联动,支持研究院工会和团委组织开展"我和我的祖国"演讲比赛、纪念五四运动 100 周年"青春心向党、建功新时代"等活动,突出压裂中心特色,注重活动效果。

(谢宇、卢拥军)

油田化学研究所

【概况】

油田化学研究所是研究院重要科研单位之一,是集团公司油田化学参谋部、技术研发中心、技术咨询服务中心和质量监督检验中心,主要负责创新研究油田化学开发工程新理论、新方法、新型化学剂,开展重大方案设计和应用研究,引领油田化学重大关键技术突破,带动相关油田转变生产方式,提出油田化学中长期战略发展规划,协助集团公司通过标准持续升级,逐步占领油田化学行业制高点。

2019年工作目标:做好纳米驱油剂(iNanoW1.0)现场试验效果跟踪分析,优化第一代纳米驱油剂产品性能,深化纳米驱油机理,完善纳米智能驱油理论;完成伊拉克艾哈代布油田SMG技术现场试验方案编制并推进现场应用;紧密跟踪股份公司气驱重大开发试验项目进展,完善气驱防窜体系及工艺,编制5—8井组气驱防窜实施方案,根据现场情况适时开展试验,探索气驱有效防窜方法。

所长、党支部副书记:管保山,负责油化所全面工作,协助支部书记抓好党建及党风廉政建设工作,分管财务、人事、资产、行政等工作和纳米重点实验室。主管所办公室、油田化学开发工程研究室、驱油化学研究室、采出液化学研究室。

党支部书记、副所长:王胜启,负责油田化学研究所党支部、工会、青年工作站,党建及党风廉政建设工作,协助所长抓好安全、保密、QHSE、档案、培训工作。主管纳米与新材料研究室,协助所长管理所办公室。

副所长:耿东士,协助所长分管科研管理,分管油田化学研究所项目管理、科研条件、成果申报、知识产权等工作,油田化学重点实验室平台建设常务工作。协助书记分管党建及党风廉政建设工作。主管堵水调剖化学研究室、井筒化学研究室和油田化学剂质量监督检验中心。

油田化学研究所下设立8个研究科室和1个办公室。

所办公室:主要是为全所科研生产提供全方位的服务工作,包括财务管理、劳动考勤、安全管理、仪器设备管理、文秘及生活服务工作。主任封新芳。

油田化学开发工程研究室:跟踪油气田化学国际前沿发展动态,从事油气藏化学开发技术政策及规范、油气藏化学开发工程新理论与新方法研究,开展国内外油气田化学开发工程方案设计与应用,负责集团公司油田化学工程技术支撑与决策参考。主任吴行才,副主任许寒冰。

纳米技术与新材料研究室:从事纳米技术与新材料研究,负责以纳米技术与新材料推动油气田生产技术进步,侧重智能驱油化学研究,涵盖"智能"驱油机理、化学剂分子设计与研制、物化性能评价与模拟、现场应用与配套工艺技术等方面。主任丁彬,副主任彭宝亮。

驱油化学研究室:从事油气田化学注驱研究,负责研究化学驱油作用机理与新方法,研制驱油用高效廉价化学剂与新材料,开展化学驱油工艺模拟实验与方案优化研究,以及现场试验与评估等工作。副主任侯庆锋。

堵水调剖化学研究室:从事油气藏堵水与调剖化学技术研究,负责研究堵水与调剖作用机理和新方法,研制堵水及调剖用化学剂与新材料,开展堵水与调剖工艺模拟实验与方案优化研究,以及现场试验与评估等工作。主任魏发林,副主任张松。

采出液化学研究室:从事油气田增产措施与采出液化学研究,负责研究增产化学与采出液处理作用机理和新方法,研制油气田增产化学剂、化学示踪剂和油田采出液处理剂,建立模拟实验方法和油气水处理工艺,指导现场试验。主任张付生。

井筒化学研究室:从事原油清防蜡、管材防护化学与钻完井化学等基础理论研究,研发新型钻完井用化学处理剂及新材料,解决原油清防蜡、管材防护、钻完井过程中遇到的储层保护、井壁稳定、防漏堵漏、环境保护等技术瓶颈问题。主任耿东士(兼),副主任舒勇。

油田化学剂质量监督检验中心:从事油田化学剂质量检测方法建立和产品质量监督检验,负责油田化学剂的质量监督检验、油田化学剂产品质量认证检验、产品质量纠纷的仲裁检验,协助集团公司通过标准持续升级,逐步占领油田化学行业制高点。主任耿东士(兼),副主任贺丽鹏。

截至2019年底,油田化学研究所在册职工49人。其中男职工28人,女职工21人;博士18人,硕士10人;教授级高级工程师1人,高级工程师23人;50岁以上13人,40—50岁19人,30—40岁13人,30岁以下4人。

【课题与成果】

2019年,油田化学研究所承担课题33项,其中国家重大专项任务5项,国家973、国家863、自然科学基金和创新基金等1项。获局级科技奖励3项。获授权发明专利12项,申请发明专利11项,牵头修订行业标准2项、企业标准3项,在国内外学术会议及期刊上发表论文32篇,其中SCI收录4篇,EI收录11篇。

2019年油田化学研究所承担科研课题一览表

类别	序号	课题名称	负责人	起止时间
国家级课题	1	凹凸棒石提高泡沫驱油体系稳定性的微观机制研究	侯庆锋	2017.1—2020.12
	2	"堵、调、驱"一体化波及控制技术研究	张松	2016.1—2020.12
	3	低渗透砂砾岩油藏二氧化碳驱油封窜技术研究	邵黎明	2016.1—2020.12
	4	高矿化度碳酸盐岩油藏堵水调剖技术	才程	2017.1—2020.12
	5	复杂油藏新型聚合物研制及应用	朱卓岩	2016.1—2020.12
	6	高温高盐高压气藏堵水技术	刘平德	2017.1—2020.12
集团公司级课题	7	长井段高矿化度油藏提高采收率工艺技术研究	刘平德	2017.1—2019.12
	8	特/超低渗透油藏水平井网开发规律及控水技术研究	魏发林	2016—2020
	9	低渗油藏水平井化学堵水技术攻关试验	张付生	2017.1—2019.1
	10	页岩油地层能量合理利用与有效补充技术	魏发林	2017.1—2019.12
	11	活性可控表面活性剂的研究	侯庆锋	2017.10—2021.12
	12	小分子抗盐聚合物研制及应用	舒勇	2018.1—2019.12
	13	大分子降黏剂研究	张付生	2017.1—2019.12
	14	油田化学重点实验室完善建设	管保山	2018.5—2020.12
	15	油田化学重点实验室实验新技术开发	魏发林	2017.1—2019.12
	16	纳米智能驱油剂研制	罗健辉	2014.1—2019.12

续表

类别	序号	课题名称	负责人	起止时间
集团公司级课题	17	特/超低渗透油藏改善水驱技术研究与应用	贺丽鹏	2018.6—2021.6
	18	纳米化学重点实验室建设项目	罗健辉	2014.1—2019.12
	19	大庆聚驱后复合调驱关键技术研究及现场实施跟踪	张松	2016.6—2019.12
	20	油田化学剂安全环保风险分析系统及应用研究	贺丽鹏	2018.6—2021.6
	21	可替代聚磺的环保钻井液研究	舒勇	2018.1—2019.12
	22	柴达木盆地风险探井钻井技术支持	舒勇	2016—2020
	23	油田化学安全环保政策标准前期研究	贺丽鹏	2018.1—2019.12
	24	油田化学剂质量监督检验	耿东士	2020—2020
	25	风险探井及重点井钻井方案分析研究	舒勇	2018.1—2019.12
	26	行业标准《水基钻井液用降滤失剂 聚合物类》	王金芬	2020—2020
	27	行业标准《钻井液用石灰石粉》	王金芬	2020—2020
院级课题	28	基于核壳结构-微乳液的致密储层流度改性技术研究	丁彬	2017.11—2019.11
	29	纳米材料与流体分子相互作用关系研究	彭宝亮	2019—2023
	30	特低渗/超低渗/页岩油藏高效波及控制技术研究	叶银珠	2016.1—2019.12
其他课题	31	尕斯E31油藏减氧空气泡沫驱油体系实验研究	邵黎明	2019—2020
	32	非均相驱油体系注采参数优化技术研究	叶银珠	2018—2020
	33	姬塬油田小分子水降压增注探索性试验	叶银珠	2018.9—2019.11

【科研工作情况】

2019年,油田化学研究所落实党中央、集团公司决策部署,按照研究院工作会议总体要求,深刻认识新形势新使命新要求,凝心聚力,统筹谋划,系统安排,在纳米驱油、提高采收率、堵水调剖和井筒化学等方面形成新产品新技术,在靠前技术支持和风险探井方案研究方面取得新进展新成效。

一、以决策参考为抓手,发挥集团公司油田化学参谋部的作用

加强高端智库建设,决策参考《关于加强水平井防控水技术研究与应用的几点建议》,得到集团公司领导批示;专题文章《让水资源循环利用成绿色生产的重要过程》在《中国石油报》发表,为水资源绿色循环利用作出贡献。

二、强化技术攻关,做好2020—2035年油田化学重点学科发展科技发展规划

加大油田化学"卡脖子"技术攻关,加快核心关键技术自主研发与应用进程,提升油田化学工程技术水平,将难采资源转变为可采资源全面支撑中国石油上游业务的高质量发展。预计到2035年形成油田化学智能高效开采技术、非常规油藏波及控制与驱油技术、井筒绿色清洁生产技术、长井段水平井智能波及控制技术等5项前沿技术、4项核心技术、4项品牌技术、3项行业技术。

三、聚焦生产技术难题,推动形成科研成果

针对集团公司已开发老油田持续提高采收率和新增储量高效开发面临的重大生产技术难题,在驱油化学系列产品研制、波及控制

技术实施、井筒绿色生产技术和超前储备新材料方面取得重要进展,并形成了以下8项成果:一是形成水平井自适应化学控水技术,初步实现油田化学与地质工程一体化。二是研制低成本石油磺酸盐公斤级产品,建立产品质量控制方法。三是研制出大分子降黏剂公斤级产品,可在地层低剪切条件下实现高效降黏,有效扩大水驱波及体积。四是创新研发增渗驱油体系中试产品。五是超前研发三类8种新型活性可控表活剂。六是持续研发环保工作液体系,实现环境和储层保护"双保"目标。七是完成不同类型储层SMG稳油控水实施方案,持续推进油田化学新技术海外现场应用。八是优化完善纤维强化高稳耐酸泡沫和CO_2智能自增稠流体两类防窜体系性能,为气驱波及控制技术现场应用奠定基础。

四、强化实验室建设,保障科研实验运行

自主研发磁响应实验装置,为评价磁响应表活剂性能提供测试平台,填补国内外空白;研发4种油田化学新产品,创新建立4项关键实验方法,支持不同类型油藏高效开发;完善纳米驱油机理研究和智能驱油剂研发配套手段,研发纳米驱油毛细管评价等专有技术;科研基础条件及研究评价手段更趋完善,为提升科研新高度奠定基础,创新油田化学实验新产品与新方法,持续提高行业知名度与影响力。持续推动质检中心职能转型升级,构建油田化学安全环保风险分析系统,保证油化剂健康发展,维护公司核心利益。

【交流与合作】

1月　参加在宁夏银川举办的水平井控水新技术新方法研讨会。

1月　参加在北京举办的第三届全国油气藏提高采收率技术研讨会。

1月　参加在山东青岛举办的中国化工学会年会。

3月　参加在日本举办的第25届计算科学与实验工程大会。

4月　参加在美国举办的2019 SPE International Conference on Oilfield Chemistry。

6月　参加在俄罗斯圣彼得堡举办的第六届世界石油理事(WPC)青年论坛。

6月　参加在山东青岛举办的第八届化学驱提高采收率技术年会。

9月　参加在天津举办的中国石油—挪威石油科技合作暨提高采收率专题会。

11月　参加在阿布扎比举办的ADIPEC 2019。

【党建与精神文明建设】

截至2019年底,油田化学研究所党支部有党员31人。

党支部:书记王胜启,副书记管保山,纪检委员耿东士,组织委员彭宝亮,宣传委员侯庆锋,保密委员魏发林,青年委员江路明。

工会:主席封新芳,副主席仪晓玲,宣传委员江路明,生活委员肖沛文,文体委员李睿博,女工委员邵黎明。

青年工作站:站长贺丽鹏。

2019年,油田化学研究所党支部围绕党建工作核心,坚持"守初心、担使命",全面落实"一岗双责",服务科研生产全局,全面完成各项工作任务。

一是学习习近平新时代中国特色社会主义思想和党的十九大精神,贯彻落实集团公司党组、研究院党委重大决策部署和重要会议精神,全面落实巡视巡察反馈问题整改要求,修订12项、制订3项规章制度。

二是落实支部、支部书记、班子成员党风廉政建设主体责任清单,开展纪律教育和案例警示10次,严格执行研究院公务接待、办公用房及装修、公务用车、会议管理办法等制度,全年未发现违纪违规情况。

三是进一步加强组织建设,严格执行"三会一课"制度,召开全体党员大会21次、支委会会议16次、党小组会议11次/组、书记讲党课3次、主题党日活动11次。做好"双培养"工作,2019年预备党员按期转正1名,入党积极分子按期转为发展对象1名。抓好宣传统战工作,全面落实意识形态工作,《中国石油报》报道1篇、院内新闻发稿44篇、所内网页新闻稿件11篇。

四是开展"不忘初心、牢记使命"主题教育和"立足岗位、敢于创新、争创一流"活动。评选出8位党员同志作为"共产党员先锋岗"。组织集体活动10次,参加研究院"我和我的祖国"快闪活动和《我和我的祖国》中英文演讲比赛等活动,获2019年度研究院羽毛球比赛团体第六名。开展"不忘初心跟党走,砥砺奋进谱青春"等多项活动,邵黎明获研究院优秀共青团干部,耿向飞获研究院青年岗位能手。

【大事记】

7月22日 舒勇任井筒化学研究室主任;侯庆锋任驱油化学研究室副主任;贺丽鹏任油田化学剂质量监督检验中心副主任(人组字〔2019〕26号)。

11月8日 免去吴行才油田化学开发工程室主任职务(人事〔2019〕9号)。

(王哲、王胜启)

工程技术中心

【概况】

工程技术中心由股份有限公司勘探与生产工程监督中心(简称为勘探与生产工程监督中心)和中国石油工程造价管理中心廊坊分部组成,是研究院下属处级研究机构之一,也是集团公司技术支持与管理机构。主要任务是负责勘探与生产分公司工程技术研发与技术支持,承担勘探与生产分公司风险探井钻井工程方案审核、重点井跟踪评价及重点区块钻井提速提效工作;负责勘探与生产工程监督管理,承担股份公司工程监督的管理、培训、资格评审、注册、发证、考评跟踪及规章制度的制定与实施等工作;负责集团公司工程造价管理,承担集团公司、股份公司钻井完井工程计价规则管理、计价依据编审、重大勘探开发项目钻井完井投资审查、造价信息管理、造价人员培训和资格认定等工作。

2019年工作思路:按照研究院工作部署,立足国内外生产需求,稳步推进各项工作,全面完成工程监督管理、造价管理、重点探井钻井方案审核及随钻跟踪等工作,开展科研课题研究一体化发展,逐步提升工程监督、工程造价在行业中的地位和影响力,为集团公司发展提供技术和决策支持,总体提升工程技术服务水平。

总支书记:高圣平,主持工程技术中心工作。

副主任:毕国强,主管监督部(勘探与生产工程监督中心)人事、财务、科研工作。

副主任:黄伟和,主管造价部(中国石油工程造价管理中心廊坊分部)人事、财务、科研工作。

副主任:于文华,协助管理监督部(勘探与生产工程监督中心)工作,同时负责风险探井审核和重点井跟踪评价项目。

副主任:杨姝,协助管理监督部(勘探与生产工程监督中心)工作。

副主任:司光,协助管理造价部(中国石油工程造价管理中心廊坊分部)工作。

工程技术中心设1个办公室、2个部(8个研究室):综合办公室,监督部(国内工程监督管理室、重点井跟踪评价室、工程监督期刊编辑室、工程监督技术支持室、工程监督培训室),造价部(造价综合管理室、工程造价审查室、工程造价信息室)。

综合办公室:负责科研管理、院务会及总结材料编写、质量与安全环保、保密、合同、材料计划与保管、考勤、报销核算及日常事务管理工作。主任殷洋溢,副主任王丽华、刘海。

国内工程监督管理室:负责与油田公司监督管理部门的工作配合和交流;负责监督人才库的动态管理;负责监督资格的评审、考核、注册认证及档案管理;负责监督的业绩考核、监督动态网络管理及维护。主任刘盈,副主任赵星。

重点井跟踪评价室:负责组织完成股份公司相关科研生产项目,参与勘探与生产重点工程项目的重大事故和复杂情况的分析和处理;负责协助股份公司做好勘探与生产工程有关技术规范及企业标准的制订和宣传;负责勘探与生产分公司的日常技术支持与服务。主任秦礼曹,副主任吕永科。

工程监督期刊编辑室:负责编写辑录报道和文章;负责宣传集团公司有关的政策、法规和精神;负责采访和报道典型案例与模范;负责策划、编辑、出版、发行《中国石油工程监督》期刊。主任张晓辉。

工程监督技术支持室:负责制定与完善

工程监督管理制度;负责检查与指导油田公司监督管理工作;负责股份公司钻井井控检查、重大工程事故调查、QHSE体系审核等技术支持工作。副主任张绍辉。

工程监督培训室:负责股份公司工程监督的培训,制订培训规划的实施方案及培训计划,组织编写工程监督的培训大纲和教材;负责前沿技术的跟踪。主任高振果。

造价综合管理室:负责组织编制集团公司、股份公司钻井工程计价规则和日常管理工作;负责指导集团公司、股份公司所属各企业工程造价管理业务;负责集团公司、股份公司钻井工程造价专业人员培训和资格管理工作。副主任刘海。

工程造价审查室:负责组织集团公司、股份公司钻井工程计价依据编审和日常管理工作;参加集团公司、股份公司有关建设项目前期论证和投资审查工作;负责集团公司、股份公司重点项目钻井成本及钻井投资跟踪分析工作。主任郭正。

工程造价信息室:负责建设和管理集团公司、股份公司钻井工程造价管理信息平台和ERP平台;负责集团公司、股份公司钻井工程成本和钻井投资影响因素分析工作;参加集团公司、股份公司工程造价信息开发工作规划、计划的编制及实施。主任陈毓云。

根据集团公司《关于成立中国石油物探钻井工程造价管理中心的批复》(人事函〔2019〕142号)文件要求,研究院于9月23日下发文件(勘研人〔2019〕97号),中国石油工程造价管理中心廊坊分部(工程技术中心造价部)与中国石油工程造价管理中心涿州分部业务重组,正式成立中国石油物探钻井工程造价管理中心。物探钻井工程造价管理中心为集团公司物探钻井工程造价管理的专业技术支持机构,列研究院二级机构,下设3个科室,分别为综合管理科、钻井造价科、物探造价科。

调整后,工程技术中心设1个办公室、5个研究室:综合办公室、国内工程监督管理室、重点井跟踪评价室、工程监督期刊编辑室、工程监督技术支持室、工程监督培训室。

截至2019年底,工程技术中心在册职工29人。其中男职工22人,女职工7人;博士(后)2人,硕士10人,大学12人,大专3人,高中2人;高级工程师18人,工程师7人,助工2人,工人2人;35岁以下4人,36—45岁5人,46—55岁12人,56岁以上8人。外聘人员4人。当年,孟庆昆、方慧退休。

【课题与成果】

2019年,工程技术中心承担科研课题15项。其中国家级课题1项、集团公司级课题14项。获局级一等奖1项、二等奖1项。授权软件著作权1项,发布企业标准1项。在国内外学术会议及期刊上发表论文13篇,出版著作2部。

2019年工程技术中心承担科研课题一览表

类别	序号	课题名称	负责人	起止时间
国家级课题	1	页岩气投资测算方法研究	黄伟和	2016.1—2019.12
集团公司级课题	2	工程技术服务市场化计价规则推广应用	司光	2019.1—2019.12
	3	玛湖致密油钻井工程降本增效对策研究	陈毓云	2019.1—2019.12
	4	钻井主材价格对投资影响分析	孙晓军	2019.1—2019.12

续表

类别	序号	课题名称	负责人	起止时间
集团公司级课题	5	物探、钻井工程概算信息系统建设	张云怡	2019.1—2019.12
	6	钻井系统工程成本控制指标编制	陈毓云	2019.1—2019.12
	7	物探工程国内外典型项目施工参数及成本对比	司光	2019.1—2019.12
	8	钻井工程国内外典型项目成本对比	丁丹红	2019.1—2019.12
	9	国内典型物探项目成本写实	司光	2019.1—2019.12
	10	国内典型钻井项目成本写实	张云怡	2019.1—2019.12
	11	国内外钻井液环保处理标准对比	丁丹红	2019.1—2019.12
	12	风险探井钻井工程方案及随钻分析研究	于文华	2019.1—2019.12
	13	柴达木盆地风险探井钻井技术支持	于文华	2019.1—2019.12
	14	复杂深井钻井配套技术研究	滕新兴	2019.2—2021.12
	15	海外项目钻井工程造价研究	黄伟和	2019.1—2019.12

【科研工作情况】

2019年，工程技术中心贯彻研究院工作会议精神，全力落实工作要求，紧紧围绕集团公司高质量发展目标，以重点项目为抓手，全力落实"大监督"理念，全过程、全方位提高工程质量，保障施工安全，强化造价管理方法研究，支撑集团公司投资决策。

一、开展风险探井钻井随钻分析与重点井复杂深井钻井动态跟踪分析，搭建工程技术支撑体系

按照股份公司对风险探井钻井工程相关管理要求，开展风险探井钻井工程方案平行研究、方案审核、动态跟踪与技术支持以及钻井技术后评价等工作，为股份公司风险勘探起到技术支撑作用。完成重点井、复杂深井钻井随钻跟踪分析风险探井62口，覆盖率100%，工作量为2018年的2.1倍；跟踪垂深大于4000米的重点井959口，其中正钻井413口、完成井546口，随钻跟踪分析完成率100%。

二、强化监督培养，着力提升监督队伍素质

开展监督专项培训，拓展监督来源，推动油田公司内部用工挖潜，引进社会监督资源，壮大监督队伍；深入一线调研现场监督需求，制定有针对性的方案，提高培训组织效率和效果，严把结业考核和评审关，筛选符合资质的监督人员。完成组织30期监督培训，培训监督1860人，进行4个专业26个培训班1115学员的监督资格评审，取证816人。

三、贯彻"大监督"工作理念，监督管理见实效

着力优化监督管理体系，督促、推动、指导油田理顺监督管理单位职责，修订完成涉及5个方面的工程监督管理办法，进一步完善工程监督管理体系。以监督信息平台建设为抓手，不断丰富和完善现场监督手段，持续提升监督管理效率和水平。开展现场监督检查及考核，完成以风险探井和重点探井钻井、页岩气产能建设、致密油产能建设为重点的10个重点监督项目，推动重点工程项目监督管理。

四、支撑集团公司工程技术服务市场化计价规则

2月18日，经集团公司深化改革领导小组审议，发布集团公司改革〔2019〕2号文件并施行,贯彻落实集团公司深化工程技术服务价格市场化改革要求。

五、组织完成集团公司所属16家油气田工程技术服务市场化定额审查备案

定额编制工作组组织油田公司、东方公司、钻探公司、中油测井等15位业内专家对16家油气田市场化定额进行审查。制定8条审查原则,宣贯集团公司市场化改革精神和市场化计价规则应用原则,物探、钻井、试油压裂3个专业专家组从定额内容、计价方法、费用构成、定额水平、调控措施等方面严格把关,提出评审意见,修改完善内容和工作建议。进一步补充完善定额成果,做好发布。

六、举办集团公司钻井工程造价人员岗位培训班

举办第16期集团公司钻井工程造价专业人员岗位培训班,28家油气田和工程技术服务企业主要从事工程造价、规划计划、财务、经营、审计、政策法规、勘探开发、工程设计等专业的163名学员参加培训。

【交流与合作】

2月22日—3月5日 工程技术中心造价部(中国石油工程造价管理中心廊坊分部)牵头组织,与中国石化造价中心联合对长宁、涪陵页岩气钻井及三维物探项目现场进行调研写实。

4月24日 青海油田公司总会计师吴晋文一行来院开展交流。

9月2—6日 工程技术中心组织西南油气田、青海油田、华北油田、吐哈油田专家赴塔里木油田开展监督管理工作现场检查与交流。

【党建与精神文明建设】

截至2019年底,工程技术中心党总支有党员26人。

工程技术中心党总支:书记高圣平,委员毕国强、黄伟和、于文华、司光、杨姝、殷洋溢。下设2个党支部,共7个党小组。

工会:主席杨姝,委员殷洋溢、王丽华、赵星、吕雪晴。

青年工作站:站长张绍辉,副站长刘海、詹燕涛。

2019年,工程技术中心党总支以学习贯彻党的十九大精神和习近平新时代中国特色社会主义思想为指导,围绕构建"大党建"工作格局,以党建服务于科研生产为着力点,完善党组织建设和制度体系,全面落实党建工作责任,夯实党建工作基础,提升党建工作质量;以巡察问题整改为落脚点,进一步提高领导班子凝聚力、党员干部执行力和员工队伍战斗力;以"不忘初心、牢记使命"主题教育为指针,提高政治站位,打造学习、宣传、教育为一体的红色精神家园,发挥党组织的战斗堡垒作用,全面完成工程技术中心业务和党建工作年度计划任务。

一、强化学习与宣传报道,建设学习型组织

坚持以"不忘初心、牢记使命"主题教育为主线,以落实巡察问题整改要求为重点,贯彻落实集团公司党组和院党委的部署和要求,组织各类专题学习和座谈论会15场次、党课4场次、微党课比赛16人次、主题党日活动12次、青年专题演讲1场。加强意识形态管控,传递正能量,研究院网页报道22篇,进一步强化员工责任感和使命感。

二、加强组织建设,构建大党建格局

以制度建设为创新着力点,制定工程技术中心《党组织工作制度》等4项工作制度、工程技术中心《"三重一大"事项议事决策实施细则》《工程技术中心落实党风廉政建设"一岗双责"若干规定》等制度,形成工程技术中心较完整的党建制度体系,创新建立工程技术中心一体化党建工作机制和总支/支部/职工三级监督机制,为工程技术中心科研生产的平稳有序推进和改革发展提供强有力的组织和制度保障。

三、凝心协力，群团工作有声有色

以中华人民共和国成立70周年庆祝活动为主线，以关心关爱员工为宗旨，以创造快乐和谐氛围为抓手，开展特色活动。以增强队伍凝聚力为目的，开展文娱比赛、集体拓展、节日慰问、摄影讲座等多种丰富多彩的活动，增强职工凝聚力和战斗力。以技术交流为平台，提升团队建设，开展工程监督与工程造价业务交流、技术讲座、与相关单位技术交流等活动，工促进程监督与工程造价业务融合，提升员工素质和团队精神。

四、推进党风廉政建设，营造良好政治生态

压紧压实管党治党"两个责任"，按要求签订党风廉政建设责任书、领导人员廉洁从业承诺书，严格履行党风廉政建设主体责任。持之以恒纠正"四风"，严格控制"三超"、违规使用"五项费用"等问题。

（詹燕涛、黄伟和）

中国石油物探钻井工程造价管理中心

【概况】

中国石油物探钻井工程造价管理中心(简称工程造价中心)是研究院研究中心之一,2019年8月成立,主要职责是贯彻国家有关工程定额和造价管理的政策规定;开展物探钻井工程造价基础理论研究和集团公司物探钻井工程投资成本决策支持研究;受集团公司委托,负责集团公司物探钻井工程计价依据管理工程造价专业人员培训与资质管理;参与集团公司重大项目的前期论证和物探钻井工程投资审查工作;指导地区公司物探钻井工程造价管理业务。涉及的专业领域包括石油物探、钻井、固井、录井、测井、试油、压裂酸化、井下作业等。每年承担集团公司规划计划部、勘探与生产分公司、CNODC等物探钻井工程造价专题研究、成本分析和投资审查等决策支持工作。

2019年工作思路:深入学习习近平新时代中国特色社会主义思想和党的十九大精神,全面落实集团公司2019年工作会议部署和深化改革要求,紧紧围绕规划计划部重点工作部署,全力做好总部决策技术支撑工作,攻坚克难,努力提高物探钻井工程造价管理与科研水平,为集团公司物探钻井工程降本增效作出新贡献。

业务负责人:黄伟和,负责中心全面工作,分管综合管理科工作。

支部负责人:司光,负责党支部全面工作,主管安全环保、保密、工会、青年工作站工作,分管钻井造价科、物探造价科工作。

工程造价中心下设3个科室。

综合管理科:负责集团公司、研究院规章制度和国家、行业造价政策贯彻落实;负责工程造价人员培训和资质管理;负责工程造价信息化管理与网页维护;负责物资价格信息管理;负责工程造价管理制度建设与监督执行;负责对外合作交流与协作;负责科研安全保密及其他日常管理工作。负责人刘海。

钻井造价科:负责钻井计价依据的编制、审核和日常管理;负责钻井造价信息化建设与推广;负责集团公司重点项目钻井投资编审;负责钻井成本分析与控制对策研究;负责指导地区公司钻井造价业务;钻井造价基础研究与推广;负责其他日常管理工作。负责人张云怡。

物探造价科:负责物探计价依据的编制、审核和日常管理;负责物探造价信息化建设与推广;负责集团公司重点项目物探投资编审;负责物探成本分析与控制对策研究;负责指导地区公司物探造价业务;物探造价基础研究推广;负责其他日常管理工作。负责人郭正。

截至2019年底,工程造价中心在册职工10人。其中男职工8人,女职工2人;博士(后)2人,硕士3人,本科5人;高级工程师6人,工程师4人;35岁以下1人,36—45岁6人,46—55岁3人。

【课题与成果】

2019年,工程造价中心承担科研课题12项。其中国家重大专项任务1项,规划计划部课题10项,海外勘探开发公司课题1项。获局级一等奖1项,局级二等奖1项。出版著作1部。在国内外学术会议及期刊上发表论文3篇。

2019年工程造价中心承担科研课题一览表

类别	序号	课题名称	负责人	起止时间
国家级课题	1	页岩气投资测算方法研究	黄伟和	2016.1—2019.12
集团公司级课题	2	工程技术服务市场化计价规则推广应用	司光	2019.1—2019.12
	3	玛湖致密油钻井工程降本增效对策研究	陈毓云	2019.1—2019.12
	4	钻井主材价格对投资影响分析	孙晓军	2019.1—2019.12
	5	物探、钻井工程概算信息系统建设	张云怡	2019.1—2019.12
	6	钻井系统工程成本控制指标编制	陈毓云	2019.1—2019.12
	7	物探工程国内外典型项目施工参数及成本对比	司光	2019.1—2019.12
	8	钻井工程国内外典型项目成本对比	丁丹红	2019.1—2019.12
	9	国内典型物探项目成本写实	司光	2019.1—2019.12
	10	国内典型钻井项目成本写实	张云怡	2019.1—2019.12
	11	国内外钻井液环保处理标准对比	丁丹红	2019.1—2019.12
	12	海外项目钻井工程造价研究	黄伟和	2019.1—2019.12

【科研工作情况】

2019年,工程造价中心开展"不忘初心、牢记使命"主题教育活动,紧紧围绕集团公司高质量发展目标,强化造价管理方法研究,支撑集团公司投资决策,稳步推进各项工作,完成科研各项工作。

一是贯彻落实集团公司深化工程技术服务价格市场化改革要求,支撑《中国石油天然气集团有限公司工程技术服务市场化计价规则》制定。

二是严格把关,组织完成集团公司所属16家油气田工程技术服务市场化定额审查备案。

三是加强职工培训,举办集团公司钻井工程造价人员岗位培训班。

【党建与精神文明建设】

截至2019年底,工程造价中心党支部未成立,沿用原中国石油工程造价管理中心廊坊分部党支部,有党员9人。

党支部:书记司光,委员黄伟和、刘海。

工会:主席黄伟和,组织委员刘海。

青年工作站:站长刘海。

2019年,工程造价中心廊坊分部党支部坚持以习近平新时代中国特色社会主义思想为指导,不忘初心、牢记使命,贯彻落实集团公司党组和研究院党委各项工作部署,围绕科研抓党建、抓好党建促发展,实现党建与科研生产业务的相互促进、深度融合。

一、强化党的领导,提升党建工作质量

加强政治建设,每季度召开一次党员大会,每月召开一次支部会议,深入学习贯彻习近平新时代中国特色社会主义思想,在学懂弄通做实上下功夫。提升基层组织力,贯彻落实《中国共产党支部工作条例(试行)》,全面推进基本组织、基本队伍、基本制度建设。完善"大党建"格局,落实行政干部党建"一岗双责",落实党组织"三重一大"议事决策前置程序。

二、落实新时代党的组织路线,建设高素质专业化干部队伍

坚持精准科学选人用人,发挥党组织的

领导和把关作用,突出政治标准,严把程序环节,提高选人用人质量。发现培养优秀年轻干部,给年轻人压担子,加强对青年业务骨干培养锻炼,努力建设高素质专业化干部队伍。

三、突出文化价值引领,夯实高质量发展基础

深化第17次"形势、目标、任务、责任"主题教育,弘扬石油精神,组织参观红色教育基地,联合开展第三个"弘扬石油精神、重塑良好形象"活动周系列活动。做好意识形态工作,落实意识形态工作责任制,加强舆情风险管控,制定阵地、舆情管理办法和突发舆情应急预案,凝聚思想共识和发展合力。

四、推进党风廉政建设,营造良好政治生态

压紧压实管党治党"两个责任",按要求签订党风廉政建设责任书、领导人员廉洁从业承诺书,严格履行党风廉政建设主体责任。持之以恒纠正"四风",严格控制"三超"、违规使用"五项费用"等问题。严格管控处科级干部亲属经商办企业清退制度,杜绝利用中国石油平台违规谋利,确保中国石油利益不受到侵害。

【大事记】

8月21日　中国石油物探钻井工程造价管理中心成立(勘研人〔2019〕97号)。

(刘海、黄伟和)

石油工业标准化研究所

【概况】

石油工业标准化研究所（简称标准化所）是集团公司和股份公司直属标准化技术机构。主要承担全国石油天然气标准化技术委员会、石油工业标准化技术委员会、全国石油钻采设备和工具标准化技术委员会、油田化学剂专业标准化技术委员会、国际标准化ISO/TC 67国内技术归口、集团公司国际标准化总技术归口、中国计量协会石油计量分会、国家实验室计量认证石油评审组、集团公司设备与材料专业标准化技术委员会、集团公司油田化学剂及材料专业标准化直属工作组、集团公司油田化学剂质量认可等技术组织秘书处或办公室的工作。

2019年重点工作：持续推进研究院成果向标准转化；开展集团公司标准化成果评价体系等研究；继续开展"一带一路"标准化研究；完成石油石化企业实验室计量认证工作；开展集团公司标准化成熟度模型研究，初步建立集团公司标准化成熟度模型；协助集团公司做好产品质量监督抽查与油化剂质量认可工作（业务划转）。

所长：欧阳坚，负责所全面工作，分管企业标准化研究室、所办公室等工作。

党支部书记、副所长：孔祥亮，负责所党务工作、思想政治工作和工会工作，分管计量认证室。

副所长：张玉，分管行业标准化研究室、国际标准化研究室和标准化信息室。

标准化所下设5个研究室和1个办公室。

办公室：负责人事、财务、设备、质量安全等行政管理工作。副主任王凤。

行业标准化研究室：主要承担国家标准、行业标准的技术归口工作，承担全国石油天然气标准化技术委员会、石油工业标准化技术委员会、全国石油钻采设备和工具标准化技术委员会、油田化学剂专业标准化技术委员会、集团公司设备与材料专业标准化技术委员会、集团公司油田化学剂及材料专业标准化直属工作组秘书处的日常管理工作，承担相关的标准化研究和宣贯、培训工作。主任陈俊峰。

企业标准化研究室：主要负责中国石油集团公司企业标准的技术归口及相关项目的研究工作，承担中国石油企业各专业标准化委员会及工作组的协调工作，负责企业标准制修订的组织协调和企业标准的报批工作，承担企业标准的宣贯和培训工作。主任王玉英。

国际标准化研究室：主要负责国际标准化ISO/TC 67国内技术归口、集团公司国际标准化总技术归口工作，承担中国石油国际标准化相关课题研究，与各国际标准化组织技术归口单位的沟通联络，国际标准制修订的组织协调，相关国际标准的投票，国际标准/国外先进标准的翻译等工作。主任丁飞。

计量认证室：负责石油行业实验室的计量认证认可的技术归口工作。承担中国计量协会石油计量分会秘书处、国家实验室计量认证石油评审组办公室工作，负责国家计量认证计划的组织和实施、计量认证人员的培训等工作。主任肖红章。

标准化信息室：主要负责标准化所信息系统的建设和管理、石油标准化期刊的出版、所工作文档备案、API标准出版发行等工作。主任韩义萍。

截至2019年底，标准化所在册职工总数

20人。其中男职工8人,女职工12人;博士4人,硕士9人,本科7人;教授级高级工程师1人,高级工程师8人,工程师11人;30岁以下1人,30—40岁8人,40—50岁5人,50岁以上6人。外聘人员5人。

其中集团公司级科研项目4项,国家及行业标准化委员会研究项目2项。在国内外学术期刊上发表论文7篇,出版专著1部;获研究院科技进步奖1项,第十七届石油工业标准化论坛优秀论文一等奖。

【课题与成果】

2019年,标准化所完成科研课题6项。

2019年石油工业标准化研究所承担科研课题一览表

类别	序号	课题名称	负责人	起止时间
集团公司级课题	1	集团公司标准化管理成熟度模型研究	刁海燕	2019—2020
	2	石油天然气领域标准国际话语权提升战略研究	卜海	2019—2020
	3	集团公司"十四五"标准化规划研究与编制	王玉英	2019—2020
	4	"集团公司标准化管理信息平台"建设项目	韩义萍	2018—2020
标准化委员会	5	"石油工业标准化业务管理平台"第二期建设	韩义萍	2019—2020
	6	"石油工业标准化信息网"及"石油工业标准化业务管理平台"两项APP建设	韩义萍	2019—2020

2019年石油工业标准化研究所制定的相关标准

序号	标准类型	标准编号	标准名称	是否主导
1	国家标准	GB/T 20174—2019	石油天然气钻采设备 钻通设备	参与
2	行业标准	SY/T 7462—2019	石油天然气钻采设备 可溶桥塞	参与
3	企业标准	Q/SY 17125—2019	压裂支撑剂性能指标及评价测试方法	参与
4	企业标准	Q/SY 17581—2019	石油石化用化学剂通用技术文件编写规范	主导

【交流与合作】

1月17日 美国石油学会API副总裁来访并开展合作交流。

3月25日 王玉英到比利时参加ISO/TC67管理委员会年会及IOGP会议。

4月24日 美国石油学会API全球行业服务部主任来访并开展合作交流。

6月30日 何旭鸡到俄罗斯参加中国石油与俄气石油能效工作组会议。

8月20日 何旭鸡到俄罗斯参加中国石油与俄气公司标准化与合格评定工作组年会。

8月26日 何旭鸡到俄罗斯参加中国石油与俄石油公司科技合作工作组会议。

9月16日 丁飞到美国参加ISO/TC67第39届年会及IOGP会议。

9月17日 何旭鸡参加在青岛举办的第八次中俄能源计量分组会议。

9月22日 陈俊峰、韩睿婧到美国参加ISO/TC67/SC4 2019年年会及API/ISO/IOGP联合研讨会。

9月25日 欧阳坚、丁飞到美国开展与美国石油学会签订标准翻译协议及洽谈标准销售推广合作交流。

10月24日 国际油气生产商协会IOGP执行董事及标准部主任代表团来访并

开展合作交流。

10月25日　美国石油学会API标准部主任代表团来访并开展合作交流。

【科研工作情况】

2019年,标准化所按照研究院工作会议部署,结合行业与集团公司要求,开展标准化和计量认证技术研究,全面提升标准化所的创新能力、技术管理和技术服务水平,全面完成年度工作计划。

一、完成国家、行业等标准制修订计划和国家实验室计量认证计划

一是按照标准制修订计划,完成5项国家标准、140项行业标准和151项集团公司企业标准的制修订组织、复核、修改和上报工作;按照标准复审计划,完成344项集团公司企业标准的复审工作;按照标准批准发布情况,完成地区企业标准备案634项。二是完成37家机构资质认定申请材料的审查,组织技术负责人、授权签字人和资质认定评审员参加测量不确定度评定培训、取证考核,充实评审员队伍。

二、集团公司标准化成熟度模型研究取得积极进展

按照集团公司政研室课题要求,建立标准化工作能力架构,调研成熟度模型;建立评价指标体系,确定各要素和评价指标的权重;构建标准化成熟度模型;标准化成熟度模型应用案例分析。通过调研和座谈、研讨,确定标准化管理工作评价要素,建立一级评价指标及二级评价指标,给出评价细则;根据评价指标体系搭建企业标准化管理成熟度模型,完成油气田企业标准化管理成熟度模型构建。

三、承担集团公司"十四五"标准化规划研究与编制

针对制约标准化发展瓶颈问题,提出切实可行的方案措施,找准未来五年标准化工作切入点和着力点,编制集团公司"十四五"标准化规划。通过调研,梳理出包括机构设置、标准研制及标准化研究、信息化平台、标准化培训与人才、经费、国际标准获取、标准实施与监督、考核激励等九大类问题。草拟《标准项目争议处理规定》《专标委考核评估管理规定》《集团公司标准制定管理规定》《集团公司标准实施监督管理规定》4项管理文件,为集团公司"十四五"标准化规划打基础。

四、加强平台建设

一是在实现国家、行业标准化技术机构的统一管理,与国家标准化核心业务系统的全面对接的基础上开发二期建设。二是做好石油工业标准化信息网及石油工业标准化业务管理平台App建设的技术选型、功能设计、界面设计,完成"石油工业标准化信息网"App的开发。三是成立联合项目组,做好集团公司标准化管理信息平台建设项目第一阶段开发工作。

五、国际标准化工作取得新进展

一是针对石油天然气领域国际标准化工作认可度低、国际标准化组织机构话语权小、国际标准数量少、影响力较弱等问题,研究提出国家标准话语权提升战略实施方案。二是协助集团公司推进"绿色制造"与"提高采收率"等专业在国际标准化组织 ISO/TC67 下分技术委员会的成立工作。三是协助推进中国石油与俄罗斯天然气的标准及合格评定互认工作,建立平等、互信、高效的合作模式。

【党建与精神文明建设】

截至2019年底,标准化所有党员13人。

党支部:书记孔祥亮,委员欧阳坚、张玉、陈俊峰、操建平。

工会:主席肖红章,委员何旭鹓、唐爽。

青年工作站:站长韩睿婧。

2019年,标准化所党支部按照集团公司

党组和研究院党委工作部署,围绕中心任务抓党建、保证绩效指标,围绕高质量发展抓党建、推动改革创新,为标准化所转型和团队竞争力提升提供较好的思想、政治和组织保证。

一、贯彻落实党委工作部署和要求,加强党的领导

宣传和贯彻习近平新时代中国特色社会主义思想和党的十九大精神,推进"两学一做"学习教育常态化,把思想政治建设摆在首位,落实集团公司党组、院党委重大决策部署和重要会议精神。制定党支部年度工作计划和实施方案,严格执行学习制度,开展意识形态教育、监督和管理,全面真实记录会议,及时提交新闻报道,做好总结。全面落实中央八项规定精神,严格执行《研究院关于进一步贯彻落实中央八项规定精神实施细则》,推动落实"不敢腐不能腐不想腐"机制体制,细化党风廉政建设主体责任报告及清单。

二、加强组织建设和党员管理

严格执行"三重一大"决策制度和程序规定,保证民主科学决策,落实重大事项支委会前置要求,全年无违反规定的情况,无重大决策失误。严格党员培养发展程序,高标准把关,高质量培养,全年发展党员1名,转正党员1名,培养2名入党积极分子。

三、落实"三会一课"制度,开好民主生活会

按照程序规定和标准要求,高质量地开好领导班子民主生活会。落实党支部"三会一课"、组织生活会、谈心谈话、民主评议党员等制度。按照集团公司党组和院党委要求,开展"不忘初心、牢记使命"主题教育,整个活动期间做到学习不间断、查摆不停止。班子成员认真开展调研,对照党章找差距,梳理问题,积极整改。

四、做好群团工作,构建和谐团队

抓好全体员工的理论学习工作,落实意识形态工作责任制,开展宣传教育。以中华人民共和国成立70周年为契机,着力构建服务高质量发展、服务和谐稳定、服务健康生活型工会,以多种形式组织主题活动。

【大事记】

6月 产品质量监督抽查与油化剂质量认可业务划转中国石油安全环保技术研究院,质量管理研究室、产品质量认证室人员随同调出。

10月 在北京举办第十七届石油工业标准化学术论坛。

(王宪花、张玉)

天然气地质研究所

【概况】

天然气地质研究所(简称天然气地质所)是研究院天然气勘探方面的主力研究所,其主要职责是根据国家和集团公司油气勘探生产需求与研究院"一部三中心"定位要求,创新天然气地质理论与实验技术,指导天然气重大勘探领域评价、部署和发现,负责国家及集团公司天然气发展战略规划、年度部署研究与编制,是国家与股份公司天然气勘探决策支持、地质勘探理论与实验技术研究、油田生产服务的重要团队。

2019年工作思路:坚持以服务于集团公司资源战略和集团公司对研究院"一部三中心"定位要求为工作出发点,坚持"与时俱进、求实创新、开拓进取、争创一流"的工作原则。坚持创新特色实验技术、发展天然气地质理论;加强盆地地质评价,加大实物工作量,落实重大风险目标,力求产生一定规模的化生产实效;加大支撑工作力度,力争提供高质量决策参考,为集团公司天然气发展发挥参谋作用。

所长、副书记:李剑,主持全面工作,主管人事、劳资、财务、合同、物资采购等工作,分管办公室、天然气地球化学与资源评价室、天然气盖层与成藏研究室、气质检测中心和塔里木盆地天然气研究室。

书记、副所长:杨威,负责党支部全面工作,负责全所党务、纪检、工会、青年工作站、政治思想、宣传工作,分管四川盆地天然气研究室、松辽盆地天然气研究室、渤海湾盆地天然气研究室和含气盆地构造沉积研究室。

副所长:易士威,主要负责勘探部署、评价部署工作,分管天然气勘探战略规划室和天然气地质综合研究与风险勘探室。

副所长:李五忠,分管鄂尔多斯盆地天然气研究室和柴达木盆地天然气研究室。

天然气地质所下设13个科室。

办公室:协助所领导、各科室做好科研管理和日常行政工作,为全所科研生产提供优质的后勤保障。主要包括科研、文件、合同、财务、网络、采购、固定资产管理、安全、保密、工会、考勤等管理工作。副主任王蓉。

天然气勘探战略规划室:负责开展国家及集团公司层面的天然气重大发展战略、中长期规划、股份公司年度计划及重点勘探项目部署研究,提出科学性、前瞻性、可操作性发展建议和方案,支撑国家和集团公司战略决策与重点部署,发挥战略决策参谋作用。主任李君,副主任杨桂茹。

天然气地质综合研究与风险勘探室:负责股份公司油气勘探部署决策支撑及综合地质研究工作,业务范围涉及风险勘探、油气预探、油藏评价、对外合作天然气项目研究、油田横向课题生产研究等,主要支撑股份公司勘探与生产公司勘探项目处、油藏评价处、科技管理处,以及对外合作部天然气处等。主任高阳,副主任佘源琦。

含气盆地构造沉积研究室:负责典型含气盆地构造学研究和沉积学研究,沉淀含气盆地构造地质学和沉积地质学理论。主任郭泽清,副主任曾旭。

四川盆地天然气研究室:负责四川盆地天然气重大勘探领域、区带和目标评价研究,创新地质认识,解决关键技术问题,为四川大气区勘探发展提供地质理论指导和技术服务。主任李德江。

塔里木盆地天然气研究室:负责塔里木盆地天然气重大勘探领域、区带和目标评价研究,创新地质认识,解决关键技术问题,推动盆地天然气重大发现与快速增储。主任刘满仓。

鄂尔多斯盆地天然气研究室:负责鄂尔多斯盆地天然气重大勘探领域、区带和目标评价研究,评价优选重大预探领域和风险目标,为鄂尔多斯大气区勘探发展提供地质理论指导和技术服务。副主任莫午零。

柴达木盆地天然气研究室:负责柴达木盆地天然气重大勘探领域、区带和目标评价优选,创新地质认识,解决天然气领域存在的关键问题,深化大气藏的成藏条件与富集规律研究,评价优选重大预探领域和风险目标,为柴达木盆地大气区勘探发现提供地质理论指导和技术服务。副主任田继先。

松辽盆地天然气研究室:负责松辽盆地天然气重大勘探领域综合研究、有利区带优选及目标评价研究,为松辽深层天然气勘探发展提供强有力的地质理论指导和技术服务。主任程宏岗。

渤海湾盆地天然气研究室:负责渤海湾盆地天然气重大勘探领域综合研究、有利区带优选及目标评价研究,为渤海湾天然气勘探发展提供强有力的地质理论指导和技术服务。副主任崔俊峰。

天然气地球化学与资源评价室:是通过国家资质认定的检测实验室。面向集团公司天然气勘探生产需求,针对重大科学问题,开展天然气生成与排驱过程、深层烃源岩及液态烃高过成熟阶段生气潜力评价、天然气气源对比与示踪等基础地球化学理论研究与天然气资源评价研究,完善天然气生排烃机理、天然气成因与气源对比等基础地质理论,开展天然气地质实验新技术、新方法研发,丰富和发展天然气特色实验技术,为集团公司天然气的快速发展提供理论和技术支持。主任国建英,副主任王晓波、王义凤。

天然气盖层与成藏研究室:主要开展天然气成藏地球化学、成藏物理模拟、盖层评价等相关实验技术研发,创新天然气成藏地质理论,为中国天然气基础地质理论发展及重点盆地油气勘探部署决策提供理论和技术支撑。主任王志宏,副主任郝爱胜。

气质检测中心:负责中国石油所属气田及管道天然气汞含量动态检测工作,进行天然气脱汞方法研究及汞危害防护研究,为股份公司天然气净化处理决策提供技术支撑。副主任韩中喜。

截至2019年底,天然气地质所在册职工65人。其中男职工42人,女职工23人;博士(后)26人,硕士28人,大学11人;教授级高级工程师3人,高级工程师38人,工程师23人,助工1人;35岁以下14人,36—45岁27人,46岁及以上24人。当年,汪梦诗调离,马成华、张绍胜退休。

【课题与成果】

2019年,天然气地质所承担各类课题41项,其中国家4项,科技管理部6项,勘探与生产分公司19项,横向12项。9项科研成果获科技进步奖励,其中省部级特等奖1项、一等奖3项、二等奖1项、三等奖1项;完成决策参考2份,上报集团公司1份;国内外刊物和国际会议上公开发表论文52篇,其中SCI、E收录25篇;授权发明专利7项。

2019年天然气地质研究所承担科研课题一览表

类别	序号	课题名称	负责人	起止时间
国家级课题	1	重点海相层系构造—沉积响应与有利储层分布预测	杨威	2016—2020
	2	大型气田成藏机制、富集规律与勘探新领域	李剑	2016—2020

续表

类别	序号	课题名称	负责人	起止时间
国家级课题	3	致密气资源潜力评价、富集规律与有利目标优选	杨桂茹	2016—2020
	4	典型深层气藏成藏主控因素与勘探新领域	谢增业	2017—2021
集团公司级课题	5	《柴达木盆地建设高原大油气田勘探开发关键技术研究与应用》之课题二部分研究内容	田继先	2016—2020
	6	高演化天然气生成定量表征与成因鉴别	郝爱胜	2019—2020
	7	复杂气藏成藏演化过程与定量表征	王志宏	2019—2021
	8	天然气重大勘探领域优选与评价	曾旭	2019—2022
	9	高效勘探项目对标管理体系模型研究与应用	易士威	2019
	10	集团公司氦气资源普查评价与开发利用规划研究	王晓波	2019
	11	四川盆地须家河组致密气勘探有利区评价优选	金惠	2018.6—2021.6
	12	松辽盆地中央古隆起源储配置与有利区优选	程宏岗	2018.6—2021.6
	13	东北前白垩系石油地质条件研究及区带优选	崔俊峰	2019.3—2021.12
	14	吐哈盆地岩性油气藏有利区评价	郝爱胜	2018.6—2021.6
	15	塔里木盆地库车北部山前构造带成藏条件与有利目标评价	刘满仓	2018.6—2021.6
	16	油气勘探效益指标研究及对标管理成效分析	李明鹏	2018.1—2018.12
	17	鄂尔多斯盆地新层系新领域研究与有利区带评价—L03	张春林	2018.6—2021.6
	18	柴达木盆地天然气重大勘探领域与目标评价—L03	田继先	2018.6—2021.6
	19	预探部署图库与勘探数据手册管理(含物探部署图)	关辉	2019.1—2019.12
	20	2019年天然气勘探潜力分析及2020年勘探计划部署研究	林世国	2019.1—2019.12
	21	2019年油藏评价跟踪调整及2020年油藏评价部署研究	高阳	2019.1—2019.12
	22	油藏评价基础信息系统建立与管理	关辉	2019.1—2019.12
	23	油气勘探加快发展规划研究	杨桂茹	2019.1—2019.12
	24	2020年油气勘探关键指标匹配关系研究	佘源琦	2019.1—2019.12
	25	规划计划决策与管理平台研究	邵丽艳	2019.1—2019.12
	26	氦气资源评价研究	李剑	2019.1—2019.12
	27	现场汞含量检测与样品采集	严启团	2019.1—2019.12
其他课题	28	天然气处理流程中形态汞的分布特征研究	韩中喜	2019.1—2019.12
	29	测汞设备购置	严启团	2019.1—2019.12
	30	滨北地区石炭—二叠系油气地质条件与页岩气勘探评价	程宏岗	2019.1—2020.4
	31	岔路河断陷新安堡凹陷致密气勘探目标优选	姜晓华	2018.5—2019.6
	32	天然气效益建产关键技术研究	崔俊峰	2018.1—2020.12
	33	鄂尔多斯盆地本溪组成藏富集规律及勘探目标评价	莫午零	2017.9—2019.12

续表

类别	序号	课题名称	负责人	起止时间
其他课题	34	四川盆地寒武系洗象池组—奥陶系成藏条件分析及勘探前景评价	苏楠	2017.12—2020.6
	35	川东地区震旦系—下古生界含油气条件评价及成藏关键因素研究	金惠	2017.12—2020.6
	36	柴西油型气成藏富集规律研究	田继先	2017.11—2020.7
	37	狮新58井单井评价	田继先	2018.11—2019.11
	38	库车背部构造带油气成藏研究	李谨、马卫	2019.1—2019.12
	39	塔里木盆地风险领域地质论证与支持	马卫	2019.7—2020.7
	40	吐哈盆地天然气资源潜力评价及富集规律研究	国建英	2017.8—2019.8
	41	塔里木油田天然气盖层评价类外送分析测试	刘满仓	2019.1—2019.12

【科研工作情况】

2019年，天然气地质研究所学习贯彻集团公司、研究院工作会议精神，围绕基础地质理论创新、风险勘探、决策支撑，立足重点盆地，加大实物工作量，强化理论创新和生产实效，科研生产取得重大进展。

一是研发3项实验新技术，完善有机质生排滞聚全过程模式，深化碳酸盐岩、致密砂岩、火山岩等大气田形成条件、主控因素及富集规律差异性认识，发展大气田成藏地质理论。

二是立足六大盆地，评价15个领域20个风险（预探）目标，6个目标通过论证，9个纳入管理，资探1井获工业气流，角探1井、充探1井、长深40（前探2）井、碱探1井获得良好显示。

三是完成2019年勘探投资计划方案编制、7年加快方案评估、四川大气区规划，建立对标管理体系，完善天然气勘探开发大数据平台建设。

【交流与合作】

3—4月 崔会英、杨春龙到美国杜克大学交流访问。

8月 李剑、谢增业参加Goldschmidt国际学术会议并作报告。

10月 李剑、谢增业等与德国Horsfield院士交流。

【党建与精神文明建设】

截至2019年底，天然气地质所党支部有党员43人。

党支部：书记杨威，副书记李剑，委员李五忠、谢增业、林世国。

工会：主席王蓉，副主席马卫、苏楠，委员马卫（兼）、苏楠（兼）、刘满仓、李明鹏、武赛军、齐雪宁。

青年工作站：站长高阳，副站长曾旭。

2019年，天然气地质研究所党支部贯彻党中央、集团公司党组和研究院党委的指示和部署，认真开展"不忘初心、牢记使命"主题教育活动，深入学习习近平新时代中国特色社会主义思想，贯彻集团公司、研究院工作会议精神，加强党的建设、发挥党组织的作用，推动全面从严治党向纵深发展，取得党建和科研工作双丰收。

一是加强党的政治建设。学习习近平新时代中国特色社会主义思想和党的十九大精神，及时贯彻落实集团公司党组、研究院党委重大决策部署和重要会议精神。

二是落实全面从严治党主体责任。学习贯彻党中央、国务院国资委相关决策部署,坚决执行集团公司党组、纪检监察组工作要求,全面落实中央八项规定精神,推动建立不敢腐不能腐不想腐机制体制。

三是严格执行"三重一大"决策制度和程序规定,保证民主科学决策,无违反规定的情况,无重大决策失误。

四是压紧压实党建责任、坚持"围绕科研抓党建、抓好党建促科研"的指导方针,不断建立健全促进党建工作与科研生产深度融合的制度机制。

五是做好党员发展工作,用好党费和党组织经费开展工作,从严从实加强党员队伍管理。

六是按照程序规定和标准要求,开好领导班子民主生活会;执行组织生活会、谈心谈话、民主评议党员等组织生活制度;全面推行支部主题党日,落实党支部"三会一课"制度。

(马硕鹏、李建忠)

气田开发研究所

【概况】

气田开发研究所(简称气田开发所)是研究院下属科研机构,主要任务是适应集团公司天然气业务加快发展新形势,按照研究院工作会议总体部署和综合改革要求,紧紧围绕四大气区上产与稳产重大技术需求,从国家专项、集团公司科技专项、专业公司与油田技术服务四个层次部署研究工作,与盆地研究中心紧密结合,强化学科建设与生产应用时效。

2019年工作思路:针对重点气区、重点领域,研究提出常规气精细开发、非常规气有效开发等降本增效与部署优化对策。

所长、副书记:贾爱林,负责气田开发所全面工作。

书记、副所长:郭彦如,负责气田开发所党支部的各项工作、工会、青年工作站工作与职工劳动纪律考核,与所长一起组织、决定所内重大事项与所内企管法规、档案管理,协助所长管理所内安全和HSE工作。

副所长:韩永新,主管气田开发所科研工作组织,负责所内职工培训,协助所长做好科研保密工作,所内重点实验室的建设与管理,塔里木项目的协调与管理,协助所长做好廊坊院区所内日常全面管理。

副所长:位云生,负责天然气开发国家项目的执行,所内软硬件设备的引进与管理,下所研究生(含博士后)的管理、学术交流与人才引进,重要材料编写及人员与技术的组织,青海及其他非四大气区项目的协调与管理。

根据中油人事〔2015〕405号、中油人事〔2018〕403号、人事〔2019〕483号文中全面取消跨序列兼岗兼职要求,气田开发所撤销科研科室,保留综合办公室,负责所内日常事务、后勤保障及财务协理。

综合办公室:负责所日常事务、后勤保障及财务协理。主任魏铁军,副主任刘虹、高绪华。

截至2019年底,气田开发所在册职工(含市场化)63人,其中男职工42人,女职工21人;博士后3人,博士27人,硕士22人,大学7人;教授级高级工程师2人,高级工程师36人,工程师20人,助工3人;35岁以下19人,36—45岁24人,46—55岁20人。外聘人员11人。

【课题与成果】

2019年,气田开发所承担科研课(专)题65项,其中国家油气重大专项任务12项,科技管理部科技攻关3项,重大专项4项,国际合作4项,勘探生产分公司决策支撑4项,科技6项。油田横向29项,国家基金1项、集团政策研究1项、中国石油基金1项。获省部级科研奖励3项,局级奖励5项,其中中国石油和化工自动化行业科学技术一等奖2项,中国石油和化学工业联合会二等奖1项,研究院一等奖2项、二等奖3项。授权国家发明专利8项,软件著作权4项,出版专著8部,在国内外学术会议和期刊上发表论文34篇,其中SCI收录6篇,EI收录8篇。

2019年气田开发研究所承担科研课题一览表（部分）

类别	序号	课题名称	负责人	起止时间
国家级课题	1	致密气储层精细描述与地质建模技术	周兆华	2016—2020
	2	致密气资源潜力评价、富集规律与有利目标优选	刘俊榜	2016—2020
	3	致密气渗流规律与气藏工程方法	甯波	2016—2020
	4	致密气有效开发与提高采收率技术	冀光	2016—2020
	5	低渗—低丰度气藏稳产技术	程立华	2016—2020
	6	超深层低渗气藏有效开发技术	唐海发	2016—2020
	7	疏松砂岩气藏长期稳产技术	钟世敏	2016—2020
	8	大型气田群开发模式与长期稳产技术对策	郭建林	2016—2020
	9	深层碳酸盐岩气藏高效开发技术	闫海军	2016—2020
	10	页岩气生产规律表征与开发技术政策优化	位云生	2017—2020
	11	页岩气一体化建模技术研究与应用	盖少华	2016—2020
	12	复杂山地页岩气开发部署实施评价与效益开发模式优化	王军磊	2017—2020
	13	致密砂岩微纳米孔喉系统对储层含气性及气水运移的控制机理	徐轩	2018—2020
集团公司级课题	14	低渗气藏提高采收率技术研究	冀光	2016—2020
	15	天然气未动用储量分类评价与开发技术研究	王丽娟	2016—2020
	16	复杂气藏渗流规律及气藏工程研究	徐轩	2016—2020
	17	长庆气田稳产及提高采收率技术研究	甯波	2019—2020
	18	长庆油气储量分类评价与经济有效开发技术	贾爱林	2016—2020
	19	页岩气提高采收率技术对策研究	位云生	2017—2020
	20	灯四气藏岩溶储层描述技术研究	闫海军	2016—2020
	21	提克深2气藏开发效果关键技术研究	黄伟岗	2017—2020
	22	已开发气田开发潜力分析与稳产对策研究	贾爱林、郭建林	2019—2022
	23	页岩气开发规律研究	位云生	2018—2020
	24	天然气开发递减规律及技术对策研究	姜艳东	2018—2020
	25	苏里格气田稳产与提高采收率技术研究	孟德伟	2018—2021
	26	涩北气田稳产与提高采收率技术研究	郭辉	2018—2020
	27	库车深层大气田开发规律分析与储量动用评价研究	张永忠	2018—2021
	28	已开发气田动态跟踪与开发指标评价研究	金亦秋	2019
	29	天然气开发前期评价项目优化部署与动态跟踪研究	杜秀芳	2019
	30	天然气开发数据管理与应用	邵艳伟	2019
	31	天然气开发管理纲要修订	贾爱林、胡勇	2019

续表

类别	序号	课题名称	负责人	起止时间
其他课题	32	苏里格气田不同区块密井网精细对比与井网评价研究	郭智	2019
	33	致密砂岩气藏水平井优化部署及地质导向技术研究	孟德伟	2019
	34	米脂气田储层综合评价与开发指标研究	王国亭	2019
	35	苏里格气田稳产方案	程立华	2019
	36	苏里格气田低产低效井挖潜潜力评价研究	周兆华	2019
	37	水侵规律大型平板物理模拟实验研究	胡勇	2019
	38	低渗有水气藏储量动用机理及可动用性研究	徐轩	2019
	39	充注含气饱和度实验测试研究	胡勇	2019
	40	大天池气田五百梯区块石炭系气藏精细气藏描述	姜艳东	2019
	41	金华—中台山区块沙溪庙组开发潜力评价及有利区优选	初广震	2019
	42	金华—中台山区块沙溪庙组开发试验及开发机理研究	胡勇	2019
	43	大北气田水侵动态评价与开发对策研究	唐海发	2019—2020
	44	克拉2气田开发中后期潜力评价与稳产技术对策研究	张永忠	2019
	45	涩北气田气水分布定量描述专题研究	钟世敏	2019
	46	长岭I号气田开发调整可行性研究	郭建林	2019
	47	德惠气田鲍家区块试采方案	李易隆	2019
	48	页岩气井压裂返排规律研究	位云生	2019

【科研工作情况】

2019年,气田开发所围绕基础创新、决策支持、技术服务及关键技术攻关等重点需求,在天然气开发理论、大气田开发、致密气与页岩气开发、服务油田四个方面,部署2019年重点科研工作,取得四个方面成果。

一、深化天然气开发理论与应用

以有水气田提高采收率为重点,创新实验技术,推动气藏开发理论发展。持续推进开发地质与气藏工程学科建设,深化致密砂岩气藏、裂缝—孔隙型气藏与多层疏松砂岩气藏提高采收率技术,攻关形成复杂气藏渗流机理、构造成像与储层预测、低渗透—致密气藏提高采收率、凝析气藏注气、未动用储量分类评价与供气规模规划方法6项标志性成果。

二、支撑集团公司天然气开发发展

跟踪分析集团公司天然气产建与开发生产动态,立足集团公司重大需求,稳步推进"十三五"科研项目,完成多项重大部署方案,重点支撑四川常规—非常规大气区建设与上产,提出2020年度框架部署建议。

三、推进页岩气开发评价技术

分析页岩气动用规律,建立考虑压力变化累积产量计算方法,建立多井生产模型,提出高、低压井分输建议;建立效益导向的不同阶段页岩气井快速分类评价标准;初步形成以生产制度优化、井网井距优化为核心的页岩气提高采收率技术方法。

四、做好服务油田工作

组织油田现场工作,促进科研生产紧密结合。与长庆油田建立致密气水平井联合攻关项目组,紧盯关键问题,分析长庆气区产量递减规律,做好新井地质导向和轨迹调整,进一步提高致密气水平井单井产量,夯实二次上产基础;与青海油田建立涩北疏松砂岩气藏综合治水挖潜项目组,做好涩北三大气田稳产调整方案;精细刻画涩北气田非均匀水侵特征与剩余气分布,指导新井位部署;分析制约克拉苏构造带稳产上产因素,提出开发对策;与浙江油田西南采气厂和西南油气田联合工作,攻关页岩气一体化建模与纵向多套水平井部署问题,提出提高采收率措施建议,深化高石梯—磨溪地区稳产对策,助力西南气区快速上产。

【交流与合作】

3月26日 贾爱林参加在北京举办的亚洲天然气论坛。

4月1—3日 郭建林、贾成业参加在埃及开罗举办的SEG/SPE会议。

5月20—21日 贾爱林、郭智参加在美国迈阿密举办的第6届国际可再生和非可再生能源会议。

6月23—28日 刘群明、刘兆龙参加在俄罗斯圣彼得堡举办的第六届世界石油理事会(WPC)青年论坛。

8月18日 贾爱林、王泽龙参加在西班牙马德里举办的世界天然气联盟第23届委员会第三次会议。

9月1日 焦春艳、胡勇、徐轩参加在西班牙举办的第11届国际多孔介质协会学术年会。

10月20日—11月2日 位云生到俄罗斯萨马拉参加培训。

11月18—19日 位云生、王军磊参加在澳大利亚布里斯班举办的SPE会议。

11月23—26日 贾爱林、郭智参加在美国西雅图举办的第72届国际渗流大会。

【党建与精神文明建设】

截至2019年底,气田开发所党支部有党员34人。

党支部:书记郭彦如,副书记贾爱林,支部委员甯波、韩永新、黄伟岗、王泽龙、路琳琳。

青年工作站:站长付晶。

工会:主席魏铁军,副主席蒋俊超。

2019年,气田开发研究所党支部贯彻落实研究院党委的党建工作目标和指导思想,按照"五个围绕"的工作思路,加强党建工作力度和员工队伍建设,发挥党建工作政治优势,不断增强所党支部的凝聚力、战斗力和创造力,有力保障气田开发所科研业绩的顺利完成。

一是加强党的政治建设,通过学习党的十九大精神与习近平新时代中国特色社会主义思想,研讨会、讲党课、制作展板、答题活动,微信群转载学习材料等活动,加强党建工作。

二是落实全面从严治党主体责任,建立健全党风廉政建设责任制、廉洁风险防控体系,纠正四风,构建作风建设长效化机制,集中整治形式主义与官僚主义,落实中央八项规定精神。

三是执行"三重一大"民主决策制度,加强党支部组织机构建设,明确支部委员"一岗双责",建立党建责任清单,形成"大党建"工作格局,在"组织领导"和"作用发挥"方面做出显著成绩。

四是坚持"将骨干培养成党员,将党员培养成骨干",制定优秀骨干培养党员计划,将1名回国青年博士从发展对象培养成预备党员。

五是以建国70周年系列活动为契机,采用多种形式,突出正面宣传报道,宣传典型人物事迹,激发青年员工干事创业的激情和能力。完成《中国石油报》报道2篇、研究院新闻报道45篇、研究院公众号发文章1篇、各类征文竞赛作品6件、研究院保密大赛漫画作品奖1件(获研究院一等奖)、研究院征文作品4篇。

2019年,郭智被评为集团公司青年科技英才;王泽龙、刘群明获2018年度研究院青年岗位能手称号;郭智、魏铁军获研究院优秀共产党员称号;郭智获研究院党员先进典型称号;付晶获研究院优秀网络评论员称号;郭智、王泽龙在研究院"我和我的祖国"演讲比赛获得三等奖;刘兆龙被评为第六届世界石油大会青年论坛优秀志愿者。

(王慧、何东博)

渗流流体力学研究所

【概况】

渗流流体力学研究所(简称渗流所)作为中国石油油气渗流理论专门研究机构,从事油气渗流力学基础理论及应用技术的研究工作。主要任务是发挥全国油气渗流力学学科牵头作用和我国微生物采油、油气评价核磁共振新技术核心攻关作用,引领新型采油采气与评价技术快速发展,推动低品位油气资源提高采收率与经济有效开发。负责低渗透油气、非常规油气渗流理论、技术、方法与模式的研究创新工作,重点开展油气藏开发渗流机理、提高采收率、微生物采油、核磁共振等四大领域研究,成为非常规油气渗流理论未来发展的探索者、提高采收率先进技术的原创者和国内核磁共振技术发展的领航者。

所长、副书记:刘先贵,主持部门全面工作,分管分管油藏渗流研究室、非常规渗流研究室、微尺度流动研究室、核磁共振研究室。

书记、副所长:赵玉集,负责党支部全面工作,主管安全环保,工会,青年工作站工作,分管所办公室、生物渗流研究室。

副所长:熊伟,主要负责所科研工作,分管综合研究室(重点实验室)、气藏渗流研究室、非常规油气层物理研究室。

渗流所下设9个科室。

油藏渗流研究室:负责低渗透、致密油藏,揭示油藏渗流机理,建立渗流理论,为低渗透、致密油藏经济有效开发提供基础理论方法。主任熊生春,副主任骆雨田。

气藏渗流研究室:负责砂岩、碳酸盐岩、火山岩等气藏开发理论研究,揭示气藏渗流机理,建立渗流理论,为天然气开发提供基础理论方法。主任叶礼友,副主任刘华勋。

非常规渗流研究室:负责页岩气、煤层气等非常规气藏开发理论研究,揭示气藏渗流机理,建立渗流理论,为非常规天然气开发提供基础理论方法。主任胡志明,副主任端详刚。

油气层物理研究室:负责非常规油气储层微观孔隙结构、储层物性与流体赋存性质测试方法研究,确定储层开发分类界限,评价开发潜力,为非常规油气资源经济有效开发提供基础。主任沈瑞,副主任李海波。

微尺度流动研究室:负责非常规油气储层微纳米孔隙中流—固耦合流动机理研究,揭示微纳米孔隙中界面物理化学作用机理,建立微尺度流动数学模型,为非常规油气储层提高采收率技术提供基础理论。主任孙灵辉,副主任丛苏男。

生物渗流研究室:负责微生物提高油气采收率基础理论与技术方法研究,揭示微生物驱提高采收率机理,研发微生物采油采气新技术与方法,为提高油气采收率提供经济、有效、环保新技术。副主任修建龙,副主任修建龙。

核磁共振研究室:负责核磁共振技术在油气田勘探开发中的应用研究,建立实验室及井下核磁共振测试与解释方法,研发核磁共振新技术,研制核磁共振岩心分析与井下测试新仪器。主任孙威,副主任陈乐乐。

综合研究室(重点实验室):负责渗流所科技发展规划与年度科研计划管理、实验室管理。主任顾兆斌。

所办公室:负责所日常行政管理、QHSE及保密管理、后勤保障及财务报销等。主任李树铁。

截至2019年底,渗流所在册职工45人。

其中男职工36人,女职工9人;博士15人,硕士18人,大学6人;教授级高级工程师2人,高级工程师29人,工程师9人;35岁以下5人,36—45岁13人,46—55岁21人。

【课题与成果】

2019年,渗流所承担纵向科研课题28项,其中国家油气重大专项课题、任务8项。"页岩气多尺度储层物性与非线性流动实验方法、新型压裂液及应用"获集团公司技术发明奖一等奖,"新疆砾岩油藏无碱二元复合驱关键技术及规模化应用"获集团公司技术进步奖一等奖。授权发明专利4项,其中美国发明专利1项。出版专著3部,发表论文55篇,其中SCI收录15篇,EI收录17篇。

2019年渗流所承担科研课题一览表

类别	序号	课题名称	负责人	起止时间
国家级课题	1	页岩气渗流规律与气藏工程方法	刘先贵	2017.1—2020.12
	2	超低渗油藏物理模拟方法与渗流机理	李熙喆	2017.1—2020.12
	3	裂缝孔隙(洞)型边底水气藏水侵机理及水侵对气藏稳产能力和采收率影响	范子菲	2017.1—2020.12
	4	化学驱渗流规律及驱油机理研究	朱友益	2016.1—2020.12
	5	随钻核磁共振测井仪探头关键技术研究	朱友益	2017.3—2020.12
	6	致密油渗流特征表征技术	何右安	2017.1—2019.12
	7	页岩储层微观特征和流动规律实验研究及应用	谢军	2016.1—2020.12
	8	裂缝—孔洞型储层微观储集空间特征及渗流规律实验评价	熊建嘉	2016.1—2020.12
集团公司级课题	9	高温、高压、高应力下油气藏多尺度多场耦合非线性流动机理及表征研究	孙宝江	2018.6—2021.12
	10	致密油藏物理模拟方法与开采机理研究	刘洪林	2018.1—2020.12
	11	页岩气气藏开发动态指标及产能预测	贾爱林	2017.1—2019.12
	12	复杂气藏渗流规律及气藏工程研究	刘庆杰	2019.1—2020.12
	13	致密储层微观孔隙结构特征和渗流通道表征方法研究	夏永江	2018.7—2020.12
	14	石油烃类污染与清除和生态恢复	胡志明	2016.7—2021.12
	15	页岩气渗流规律与开发动态模拟研究	沈瑞	2017.1—2020.12
	16	页岩油渗流规律与提高采收率机理研究	崔庆锋	2018.12—2021.11
	17	化学驱后或废弃油藏残余油生物气化研究	端祥刚	2018.12—2021.11
	18	页岩吸附气产出机理及动用规律研究	顾兆斌	2018.12—2021.11
	19	页岩油气核磁共振机理研究	孙灵辉	2018.12—2021.11
	20	气/水/化学介质与纳微孔喉匹配关系及驱油效率研究	刘合	2019.3—2021.3
	21	体积改造提高累积产量机理研究	何英	2018.1—2020.12
	22	小规模砂体压裂吞吐开发技术可行性研究	高树生	2018.1—2019.12
	23	致密油典型区块储层特征与能量补充方法研究	刘卫东	2019.1—2019.12

续表

类别	序号	课题名称	负责人	起止时间
集团公司级课题	24	有水气藏提高采收率机理研究	熊生春	2019.1—2019.12
	25	化学介质类重大开发试验跟踪评价前期研究(2019)	刘学伟	2019.1—2019.12
院级课题	26	致密储层数字岩心建模及渗流特征研究	陈乐乐	2017.11—2019.11
	27	超低渗透油藏水平井注CO_2吞吐开采技术研究及应用	负责人	2017.11—2020.10
	28	核磁共振井筒流体识别探头及页岩岩样分析仪研制	刘先贵	2017.11—2020.11

【科研工作情况】

2019年,渗流所贯彻落实研究院各项工作部署,精心组织,努力攻关,全面完成各项工作任务。

一是研究不同气水层分布模式下的储层开发规律,确定致密砂岩气藏最优开发方式;在边底水气藏水侵规律基础上,研究气藏整体水侵动态预测方法,确定裂缝型边底水气藏整体治水对策;研究超深层气藏高温、高压、高应力下的储层渗流规律,建立渗流模型。

二是明确深层页岩气储层气体赋存规律与多机制、多相渗流规律研究;建立页岩储层含水系列实验研究技术,探索含水对页岩渗流与开发的影响。

三是研制高效微生物驱油体系;完善优化现场注入工艺;开展高效功能菌基因工程改造;加强微生物产物开发利用。

四是推进长庆、大庆、新疆和华北现场试验;形成一套随钻核磁共振测井仪实验室样机;完成页岩核磁共振岩样分析仪研制。建立和完善页岩油—致密油储层特征及可动用性评价方法,完成新疆玛湖地区典型致密储层提高采收率潜力分析;建立致密油开发技术政策优化方法,重点开展致密油井网井距优化和完善不同注入介质补充地层能量机理;做好国家油气重大专项项目。

【交流与合作】

5月5—11日 杨正明、骆雨田等到西班牙瓦伦西亚参加InterPore2019年会。

7月24日 刘先贵、端祥刚等参加第15届全国渗流力学学术会议。

8月25日 刘先贵、胡志明等参加浙江杭州举办的2019年中国力学大会。

10月31日 胡志明、高树生等参加在安徽合肥举办的第31届全国天然气学术年会。

【党建与精神文明建设】

截至2019年底,渗流所党支部有党员42人(含学生党员14人)。

党支部:书记赵玉集,副书记刘先贵,委员熊伟、杨正明、修建龙。

工会:主席沈瑞,委员顾兆斌、丛苏男、马原栋、张亚蒲。

青年工作站:站长骆雨田,委员常进、端祥刚、朱文卿。

2019年,渗流所党支部贯彻落实研究院党委各项部署,以学习党的十九大精神和习近平新时代中国特色社会主义思想等工作为主线,组织开展"不忘初心、牢记使命"主题教育,精心组织,力求实效,不断加强党的思想、组织和作风建设,在科研、改革和管理等各项工作中,发挥党的政治保障和思想引领作用。

一、学习贯彻研究院党委年度工作部署,明确形势任务,统一思想认识

围绕所全年任务,年初制定科研和党支

部年度工作计划,梳理安排年度重点工作,对政治理论学习、"三会一课"制度落实、党员教育管理、宣传思想、统战群团、廉政建设等工作做出全面安排,做到科研和党建同谋划、同安排、同担责,为科技创新提供坚强思想政治保证。抓好贯彻落实,建立渗流所领导和支委党建责任清单,着力构建渗流所大党建格局。

二、进一步加强领导班子和干部队伍建设,坚决贯彻落实民主集中制原则

凡"三重一大"事项,均由渗流所领导集体研究决定,并形成会议纪要。渗流所班子全年在计划申报、安全生产、巡察整改、科研检查、奖金分配、进京办公等方面研究"三重一大"事项10次,均按要求召开支委会,先行对"三重一大"事项进行前置讨论,发挥党支部在决策重大问题中的政治领导作用。

三、深入开展主题教育活动,提升党员思想政治素养

以学习党的十九大精神和习近平新时代中国特色社会主义思想等工作为主线,组织开展"不忘初心、牢记使命"主题教育,完成动员部署、学习研讨、调研和征求意见、对照党章党规找差距、检视剖析、问题整改以及宣贯习近平总书记贺信精神等各项任务,达到主题教育预期目的。坚决落实主题党日制度,先后组织开展形势目标任务责任教育、"五四"建功立业新时代、"七·一"参观西柏坡旧址、捐书助学志愿服务、参观建国七十周年成就展等主题活动,做到年初有计划、月月有活动、教育有抓手,不断提升党员思想政治素养。

四、强化党风廉政建设,增强廉洁意识

组织签订党风廉政建设责任书11份、廉洁从业承诺书28份,建立廉洁风险防控体系;坚持开展廉政警示教育、剖析典型案例,组织参观廊坊法治宣教中心;在每一个法定节日前都进行遵守八项规定和反对"四风"的廉政提醒;加强合规管理,严格执行公务接待、公务用车、办公用房、会议管理等有关规定,形成廉政建设良好局面,全年未发生违纪违法现象。

(李树铁、赵玉集)

地下储库研究所

【概况】

地下储库研究所(简称储库所)是研究院核心研究所之一。主要任务是为股份公司天然气业务发展发挥好储气库研究建设的参谋作用;为股份公司天然气输配业务作好技术支撑;作好前瞻性研究、基础研究,为不同类型储气库进行技术储备;加强技术沉淀和技术整合,形成专项优势技术;全力做好工程现场生产的科研服务工作。

2019年工作思路:贯彻新发展理念,以科技创新为驱动,扎实推动储气库高质量建设发展,保障调峰能力建设任务的全面实现。做好决策支撑、夯实基础研究、紧密服务现场,加强技术整合,形成储气库特色优势技术,全面支撑中国石油储气库的建设发展。

所长:郑得文,全面负责科研生产管理工作,主管行政、计划、财务、外协等工作,分管战略规划室、综合管理室。

书记:丁国生,负责党群一路工作,主管人事、实验、培训、工会、外事、安全保密等工作,分管实验技术室、盐穴评价室。

副所长:王皆明,负责气藏工程、信息技术等工作,主抓科研管理与技术支撑等工作,分管气藏工程室、地质评价室。

院二级专家:郑雅丽,负责技术创新以及成果总结提炼等工作,主抓储气库重大项目顶层设计及实施工作,协助分管地质评价室。

副总地质师:完颜祺琪,负责盐穴工程、综合管理、工程技术、青年成才等工作,协助分管盐穴评价室。

副总工程师:李春,负责协助所领导开展地下储气库决策支持相关工作、气藏型地下储气库基础理论研究相关工作以及现场技术服务工作,协助储库所领导分管气藏工程室。

储库所下设6个科室。

地质评价室:针对长输管道对油气储存的需要,承担着地下储库的选址、评价及地质设计、方案研究等工作。根据长输管线的建设及用户市场对储气(油)库的需求,开展储库库址的选择、论证;新的有利区块开展建库地质条件的综合评价,为储气库的可行性研究做好基础研究工作。在建及已建储库进行地质精细研究,建立三维地质模型,为储库的方案调整提供依据;储库的钻井地质设计及现场跟踪评价;储库的可行性研究及初步设计。副主任邱小松。

盐穴评价室:瞄准世界盐穴型储气库前沿技术,紧密结合我国盐穴储气库地质特征,加强技术创新和关键技术突破,自主掌握核心技术,形成具有自身特点的技术体系;结合长输管网建设及市场需求,开展盐穴储气库库址筛选、评价、论证、气库方案设计与优化运行工作,为股份公司盐穴型储气库建设与高效运行提供技术支持;已建储气库施工现场技术服务,为气库建设工程提供技术保障;已投产储气库的造腔、运行跟踪评价,为优化造腔工艺及运行方案提供技术支持。主任完颜祺琪(兼),副主任冉丽娜,副主任垢艳侠。

气藏工程室:把握孔隙型储气库学术前沿,结合气库运行特点,加强技术创新,促进科技成果有形化;针对孔隙型储层,开展气库方案设计与优化运行研究,为股份公司孔隙型储气库科学建设与优化运行提供技术支持;紧密跟踪中国石油储气库运行动态,聚焦提高有效库容量和加快扩容达产等关键目标,做好现场技术服务。副主任胥洪成、李春。

实验技术室:针对我国储气库建库工程

中存在的技术难题,以集团公司"油气地下储库工程重点实验室"为平台,自主研发和引进适合我国地质条件的储气库建设和评价的实验设备;重点开展地下储库孔隙型储气库圈闭密封性及注采机理评价、盐穴储气库造腔物理模拟与稳定性评价、储气库周期注采安全运行运行监测等实验技术的研发,形成具有中国地质特点的地下储气库设计、建设、运行评估实验体系,为我国地下储气库工程建设提供理论和技术支撑。主任武志德,副主任石磊。

战略规划室:开展国家及集团公司层面的储气库重大发展战略、中长期规划、政策管理、年度计划及项目跟踪评价研究,提出科学性、前瞻性、可操作性发展建议和方案,支撑国家和集团公司储气库战略决策、规划部署及建设,发挥决策参谋作用。主任张刚雄。

综合管理室:负责所日常科研、行政管理、后勤保障及财务报销等。副主任唐立根。

截至2019年底,储库所在册职工27人。其中男职工19人,女职工8人;博士(后)12人,硕士11人,大学3人;高级工程师10人,工程师15人,助工2人;35岁以下10人,36—45岁9人,46—55岁8人。外聘人员22人。当年,韩冰洁调离。

【课题与成果】

2019年,储库所承担科研课题38项。其中国家级项目1项,集团公司级项目17项,院级项目1项,其他项目19项。获科研成果奖3项,其中重庆市二等奖1项,上海市三等奖1项,研究院一等奖1项;获集团公司管理创新奖一等奖1项;获授权专利2项,其中发明专利1项;编写企业标准1项;出版专著1部;获软件著作权3项;发表论文18篇,其中EI论文1篇、EI会议1篇。

2019年地下储库研究所承担科研课题一览表

类别	序号	课题名称	负责人	起止时间
国家级课题	1	地下储气库灾害风险与安全影响评价研究	武志德	2017.7—2020.12
集团公司级课题	2	储气库剩余能力测算规范	赵凯	2019.1—2019.12
	3	2019—2030年储气库建设规划	魏欢	2017.4—2018.12
	4	"十四五"天然气调峰规划研究——储气库部分	邱小松	2019.1—2019.12
	5	重大专项:地下储气库关键技术研究与应用	丁国生	2015.1—2017.12
	6	地下储库工程重点实验室实验新技术开发	武志德	2017.2—2019.12
	7	课题2:地下储气库地质与气藏工程关键技术研究与应用	王皆明	2015.1—2017.12
	8	课题7专题1:板桥储气库建库规律研究及库容参数复核评价	李春	2015.1—2017.12
	9	气藏型储气库提高上限压力关键技术研究	孙军昌	2019.6—2020.12
	10	盐穴储气库双井造腔关键技术研究	完颜祺琪	2019.4—2020.12
	11	气藏型储气库注采运行一体化模拟技术研究	孙军昌	2018.1—2018.12
	12	层状盐岩造腔形态控制与安全评价技术	冉丽娜	2019.1—2019.12
	13	定向对接井扩大储气空间技术研究	垢艳侠	2019.3—2020.3
	14	中国石油地下储气库数据管理系统深化设计与升级维护(2019)	张刚雄	2019.1—2019.12

续表

类别	序号	课题名称	负责人	起止时间
集团公司级课题	15	2019年油气田企业储气库动态跟踪评价与注采运行方案编制	张刚雄	2019.1—2019.12
	16	集团公司新库建设前期评价综合研究（含数据库平台信息维护）中国石油地下储气库数据管理系统（UGSS）优化设计与升级维护	张刚雄	2018.1—2018.12
	17	已建气藏型储气库扩容达产机理研究与应用	丁国生	2017.1—2020.9
	18	中俄储气库技术合作	丁国生	2017.5—2019.5
院级课题	19	大型地下储气库建设运行与评价关键技术研究	郑得文	2019.4—2021.12
其他课题	20	废弃矿井油气储存库建库战略研究	郑得文	2017.1—2018.12
	21	地下储气库天然气损耗评价与预测规范	李春	2014.8—2015.7
	22	油气藏改建地下储气库运行管理规范（已开发油气田储气库建设地址资源评价研究）	邱小松	2018.5—2018.10
	23	山西地下储气设施重大项目谋划研究	武志德	2019.4—2020.4
	24	江西天然气管网一期工程樟树盐穴储气库可行性研究报告技术咨询	丁国生	2015.3—2020.12
	25	昆明盐矿盐穴储气库项目可行性及配套支撑性研究	完颜祺琪	2019.4—2021.2
	26	三水盆地盐穴储气库前期评价及资料井岩心实验分析	完颜祺琪	2019.3—2020.3
	27	2018年中石油储气库建设与生产运行跟踪分析	魏欢	2018.5—2019.5
	28	双6储气库多周期注采优化运行数值模拟研究	赵凯	2019.10—2019.12
	29	吐哈温西一库地质评价及预可研方案设计	胥洪成	2019.7—2020.6
	30	双坨子储气库数值模拟研究	胥洪成	2019.11—2020.6
	31	河南平顶山地下储气库前期评价与可研报告编制	丁国生	2010.12—2020.12
	32	江苏淮安地下储气库前期评价与可研报告编制	丁国生	2010.12—2020.12
	33	地下储气库（金坛二期一阶段）地下工程设计（造腔跟踪及技术支撑服务）	丁国生	2018.7—2024.12
	34	苏北白驹储气库建设目标区三维地震老资料叠前时间偏移处理解释	郑雅丽	2019.3—2020.1
	35	苏北盆地白驹含水构造建库条件评价与接替目标筛选研究	郑雅丽	2019.2—2019.12
	36	砂岩气藏型储气库库存量分析技术与标准制定	胥洪成	2019.6—2020.12
	37	呼图壁储气库交变工况下圈闭密封性评价与风险预警	孙军昌	2018.9—2019.7
	38	呼图壁储气库应急调峰能力复核及达容规律研究	孙军昌	2018.9—2019.7

【科研工作情况】

2019年,储库所贯彻新发展理念,坚持理论技术创新与实践相结合,加强不同类型储气库特色技术攻关,强化实物工作量投入和向矿场转化效果的提升,围绕决策支撑、技术创新、标准建设、生产服务、合作交流等六个方面开展重点工作,取得较好成效。

一、决策支持与战略规划取得重大突破,决策参考完成率创历史新高

全年上报4篇决策参考,包括《天然气对外依存度不断攀升的风险分析与建议》《我国储气库建设现状、存在问题及有关建议》《新形势下加快公司储气能力对策与建议》和《关于油气田开发与储气库协同建设相关生产经营策略的请示》。在战略规划方面,牵头集团公司储气库28个前期评价项目设置与论证,编制四个百亿级储气库群建设框架方案,上报国家能源局被采纳。

二、进一步加强基础理论研究,标志性创新成果显著

加强储气地质体动态密封性评价理论、气藏型储气库扩容达产运行指标评价与优化技术、层状盐岩提高造腔速度与空间动用技术、复杂工况防漏治漏与管柱能力评价技术、井环空压力危险评价与风险评估技术、压缩机易损性和井筒泄露定位工具国产化等理论研究,取得六项标志性创新成果。明确提出储气地质体的定义,建立储气地质体精细描述技术与流程,初步提出"剪切互锁、多轮捕集"对微观交互渗流特征作用机制。

三、加强油气地下储库重点实验室建设,提升解决实际问题能力

加强油气地下储库重点实验室二期建设,购置14台(套)设备,建成含水层、钻采、岩洞3个实验平台,形成9项实验新技术、新增13项测试能力。实验室开展含水层建库实验研究和吐哈中低渗透砂岩建库,解决建库过程中水动力及气水互驱问题和气水互驱及库容评价问题。以盐岩蠕变实验为基础,建立基于盐岩长期蠕变变形ε、裂隙联通率n与渗透率变化的理论方程,为储气库运行压力设计及安全运行提供依据。联合中国石油天然气管道局有限公司、中国石油集团钻井工程技术研究院、中国科学院,完成国家能源油气地下储库研发中心申报材料编制。

四、标准体系建设步入正轨,引领设计与运行管理等标准规范的制定

与储气库公司合作筹建储气库专标委,牵头开展储气库设计与运行管理标准体系建设,全面启动矿场亟需的标准规范制修订工作,制定企业标准5项,国家指导意见1份。完成储气库标准规范立项审查工作,立项审查通过6项(制修订5项、培育1项)储气库行标申报,立项申报3项公司企标。

五、注重科技成果现场应用转化,提升技术支撑质量

技术支撑服务对象覆盖吉林油田、吐哈油田、冀东油田、华北油田等油田,气藏涵盖砂岩、碳酸盐岩、火山岩等不同类型,服务对象包括吐哈温吉桑库群、吉林双坨子储气库、冀东南堡1-29储气库和堡古2储气库、大庆升平储气库、西南沙坪场储气库、中坝储气库、平顶山储气库、淮安储气库、楚州储气库、广东三水储气库和云南昆明储气库等储气库,开展预可研方案及先导试验方案设计、建库前期评价与实施方案设计等工作。开发低渗透强非均质库容参数设计模式,解决吐哈丘东和吉林双坨子因低渗透、低产能、多层系储层,建库难度大的问题。拓展广东三水、云南昆明两个盐穴储气库新区块,开展前期建库评价。针对平顶山储气库、淮安储气库、楚州储气库各库地质特点,攻关水平腔、小间距双直井等造腔新技术。

【交流与合作】

1月15日 挪威工程院院士吕明来研

究院就"废弃地下空间油气存储技术"开展学术讲座培训。

7月17日　牵头组织召开储气库地质与气藏工程技术交流会。

9月18日　美国NITEC公司知名储气库专家Charles Weinstein来研究院访问并开展"不同类型储气库注采优化技术及应用"专题技术交流。

10月30日—11月1日　牵头"中国储气库"亮相第二届全国天然气产业链发展成果展。

11月7—8日　油气地下储库工程重点实验室协办的"全国石油天然气储库智能创新发展大会"在北京召开，丁国生、郑雅丽作交流汇报。

【特色条目】

2019年，储库所针对气藏和盐穴储气库复杂地质特点，围绕扩容达产过程库存评价、盐穴优快造腔模拟等瓶颈技术攻关，密切结合现场生产需求，强化成果向矿场的转化效果，完成两类储气库调峰保供方案设计，被现场采纳应用。

一是构建库存评价技术体系，完成中国石油储气库100亿立方米调峰保供方案设计。代表研究院牵头集团公司库容评估中心顶层设计及材料编制。完善库存评价技术方法流程体系：以数据信息管理平台为基础，建立以动库存为核心的扩容达产滚动评价模式；以高速不稳定流为核心，建立多周期注采联合的动库存评价技术；以相对渗透率滞后、高速非达西流模拟突破为核心，高精度预测运行指标并识别潜力区。形成统一、规范的技术指标评价体系。编制2019年储气库注气方案，被集团公司总部采纳。提出2019年100亿立方米季节调峰方案，为集团公司冬季调峰保供奠定基础。

二是创建复杂盐层造腔新理念，助推不同类型盐穴储气库50亿立方米调峰能力方案设计。通过计算流体力学（CFD）方法建立大井眼、双直井、水平腔、单井双腔四种造腔新技术的卤水浓度场、速度场分布模型，分析与常规造腔方式的异同点，确定影响造腔关键因素；根据造腔机理认识确定的影响造腔关键因素，确定工艺参数，完善造腔工艺方案。针对平顶山造腔周期长，能耗高等特点，设计大井眼、双直井增大注水排量，缩短造腔周期；针对淮安储气库盐层薄特点，设计分段式水平腔扩大单腔体积；针对楚州储气库巨厚夹层，设计单井双腔造腔方案提高盐层利用率。

【党建与精神文明建设】

截至2019年底，储库所党支部有党员22人。

党支部：书记丁国生，副书记郑得文、组织委员王皆明、宣传委员郑雅丽、纪检委员兼青年委员完颜祺琪。

工会：主席丁国生，文体委员魏欢、女工委员张敏、青年委员张刚雄、宣传委员垢艳侠。

青年工作站：站长赖欣、副站长邱小松。

2019年，储库所以习近平新时代中国特色社会主义思想为指引，深入贯彻落实习近平总书记"加快天然气产供储销体系建设"重要指示精神，以开展"不忘初心、牢记使命"主题教育为契机，加强储气库技术创新和服务储气库建设，持续推进党建工作，发挥党支部的战斗堡垒作用，全面完成党建各项工作。

一、加强党的政治建设

全年组织13次传达学习，及时传达党中央、集团公司党组和研究院党委部署要求。通过高质量发展党课、围绕储气库高质量发展开展大讨论等形式，将习近平总书记"加快建设天然气产供储销体系"重要指示精神和集团公司、研究院工作部署，落实到储库所全年工作中。

二、落实全面从严治党主体责任

制定储库所领导班子"一岗双责"责任清单,层层落实党风廉政建设主体责任,开展7次警示教育,做好"四风"问题自查自纠工作。

三、严格执行"三重一大"决策机制

更新储库所"三重一大"事项决策制度实施细则,召开5次支委会,研究人事、重点项目、设备、外协、大额资金使用等21个事项。

四、做好基层组织建设

明确领导班子成员"一岗双责"具体工作内容,保证班子成员切实履行党建工作责任。以青年人才培养和项目团队建设为抓手,培养一批优秀青年团队和青年党员。储库气重大专项组被评为研究院科技创新奋斗团队,完颜祺琪被评为研究院建功立业模范人物,武志德被评为研究院青年科技立业英才。

五、加强组织生活

组织2次民主生活会,开展批评与自我批评,查摆整改问题,作风形象建设全面提升。召开2次组织生活会,按规范开展民主评议,党员思想觉悟进一步提升。组织落实"三会一课"党员教育,全年召开党员大会10次、支部委员会13次、党小组学习34次,讲授党课3次,把"三会一课"打造成支部的政治学习阵地。开展8次红色景点、电影、音乐会等多种形式活动,重温革命历史,不忘初心使命。

六、做好宣传统战工作

开展意识形态教育,及时提醒教育广大党员群众在网络上的言行,与党中央保持一致。利用新媒体开展形式多样的宣传,及时报道储库所的技术发展和行业贡献,在新闻媒体3次宣传报道储气库业务,在储库所主页上宣传报道储库所各项党建科研生产工作84次,主题教育宣传25次。

七、群团工作力度进一步加大

围绕储气库主业,带领指导和组织工会、青年工作站开展16次活动,干部职工队伍的活力加强,凝聚力进一步提升。宋丽娜在研究院2019年"我和我的祖国"中英文演讲比赛中获英文二等奖。

(王蓉、丁国生)

非常规研究所

【概况】

非常规研究所主要负责集团公司煤层气、页岩(油)气等非常规油气领域理论与技术研究；开展非常规油气资源评价与经济有效开发目标筛选，编制战略规划、重大勘探部署与开发方案；建立非常规油气地质与开发理论，创新勘探开发评价技术；建设国家和集团公司非常规重点实验室，支撑集团公司非常规油气业务发展。

2019年工作思路：瞄准集团公司业务重大需求，按照"五交、六知"工作要求，以国家重大专项和股份公司重大专项研究为重点，以服务现场生产为抓手，围绕煤层气、页岩气两大主营业务在资源落实、井位部署、规划编制、技术研发和决策支持等方面取得重要进展。

所长、副书记：王红岩，主持部门全面工作，分管综合研究室、非常规成藏室。

副所长：董大忠，分管页岩气勘探室、页岩气开发室、非常规实验室。

副所长：穆福元，分管煤层气勘探室、煤层气开发室、非常规规划室。

非常规研究所下设8个科室。

煤层气勘探室：立足外围探区及中石油探区，以沉积储层、成藏研究及资源评价为研究重点，开展煤层气、煤系气目标综合评价，阐释煤层气、煤系气富集成藏主控因素及富集规律，总结提升煤层气、煤系气精细地质勘探理论，优选评价煤层气、煤系气有利目标区并部署井位。主任孙斌。

煤层气开发室：编制不同阶段的煤层气开发方案，包括：开发概念方案、开发实施方案和开发调整方案等。开展煤层气开发地质与气藏工程研究，主要包括煤储层精细描述、产能评价、数值模拟、排采和压裂效果分析等。进行煤层气开发动态分析与跟踪评价，深入认识煤层气开发规律、储量动用情况及开发中存在的主要矛盾，并提出相应调整建议。主任杨焦生。

页岩(油)气勘探室：主要从事我国页岩气地质特征研究与评价，业务范围包括页岩气富集规律研究、页岩气资源潜力评价与目标优选、页岩气储量评估、页岩气井勘探动态跟踪及部署研究等。主任孙莎莎。

页岩(油)气开发室：主要从事页岩气开发评价研究，包括国内外页岩气行业进展及开发技术跟踪，气藏基础开发实验与流动机理、数值模拟、气井产能评价、气藏开发方案编制、生产动态跟踪、页岩气数据库建设、产能建设跟踪评价及决策支撑工作。副主任于荣泽。

非常规规划室：跟踪国内外非常规油气发展现状，通过地质评价、区块生产数据、经济效益评估和投资水平等，构建数据库体系，开展非常规油气综合评价工作及基础课题研究；开展国家能源局、集团公司非常规战略支撑工作，重点做好页岩气、煤层气等非常规业务的产业规划及评估工作；开展集团公司页岩气、煤层气规划部署评价，跟踪生产动态，评价区块开发效果，支撑规划计划部和勘探与生产分公司规划部署。主任赵群。

非常规油气实验室：依托国家能源页岩气研发(实验)中心和中国石油非常规油气重点实验室，紧密围绕页岩气、煤层气等集团公司主营业务，开展非常规储层含气性评价、微观表征、岩石物性、岩石力学、地球化学和成藏模拟分析，建立致密储层含气性测试技术、致密岩石物性测试技术、致密储层微——纳米孔隙结构测试技术和致密岩石力学性质及物理模拟实验技术等4大技术系列，打造集团公司非常规领域新技术、新理论的研究基地,引领国家非常规基础理论创新和标准规范制定。主任刘德勋。

非常规成藏室:开展非常规天然气成藏综合地质研究,深化主要勘探领域的非常规天然气聚集和分布规律认识,明确重点勘探方向和有利区带。主任:陈振宏。

综合研究室:围绕所工作,发挥承上启下、综合协调、参谋助手、督促检查和服务保障职能。对接研究院机关处室,负责科研、人事、安全、保密、合同、财务等日常管理工作,做好年度、月度计划,对照执行。协助非常规研究所领导组织会议和活动,做好非常规研究所与上级部门和外单位的协调工作,为非常规研究所整体工作顺利推进发挥积极的职能作用。主任李贵中。

截至2019年底,非常规研究所在册职工44人。其中男职工28人,女职工16人;博士(后)21人,硕士13人,大学及以下10人;教授级高级工程师2人,高级工程师21人,工程师20人,助工1人;35岁以下16人,36—45岁13人,46—55岁14人,55岁以上1人。当年,高颖退休,邱振调入,康莉霞、丁麟入职。

【课题与成果】

2019年,非常规研究所承担科研课题44项。其中国家级课题5项,国家重大专项任务7项。获省部级奖4项,院级奖2项;申请专利13项,获授权发明专利3项,实用新型专利1项,获软件著作权4项;编制和修订标准8项,其中国家标准1项,行业标准7项;出版专著7部,编写决策参考11篇,采纳7篇;在国内外学术会议及期刊上发表论文54篇,其中SCI和EI收录21篇。

2019年非常规研究所承担科研课题一览表

类别	序号	课题名称	负责人	起止时间
国家级课题	1	四川盆地内部海相页岩气有利区优选及重点目标评价	拜文华	2017.1—2020.12
	2	页岩气工业化建产区评价与高产主控因素研究	赵群	2017.1—2020.12
	3	复杂构造背景页岩气储量计算及应用	于荣泽	2017.1—2020.12
	4	页岩储层定量表征及评价	周尚文	2017.1—2020.12
	5	中低煤阶煤层气成藏机制及资源有效性研究	李贵中	2016.1—2019.12
	6	中低煤阶煤层气储层评价与有利储层预测研究	杨焦生	2016.1—2020.12
	7	东北地区中低煤阶煤层气规模开发区块优选评价	孙斌	2016.1—2020.12
	8	煤系地层立体勘探综合研究	田文广	2016.1—2019.12
	9	高煤阶煤层气开发及经济指标预测技术	杨焦生	2018.1—2019.12
	10	复杂构造背景龙马溪组页岩气储量计算及应用	于荣泽	2018.1—2019.12
	11	晚三叠世四川盆地不同类型三角洲内部构型及成因模式	施振生	2018.1—2019.12
	12	页岩气中长期发展规划	赵群	2018.1—2019.12
集团公司级课题	13	煤层气资源潜力与战略接替区研究	李贵中	2017.1—2020.12
	14	煤层气、煤层气与煤系地层天然气富集成藏机理和成藏模式研究	田文广	2017.1—2020.12
	15	煤层气探明储量可动用性研究和评价	杨焦生	2017.1—2020.12

续表

类别	序号	课题名称	负责人	起止时间
集团公司级课题	16	高煤阶煤层气低效区产能恢复技术研究	杨焦生	2017.1—2020.12
	17	煤层气藏全生命周期开发规律研究及效果评价	杨焦生	2017.1—2020.12
	18	南方海相页岩气富集规律及目标评价优选	梁峰	2017.1—2019.12
	19	页岩气示范区跟踪及外围重点目标优选评价	拜文华	2017.1—2020.12
	20	页岩气气藏开发动态指标及产能预测	王莉	2017.1—2020.12
	21	页岩气水平井跟踪评价和开发动态跟踪研究（威远）	孙莎莎	2018.1—2019.12
	22	页岩气示范区储层精细对比和精细描述	孙莎莎	2018.1—2020.12
	23	四川盆地及周缘海相页岩气区带评价与优选	董大忠	2018.1—2019.12
	24	煤层气新区评价与开发动态跟踪	孙钦平	2018.1—2019.12
	25	筠连煤层气开发试验井组部署设计优化研究及现场技术支撑	杨焦生	2018.1—2019.12
	26	页岩气开发管理规定和管理体系文件建设	赵群	2018.1—2019.12
	27	页岩气发展战略研究	赵群	2018.1—2019.12
其他课题	28	筠连煤层气开发试验井组部署设计优化研究及现场技术支撑	杨焦生	2018.1—2019.12
	29	龙马溪组山地页岩气地质工程一体化评价及甜点优选应用	周尚文	2018.1—2019.12
	30	浙江油田 2018 年页岩气岩心样品分析	李贵中	2018.1—2019.12
	31	鄂尔多斯盆地东部山 2 段煤系地层气勘探潜力评价项目分析测试	周尚文	2018.1—2019.12
	32	米 115 井全取心测试分析项目分析测试	周尚文	2018.1—2019.12
	33	鄂尔多斯盆地煤岩分析测试	邓泽	2019.1—2019.12
	34	煤系地层岩心分析测试	邓泽	2019.1—2020.12
	35	大吉 3-4 密集取样分析测试	刘德勋	2019.1—2020.12
	36	浙江油田 2018 年页岩气样品分析项目	周尚文	2019.1—2020.12
	37	鄂尔多斯盆地东部山^{2}段煤系地层气成藏规律研究	刘德勋	2019.1—2020.12
	38	长城钻探威 201H7-2D 井岩心分析化验	刘德勋	2019.1—2020.12
	39	YS301 井单井分析测试	周尚文	2019.1—2020.12
	40	大庆油田页岩气样品分析测试	刘德勋	2019.1—2020.12
	41	绥平 1 井全取心分析测试	周尚文	2019.1—2020.12
	42	检验测试—石油大学	邓泽	2019.1—2020.12
	43	中石油探区"十三五"煤层气资源及经济、环境评价	李贵中	2019.1—2020.12
	44	雄赫区块煤层气井样品分析化验项目	邓泽	2019.1—2020.12

【科研工作情况】

2019 年，非常规研究所按照研究院科研工作部署安排和要求，围绕建所宗旨和工作定位，结合"一院两区"改革要求，整体部署，抓好开局，创新管理，按照自上而下、自下而上、上下结合"三个步骤"做好科研交底，分项目、课题、任务"三个层级"编制运行计划大表,实行科研进展双月报制度,大力推进人才培养工作,加快青年骨干技能的锻炼与成长,培养青年快速融入团队、提高业务能力,集中精力抓好科研重点,扎实完成科研各项工作,取得重要成果。

一、深化煤层气富集规律、有利目标评价与井位部署研究

指出鄂尔多斯盆地、准噶尔盆地、东北断陷盆地煤系气有利勘探方向;划分出中低煤阶煤层气多态赋存的三种赋存模式;优选内蒙古霍林河和鄂尔多斯西部彬长有利区;评价筛选出海拉尔盆地 6 个有利区带,优选有利目标区 2 个,部署资料井 2 口。

二、分析煤层气建产区生产特征,编制开发规划部署

分析煤层气主产区保德地区 CO_2 产量逐年升高原因,预测保德气田产出气中 CO_2 含量总体呈增加趋势;在吉尔嘎朗图优选的"甜点区",基本探明储量 27 亿立方米,完成 1 亿立方米产能方案编制;提出马必东直井井网的井距不超过 200m,马必东水平井最佳长度 1000 米左右,压裂段数为 9—10 段。牵头编制"一纲八规"之《煤层气开发管理规定》,编制《中国石油煤层气勘探开发规划(2019—2025 年)》。

三、深化页岩气地质基础研究、目标评价与井位部署

提出火山灰沉积未能提高海洋水体古生产力新认识,水槽模拟实验初步揭示页岩中砂质纹层沉积形成过程;开展五峰—龙马溪组黑色页岩储层特征基础研究,揭示原油裂解成气是页岩有机质孔形成的重要过程,笔石表皮及体腔内发育大量微纳米孔缝,生物成因硅为主,向上陆源硅增多,泸州区块黑色页岩具裂缝性储层特征。开展鄂东海陆过渡相页岩气潜力评价,认为大宁—吉县区块山$_2^3$亚段平面发育"甜点区";评价四川盆地二叠系龙潭组页岩气地质特征,优选 2 个风险钻探目标部署页岩气风险井井位 2 口。评价四川盆地侏罗系页岩油气风险目标,优选 2 个有利区,确定 2 口风险井和 2 口井老井侧钻,均得到集团公司批复,助推开辟盆地页岩油气勘探新领域。

四、跟踪页岩气开发动态,编制开发规划

优化关键开发技术政策,开展紫金坝 YS115 井区页岩气开发方案地质评价,设计页岩气云数据智慧平台框架,编制《关于新设页岩气新区新领域示范区的规划方案》并通过论证,提出 7 个示范区建议,提出重点建设泸州—渝西、彭水和宜昌 3 个示范区的建议。

五、加强设备升级换代,创新非常规油气实验测试技术

设计大尺度水槽沉积模拟试验系统,研制非稳态压力下页岩气解吸含气量智能化测试系统,精确测量页岩含气量,实现吸附气/游离气比例直接测试,测试成果支撑浙江油田页岩气探明地质储量申报,研制页岩核磁共振原位孔径分布测试仪,建立页岩孔径分布表征和核磁孔隙度校正新方法。

六、非常规决策支撑工作得到国家能源局和集团公司高度认可

牵头编制《页岩气防范地质灾害钻井平台选址规范》,开展集团公司非常规油气 2035 年科技发展战略研究,连续七年承担能源局组织开展的全国页岩气财政补贴审查,获国家能源局高度肯定。

【交流与合作】

1 月 7 日　董大忠等到西南油气田川东北气矿开展筇竹寺组页岩气评价技术交流。

3 月 20—22 日　董大忠等到西南油气田开展四川盆地侏罗系页岩气前景技术交流。

3月25日 组织到蓟县进行上元古界野外地质踏勘。

4月3—4日 王红岩、赵群到重庆地质矿产研究院和重庆市地震局开展页岩气技术交流及现场调研工作。

5月23日 陈振宏在北京参加煤层气国家科技重大专项创新技术成果交流会。

6月12日 董大忠等到西南油气田汇报侏罗系页岩油评价井井位论证工作进展。

7月9日 河南理工大学教授鲜保安、原煤层气勘探开发研究所教授赵庆波来研究院开展讲座。

7月11日 中国石油大学（北京）教授张遂安来研究院开展讲座。

9月11日 非常规研究所领导及主要技术骨干参加在南京召开的煤层气学术年会。

10月15—16日 刘洪林、孙钦平在北京参加煤层气开发技术研讨会。

11月15日 周尚文在成都参加第十一届全国低场核磁共振技术与应用研讨会。

11月16日 非常规研究所领导及实验室相关负责人到成都参加非常规油气重点实验室学术委员会会议。

【党建与精神文明建设】

截至2019年底，非常规研究所党支部有党员31人。

党支部：副书记王红岩，委员董大忠、穆福元、刘德勋、陈振宏、赵群、武瑾。

工会：主席陈振宏，委员陈浩、杨青。

青年工作站：站长武瑾，委员张磊夫、祁灵、程峰。

2019年，非常规研究所党支部学习贯彻习近平新时代中国特色社会主义思想和党的十九大精神，深入开展"不忘初心，牢记使命"主题教育活动，以基层党建和提升领导班子战斗力为抓手，建设成为一支朝气蓬勃、团结和谐的基层党组织，保障非常规研究所高质量完成全年科研生产任务。

一、政治建设不断加强

党支部牢固树立"抓好党建促科研"理念，坚持把党建工作与科研工作同谋划、同部署、同考核，履行"一岗双责"。学习宣传、执行党中央重大决策部署，传达集团公司和研究院精神。

二、全面落实从严治党主体责任

多次传达各项规则制度和典型案例，警示党员遵纪守法，识别关键岗位廉洁风险清单，对风险点加强风险管理。

三、坚持"三重一大"决策制度

重点围绕物资采购管理办法、年度、月度奖金发放、优秀党员、先进评比、出国考察、双序列考核等，坚持党组织审议前置程序原则。

四、加强基层组织建设

实施"大党建"，明确每个支委党建工作责任清单，强化"一岗双责"，层层压实责任，把党风廉政建设主体责任扛在肩上、抓在手里，落实到行动中；按照专业和科研岗位，划分党小组，做到科研生产与党建工作深入融合。

五、开展党内重大主题教育活动

创新学习方式，注重学习成效。针对"不忘初心、牢记使命"主题教育，专门装订十二个专题学习的"小册子"，同时书本学习与观看教育专题片、现场主题教育相结合，采用"支部集体学习+班子集中学习+党小组组织学习+党员自学""朗读+领学+重点发言"等形式，交流研讨、深学细悟。

六、宣传统战工作落到实处

围绕建国70周年，非常规研究所进京等重大事件，强化微信、QQ等新媒体管控，做到有计划、有推进、有落实，确保舆情事件为零；完成研究院主页新闻报道60篇《中国石油报》报道3篇，《中国科学报》报道1篇，制作非常规研究所庆祝建国70周年献礼宣传短片,宣传正能量;制作"辉煌70周年""党的基本知识""主题教育""非常规所工作进展"等主题展板20块,提升员工自豪感和自信心

七、党建工作特色鲜明

开展"形势、目标、任务、责任"主题教育,讲身边的正能量,讲身边的故事,讲铁人式的好干部陈建军,比奉献、比风格、比上进,营造抵抗不良风气的强大免疫气场;举办庆祝中华人民共和国成立70周年诗歌朗诵会,表达真挚浓烈的爱国情怀,激励广大党员干部增强使命担当;加强传帮带,形成老中青三结合的斗志高昂团队。

2019年,赵群获集团公司"优秀共产党员"称号,非常规油气重点实验室获研究院"十大杰出青年团队"称号,青年工作站获研究院"青春心向党·建功新时代"五四主题活动创新大赛一等奖,孙莎莎获研究院"青年科技立业英才"称号,武瑾被评为研究院2018年度优秀共青团干部,姜馨淳被评为研究院2018年度青年岗位能手,张磊夫获研究院"我和我的祖国"英文演讲比赛一等奖。

(李贵中、董大忠)

新能源研究所

【概况】

新能源研究所（简称新能源所）是研究院所属专门从事新能源研究的综合性科研机构。主要任务是根据研究院"一部三中心"定位要求，开展新能源战略研究，谋划集团公司各种新能源业务发展方向与定位；开展地热资源选区和开发利用技术研究；开展铀、锂等伴生资源调查、评价和相关技术攻关；开展制氢、储氢、运氢和用氢技术研究；开展储能和新能源新材料技术攻关；开展煤炭地下气化和水合物等前沿技研究；开展新能源实验室建设，打造新能源科技创新平台；开展能源政策机制、中长期发展规划及年度计划研究等，为集团公司新能源发展提供支撑。

2019年工作思路：开展集团公司及国家接替油气的新能源类业务发展战略、产业政策、中长期发展规划及年度工作部署研究，为集团公司和国家在油气接替领域重大战略问题提供决策支撑；跟踪与战略谋划集团公司地热、储能、煤炭地下气化、新材料及铀矿等各种新能源业务与定位，为集团公司新能源开发利用提供技术支持与决策参考；开展天然气水合物勘探目标预测、开采方法、安全保障技术等方面的勘探研究工作，开展天然气水合物资源评价，推动水合物平台建设；开展全国铀矿资源调查与评价，优选有利目标区，提出铀矿发展规划，启动地热、储能及新材料业务研究，提出加快新能源发展战略建议；开展新能源实验室建设，为氢能制备和储存、煤炭地下气化等新能源领域实验研究提供支持。

所长：孙粉锦，负责所全面工作，主管安全环保、保密工作，分管综合室工作。

书记、副所长：张福东，主要负责党支部全面工作，主管工会、青年工作站、国际合作和实验室工作，分管储能技术研究室、水合物研究室和新能源技术实验室。

副所长：刘人和，主要负责科研管理和技术培训工作，分管规划研究室、地热研究室和铀矿研究室工作。

新能源所下设7个科室。

战略规划研究室：负责支持集团公司做好新能源业务发展决策，紧跟国内外新能源、新材料的发展方向和研究进展，开展集团公司及国家接替油气的新能源类业务发展战略、产业政策、中长期发展规划及年度工作部署研究，为油气接替领域重大战略问题提供决策支撑。主任陈艳鹏。

地热研究室：负责跟踪与战略谋划集团公司各种新能源业务与定位，为集团公司新能源开发利用提供技术支持与决策参考；跟踪国内外新能源开发利用动态与前沿技术，战略创新新能源开发利用技术及新能源材料的研发；战略支撑新能源工业化试验区建设与发展；夯实科研创新基础，切实推进新能源实验室建设；搭建新能源行业技术交流、青年人才培养和国际合作平台，为集团公司新能源产业发展做好支撑服务工作等。主任方朝合，副主任肖红平。

水合物研究室：负责跟踪国内外天然气水合物勘探开发最新进展，开展天然气水合物勘探目标预测、开采方法、安全保障技术等方面的勘探研究工作；以天然气水合物研究中心为依托，广泛开展国内外天然气水合物科技合作与交流，建立中国石油天然气水合物研发与科技平台，为天然气水合物未来规模开发提供技术和人员储备。主任魏伟，副主任张金华。

铀矿研究室：负责以铀矿业务发展规划战略研究，重点盆地砂岩型铀矿成矿富集规律研究与选区评价，含油气盆地油铀兼探技术标准及砂岩型铀矿综合评价预测软件编制，为公司铀矿业务发展提供决策支撑。副主任刘卫红。

储能技术研究室：负责跟踪各种储能新材料前沿技术，谋划集团公司储能新材料业务发展方向，提供技术支持与决策参考；发展国内外先进应用技术，抢占能源开发利用技术及新能源材料研发的至高点，谋求集团公司在能源领域的掌控力和话语权；战略支撑新能源工业化试验区建设与发展，为公司储能新材料产业发展做好支撑服务工作。主任郑德温，副主任葛稚新。

新能源实验室：针对氢能制备和储存等存在的技术难题，建立制氢催化剂及储氢材料制备、表征和评价技术，开展地下煤炭气化实验研究，深入认识制氢、储氢和煤炭地下气化机理，为大规模低成本制氢技术和长距离高效储运氢技术提供支持。主任薛华庆。

综合室：负责协助所领导做好科研项目管理和科研服务工作，为全所的科研生产提供全面的后勤保障工作。主任文守亮，副主任刘颖。

截至2019年底，新能源所在册职工27人。其中男职工21人，女职工6人；博士（后）12人，硕士12人，大学2人；教授级高级工程师1人，高级工程师13人，工程师10人，助工2人，实习1人；35岁以下8人，36—45岁10人，46—55岁8人。

【课题与成果】

2019年，新能源所承担科研课题16项。其中集团公司项目7项，股份公司项目3项，研究院项目6项。获授权专利7项，其中发明专利4项，登记4项软件著作权。发布1项行业标准，出版著作1部。在国内外学术会议及期刊上发表论文7篇，其中SCI/EI收录6篇。

2019年新能源研究所承担科研课题一览表

类别	序号	课题名称	负责人	起止时间
集团公司级课题	1	煤炭地下气化资源评价和选址地质综合评价	孙粉锦	2019.10—2020.12
	2	水合物工程实验平台建设——海域天然气水合物成藏地质研究室	魏伟	2018.8—2021.12
	3	含油气盆地铀矿资源勘查与评价	刘人和	2019.1—2020.12
	4	天然气水合富集与南海深水区有利区评价	李林、魏伟	2019.1—2020.12
	5	集团公司煤炭地下气化发展趋势与方向研究	陈艳鹏	2019.3—2019.12
	6	地热开发运行管理规范研究	方朝合	2019.4—2019.12
	7	地热、铀矿、天然气水合物重点发展方向和策略研究	方朝合	2018.3—2019.10
	8	2035—2050年油气资源替代前景研究	陈艳鹏	2018.6—2019.6
	9	中国石油新能源业务发展战略研究	陈艳鹏	2018.6—2019.6
	10	地热和水合物等新能源业务跟踪研究	肖红平	2019.1—2019.12
院级课题	11	氢能关键技术研究	张福东	2018.10—2020.12
	12	重点地区油田卤水型锂矿富集规律及资源评价	方朝合	2018.10—2020.12
	13	深层煤炭地下气化关键技术与典型区块开发概念设计	孙粉锦	2019.1—2021.12

续表

类别	序号	课题名称	负责人	起止时间
院级课题	14	可再生能源（风光电等）制氢关键技术研究	郑德温	2019.1—2021.12
	15	国外管道掺氢输运技术应用评价研究	张茜	2019.3—2021.12
	16	氢能、储能与新材料关键技术研发	张福东	2019.1—2021.12

【科研工作情况】

2019年，新能源所按照研究院年初科研工作部署安排和要求，围绕建所宗旨和工作定位，结合"一院两区"改革要求，整体部署，抓好开局，创新管理，按照自上而下、自下而上、上下结合"三个步骤"做好科研交底，分项目、课题、任务"三个层级"编制运行计划大表，并实行科室工作双周报和项目进展双月报制度，大力推进人才培养工作，加快青年骨干技能的锻炼与成长，培养青年快速融入团队，提高业务能力，集中精力抓好科研重点，完成科研各项工作，取得重要成果。

一是通过系统取样分析研究，发现准噶尔盆地、吐哈盆地石炭系储层锂含量偏低，松辽盆地营城组火山岩储层发育锂富集区，柴达木盆地深层砂岩储层为锂富集区。

二是开展矿权区内重点盆地矿权区共和盆地、松辽盆地、渤海湾盆地及云南等地干热岩勘查，筛选出云南腾冲梁河、渤海湾盆地马头营两个干热岩有利区。

三是开展水合物模拟实验，揭示南海水合物形成、相变特征，实验证实神狐试采层的温压条件可形成水合物，水合物形成过程可分为诱导、快速生成、平稳生成三个阶段。

四是完成大量决策支撑工作，提交《中国石油极地天然气水合物工作建议》，编制《天然气介质实验室安全管理规定》，协助勘探与生产公司调研15家油田分公司新能源业务，编制公司新能源业务发展情况，协助勘探与生产分公司筹备地热利用现场推广会，报送《关于抓住氢能产业重要发展机遇，加快制/储运氢能产业链布局，加快集团公司氢能业务发展的建议》《尽快变更经营范围国家登记，谋划战略新业务发展》两篇决策参考。

【交流与合作】

3月27—28日　刘人和参加在北京地质大学举办的第八届中深层地热资源高效开发与利用国际会议。

4月19—22日　刘卫红在浙江大学参加岩石地球化学学会第17届学术会议。

5月28—30日　刘人和参加在天津举办的第二届全国油田地热资源开发与利用研讨会。

6月21日　郑德温参加在北京举办的中国氢能产业与能源转型发展论坛。

8月21—22日　刘人和参加在北京举办的干热岩地热年会。

12月9—13日　张福东到德国柏林、纽伦堡执行天然气管道掺氢技术交流任务。

12月19—20日　郑德温参加在中国石油大学（北京）举办的中国石油石化氢能源发展论坛。

【地热研究室推动卤水锂和地热新领域研究】

2019年，地热研究室克服人员和资料紧缺等重重困难，利用其他科研院所、大学等社会资源，坚持到野外和油田现场收集资料、采集火山岩储层卤水和实验分析研究，在卤水锂和地热两个领域均取得突出进展。探索发现第三种锂富集成矿模式，明确松辽盆地营城组、火石岭组发育锂富集区，柴达木盆地深层砂岩储层锂富集区，总结出卤水锂是未来勘探开发的主要方向；开展矿权区内干热岩勘查，筛选出云南腾冲梁河、渤海湾盆地马头营两个干热岩有利区。

【党建与精神文明建设】

截至2019年底，新能源所党支部有党员21人。

党支部：书记张福东，委员孙粉锦、刘人和、郑德温、薛华庆。

工会：主席刘颖，副主席兼文体委员张金华，宣传委员董雷。

青年工作站：站长张茜，副站长东振。

2019年，新能源所党支部高度重视科研环境和文化建设，始终按照团结、和谐、求实的要求加强组织建设、基层基础建设和文化建设，发挥党支部战斗堡垒作用和党员先锋模范带头作用，调动各方面的积极性，营造和谐的科研环境。

一是统一思想，坚决贯彻落实集团公司和研究院党委部署要求，开展各项党建思想政治工作，在思想发动上抓"执行力"。开展党的十九大精神再学习、再宣传、再讨论活动，将理论学习教育抓在经常。特别是紧密结合"不忘初心、牢记使命"主题教育，把"四个诠释"岗位实际活动作为主题教育的特色载体和实际抓手，组织党员采取7天专题学习、专家辅导、党小组专题讨论等形式，党员干部的理论水平和政治觉悟显著增强，为推动科研生产发展提供思想动力。

二是加强党性教育，利用新媒体平台，特别是石油党建平台、研究院党建公众号等，形成舆论宣传阵地。支部利用新媒体，做好思想教育和舆论宣传。针对廊坊院区一些职工在北京院区集中办公，党员干部比较分散情况，改变以往集中学习活动模式，利用新媒体网络实现远程学习、交流、互动，及时了解党员的思想动态，有针对性地开展教育管理，更好地把握主动权。

三是加强领导班子建设，发挥基层支部作用，提升凝聚力。在班子内部，支部书记负总责，班子其他成员结合分工抓好分管范围内的党建工作，提升履行职责能力。制定党建工作方案，全面部署与安排基层党建工作，实施与支部委员、党员干部签署党建工作的责任书，做到责任目标的确定。

四是强化作风建设，组织全所党员开展革命传统与党风廉政主题教育活动，支部与工会联合开展"形势、目标、任务、责任"主题教育活动—革命传统与党风廉政主题教育，到平西抗日战争纪念馆和廊坊市法制宣教中参观学习，开展"听党话、跟党走"职工红色教育活动，到黑山阻击战烈士陵园/辽沈战役纪念馆参观学习，观看《为国而歌》和《中国机长》红色教育电影，增强党员干部党性修养和廉洁自律意识。

（文守亮、熊波）

全球油气资源与勘探规划研究所

【概况】

全球油气资源与勘探规划研究所(简称全球所)是研究院海外一路核心研究机构之一,主要从事海外油气资源评价和勘探研究。主要职责是以集团公司海外勘探业务发展需求为导向,立足全球含油气盆地和海外现有探区,重点开展油气地质综合研究、油气资源评价与超前选区、海外风险勘探组织管理与领域目标评价、海外勘探年度计划与中长期发展规划等工作,为集团公司海外业务高质量发展提供决策支持。

2019年工作思路:紧密依托重点项目,以决策参考、超前选区、规划计划、海外知识共享平台和数据库建设关键绩效为核心,以培育具有国际水平的重大成果为目标,突出基础研究、优化人员配置、狠抓实物工作量、严控时间节点,加大科技创新力度,为海外业务优质高效发展提供决策支撑。

所长、书记:万仑坤,主持全面工作,负责行政与党务,分管所办公室、全球资源数据库研究室。

副所长:计智锋,负责科研管理、勘探规划、安全与工会工作,分管海外风险勘探与规划研究室。

副所长、副书记:温志新,负责全球油气资源评价与战略选区、保密、青年工作站工作,分管盆地与资源研究室。

副总地质师:贺正军,协助所领导负责资源评价与超前选区研究、海外勘探业务年度和中长期计划与规划编制、海外勘探业务规划科研任务的组织管理与协调工作。

全球所下设3个研究室和1个办公室。

盆地与资源研究室:负责全球主要含油气区重大勘探领域石油地质及油气富集规律研究、全球常规与非常规油气资源潜力评价、剩余油气资源分布研究、有利油气合作目标评价与优选。副主任宋成鹏、刘小兵。

全球资源数据库研究室:负责研发与维护具有自主知识产权的全球油气资源信息库,为集团公司海外业务发展提供数据和软件平台支撑。主任米石云,副主任李大伟。

海外风险勘探与规划研究室:负责海外风险勘探组织管理与领域目标评价、海外勘探动态分析与潜力评价、海外勘探年度计划及中长期发展规划编制。主任李富恒,副主任杨紫。

办公室:负责全所日常管理工作。协助主管领导管理全所科研、合同、财务与资产、采办及后勤服务工作。副主任陈曦。

截至2019年底,全球所在册职工26人,其中男职工17人,女职工9人;博士16人,硕士8人;高级工程师18人,工程师7人;35岁以下6人,36—45岁12人,46—55岁8人。当年,陈瑞银调入,吴义平、高霞、秦雁群调离,陈辉退休。

【课题与成果】

2019年,全球所承担科研课题25项,其中国家级课题4项,集团公司级课题20项,院级课题1项。获集团公司科技奖一等奖1项。获授权发明专利1项。出版著作3部。在国内外学术会议及期刊上发表论文8篇,其中SCI收录5篇。

第三篇 北 京 院

2019 年全球所承担科研课题一览表

类别	序号	课题名称	负责人	起止时间
国家级课题	1	全球重点领域油气地质与富集规律研究	温志新	2016—2020
	2	全球重点地区常规、非常规油气资源整体评价	王兆明	2016—2020
	3	全球油气资源信息知识库研制与建设	米石云	2016—2020
	4	海外重点探区目标评价与未来领域选区选带研究	李志	2016—2020
集团公司级课题	5	海外油气勘探资产评价与结构优化研究	计智锋	2016—2019
	6	"一带一路"重点领域油气地质评价与选区选带研究	温志新	2019—2020
	7	海外重点探区目标评价与未来领域选区选带研究	李志	2016—2020
	8	海外基础信息系统与全球油气信息	侯平	2019
	9	海外风险勘探组织与管理	李志	2019
	10	海外勘探潜力分析与发展策略研究	杨紫	
	11	海外油气勘探部署图册编制	许海龙	
	12	海外油气勘探动态分析与规划计划研究	李富恒	
	13	俄罗斯-中亚地区重点盆地油气地质评价与合作机会优选	贺正军	2019
	14	非洲地区重点盆地油气地质评价与合作机会优选	宋成鹏	
	15	南美地区重点盆地油气地质评价与合作机会优选	边海光	
	16	中东地区重点盆地油气地质评价与合作机会优选	刘小兵	
	17	亚太地区重点盆地油气地质评价与合作机会优选	刘祚冬	
	18	海外勘探业务"十四五"科技发展规划编制	万仑坤	2019
	19	Bongor 盆地低阻油藏及页岩油评价方法研究	贺正军	2019—2021
	20	Bongor 盆地低阻油层追踪与主要页岩层系地震解释与反演预测	王兆明	
	21	P 组、M 组低阻油层识别与烃源岩质量测井解释及平面综合成图	李志	
	22	Bongor 盆地两套烃源岩层系生储质量与可动性评价	陈瑞银	
	23	Bongor 盆地三维建模与生排烃过程模拟	宋成鹏	
	24	Bongor 盆地低阻及页岩油藏资源潜力评价	刘小兵	
院级课题	25	海外中心知识信息共享平台研制与建设	李大伟	2017—2019

【交流与合作】

8月11—15日 李大伟参加在美国宾夕法尼亚州立大学举办的第 20 届国际数学地球科学年会。

8月11—17日 李大伟参加在美国举办的 2019 年国际数学地球科学会议。

11月7—8日 李大伟参加在西安举办的第六届数字油田国际学术会议。

【科研工作情况】

2019 年,全球所坚决贯彻研究院工作会议精神,落实"三要三不要"科研目标管理要求,立足海外现有项目和新项目两大勘探支柱,做优勘探规划与部署,做亮超前选区选带研究,做强海外信息系统建设,为海外业务高质量发展提供技术支撑。

一是开展 2019 年全球油气勘探开发形势及油公司动态分析,基于对全球油气分布规律的系统认识,从全球油气勘探投资、勘探活动、勘探新发现及典型油气田解剖等方面分析全球与七个重点大区勘探形势与勘探特点,明确未来全球油气重点勘探领域与发展趋势,为中国油公司开展超前选区和勘探新项目获取指明方向。牵头发布《全球油气勘探形势及油公司动态》,努力打造成为研究院与国家油气战略中心的重要对外品牌和成果展示平台。

二是聚焦全球前沿大盆地,开展成藏条件和主控因素研究,超前优选 26 个有利区块并成功中标巴西 Aram 区块,支撑海外新项目开拓取得重大新进展。针对"一带一路"沿线,深入开展南大西洋南段、南大西洋中段、中大西洋、东地中海和俄罗斯大型裂谷 5 个领域 10 个重点盆地详细地质评价。分析巴西含盐盆地 CO_2 的充注风险并提出圈闭定型后有、无火山活动两种情景下五类 CO_2 充注模式。基于地质研究与多用户地震资料分析,明确古巴海域北缘逆冲褶皱带、下白垩统生物礁滩体以及东地中海黎凡特盆地白垩系—中新统生物礁和中新统浊积砂等多套有利成藏组合。完成 19 个国家、42 个盆地 17 个勘探新项目的筛选和评价,超前优选 26 个区块,支撑集团公司成功中标巴西 A 区块,有效支持海外新项目业务拓展。

三是开展全球油气资源信息系统发布版研制及运行测试,完成 175 个含油气盆地知识库数据资源建设。升级完善全球油气资源信息系统发布版软件功能,推进"全球含油气盆地知识库"系统功能在发布版中的迁移与集成,开展高强度、多层面的发布系统软件与数据资源部署及测试验证。按照 4 级质量控制流程,新完成全球和大区层级知识编撰,持续开展全球重点盆地知识信息整理与入库,完成盆地数达到 175 个,全球油气资源信息系统发布版具备公开上线的技术条件。

四是研制一体化协同研究平台,组织完成 2018 年以来海外资料成果入库,确保"海外中心知识信息共享平台"软件研制与资源建设再上新台阶。在二期建设基础上,重点开展协同研究平台关键技术研发,研制实现工区数据集成管理与一键导入加载、主流商业应用软件间数据交换、基于浏览器的统一地质模型可视化与发布、勘探开发专业软件云化部署和远程 Web 调用等四大功能模块,初步完成一体化协同研究平台研制。按照已建立的海外中心知识信息共享平台文档资料入库规范及工作流程,组织外协单位完成海外研究中心重点研究所 2018 年以来勘探开发原始资料和成果资料的收集、整理、入库管理,新增各类文档 15 万套,确保"海外中心知识信息共享平台"软件研制与资源建设再上新台阶。

五是以海外勘探动态跟踪、资源资产评价和油公司对标为基础,组织完成 2020 年勘探计划制定,高质量完成三年滚动规划调整、"十四五"勘探业务框架方案编制,获集团公司和中油国际采纳。以勘探亮点培育为抓手,开展 17 个国家 26 个项目实时动态跟踪与形势分析,及时提交全年各类动态跟踪与形势分析材料,上报《关于储量摸底情况及 2019 年勘探部署调整的建议》《关于一季度海外勘探进展及全年可培育亮点情况的报告》《2019 年上半年勘探进展与下步工作安排》等 3 份决策建议,为集团公司及中国石油国际勘探开发有限公司领导决策提供重要依据。高质量完成海外 59 个区带资源潜力分析、25 个勘探项目/区块资产评价和 58 个勘探钻探目标综合排队,开展2020年海外勘探计划对接审查和"十三五"规划执行情况分析,向中油国际提交2019年勘探计划调整、2020年度计划、2019—2021年滚动规划和"十四五"规划框架方案,获得采纳。从勘探投资及占比、桶油勘探投资等指标更新七大国际油公司及公司勘探业绩对标结果,从资产价值、剩余储量、产量方面剖析国际油公司资产结构特点,完成国际油公司在深水、天然气和LNG方面的发展战略分析。分析全球海洋上游发展趋势和国际油公司发展动向,梳理公司海外海洋油气业务发展历程,制定海外海洋油气发展战略与规划,编制决策参考1份,获集团公司领导批示。

六是牵头完成海外2035年科技发展战略研究和"十四五"科技发展规划框架方案编制,支撑集团公司未来科技发展。牵头并与中亚所、工程所、海外开发规划所等单位配合,在分析全球及集团公司海外上游业务与技术发展现状和趋势基础上,开展涵盖勘探、开发、钻采、管道、炼化与LNG五个业务领域的海外2035年科技发展战略研究,完成6个方面技术需求梳理、31项技术对标、64项重点技术及面向2035年10项战略性技术筛选。深入15家技术支持单位与52家海外项目开展技术需求调研,围绕海外科技攻关架构、科技项目承担情况、取得的主要成果、执行情况对比分析、经验启示五方面,开展海外"十三五"科技规划执行情况分析,研究海外业务面临的问题与挑战、海外业务技术发展趋势、海外技术现状及水平、"十四五"技术发展方向,初步形成海外"十四五"科技发展规划编制框架。

七是开展海外勘探目标分级评价,初步形成勘探目标和资源量分级分类评价方案,为集团公司海外勘探目标精细化、规范化管理奠定良好基础。开展集团公司海外圈闭管理现状分析,梳理相关问题5个,完成4家公司/机构关于勘探目标内涵、分级及管理做法的调研分析。根据资料情况、地质认识、工程条件和经济性,提出推测目标、潜在目标、证实目标和待钻目标四级分类方案,在SPE-PRMS储量分级分类体系基础上,建立与四级勘探目标相对应待发现资源量的三级评价方案。从地质风险评价、资源量估算、经济评价和提交成果等方面对各级目标评价关键环节做出规范,完成勘探目标分级评价规范初稿。

八是高质量完成领导高访图件25张,集团公司海外油气项目合作形势图集1套,全球油田及主要含油盆地分布图、全球气田及主要含气盆地分布图、中国石油"一带一路"合作形势图、中国石油与国际五大石油公司油气合作形势图、中国石油与国内三大石油公司油气合作形势图、中国石油海外退出项目形势图各1张,2019年海外勘探部署图册1套,为集团公司、中油国际和研究院各级领导日常工作和决策提供重要依据。

九是初步建成集数据分析、动态跟踪、综合评价和方案编制等8大功能模块于一体的海外勘探规划计划数据库,并上线运行测试。针对数据管理和动态跟踪两大功能模块,结合历年规划计划数据和14个项目公司勘探动态周报,开展功能模块测试运行工作,初步达到预期效果。

【党建与精神文明建设】

截至2019年底,全球所党支部有党员16名。

党支部:书记万仑坤,委员温志新、计智锋、贺正军、刘小兵。

工会:主席计智锋。

青年工作站:站长刘祚东、副站长栾天思。

2019年,全球所党支部以习近平新时代中国特色社会主义思想为指引,深入贯彻集团公司党组和院党委工作部署,突出"围绕科研抓党建、抓好党建促科研"的工作思路,履行党建主体责任,开展"不忘初心、牢记使命"主题教育活动,以组织推动、思想发动和监督保障的实际成效,为全球所科研业绩的取得提供政治思想和组织保证。

一是持续加强思想建设,开展党的十九大精神再学习再宣传再讨论,学习研讨《习近平新时代中国特色社会主义思想三十讲》、习总书记系列重要讲话指示精神等,开展"七一"红色教育、第十七次形势目标任务责任、"不忘初心、牢记使命"主题教育及"四个诠释"岗位实践等活动,持续激发干部员工干事创业热情。

二是推进党建与业务深度融合,传达学习上级重要会议精神和领导讲话要求,精准把握党建与科研工作重点,结合自身实际,开展学术交流、技术培训等特色活动78次,引领全体干部员工鼓足干劲、攻坚克难,为牵头发布《全球油气勘探开发形势及油公司动态(2019)》报告,支撑集团公司成功中标巴西勘探新项目等作出积极贡献。

三是加强人才培养,发挥班子与专家双驱动效应,坚持理论学习学在先,科研工作带头干,科研关键绩效扛在肩,带头在思想上行动上作表率,营造担当作为、干成事的浓厚科研氛围。搭建多维度技术交流平台,与Spectrum、BGP等公司建立技术交流机制,与IHS、EGI、CGG、ROSE等国际研究机构建立联合研究机制,支持国内外各类学术会议、员工培训和野外考察,为人才成长创造更优条件。

四是强化宣传思想工作,编报新闻稿件26篇,其中在《中国石油报》上发表1篇,在研究院公众号上发表1篇。高度重视意识形态舆情监测工作,加强警示教育引导,全年没有任何相关事件发生。指定专人负责所网站更新和院网站及"三微一端"媒体平台投稿事宜,定期统计全所员工"三微"账号信息并进行言论及思想动态的监控与引导,营造积极向上的良好工作氛围。

(贺正军、万仑坤)

海外战略与开发规划研究所

【概况】

海外战略与开发规划研究所(简称海外战略所)是研究院海外一路核心研究机构之一,主要从事海外油气业务发展战略与开发规划研究。主要职责是负责集团公司海外发展战略、开发规划计划、经济评价、储量评估管理等研究与技术支持工作,发展目标是成为国家油气业务国际合作的高端智库、集团公司海外油气业务发展的参谋助手、研究院海外技术支持的先锋主力,为集团公司海外业务高质量发展提供战略规划技术支撑。

2019年工作思路:围绕重要地区、重大领域和重点问题,切实抓好发展战略、规划计划、经营策略和储量管理等研究工作,为集团公司海外业务高质量发展提供有效支撑。

所长、副书记:常毓文,负责所全面工作,主管人事、财务、行政、计划、科研日常管理、战略研究及经济评价研究工作,分管支部纪检工作。

书记、副所长:张爱卿,负责支部党务工作,主管HSE管理、工会、青年工作站工作,分管开发规划研究工作。

副所长:杨桦,负责储量研究工作,分管员工培训、保密管理工作。

海外战略所下设4个研究室和1个办公室。

开发规划研究室:负责国家和集团公司/股份公司科研项目海外开发技术/方法的综合研究,海外五大油气合作区的开发动态分析、开发规划计划及生产年报图册编制,海外油气业务投资优化组合方法与经营策略研究,海外油气田开发生产数据库建设,组织和协调海外一路开发方面的综合事务。主任王作乾,副主任方立春。

海外战略研究室:负责海外油气合作环境、风险评价与经营策略综合研究,能源供需格局演变、海外油气业务发展战略与重点项目运营策略研究,全球油气市场与价格走势分析、油公司对标分析与启示研究。主任郜峰,副主任彭云、王曦。

储量研究室:负责海外项目储量评估和管理体系及方法的综合研究及储量规范的制定,内部储量技术评审和结果汇总分析,SEC储量评估协调、技术指导、评估策略制定及结果审核,年度储量公报编制及储量数据分析,储量数据库、图形库的维护和管理。主任原瑞娥,副主任王忠生、邵新军。

经济评价研究室:负责海外现有项目开发(调整)方案、可行性研究、资产评估方面的经济评价和SEC储量价值评估,完成SEC储量自评估报告,开展海外业务经济评价理论与方法研究,为海外业务整体经营策略与投资优化提供技术支持。主任梁涛。

办公室:负责所日常科研、行政管理、后勤保障及财务报销等。主任张松。

截至2019年底,海外战略所在册职工39人,其中男职工20人,女职工19人;博士20人,硕士18人,本科1人;教授级高级工程师2人,高级工程师23人,工程师13人;35岁以下15人,36—45岁15人,46—55岁6人,56岁以上3人。当年,何欣、丁厉调入,蔡德超调离。

【课题与成果】

2019年,海外战略所承担科研课题29项,其中国家级课题4项,集团公司级课题12项,其他课题13项。向集团公司报送决策参考6篇、向中油国际报送决策参考1篇。获省部级科技奖11项,局级科技奖4项。出版著作1部。获授权发明专利1项。登记软件著作权1项。制修订标准3项。在国内外学术会议及期刊上发表论文48篇,其中SCI收录5篇。

2019年海外战略与开发规划研究所承担科研课题一览表

类别	序号	课题名称	负责人	起止时间
国家级课题	1	面向非常规油气资源开发工程的创新方法集成研究及示范	赵喆	2019—2021
	2	美洲地区超重油及油砂一体化经济评价与经营策略研究	王恺	2016—2020
	3	海外油气投资环境评估与勘探资产评价	彭云	2016—2020
	4	国际油气资源管理标准与对接	杨桦	2016—2020
集团公司级课题	5	印尼复杂断块砂岩凝析气藏精细描述与效益挖潜技术	易洁芯	2016—2020
	6	海外项目图册与信息报告	蒋伟娜	2019
	7	油气市场和价格研究	王曦	2019
	8	海外油气业务支持体系研究	郜峰	2019—2020
	9	国内外天然气资源供应及获取策略研究	赵喆	2019—2020
	10	境外权益资产处置方案与管理模式研究	王恺	2019
	11	特殊岩性油气藏提高采收率技术对策研究	常毓文	2017—2019
	12	2019年海外油气田开发生产动态分析及规划计划研究	王作乾	2019
	13	2019年海外项目油气储量评估与研究	杨桦	2019
	14	2019年度海外油气合作发展战略研究	郜峰、彭云	2019
	15	2019年海外开发项目经济评价与经营策略研究	王恺、梁涛	2019
	16	海外项目发展能力评价	梁涛	2019
其他课题	17	乍得项目经济评价模型标准化与运营战略研究	赵喆	2018—2019
	18	乍得油气业务"十四五"暨中长期发展规划	王作乾	2019
	19	尼日尔项目数据库建设	王克铭	2019
	20	尼日尔大EEA经济分析和经营策略研究	郭晓飞	2019
	21	尼日尔储量评估	郭晓飞	2019
	22	卡沙干项目技术支持经营策略与项目经济评价	易洁芯	2019
	23	秘鲁58区可研报告	王恺	2019
	24	秘鲁珍珠项目后评价	王恺	2019
	25	巴西项目后评价	朱一萌	2019
	26	乍得PSA区块第二批许可开发方案	杨骞	2019
	27	Fal开发方案	郭晓飞	2019
	28	陆上与陆海项目简化后评价	梁涛	2019
	29	西澳布劳斯项目可行性研究报告编制咨询服务经济评价部分	易洁芯	2019

【科研工作情况】

2019年，海外战略所瞄准集团公司海外业务需求，落实研究院工作部署，切实抓好发展战略、规划计划、经营策略和储量管理等研究工作，为海外业务高质量发展提供有效支撑。

一是牵头推进《全球油气勘探开发形势及油公司动态（2019年）》发布，完成2018年度全球油气开发形势分析报告编写。报告具有"433"特点，即4大部分：全球油气开发形势、全球油气开发特征、待建产油气开发潜力、重点领域开发趋势；3个保持：全球油气开发特征分析、六大区开发形势分析、不同类型开发深度分析；3项创新：分析不在产油气田总结油气田全生命周期规律、分析待建产项目油气产量变化趋势预测、分析不同领域开发趋势指导集团公司业务发展方向。

二是开展海外开发生产动态分析，编制"十四五"规划框架及2020年度计划，完善海外开发动态分析平台数据收录并启动开发平台网页版。组织完成海外开发年度计划预算会，深入分析影响生产的不确定性，提出2020年产量及工作量建议。

三是完善经济评价模型、开展海外项目经营策略等工作。持续推进经济评价模型标准化，已扩展覆盖到炼化和管道项目领域。完成30份以上项目可行性研究、开发方案经济评价、经营策略研究报告。

四是开展SEC储量评估策略研究，协助组织储量评估与审核，编制海外年度储量公报。开展26个项目SEC储量"一项目一策"评估策略研究，得到中油国际采纳，对规避评估风险、指引实现评估目标起到重要作用。

【党建与精神文明建设】

截至2019年底，海外战略所党支部有党员33人。

党支部：书记张爱卿，委员常毓文、王作乾、李嘉、王子健。

工会：主席方立春，副主席郭晓飞，组织委员及女工委员刘春凤，文体委员王曦，宣传委员李之宇。

青年工作站：站长刘春凤，副站长韦青，宣传委员邓希，文体委员朱一萌，组织委员李之宇。

2019年，海外战略所党支部创新特色党建工作，打造国际化科研队伍，服务海外业务优质高效发展。

一、学习贯彻习近平总书记重要指示批示精神和党的十九大精神

按照集团公司和研究院党委部署要求，坚持以习近平新时代中国特色社会主义思想为指导，开展好党的十九大精神再学习、再宣传、再讨论活动，紧密结合"不忘初心、牢记使命"主题教育活动，丰富学习形式，强化理论武装和思想引领，不断增强党性修养和政治觉悟，为推动科研生产发展提供思想动力。

二、强化组织建设

严格执行"三重一大"民主决策制度，制定实施细则，做好备案台账，落实前置程序。以主题教育和巡查工作为契机，实现党建与科研相融互促。落实基本制度。做好党员发展，合规使用经费，筹划阵地建设。开展"剑桥能源周青年学术交流"品牌创建工作，注重国际化人才培养。严肃党内政治生活，落实支部组织生活制度。落实全面从严治党主体责任，2019全年未出现违规行为，未发现党风廉洁方面问题。

三、突出主题教育特色

在开展主题教育活动中注重三落实、三结合、四利用，即学习方法"三落实"：落实学习研讨、落实学习时长、落实学习计划。学习实效"三结合"：结合理论学习有所收获、结合工作实际有所思考、结合先进典型找差距抓落实。学习平台"四利用"：利用石油党建信息平台学习、利用微信工作群学习、利用所内展板进行宣贯、利用院所主页宣传。

四、抓好思想宣传和群团工作

创建学习型党组织,规范意识形态管理,加大外宣力度。建立外宣管理制度,推动外宣工作。以中华人民共和国成立70周年庆祝活动为重点,做好群团工作。2019年,经济评价团队被评为院级杰出青年团队。张爱卿获院级优秀党务工作者称号和集团公司优秀党务工作者称号。

【大事记】

3月 张爱卿、常毓文、王作乾、李嘉、王子健等任海外战略与开发规划研究所党支部委员。张爱卿任书记,常毓文任副书记,王作乾任组织委员,李嘉任宣传委员,王子健任青年委员(组委选〔2019〕6号)。

5月 方立春任工会主席,郭晓飞任工会副主席,组织委员,王曦任文体委员,刘春凤任组织委员、女工委员,李之宇任宣传委员(勘研工字〔2019〕7号)。

7月 张松任所办公室主任,(人组字〔2019〕28号)。

(李嘉、赵喆)

国际项目评价研究所

【概况】

国际项目评价研究所(简称国际所)是研究院海外一路核心研究机构之一,主要从事海外油气新项目和资产评价。主要职责是发挥好新项目评价与投资决策参谋中心作用,组织开展新项目技术经济评价,打造国内外知名的油气资产评估机构。

2019年工作思路:根据集团公司海外业务优质高效发展要求,以"海外油气资产评估"重点学科建设为基础,聚焦"中等规模及以上、收益稳定、综合风险适中"目标资产,做到长期跟踪目标领域的勘探开发进展,适时建议跟进或介入,及时组织开展技术和经济评价,加强现场尽职调查,突出精细评价,严把评价质量关,加强技术经济评价与商务相结合,确保新进入项目投资收益。

所长:王建君,负责党建和科研工作,主管人事、财务、外事、质量管理、指标/方法研究和综合决策平台建设,分管所办公室。

副所长:王青,负责勘探新项目评价,主管国家专项、油公司发布、资料、资产管理工作,配合所长主持科研日常管理,分管勘探评价室和工程评价室。

副所长:雷占祥,负责开发新项目评价,主管所工会、安全、保密、青年、培训工作,协助书记分管党支部相关工作,分管开发评价室和经济评价室。

国际所下设4个研究室和1个办公室。

勘探评价室:负责海外油气勘探(含公司并购)资产技术评价及方法研究。副主任张宁宁。

开发评价室:负责海外油气开发资产(含公司并购)技术评价及方法研究。主任徐晖,副主任曾保全。

工程评价室:负责海外油气勘探开发资产(含公司并购)工程技术评价、开发投资估算及其方法研究。主任易成高。

经济评价室:负责海外勘探开发资产(含公司并购)经济评价及方法研究。主任尹秀玲,副主任孙杜芬。

办公室:负责所日常科研、行政管理、后勤保障及财务报销等。主任刘亚茜,副主任燕占朋。

截至2019年底,国际所在册职工34人,其中男职工19人,女职工15人;博士12人,硕士14人,本科5人;高级工程师15人,工程师10人;35岁以下11人,36—45岁11人,46—55岁10人。当年,吴义平、何媛媛、汪斌调入。

【课题与成果】

2019年,国际所承担科研课题7项,其中国家级课题3项。获省部级科技奖2项,局级科技奖1项。获授权发明专利1项、实用新型专利1项。出版著作4部。在国内外学术会议及期刊上发表论文12篇,其中SCI收录3篇。

2019年国际项目评价研究所承担科研课题一览表

类别	序号	课题名称	负责人	起止时间
国家级课题	1	全球油气勘探业务现状与发展趋势分析	张宁宁	2016.1—2020.12
	2	国际油公司勘探资产获取策略研究	吴义平	2016.1—2020.12
	3	海外勘探资产评价与优选	李浩武	2016.1—2020.12

续表

类别	序号	课题名称	负责人	起止时间
集团公司级课题	4	海外开发新项目评价指标优选及方法体系	雷占祥	2019.1—2020.12
	5	2019年海外勘探类新项目评价	王青、尹秀玲	2019.1—2020.12
	6	2019年海外开发类新项目评价	雷占祥	2018.1—2020.12
院级课题	7	海外油气资产全周期技术经济评价研究	李浩武、易成高	2018.1—2020.12

【交流与合作】

4月14—19日 尹秀玲、李浩武、孙杜芬到新加坡与WOOD进行Workshop交流。

11月22日 易成高在中海油集团公司2019年度投资管理培训班讲授"中国石油海外项目投资决策支持管理体系建设"。

【科研工作情况】

2019年，国际所按照研究院海外一路年初科研工作部署安排和要求，围绕建所宗旨和工作定位，以海外新项目评价业务为主线，夯实业务发展基础，洞悉行业发展态势，规范流程，构建指标，注重创新，防范风险，完成科研各项工作，取得重要成果。

一、开展55项海外项目评价工作，助推海外油气业务优质高效发展

实施"精细化"评价新思路，重视技术经济评价与商务结合，强化项目专家审查，严把评价质量关。开展19个国家55项新老项目评价工作。成功中标或签约新项目3项，签署延期项目1项，新增权益可采储量石油4.8亿桶、天然气1330亿立方米，新增勘探面积约4500平方千米，为扩大上游业务领域、助推海外资产结构优化和优质高效发展作出巨大贡献。同时，储备优质新项目16个，为2020年新项目开发打下良好基础。

二、创建海外油气资产评价综合决策平台，填补国内空白

有效整合并发展完善已有软件和数据成果，集成筛选、评价、历史数据指标、方法和软件为一体，创建国内油公司首个自主知识产权新项目评价综合决策平台。瞄准未来发展趋势，按照综合化、实用化、国际化、大数据化的原则开展设计和建设，按照五个层级设计构架，实现新项目评价资源、知识共享与综合决策，填补国内空白。

三、完善海外新项目综合评价估值方法，成功应用于多个新项目估值工作

坚持综合确定性和概率评价方法、技术经济评价与条款设计相结合，精确开展项目评价，提升客观精确度，争取更大权益，为多个新项目的成功获取估值评价提供方法支撑和运营基础。

四、支撑2019全球油气勘探开发形势及油公司动态发布会顺利召开，谋划未来发展

对三类40家油公司开展分类对比和典型解剖，重点分析各类油公司在战略动向、勘探开发动态以及资产组合优化等方面，完成40家公司2018年经营动态报告，提出主要国际油公司发展战略对国内油公司未来发展的经验启示。

【党建与精神文明建设】

截至2019年底，国际所党支部有党员20人。

党支部：书记王建君，委员王青、雷占祥、李浩武、史洺宇。

工会：主席刘亚茜，副主席李祖欣，委员刘申奥艺、黄飞、王颖。

青年工作站：站长李祖欣，委员张晋、张

慕真、刘申奥艺、黄飞。

2019年国际所党支部深入贯彻党中央、集团公司党组和研究院党委党建工作部署，紧密围绕"两学一做""重塑形象""岗位实践""四合格四诠释""不忘初心，牢记使命"等主题，创新方式方法，推进各项工作，构架大党建格局，打造坚强战斗堡垒。

一是强化政治引领，按照"接地气、有实效、规定动作做到位、自选动作做出彩"的原则，相继开展理论（讲话）学习、专题党课、学习心得交流等活动，将"两学一做"学习教育常态化制度化落到实处。针对海外优质资产有限、新项目评价获取难度增大的严峻形势，全体党员更加自觉地把思想和行动统一到集团公司党组和研究院党委的决策部署上来，在新项目评价与获取、综合决策平台建设、方法研究等方面取得突出进展，重塑形象、岗位实践喜见成效。

二是夯实党建工作基础，加强制度建设，制定"三重一大"实施制度、外协管理制度、年底考核特殊奖励制度、基础研究管理与奖励等系列制度，努力做到做事有规范、干活有流程、奖惩有依据，党政事项规范性不断提升，业务工作质量不断巩固提高，为国际所2050年建成国际知名的油气资产评估机构提供制度保证。

2019年，史洺宇被评为集团公司直属机关青年岗位能手，李浩武被评为研究院优秀基层党支部委员。

（王颖、屈泰来）

中亚俄罗斯研究所

【概况】

中亚俄罗斯研究所(简称中亚所)是研究院海外一路核心研究机构之一,主要从事中亚俄罗斯地区勘探开发研究与技术支持。主要职责是负责中亚俄罗斯地区综合石油地质与油气资源评价研究,勘探开发理论与技术研究,勘探、开发规划与年度部署,重大勘探开发方案编制与技术支持,以及新项目评价、储量评估、可行性研究及决策支持等工作。

2019年工作思路:以强化研发服务为主线,突出勘探开发特色技术研发、重大勘探部署和开发方案编制以及技术支持和决策参谋,强化在中亚俄罗斯油气合作区技术支持体系中的核心和引领地位,为"一带一路"核心区建设提供技术支撑。

所长:郑俊章,主持全面工作,负责办公室管理,财务管理,科研管理,统筹科研与技术支持。

书记、副所长:赵伦,负责党支部工作,主管QHSE、保密、工会、青年工作站工作,统筹开发研究与技术支持。

副所长:许安著,负责科研合同管理,外事管理,软硬件及资产管理,统筹开发研究与技术支持。

中亚所下设5个研究室和1个办公室。

地球物理室:负责地震、测井研究与技术支持和新项目评价。主任孔令洪,副主任林雅平。

地质勘探室:负责地质勘探研究与技术支持和新项目评价。主任王燕琨,副主任张明军。

开发地质室:负责油气田开发地质研究与技术支持和新项目评价。主任陈烨菲,副主任李建新、王淑琴。

气藏工程室:负责气藏工程研究与技术支持和新项目评价。主任宋珩。

油藏工程室:负责油藏工程研究与技术支持和新项目评价。副主任张祥忠。

办公室:负责所日常科研、行政管理、后勤保障及财务报销等。副主任陈松。

截至2019年底,中亚所在册职工52人,其中男职工38人,女职工14人;博士23人,硕士22人,本科7人;教授级高级工程师2人,高级工程师30人,工程师19人;35岁以下15人,36—45岁20人,46岁及以上17人。当年,郭建军、盛晓峰、周天伟、李奇艳、吴铁壮调离,汪平退休。

【课题与成果】

2019年,中亚所承担科研项目课题42项,其中国家级课题2项,集团公司级课题38项,院级课题2项。获省部级科技奖1项,局级科技奖3项。获授权发明专利4项。登记软件著作权9项。出版著作3部。在国内外学术会议及期刊上发表论文30篇,其中SCI收录17篇。

2019年中亚俄罗斯研究所承担科研课题一览表

类别	序号	课题名称	负责人	起止时间
国家级课题	1	哈萨克斯坦带凝析气顶裂缝孔隙型碳酸盐岩油藏注水注气开发调整技术研究与应用	李建新	2017.1—2020.12
	2	中亚探区选区选带与目标评价	王震	2016.1—2020.12

续表

类别	序号	课题名称	负责人	起止时间
集团公司级课题	3	哈萨克MMG高含水老油田砂体构型表征及二次开发技术	李轩然	2019.1—2020.12
	4	中亚核心油气合作区高质量发展与管理模式研究	吴学林	2019.1—2020.12
	5	海外成熟探区精细勘探关键技术	尹继全	2019.1—2020.12
	6	中亚俄罗斯地区"三大工程"实施效果分析及部署研究	许安著	2019.1—2019.12
	7	让纳若尔油田气顶开发技术政策优化与部署调整	吴学林	
	8	北特鲁瓦低压力保持水平碳酸盐油藏注水改善开发效果技术政策优化	赵文琪	
	9	MMG项目主力油田砂体构型表征与剩余油分布规律研究	倪军	
	10	Ketekazgan油田油藏精细描述研究及井位部署优化	张祥忠	
	11	Akshabulak油田注水开发效果评价与调整优化研究	陈礼	
	12	阿克纠宾盐上稠油氮气泡沫凝胶和多元热流体改善吞吐效果研究	薄兵	
	13	北布扎奇疏松砂岩稠油油藏高含水期注水综合调整研究	王成刚	
	14	亚马尔极地海陆相复杂砂岩地质建模方法与水平井部署研究	陈烨菲	
	15	卡沙干异常高压碳酸盐岩油藏回注酸气混相驱技术政策优化	宋珩	
	16	KK项目复杂断块高含水老油田精细油藏描述及注水开发调整优化	梁秀光	
	17	明格布拉克油田开发效果评价与开发部署优化研究	侯庆英	
	18	卡拉库里气田开发效果评价与井位调整优化研究	赵文琪	
	19	南图尔盖盆地老区滚动勘探目标识别与部署	张明军	
	20	南图尔盖盆地新领域勘探潜力评价及部署	张明军	
	21	滨里海盆地东缘滚动勘探潜力及目标评价	王燕琨	
	22	滨里海盆地东缘风险勘探领域油气成藏条件研究及勘探部署	王震	
	23	塔吉克盆地Bokhtar区块油气勘探潜力与部署研究	王春生	
	24	亚马尔及LNG-2项目勘探潜力评价及部署	王素花	
	25	南图尔盖盆地ADM/KAM项目精细勘探目标评价及部署	尹微	
	26	滨里海盆地东缘KMK区块有利目标评价与优选	梁爽	
	27	西tuzkol油藏可行性开采技术方案研究	张祥忠	2019.1—2019.12
	28	阿克纠宾开发技术服务合同	李建新	
	29	KGM公司油田发展规划	王进财	
	30	阿雷斯油田和布利诺夫油田勘探开发可行性研究服务	张玉丰	
	31	阿克纠宾开发技术服务合同2019	李建新	
	32	油田研究技术咨询合同	孔令洪	

续表

类别	序号	课题名称	负责人	起止时间
集团公司级课题	33	阿克纠宾勘探技术服务合同2019	王震	2019.1—2019.12
	34	Kursengi油田地质建模与油藏模拟研究方案	王进财	
	35	卡沙甘技术服务合同2019	许安著	
	36	Sarylan凹陷优势油气运移通道及成藏模式研究	尹微	
	37	Doshan区块复合油气藏油、气、水差异性分布规律研究	张祥忠	
	38	Ketkazgan和Tuzkol油藏精细描述及优化开发方案	陈礼	
	39	高含水、高采出程度油田提高采收率先导性对策研究	张祥忠	
	40	哈萨克斯坦北布扎奇油田科研项目服务合同2019	单发超	
院级课题	41	中亚地区碳酸盐岩储层非均质研究及岩石类型微观表征	陈烨菲	2019.12—2021.12
	42	裂缝—孔隙型碳酸盐岩油藏精细油藏描述与地质建模技术	陈烨菲	

【交流与合作】

1月15日 许安著、梁秀光、侯庆英、王进才、王恺到阿塞拜疆进行KK延期可行性研究项目现场技术支持与交流。

12月10—13日 赵伦、单发超、王成刚、林雅平到哈萨克斯坦与北布扎奇项目公司交流2019年技术支持成果以及2020年油田开发部署。

12月25日 郑俊章、赵伦、王燕琨、陈礼、赵文琪等参加中油国际党委会,审查中亚地区3个可行性研究项目。

【科研工作情况】

2019年,中亚所按照研究院工作会议统一部署,以国家油气重大专项和集团公司重大项目为依托,聚焦中亚俄罗斯地区合作项目勘探开发技术难点,强化基础研究、推进技术创新、增进生产实效,实现理论技术创新、技术支持高效,圆满完成科研生产各项任务。

一、持续深化重点盆地油气地质认识和关键技术研究

加强基础地质研究,明确南图尔盖走滑多断陷裂谷盆地近源断块岩性复合圈闭控藏机制和滨里海盆地东缘上古生界多期碳酸盐岩台地优质储层形成机理,创新陡坡底部浊积体识别和评价技术、盐下深层碳酸盐岩储层预测和油气检测技术,提出六个滚动勘探区带,部署探井、评价井36口,已完钻井在南图尔盖盆地深层复杂断块、新区构造、滨里海盆地东部成藏带低幅度构造等3个滚动领域取得突破。

二、持续加强开发方案编制

加强项目延期开发方案和延期可行性研究编制力度,完成阿克纠宾76号合同、北布扎奇62号合同2个重点项目合同延期开发方案和延期可行性评价报告,支撑海外业务的可持续发展,实现中亚油气作业产量持续超过3000万吨稳产。积极开展高含水老油田"二三"结合开发调整技术研究,形成适应海外高矿化度地层水条件井网重组结合调剖新模式,为MMG项目油气产量持续稳产提供支撑。深化碳酸盐储层非均质分类评价,优化注水开发技术政策,实现开发中后期老油田新井初产达到周围老井的1.7—3.1倍,为阿克纠宾项目持续稳产提供支撑。

三、强化战略决策研究

牵头10个新项目评价,俄罗斯LNG-2

可行性研究获得通过。阿克纠宾延期可行性研究获中哈双方政府批准,滨里海 KMK 延期可行性研究获海外公司"三重一大"会议通过。完成数据库建设、勘探新增储量计算与报批、SEC 储量评估、勘探开发动态分析、科技与业务规划、项目自评价与后评价等工作,上报集团公司《决策参考》3 篇,为集团公司总部决策提供坚实技术支撑。

【党建与精神文明建设】

截至 2019 年底,中亚所党支部有党员 42 人。

党支部:书记赵伦,副书记郑俊章,委员许安著、陈烨菲、倪军、张明军、王进财。

工会:主席林雅平,组织委员孔令洪,宣传委员王成刚。

青年工作站:站长孙猛,副站长蔡蕊。

2019 年,中亚所党支部以习近平新时代中国特色社会主义思想为指导,全面落实党的十九大精神,贯彻集团公司党组及研究院党委工作部署,围绕 2019 年支部"4343"工作思路,践行"求实创新"工作理念,深入开展"不忘初心、牢记使命"主题教育,全面推进"六个一"党支部建设,助推研究所高质量发展,争当海外技术支持排头兵。

一是持续强化思想政治学习,深入开展习近平新时代中国特色社会主义思想和党的十九大精神再学习,贯彻落实集团公司党组、研究院党委决策部署,认真履行党建工作责任制度,全年完成各类学习 39 次,系列答题及知识竞赛 6 次,构建形成全面发展、层层落实、全员参与的"大党建"工作格局。

二是做好基础工作,严格执行"三重一大"决策和党组织前置审议制度,召开"三重一大"决策会议 8 次,全年无违反规定、重大决策失误情况。打破专业、科室、课题组界限重新组建党小组,执行"三会一课"制度,推进特色主题党日活动,共召开党小组会 22 次、支委会 15 次,开展主题党日 14 次,讲党课活动 6 次。从严管理党员,及时完成 4 名党员组织关系转接。

三是推进党风廉政建设,深入贯彻学习党中央、中央纪委等各级纪检组织工作要求和文件精神,建立党支部党风廉政责任制度,开展反腐警示教育,全面整改落实 2018 年民主生活会意见,打造风清气正的基层组织和科研队伍。

四是深入开展正面宣传报道,严格按照上级要求做好舆论引导和新媒体备案等工作,创新增强保密意识教育方式。报送《中国石油报》、研究院网页新闻稿 39 篇,制作快板《石油魂》短视频,2 篇征文入选研究院庆祝中华人民共和国成立 70 周年诗集。中亚所获新闻宣传先进单位称号,樊长江获"壮丽七十年,奋斗新时代"主题征文活动优秀奖。

五是不断创新群团工作,优化青年技术交流会模式,创新"不忘初心,牢记使命"主题教育学习方法,向上级组织报送"大党建"工作格局案例做法 1 篇,与热采所举办青年科研创新技术交流会,与国际合作处、国内高校开展专业俄语国际化交流会,制定"辅导员重点讲解、研读员原文阅读"的学习方法,持续激发员工创新创效活力。陈烨菲获研究院建功立业劳动模范称号,薄兵被评为研究院青年岗位能手,孙猛被评为研究院优秀共青团干部。

(陈松、赵伦)

中东研究所

【概况】

中东研究所(简称中东所)是研究院负责集团公司中东地区油气勘探开发技术研究和生产支持的一个综合性研究部门,是研究院中东地区海外技术支持体系的主体。主要任务包括中东地区油气勘探开发项目技术研究与支持、重大油田开发方案研究、中东地区资源潜力评价、年度计划和中长期规划、勘探开发新项目评价等。

2019年工作目标:以大型碳酸盐岩油田稳产部署优化和效益发展为目标,围绕中东地区大型碳酸盐岩油田开发关键技术攻关,做好国家重大专项课题《伊拉克大型生物碎屑灰岩油藏注水开发关键技术研究与应用》技术攻关;加强哈法亚、艾哈代布、北阿、西古尔纳1等项目技术支持,紧密跟踪新项目进展,提升技术支持和服务水平。做好中国石油国际勘探开发公司科研项目和项目公司技术支持工作,发挥研究院整体优势,全力完成油田开发/调整方案部署研究与实施优化,做好中东大油田产能建设技术支撑。

所长、副书记:郭睿,主持中东研究全面工作,负责中东地区油气业务发展规划、重大油田开发方案编制,组织协调海外项目技术支持工作,负责研究所内控、合同及报销审核等工作,分管哈法亚项目部和中东钻采室。

书记、副所长:张庆春,负责中东地区勘探项目技术研究与支持、中东地区资源潜力研究与发展规划、勘探新项目评价,以及所招投标管理、软硬件设备管理、HSE、保密等工作,分管党支部、所办公室、中东勘探室和中东测井室。

副所长:冯明生,负责中东所科研管理以及中东地区油气开发项目技术研究与技术支持和开发新项目评价,分管中东油藏室、中东地质室和艾哈代布项目部。

所长助理:朱光亚,兼任哈法亚项目部主任。负责哈法亚项目科研与技术支持组织与管理工作,协助所长做好哈法亚项目部与迪拜分中心和哈法亚项目公司现场工作的统筹协调管理。

副总工程师:杨双,协助主管科研副所长开展中东所科研管理工作,并负责伊朗项目科研与技术支持组织与管理工作。

中东所下设7个研究室和1个所办公室。

中东勘探室:负责中东地区油气勘探项目综合地质研究和勘探技术支持,中东地区资源潜力评价与发展规划、勘探部署,中东地区勘探新项目评价工作。主任段海岗,副主任罗贝维。

中东测井室:负责中东地区油气勘探项目和油气田开发项目测井地质综合研究与技术支持工作,以及国家专项测井技术攻关课题研究任务。副主任肖玉峰,副主任郝建飞(至10月)。

中东油田地质室:负责中东地区油气开发项目油田地质综合研究和技术支持,中东地区油田开发方案、调整方案研究,油气田开发新项目评价。主任王雪玲,副主任徐振永,副主任刘玉梅。

中东油藏工程室:负责中东地区油气开发项目油藏工程技术研究与支持,中东地区重点油田试采方案、开发方案及开发调整方案研究和编制,油田动态跟踪分析与开发规划,油气田开发新项目评价。副主任魏亮,副主任高盛恩。

中东钻采工艺室:负责中国石油海外油气田开发方案中钻井工程方案和采油工程方

案的研究与编制,新项目钻采工程技术评价。

哈法亚项目部:负责哈法亚项目综合地质油藏技术研究与支持,油田开发方案及开发调整方案研究与编制,油田动态跟踪分析与开发规划。副主任刘辉,副主任衣丽萍。

艾哈代布项目部:负责艾哈代布项目综合地质油藏技术研究与支持,油田开发方案及开发调整方案研究与编制,油田动态跟踪分析与开发规划。副主任胡丹丹,副主任韩海英。

所办公室:负责中东所日常科研、行政事务管理、HSE、保密、后勤保障及财务协理。主任高日胜(至3月),副主任卢巍,行政管理岗主管王文钰。

截至2019年底,中东所在册职工72人。其中男职工44人,女职工28人;博士后3人、博士28人,硕士35人,大学5人,大专1人;教授级高级工程师4人,高级工程师22人,工程师33人,助工13人;35岁以下39人,36—45岁18人,46—55岁15人。当年,高日胜、刘芳、吕明胜、魏春光、王永健、张耀文调离,郝建飞离职。

【课题与成果】

2019年,中东所承担科研课题23项。其中国家级项目3项,集团公司级重大专项课题1项,院级课题4项,其他课题15项。获国家一等奖1项,省部级三等奖1项,局级一等奖1项、局级二等奖1项。获授权发明专利9项。在国内外学术会议及期刊上发表论文20篇,其中SCI收录2篇,EI收录2篇。

2019年中东研究所承担科研课题一览表

类别	序号	课题名称	负责人	起止时间
国家级课题	1	伊拉克大型生物碎屑灰岩油藏注水开发关键技术研究与应用	王良善、朱光亚	2017.1—2020.12
	2	双重多孔介质天然气层测井响应机理及评价方法研究	石强	2016.1—2020.12
	3	页岩气藏测井解释与优质储层识别评价	石强	2017.1—2020.12
集团公司级课题	4	伊拉克低渗孔隙型生屑灰岩油藏储层表征及高效开发技术研究	朱光亚	2019.1—2020.12
院级课题	5	碳酸盐岩油藏开发规律及政策研究	王舒	2019.9—2021.12
	6	大型海相碳酸盐岩精细油藏描述与地质建模技术	王根久	2019.9—2021.12
	7	碳酸盐岩储层非均质研究及岩石类型微观表征	衣丽萍	2019.9—2021.12
	8	碎屑岩储层单砂体构型与注采结构调整－以尕斯库勒油田为例	秦国省	2019.9—2021.12
其他课题	9	碳酸盐岩油藏开发规律及政策研究	杨沛广	2019.1—2019.12
	10	阿联酋陆海项目探井部署及跟踪评价	罗贝维	2019.1—2019.12
	11	阿曼5区勘探评价及钻井跟踪评价	杨敏	2019.1—2019.12
	12	中东地区碳酸盐岩油藏注水开发技术政策研究	胡丹丹	2019.1—2019.12
	13	中东地区油田新井、措施作业效益评价及优化	胡丹丹	2019.1—2019.12
	14	中东地区重点油田开发方案实施跟踪及效果评价	胡丹丹	2019.1—2019.12
	15	哈法亚油田三期上产及稳产方案跟踪优化与Mishrif油藏注水开发研究	朱光亚	2019.1—2019.12

续表

类别	序号	课题名称	负责人	起止时间
其他课题	16	阿扎德甘油田开发项目可行性评价与北阿项目开发跟踪分析	杨双	2019.1—2019.12
	17	艾哈代布油田稳油控水技术对策研究	胡丹丹	2019.1—2019.12
	18	西古尔纳项目稳产上产开发技术研究	徐振永、冯明生	2019.1—2019.12
	19	中东1号项目DU油田开发实施评价与技术支持	王根久	2019.1—2019.12
	20	中东1号项目商务谈判技术支持工作	冯明生	2019.1—2019.12
	21	中东勘探新项目评价(阿曼、阿布扎比)	段海岗	2019.1—2019.12
	22	哈法亚2019年8个课题技术支持研究服务项目	朱光亚	2019.1—2019.12
	23	西古尔纳-1项目中方可行性研究(地下部分)	徐振永、冯明生	2019.11—2022.12

【交流与合作】

3月4—7日 中东所、迪拜技术分中心以及杭州地质研究院海相油气地质研究所等单位组成的15人专家团队,在阿布扎比Core Lab岩心公司对西古尔纳1油田最新完钻的某井Yamama层的岩心特征进行详细描述。

3月11—14日 海外中心党委书记史卜庆与中东所张庆春、段海岗、罗贝维及地质所卞从胜到阿布扎比项目公司开展陆海项目勘探策略对接任务。

5月10日 中东公司领导专家团组来研究院进行哈法亚项目开发策略研讨会。

【科研工作情况】

2019年,中东所围绕年度重点工作,加强哈法亚主力油藏注水优化研究和上产稳产井位部署,推进艾哈代布KH2层注水优化调整策略研究和下部层系注水开发,做好中东1号、中东勘探等新项目跟踪评价的技术支持,高质量完成年度各项任务。

一、哈法亚主力油藏注水实施优化及油田稳产综合对策研究,为油田上产提供技术支持

摸索形成巨厚碳酸盐岩油藏地质—油藏注水综合评价方法,完成Mishrif层系归位实施方案,优化注水开发技术政策,实现控含水、提高水驱动用、延长稳产期的目的;形成Mishrif高渗透条带精细表征技术,识别滩体空间分布形态和内部叠置关系,建立MA2台内滩十米级薄储层分类标准,有效指导井网优化,为油田2000万吨高峰产能建设提供技术支撑;建立潮汐三角洲沉积模式,精细刻画砂体叠置关系和隔夹层分布,指导井位部署和完井设计;优化部署井位92口,完成单井地质设计82口,支撑哈法亚上产目标实现2000万吨。

二、艾哈代布油田注水优化调整策略研究,为减缓产量递减提供技术支持

建立水平井测井响应标准图版,解决长期困扰的水平井轨迹分层难、层系不清等难题,实现水平井的3D地质建模,有效刻画微构造、高渗透层、高黏油、裂缝区域等储层特征;深化KH2油藏注水开发效果的主控因素研究,静动态结合识别水流通道并预测剩余油分布规律,制定注水开发调整技术政策优化部署;开展下部六套油藏地质特征和生产规律认识,制定分层注水开发技术政策和分层系归位调整优化策略;完成KH2油藏交替不稳定注水优化调整和下部层系归位及分层注水开发部署,制定"总体部署、分步实施"的3套开发调整方案,先进行恢复油藏正常注水开发的优化调整,同时开展多种措施先导试验,在此基础上实施进攻性调整技术。

三、北阿油田 380 万吨稳产技术研究与支持

动静结合分析北阿油田生产特征、油井生产潜力及含水变化控制因素,优化控制油井产能,实现 380 万吨稳产 3.5 年;研究影响生产的主控因素隔夹层的成因、特征及分布规律,综合开展储层物性预测,为工作制度调整提供依据;从储层特征和工作制度调整、生产方式转化等方面分析认识油井生产规律,预测油田稳产期。

四、西古尔纳 1 项目主力油藏 Mishrif 规模注水开发技术对策研究与支持

加强 Mishrif 油藏 ERP 更新方案质量控制,跟踪 Mishrif 油藏开发试验区产能建设和新井实施情况,16 口新井初期产量总体符合率约为 90%,表明 Mishrif 油藏 ERP 调整方案预测产量与新投井实施情况基本符合;更新地质模型,优化注采方式,将 1 套直井笼统注采细化为 mA、mB1、mB2-mC 三套层系开发,利用现有直井分层开发 MA 与 mB1 小层,对上部贼层、下部低渗透层发育的 mB2-mC 采用"底注顶采"水平井开发,支撑增油稳产。

五、阿曼及陆海项目勘探评价与有利目标优选,为新增可采储量提供技术支持

完成阿布扎比第二轮招标勘探区块优选和评价,完成阿曼 6 个区块的潜力评价和优选;陆海及阿曼项目优选有利勘探目标 4 个,钻探井 3 口、评价井 3 口,完成新增储量指标。

六、"中东巨厚复杂碳酸盐岩油藏亿吨级产能工程及高效开发"获国家科学技术进步奖一等奖

2019 年底,由中国石油国际勘探开发有限公司、中国石油天然气股份有限公司勘探开发研究院、中国石油工程建设有限公司等单位共同完成的"中东巨厚复杂碳酸盐岩油藏亿吨级产能工程及高效开发"荣获 2019 年国家科学技术进步奖一等奖。团队借鉴国内油田开发经验,大胆探索,创新提出针对巨厚复杂碳酸盐岩油藏开发的技术系列,通过近 10 年攻关,取得多项创新成果,实现中东地区巨厚碳酸盐岩油藏亿吨级储量高质量开发。

【党建与精神文明建设】

截至 2019 年底,中东所党支部有党员 44 人。

党支部:书记张庆春,副书记郭睿,纪检委员郭睿(至 4 月)、冯明生(4 月始),组织委员卢巍,宣传委员胡丹丹(至 4 月)、王伟俊(4 月始)。

工会:主席王伟俊,委员王文钰、衣丽萍、杨沛广、王秀芹。

青年工作站:站长林腾飞,副站长王鼐,组织委员郝思莹,文体委员李楠,宣传委员邓亚。

2019 年,中东所党支部贯彻落实中央、集团党组和研究院党委工作部署,以习近平新时代中国特色社会主义思想为指导,以全面加强党的领导为统领,以推进基层党建与科研生产深度融合为目标,贯彻落实院党委年度工作要点和党建工作责任制,突出抓班子、带队伍、促生产,持续提升党建工作质量,发挥党支部"把方向、管大局、保落实"作用,取得良好效果。

一、履行党建主体责任,围绕中心任务抓党建

推进党建和群团工作,及时制定完善党群工作计划大表 83 项,强化各项活动的组织落实,确保取得实效;狠抓党建基础工作,以"三会一课"为载体,抓好党的方针政策的学习宣传和贯彻落实,组织好所中心组学习和党员教育培训;组织"形势目标责任"、中华人民共和国成立 70 周年、"不忘初心、牢记使命"等主题教育,以及第三轮巡察整改工作;全年制定完善各项规章制度 9 项,执行

好"三重一大"党组织前置决策流程;聚焦员工心理疏导,做好思想文化和意识形态工作。完成30多人次的谈心谈话,及时缓解员工思想,强化意识形态责任制,做好宣传稿件审查把关,弘扬正能量。

二、不断强化领导班子和干部队伍建设,提升能力和素养

落实领导干部党建责任制清单,强化"一岗双责",突出抓好领导班子的表率作用。强化中层干部廉洁从业意识,落实党管干部原则,加强干部队伍建设及时补选2名支部委员;大力选树典型,发挥身边榜样激励作用,年度选树党员先锋岗8人、推优5人、发展预备党员2名。

三、创新载体方式,做实基层党建工作

聚焦主题,开好年度两次民主生活会、组织生活会和党员民主评议;突出实效,开展"形势目标任务责任"主题教育、纪念五四运动100周年主题教育、"纪念建党98周年"和"庆祝新中国成立70周年"等系列党建主题活动;提高政治站位,狠抓问题整改,完成巡察整改工作;推进第二批"不忘初心、牢记使命"主题教育。

四、着眼思想发动,做好宣传思想工作

多种形式强化理论学习,筑牢思想根基;落实意识形态责任制,每半年开展意识形态研判;强化阵地管理,弘扬正能量,配合党委宣传部和哈法亚油田在《中国石油报》发表文章1篇,向研究院微信公众号投稿3篇。

五、狠抓党风廉政教育,落实"一岗双责"

传达各级党建和反腐倡廉工作会议精神,结合专题党课和案件警示相结合筑牢反腐倡廉防线,拧紧思想"总开关"。签订《廉洁从业承诺书》和《党风廉政建设责任书》,制定《所领导班子履行党风廉政建设责任清单》,完善廉洁风险防控体系,建立关键岗位、关键人员廉洁风险防控体系清单等。

六、创新党建工作模式,凝聚发展合力

完善海外流动党小组工作方式,确保党员教育全覆盖;推进两学一做常态化,选树身边榜样,激发干事创业激情;实施"六项工程",推动党建优势与中东业务发展深度融合。

【大事记】

12月 "中东巨厚复杂碳酸盐岩油藏亿吨级产能工程及高效开发"荣获国家科学技术奖一等奖。

(卢巍、张庆春、郭睿)

非洲研究所

【概况】

非洲研究所(简称非洲所)是研究院负责为集团公司非洲油气合作区油气业务发展提供技术支持的研究机构。主要职责是非洲地区油气勘探开发项目研究与技术支持,非洲地区油气资源潜力评价、发展规划及勘探、开发新项目评价等。

2019年工作目标:以国家重大科技专项、集团公司科技专项和海外勘探开发公司科研项目为依托,以重大勘探部署和开发方案编制为抓手,以实现非洲地区勘探突破、储量增长、高效开发、业务可持续发展为目标,强化理论技术创新与应用、学科建设与人才培养,有序高效推进非洲地区油气勘探开发研究与技术支持。

所长、副书记:张光亚,负责全面工作。

书记、副所长:肖坤叶,分管非洲地区勘探项目科研及规划,负责党群和职工培训。

副所长:王瑞峰,负责非洲地区油气开发项目科研与规划,分管科研和培训工作。

院二级专家:毛凤军,协助勘探所领导开展勘探科研与生产技术支持工作。

所副总工程师:李香玲。

所副总地质师:袁圣强。

非洲所下设1个办公室和5个研究室。

综合管理办公室:负责全所综合管理与协调工作,包括日常事务、人事、财务报销、合同招投标、外事、资产、文件印章、员工考勤、保密及其他后勤管理工作。主任杨莉,副主任程小岛。

勘探综合研究室:负责非洲地区相关盆地石油地质基础研究(原型盆地、岩相古地理、烃源岩、油气成藏)、油气资源潜力评价与战略选区、选带,为勘探规划编制、勘探部署、动态调整、勘探策略研究和新项目评价提供技术支撑。主任刘计国。

沉积储层研究室:负责非洲地区相关盆地层序地层、沉积体系与沉积相、成岩作用、常规储层及基岩等特殊储层形成机理基础研究;负责储层复杂流体识别、试油方案论证及测井技术集成与应用;牵头组织勘探项目SEC储量评估;综合地球物理研究成果,为勘探部署提供储层评价支持;为岩性地层、基岩油气藏乃至非常规油气藏勘探提供有关储层、流体评价等方面的技术支持。主任杜业波,副主任王利。

地球物理研究室:地震技术应用、集成、推广与研发,为非洲地区中油区块内勘探目标的落实与评价提供技术支撑(包括构造解释、构造分析、储层预测、圈闭评价),同时负责非洲地区油气田开发方案、新项目开发方面的地球物理评价等工作。主任肖高杰,副主任刘爱香。

油田地质室:以油藏描述为核心,研发适合非洲地区开发地质特色技术,负责地层对比、构造刻画、沉积研究、储层评价、地质建模及储量评估等研究,为非洲地区油气开发项目开发策略、开发(调整)方案、生产技术支持、新项目评价、储量评估等提供开发地质技术支撑。主任李贤兵,副主任黄奇志。

油藏工程室:负责非洲地区油气田开发策略研究和决策支持,牵头开展油气田开发方案编制和协调IOR/EOR等专题研究、开展开发方案数值模拟,负责已开发油气田动态跟踪分析与开发规划、SEC储量评估及新项目评价。主任李香玲,副主任冯敏。

截至2019年底,非洲所在册职工46人。其中男职工26人,女职工20人;博士22人,硕士15人,学士8人,大专1人;教授级高级工程师3人,高级工程师22人,工程师21人;35岁以下18人,36—45岁10人,46—55岁18人。当年,张新顺、秦艳群调入,徐锋、袁新涛、余朝华、客伟利借调海外勘探开发公司,吴向红退休。

【课题与成果】

2019年,非洲所承担科研课题29项,其中国家级课题1项,集团公司级课题4项,院级课题13项,其他课题11项。获省部级科技进步一等奖、二等奖各1项。在国内外学术会议及期刊上发表论文28篇,其中SCI收录8篇,EI收录2篇。

2019年非洲所承担科研课题一览表

类别	序号	课题名称	负责人	起止时间
国家级课题	1	海外重点探区目标评价与未来领域选区选带研究	毛凤军	2016—2020
集团公司级课题	2	南苏丹Melut盆地北部地区下组合勘探领域研究	张光亚	2019—2020
	3	中西非裂谷系重点盆地风险勘探领域评价和目标优选	肖坤叶	2019—2020
	4	乍得花岗岩潜山油藏高效开发技术研究	李贤兵	2018—2020
	5	南苏丹大型层状砂岩油藏稳油控水综合调整技术	冯敏	2019—2020
院级课题	6	苏丹6区勘探潜力评价与目标优选	客伟国	2019
	7	南苏丹1/2/4区勘探潜力分析和目标优选	刘计国	2019
	8	南苏丹37区勘探潜力分析和目标优选	刘计国	2019
	9	乍得PSA区块勘探潜力评价和目标优选	杜业波	2019
	10	尼日尔Tenere/Bilma区块有利区带勘探潜力评价与目标优选	袁圣强	2019
	11	南苏丹37区Fal、乍得Lanea油田和莫桑比克一期方案等方案实施跟踪及调整优化研究、苏丹老油田挖潜措施等	王瑞峰	2019
	12	非洲地区动态分析与产量预测、SEC储量自评估	冯敏	2019
	13	南苏丹37区Fal构造开发方案跟踪实施及调整优化研究	廖长霖	2019
	14	南苏丹37区Paloch油田主力区块水淹特征分析	王敏	2019
	15	南苏丹124区北部油田复产实施跟踪研究	张新征	2019
	16	乍得项目Lanea油田地质跟踪研究与开发效果评价	李栋明	2019
	17	莫桑比克Coral一期方案实施跟踪研究	徐庆岩	2019
	18	尼日尔二期油田单井产能综合评价	徐庆岩	2019
其他课题	19	莫桑比克国家油气工业勘探规划、开发规划	刘计国	2019
	20	南苏丹37区Fal构造2018年开发调整方案——地质油藏部分和地面工程设计	黄奇志	2019
	21	南苏丹37区Fal构造2018年开发调整方案——经济评价部分	黄奇志	2019

续表

类别	序号	课题名称	负责人	起止时间
其他课题	22	南苏丹124区勘探开发项目可行性研究报告编制——地质油藏部分	张新征	2018—2019
	23	PSA区块三维区油气潜力评价与目标优选	王利	2018.4—2019.4
	24	PSA区块三维区目标评价及勘探策略研究	杜业波	2019.4—2020.4
	25	乍得2.1期油田开发调整方案研究——地质油藏部分	李贤兵	2018—2019
	26	乍得PSA区EEA-1开发许可方案实施跟踪、Birrea等新油田开发方案编制——地质油藏部分	李香玲	2019.1—2019.12
	27	Bilma区块Trakes斜坡区成藏主控因素分析与勘探目标优选	袁圣强	2019.1—2019.12
	28	尼日尔Dibeilla油田群油藏描述更新及开发对策研究	袁新涛	2019.1—2019.12
	29	尼日尔SEC储量评估及开发经营策略研究——SEC储量评估部分	徐庆岩	2019.1—2019.12

【交流与合作】

3月1日—8月31日 选派杜业波到美国路易斯安那州立大学进修半年。

3月4日 南苏丹石油部长盖特库斯一行来研究院访问，中油国际尼罗河公司常务副总刘志勇陪同，院长赵文智会见。

5月、7月 南苏丹政府和联合公司两批技术人员在研究院参加为期2个月专业培训。

9月9日 南苏丹石油部局长Joseph率石油部、股东和联合公司专家代表团来研究院访问。

12月2日—2020年5月29日 袁圣强到美国得克萨斯大学奥斯汀分校作访问学者。

【科研工作情况】

2019年，非洲所以国家、集团、海外板块和项目公司科研项目为依托，密切结合海外项目生产实际，完成年度科研及生产技术支持工作，成效显著。

一、加强决策支持

全年向国家和集团公司党组上报决策参考4篇：《中国石油建议将非洲建成中国新的油气供给中心》《十年来非洲重大油气发现对中石油重塑海外勘探格局的启示》《抓住"一带一路"能源合作新机遇，开启非洲油气合作新篇章》《关于在海外新项目评价中尽快实施远景圈闭概率法资源量评估和EMV估值建议》。完成非洲地区勘探开发形势分析，支撑《全球油气勘探开发形势及油公司动态（2019年）》发布。全年向集团公司、海外板块、地区公司管理层重大决策支持汇报46次。

二、深化中西非被动裂谷盆地成藏理论研究

优选勘探目标31个，被采纳26个，支撑南乍得盆地Doseo坳陷风险勘探取得重大突破，Termit盆地Trakes斜坡、Bongor盆地Moul-Pavetta构造带等勘探取得重要进展，苏丹6区精细勘探获得新发现，新增油气可采储量946万吨。针对南乍得强走滑裂谷盆地构造沉积演化复杂多变特点，明确有利相带与构造带叠合控制油气富集的规律，建立成藏模式，指导在北部陡坡和中部凸起落实目标8个、钻井3口，新增三级石油地质储量3000万吨，待钻圈闭资源量6000万吨，展现亿吨级储量规模。明确 Trakes 斜坡为 Termit 盆地晚白垩世广覆式坳陷东延成藏条件有利,风险勘探获新进展,通过成藏研究和构造解释,落实有利圈闭目标 7 个,钻井 3 口均成功,新增三级石油地质储量 1500 万吨,待钻圈闭资源量 6700 万吨,展现 5000 万吨以上储量规模。开展 Bongor 盆地 Moul-Pavetta 构造带成藏条件分析与圈闭评价,甩开勘探成效显著,形成亿吨级储量接替区:开展成藏分析与圈闭评价,落实目标 7 个,钻井 5 口,成功 4 口,新增三级石油地质储量 4350 万吨,待钻圈闭资源量 6500 万吨,有望形成亿吨级储量接替区。加强 Muglad 盆地 6 区勘探技术攻关,精细勘探获新发现:针对苏丹 6 区下组合复杂断块开展技术攻关,落实目标 3 个,钻井 1 口获成功;储备一批岩性目标。

三、做深做优靠前技术支持

发挥"两个工作队"优势,优化部署新井 100 口,支撑非洲地区作业产量实现 1600 万吨产能目标。针对南苏丹 3/7 区项目,二次开发关键技术应用效果显著,提供新井井位 30 口,支撑 3/7 区产量超计划运行,年产油 640 万吨,超产 20 万吨。针对乍得项目井控程度低、储层预测难度大等技术挑战,开展 2.2 期方案实施跟踪研究,实现高效建产,优化调整 39 口新井井位,完成 99 口新井钻井地质设计报告,助推 2.2 期年产 360 万吨产能快速建成,支撑项目 2019 年突破 500 万吨产量目标。苏丹项目通过优化措施,稠油合理提液,实现 2019 年年产 206 万吨。

四、做好新项目评价

尼日尔 R5/6/7 区块回购、乍得 Borogop、Chari East-Doseo 区块 2 项预可行性研究报告获中油国际专家中心批准,另完成其他 8 项新项目筛选、评价及建议。

【**党建与精神文明建设**】

截至 2019 年底,非洲所支部有党员 32 人。

党支部:书记肖坤叶,副书记张光亚,委员王瑞峰、王利、程小岛。

工会:主席程顶胜,委员胡瑛、杨莉、廖长霖、杨轩宇。

青年工作站:站长程小岛,委员郑学锐、杨轩宇、康楚娟、廖长霖。

2019 年,非洲所党支部根据研究院党委部署,结合非洲所年度考核指标,践行初心、勇担使命,为非洲油气合作区增储上产保驾护航。

一、加强政治建设

以党员大会集体学习、党小组分组学习、党员网上自学等多种方式,组织学习宣贯习近平新时代中国特色社会主义思想和党的十九大精神等 16 次。传达学习贯彻集团公司工作会议、领导干部会议、党建与党风廉政建设工作会议精神;落实研究院工作会议、党建与反腐倡廉工作会议精神以及院党委各项决策部署,强化政治建设,提升"两个维护"行动自觉。

二、加强组织建设

履行"一岗双责",明确班子成员党建工作责任分工;强化班子建设,落实"三重一大"决策制度。严格执行"三会一课"制度,共召开全体党员大会 18 次,专题党课 2 次、支委会会议 12 次、党小组会议 26 次,主题党日活动 12 次。按时保质保量开展"不忘初心、牢记使命"主题教育,组织"七·一"红色教育实践、参观铁道游击队旧址、台儿庄战役纪念馆等活动,提升党性修养。做好党员发展工作,高质量开好民主生活会,做好民主评议党员工作。

三、加强作风建设

查找"形式主义、官僚主义"等四风问题,深刻反思原因并提出整改措施;通过开展主题党日活动、观看专题纪录片等方式,全面解读形式主义、官僚主义的危害;广泛征集意见,制定整改措施,确保整治形式主义官僚主义工作见实效;严格执行研究院公务接待、办公用房及装修、公务用车、会议管理办法等制度要求。

四、加强党风廉政建设

制定党风廉政建设主体责任清单;建立廉洁风险岗位防控指引,明确各涉险岗位的廉洁风险点及其防控措施;分级签订党风廉政建设责任书,按时上报支部落实党风廉政建设责任情况;对新提任干部进行廉洁从业教育,及时组织案例警示学习;利用专题党课、视频和新媒体等多种手段开展案例警示教育,将纪律教育扩大到全所职工,达到警钟长鸣的效果。全年未发生违法违规违纪等情况。针对巡察反馈的2个方面9个问题和4个方面意见建议,成立巡察整改落实工作领导小组,建立问题清单、任务清单和责任清单,制定25项整改措施,组织党支部、工会、青工站以及相关科室对照整改工作运行表逐一落实。

五、加强思想宣传工作

通过建章立制,明确意识形态工作责任制和责任分工,专题汇报意识形态工作;加强对出国交流、"两微一端"、讲座报告等意识形态风险点的预判和管理,全年未发生意识形态问题。强化舆论导向,宣传正能量。全年在院主页上传新闻稿30篇,在《中国石油报》发稿2篇,在《石油商报》官微和研究院公众号发稿3篇,展现非洲所工作成果和员工风貌。

2019年,姜虹被评为2018年度集团公司直属机关青年岗位能手,张光亚被评为研究院科技领军建功人才,李香玲被评为研究院青年科技立业英才。

(程顶胜、张光亚)

美洲研究所

【概况】

美洲研究所(简称美洲所)是研究院下属的二级科研机构,主要为集团公司在美洲地区的油气勘探、开发、新项目评价提供技术支持。

2019年工作目标:提升自主创新能力和科学管理水平,强化美洲项目靠前技术支持力度,做特美洲非常规勘探开发技术,为集团公司美洲地区上游业务发展提供技术支撑。

所长、副书记:陈和平,全面负责所科研和管理工作。分管人事、财务、QSHE等,协助书记开展党建和群团工作,分管油田地质室、重油开发室和所办公室工作。

书记、副所长:田作基,负责所党的建设和群团等方面的工作。分管党支部、工会、青年工作站等工作,协助所长组织QSHE、保密和企管法规等工作,分管勘探室工作。

副所长:齐梅,分管科研管理、学术交流、外事、国际合作、档案、技术培训、信息技术等工作,分管常规油开发室。

美洲所下设5个科室。

勘探室:主要从事美洲地区油气勘探研究与技术支持,承担国家、集团(股份)公司下达的科研课题。主任周玉冰,副主任马中振、刘亚明。

油田地质室:主要从事美洲地区油田地质研究与技术支持,承担国家、集团(股份)公司下达的科研课题。主任黄文松,副主任张克鑫、黄继新。

重油开发室:主要从事美洲地区重油和油砂项目开发技术研究与支持,承担国家、集团(股份)公司下达的科研课题。主任李星民。

常规油开发室:主要从事美洲地区常规油开发技术研究与支持,承担国家、集团(股份)公司下达的科研课题。主任李云波。

所办公室:主要负责科研经费管理、合同与财务管理、后勤保障、QHSE、员工培训和日常工作综合管理。副主任韩彬。

截至2019年底,美洲所在册职工38人。其中男职工24人,女职工14人;博士后5人,博士18人,硕士14人,大学1人;教授级高级工程师2人,高级工程师21人,工程师15人;35岁以下9人,36—45岁18人,46—55岁10人,55岁以上1人。当年,张凡芹、罗艳艳调离,史晓星入职。

【课题与成果】

2019年,美洲所承担科研课题36项,其中国家级科技重大专项课题(专题)3项,集团公司级课题20项,地区公司横向课题13项。获中国石油和化学工业联合会部级科技进步二等奖1项,局级科技进步奖8项,授权专利3项。在国内外学术会议及期刊上发表论文24篇,其中SCI收录10篇,其中EI收录5篇。

2019年美洲研究所承担科研课题一览表

类别	序号	课题(专题)名称	负责人	起止时间
国家级课题	1	超重油油藏冷采稳产与改善开发效果技术	李星民	2016.1—2020.12
	2	油砂有效开发与提高SAGD效果新技术	刘洋	2016.1—2020.12
	3	南美探区选区选带目标评价	马中振	2016.1—2020.12

续表

类别	序号	课题(专题)名称	负责人	起止时间
集团公司级课题	4	海外成熟探区勘探技术研究	马中振	2016.1—2019.12
	5	巴西海域盐下湖相碳酸盐岩成藏条件与目标评价关键技术	刘亚明	2019.1—2019.12
	6	安第斯项目Tarapoa区块油气输导体系研究及有利目标优选	田作基、马中振	2019.1—2019.12
	7	秘鲁10/58项目勘探潜力评价及勘探部署		
	8	巴西里贝拉区块中区—东南区勘探潜力评价与勘探策略		
	9	巴西佩罗巴区块勘探潜力评价与井位目标优选		
	10	美洲探区规划计划研究与勘探动态跟踪分析		
	11	美洲地区油气勘探部署图册编制		
	12	美洲地区勘探类新项目评价		
	13	麦凯河区块SAGD效果评价与优化研究	陈和平、齐梅	2019.1—2019.12
	14	胡宁4区块热采先导试验跟踪研究		
	15	MPE3项目水平井冷采潜力评价与优化部署		
	16	巴西Libra项目早期生产测试跟踪与产能评价		
	17	秘鲁10区开发效果评价及新井和措施井优选研究		
	18	美洲地区油气开发生产形势分析及产量预测		
	19	美洲项目2019年油气开发年度生产经营计划		
	20	美洲项目"十三五"开发规划滚动更新研究		
	21	美洲地区主力油田开发生产年报图册编制		
	22	美洲项目储量分析及SEC储量评估		
	23	美洲地区勘探开发新项目评价研究		
其他课题	24	Tarapoa西和邻区地震资料精细解释、储层预测及目标优选	周玉冰	2019.1—2019.12
	25	Mariann-Cuyabeno断层地区地震地质综合研究	马中振	
	26	Tarapoa区块2019年开发井优化和2020年部署	张克鑫	
	27	Tarapoa区块注水效果评价和注水优化研究	郭松伟	
	28	胡宁4项目早期生产可研	陈长春	
	29	Tarapoa区块油田开发研	张克鑫	
	30	秘鲁6/7区生产技术支持	徐立坤	
	31	秘鲁58区勘探评价	赵永斌	
	32	秘鲁10区延期评价	李剑	
	33	秘鲁10/57/58区自评估	李云波	
	34	麦凯Ⅲ区块开发先导试验地质油藏方案设计	包宇	2019.1—2019.12
	35	麦凯河一期开发中长期规划	周久宁	
	36	薄储层及挑战储层开发方式优选	梁光跃	

【科研工作情况】

2019年，美洲所落实研究院工作会议精神，做实科研生产工作。依托国家和集团公司科技专项，攻关前陆盆地斜坡带成熟探区薄储层精细滚动勘探、巨型盐下碳酸盐岩油田勘探开发和超重油与油砂经济有效开发等关键技术；完成厄瓜多尔安第斯、秘鲁10区、胡宁4先导试验可行性研究报告，编制委内瑞拉MPE3开发调整、麦凯河加密先导试验、秘鲁58区早期试采方案，优化巴西Mero油田开发设计和油砂SAGD调控，支撑美洲地区油气业务效益发展。

一、安第斯项目通过开展油气输导体系研究，明确油气运移路径，指导有利目标优选，Dorine北3口评价井均获成功

通过测井解释与储层反演明确侧向砂体疏导层发育特征，基于断层面展布特征分析明确油气沿断层充注特征，建立砂体—断层油气输导体系，结合断层输导性、输导砂体、流体势、含氮化合物等多要素综合分析确定油气运移路径。基于圈闭综合评价结果，在Tarapoa区块建议部署井位15口，均被项目公司采纳。Dorine北部署3口评价井均获成功，分别钻遇油层87英尺、107英尺和72英尺，在白垩系多套目的层获突破。

二、巴西项目通过深化成藏规律研究，提出里贝拉中东区双源油气成藏模式，评价中东区勘探潜力，为里贝拉中区、东南区勘探延期提供技术支撑

通过测井、3维地震、古生物等资料，建立区块层序地层格架，通过岩心相、单井相、测井相和古地貌综合分析，预测有利沉积微相分布，提出中东区双源油气成藏模式，评价中东区勘探潜力，指导勘探部署；巴西佩罗巴区块建立双台缘台地沉积模式，结合储层确定性反演，明确区块有利储层发育区。

三、攻关超重油提高采收率和油砂SAGD开发新技术，支撑MPE3项目在特殊经营环境下平稳运行、麦凯河油砂区块一期上产

技术研发方面，深化超重油二次泡沫油提高采收率机理认识，促发体系浓度、沥青质含量、多孔介质剪切作用等是影响二次泡沫油形成与稳定性的关键因素，二次泡沫油呈油气泡沫拟单相流，大幅提高原油流动能力和弹性能量。建立二次泡沫油全组分、全过程数值模拟方法，物理模拟和数值模拟相结合，评价二次泡沫油吞吐可提高驱油效率30%，提高采收率10%。深化油砂多元热流体辅助SAGD开采机理认识，优化开发技术政策，揭示非凝析气蒸汽腔顶部聚集机理，制定2mol%混注气浓度上限。创新多分支SAGD井对布井方式，突破泥质纹层遮挡、加快蒸汽腔垂向发育，提升储层动用，支撑完成加密先导试验方案设计，完钻4井对并转入预热阶段。

生产支持方面，麦凯河油砂区块静动态与四维地震监测结合，厘清薄夹层、气顶、底部油水过渡层分布对SAGD开发效果的影响，制定ICD、混注天然气加压气顶、蒸汽增压扩容、重钻注采井、平衡操作压力、高压差提液等6类SAGD调控措施，现场实施32井次，日产油增至1.1万桶。MPE3项目深化冷采潜力认识，分类落实老井产能，优化复产技术对策，支撑项目在极端困难生产经营环境下，高效复产至日产油9万桶。

四、攻关复杂小断块百年老油田效益开发技术，推动秘鲁10区和6/7区大幅增产增效

汲取"四精"经验，攻关形成复杂小断块百年老油田效益开发模式，基于新井效果评价研究高产井分布规律，综合构造、储层发育、开发动态等多因素筛选有利目标区，利用局部三维地震资料寻找滚动扩边和高效加密井位,根据钻后分析更新地质认识,动态调整新井部署;在精细地质油藏研究的基础上形成措施层位优选标准,形成适用措施挖潜技术。自项目接手以来,新井和措施新增产量达到 6568 桶/天。2019 年 10 区项目实现原油产量 71.1 万吨,11 月产量超过 1.5 万桶/天,比 2014 年底接管 1.03 万桶/天提高50%。秘鲁 6/7 区 20 口义务工作量获高产,2019 年实现原油产量 19.9 万吨。

五、深化巴西 Mero 油田地质认识,优化早期试采工作制度和开发方案部署

建立 Mero 油田"滨浅湖"沉积模式,储层纵向多期旋回叠加,横向空间迁移,提出滨浅湖碳酸盐岩沉积 3 类典型岩相序列,明确 BVE 组以藻丘和颗粒滩沉积为主,ITP 组以介壳滩沉积为主;明确湖平面升降控制纵向岩相带发育,沉积亚相和微相控制岩相平面变化;刻画碳酸盐岩岩石结构和储集空间特征,识别出 6 种孔隙类型,以粒间孔和铸模孔为主,划分出 4 类孔隙结构,Ⅰ类中孔中高渗型最发育。分析 NW3 井流压异常原因,提出井下结垢导致压差增大,建议实施酸化除垢,实施后日增油 2000 桶,支撑 NW3 井年度产油 184 万吨。优选 Mero3 开发方式,提出的开发优化建议被同业审查会采纳,模拟未来气窜后应对措施,上部注气建议改为中下部注气,可显著降低生产气油比。应用不确定性数值模拟方法,优化 Mero 油田 4 个生产单元开发设计。

六、研发雨林地区安第斯"双高"油田开发关键技术,支撑项目在特高含水阶段实现效益稳产

建立河口湾潮汐冲沟被泥质充填、切割砂坪和砂坝砂体的"坪坝相连、垂向叠置、冲沟间隔、泥质充填"沉积演化模式,明确内河口湾砂泥混杂、中河口湾泥岩切割连片砂体、外河口湾泥岩零星分布的砂泥分布规律,形成低幅度构造河口湾储层油藏精细描述技术;以油藏开发潜力和经济评价为核心,形成地质目标、钻井工程和丛式平台状况"三结合"的井位优选和设计方法,指导实施新井 21 口,新井年增油 10 万吨;深化低幅度构造边底水油藏特高含水期开发机理认识,明确主力油田重力驱动为主;建立天然水驱和人工协同注水开发评价图版,定量评价开发效果,指导后期调整,实施转注井 5 口;项目在 2019 年度生产原油 234.3 万吨。

【交流与合作】

4 月 7—13 日　杨朝蓬到法国参加第 20 届 EAGE-IOR 会议。

4 月 23—27 日　梁光跃到美国参加 SPE 会议。

5 月 17—24 日　黄文松到美国参加 AAPG 2019 年会。

9 月 1—6 日　李星民、杨朝蓬、梁光跃到阿曼参加第十一届 WHOC 会议。

10 月 13—17 日　周久宁到科威特参加 SPE 2019 第四届科威特油气会议。

10 月 16—18 日　黄文松、孙天建参加 2019 油气田勘探与开发国际会议。

11 月 12 日　沈杨、杨朝蓬、李云波、徐立坤参加海外油气业务十四五规划框架对接会。

【党建与精神文明建设】

截至 2019 年底,美洲所党支部有党员 28 人。

党支部:书记田作基,副书记陈和平,纪检委员刘洋,组织委员刘亚明,青年兼宣传委员张克鑫。

工会:主席韩彬,委员刘剑、田园。

青年工作站:站长张超前,委员史晓星、周久宁。

2019 年,美洲所党支部按照研究院党委部署和要求,以习近平新时代中国特色社会主义思想为指导,深入学习宣传贯彻党的十九大精神,开展"不忘初心、牢记使命"主题教育,把创新党建工作贯穿支部工作全过程,严格"三重一大"前置程序,开展特色党建工作,做好党建与科研生产"三融合",发挥党支部战斗堡垒作用和党员先锋模范作用,完成 2019 年党建工作任务,取得丰硕成果。

一、严格履职,以高质量党建引领所技术支持和科研工作

观察学习上级重要指示批示精神,贯彻落实上级党委部署;加强领导班子和干部队伍建设,打造坚强战斗堡垒;加强宣传思想工作,弘扬正能量;丰富思想教育形式,提升教育效果;加强党风廉洁建设,营造风清气正的工作氛围;创新推进特色党建,引领支撑重点工作;联合兄弟单位抓党建,牵头组织 5 项活动,相互促进见成效。

二、全力打造相互欣赏、相互关爱的温馨"家"文化,凝心聚力促科研

以丰富多彩的活动凝心聚力,激发员工工作热情。关注员工身心健康,举办"学会弹钢琴,奏响和谐乐章"心理分享会,开展各类文体活动 16 次,慰问员工及家属 15 人次,连续 5 年开展河北省涞源县希望工程小学扶贫助学活动。2019 年,"桃花潭水深千尺,不及大家送我情"欢送退休员工联欢会获得集团公司优秀工会案例一等奖,并收录《集团公司优秀工会工作案例手册》。

三、助力青年成长,凝聚青年合力

激发爱国热情、传承优秀文化,组织青年员工参观北大红楼、登长城、唱红歌等。开展"向身边榜样学习"活动,引导青年人成才。以培养青年人为宗旨,举办"第十届青年学术英语论坛"。丰富员工日常生活、凝心聚力促进科研生产。开展素质拓展,举办篮球友谊赛、乒乓球比赛等活动,缓解员工压力,激发团队协作精神和凝聚力。

(韩彬、刘章聪)

亚太研究所

【概况】

亚太研究所（简称亚太所）是中国石油勘探开发研究院负责中石油亚太地区、阿姆河地区油气项目和加拿大地区非常规气项目勘探开发技术研究和技术支持的科研单位，承担勘探开发中长期规划和年度部署、重大开发方案编制、勘探开发技术攻关与支持、新项目技术评价等任务。

2019年工作思路：以"不忘初心，牢记使命"为主题，以"践行四个诠释"为引领，为海外业务高质量发展提供技术支持，为研究院综合改革贡献力量。抓好两项"政治任务"的坚决落实：一是阿姆河140立方米年产天然气项目冬季保供的气源保障；二是箭牌澳大利亚煤层气项目重大经营策略调整的技术支持。着力打造亚太地区4个技术支持团队，筑梦"一带一路"，点燃蓝色火焰，全面完成2000万吨油气当量/年生产任务提供技术支持。进一步提升海外天然气地质与开发技术与人才培养增量，助推研究院国际一流建设。

所长：王红军，主持部门全面工作，负责综合管理工作、财务、全所勘探，重点支持阿姆河项目，分管所办公室、地质评价室，负责纪检监查工作。

书记、副所长：夏朝辉，负责党支部全面工作，主管科研管理、工会、青年工作站，分管开发地质室、油气藏综合研究室，协调气藏工程室工作，负责印度尼西亚、澳大利亚及新加坡石油公司（SPC）项目、泰国项目开发技术研究与技术支持工作，负责新项目评价工作。

副所长：郭春秋，主要负责安全保密、设备购置与管理、人才与学科建设、学术交流、对外宣传（包括年鉴）、学生办公室管理等，分管气藏工程室，负责阿姆河项目开发技术研究与技术支持工作。

亚太所下设5个科室。

地质评价室：主要负责海外勘探类科研项目组织与实施，海外油气地质研究及勘探部署、钻后评价以及储量评估等，海外项目油气藏地质评价，勘探类新项目评价。主任张良杰，副主任洪国良、李铭、程木伟。

油气藏综合评价室：主要负责海外新项目评价组织与实施，油气藏描述与综合评价，海外项目决策支持研究。副主任张文起、汪萍。

开发地质室：主要负责油气藏开发地质领域新技术和新方法研究与集成应用，海外项目油气藏开发地质研究，天然气项目试采、开发（调整）方案开发地质部分，天然气项目开发区块内部储量计算（复算）。副主任曲良超、崔泽宏。

气藏工程室：主要负责天然气藏开发新技术、新方法研究与集成应用，生产动态分析、年度生产计划及中长期生产规划，天然气藏试采方案、开发（调整）方案气藏工程部分，气藏工程设计及相关研究工作，储量评估。主任刘玲莉，副主任史海东、胡云鹏。

所办公室：主要负责全所科研、行政管理、后勤保障及财务报销等。副主任陈鹏羽，主管代芳文。

截至2019年底，亚太所在册职工37人。其中男职工23人，女职工14人；博士后3人，博士25人，硕士10人，大学2人；教授级高级工程师2人，高级工程师23人，工程师13人，工人1人；35岁以下10人，36—45岁16人，46—55岁11人。当年，赵文光、郭同翠调离。

【课题与成果】

2019年,亚太所承担科研课题19项。其中国家重大专项任务2项(课题1项,专题1项),集团公司课题5项。获授权专利2项,其中发明专利2项。获软件著作权3项。出版著作3部。在国内外学术会议及期刊上发表论文37篇,其中SCI收录3篇,EI收录3篇。

2019年亚太研究所承担科研课题一览表

类别	序号	课题名称	负责人	起止时间
国家级课题	1	阿姆河裂缝孔隙(洞)型碳酸盐岩气藏高效开发关键技术研究与应用	史海东、邢玉忠	2017.1—2020.12
	2	亚太探区选区选带与目标评价	胡广成	2016.1—2020.12
集团公司级课题	3	海外天然气藏复杂储层精细评价与预测技术	郭同翠、张良杰	2018.3—2020.12
	4	印尼复杂断块砂岩凝析气藏精细描述与效益挖潜技术	丁伟、张晓玲	2016.9—2019.6
	5	都沃内特高含液烃页岩气藏分段压裂水平井优化开发技术	曲良超、汪萍	2016.9—2019.6
	6	印尼砾岩储层精细表征与优化开发技术	张晓玲、胡云鹏	2019.1—2020.12
	7	都沃内项目挥发油区带高效开发技术	孔祥文、汪萍	2019.1—2020.12
其他课题	8	亚太、阿姆河地区油气勘探技术支持与研究	王红军	2019.1—2019.12
	9	亚太、阿姆河地区油气开发技术支持与研究	夏朝辉	2019.1—2019.12
	10	澳大利亚海上Browse项目可行性研究	曲良超、胡云鹏	2019.1—2019.12
	11	澳大利亚箭牌项目(ABSC)开发技术支持	张铭	2019.1—2019.12
	12	澳大利亚箭牌项目苏拉特区块开发可行性研究	刘玲莉、崔泽宏	2019.1—2019.12
	13	2019年澳大利亚Arrow项目可研方案编制	崔泽宏、刘玲莉	2019.1—2019.12
	14	SPC项目海上油气田高效开发技术与策略研究	胡云鹏、张晓玲	2019.1—2019.12
	15	泰国项目综合地质研究与钻后评价	李春雷	2019.1—2019.12
	16	加拿大都沃内项目后评价	汪萍	2019.1—2019.12
	17	加拿大白桦地项目可行性研究	孔祥文	2019.1—2019.12
	18	阿姆河右岸项目后评价	史海东	2019.1—2019.12
	19	阿姆河右岸项目鲍-坦-乌气田开发方案地质研究及开发设计	程木伟、陈鹏羽	2019.1—2019.12

【科研工作情况】

2019年,亚太所按照海外研究中心统一部署和工作安排,围绕建所宗旨和工作定位,夯实天然气勘探开发特色技术,突出效益开发,支撑阿姆河、印度尼西亚、SPC等常规油气项目稳产增效益,坚持技术创新,推动加拿大非常规气、澳大利亚煤层气项目突破技术瓶颈。抓重要成果的有形化与团队建设,注重基础研究,严格过程管理,加快青年骨干技能的锻炼与成长,打造海外天然气地质与开发技术支持团队,加大现场工作力度,支撑海外天然气业务可持续发展,助推研究院国际一流化建设。

一、煤层气高效开发关键技术比肩国际一流公司壳牌(Shell),高质量完成箭牌煤层气项目重大经营策略研究工作

中国石油与壳牌公司按50∶50股比收

购箭牌能源公司煤层气资产,是东澳唯一未大规模开发的气源,周边3大已建液化天然气(LNG)项目年液化能力约2530万吨,整体缺气,Surat区块价值日益显现。在此形势下,壳牌公司借上游参股箭牌项目、下游控股QGC公司的一体化优势,主导提出Surat区块新钻年产气70亿立方米、下游QGC公司处理水气的方案。针对上述方案,以亚太所为主体的中国石油技术团队基于长期技术支持成果,分析方案技术挑战,明确潜在风险,提出平面开发"甜点区",纵向多层合采,采用多段封割完井工艺,调整开井时率,优化丛式斜井井网布局,取消一期短供赔偿等一揽子开发技术政策,经过与壳牌6次激烈讨论,达成开发区域选择、有利区带划分、开井率等七项共识,将方案调整到年产气40亿立方米及以下,得到集团和板块领导高度认可和赞赏。

二、全力组织阿姆河碳酸盐岩复杂气藏评价与开发方案编制,高质量完成全年140亿方稳产与冬季保供的经营策略与技术支持

加大阿姆河靠前技术支持力度,完成阿姆河项目140亿立方米年产目标规划调整和重点气藏开发方案编制,促使B区东部三气田提前投产1年,成功建成12亿立方米年产能。针对B区中部水淹气田,深挖气田开发潜力,编制完成鲍—坦—乌气田开发调整方案,获国内外专家的高度肯定,为阿姆河项目后续其他水淹气田提供经验借鉴。在气藏动态描述技术方面取得重要进展,完善三重介质大斜度试井模型、评估裂缝对气田开发指标的影响,绘制井位部署优选参数图版,为井位部署提供技术支撑。全年完成新井论证7口,预计为B区中、东部新增年产能12亿立方米,进一步夯实项目长期稳产能力。

三、超前谋划,推进天然气藏地质与开发基础研究

针对印度尼西亚弧后裂谷盆地精细勘探面临技术难题,采用地层正演模拟等方法开展国际合作研究,基本明确岩性圈闭形成机理与油气藏分布特征,为主力区块延期后增储上产提供技术支撑。开展阿姆河右岸32口井283样次烃源岩和油样地化分析,7口井40个薄片包裹体观察,拍摄单偏光薄片324张、测温150个,模拟盐下油气成藏过程,深化油气分布认识。利用国家重点实验室开展水侵模拟实验,揭示碳酸岩盐气藏水侵微观机理。探索一套页岩多尺度孔隙—裂缝三维数字岩心建模方法,建立都沃内项目页岩三维数字岩心,表征孔隙—裂缝分布,为富含液烃页岩弹性参数及各向异性研究奠定基础。

四、构建4个团队,营造"比、学、赶、帮、超"氛围

针对亚太所技术支持项目的特点,构建4支团队:东南亚团队"海、陆、空"联合作战,完成全所50%现场技术支持任务;箭牌煤层气团队支撑ABSC高效运行7年,打造出技术支持与人才培养平台;中亚阿姆河团队肩负保障中亚输气管线稳定供气,完成冬季保供使命;北美致密气团队作为高端油气市场的先锋队,坚持非常规的思想,发挥跨越学科能力优势,提供高水平技术支持。

【交流与合作】

3月30日—4月18日 刘玲莉到澳大利亚参加布劳斯项目概念确定方案会议。

5月15—19日 王红军、张铭、李铭、陈鹏羽到新加坡参加新加坡国立大学石油上游研究创新学术研讨会。

6月2—7日 段利江到日本参加Petro-Phase2019会议。

10月6—9日 李铭到阿曼参加2019年AAPG中东地区低阻油气层评价研讨会。

11月29日—12月9日 张晓玲、张文起、曲良超、孙春柳、胡云鹏到新加坡、印度尼西亚进行地质模型交流与技术支持。

【党建与精神文明建设】

截至2019年底,亚太所党支部有党员28人。

党支部:书记夏朝辉,支部副书记兼纪检委员王红军,宣传委员兼保密委员郭春秋,青年委员祝厚勤,组织委员陈鹏羽。

工会:主席尉晓玮,组织委员刘丽,宣传委员胡云鹏,女工委员张晓玲,文体委员曲良超。

青年工作站:站长张晓玲,副站长胡云鹏,组织委员刘晓燕、宣传委员代芳文。

2019年,亚太所党支部坚决贯彻落实研究院党委工作部署,履行党建工作责任和落实意识形态工作责任,守初心、担使命,践行"四个诠释",努力建设团结友爱、充满朝气、积极向上的党支部,党的建设各项工作取得显著成绩。

一是强化政治理论学习,筑牢对党忠诚根基,坚定理想信念。构建党建工作大格局,夯实三基建设,履行党建工作责任。亚太所党支部将党建工作按岗位、按职责层层分解落实,形成党员领导干部全员抓党建的合力。

二是开展"不忘初心,牢记使命"主题教育,用6个"做"践行"四个诠释":做"优"阿姆河项目,保祖国蓝天;做"强"箭牌项目,保中国石油利益;做"实"加拿大气项目,效益建产;做"精"印度尼西亚项目,现金为王;做"亮"SPC项目,小股东大作为;做"细"泰国项目,薄层上做大文章。

三是全面从严治党,坚决落实党风廉政建设责任制,营造清正廉洁氛围。落实意识形态工作责任制,严守思想防线,"黄金1小时"快速反应,强化意识形态管理,严守思想防线,切实做到守土有责、守土负责、守土尽责。

四是比学赶帮超,"3微1交流"、构建3个"青年成长平台",助力青年骨干快成长。3微,从小处着眼,润物细无声:微心得谈理论心得、微创新谈奇思妙想、微专业谈点滴收获;1交流,从大处思考,他山之石可以攻玉:跨院所交流领域知识链、跨院所交流团队建设。3个青年成长平台:鼓励青年骨干参加国际学术交流,扩视野;鼓励青年骨干与国际知名大学开展联合研究,长知识;激励青年骨干承担各级课题,强水平。

五是关爱员工,点滴呵护,工会从细节做起,处处为职工着想,营造1种相互欣赏相互关爱的氛围。2019年亚太所党支部获研究院先进基层党组织,青年工作站获"青春心向党,建功新时代"研究院五四主题活动创新大赛一等奖,政研论文《新时代基层科研单位促进青年知识分子工作成才实践思考》获中石油党建与思想政治工作研究会三等奖。2019年,汪萍被评为研究院青年十大科技进展,夏朝辉被评为研究院科技领军建功人才,海外天然气年220亿立方米技术支持团队被评为研究院2019年度科技创新奋斗团队。

(尉晓玮、丁伟、王红军)

生产运营研究所

【概况】

根据集团公司海外油气业务体制机制改革框架方案、集团公司人事部关于组建海外研究中心有关事项的批复，2018年8月6日，中油国际共建人员进驻研究院办公。2018年8月29日，研究院正式发文，成立海外研究中心生产运营研究所（简称生产运营所）。生产运营所主要由中油国际共建人员构成，主要职责包括负责协助中心领导做好海外技术支持体系的管理协调和研究质量控制；负责海外项目技术方案现场实施的跟踪监督；负责协助做好海外项目年度计划、规划编制、可行性研究和技术方案编制等方面的协调和跟踪；协助中油国际和海外项目相关业务部门，开展相关事务协调服务；做好海外项目轮换人员的技术培训和交流。

2019年工作思路：坚持问题和需求为导向，努力攻克技术瓶颈，发扬大庆精神铁人精神，在研究院和中油国际的领导下，按照海外中心要求，不断创新，推动先进适用技术的应用，发挥生产运营所肩负的"协调、管理、监督与服务"职责作用，整合海外技术支持体系整体技术、人才优势，形成合力，提升海外技术支持体系科研成果质量。

所筹备组负责人：牛嘉玉，负责研究所全面工作。

在其他所领导班子成员没有到位的情况下，与各室临时负责人构成临时领导集体，切实落实"一岗双责"，抓好党建责任和业务工作目标绩效管理责任。

生产运营所下设5个科室。

综合室：协助所领导开展科研与信息的日常管理和协调；开展党群的管理和协调、负责日常的财务核算与管理及各种相关的后勤服务支持。负责人刘志国。

勘探室：参与海外勘探部署和实施动态分析，编制相关周报、月报和季报等；负责海外项目技术方案现场实施的跟踪监督；参与协调海外勘探年度计划、规划编制、预可行性研究、可行性研究和储量评估；协助科技信息部开展选题、过程跟踪和成果质量把关；围绕勘探瓶颈问题，跟踪协调海外技术支持体系的技术支持课题，协调开展针对性技术攻关；对口服务于中油国际勘探部、业务发展部和海外地区公司、项目公司勘探生产相关事务。负责人吴亚东，副负责人胡欣。

开发室：参与海外油气田生产动态分析，编制相关周报、月报和季报等；负责海外项目技术方案现场实施的跟踪监督；参与协调做好海外年度计划、预可行性研究、可行性研究和开发方案编制；协助科技信息部开展选题、过程跟踪和成果质量把关；围绕开发技术难点，跟踪协调海外技术支持体系的开发生产技术支持课题，协调开展针对性技术攻关；对口服务于中油国际开发部、生产运行部、业务发展部及海外地区公司、项目公司开发生产相关事务。负责人许战卫，副负责人张英利。

生产作业室：研究和完善海外项目钻井、修井、完井、试油作业流程和操作规范；参与跟踪协调海外技术支持体系的生产作业技术支持课题；负责海外项目技术方案现场实施的跟踪监督；对口服务于中油国际生产作业部、业务发展部、开发部及海外地区公司、项目公司相关事务，编制相关周报、月报和季报等；参与协调海外生产作业年度计划和规划编制；协助科技信息部开展选题、过程跟踪和成果质量把关。负责人张铜洲（至4月）、张世校（4月始），副负责人刘忠楠（至7月）。

地面工程室：开展海外地面工程建设动态分析，及时参与解决油田现场地面、炼化和管道等问题；跟踪协调海外地面工程技术中心、海外规划研究中心、海外炼化与LNG技术中心和海洋工程技术中心的技术支持课题；协助科技信息部开展选题、过程跟踪和成果质量把关；对口服务于中油国际工程建设部、管道炼化部、海外项目工程建设、业务发展部和炼化管道部门及海外地区公司、项目公司相关事务。负责人丛雷（至10月）、王翔（10月始）。

截至2019年底，生产运营所在册职工35人。其中男职工34人，女职工1人；博士（后）6人，硕士16人，大学13人；教授级高级工程师1人，高级工程师31人，工程师3人；35岁及以下1人，36—45岁4人，46—55岁23人，56岁及以上7人。当年，邱维有、孙林、张子涵、张世校、张学群、王月林、郑先文、王金国调入，何世龙、张思富、靳松、李善云、刘东周、刘忠楠、李会平、胡博、李强调出。

【课题与成果】

2019年，生产运营所承担集团公司级科研课题5项。获授权专利4项，其中发明专利4项。

2019年生产运营所承担科研课题一览表

类别	序号	课题名称	负责人	起止时间
集团公司级课题	1	海外研究中心技术支持课题管理与质量控制	牛嘉玉、张禹	2019.1—2019.12
	2	海外14家分中心技术支持课题协调与质量控制	胡欣、许战卫	2019.1—2019.12
	3	海外项目公司研究课题管理与技术支持	刘忠楠、李明月	2019.1—2019.12
	4	海外勘探开发与生产建设信息管理与动态跟踪	吴亚东、张仁祥	2019.1—2019.12
	5	海外技术标准体系建设	杨福忠、张英利	2019.1—2019.12

【科研工作情况】

2019年，生产运营所按照研究院和中油国际年初科研工作部署安排和要求，围绕建所宗旨和工作定位，推动各项业务工作的开展，全面完成各项工作任务，成果显著。

一是完善勘探方案技术审核流程，保障海外勘探技术支持整体、有序、高效开展。

二是协助集团公司总部完成《油气勘探开发业务管理规定》和《油气田开发方案全周期管理实施细则》的修订，为实施勘探开发方案的全周期管理提供制度保障。

三是研究专有技术，申请专利4项：减轻放喷系统水击及防止管线堵塞装置、文丘里充气循环装置、液化天然气储存、气驱和冷能利用工艺、天然气凝液做循环介质工艺。

四是针对偏心注水水嘴易堵塞的问题，提出螺杆分注技术，向集团公司总部提交工作建议报告。

五是发挥专业全面和现场经验优势，审核可行性研究文字报告，参与新项目评价，为集团公司业务发展提供重要技术支持。

【党建与精神文明建设】

截至2019年底，生产运营所临时党支部有党员31人。

临时党支部：负责人牛嘉玉，组织委员吴亚东，纪检委员杨福忠，宣传委员张英利。

2019年，生产运营所临时党支部坚持以习近平新时代中国特色社会主义思想为指导，深入学习贯彻党的十九大精神，开展"不忘初心、牢记使命"主题教育，全面贯彻落实集团公司和院党委各项工作部署，履行"第一责任人"的职责，按照正式党支部的标准，强化党员队伍建设,增强临时党支部的战斗堡垒作用,加强创新,推进特色党建工作,寻求新突破,实现党建与科研生产协调管理有机融合,共同发展。

一是围绕2019年工作目标,突出政治理论学习、组织建设、团队建设3项工作,打造高效优质管理、生产技术协调管理2类团队,倡导友谊、和谐、信任、团结4种氛围,实现传承优秀文化、培养一流队伍、创造一流业绩3个目标,全面推进"六个一"党支部建设。

二是本着"导向鲜明、主题明确、形式多样、全员覆盖"的原则,精细组织安排第二批"不忘初心,牢记使命"主题教育,力争达到"提高思想觉悟,提高工作水平"目的。通过主题教育,实现"补足精神之钙,筑牢信仰之基"的学习效果,精神受到洗礼,思想认识和政治理论水平得到大提升。

三是坚持党建工作与海外科研协调管理有机结合,通过党建工作,促进所重点工作任务顺利开展,取得重要科研和管理成果。

四是基层党建工作与工会活动有机结合,加强普通群众与党员、党组织的沟通交流,注重员工身心健康,着力解决职工困难,提供关怀与温暖,增强团队凝聚力。

(盛艳敏、牛嘉玉)

海外综合管理办公室

【概况】
2018年7月16日,海外研究中心揭牌成立,院办公室刘志舟负责筹备海外综合管理办公室相关事宜。10月29日,根据研究院《关于成立海外研究中心所属综合管理办公室、生产运营研究所、工程技术研究所的通知》(勘研人〔2018〕165号)文件精神,石油勘探开发研究院成立海外综合管理办公室。

海外综合管理办公室主要职责是负责中心党委、领导班子日常办公和事务的安排,重要会议及活动的组织;负责中心重大决策、重要工作的督办和落实;负责中心重要文字材料的起草;负责中心文电处理、机要、保密和信访工作;负责与上级部门、友邻单位及研究院各部门之间协调沟通。

2019年工作目标:海外研究中心科研工作的组织和推进;海外研究中心党务工作的有序开展;海外研究中心规章制度、运行机制的完善;海外研究中心重要决策部署等的督办落实。

海外综合管理办公室筹备组组长:刘志舟,主要负责海外综合管理办公室筹备工作(8月始)。

海外综合管理办公室筹备组副组长:燕庚,配合刘志舟完成海外综合管理办公室筹备工作(9月始)。

海外综合管理办公室设5个科室:办公室、党群工作科、文秘科、科研管理科和综合调度科。

办公室:负责中心领导日常事务管理和服务、公务活动安排、重要会议及活动的组织、办公用品领取发放、差旅报销,海外研究中心文电处理、文件档案和印章管理,与上级部门、友邻单位及研究院各部门之间的协调沟通。负责人张凡芹。

党群工作科:负责海外研究中心党委党、群、工、团等工作的推进落实,海外研究中心党委公文处理、党委重要文字材料起草,党的工作执行情况督察督办,海外研究中心保密、宣传报道等工作。负责人高日胜。

文秘科:负责海外研究中心重要文字材料、规章制度、会议纪要的起草,海外研究中心重大决策和重要工作部署贯彻执行情况的监督、检查和催办,中油国际周报、月报的组织协调和统稿工作,联管会秘书处相关工作。负责人张凡芹。

科研管理科:按照研究院科研管理的统一要求,负责海外研究中心科技发展规划和年度科研计划的编制与实施,科研项目的组织、协调与管理,科研经费的落实、下拨、使用与监督,科研成果的鉴定、验收与报奖,科研设备的规划及年度计划的制定与实施,主流软硬件的统一购置、运维和培训,海外研究中心专业技术委员会的日常管理和服务,中油国际生产经营协调会及其他重要会议涉及海外研究中心业务事项的落实和反馈工作。负责人孙作兴。

综合调度科:负责协助开展海外研究中心员工培训、职称评审、业绩考核等人事工作的联络与组织,协助开展中心外事活动、国际交流活动的联络、协调、翻译和接待等工作,协助开展海外研究中心国际科技合作项目的组织和管理,海外研究中心车辆调度、车辆维修保养、司机管理,中油锐思技术开发有限责任公司事务协调。负责人张凡芹。

截至2019年底,海外综合管理办公室在册职工11人。其中男职工8人,女职工3人;博士3人,硕士6人,大学1人,大专1

人；高级工程师7人，工程师4人；35岁以下2人，36—45岁7人，46岁及以上2人；锐思员工2人。当年，张凡芹、高日胜、辛玉霞调入。

【业务工作情况】

2019年，海外综合管理办公室贯彻落实研究院工作会议精神和海外研究中心工作会议精神，立足参谋助手、综合协调、督查督办、服务保障四大职责定位，坚持高效率、高水平、高质量工作标准，力求"参谋助手"谋高度、"综合协调"谋全局、"督办督查"重实效、"服务保障"重质量，为服务海外研究中心有序平稳运行发挥应有的支撑作用。

一、聚焦海外研究中心科研生产大局，高质量完成科研工作的组织与推进

以做好年度计划和统计为切入点，为日常工作开展提供第一手资料和有利抓手，宏观掌控项目承担和分布情况，在科技规划、项目立项、预算编制、任务书签订、经费请款与下拨、过程质量控制、五项计划审批、检查验收、归档、成果申报等全生命周期实行一盘棋管理。

二、坚持体制改革方向，不断完善优化规章制度、运行机制，保障中心高效运行

一是深入调研征集意见，完善海外研究中心补充薪酬管理办法，组织开展补充薪酬考核与兑现工作，增强职工干事创业和献身海外事业的积极性。二是完善质量内控制度，成立海外研究中心技术委员会，以精细科研过程管理为抓手，强化内部质量控制，提高技术支撑水平；梳理并构建海外新项目评价管理体系，提高新项目评价和现有项目方案调整专业化水平，确保新项目（预）可行性研究编制质量；建立重大开发方案质量控制体系，提高开发方案编制针对性和符合率。三是严格规范公务用车，编制《海外研究中心公务用车规定》，提升车辆管理和调度效率，提供优质后勤保障。

三、做好重大事项合理安排、平稳推进和落实，提升中心效率，促进协调发展

一是夯实海外研究中心龙头地位和主体作用，加强统筹组织协调，着力构建"队伍稳定、整体协调、发挥特色、资源共享、形成合力"的海外技术支持体系。二是编制海外研究中心科研平台建设发展建议，规划各所共用、套数较多、工作必备软件10套；加强海外研究中心软件采办管理，优化软硬件运行技术和管理措施，促进资源共享，提高设施利用率和可用时间。三是立足拓展专业视野，构建"学习型"中心发展目标，邀请国内外专家学者开展专题技术讲座提升广大技术人员专业技能。

四、做大有效推进工作的重要桥梁作用，加强督查督办力度，确保全局工作高效有序运转和政令畅通

坚持把协调服务作为关键环节，立足运转枢纽位置，牵头抓总、统一调度，力求协调周密有力，督办督查全面落地。全年组织工作协调会、党务会议13次；协调参加中油国际专题会议、董事长办公会、党委会23次，中油国际月度、季度、半年生产经营形势分析会9次，中油国际局务会15次；协调完成中油国际督办9次；协助审核上报决策参考17篇，组织编撰局务会周报43期，中油国际月报11期，院务会双周报10期，协调院务会材料10期。

五、发挥好中心工作的统领作用，做好重要会议、重大活动、重要文字材料的组织，保证重要工作落地有声

围绕中心，服务大局，持续提升组织能力，用情、用心、用智、用力做好海外研究中心2019年工作会议、"不忘初心、牢记使命"主题教育调研和讲党课、《全球油气勘探开发形势及油公司动态》发布会、2019年海外油气开发工作会等重要会议与活动的组织,发挥综合办的重大组织和推动作用。始终把决策参谋服务摆在首要位置,坚持超前思考、主动作为,站在政治和全局高度想大事、谋长远,完成中心2019年工作会议报告、中国石油海外业务科技总体情况调研、研究院海外研发机构情况调研、完善海外技术支持机制的建议等10多份重要文字材料的起草,不断提高参谋助手、以文辅政能力。

【党建与精神文明建设】

截至2019年底,海外综合管理办公室筹备组临时所党支部有党员8人。

党支部:书记刘志舟,纪检委员燕庚,组织委员高日胜,宣传委员刘芳。

工会:主席张凡芹。

青年工作站:站长李蕾。

2019年,海外综合管理办公室筹备组临时所党支部围绕院党委的部署和要求,加强理论学习,做好自身规定动作,确保党建工作方向不迷、目标不偏;做好支部、青工站和工会活动的相互衔接、互为补充,确保基层战斗堡垒的作用发挥;围绕队伍组建时间短、办公地点分散、员工关系分散在各支部等特点,做好员工思想发动,确保奋发有为的精神状态;围绕年度重点任务,做好党建工作与业务工作的深度融合和良性互动,确保党建优势转化成工作优势。

一是支部书记履行主体责任,带领广大党员持续深入学习习近平新时代中国特色社会主义思想和党的十九大精神,对标2019年党建工作重点,坚决抓好党员思想建设和政治理论学习。召开支部(扩大)大会11次、支部书记讲党课1次、参加研究院党委书记和海外中心领导讲党课2次、党委中心组扩大会议5次,开展主题教育集中学习研讨会3次,小组讨论学习和个人自学14次。

二是落实党建工作责任制,强化"一岗双责",加强党风廉政建设,坚决落实"三重一大"决策制度。参加海外研究中心组织的各种党风廉洁教育活动,传达集团公司党委关于部分党员领导干部违纪违规问题及处理情况,与科室长逐一签订党风廉政责任书,梳理合规管理中的潜在问题,针对关键岗位和重点人员加强廉洁从业提醒。对重大合同签订、资金支出、评先创优和职称评审等涉及重要人、财、物等重要事项按"三重一大"程序进行集体讨论决策。

三是加强党工团青联合工作,先后组织参加"七一"爱国主义红色教育,参观铁道游击队纪念馆、台儿庄红色教育基地、"我和我的祖国"中英文演讲比赛,学习陈建军先进事迹等活动。加强交流学习经验,牵头组织全球油气勘探开发形势及油公司动态(2019)发布会和油气工业科技创新体系和大数据及人工智能在油气工业中的应用会议,派遣员工到海外前线项目交流学习和参与调研40余人天,同海外其他专业所联合举办和参与活动12人次。

2019年,张凡芹被评为研究院2019年度先进工作者和2019年度优秀工会干部;高日胜被评为研究院2019年度青年岗位能手。

【大事记】

8月28日　研究院决定,刘志舟任海外综合管理办公室筹备组组长(人组字〔2018〕68号)。

9月29日　研究院决定,燕庚任海外综合管理办公室筹备组副组长(勘研人〔2018〕153号)。

(张凡芹、高日胜、刘志舟)

四川盆地研究中心

【概况】

四川盆地研究中心(简称四川中心)成立于2018年1月,是研究院服务油田生产的研究中心之一,主要职责是承担四川盆地天然气勘探、天然气开发、页岩气三大领域的相关研究任务;组织实施一体化科技攻关,解决四川盆地勘探突破发现、天然气与页岩气增储上产方面面临的关键基础问题与技术难题;有效调动和整合研究院京内外技术力量,为西南油气田实现年产目标提供技术支撑和服务。

2019年工作思路:贯彻研究院党委关于"打好新时代天然气勘探开发科技攻关会战,支撑好四川盆地300亿大气区建设"的部署,落实研究院工作会议与勘探推进会指示精神,紧密围绕生产一线,发挥好现场技术服务作用与研究院在油田的平台作用,坚持一手抓党建、一手抓创新,"不忘初心、牢记使命",凝心聚力,砥砺奋进,确保各项工作都取得明显成效;紧紧围绕制约四川盆地天然气勘探开发的共性、关键问题开展攻关研究,不断丰富碳酸盐岩、非常规天然气成藏富集理论;进一步强化靠前支撑、深化重点领域自主创新,提升研究成果的针对性、时效性和实用性。

主任:姚根顺,全面负责各项业务,协助党务工作。

书记:李熙喆,负责党务、纪检、群工工作,主管开发业务并兼管天然气开发室。

常务副主任:李伟,主持日常工作,协调科研运行,兼管HSE、保密及后勤工作,分管综合办公室。

副主任:段书府,负责勘探业务,分管勘探评价室。

副主任:王永辉,负责工程技术及油田开发现场技术支持,分管页岩气研究室。

副主任:张静,负责物探技术及油田勘探现场技术支持,知识产权,分管物探技术室。

院一级专家:汪泽成,协助主管领导负责重大项目组织管理、勘探学科发展与优势学科培植、青年人才培养。

院二级专家:万玉金,协助主管领导负责重大项目组织管理、开发学科发展与优势学科培植、青年人才培养。

四川中心下设5个科室。

综合办公室:负责日常科研、行政管理、财务报销、会议及活动组织、筹备和接待、考勤、安全、质量、保密、合规管理、后勤保障等。副主任康郑瑛。

勘探评价室:负责开展四川盆地重点领域共性基础问题研究,支撑四川盆地新区、新领域风险勘探;紧紧围绕勘探生产需求,持续开展重点领域评价与目标优选,提出风险和预探井位目标,支撑天然气勘探规划部署和储量评价工作。主任王明磊、谢武仁,副主任姜华、付小东、刘静江、曾富英。

物探技术室:负责支撑四川盆地常规及非常规天然气勘探部署与开发评价,开展页岩气靶点位置和甜点参数预测;围绕低孔低渗碳酸盐岩储层,以保幅保真高精度成像处理为基础,结合岩石物理分析,建立储层响应模式,形成储层综合预测技术,支撑现场服务。主任黄家强、郭晓龙,副主任冯庆付、姜仁、陈胜、李新豫。

天然气开发室:负责高石梯—磨溪震旦系与川西下二叠新区建产、磨溪龙王庙主力气田稳产、安岳须家河致密气提高储量动用和川东石炭系提高采收率研究,攻关开发面临的共性与关键技术难题，全力支撑西南增产目标的实现。主任郭振华、石石，副主任张满郎、罗瑞兰、张林、闫海军。

页岩气研究室：负责四川盆地页岩气地质、开发机理、新工艺、新技术研究和科技攻关等；开展页岩气作业区块地震资料处理解释、评价井部署、有利区评价、开发方案编制、开发井部署、实施效果地质工程跟踪评价等工作。主任张晓伟、苏云河，副主任车明光、郭伟、梁峰、王南。

截至2019年底，四川中心在册职工76人。其中男职工65人，女职工11人；博士（后）32人，硕士41人，大学及以下3人；教授级高级工程师6人，高级工程师43人，工程师25人，其他2人；30岁以下6人，30—40岁32人，40—50岁19人，50岁以上19人。外聘人员8人。当年，谢占安、李振猛2人调进，鲁卫华、孟德伟、袁贺、邱振、陈瑞银、王小丹、王坤、石石、江青春、黄士鹏、王军磊、齐亚东、贾成业13人调离。

【课题与成果】

2019年，四川中心承担科研课题41项，获省部级特等奖1项、一等奖4项、局级一等奖2项、二等奖2项，获授权发明专利18项，在国内外学术会议及期刊上发表论文65篇，其中SCI收录15篇，EI收录15篇。

2019年四川盆地研究中心承担科研课题一览表

类别	序号	课题名称	负责人	起止时间
集团公司级课题	1	深层—超深层构造演化及其对天然气成藏富集的控制作用研究	姜华	2019.5—2020.6
	2	四川盆地重点区带地震资料处理解释及目标优选	陈胜	2019.5—2020.6
	3	四川盆地长兴组—飞仙关组区带评价与目标优选研究	武赛军	2019.5—2020.6
	4	四川盆地及邻区震旦-寒武系构造-岩相古地理研究及原型盆地恢复	张建勇	2019.5—2020.6
	5	四川盆地二叠系烃源岩生烃潜力精细研究	付小东	2019.5—2020.6
	6	川东石炭系天然气地质条件深化研究与区带目标优选	杨荣军	2019.5—2020.6
	7	四川盆地雷口坡组区带评价与目标优选研究	辛勇光	2019.5—2020.6
	8	四川盆地震旦系—下古生界区带评价与目标优选研究	谢武仁	2019.5—2020.6
	9	四川盆地下二叠统区带评价与目标优选研究	江青春	2019.5—2020.6
	10	川中—川西过渡带侏罗系含气富集区预测与目标优选研究	郭晓龙	2019.5—2020.6
	11	内江—犍为地区筇竹寺组页岩气有利区带优选及目标研究	梁峰	2019.4—2019.12
	12	川东石炭系气藏开发规律及挖潜目标研究	罗瑞兰	2019.6—2020.6
	13	安岳气田须二气藏精细描述及提高单井产量技术攻关研究	张满郎	2019.6—2020.6
	14	磨溪龙王庙组气藏长期稳产开发技术对策研究	郭振华	2019.6—2020.6
	15	磨溪区块灯四气藏岩溶储层描述及开发目标优选	闫海军	2019.6—2020.6
	16	川西双鱼石—双鱼石南三维连片地震精细处理解释及有利圈闭评价	黄家强	2019.7—2020.6
	17	威远东—荣昌北区块深层页岩气储层评价与开发潜力分析	郭伟	2019.7—2019.12

续表

类别	序号	课题名称	负责人	起止时间
集团公司级课题	18	四川盆地筇竹寺组页岩气有利区带优选及评价	梁峰	2019.7—2019.12
	19	自201井区页岩气井生产特征及开发技术措施研究	郭为	2019.8—2019.11
	20	蜀南地区下二叠统成藏模式及含油气条件研究	黄士鹏	2019.8—2019.11
	21	威远页岩气田产能建设跟踪评价与优化研究	车明光	2019.8—2019.12
	22	川西地区茅口组储层特征及主控因素研究	郝毅	2019.9—2020.9
	23	四川盆地二叠系火山岩勘探潜力综合评价	苏旺	2019.10—2020.6
	24	带井下节流器气井井底压力折算及井控动态储量计算	俞霁晨	2019.10—2020.9
	25	大猫坪-大猫坪西地区生物礁气藏开发潜力评价及有利目标优选	张林	2019.10—2020.10
	26	四川盆地茅口组气藏储层改造暂堵材料优化评价实验研究	王萌	2019.10—2020.12
	27	双鱼石地区栖霞组气藏描述及开发机理模拟研究	刘晓华	2019.11—2020.10
	28	铁山坡构造鲕滩储层精细刻画及井位目标研究	王述江	2019.11—2020.6
	29	川中—川北地区洗象池组有利勘探区带评价	李文正	2019.11—2020.3
	30	川中—川西地区雷四-雷三滩相多类型圈闭评价及目标优选	张豪	2019.11—2020.3
	31	中新元古界微生物碳酸盐岩沉积环境与成储机制	刘静江	2018.5—2021.12
	32	双鱼石地区栖霞组气藏描述及开发机理模拟研究	刘晓华	2019.10—2020.10
	33	西南气区天然气开发跟踪评价	郭振华	2019.7—2019.12
	34	安岳气田震旦系气藏开发动态规律研究	张林	2018.6—2021.6
	35	川西地区栖霞组气藏开发潜力分析及区块优选研究	张满郎	2018.7—2019.7
	36	四川盆地雷口坡组天然气勘探有利区带评价	田瀚	2018.6—2021.6
	37	四川盆地长兴组—飞仙关天然气勘探有利区评价优选	武赛军	2018.6—2021.6
	38	磨溪区块震旦系地震含气富集区预测与井位部署研究	李新豫	2018.6—2021.6
	39	安岳须家河气藏可动用储量综合评价研究	夏钦禹	2018.6—2021.6
	40	四川盆地震旦—寒武系天然气勘探有利区评价优选	张建勇	2018.6—2021.6
	41	蜀南地区下二叠统成藏模式及含油气条件研究	江青春	2019.1—2019.12

【科研工作情况】

2019年,四川中心按照研究院总体部署和目标要求,围绕组建四川中心宗旨和工作定位,落实各项指示精神及集团公司、研究院决策部署,不畏艰险、勇担重任、主动作为、立足实际,用实实在在的科技创新和生产服务,支撑西南增储上产科技会战;狠抓人才资源培养,将青年学术交流会打造成四川中心品牌项目,为青年科研人员打造一个交流展示的平台,促进科研人员快速成长;狠抓队伍稳定,想千方设百计为在现场奋战的员工解除后顾之忧,加强人文关怀,创造和谐工作氛围,积极争取各项倾斜政策,稳定队伍,凝心聚力,攻坚克难,砥砺前行,完成各项科研工作,取得良好成效。

一是聚焦5大新领域,评价提出10个风

险目标,提交油田 8 个风险井位,4 个通过勘探与生产分公司论证;聚焦 4 大领域,紧密跟踪生产,支撑油田预探评价,提交预探目标 12 个,6 个被油田采纳;深化构造演化研究,突出二叠系源灶评价,重构震旦—寒武系岩相古地理与原型盆地,支撑西南油气田勘探部署。

二是建立震旦系灯四气藏台缘带高产井和台内效益井部署模式,百万立方米气井比例不断增加,开发井平均配产较方案提高 84%;跟踪评价龙王庙组气藏开发动态,持续优化气井配产,建议调整气藏产量规模;评价川东石炭系 10 个重点气藏剩余储量,优选 4 个挖潜目标进行重点解剖;优选川中须家河组岳 103 区块等有利开发区 9 个,面积 108 平方千米,地质储量 249.1 亿立方米;建立川西北栖霞组构造物理模型,指导构造精细解释,优选出双鱼石、双鱼石西、古脚台、盐店场 4 个有利开发区块;共提交建议井位 15 口,采纳 12 口。

三是建立威远页岩气水平井高产井模式,提出建议措施被采纳,威远水平井产量大幅提高;评价威远东—荣昌北区块页岩气开发潜力,优选出区块南部为开发甜点区;根据地质、开发新认识,编制完成《威远页岩气田年产 40 亿立方米产能建设稳产方案》,通过集团公司初步审查;完成四川盆地筇竹寺组页岩气甜点段和有利区优选及评价,建议 2 口风险井位。

四是形成 8 项专业技术:四川盆地海相地层构造—岩相古地理编图技术、叠合岩溶储层动静态描述与有利区优选技术、裂缝—孔洞型碳酸盐岩气藏有效控水稳产技术、气井产能主控因素评价与提高单井产量技术、四川盆地地震成像精细处理技术、川中地区岩溶储层精细描述技术、致密气精细气藏描述技术、页岩气储层甜点地球物理综合预测技术。

【交流与合作】 3 月 28—29 日 李新豫参加在意大利米兰举办的第 5 届世界石油天然气和石油工程大会(WCEOGPE—2019)。

4 月 1—3 日 贾成业参加在埃及开罗举办的 SEG/SPE 油藏描述增产技术研讨会。

5 月 13—17 日 王永辉、郭为参加在美国凤凰城举办的 SPE 数据科学和新测量方法在非常规开发中的应用研讨会。

6 月 23—28 日 姜仁参加在俄罗斯圣彼得堡举办的第六届世界石油理事会(WPC)青年论坛。

6 月 3—6 日 杜炳毅参加在英国伦敦举办的 2019EAGE 年会。

8 月 18—23 日 张琴参加在西班牙巴塞罗那举办的 2019 Goldschmidt 会议。

10 月 24—25 日 闫海军、夏钦禹参加在西班牙瓦伦西亚举办的 2019 年世界石油与天然气大会。

11 月 13—14 日 王明磊参加在德国柏林举办的分析大会 2019(欧洲)第 7 届年会。

12 月 3—8 日 车明光、王萌参加在美国奥斯汀举办的 2019 年 CISR(Center for Integrated Seismicity Research)年会。

【党建与精神文明建设】 截至 2019 年底,四川中心党支部有党员 60 人。

党支部:书记李熙喆,副书记姚根顺,委员姜华、段书府、李伟、王南、康郑瑛。

工会:主席张静平,副主席俞霁晨,组织委员边海军,宣传委员卢斌,生活委员郝涛,文体委员曾富英,女工委员陈娅娜。

青年工作站:站长石书缘,副站长于豪、李文正,组织委员苏旺,宣传委员梁萍萍,文体委员夏钦禹,学术委员王军磊。

2019 年,四川中心党支部深入贯彻落实习近平新时代中国特色社会主义思想和党的十九大精神,坚持以党的建设为统领,以"主题教育"为抓手,以"党建促科研"为指南,以落实"大党建"工作格局为行动目标,不忘初心,牢记使命,奋发进取,全面完成党建责任目标,发挥四川中心靠前支撑作用,助推四川盆地油气事业不断发展。

一是加强理论学习,提高党员干部政治素养。以"三会一课"为载体,以深刻领会习近平新时代中国特色社会主义思想和党的十九大、十九届四中全会精神为重点,增强"四个意识"、坚定"四个自信"、做到"两个维护";加强党性教育,深入开展"不忘初心,牢记使命"主题教育活动,不断提升党性修养;不断健全学习制度,创新学习形式,丰富学习内容,确保学习实效,不断提高广大党员干部的政治理论水平。

二是加强基层组织建设,切实履行党建责任,增强基层组织凝聚力和战斗力。根据四川中心人员变动及时调整党小组负责人,挑选业务精干的科研人员兼职党建工作;梳理理论学习、新闻宣传、群团等工作,提出重点任务并明确推进思路;做好各项工作基础调研,了解情况、总结经验、梳理问题、拿出对策、抓好整改落实;进一步细化分工,落实职责,做到有效运转;开展2019年青年学术交流会、帮扶慰问等各类党建活动。

三是加强党风廉政建设,树立党员干部良好形象。进一步加强党风廉政警示教育,继续强化党支部班子自身建设,统一思想、统一认识、统一行动,坚持"党要管党,从严治党"的方针,履行《党风廉政建设责任书》,自觉接受组织和群众的监督。传达集团公司通报查处的违反中央八项规定精神的典型案例,发挥以案治本作用,强化约束,切实增强自警自省、慎独慎微的警觉性和紧迫感,树立党员干部良好形象。

2019年,闫海军获研究院青年十大科技进展,勘探评价室被评为集团公司青年文明号,四川中心获集团公司川渝页岩气前线指挥部嘉奖,荣获"先进集体"称号,李文正荣被评为研究院十大优秀共产党员。

【大事记】

1月12日　大庆油田副总经理王玉华到四川中心调研。

2月19日　西南油气田副总经理徐春春,油田公司首席专家沈平、杨跃明,油气资源处处长赵路子、西南油气田勘探开发研究院副院长文龙等一行到四川中心慰问员工。

3月12日　研究院副院长邹才能到四川中心听取《中国石油2021—2030年页岩气发展总体规划》汇报,并指导规划编制。

(康郑瑛、卢斌)

准噶尔盆地研究中心

【概况】

准噶尔盆地研究中心(简称准噶尔中心)是研究院为支撑集团公司重点油气田勘探开发而设立的非常设机构之一。主要任务是对中国石油勘探开发研究院从事准噶尔盆地研究工作的研究人员进行集中组织、统一管理,做好各领域相关研究,组织实施一体化技术攻关,解决准噶尔盆地勘探、开发和工程技术等方面面临的关键基础问题与技术难题,促进新疆油田高质量稳健发展。

2019年工作思路:立足准噶尔盆地勘探突破和增储上产面临的关键基础问题与技术难题,研究提出未来3—5年重大勘探接替领域,评价优选重点勘探目标;推进"二三结合"及稠油提质增效示范工程,落实注气提高采收率重点区块方案,开展新区产能建设方案研究;开展储层改造工艺技术研究,推动现场扩大试验,支撑重点领域储层高效改造。

主任:李建忠,负责准噶尔中心全面工作,分管勘探业务。

书记:马德胜,负责准噶尔中心党支部全面工作,分管开发业务。

准噶尔中心根据油田重点需求按勘探、开发、工程三路重点项目开展工作组织。

勘探一路:负责准噶尔盆地石油地质基础研究、重大勘探领域地质评价与风险目标优选、新疆油田勘探部署动态技术支撑等任务。负责人李建忠。

开发一路:负责准噶尔盆地重点油藏开发基础研究、新疆油田重点区块开发方案设计及现场技术支撑等任务。负责人马德胜。

工程一路:负责重点探区储层改造基础研究及相关技术研发、新疆油田重点区块储层高效改造现场技术支撑等任务。负责人才博。

截至2019年底,准噶尔中心在册职工69人。其中男职工63人,女职工6人;博士(后)37人,硕士26人,本科5人,本科以下1人;教授级高级工程师7人,高级工程师39人,工程师21人,助工2人;35岁以下21人,36—45岁28人,46—55岁20人。当年,彭博调入,马丽亚、姚丹2人调离,韩守华人退休。

【课题与成果】

2019年,准噶尔中心承担新疆油田科研课题15项。获省部级二等奖3项,局级一等奖1项,二等奖1项。获授权专利8项,其中发明专利8项。出版著作2部。在国内外学术会议及期刊上发表论文41篇,其中SCI收录8篇,EI收录5篇。

2019年准噶尔盆地研究中心承担科研课题一览表

类别	序号	课题名称	负责人	起止时间
横向课题	1	南缘复杂构造建模、动态成藏及保存条件评价	卓勤功	2019.9—2020.8
	2	南缘下组合沉积体系与规模有效储层评价研究	郭华军	2019.9—2020.8
	3	准噶尔盆地南缘油气成藏条件与区带目标评价	齐雪峰	2019.9—2020.8
	4	准噶尔盆地重点领域沉积储层研究	邹志文	2019.9—2020.8
	5	准噶尔盆地T1b整体研究及新区、新层系风险领域与目标评价	王国栋	2019.9—2020.8

续表

类别	序号	课题名称	负责人	起止时间
横向课题	6	玛湖—盆1井西—沙湾凹陷二三叠系整体研究及区带目标评价	曲永强	2019.9—2020.8
	7	准噶尔盆地J-K岩性地层油气藏富集规律与区带目标评价	陈棡	2019.9—2020.8
	8	北疆石炭系—下二叠统岩相古地理、成藏条件与风险目标评价	杨帆	2019.9—2020.8
	9	准噶尔盆地石炭系精细构造解释与火山岩储层预测	王彦君	2019.9—2020.8
	10	准东地区有效烃源岩分布特征研究与勘探潜力评价	龚德瑜	2019.12—2020.6
	11	《新疆老油田稳产工程关键技术研究（Ⅲ期）》	张善严	2019.7—2020.6
	12	2019准噶尔勘探及重点评价井储层改造方案优化、现场实施跟踪研究	李阳	2019.2—2019.12
	13	新疆和吐哈油田勘探开发关键技术研究与应用	李阳	2019.2—2019.12
	14	火山岩裂缝性储层人工裂缝与现场配套工艺研究应用	李阳	2019.1—2019.11
	15	玛湖砾岩油藏人工裂缝系统优化与压裂提效研究	段贵府	2019.6—2020.12

【科研工作情况】

2019年，准噶尔中心按照研究院科研工作部署安排和要求，围绕中心宗旨和工作定位，坚持研究院与新疆油田共建、靠前支持、集中力量、统一配置的原则，整体部署，抓好开局，创新管理，在工作组织中，结合实际情况，采取"战区式"运行模式，现场集中办公、集中研究，同时利用研究院专家平台优势，定期开展集中交流，保障工作效率和成果质量。聚焦新疆油田现场切实生产需求，围绕勘探、开发、工程三路组织工作，突出重要方向、重大问题、重点领域，取得重要成果。

一是勘探方面深化盆地油气富集规律整体认识，开展构造—岩相古地理编图与生烃凹陷落实，复杂构造建模、烃源岩评价及沉积储层研究，强化新领域基础研究与地质评价，提出3个原创风险目标，独立、联合论证风险、预探井12口，有力推动南缘、二三叠系、中浅层、石炭系等四大风险勘探领域突破。

二是开发方面厚植老区稳产基础，加快新区高质量建产，提出5大注气试验及产能规划区，建立"二三结合"接替稳产模式，完成玛湖重点区块开发方案设计，支撑玛湖新区规模建产及老区持续稳产。

三是工程方面持续强化储层改造基础理论研究、新技术研发和现场试验等工作，积极参与压裂方案设计与现场服务，建立非常规体积改造下支撑剂有效受力模型，有效支撑重点领域储层改造工作。

【交流与合作】

4月23日 准噶尔中心在克拉玛依召开中心勘探一路阶段检查与成果交流会。

6月1—4日 卫延召、杨帆、陈棡、厚刚福、窦洋、陈永波参加在北京举办的第8届中国石油地质年会。

9月19—22日 黄林军、马永平、司学强参加在意大利罗马举办的第34届国际沉积学大会。

10月16—18日 李阳参加在陕西西安举办的2019油气田勘探与开发国际会议。

11月4—6日 单祥参加在美国奥斯汀举办的裂缝研究与应用工业组织学术年会。

【党建与精神文明建设】

截至2019年底，准噶尔中心党支部有党员23人。

党支部：书记马德胜，委员周明辉、桑国强、陈棡、张胜飞、周川闽、姬泽敏。

青年工作站：站长杨帆，副站长周明辉。

2019年,准噶尔中心党支部以党建为引领,以盆地为摇篮,按照集团公司和党委要求,加强组织建设、基层基础建设和文化建设,发挥党支部战斗堡垒作用和党员先锋模范带头作用,着力突出科技人才扎根现场、服务边疆的特色,在党建和精神文明建设上取得多项重要成果。

一是统一思想,坚决贯彻落实集团公司和研究院党委部署要求,在思想发动上抓执行力。深入学习习近平总书记致大庆油田发现60周年贺信精神,针对盆地勘探开发形势,形成落实习近平总书记重要指示批示,做好盆地科研前线堡垒的工作部署与对策。

二是加强党性教育,深入开展"不忘初心,牢记使命"专题活动,不断提升党性修养。准噶尔中心支部主动作为,在盆地现场组织系列教育活动,巩固加强学习成果。构筑党支部—宣传委员—团队代表三级宣传构架,树立现场工作团队及个人先进典型,弘扬科研人员扎根现场、勤勉求实的工作作风,锻造一支攻坚克难的盆地铁军。

三是加强领导班子建设,发挥基层支部作用,提升凝聚力。班子成员履行"一岗双责",明确具体责任,"三重一大"和党组织前置程序由各所(中心)严格把关,全年无违反规定及重大决策失误情况。

四是强化作风建设,宣传正能量,树立良好形象。预判意识形态领域形势,组织《加强党的意识形态工作》专题党课。加强特色报道,在研究院主页发稿7篇。特别是张善严代表准噶尔中心研究团队参加集团公司"庆祝中华人民共和国成立70周年座谈会"并作基层代表发言,体现石油精神在丝路边疆生根发芽和研究院人的使命担当。准噶尔中心新疆老油田二次挖潜团队获集团公司"科技创新奋斗团队"称号,张善严获集团公司"建功立业模范人物"称号。

(陈栖、李建忠、卫延召)

塔里木盆地研究中心

【概况】

塔里木盆地研究中心成立于2018年7月10日,主要职责是围绕塔里木盆地油气发展新形势和股份公司、塔里木油田勘探开发及科研部署,立足塔里木油田2020年3000万吨大油气田、2030年4000万吨以及长期稳产的发展目标建设,以支撑塔里木盆地油气勘探为主,兼顾油气田开发与工程技术支撑,重点开展油气勘探重大领域基础地质研究、风险勘探区带和目标评价、重点油气田一体化攻关、油气储层增产改造技术方案等工作。

塔里木盆地研究中心下设7个研究室。

综合研究室、台盆区碳酸盐岩研究室:负责人李君。

库车综合研究室、台盆区碎屑岩研究室:负责人张荣虎。

气田开发室:负责人孙贺东。

物探技术研究室:负责人余建平。

风险评价研究室:负责人刘伟。

截至2019年底,塔里木盆地研究中心在职员工48人,其中男职工41人,女职工7人;博士(后)21人,硕士20人,本科5人,本科以下2人;教授级高级工程师2人,高级工程师9人,工程师35人,其他2人;35岁及以下13人,36—45岁20人,46—55岁11人,55岁以上4人。当年,马德波调离。

【课题与成果】

2019年,塔里木盆地研究中心承担科研课题17项。获省部级特等奖1项,省部级一等奖3项,省部级二等奖1项,局级特等奖1项,局级一等奖2项,局级二等奖3项。获授权专利6项,其中发明专利5项。出版著作2部。在国内外学术会议及期刊上发表论文25篇,其中SCI收录3篇,EI收录6篇。

2019年塔里木盆地研究中心承担科研课题一览表

类别	序号	课题名称	负责人	起止时间
集团公司级课题	1	塔里木盆地库车北部山前构造带中生界沉积储层研究与有利区带评价	张荣虎	2018.4—2020.4
	2	塔里木盆地库车北部山前构造带成藏条件与有利目标评价	刘满仓	2018.4—2020.4
	3	塔西南中、新生界沉积储层研究及目标评价	曾庆鲁	2018.4—2021.4
	4	塔里木盆地塔北碎屑岩沉积储层研究及目标评价	刘春	2018.4—2020.4
其他课题	5	塔北—塔中奥陶系沉积储层研究及塔西南前陆盆地生烃潜力评价	贺训云	2019.4—2020.12
	6	克拉苏西部白垩系沉积储层深化研究	曾庆鲁	2019.4—2021.4
	7	克拉苏露头裂缝描述与建模研究	王珂	2019.3—2020.9
	8	裂缝性有水气藏开发动态描述及预测技术	孙贺东	2019.3—2021.1
	9	塔里木盆地风险领域地质论证与支持	周慧	2019.10—2020.10
	10	库车坳陷秋里塔格构造带石油地质特征与区带目标评价	张荣虎	2019.12—2020.12

续表

类别	序号	课题名称	负责人	起止时间
其他课题	11	迪那2气藏精细描述研究	刘满仓、王珂	2018.12—2020.12
	12	库车北部构造带侏罗系沉积体系研究、储层评价及基干剖面建立	张荣虎	2016.11—2019.1
	13	吐格尔明地区侏罗系克孜勒努尔组阳霞组沉积体系研究及储层评价	张荣虎	2018.11—2020.5
	14	克拉苏气田前期评价区块白垩系储层评价研究	王俊鹏	2018.4—2019.10
	15	克拉苏露头裂缝描述及建模研究	王珂	2018.11—2021.4
	16	库车南斜坡多目的层沉积储层研究	陈戈	2017.3—2020.3
	17	塔里木盆地白云岩储层地质描述与建模	倪新峰	2017.9—2019.12

【科研工作情况】

2019年，塔里木盆地研究中心按照研究院勘探一路年初科研工作部署安排和要求，围绕建所宗旨和工作定位，结合"一院两区"改革要求，整体部署，创新管理，以国家、集团公司、油田横向等课题为依托，围绕风险领域评价和寒武系基础研究开展工作，解决生产问题并指导勘探部署，取得丰硕成果：

一、推动1项重大突破、支撑2项重大发现

提出秋里塔格构造勘探新思路，推动中秋1风险井钻探获得重大突破；提出盐下烃源岩及颗粒滩储层规模分布及轮南地区深部成藏新认识，支撑轮探1井上钻获重大突破；提出博孜地区以南物源为主的沉积新模式，支撑博孜9井上钻获重大突破。3项重大发现揭开三个大型—特大型气田勘探领域。

二、提出4项创新认识，指出油田新重点勘探领域

提出库车坳陷东部侏罗系—三叠系构造—岩性、地层油气藏新领域，指出吐格尔明—依奇克里克背斜周缘和阳霞凹陷是现实有利区带，指导油田勘探部署；提出乌什凹陷古生界—中新生界多层系勘探新领域，乌什凹陷勘探地位提升，评价井乌寒1井（神探1井）引起油田重视；提出盐下颗粒滩有利储层发育新认识，明确有利勘探区带，自主评价玉探1井目标，合作评价轮探2井、中寒2井目标；提出塔西南早古生代被动大陆边缘认识，提升塔西南勘探地位，指出麦盖提上斜坡为勘探突破口，评价3个目标。

三、开发技术创新，助力新区增储上产

提出克深气田、迪那气田综合治理方案，为老气田稳产献良策；发展重点探井储层改造工艺技术，取得良好增产效果。

【交流与合作】

4月20—22日 黄理力、贺训云参加在杭州举办的中国矿物岩石地球化学学会第17届学术年会。

6月2—4日 黄理力、熊冉、朱永进、周慧、张荣虎、王俊鹏、曾庆鲁等参加在北京举办的第八届中国石油地质年会。

6月24—26日 王辽参加在海口举办的第九届油气藏改造压裂酸化技术研讨会。

9月25—27日 李洪辉、倪新峰、张荣虎参加在合肥举办的第九届全国油气运移学术研讨会。

10月16—18日 孙贺东、王辽参加在西安举办的油气田勘探与开发国际会议。

10月17日 黄理力、刘春、贺训云参加

在昆明中国地质学会2019年学术年会。

10月25—26日　张天付、黄理力、倪新锋、熊冉参加在浙江江山举办的第三届江浙青年地球科学论坛。

10月31日—11月1日　孙贺东、曹雯、李君参加在合肥举办的第31届全国天然气学术年会。

【党建与精神文明建设】

截至2019年底,塔里木盆地研究中心党支部有党员34人。

党支部:书记魏国齐,委员易士威、李君、倪新锋、余建平、刘伟、智凤琴。

工会:主席倪新峰。

青年工作站:站长熊冉,站长董才源、周玉萍。

2019年,塔里木盆地研究中心党支部在做好科研工作的同时,党建工作也稳步推进。

一是按照集团公司、股份公司的发展战略和研究院工作会议的要求,深入贯彻和学习党的十九大精神、习近平新时代中国特色社会主义思想,严格执行"三会一课"、"三重一大"制度,落实"一岗双责",深入推进廉政型党组织建设,组织开展廉洁从业和警示教育,加强青年人才培养。针对中心自然社会环境压力大、现场工作压力大、照顾家庭压力大实际,创新"新思想引导、一体化引擎"党建模式及"扎根荒漠、从我做起"精神引领特色党建,为科研工作"两个目标"取得新进展提供了重要保障。

二是高度重视科研环境和文化建设,始终按照团结、和谐、求实的要求加强组织建设、基层基础建设和文化建设,发挥党支部战斗堡垒作用和党员先锋模范带头作用,调动各方面积极性,营造和谐的科研环境。

(李君、魏国齐)

鄂尔多斯盆地研究中心

【概况】

鄂尔多斯盆地研究中心成立于2018年7月,是研究院靠前支撑国内第一大油气田——长庆油田的科研平台。主要任务是立足长庆油田5000万吨油气当量战略发展目标,油气并举,多领域支撑,集成勘探、开发、工程等技术领域,发挥整体专业技术力量,开展项目研究和技术攻关,为长庆油田加快二次发展提供支撑。

2019年工作思路:坚持"窗口式服务,平台式管理,开门办中心"的理念,实现五个共享(资料共享、资源共享、技术共享、成果共享、荣誉共享),提升靠前支撑效果,搭建现场科研平台。全面开展地质基础研究,风险目标评价工作;开展油气开发方案编制和提高采收率技术攻关研究;加快现场工艺技术推广应用。

主任:贾爱林,负责鄂尔多斯盆地研究中心全面科研生产工作,党支部全面工作,主管安全环保、保密、青年工作站工作。

鄂尔多斯盆地研究中心下设5个项目组和1个综合办公室。

勘探项目组:负责鄂尔多斯盆地重大领域基础地质与风险勘探目标评价。项目组总协调人徐旺林,各单位协调人分别是周进高、周齐刚、张春林。

油田开发项目组:负责鄂尔多斯盆地低渗致密油田开发与提高采收率研究。项目组总协调人雷征东,各单位协调人分别是杨永智、孙灵辉。

气田开发项目组:负责鄂尔多斯盆地天然气开发关键技术攻关、提高采收率技术研究与气田开发方案编制。项目组总协调人冀光,各单位协调人程丽华、叶礼友。

采油采气工艺及改造项目组:负责超低渗透—致密储层改造新工艺、新技术与采油采气工艺技术攻关。项目组总协调人师俊峰,各单位协调人分别是张喜顺、段瑶瑶。

综合办公室:负责鄂尔多斯盆地研究中心在西安的基地运行,行政管理,后勤保障,财务管理等工作。办公室主任王江。

截至2019年底,在册职工108人。其中男职工83人,女职工28人;博士(后)47人,硕士49人,大学4人,大专及以下8人;教授级高级工程师5人,高级工程师52人,工程师36人,助工8人,其他5人;35岁以下18人,36—45岁65人,46—55岁25人。外聘人员7人。当年,32人调进,7人调离。

【课题与成果】

2019年,鄂尔多斯盆地研究中心承担科研课题81项。其中国家项目17项,科技管理部项目16项,勘探与生产分公司项目12项,油田横向项目33项,院级项目3项。获授权专利27项,其中发明专利25项;获软件著作权8项;出版著作9部;在国内外学术会议及期刊上发表论文76篇,其中SCI、EI收录27篇。

2019年鄂尔多斯盆地研究中心承担科研课题一览表(部分)

类别	序号	课题名称	负责人	起止时间
国家级课题	1	致密油富集规律与勘探开发关键技术	胡素云	2016.1—2020.12
	2	超低渗油藏物理模拟方法与渗流机理	杨正明	2016.1—2020.12

续表

类别	序号	课题名称	负责人	起止时间
国家级课题	3	CO_2驱油与埋存开发调控技术研究	吕文峰	2016.1—2020.12
	4	致密气储层精细描述与地质建模技术	周兆华	2016.1—2020.12
	5	致密气渗流规律与气藏工程方法	甯波	2016.1—2020.12
	6	致密气有效开发与提高采收率技术	冀光	2016.1—2020.12
	7	低渗—低丰度气藏稳产技术	程立华	2016.1—2020.12
	8	大型气田群开发模式与长期稳产技术对策	郭建林	2016.1—2020.12
	9	致密气资源潜力评价、富集规律与有利目标优选	刘俊榜	2016.1—2020.12
	10	低渗、特低渗油藏水驱扩大波及体积方法与关键技术	雷征东	2016.1—2020.12
	11	致密油藏物理模拟方法与开采机理研究	杨正明	2016.1—2020.12
	12	致密储层微观孔隙结构特征和渗流通道表征方法研究	萧汉敏	2016.1—2020.12
	13	气/水/高分子驱油介质与纳/微孔喉匹配关系及驱油效率研究	孙灵辉	2016.1—2020.12
	14	体积改造提高累积产量机理研究	杨正明	2016.1—2020.12
集团公司级课题	15	复杂气藏渗流规律及气藏工程研究	叶礼友	2016.1—2020.12
	16	有水气藏提高采收率机理研究	高树生	2016.1—2020.12
	17	低渗气藏提高采收率技术研究	冀光	2016.1—2020.12
	18	天然气未动用储量分类评价与开发技术研究	王丽娟	2016.1—2020.12
	19	长庆气田稳产及提高采收率技术研究	甯波	2016.1—2020.12
	20	长庆油气储量分类评价与经济有效开发技术	贾爱林	2016.1—2020.12
	21	低—超低渗透油藏有效开发技术研究	雷征东	2016.1—2020.12
	22	超低渗透油藏规模有效开发评价新技术研究	雷征东	2016.1—2020.12
	23	鄂尔多斯盆地新层系新领域研究与有利区带评价	张春林	2019.1—2019.12
	24	鄂尔多斯盆地下古生界岩相古地理和沉积储层研究	吴兴宁	2019.1—2019.12
	25	已开发气田开发潜力分析与稳产对策研究	贾爱林	2019.1—2019.12
	26	苏里格气田稳产与提高采收率技术研究	孟德伟	2019.1—2019.12
	27	天然气开发前期评价项目优化部署与动态跟踪研究	杜秀芳	2019.1—2019.12
	28	天然气开发管理纲要修订	贾爱林	2019.1—2019.12
	29	基于抽油机井电参数的大数据分析技术研究与应用	彭翼	2019.1—2019.12
	30	采油采气工程优化设计软件应用	张喜顺	2019.1—2019.12
	31	致密砂岩气藏出水气井开发后期稳产工艺技术研究及应用	曹光强	2019.1—2019.12
	32	2019采气新工艺跟踪与效果评价	贾敏	2019.1—2019.12
	33	低渗透油田水驱控递减关键技术研究与应用	彭缓缓	2019.1—2019.12
	34	鄂尔多斯盆地新层系新领域研究与有利区带评价	徐旺林	2019.1—2019.12

续表

类别	序号	课题名称	负责人	起止时间
横向课题	35	苏里格气田山1、盒8大尺寸砂岩露头体积压裂物模实验研究	付海峰	2019.12019.12
	36	CO_2干法压裂岩心物模实验技术服务合同	付海峰	2019.1—2019.12
	37	鄂尔多斯盆地西部奥陶系海相页岩气成藏潜力评价与有利勘探目标优选	莫午零	2019.1—2019.12
	38	海相泥页岩现场含气性解析实验	张春林	2019.1—2019.12
	39	超低渗透油藏不同注入介质渗流机理研究	熊生春	2019.1—2019.12
	40	安塞油田王窑区、靖安油田五里湾一区岩心驱替实验	沈瑞	2019.1—2019.12
	41	鄂尔多斯盆地古隆起东侧碳酸盐岩—膏盐岩体系储层发育特征及分布规律	周进高	2019.1—2019.12
	42	鄂尔多斯盆地西缘下古生界天然气成藏条件及目标评价	周进高	2019.1—2019.12
	43	苏里格气田稳产潜力研究	郭智	2019.1—2019.12
	44	鄂尔多斯盆地东部山2气藏富集特征研究	王国亭	2019.1—2019.12
	45	苏14、桃2区块水平井动态跟踪与开果评价研究	冀光	2019.1—2019.12
	46	苏里格气田不同区块密井网精细对比与井网评价研究	郭智	2019.1—2019.12
	47	致密砂岩气藏水平井优化部署及地质导向技术研究	孟德伟	2019.1—2019.12
	48	米脂气田储层综合评价与开发指标研究	王国亭	2019.1—2019.12
	49	苏里格气田稳产方案	程立华	2019.1—2019.12
	50	苏里格气田低产低效井挖潜力评价研究	周兆华	2019.1—2019.12
	51	井网优化气藏工程研究	甯波	2019.1—2019.12
	52	鄂尔多斯盆地南部寒武系及西缘地区古生界勘探目标评价分析化验	高建荣	2019.1—2019.12
	53	鄂尔多斯盆地中东部奥陶系烃源岩生烃潜力评价分析实验	高建荣	2019.1—2019.12
	54	鄂尔多斯盆地中新元古代烃源岩及储层分析实验	张月巧	2019.1—2019.12
	55	鄂尔多斯盆地西部奥陶系地层划分与对比研究	赵振宇	2019.1—2019.12
	56	鄂尔多斯盆地西缘上古生界天然气成藏条件及目标评价	赵振宇	2019.1—2019.12
其他课题	57	典型深层气藏成藏主控因素与勘探新领域——鄂尔多斯盆地	张春林	2019.1—2019.12
	58	致密储层数字岩心建模及渗流特征研究	熊生春	2019.1—2019.12
	59	超低渗透油藏水平井注CO_2吞吐开采技术研究及应用	刘学伟	2019.1—2019.12
	60	鄂尔多斯盆地基底断裂多期活化	宋微	2019.1—2019.12

【科研工作情况】

2019年，鄂尔多斯盆地研究中心紧密结合长庆二次加快发展的关键技术问题，落实盆地中心全年工作部署会要求，联合长庆油田相关单位和部门，发挥院科研平台综合技术优势，不断完善中心人员结构，紧密结合上产与稳产的关键技术问题，形成两个联合攻关项目组，重点开展四方面工作：

一是油气勘探以盆地西缘风险勘探及东部重点攻关带为目标。取得2项地质新认识和1项技术突破，提出建议井位11口，通过论证上钻5口，持续论证6口，勘探成效显著。

二是油田开发研究提高采收率机理研究和井网优化部署中取得初步成效。形成"水驱降递减技术""改善水驱技术""气驱提高采收率技术"；开展页岩油效益减产评价研究。

三是立足天然气上产需求，开展地质储量动用级序评价、主力气田稳产与提高采收率、新区开发评价、气区发展规划和水平井开发评价等五方面工作，夯实长庆油田二次加快发展基础。

四是跟踪现场工程工艺需求，围绕现场储层改造和排水采气技术需求，开展采油采气生产优化软件创新升级与推广应用，低压气井稳产排采技术攻关取得成效，大物模室内试验探索裂缝形成可行性及主控因素，多压裂工艺现场应用效果显著。

【交流与合作】

3月4日　刘群明参加在俄罗斯圣彼得堡举办的第六届世界石油理事会（WPC）青年论坛。

3月20日　贾爱林、郭智参加在美国迈阿密举办的第6届国际可再生和非可再生能源会议。

4月3日　贾爱林、郭智参加在美国西雅图举办的第72届国际渗流大会。

4月20日　贾爱林参加在深圳举办的世界天然气联盟第23届委员会第二次会议。

4月20日　王泽龙、贾爱林参加在西班牙马德里举办的世界天然气联盟第23届委员会第三次会议（IGU）。

5月8日　贾爱林、黄伟岗参加第七中俄合作天然气会议。

5月25日　赵文智、贾爱林参加在北京举办的亚洲天然气论坛。

6月3日　贾爱林、李易隆参加在大连举办的中美能源论坛。

6月10日　杨正明参加InterPore 2019年年会。

6月20日　吴兴宁、周进高参加海相碳酸盐岩储层成因机理与预测方法国际学术研讨会。

10月10日　陈福利、闫林、王少军参加陕西省石油学会会议。

10月20日　高树生参加第十一届精细油藏描述技术研讨会。

10月25日　杨正明参加2019年第十五届全国渗流力学学术会议。

10月30日　李宁熙参加第七届流体地球科学与矿产资源会议。

【党建与精神文明建设】

截至2019年底，鄂尔多斯盆地研究中心党支部有党员18人。

党支部：书记贾爱林，委员庚勐、郭智、周齐刚、付玲。

青年工作站：站长于洲，副站长孙远实。

2019年，鄂尔多斯盆地研究中心党支部高度重视党建工作，坚持发挥把方向、管大局、保落实作用，发挥基层党支部战斗堡垒作用，发挥党员先锋模范作用，以现场集中、网络、电话视频等形式，开展灵活多样支部活动，形成科研、党建两手抓，两手都要硬的格局。

一是统一思想，坚决贯彻落实集团公司和研究院党委部署要求，开展各项党建思想政治工作，在思想发动上抓"执行力"。组织集中学习党的十九届四中全会精神、《习近平谈治国理政（第二卷）》等，购买相关书籍开展自学，组织知识问答和征文活动，强化学习效果。

二是加强党性教育，深入开展"不忘初心，牢记使命"主题教育活动，不断提升党性修养。全面落实"三会一课"制度;到西安八路军办事处、杨虎成旧居、延安、梁家河、照金、习仲勋同志故里开展现场实践教育,增强党员责任意识。

三是加强领导班子建设,发挥基层支部作用,提升凝聚力。进一步健全规章制度,明确支部、书记、支委职责,落实分工;建立党员活动阵地;开展谈心谈话,树立先进模范,激励模范带头作用。加强业务培训,提升综合能力。

四是强化作风建设,宣传正能量,树立良好形象,完成党风廉政教育两次。完成研究院主页报道24篇,长庆油田报道中心稿件12篇,《中国石油报》采访报道1篇。

(庚勐、贾爱林)

迪拜技术支持分中心

【概况】

迪拜技术支持分中心(简称迪拜中心)是研究院负责中东地区海外技术支持研究所之一。迪拜中心主要任务负责中东地区重点项目技术研究成果的质量控制和把关,参与审定中东公司重点项目的年度工作计划和预算(WPB),组织现场急需技术问题的攻关与解决,参与中东地区项目伙伴技术交流及相关节点技术策略制定,为中东项目提供靠前生产技术支持服务。

2019年工作思路:负责中东地区重点项目技术研究成果的质量控制和把关,参与审定中东公司重点项目的年度工作计划和预算(WPB),组织现场急需技术问题的攻关与解决,参与中东地区项目伙伴技术交流及相关节点技术策略制定,为中东项目提供及时有效的靠前生产技术支持服务。

经理:杨思玉,主持部门全面工作,分管技术工作。

书记、副经理:何东博,负责党支部全面工作,分管党建工作。

副经理:潘志坚,坚协助负责阿布扎比技术分中心工作。

副经理:高利生,分管行政管理、财务管理。

截至2019年底,迪拜中心在册员工8人,其中男职工7人,女职工1人;博士6人,本科2人;教授级高级工程师1人,高级工程师6人,高级会计师1人;35岁以下1人,36—45岁2人,46—55岁5人。当年,1人调入。

【课题与成果】

2019年,迪拜中心承担科研课题1项。局级一等奖1项,二等奖1项。获授权专利1项,软件著作权3项。在国内外学术会议及期刊上发表论文1篇。

2019年迪拜中心承担科研课题一览表

类别	序号	课题名称	负责人	起止时间
其他课题	1	Sadi Potential Estimation and Sweet Point Prediction	杨思玉	2019.1—2019.12

【科研工作情况】

2019年,迪拜中心按照研究院年初工作部署,坚持研究院"一部三中心"的定位,瞄准中东碳酸盐岩油田开发的重大技术需求,围绕迪拜中心成立宗旨和工作定位,服务现场需求,做好技术支持及相关科研任务。

一是以规划部署和决策参考为抓手,发挥迪拜中心的生产协调、科技管理职能。组织专家参与中东公司开发策略研讨、各项目中方年度WP&B审定,参与中东地区中长期的发展目标确定、短期重点工作制定,以年度产量计划、工作量执行为抓手,推动技术思路和开发技术政策落地。做好2019年中东公司开发形势讨论暨滚动规划与2020年WP&B预审会议,围绕中东公司11个在产项目的开发形势和开发问题,抓好主导项目的规模注水、产能工程、开发调整等实施方案编制及跟踪;根据资源国以及合作伙伴经营策略变化,提前谋划,评估上产和投资节奏等战略风险;配合中油国际和中东公司,做好机会筛选,全力推动新项目。

二是发挥迪拜中心靠前支持的双向作

用,一是找准项目运行过程的技术问题,通过项目技术会议、伙伴会议及 Workshop 的参与,提出中方要求,维护中方利益;二是厘清各项目下一步技术关键点,提前/平行开展研究,为必要的商务决策提供技术依据。分别评价两个伊拉克新项目 Ajeel 油田凝稀气资源及开发规模、Subba 油田炼厂的一体化项目;参与编写鲁迈拉项目的现状、问题及技术商务对策;担任西古项目技术代表,协调项目地质油藏、地面、经济评价等技术支持工作,评价新 ERP 方案的可行性和风险,为争取CNPC 在项目的利益提供支撑。

三是牵头组织主导项目的日常技术支持、调整方案编制以及提交伙伴、政府等研究成果的质量控制。重点做好哈法亚项目的成果质量控制工作,对哈法亚项目 2019 年研究课题内容设置、与生产的结合、哈法亚项目 2019 年 WP&B 进行质量控制;具体承担新井井位、转注井地质设计注水优化调整等现场实施设计工作;带领哈法亚项目技术支持团队完成 MOC2018 年研究课题中期和年终的检查,突出中方技术、商务一体化推进的目标,为项目公司下一步开发策略调整和商务运作争取主动创造条件。

【交流与合作】

4月19—21日 主办完成与伊拉克 MOC 关于哈法亚课题验收交流会议。

【党建与精神文明建设】

截至2019年底,迪拜中心党支部有党员12人。

党支部:书记何东博,委员孙圆辉、刘辉。

工会:主席高利生。

迪拜中心党支部高度重视科研环境和文化建设,始终按照团结、和谐、求实的要求加强组织建设、基层基础建设和文化建设,发挥党支部战斗堡垒作用和党员先锋模范带头作用,调动各方面的积极性,营造和谐的科研环境。

一是全面落实贯彻上级决策部署,坚强政治建设。以党的十九大精神和"不忘初心、牢记使命"为重点,学习贯彻中央重大决策部署;学习贯彻集团公司稳健发展和研究院年度工作会议部署;将上级工作部署与分中心支持"做大中东"、推进研究院国际化建设的具体工作计划相结合。

二是加强党性教育,开展"不忘初心、牢记使命"主题教育活动,不断提升党性修养。根据中央"不忘初心、牢记使命"主题教育安排部署和集团公司相关要求,迪拜中心领导班子抓好学习研讨、调查研究、征求意见、检视问题、整改落实等环节工作,按照习近平总书记关于"四个对照""四个找一找"的要求,深入开展谈心谈话,系统梳理查找问题,深刻剖析思想根源,制定问题整改措施,抓紧整改。

三是坚持群众路线,严肃党内组织生活制度。落实"三会一课"和"主题党日"活动,与主题教育、两学一做等活动相结合,完成党员大会、支部会议 30 余次,讲党课 2 次,开展"改革开放 40 年石油海外之路""缅怀革命先烈""庆十一、讲好海外石油故事""赵院长党课精神传达宣传"等主题党日活动,不定期开展谈心谈话(包括支委成员)和征求意见,为发现问题、探讨整改方式和民主生活会做好准备。

四是加强理论学习,落实意识形态工作责任制。海外媒体更加多元化的情况下,对多种信息来源要辩证化认识,加强思想阵地建设和管理,带头管阵地把导向强队伍,带头批评错误观点和错误导向。在对外合作交流中,注重展示中华文化和集团公司企业文化,以文化自信展示企业良好形象。

(高利生、刘辉)

阿布扎比技术支持分中心

【概况】

阿布扎比技术支持分中心（简称阿布扎比中心）成立于2018年7月，是研究院在阿布扎比靠前技术支持的常驻机构，联合CNODC阿布扎比项目，为阿联酋国家石油公司提供勘探开发技术支持，重点解决油田生产中的难题，兼顾培养油田开勘探/开发高级人才的综合性研究机构。主要任务是：跟踪阿布扎比NEB资产组油田开发动态，分析存在的问题，及时提出对策和建议，推介先进、实用、成熟技术并推进实施，优化投资和操作成本，最终完成NEB资产组领导者KPI考核指标；对阿布扎比陆上油田其他三个资产组、海上两个资产组及陆海项目提供技术支持，支撑集团公司在阿联酋项目的长期稳定发展。

2019年工作思路：以NEB资产组领导者技术支持为重点，与ADNOC NEBD联合工作，与研究院北京TSU团队协同研究，分析开发形势和矛盾，提出对策、建议和方案，完成NEB AL KPI2019年度考核指标。开展Onshore、L. Zakum、Umm Shaif-Nasr、Al Yasat四个项目的生产动态跟踪，参加Capex、TCM、Workshop等系列股东会议超过百次，为阿布扎比项目公司的年度计划预算、开发调整和新技术应用等股东决策提供技术支持。协助项目公司技术部完成首次SEC储量评估，推介中国石油特色技术，包括EOR、浅层生物气、凝析气藏循环注气与反凝析防治等技术，并对项目公司股东事务部、采购部等部门提供技术支持。阿布扎比中心党支部，按照固定支部成员和临时管理党员的方式，因地制宜，履行党建职责，利用与资源国的技术和文化交流活动，展示中华文明的光荣传统和集团公司的良好形象。

经理：裴晓含，主持阿布扎比中心全面工作，负责技术支持工作，主管行政、人事等管理工作。

副经理、书记：何东博，负责阿布扎比中心党建工作，协助经理负责油藏地质技术支持工作。

截至2019年底，阿布扎比中心在册职工11人。其中男职工7人，女职工4人；博士9人，硕士2人；教授级高级工程师5人，高级工程师4人，工程师2人；35岁及以下3人，36—45岁1人，46—55岁7人。

【课题与成果】

2019年，阿布扎比中心主要承担以NEB资产领导者KPI考核任务为主的科研任务，总计15项。其中ADNOC陆上项目NEB资产领导者KPI任务11项、其他类技术服务任务2项，ADNOC海上项目技术服务任务2项。

2019年阿布扎比技术支持分中心承担科研课题一览表

类别	序号	课题名称	负责人	起止时间
NEB资产领导者KPI	1	NEB资产群2020—2024 BP	焦玉卫	2019.3—2019.11
	2	智能完井效果模拟	裴晓含	2019.3—2019.11
	3	DY Habshan与Th-A FDP技术支持	王强	2019.3—2019.11
	4	RS Th-C&Th-D地质建模	邓西里 李佳鸿	2019.3—2020.1

续表

类别	序号	课题名称	负责人	起止时间
NEB资产领导者KPI	5	RS Th-B 全油藏转 CO_2 研究	叶继根 邓西里	2018.3—2019.12
	6	EOR 试验区设计技术支持	王强	2019.3—2020.1
	7	Rumaitha 三维地震反演与裂缝特征研究	郭同翠	2019.3—2020.6
	8	Inactive string 分析	梁亚宁	2019.3—2019.11
	9	降低 UTC 的技术对策	何东博	2019.3—2019.11
	10	四项技术培训及两个 Workshop	何东博	2019.3—2019.12
	11	降低油藏含水率技术对策	叶继根	2019—2019.12
阿布扎比陆上项目	12	TCM/PDISC/ARPR/EORSC/Workshop/IPR 等各类技术会议和方案审查	—	
	13	半年及年终动态总结	焦玉卫	2019.1—2019.12
阿布扎比海上项目	14	半年及年终动态总结	赵航	2019.1—2019.12
	15	"Nahadiin 油田开发评价研究"技术审核	吴向红	2019.1—2019.4

【科研工作情况】

2019年,阿布扎比中心按照研究院年初工作部署,坚持院"一部三中心"定位,瞄准中东碳酸盐岩油田开发的重大技术需求,围绕中心成立宗旨和工作定位,服务现场需求,做好技术支持及相关科研任务。

一是以阿布扎比陆上 NEB 资产群领导者项目为依托,展示中国石油技术实力。

二是完成阿布扎比陆上 NEB 资产群领导者 11 项 KPI 工作。针对低渗透气顶油藏,完成压裂设计及方案编制,得到股东及资产组认可,并最终写入 2020—2024 年 BP 执行方案;完成 8 个油藏数值模拟方案优化,制定 11 个油藏的合理稳产产量、稳产期及采出程度。完成智能完井 RTMO 效果模拟及基于静态模拟的智能完井效果评价。针对低渗透油藏,提出储层改造方案及试验区设计,完成多段酸化压裂试验设计以及效果评价,在股东会汇报并通过;针对 DY KH_1 油藏提出合理注采井距、实施阶段及水平井开发设计,完成 DY KH_1 目标产量的方案模拟工作。基于阿布扎比陆上石油公司建模规范流程要求,完成 RS C&D 油藏的岩心描述、露头观察、显微镜薄片分析、测井解释;完成 RS C&D 四个油藏的构造模型、沉积相模型及成岩模型,通过股东审核并获一致认可。在 2018 年研究基础上,新增 Rumaitha 油田 TH_KH_2 油藏转 CO_2 驱 9 个方案的数值模拟,对比分析预测指标,并初步完成相应的经济评价。通过油藏结合必要的实验室研究,明确适用 NEB 主力油藏的 EOR 技术,并提出技术发展路线。针对泡沫驱,研制出耐温耐盐泡沫配方体系,油藏温度下泡沫体系驱油实验提高采收率 20.2%。针对功能水驱和化学驱,研制出基于海水的离子匹配水配方体系和低张力表活剂体系,二次采油模式岩心驱油实验提高采收率 60.5%。研制出微米及纳米级 SMG 配方体系并在 1.5 年老化实验后仍能保证调驱效果。针对资产组对 Rumaitha 油田现有三维地震数据反演与裂缝特征描述的解释需求,先后完成叠后反演可行性评价及 32 口井的校正分析,完成叠后确定性反演、地质统计学反演研究及 AVO 反演工作。梳理归纳 NEB 资产组 InactiveString 类型及原因,挖掘复产潜力,提出针对高油漆笔井的短期、中期及长期对策。响应 ADNOC 石油公司对各资产群降低 UTC 的整体需求,制定 NEB 资产群降低 UTC 的技术路线,提出优化 WAG 周期、转 WAG 为注水的开发方式从而降低注气量及注气使用费,实现降低 UTC 的最终目标。开展 ADNOC 职员专有技术指导及培养计划,树立 CNPC 资产领导者形象。针对 ADNOC 陆上项目现有处理能力的限制,开展降低油藏含水率技术的研究工作。提出"防"、"治"结合、重在预防的降含水技术对策,调整建议用于更新后续的执行方案;完成 DY 目前 13 口典型高含水井动态分析,优选 7 口井实施降含水措施;完成 RS 目前 16 口典型高含水井动态分析,优选 8 口井实施降含水措施。

三是完成阿布扎比陆上、海上项目动态跟踪评价及 SEC 储量评估工作;支撑气顶油藏凝析气开发研究,针对油田驱替系统不完善、生产压差剪刀差等开发问题提出多项开发调整建议;优质高效完成 NEB 资产组技术支持支持任务,保障油田持续效益开发。

【交流与合作】

11 月 21—22 日　阿布扎比国家石油公司陆上公司技术代表团来研究院进行交流。

12 月 16 日　宋新民副院长带队在 ADNOC 总部与 ADNOC 油藏局长进行工作交流。

【大事记】

7 月,研究院决定成立阿布扎比技术支持分中心,作为研究院直属研究机构进行管理和考核,拟设主任、书记各一名,副主任根据工作需要配备,所需人员由研究院内部调剂(科技院〔2018〕107 号)。研究院党委决定成立阿布扎比技术支持分中心党支部(勘研党字〔2018〕23 号)。裴晓含任阿布扎比技术支持分中心经理,何东博任阿布扎比技术支持分中心副经理(科技院〔2018〕104 号),何东博任阿布扎比技术支持分中心党支部书记(勘研党干字〔2018〕9 号)。

(赵航、裴晓含、何东博)

支撑保障单位

计算机应用技术研究所

【概况】

计算机应用技术研究所(简称计算所)是研究院核心研究所之一。主要任务是根据研究院"一部三中心"定位要求,研究院所属专业从事计算机应用技术与信息技术支持及应用服务的研究单位,立足于信息技术领域应用研究,通过全面提供信息化技术支持与服务,在集团公司和研究院信息化工作领域发挥重要支撑作用,不断提升队伍的专业技术实力与服务水平,实现整体科学有序地发展。主要任务是根据中国石油信息化发展战略要求,发挥自身综合优势,全面支持集团公司及研究院信息化建设。

所长:龚仁彬,负责所全面工作,分管数据应用室、大数据室工作。

书记、副所长:胡福祥,负责党支部全面工作,主管安全环保、保密、工会、青年工作站工作,分管分管网络安全室、数据中心室、综合运维室及所办公室工作。

副所长:乔德新,主要负责办公管理室、综合应用室工作。

计算所下设8个科室。

网络安全室:主要负责集团公司网络与数据中心专家中心日常工作、北京区域网络中心、信息安全等基础设施建设、管理与运行维护工作;同时负责全院各类网络、计算机桌面应用的技术服务与支持工作。主任杜广林。

数据中心室:主要负责集团公司数据中心机房和研究院机房的日常运行维护管理工作,为集团公司27个核心信息系统提供基础设施服务,同时保障研究院各类信息系统及设备的安全运行及技术支持。主任王卫国,副主任王贤。

数据应用室:主要负责集团公司勘探与生产信息系统专家中心的日常工作,承担集团公司勘探与生产类信息化项目的技术支持与运维工作,具体负责研究院勘探开发信息化工作规划、建设与技术支持。主任周相广,副主任石桂栋、陈新燕。

大数据室:主要负责研究院大数据应用的规划、建设与技术支持工作。主任缪红萍。

办公管理室:主要负责集团公司办公管理系统专家中心日常工作,承担集团公司办公管理系统、企业信息门户系统建设、管理和运行维护工作;同时承担研究院各类科研综合管理系统的建设、管理和运行维护工作。主任许锟,副主任李昆颖、关新。

综合应用室:主要负责集团公司内部控制管理信息系统、电子邮件系统的建设、管理和运行维护工作;同时承担集团公司及石油行业信息技术标准化委员会秘书处工作和标准制修订工作。主任贾文清,副主任高毅夫。

综合运维室:主要负责廊坊院区网络、机房、计算机桌面、门户、邮件等各类信息基础设施及应用系统的现场维护和管理工作。主任田鸿鹏。

所办公室:协助所领导负责全所日常业务管理,包括人事管理、财务管理、科研管理、行政管理和后勤服务等。副主任朱玉立。

截至2019年底,计算所在册职工总数47人,其中男职工32人,女职工15人;其中博士后2人,博士5人,硕士22人,大学本科16人,大专及以下2人;教授级高级工程师2人,高级工程师27人,工程师11人,助理工程师6人,工人1人;35岁以下13人,36—45岁9人,46—55岁16人,55岁以上9人。市场化员工38人。

【课题与成果】

2019年,计算所承担科研课题23项。其中集团公司级统建课题16项,研究院信息化建设课题7项。在国内会议或信息期刊上发表论文31篇,其中SCI收录2篇,EI收录7篇;申报软件著作权29项,授权25项;制定国家标准1项、企业标准2项;申报发明专利5项。

2019年计算机应用研究所承担科研课题一览表

类别	序号	课题名称	负责人	起止时间
集团公司级课题	1	认知计算平台试点项目(E8)	龚仁彬	2019.1—2019.12
	2	办公管理平台关键技术跟踪研究	乔德新	2019.1—2019.12
	3	办公管理系统	李昆颖	2019.1—2019.12
	4	电子邮件系统	高毅夫	2019.1—2019.12
	5	内控管理、风险管理信息系统	俞隆潮	2019.1—2019.12
	6	油气水井生产数据管理系统	时付更	2019.1—2019.12
	7	集中报销信息平台	李昆颖	2019.1—2019.12
	8	企业信息门户系统	李蓬	2019.1—2019.12
	9	北京区域网络中心	冯梅	2019.1—2019.12
	10	中国石油数据中心	王卫国	2019.1—2019.12
	11	网络安全运行中心	冯梅	2019.1—2019.12
	12	数字化智能化发展战略研究	龚仁彬	2019.1—2019.12
	13	勘探与生产信息化顶层设计	时付更	2019.1—2019.12
	14	合同管理系统	李昆颖	2019.1—2019.12
	15	信息技术标准制定	帅训波	2019.1—2019.12
	16	"十四五"网络安全整体解决方案研究	冯梅	2019.1—2019.12
院级课题	17	研究院机房运行维护	王卫国	2019.1—2019.12
	18	网络及桌面运行维护	杜广林	2019.1—2019.12
	19	院自建信息系统建设运维	许锟	2019.1—2019.12
	20	研究院综合管理平台研究与应用	许锟	2019.1—2019.12
	21	勘探开发研究云平台项目	冯梅	2019.1—2019.12
	22	勘探开发知识成果共享平台	龚仁彬	2019.1—2019.12
	23	大数据与人工智能在石油勘探开发中的应用研究	周相广	2019.1—2019.12

【科研工作情况】

2019年,计算所学习贯彻习近平新时代中国特色社会主义思想,落实集团公司工作会议精神,按照研究院信息化发展"三步走"

战略和"全面实现研究院信息化建设能力和水平的跨越式发展"总体要求,发挥三个专家中心作用,开展集团公司信息化建设与运维工作,加强研究院信息化建设与支持力度,全面完成各项工作任务。

一是以中国石油认知计算平台(E8)、勘探与生产信息化顶层设计、合同管理2.0、研究院综合管理平台、勘探开发研究云平台等项目为重点,加大技术创新研发,推进"共享研究院"建设,信息化工作取得重要成果。

二是优化调整科室和人员,加强人工智能应用、勘探开发信息化、综合管理信息平台、信息质量与标准、网络安全等方面研究和人员配置,开启计算所深化改革和转型发展之路。

三是加强创新研发力度、加强运维质量管理、加强制度建设、加强人才培养,为全面促进研究院信息化发展发挥支撑作用。

【党建与精神文明建设】

截至2019年底,计算所党支部有党员24人。

党支部:书记胡福祥,委员龚仁彬、吴世昌、任义丽、宋梦馨。

工会:主席吴世昌,副主席李效恋,组织委员李昆颖,女工委员朱玉立,文体委员高毅夫。

青年工作站:站长申端明,副站长窦文思。

2019年,计算所党支部按照研究院党委统一部署和安排,进一步抓实党务工作,注重人才队伍建设,加强党风廉政建设等,党建各方面取得新进展。

一是提高政治站位,坚决贯彻落实上级各项决策部署,学习习近平新时代中国特色社会主义思想,加强党的政治建设,组织开展"不忘初心、牢记使命"主题教育活动,不断提高理论素养,增强党性觉悟。

二是加强组织建设,夯实党务工作基础。落实全面从严治党主体责任,严格执行"三重一大"民主决策制度,加强基层组织建设,推动与中心工作的深度融合;贯彻落实支部工作条例,加强党员队伍管理,严肃党内政治生活,落实主题党日及"三会一课"制度,发挥党组织战斗堡垒作用和党员先锋模范作用。

三是加强党风廉政建设,切实转变工作作风。贯彻落实院党委关于党风廉政建设部署,落实"一岗双责",签订党风廉政建设责任书和廉洁从业责任书,全员范围内开展廉洁从业教育,压实责任;贯彻中央八项规定精神,坚决反对四风,营造风清气正政治生态。

四是落实意识形态工作责任制,开展宣传工作,围绕党建和业务中心工作,发挥群团组织作用,加强联系交流,搭建青年成长平台,开展特色活动,丰富职工生活,凝聚干事创业合力。

(帅训波、朱玉立)

总工程师办公室(专家室)

【概况】

总工程师办公室(专家室)成立于2014年3月,由原总工程师办公室与专家室合并而成,主要由院副总师、一级专家及相关管理服务人员组成。

总工程师办公室(专家室)是研究院的高端智库单位。2019年工作定位与职责:一是服务管理好副总师及一级专家,保障副总师及一级专家各项工作的开展;二是做好国家重大专项管理办公室的支撑工作,不断提升对国家油气专项的管理支撑与技术支持能力;三是做好研究院重大理论技术、重大科技项目、重要科研成果的把关指导,发挥技术总负责的作用;四是组织好四川盆地研究中心的技术支持与保障工作。

副总师兼主任、副书记:张研,全面负责主持总工办日常行政事务。

副主任、书记:赵力民,主要负责国家重大专项管理与支持工作和总工办日常党务工作。

副主任:赵孟军,主要负责国家重大专项管理与支持工作。

副主任:王振彪,主要负责中石油海外项目管理与支持工作。

副主任:罗健辉,主要负责领导纳米驱油项目组、工程技术管理与支持工作。

总工程师办公室(专家室)下设5个科室。

综合办公室:主要负责部门日常事务管理、业务管理、党群工作、院副总师工作支持、科室工作协调等任务。副主任高晓辉、雷丹妮。

院士工作室:主要负责院士的日常工作支持与服务。主任张延玲,副主任严增民。

专项支持室:主要负责专项实施管理办公室和上级部门布置的工作任务。副主任郭燕华、马锋。

专家工作室:主要负责院一级专家、返聘专家工作支持与日常事务管理任务。主任苏文江。

现场支持室:主要负责四川盆地研究中心在京事务性工作支持、重点探区工程技术研究与应用工作协调任务。主任王冬梅,副主任王海。

【业务工作情况】

2019年,总工程师办公室(专家室)坚持贯彻落实集团公司、研究院工作会议精神,围绕高质量发展和改革创新开展工作,各项工作再上新台阶。

一、不忘"我为祖国献石油"初心使命,专家作用发挥更加突出

加大专家团队在重大科技项目立项审查、过程跟踪指导、科技发展规划、决策参考、风险勘探以及现场支持指导等方面的作用。一是加强专家对研究院承担的国家油气科技重大专项5个项目、26个课题的跟踪、检查、指导把关,受到研究院领导、项目长以及项目骨干肯定。一级专家李宁当选中国工程院院士。二是提升专家在研究院、中国石油、国家层面的决策支持力度,增强对油田现场井位部署、勘探理念转变的指导。

二、在新的重要节点迈出更坚实的步伐,国家油气专项支持工作成果突出

做好技术支持,服务重大专项,提升研究院和集团公司在油气科技领域的话语权和引领作用。一是完成油专项接续"前期战略研究、平行战略研究、接续报告合稿"三个阶段方案和"梯次接续方案项目衔接建议"方案编制核心技术支持工作,形成《油气开发国家科技重大专项接续发展战略研究报告》,

油气专项以《科技创新2030——油气重大项目》形式被列入民口重大专项梯次接续建议方案。二是落实上级关于减少天然气对外依存度、加强"找油"等要求,配合完成方案编制与上报,支撑我国油气工业近期和长期科技项目部署。三是协助完成"3个中长期科技发展规划+1个国家技术预测"油气领域支持工作,为我国油气工业未来科技发展的合理布局提供技术支持。

三、院士工作室工作顺利启动,服务支持工作成效初显

做好院士日常报销、生活服务、工作业务管理服务。落实院士工作经费,管理工程院项目3项、集团公司配套项目1项、外协项目2项,组织重要国际会议2项、国内重要会议7项,加大院士科学家精神宣传,在《中国石油报》宣传报道6篇、党建App报道1篇、《石油商报》报道1篇、研究院微信公众号3篇报道,协助开展6名院士的视频宣传片录制。

四、现场支持有序开展,为四川盆地研究工作的正常运转提供强有力的保障

发挥现场支持和沟通协调作用,做好四川盆地研究中心合同、经费等方面服务工作。参与冀东油田南堡1号三维地震资料处理及南堡1-3区块评价井圈闭落实和井位目标优化工作。协助油田落实3口评价井,均获高产,支撑南堡1-3区评价井部署和2019年产能建设。开展南堡凹陷老爷庙地区火成岩特殊岩性体储层的地震地质一体化预测研究,启动秦皇岛区块的三维地震资料处理及综合研究工作。

【党建与精神文明建设】

截至2019年底,总工程师办公室(专家室)党支部有党员30人。

党支部:书记赵力民,副书记张研,纪检委员赵孟军,组织委员严增民,宣传委员郭燕华。

2019年,总工程师办公室(专家室)党支部以习近平新时代中国特色社会主义思想和习近平总书记重要指示批示精神为指导,围绕高质量发展、改革创新、智慧党建等重点,促进党建与业务工作深度融合,取得良好实效。

一、强化履职尽责,深化"党建业务一体化"党建模式,突出党建工作特色

围绕上级党建工作精神,严格履行党建工作责任,党建经验更加成熟,领导班子更加融合,大党建工作格局和"一岗双责"落实更加到位,"党建业务一体化"模式进一步深化。全面落实从严治党,学深悟透习近平新时代中国特色社会主义思想,政治理论水平进一步提升。开展"党的十九大精神再学习、再宣传、再讨论"、第十七次"形势、目标、任务、责任""弘扬石油精神""四个诠释"主题活动和"七一"红色教育实践活动。开展"不忘初心、牢记使命"主题教育,被第六指导组推荐为优秀案例。

二、加强团队建设,发挥群工团优势,营造团结向上氛围

发挥副总师感召力,开展"专家特色党课",围绕"四个讲清楚"和"高质量发展",开展全员讲党课17次,强化政治理论学习,坚定理想信念。组织到塔里木秋里塔格进行野外考察及刀片山山地地震数据、冀东油田南堡4号基地开展海陆过渡带地震信号采集观摩和故宫行摄文化活动等,加强交流,增强"我为祖国献石油"的使命担当意识。参加庆祝建国70周年系列活动,严增民获研究院中英文演讲比赛英文组三等奖。青年工作站"石油精神之光,照亮做高岗位之路"活动,获研究院五四创新大赛一等奖。

(高晓辉、赵力民)

科技文献中心

【概况】

科技文献中心是中国石油勘探开发研究院科技信息资源研究及服务单位。主要工作宗旨是:传播科技,服务科研,助推创新。主要职责是办好"三刊一馆",即《石油勘探与开发》(中、英文版)《石油科技动态》、图书馆。主要工作任务是负责图书、期刊、科技数据网络资料购买管理与服务,组织科技论文查新,组织发表科技论文、出国会议论文、多媒体保密审查,负责《石油勘探与开发》《石油勘探与开发》(英文)《石油科技动态》编辑出版。

2019年工作目标:出版《石油勘探与开发》《石油勘探与开发》(英文)双月刊,报道中国与世界石油工业最新理论技术,保持《石油勘探与开发》国内权威石油类学术期刊地位,持续扩大国际影响力;出版《石油科技动态》月刊,为集团公司及所属企事业单位提供国内外最新科技发展动态、新技术、新方法及新理论。出版《天然气文集》,及时反映天然气研究领域的最新成果。加大科技信息化技术应用,进一步发展微信公众号,推进数字化图书馆建设;深化信息资源综合开发和利用研究,为全院提供全面、及时的科技图书、期刊、数据网络科技信息服务。

主任、副书记:许怀先,负责统筹推进中心全面工作,分管人事、财务工作;分管《石油勘探与开发》编辑部和中心办公室。

书记、副主任:王旭安,负责中心党建、工会和青年站工作,分管计划生育、安全、保密等工作;分管《石油科技动态》编辑部。

副主任:敬爱军,分管图书馆、电子图书室、廊坊院区文献室工作。

中心下设6个科室。

《石油勘探与开发》编辑部:负责编辑出版《石油勘探与开发》《石油勘探与开发》(英文)双月刊,报道中国与世界石油工业最新理论技术。副主编王东良、单东柏;《石油勘探与开发》编辑部主任张朝军,副主任胡苇玮;《石油勘探与开发》(英文)编辑部主任宋立臣。

《石油科技动态》编辑部:为集团公司及所属企事业单位提供国内外最新科技发展动态、新技术、新方法及新理论。主任:谢力。

图书馆:为全院提供全面、及时的科技图书、期刊、数据网络科技信息服务。馆长张会利,副馆长徐宏儒、王璇。

电子图书室:推进数字化图书馆假设,研究信息资源的综合开发和利用,为管理层及科研人员提供科技信息资源服务。主任徐宏儒。

廊坊文献室:按时编辑出版《天然气文集》,及时反映天然气研究领域的最新成果,为廊坊院区科研人员提供纸质和电子图书、期刊服务。室主任华爱刚(至6月),室副主任耿晶(6月始)。

所办公室:负责所日常科研、行政管理、后勤保障及财务报销等。副主任高日丽。

截至2019年底,科技文献中心有在册职工27人。男职工12人,女职工15人;博士后1人,博士3人,硕士10人,大学13人;教授级高级工程师1人,高级工程师13人,副编审4人,副馆员1人,工程师4人,编辑1人,助理编辑3人;35岁以下8人,36—45岁5人,46—60岁14人。市场化人员2人。

【课题与成果】

2019年,科技文献中心承担课题1项,在国内外学术会议及期刊上发表论文9篇。

2019年科技文献中心承担科研课题一览表

类别	序号	课题名称	负责人	起止时间
国家级课题	1	中国科技期刊国际影响力提升计划项目	许怀先	2018.11—2019.11

【交流与合作】

4月 张朝军参加AAPG在波兰举办的盐盆地国际学术会议。

10月 许怀先等参加在法兰克福举办的书(刊)展及科技期刊影响力提升国际学术研讨会。

【业务工作情况】

2019年,科技文献中心进一步创新工作方式,推进管理与服务提升工作,加强办刊力度和图书馆服务水平,为科研生产工作提供支持和服务,为科研人员搭建科技传播交流平台和提供书刊服务。

一、加强《石油勘探与开发》编辑工作,提高办刊质量

一是加强稿件管理,严格遵守主编初审、同行专家评议、编辑部定稿会讨论的稿件录用程序,加强编辑前与发排前的稿件网上查重,保证录用论文的原创性和学术水平。坚持高标准、严要求,严格审核把关;完善分栏目负责制,施行专业编辑编校、分栏目核稿、主编终审的编辑质量控制流程,确保刊出论文的科学准确性与编辑的严谨性、标准化。强化出版时间管理方面,确保编辑出版进度和质量。

二是完成《石油勘探与开发》中、英文期刊年检工作和EI、GeoRef、中邮阅读网、中国知网等数据库报送,做好期刊网站系统、专家作者数据库维护。全年来稿1010篇,国外投稿163篇,召开定稿会10次,评估稿件154篇,录用120篇。

三是做好组稿约稿、F5000项目、期刊宣传、保密审查等工作,提升期刊影响力。赴浙江大学、长庆油田研究院、廊坊院区、胜利油田等9个重点科研机构调研、组稿约稿,刊出约稿25篇。通过期刊主页/封面、研究院主页、研究院大屏幕、中心网站、参会、邮箱推送等手段等宣传期刊,提升期刊影响力,22篇论文入选2018年度F5000论文。

二、做好图书馆、电子图书室书刊借阅服务等工作

做好图书借阅、订购和电子图书室设备、系统和应用软件的运行维护,加强数字资源的选购和上线运行、维护,全年采购中、英文在线或镜像数据库10个,新增馆藏全文文献323.3万篇,为科研人员提供最新的科技动态和学术文献。将廊坊文献室的图书期刊统一纳入ILAS图书馆自动化集成系统并建立分馆,做好文献检索和用户服务,全年为北京院区、廊坊院区和京外分院129个课题的科研人员检索数字资源,并下载、传送检索文献492人次,8268篇。建立13个公共阅览区,配置14台电子书借阅机,布置38个书架,制定《办公楼区开放式公共阅览室管理办法》,为员工提供阅读、休息空间。

三、做好《石油科技动态》和《天然气文集》编辑出版工作

紧跟集团公司和院重大科研项目及领导关注的热点领域,组织有关勘探开发新理论、新方法、工程技术、前沿基础理论方面的翻译文章,加强新能源方面的文章,全年编辑出版《石油科技动态》12期。做好《天然气文集》编辑出版,加强与石油工业出版社合作,全年收稿97篇,刊出58篇。

【党建与精神文明建设】

截至2019年底,科技文献中心党支部有党员15人。

党支部:书记王旭安,副书记许怀先,组织委员宋立臣,宣传委员敬爱军,纪检委员张朝军,青年委员胡苇玮。

工会:主席王晖,生活委员张会利,文体委员黄昌武。

9月,科技文献中心单独设立青年工作站,站长魏玮,组织宣传委员刘恋。

2019年,科技文献中心党支部按照研究院党委的统一部署安排,按时完成规定动作,结合支部特点,开展特色活动,加强党员教育,发挥党员的示范和带头作用,确保科技文献中心队伍稳定、人心凝聚、素质提高、业务发展、影响扩大、后劲充足。

一、加强党的政治建设,落实全面从严治党主体责任

坚持把学习贯彻党的十九大精神作为科技文献中心的首要政治任务,组织贯彻学习。购买学习辅导材料3套,党支部书记和班子成员讲党课6次,组织参加网上(测试)答题、在线学习答题等活动7次。编制《党的十九大精神学习要点导读》《新编党员干部需要了解的名词解释》,涵盖"国家建设社会发展""党的建设""中国石油和研究院"三方面,加强理论武装,提升思想觉悟。

切实担负起管党治党政治责任,支部书记履行第一责任人责任,督促班子成员严格落实党风廉政建设"一岗双责"。制定科技文献中心党建工作计划。及时签订党风廉政责任书、安全生产责任书,组织各科室长签订《党风廉政责任书》《党员廉洁从业承诺》。严格执行处级干部脱产培训,参加支部委员的相关培训。组织科技文献中心各科室廉洁风险点排查和关键岗位廉洁风险防范自评。

二、坚持民主决策,落实"三重一大"决策制度

制定实施《科技文献中心"三重一大"决策制度实施细则》,严格执行审议前置程序,提高科技文献中心管理的民主化、规范化、制度化水平。

三、加强"三基"建设,提升科技文献中心党建工作水平

落实"三会一课"制度,按照规范要求开展组织生活。全年召开支部大会20次、支委会16次、党课6次。组织党员干部专题学习20次。强化宗旨意识,关心职工诉求,解决实际问题。调整改造办公室,增加顶部隔音,消除安全隐患。建设科技文献中心党建阵地,强化职工之家、青年之家建设,增设健身设施,改善办公环境,提升办公质量。落实安全责任,加强安全检查,加强安全保密教育,强化安全意识。

四、开展"不忘初心、牢记使命"主题教育

成立科技文献中心"不忘初心、牢记使命"主题教育领导小组,制定学习计划,创新学习方式,力戒形式主义,扎实组织推进,实事求是,确保学习效果。

2019年,高日丽被评为研究院优秀共产党员。

(张朝军、王旭安)

档案处
（中国石油天然气集团有限公司勘探开发资料中心）

【概况】

档案处（中国石油天然气集团有限公司勘探开发资料中心）[以下简称档案处（资料中心）]工作职责：负责完成研究院各类档案的收集、保管和利用工作；负责集团公司、股份公司地质资料管理制度制定、培训等工作；负责完成集团公司勘探开发资料的管理工作；负责股份公司地质资料向自然资源部汇交管理工作；负责集团公司涉密测绘成果资料日常管理、监督及指导工作；负责完成中国石油所属企业上交勘探开发资料的管理工作。

基本任务：加强档案资料基础业务建设，推进档案资料管理现代化的进程，利用网络实现资料信息资源共享，提高档案资料管理水平；管理中国石油所属企业上交的勘探开发资料；负责中国石油向国家汇交地质资料；为总部和研究院的科学研究提供优质的档案资料信息服务。

2019年工作思路：档案处（资料中心）坚持"珍藏企业记忆，提升集团公司价值，构建知识平台，实现信息共享"的集团公司档案管理理念，以"建设现代化的石油勘探开发资料中心"为目标，按照"收集齐全、整理科学、保管安全、利用满意、信息整合"的工作方针，夯实基础业务，加强安全措施，强化服务意识，档案资料管理水平不断提升，为研究院深化改革发展提供了坚实的档案资源保障。

处长、党支部副书记：贾进斗，负责档案处的全面工作，分管资料室、档案二科和编研室工作。

党支部书记、副处长：田春志，负责党务工作、工会工作，分管档案处的保密管理，分管办公室、档案一科（3月起）、信息室工作。

档案处下设6个科室。

档案一科：负责收集和管理研究院的管理、科技、基建、会计、教学、设备仪器、声像和实物8类档案。室主任杨蕾，副主任杜艳玲（12月起）。

档案二科：负责收集和管理廊坊院区的管理、科技、基建、会计、声像和实物类档案。室主任卫孝锋。

资料室：负责股份公司地质资料汇交管理工作；负责完成集团公司地质资料的管理工作；负责中国石油16家油气田上交勘探开发资料管理工作；负责研究院涉密测绘成果资料管理工作；负责中国石油所属企业涉密测绘成果资料管理工作。室主任彭秀丽，副主任周春蕾（12月起）。

编研室：以馆藏档案资料为主要对象，承担研究院史志、年鉴相关工作，按专题对档案文件进行收集、筛选、加工，转化为不同形式的编研成果，为研究人员提供利用。室主任郑力。

信息室：负责档案管理软件的应用与维护，数据采集与光盘制作，软硬件的维修；负责档案处网络的建设与维护，档案处主页的管理与更新。室主任陈雷，副主任谢童柱（12月起）。

办公室：负责办公室日常管理工作，档案业务联系及对外接待工作。室主任张燕，副主任卜宇（12月起）。

截至2019年12月底，档案处（资料中

心)在册职工21人(正式职工19人,市场化用工2名);男职工5人,女职工16人;博士后2人,博士1人,硕士7人,大学7人,大专4人;高级工程师9人,工程师9人,助工2人,技术员1人;35岁以下7人,36—45岁2人,46—55岁12人。当年,姚丹调入,辛玉霞调离,张颖借调股份公司,王建忠退休。

【课题与成果】

2019年,档案处(资料中心)承担股份公司级课题3项。在国内学术会议及期刊上发表论文8篇,获国家级奖励1篇,省部级奖励1篇,公司级奖励3篇。

2019年档案处承担课题一览表

类别	序号	课题名称	负责人	起止时间
股份公司级课题	1	中国石油地质资料规范化管理示范工程	贾进斗、王泓、于香兰、周春蕾	2019.1—2021.1
	2	中国石油勘探开发资料管理规范化研究	贾进斗、王泓、于香兰、周春蕾	2019.1—2021.1
	3	股份公司地质资料汇交决策支持	贾进斗、周春蕾	2019.1—2020.1

【业务工作情况】

2019年,档案处(资料中心)以"建设现代化的石油勘探开发资料中心"为目标,按照"收集齐全、整理科学、保管安全、利用满意、信息整合"的工作方针,进一步夯实基础业务,加强安全措施,强化服务意识,档案资料管理水平得到极大提高,为研究院深化改革发展提供坚实档案资源保障。

一、加强档案资源建设,完成归档工作

召开研究院2019年度档案工作会议,举办档案管理培训班,与机关各部门签订2019年归档范围确认表,截至11月15日,科技档案归档400卷,光盘800张,电子档案176吉字节,归档率为100%。非科研类档案全年完成归档管理类档案674件;教学档案492件;荣誉档案7件;合同档案2791件;设备档案55卷,605件;会计档案1187卷;停止使用的印章107件。截至11月底,2010—2019年间记录研究院重要活动重大历史时刻的音像档案全部归档,共12146张,63.5吉字节(电子照片光盘存储)。同时,完成194卷、124237件基建档案和4万余卷财务档案的二维码粘贴工作,为今后基建、会计档案的查找利用提供便捷。

二、强化档案服务能力,提高档案利用率

密切配合集团公司总部、各油气田公司、集团公司巡视组等单位的工作,接待业务咨询和借阅人员1300余人次,提供档案资料利用10000余卷(件)。对中石油煤层气有限责任公司、冀东油田等7家油田公司开展地质资料管理和汇交现场指导检查。做好库存资料解密工作,共完成33998份。系统清理馆藏涉密测绘成果,建立详细台账。开展档案资料科研工作,牵头中国石油地质资料规范化管理示范性项目研究,做好中国石油不同油田第一口发现井背后的故事项目研究。加强与大连石化档案馆、大庆油田勘探开发研究院档案馆等交流,提升服务能力。

三、加强集团公司地质资料管理,工作成效显著

完成对中国石油规划总院等6家单位的涉密测绘成果资料清理工作现场核查。做好中国石油所属各油气田公司上交勘探开发资料接收整理管理工作,截至11月15日,共管理勘探开发资料191974卷(含廊坊院区

29835卷),电子文件102018件;2019年接收塔里木等9个油田公司上交资料11592件、1248卷。组织好中国石油2019年油气地质资料管理与新政策培训。

四、完成向自然资源部资料汇交,做好股份公司服务保障工作

做好向自然资源部汇交补交15个油田的234个矿权地质资料工作,其中成果资料10462档29060件,原始资料189863件,实物地质资料10207口井80306.381米岩心、2937052包岩屑。组织修订《中国石油天然气股份有限公司地质资料汇交管理规定》,对勘探与生产分公司2018年度档案进行整理检查,累计整理检查校对文件共2022卷、19837件、265盒。

【党建与精神文明建设】

截至2019年底,档案处党支部有党员15人。

党支部:书记田春志,副书记贾进斗,纪检委员陈雷,组织委员杜艳玲,宣传委员卜宇,青年委员周春蕾。

工会:主席郑力,组织委员卢革,文体委员谢童柱。

青年工作站:站长谢童柱。

2019年,档案处党支部学习党的十九大和历次全会精神,坚决贯彻落实上级各项部署要求,攻坚克难,砥砺前行,全面做好党建各项工作。

一、加强支部建设,履行党建工作责任

以加强班子自身建设为核心,以强化支委思想能力提升为抓手,坚持民主集中制原则,落实支部议事规则,做好党风廉洁建设。召开民主生活会,抓主要问题,制定整改措施,发挥支部的政治核心作用和党员模范带头作用,党建工作得到进一步加强。

二、高标准、严要求、高质量,推进基层党建工作

抓党建基础,加强党内政治生活,规范"三会一课"。创新学习形式和载体,利用石油党建App系统,组织党员答题等。组织召开党员民主生活会和党员评议,做好党费缴纳清查工作,确保党员100%缴纳党费。加强党员队伍管理,发展谢童柱为中共预备党员。强化党员教育,专题组织生活会学习《中国共产党党员权利保障条例》,维护和加强组织纪律性,组织参观"两弹一星"纪念馆,加强爱国主义教育。

三、支持做好工会工作,加强思想宣传教育

加强工会和青团工作,举办知识竞赛、健步走、参观世博园等各项活动。重视"三微一端"等新媒体的宣传,及时更新处网页,把握新闻宣传重点,做好正面宣传和舆论引导,弘扬石油精神,传播石油好声音。

四、全面加强党风廉政建设,增强自律意识

坚持把党风廉政建设摆在重要位置,加强责任压力传导,注重合规管理,强化监管落实。抓好党风党纪教育,促进党员干部廉洁自律意识和拒腐防变能力的提升。进一步转变工作作风,提高廉洁自律意识。

(郑力、贾进斗)

技术培训中心

【概况】

技术培训中心（研究生部）（简称培训中心或研究生部）是研究院从事教育与培训管理机构，是集团公司、股份公司高级技术培训基地和教育基地。培训中心的定位是：发挥研究院"一部三中心"的高层次科技人才培养中心的作用，为实现集团公司和研究院发展战略提供人才保证。技术培训中心（研究生部）承担着研究生教育、博士后管理和培训管理三项主要任务。

2019年工作思路：坚持高层次人才培养中心定位，加强教育培训管理，促进中心业务持续向前发展。加强研究生招生、培养和博士后管理，进一步提升培养水平，为集团公司及研究院培养高素质人才提供保障。落实好集团培训和全员培训任务，为提升员工科研与管理水平提供支撑，持续提升集团公司及研究院技术影响力。

主任、党总支副书记：李小地，负责全面工作，分管招生办公室、教学研究室和综合办公室。

党总支书记、副主任：张旻，负责党务工作、学生工作、安全工作、工会工作以及培训工作，分管职工培训室和技术培训室。

副主任：张风华，负责博士后和研究生管理工作，分管博士后管理室、研究生管理室和廊坊研究生管理室。

培训中心下设8个室。

综合办公室：承担综合管理、服务保障工作。主任郝东林。

招生办公室：承担研究生招生工作。主任宫广胜，主管王小婷。

研究生管理室：承担研究生教育、管理工作。副主任李伯华，主管李峥。

教学研究室：承担研究生教学管理工作。主任熊浩平，副主任（正科级）王桂宏。

博士后管理室：承担博士后管理工作。主任田翠平。

职工培训室：承担院内全员培训工作。主任陈新彬，主管刘彦、林雅玲、张晓苏。

技术培训室：承担集团培训工作。主任肖寒天，主管陈煜。

廊坊研究生管理室：负责廊坊院区中国科学院大学的研究生招生、培养、学位授予和日常管理工作，以及研究院招收廊坊研究生的日常管理工作。主任杨开菊（1月止），主管伊丽娜。

此外，研究院学位评定委员会办公室挂靠在技术培训中心。

截至2019年底，培训中心在册职工27人。男职工7人，女职工20人；博士8人，硕士12人，大学7人；教授级高级工程师1人，高级工程师15人，工程师11人；35岁以下8人，36—45岁8人，46—55岁10人，56—60岁1人。当年，杨开菊退休。

在校生174人，其中博士生98人，硕士生76人。在站博士后人员23人，其中自主招收9人，与工作站联合培养14人。廊坊研究生（中国科学院大学研究生）在校生69人，其中博士生31人，硕士生38人。

【业务工作情况】

2019年，培训中心坚决贯彻落实集团公司和研究院工作会议精神，从"技术立院和人才立院"的建院宗旨出发，做好全员培训工作，提升研究生、博士后培养质量和水平，努力完成集团公司培训计划，各项工作取得显著成绩。

一、全员培训工作取得实效

加强全员培训工作，完成院级培训58项（77期），培训6016人次，学员匿名评价平均满意度97.6分。加强课程开设和管理，新增培训项目28项，优化设计课程11项。提升专业技术课程质量，开设专业软件培训4项、通用课程15项、院士高端讲座等综合类课程10项。加强师资队伍建设，分别邀请108位院士及教授专家、10位国际油公司专家、24位专业培训机构师资授课讲学，提升教育教学质量。创新培训手段，引入OFFICE在线培训，扩大培训覆盖人次。

二、全面加强研究生、博士后招生管理工作

加强宣讲，修订《中国石油勘探开发研究院研究生招生工作管理规定》，做好研究生招生工作。全年招收硕士生22名、博士生25名，与北京大学联合培养硕士生6名、博士生12人，中国科学院大学渗流所招收博士生10名、硕士生17名。加强研究生管理，提高培养质量；严格把关学位论文，提高论文质量。加强导师力量，增聘博导9人、硕导35人；加强学科建设，完成好学科报告编写汇报，做好"石油与天然气工程"学科评估抽检工作。严把博士后进站资格审查、面试关，做好在站博士后管理，2019年进站4人、出站3人。

三、完成集团公司培训计划

举办资源国和集团公司专业技术培训班5期，来自油气田企业及南苏丹等海外资源国，培训116人次，满意率98%。完成南苏丹资源国2期培训项目的实施工作，承办勘探与生产分公司"第四期复合型物探人才实训班"，首次与大庆油田联合举办2期勘探生产分公司培训项目，提升研究院影响力。

【党建与精神文明建设】

截至2019年底，培训中心党总支有党员51人。

党总支：书记张旻，副书记李小地，组织委员宫广胜，宣传委员张风华，青年委员兼纪检委员郝东林。

职工党支部共有党员20名。职工党支部：书记张旻，组织委员兼宣传委员陈煜，青年委员兼纪检委员郝东林。

2017级学生党支部共有党员19名。支部：书记单云鹏，组织委员郝亚龙，宣传委员刘雪琦。

2018级学生党支部共有党员12名。支部：书记张紫芸，组织委员姜晓宇，宣传委员付颖。

2019级学生党支部共有党员10名。支部：书记张岩，组织委员章光正，宣传委员张辰君。

工会主席：郝东林，组织委员兼宣传委员：孙婧婧，女工委员兼生活委员：覃和。

青年工作站：站长陈煜，副站长刘彦，组织委员兼宣传委员李峥，文体委员程海凤。

2017级学生团支部共有团员33名。支部书记郝亚龙。

2018级学生团支部共有团员6名。支部书记张凤廉。

2019级学生团支部共有团员18名。支部书记付蕾。

2019年培训中心党总支坚持以习近平新时代中国特色社会主义思想为指导，贯彻落实集团公司和院党委决策部署，围绕年度重点工作，精准发力，多措并举，全力推进党建工作再上新台阶。

一、加强思想建设，积极开展党员学习教育

以"不忘初心、牢记使命"主题教育为契机，结合集团公司2019年党建工作会要求和研究院党委部署安排，认真组织，周密部署，系统学习《习近平新时代中国特色社会主义思想学习纲要》《习近平关于"不忘初心、牢

记使命"重要论述选编》《中国共产党党内重要法规汇编》和习近平总书记致大庆油田发现六十周年贺信等重要指示批示精神,强化理论武装,提高思想认识。

二、加强组织建设,发挥党支部战斗堡垒作用

坚持"三重一大"议事决策规则,严肃党组织生活,加强党员活动阵地建设。规范发展党员程序,共发展党员2人,确定入党积极分子5人、发展对象2人,递交入党申请书11人。

三、强化文化传承,指导群团工作

履行工会职能,发挥基层组织密切联系群众的桥梁和纽带作用,参与研究院"我和我的祖国"中英文演讲比赛、"快闪""一起走"等活动。丰富职工活动内容,提升员工凝聚力。重视青年成长,关心青年,联系青年,组织参观新文化运功纪念馆、国家地理经典影像盛宴等青年活动,扩展视野,加强沟通交流。

四、进一步转变作风,抓好反腐倡廉建设

落实全面从严治党,制定个性化党风廉政建设责任书,组织签订《廉政从业承诺书》,层层压紧压实基层支部廉政建设主体责任,全面构建起覆盖全业务的党风廉政建设责任制体系。做好各类典型违规违纪案例的通报和节假日廉洁警示教育提醒,构建作风建设常态化长效化。贯彻落实中央八项规定精神,严格执行《研究院关于进一步贯彻落实中央八项规定精神》和《技术培训中心党总支关于进一步贯彻落实中央八项规定精神实施细则》,建立健全关键岗位廉洁防控体系。

五、对照巡视巡察反馈问题,全面落实整改要求

高度重视,专门成立整改落实工作领导小组,加强组织领导,强化设计,有力推动。组织开好巡察整改专题民主生活会,认真查摆问题,剖析原因,对照巡察反馈的问题清单,将整改工作与中心工作相融合,细化任务分工,抓好分管领域整改与工作推进,全面完成整改工作。

【大事记】

6月27日 举行研究院2019届研究生毕业典礼暨学位授予仪式。

9月3日 举行研究院2019级研究生新生开学典礼。

6月20日 人力资源社会保障部养老保险司副司长亓涛等来研究院调研指导工作。

(郝东林、张旻)

基建办公室

【概况】

基建办公室(简称基建办)负责全院基本建设工程管理,主要依据大院规划及基建工程规划要求编制建设方案;组织编制投资概算、预算、决算工作;负责全院涉及基建内容《合同》的技术审定工作;组织工程的设计、施工、监理、招投标管理等具体工作;办理北京市规定的建设审批手续(主要有北京市规委、建委、计委、公安消防、市政、人防、教育、给水、排水、供电、绿化、天然气、城建档案等);工程项目建设实施过程中的监督管理以及竣工验收。

主任、副书记:路金贵,主要负责主持基建办日常行政工作。主要负责计划、财务、人事劳资、项目前期方案设计、合同管理、队伍建设、廉政建设等工作,主要负责综合管理科业务领导。

党支部书记、副主任:宋玉林,主要负责主持基建办日常党务工作。主要负责党建、廉政建设、队伍建设、保密、后勤等工作。分管地方项目审批、外协、招标、内控、文秘、工会、青年等工作,主要负责办公室业务领导。

副主任:鲁大维,主要负责北京院区工程管理、安全管理。主要负责安全环保对口业务,分管项目初步(施工图)设计、施工、验收、维修保养、预结算管理、HSE 体系建设、档案资料等工作,主要负责工程管理一科、HSE 管理科业务领导。

副主任:徐玉琳,主要负责廊坊院区工程管理、安全管理。分管廊坊院区工程方案、初步(施工图)设计、合同招标、预结算管理、HSE 体系建设、档案资料等工作,主要负责工程管理二科业务领导。

基建办下设 5 个科室。

办公室:主要负责拟建项目的概预算管理,施工结算的审查工作;内部控制管理、考核管理、员工培训、师带徒管理、财务报销、后勤及行政、党务管理、工会、计划生育保密管理、网络维护等工作。主任贺永红。

工程管理一科:主要负责北京院区建设项目前期地质勘察、初步设计、施工图设计的业务管理工作;配合办理工程项目在实施过程中的政府相关部门行政审批工作;负责建设项目工程技术管理、质量管理、进度管理和安全管理等工作;负责工程竣工验收、施工资料存档和质量保修工作。副科长陈立东。

工程管理二科:主要负责廊坊院区建设项目前期地质勘察、初步设计、施工图设计的业务管理工作;配合办理工程项目在实施过程中的政府相关部门行政审批工作;负责建设项目工程技术管理、质量管理、进度管理和安全管理等工作;负责工程竣工验收、施工资料存档和质量保修工作。科长冯小玲。

综合管理科:主要负责工程方案设计;工程招投标;合同签订及履约;拟建项目的前期规划意见书审批、立项、报建等政府行政审批手续的报批工作;负责拟建项目建议计划的编制与上报及相关投资计划的管理工作。科长彭青云。

HSE 管理科:主要负责日常健康、安全环保管理及基建项目安全管理工作,并负责基建项目档案等工作。负责建立和完善项目的 HSE 质量保证体系;负责对工程项目的相关作业进行危害识别和风险评估工作;负责单位安全责任区及在建工程施工现场安全、环保、文明施工管理;负责工程 HSE 资料整理归档。

截至 2019 年底,基建办在册职工 14 人。

其中男职工8人,女职工6人;硕士3人,大学8人,大专2人,中学1人;高级工程师7人,工程师3人,其他4人;35岁以下3人,36—45岁1人,46—55岁6人,56岁以上4人。当年,徐维良退休。

【业务工作情况】

2019年,基建办紧密围绕院工作会议精神,按照年初工作计划安排,立足服务保障,履行责任,完成各项工作任务。

一是完成工字楼改造项目,新增职工公寓面积8226平方米。坚持不等不靠、主动作为,先后完成后续工程招标、新的开工许可审批、现场平稳交接、安全有序施工等工作。做好原有住户回迁配套改造、天然气改造、室外改造等工程,治理结构、消防等安全隐患,完善室内各系统配置,改善周边环境,被北京市住建委评为"北京市绿色安全工地"。

二是完成实验区女儿墙开裂安全隐患治理设计、招标、施工合同签订等开工准备工作,利用该工程施工时的外墙脚手架等措施,组织实施实验区外墙瓷砖安全隐患治理项目。

三是完成页岩油原位转换实验室改造工程方案设计。因项目选址由实验区六区移至北实验区3#厂房西侧,根据新的工艺设计,开展多轮次方案设计。

四是完成实验区通风系统治理现场检测及方案研究,制订合理可行实施方案。

五是落实廊坊院区基建工作。完成会议中心阳光走廊屋面及系统维修、东院区停车棚建设和渗流楼电梯更新,推进大物模岩样存放间工程,做好东南环路改造项目等。

【党建与精神文明建设】

截至2019年底,基建办党支部有党员11人。

党支部:书记宋玉林,副书记兼纪检委员路金贵,组织委员贺永红。

工会:主席严冬瑾。

2019年,基建办公室党支部按照研究院党委要求,持续深入开展"三会一课"学习教育活动,学习习近平总书记的系列讲话精神,学习宣传贯彻党的十九大精神。进一步完善组织建设和制度建设,夯实基础管理工作,加强文化建设,为基建工作保驾护航。

一、提高政治站位,做好"不忘初心,牢记使命"主题教育活动

加强学习,规范"三会一课"学习制度,学习贯彻习近平新时代中国特色社会主义思想和党的十九大精神,深入贯彻落实集团公司和研究院工作会议精神,强化理论武装,提高政治站位。以开展"不忘初心,牢记使命"主题教育为契机,坚持用党的创新理论指导工作实践,不断提升党性修养,自觉做到"两个维护"。

二、加强党的组织建设,发挥党的战斗堡垒作用和党员先锋模范作用

加强党员日常管理,及时建立健全党员管理台帐,核对党员身份信息;教育党员立足本职讲奉献,发挥党员先锋模范作用;及时完成党费收缴工作,缴纳率100%;举办党务知识答题活动,使党员在平凡的岗位上,以身作则、廉洁自律;重视工会工作,组织职工羽毛球比赛、书法交流等多种特色活动;关爱职工心理健康;关心员工生活,做好帮扶工作;关注青年员工的成长,完善师带徒培养计划管理。

三、深入开展廉政风险防范管理工作,落实党风廉政长效机制

落实党风廉政建设"两个责任",结合工作实际,制定责任清单、基层党组织书记第一责任人责任清单和基层班子成员"一岗双责"责任清单。逐级签订《党风廉政责任书》和《领导人员廉洁从业承诺书》,层层传导责任压力。加强警示教育,做到知敬畏、存戒惧、守底线。

(严冬瑾、鲁大维)

综合服务中心

【概况】

综合服务中心是研究院服务保障部门之一,主要负责北京院区工作区、廊坊院区后勤支持与服务,主要承担物资采购管理,职工餐饮服务,职工健康管理,工作区环境卫生和楼宇保洁,绿植租摆服务,会议服务,印制服务,票务服务,廊坊院区车辆运维管理、水电冷暖讯运行、绿化养护、医疗卫生服务等,为北京院区、廊坊院区科研生产的顺利运行提供优质、高效的服务保障。

2019年工作思路:贯彻落实研究院党委各项工作部署,以不断满足科研单位和广大员工的服务需求作为出发点和落脚点,努力开创创新,勇于担当作为,在合规管理和精细服务基础上进一步提高工作效率,不断提升服务保障质量和水平,为研究院改革发展作出新贡献。

主任:孟明,负责全面工作。

副主任:陈波,负责餐饮管理、交通服务、印制服务管理工作,负责分管部门的安全和党风廉政建设工作,分管餐饮管理部、交通服务部、印制服务部。

副书记、副主任:刘为公,负责党建工作、思想政治工作、群团工作。

副主任:代自勇,负责职工健康管理,环境管理,廊坊院区公共服务、系统运行、动力保障、通讯服务等,负责分管部门的安全和党风廉政建设工作,分管职工健康管理部、环境管理部、廊坊院区公共服务部、廊坊院区系统运行部、廊坊院区动力保障部、廊坊院区通讯服务部等,分管中心安全和保密工作。

副主任:曹锋,负责办公室管理、物资采购管理工作,负责分管部门的安全和党风廉政建设工作,分管综合办公室、物资采购部。

综合服务中心下设12个科室。

综合办公室:负责综合服务中心行政、财务、人事及研究院报废资产处置、院报刊信件收发等工作。主任郭正,副主任冯刚。

物资采购部:负责北京及廊坊两院区物资采购、危废处置等工作。主任吴兵,副主任刘坤。

餐饮管理部:负责北京及廊坊两院区职工餐饮服务工作。主任赵波,副主任李靖。

交通服务部:负责廊坊院区公务车辆运维工作。主任邵石忠,副主任刘超。

印制服务部:负责北京及廊坊两院区科研报告等材料的印制工作。主任王永敏,副主任张今。

职工健康管理部:负责北京及廊坊两院区职工体检、医保二次报销等工作。主任刘玉梅。

环境管理部:负责北京及廊坊两院区工作区环境卫生、楼宇保洁,绿植租摆等工作。主任何福忠,副主任齐朝阳。

廊坊院区公共服务部:负责廊坊院区水、电、讯、物业及采暖收费,报刊收发,居委会业务等便民服务。副主任刘洪滨。

廊坊院区系统运行部:负责廊坊院区供暖、供冷、供排水、日常维修及检维修工程管理工作。主任刘久瑜,副主任欧艺彬。

廊坊院区动力保障部:负责廊坊院区电力系统运行保障工作。主任何勇。

廊坊院区通讯服务部:负责廊坊院区通信系统运行管理工作。主任李国平。

廊坊院区医疗服务部:负责廊坊院区医疗服务保障,医保二次报销等工作。刘洪滨代管。

截至2019年底,综合服务中心在册职工

72人(正式员工58名,市场化员工14名)。男职工46人,女职工26人;博士(后)2人,硕士7人,大学21人;高级工程师11人,工程师8人,助理工程师/经济师9人,技术员1人,工人16人;40岁以下14人,40—50岁17人,50岁以上41人。当年,蒲涛、高军、王漫春退休。

【业务工作情况】

2019年,综合服务中心落实院各项部署要求,凝心聚力,提升服务,各项工作成效显著。

一、严格执行院物资采购政策,合规高效完成物资采购任务

做精做细采购计划,全年汇总月度计划23152项,完成科研设备和大宗材料计划669项,计划完成率98%。加强物资全生命周期管理,严把质量验收关,完成全年采购任务;签订年度框架协议93份,采购合同84份,归档相关资料1600余份;共向60余家物资供应商支付款项630余笔;核对物资77782件、设备41批;处理废料2526批次、合计14.7吨,与2018年相比处置数量和重量分别增长69%和107%。

二、保证职工用餐安全卫生无事故,做到低油少盐营养膳食

完成北京院区科技餐厅、西门餐厅接待用餐337891人次,老年餐厅和便民服务点用餐刷卡139746人次,零点餐厅用餐刷卡34588人次;廊坊院区自助餐厅接待用餐25936人次,零点餐厅用餐刷卡34832人次,提升餐厅服务质量。同时,做好廊坊院区会议服务、场馆服务等。

三、组织好职工体检,做好职工医保报销和健康宣传

做好3365名职工体检,体检报告发放率100%。加强网健康知识宣传,发表宣传文章24篇,开展健康知识讲座4次;利用职工健康管理部微信公众号共推送文章216篇;自创职工健康宣传册8期;发放《科学健身18法》《正确认识肿瘤标志物》等健康宣传册1800余份。完成医保二次报销5096人次,报销单据120811张。

四、加强廊坊院区车辆使用管理,确保零事故安全运行和优质服务

开通两院区通勤车服务,继续加强"特快专递"和"顺风车"服务,完成公务出车7406台次。

五、保持工作区和办公室环境整洁、干净,绿植鲜活

做好北京院区和廊坊院区共26万平方米环卫保洁工作,保障各种会议和重大活动的卫生清洁近3000余次,更换绿植约5万盆次。提高园林绿化科学管理水平,做好绿化的修枝剪叶、喷药消杀、草坪树木施肥浇水灌溉等维护工作。

六、强化保密意识,保质保量完成印制工作

提升印制服务质量,强化保密意识,杜绝泄密事件发生。全年完成各类文件、论文、课题开题论证、中期评审、终期验收等黑白印刷860多万张,彩色150万多张,装订20余万册,提供取送服务2万多次。

七、强化基础保障,提升便民服务

切实保障廊坊院区水、电、冷、暖、讯等基础设备运行完好,热情周到、体贴高效地提供业务缴费、接报修、管家服务、医疗等便民服务。如开展燃气安全入户检查552户,全年24小时接报修1152余次,维修完成率为100%,满意率为100%。

【党建与精神文明建设】

截至2019年底,综合服务中心党支部有党员37人。

党支部:副书记刘为公,纪检委员孟明,宣传委员曹锋,组织委员李靖,青年委员郭正。

工会：主席刘为公，组织委员李国平，生活委员刘超，女工委员马力，青年委员郭正。

青年工作站：站长郭正，副站长马力。

2019年，综合服务中心党支部以习近平新时代中国特色社会主义思想为指导，贯彻落实党的十九大精神，紧紧围绕研究院科研工作，以提高员工素质、服务质量、服务效率、树立良好形象为工作目标，以思想政治教育为基本保证，调动党员干部服务于科研的积极性、主动性，确保党建与业务工作的深度融合，为综合服务中心各项工作提供思想组织保证。

一是组织开展"党的十九大精神再学习、再宣传、再讨论"主题学习，深刻领会和准确把握党的十九大精神的核心要义，以集中组织学习与个人自主学习相结合、主题党课与小组讨论相结合的形式，强化学习实效。深入贯彻落实集团公司和研究院党委重要决策部署，结合工作实际，提升服务群众、担当作为、解决问题三种能力，努力实现绩效一流、工作一流、服务一流的工作目标。

二是全面落实"三会一课"、组织生活会、民主评议党员等制度，全年组织专题研讨2次，召开党员大会4次、支部委员会8次、小组会议12次、党课2次、主题党日2次，全体党员的组织意识和纪律意识增强。

三是开展好"不忘初心、牢记使命"主题教育活动，坚持带头学原文，结合学习联系自己谈体会，保质保量学习12个专题内容，开展"学习贯彻习近平新时代中国特色社会主义思想"和"不忘初心、牢记使命——践行'四个诠释'"2次专题研讨，取得阶段性成果。深入调查研究，对照党章找差距，强化整改落实，用强化服务保障成果检验主题活动成效。

四是开展巡察整改工作，组织召开专题会议3次，研究制定《关于巡察反馈问题的整改方案》，针对巡察组反馈的六个方面13个问题，分类落实整改。严格执行中心组学习制度，提高党员干部的政治素质。落实"三重一大"前置审议程序，强化班子建设。明确支部书记对党风廉政建设负主体责任，履行"一岗双责"，签订党风廉政建设责任书25份，党员廉洁从业承诺书35份，强化廉洁自律意识，筑牢拒腐防变思想防线。

（郭正、孟明）

物业管理中心（石油大院社区居民委员会）

【概况】

物业管理中心（石油大院社区居民委员会）（简称物业中心）主要是负责北京院区的物业管理与服务、公共服务、便民服务和组织社区居民群众公益活动等工作，主要包括为科研生产与职工生活提供水、电、冷、暖、讯的保障供应及日常维修、维护工作；负责辖区内大修、隐患治理工作；辖区内房屋、道路的维护；负责院生活区消防、治安安全工作及交通秩序的维护管理工作；绿化保洁、医疗卫生、幼儿保教、公务用车、场馆健身等综合后勤服务工作。

2019年工作目标：完成供暖业务资产移交，协调业务接收方推进供电、供水和物业维修改造项目有序实施，将施工改造对居民的影响降到最低；探索物业分离移交后居民物业管理和服务的新模式，建立精简高效的物业服务团队，确保物业服务移交工作平稳过度；以北试验区和职工公寓突入使用为契机，围绕科研生产创新办公物业管理和后勤保障新模式，理顺管理机制，对标行业规范和标准，提升办公物业服务质量和水平；完成青年园石材健身更新塑胶步道及新建篮球场等惠民利民工程。

副经理（主持工作）：刘晓，负责物业中心全面管理工作。对物业中心服务保障业务开展、安全生产运行、及各类行政事务等进行全面管理与统筹推进，分管矿区综合管理办公室、财务科、工作区物业科。

书记、副经理：黄建泰，负责物业中心党务工作，对安全管理工作进行监督和检查；组织对大修工程、项目进行论证、施工、安全管理及验收等工作。分管动力科、大修项目管理办公室。

副经理：于兴国，负责物业中心人力资源管理，对行政办公、工程维修、固定资产、合同内控管理、等进行全面协调管理。分管中心办公室、工程科。

副书记、副经理：梅立红，协助党总支书记做好物业中心党务工作，负责工会工作。分管幼儿园、场馆科、通讯站。

副经理：李玉梅，负责物业中心保密工作，分管卫生所、车队。

副经理：郭志超，负责物业中心党务组织工作，分管物业一科、安全环保科、便民服务中心。

居委会主任：王强，主要负责物业中心党务保密工作及居委会全面工作。分管办公室、社区网格、社区创建、社区统计、培训、新居民服务中心。

居委会副主任：孙志林，主要负责民政福利、住房保障、残联、计生、社区服务中心、劳动就业、志愿者（协助）。

物业中心下设17个科室。

中心办公室：负责物业中心行政办公、党务、人事、QHSE体系管理、计划生育、工会、安全生产、固定资产、合同内控管理等工作。主任于兴国（兼），常务副主任申海青，副主任毛亚军。

矿区综合管理办公室：负责院矿区服务事业部日常业务运作，矿区服务管理信息系统运行管理及应用，全院区绿化养护、节日花卉的装饰工作。副主任张宁（正科级）。

财务科：负责物业中心、离退休处财务日常核算和管理工作。科长金航，副科长王轶蓉。

大修项目管理办公室：负责物业中心大修项目管理、全年大修项目计划报送、及项目审计工作。主任史力，副主任催钢、魏殿臣。

便民服务中心：负责物业中心第三方员工餐厅、便民超市、菜市场的管理工作。副主任杨巍，高级主管袁强。

物业一科：负责居民生活区物业管理与服务、生活区公共区域的客务巡视、保洁服务，56号楼、工字楼的管理工作。并受理业主咨询、投诉、费用缴纳。科长郭志超（兼），常务副科长高金旺，副科长唐菲菲。

工程科：负责居民生活区供排水系统、供暖管线的维护管理工作，生活区内建筑设施、道路、公共器材的维护管理及入户维修工作，包括上下水维修，门窗维修、电气类故障维修等。科长刘庆，副科长张彬、苏继。

工作区物业科：负责研究院工作区物业服务中央空调制冷、采暖、通风、给排水（包括自备井）、公共配电系统及电气设备、电梯、建筑设施等方面的维修、保养、运行管理工作；负责院区用水核算工作。常务科长刘丕开，副科长孙涛。

安全环保科：负责居民生活区消防安全、治安、秩序维护管理工作；生活区交通秩序维护管理工作；生活区车辆停放管理及机械车位的维护保养工作。科长郭志超（兼），副科长张杰、时招彬。

供暖科：负责全院及周边单位65万平方米的集中供暖工作，并负责对锅炉房及辅助设备、仪器仪表、水泵、热交换站等进行维护保养及年检工作。副科长曹燕晴，副科长袁燕。

动力科：负责全院区用电管理服务工作。负责院区内总开闭所配电设备、各分配电室值班、变电、巡视检查工作；负责供电线路维修、日常电力维修、路灯维修工作；负责大院节日景观照明与布置工作；负责院区用电核算工作。科长王乐祥。

通讯站：负责全院区通信系统、生活区宽带网络的建立、维护、管理工作；全院区通信管道、通信电缆的维护与管理工作；全院区有线电视的维护与管理工作；全院区宽带上网、电话初装、移机、撤机及计费管理。副站长胡玥。

车队：负责为院属单位提供公务用车服务；对车辆进行管理、保养、检修等工作；为研究院职工提供代办驾照年检服务。队长张纪鸣，副队长杨硕。

场馆科：负责游泳馆、羽毛球馆的服务管理工作；接待各类大型比赛、文体活动，做好相关服务保障工作；负责游泳馆设备设施的管理维护工作。科长郝武胜，副科长张娜。

幼儿园：负责全院及集团公司驻矿单位家庭适龄儿童学前教育工作，为北京市一级一类、北京市示范园。园长梅立红（兼），常务副园长李春华，副园长杨莉。

卫生所：负责为全院职工、离退休职工、集团公司住院职工及其家属提供日常门诊、中医、理疗、牙医保健服务。为北京市医保定点医疗机构。所长李玉梅（兼），副所长吴艳巧。

居委会综合管理办公室：负责社区的公共服务、便民服务和组织社区居民群众的公益活动。副主任黄建忠，高级主管徐海宁、马红颖。

截至2019年底，物业中心在册职工66人、市场化16人、第三方267人。男职工45人，女职工21人；博士1人，硕士2人，大学11人，大专15人，中专3人，高中15人；高级工程师3人，工程师8人，助工4人，工人30人；35岁以下2人，36—45岁2人，46—55岁32人。当年，王强、孙志林、黄建忠、马红颖、徐海宁调离，孟庆宏、赵炳铎、翟振成、吴彬、冯子刚、齐素良退休。

【业务工作情况】

2019年，物业中心按照院统一部署和安排及2019年院工作会精神，结合自身特点确定"332"工作计划，集中精力抓好"三项重点、三项依托、两项举措"等重点工作，为科研生产工作提供良好的支持。

一、妥推进剥离办社会职能工作，实现各项民生工作服务质量不降低

一是创新居民物业委托管理新模式，接

受宝石花物业公司委托,实行"联合组织,分账核算,市场化运营"管理方式,实现"物业费不涨,服务质量不降"工作目标。二是完成"三供"全部职能移交,实现由实施者向协调者角色转变,各项业务运行平稳。供暖业务在继续推进资产评估划转的同时,组织宝石花物业承担居民供暖二次线和入户维护工作,协调北京热力集团按往年时间供暖,确保供暖服务质量不降低。三是完成社区管理职能移交,和谐宜居社区共建合作关系持续推进,及按照剥离企业办社会职能工作要求推进相关工作。

二、聚焦职工群众关心期盼,推进惠民和科研保障大修工作

一是推进物业分离移交基础设施维修改造,消除安全隐患,化解民生之困。修复住宅楼脱落外墙砖和垮塌散水,消除长期无法有效治理的安全隐患;开展雨污水管线改造,解决困扰居民生活多年的民生问题;开展安防系统升级改造,提升职工家属区安全保卫水平。二是高质量完成工作区大修工作,着力消除隐患、节能减排和改善办公环境。全年下达3批28项大修工程,投资总额2435万元。

三、创新思路提升服务质量,为科研生产提供优质后勤保障

一是提升办公物业服务水平,做好系统运行维护。服务保障方面,创新服务方式,开通工作区"3000"一号通服务电话,设立一站式物业服务专员,推出手机APP报修服务等,进一步提升办公物业服务;系统保障方面,完善工作制度和应急预案,组织系统运行和日常维护,确保工作区给排水、供配电、供暖、制冷、通信的系统正常运行。二是开展绿化提升工作,营造优美绿化景观。完成13万平方米绿化养护,重新规划主楼北侧花境,开展节日景观布置,更新林下地被共4000平方米、花卉3000余株,提升办公区绿化景观。

三是加强对内医疗保障,扩展医疗服务项目,全年总门诊量约5.9万人次。大型活动医疗保障和院内急诊,出诊25场次;普及救护知识,掌握急救技术,培训657人次;新增骨科专家来院出诊,诊治917人次,增长28%。四是细化服务项目,提升专业化服务水平,落实职工公寓服务任务,保障廊坊人员进京;场馆服务全年接待约7.8万人次;交通服务全年安全行驶约22万千米。

【党建与精神文明建设】

截至2019年底,物业中心有党员30人。

党总支:书记黄建泰,副书记梅立红,委员刘晓、于兴国、李玉梅、郭志超、李春华、王强。

工会:主席梅立红,副主席申海青。

青年工作站:站长毛亚军,副站长郑天阳。

2019年,物业中心党总支围绕研究院党委部署,探索创新加强党建的思路举措,将政治优势转为发展动力,推动后勤服务保障工作做稳、做实、做精、做优。

一、四条工作主线,以初心铸匠心,实干实效践使命

一是学理论谈思想,提升党性修养。持续推进政治理论学习,坚持定期学习与不定期学习相结合,个人学习与集体学习相结合,线上学习与线下学习相结合。以支部主题党日为抓手,创新"主题党日+"学习模式,丰富活动内容,真正让主题党日活动实现全覆盖、接地气。

二是强化组织领导,夯实堡垒作用。加强党员管理,强化责任意识,在履职尽职上下功夫。落实"三会一课"制度,强化党员教育管理,巩固支部战斗堡垒作用;以"不忘初心牢记使命"主题教育活动为契机,开展专题研讨和集中学习。深入服务型党组织建设,将党建工作延伸服务保障工作中,主动参与业务管理,在服务中体现党的政治优势。通过建设"党员之家""职工之家"活动阵地,使党建工作增添活力,实现互促双赢,同时,确保党员学习有场地,娱乐有场所,实现党群组织在思想教育、队伍建设、阵地建设等方面的相互衔接。

三是落实党风廉政,亮规矩明底线。坚持班子民主集中制建设,实行集体领导和个人分工负责相结合,凡属职责范围内的"三重一大"事项,都经集体讨论决定。党政带头执行民主集中制,保证权力正确行使,防止权力被滥用。逐级签订廉洁责任书传递责任要求,班子成员、党员干部之间用交流填坑补课,唤醒党性。

四是夯实队伍建设,聚人心促发展。通过参观学习、主题党课、红色主题教育等形式,加强党性修养,提升政治素养,坚定理想信念。发挥党员模范带头作用,由党员担任内部讲师,为科室员工培训专业业务管理知识,形成良好内部培训共享机制,共同提升岗位业务能力。持续加强意识形态工作管理,形成每季度意识形态研判分析制度。利用"石油大院社区生活圈"公众号、石油大院APP等意识形态宣传阵地,多角度宣传物业工作。全年策划"党的十九大精神再学习""三供一业"分离移交专题、建国70周年主题、"五四"主题等多种形式宣传活动,起到正面宣传引导,弘扬正能量作用。参与研究院"我和我的祖国"、快闪、中英文演讲比赛、青年岗位管理创新大赛等活动,展示新时代物业人新面貌新风采。

二、二项工作特色,以使命驱创新,求新提升促发展

一是以"不忘初心 牢记使命"主题教育实效促工作提升。组织学习研讨,并围绕"三个结合"即结合习近平新时代中国特色社会主义思想和初心使命,结合对党员干部要求,结合物业岗位要求,交流学习体会,进一步理清"初心""使命",立足物业管理中心"三个服务、三个保障"服务宗旨,立足岗位抓管理,观察问题、思考问题、解决问题,为员工发展做好服务,为科室有质量发展做好服务。组织工作区和生活区业主征求意见座谈会,近距离接触,听取意见和建议,同时组织党政干部进行座谈,听取职工意见建议,落实以问题为导向,实现边学边查边改的主题教育要求。

二是稳妥推进"三供一业"分离移交,党总支主动作为推进工作开展。统一政策、强化协调、形成合力,党总支引领成立专项工作领导小组和工作机构。在移交工作推进过程中,立足实际、实事求是,创新思路、破解难点,研究并提出物业分离移交实施方案,攻关解决分离移交中存在的现实困难、加快整体工作进程,保证物业分离移交后的可持续运行。

2019年,物业中心参与石油大院社区治理,被评为第八届北京市魅力社区;石油青年志愿者服务团队被评为研究院十大杰出青年团队;青年工作站在研究院团委"青春心向党·建功新时代"五四活动中荣获一等奖。卫生所"精准护理在健康管理中的应用"项目获研究院青年岗位管理创新大赛一等奖、幼儿园"开展教学园本研修,促进教师共同发展"项目获二等奖。

【大事记】

2月 成立宝石花物业研究院地区公司,与研究院签订物业委托管理协议,采取委托管理方式,负责研究院地区项目的物业管理与日常服务。

3月 研究院与学院路街道正式签订《石油大院居委会分离移交协议》,9月份如期完成社区管理职能移交,原居委会人员全部调入综合服务中心。

(冯彬、刘晓)

北京市瑞德石油新技术有限公司

【概况】

北京市瑞德石油新技术有限公司(简称瑞德公司)的前身是成立于1985年的陆海石油咨询中心。1992年8月经原石油勘探开发科学研究院批准建立北京市瑞德石油新技术公司,2017年11月20日通过公司制改制由全民所有制改制为有限责任公司,公司名称变更为北京市瑞德石油新技术有限公司,并获北京市工商行政管理局颁发的企业法人营业执照,为北京市中关村科技园区高新技术企业会员。瑞德公司注册资金110万元。

瑞德公司主要从事油田勘探、开发生产中新技术、新产品的研制、开发、生产及油田新场技术服务、技术咨询、承揽油田工程等工作,是研究院技术服务和工程技术对外的窗口。作为研究院的院属公司,其职能是为研究院的科研生产服务,为研究院的科技成果转化提供平台。

瑞德公司实行董事会和监事会领导下的经理负责制,董事会和监事会由研究院领导及有关职能处室负责人组成。

法定代表人、执行董事、总经理:雷群

常务副经理:崔思华。负责协助总经理主持公司日常管理和经营。

副经理:聂涛。负责廊坊市万科石油天然气技术工程有限公司行政事务及党建工作,负责(瑞德公司、万科公司)内控的建设、测试、审计及相关迎检工作。

经理助理:栾海涛。负责瑞德公司和万科公司的QHSE工作,协助党支部书记负责瑞德公司和万科公司的党风廉政建设工作,协助副经理进行万科公司的经营与发展管理工作。

瑞德公司下设4个部室和1个培训招待所。

综合部:负责公司资质管理、人事劳资管理、地方关系协调、产品质量认证、HSE管理、文书及文秘工作、行政事务及物资采购等工作。主任宋晓江。

财务部:在院计财处监管下负责瑞德、万科公司财务相关业务。科长廖杰。

市场部:负责瑞德、万科公司科研及服务相关业务的开展及营销。科长杨立民。

合同部:负责瑞德公司和万科公司相关合同管理、招投标企业入围、数据统计及填报。负责人陈强。

培训招待所:负责培训招待所日常管理及服务。所长俞建国。

截至2019年底,瑞德公司在册人数17人,合同化14人,市场化3人;处级领导2人,经理助理1人;男职工10人,女职工7人;博士2人,硕士2人,本科6人,大专7人;高级职称3人,中级职称8人,初级职称2人,高级主管1人,主管2人;36—45岁5人,46岁及以上12人。当年高宝贵退休。

2019年,瑞德公司总收入5969万元,利润总额3259万元,净利润2440万元,资产总计15128万元。

【业务工作情况】

2019年,瑞德公司坚持以习近平新时代中国特色社会主义思想和党的十九大精神为指导,坚决落实院党委决策部署,不忘初心,砥砺前行,较好完成各项工作。

一、履行职责,完成经营绩效

以"科技成果转化"为使命,贴近现场、靠前服务;新增产品质量认证认可15项,申请集团公司物资编码1项,新办及年审各类资证 10 项,保证成果转化渠道通畅;参与项目投标 18 项,制作标书 18 份 30 余稿,中标并签订合同 16 项,投标命中率高 89%,发挥平台作用,促进科研成果转化为生产力。

二、加强平台建设,促进成果转化

完善瑞德公司产品库;首次通过"中国石油公共数据编码平台"申请到物资编码,为现场应用打开"绿色通道";新增井控、HSE、H2S 培训合格证 2 人次,为现场试验技术服务的准入做好必要准备。

三、依法合规经营,强化合同管理

分解全年工作任务,签订业绩合同和履职责任书,明确目标,层层压实,责任到人。压力传递到位,形成崇尚契约的工作氛围,凝心聚力,共同努力完成目标任务。

四、确保资金安全,资产保值增值

贯彻财政法规,全面完成集团所属企业电子档案归档上线;强化财务合同管理培训,提升项目组核算员工作能力;全面完成"财务共享中心"上线及平稳运行,保障财务资金安全支付;2019 年瑞德公司保持持续盈利,助力集团公司提质增效,确保国有资产保值增值。

五、提高管理水平、确保安全稳定

加强安全管理,改善招待所入住环境,消除老旧空调安全隐患,更换空调 42 台,确保用电消防安全,提升满意度。谋划组织领导值班带班、前台考核上岗、反恐演练等活动,确保国庆期间安全维稳无事故,为祖国 70 周年华诞献礼。

六、履行"一岗双责",坚实两手抓两手硬

作为瑞德公司党支部书记和常务副经理,坚持使命担当,扎实推进"一岗双责"。全面履行业务发展的岗位职责,紧扣科研成果转化的历史责任,推动科技成果转化,将科研成果转化为生产应用,助力集团公司提质增效。

【党建与精神文明建设】

截至 2019 年底,瑞德公司党支部有党员 10 人。

党支部:书记崔思华,纪检委员栾海涛、组织委员廖杰、宣传委员郭萍(女)。

工会:主席陈强,组织委员栾海涛,女工委员李茹(女)。

2019 年,瑞德党支部提高站位认识,坚持重部署、列计划、抓落实、见实效,全面完成党建各项工作。

一、带头贯彻上级重大决策部署,推动执行落实见实效

坚决贯彻落实党中央、集团公司和院党委会议各类重要会议精神和重大决策部署;以开展"党的十九大精神再学习、再宣传、再讨论""不忘初心、牢记使命"主题教育活动等为契机,深入学习领会习近平新时代中国特色社会主义思想科学体系、精神实质、丰富内涵、实践要求,坚持用党的创新理论武装头脑、指导工作,确保瑞德公司工作始终沿着正确的方向前进。

二、全面深化"三基建设",提升党的建设质量

强化组织生活,持续推进"三会一课",提高党员领导干部民主生活会、专题组织生活会质量,全年组织集中讲党课 3 次,召开党员大会 12 次、支委会 16 次,开展党小组活动 32 次、主题党日活动 12 次。全面落实党员联系群众制度,规范党费使用管理等,打造"六有"党建阵地,发挥平台作用。深入开展基层党组织党建自查工作,重新梳理瑞德公司 2017—2019 年党建工作,做好巡察问题整改工作。加强党性教育,落实"七一"红色教育实践活动,培育社会主义核心价值观。

三、狠抓意识形态工作,提高舆情引导水平

勇担"举旗帜、聚民心、育新人、兴文化、展形象"使命任务,坚定不移做好新时代意识形态工作;强化阵地管理,形成瑞德公司意识形态"157管理模式";对于意识形态领域出现的错误的倾向性、苗头性问题,敢于亮身份、亮态度,旗帜鲜明维护党、瑞德公司和群众利益。坚持正面舆论宣传,全年在研究院主页发表新闻报道22篇、瑞德公司主页发表新闻报道31篇,宣传瑞德公司发展和定位,绘制成果转化新蓝图,打造更加具有自身特质的话语体系。

四、推进党风廉政建设,筑牢廉洁自律思想防线

严格执行党的政治纪律和政治规矩,始终坚持做政治上的明白人,党风廉政建设上的责任人,带领全体干部员工堂堂正正干事创业,清清白白履职做人。始终严格自身要求,坚持廉洁自律,加强对瑞德公司干部员工的廉洁管理,全年未发现违规违纪行为。

【大事记】

5月 宋晓江任瑞德公司综合部主任,陈强任瑞德公司合同部高级主管,王田富任瑞德公司招待所主办(人组字〔2019〕20号)。

6月 惠民便利店划归物业管理中心。

(李茹、崔思华)

第四篇

西北分院

西北分院

【概况】

中国石油勘探开发研究院西北分院(简称西北分院)作为中国石油勘探开发研究院分支机构,按照"立足西部、面向全球"业务发展定位,以石油地质综合研究、油气勘探目标优选评价为中心任务,发挥地球物理勘探技术和计算机技术特色优势,为油气规模储量发现和中长期勘探规划提供决策支持。

2019年工作思路和目标:瞄准集团公司国内外上游业务发展需要和油气勘探技术需求,集聚跨越发展新动能,紧紧围绕"113"发展战略,突出科技创新能力提升,进一步激发内生动力、释放发展潜力,不断提升技术实力和综合竞争力,全面推进人才培养、重大发现和理论技术创新,努力为集团公司上游主营业务稳健发展作出新贡献。

院长、党委副书记:杨杰,全面负责西北分院的工作。分管办公室(党委办公室)、人事处(党委组织部)和计划财务处。

党委书记、副院长、纪委书记、工会主席:陈蟒蛟,全面负责西北分院党的工作。分管党群工作处、纪检监察处(审计处)和退休职工管理处。

副院长、安全总监、党委委员:卫平生,负责分管各单位党建、意识形态与党风廉政建设工作。负责西北分院横向科研生产工作、海外业务、风险勘探和安全工作。分管企管法规处、西部勘探研究所和油藏描述研究所。

副院长、总地质师、党委委员:袁剑英,负责西北分院地质学科的发展与基础研究、技术创新。分管油气地质研究所和油藏描述重点实验室。

副院长、总工程师、党委委员:雍学善,负责西北分院保密工作和地球物理学科发展与基础研究、技术创新,以及信息技术发展。分管数据处理研究所、地球物理研究所和计算机技术研究所(燕昆公司)、物联网重点实验室。

副院长、党委委员:陈启林,负责西北分院纵向科研生产工作、规划计划和后勤工作。分管科研管理处(国际合作处)、油气战略规划研究所、科技文献中心和综合服务处,协助院长分管计划财务处规划计划。

副总工程师:王宇超。

副总地质师:马龙,兼任科技管理处(国际合作处)处长。

副总地质师:关银录,兼任企管法规处处长。

西北分院下设7个科研单位、7个机关职能处室和3个公益后勤单位。

科研单位包括:

油气地质研究所:负责柴达木盆地及青藏探区、四川盆地油气勘探工作,承担中国西部地区含油气盆地勘探综合评价、区域地质和战略准备区研究任务。下设风险勘探研究室、精细勘探研究室、新区新领域研究室、基础实验室,是"集团公司油藏描述重点实验室"整体挂靠单位。所长王建功。

油藏描述研究所:负责海外相关探区海外和大庆海塔盆地的油气勘探工作,承担精细勘探、岩性油气藏预测、不同阶段精细油藏描述、开发技术论证及剩余油分布规律等领域的研究任务。下设非洲研究室、亚太南美研究室、中亚研究室、油田开发研究室、地震资料解释研究室。所长石兰亭。

西部勘探研究所：负责准噶尔盆地、塔里木盆地两大盆地油气勘探工作，承担西部地区储层预测、油气检测、岩性油气藏勘探等专题研究与综合评价任务，致力于地质、物探、测井及计算机技术等多专业的融合，在石油地震储层学、石油地震构造学等领域形成特色优势。下设风险勘探研究室、新技术开发研究室、塔里木地质综合评价研究室、准噶尔地质综合评价研究室。所长张虎权（代）。

油气战略规划研究所：负责鄂尔多斯盆地及吐哈盆地、酒泉盆地等西部中小盆地油气勘探工作，承担中国西部和海外油气发展战略的规划研究任务，在地震沉积分析、深水沉积体系研究、岩性地层油气藏区带及圈闭评价方法与关键技术研究等领域形成优势。下设战略规划研究室、低渗透技术研究室、中小盆地研究室、新技术新方法研究室、地震沉积学研究室。所长刘化清。

地球物理研究所：承担地球物理关键技术研发、复杂储层预测、软件开发及地震综合解释研究任务，是"集团公司物探重点实验室储层响应研究室"挂靠单位，在国内率先开发具有自主知识产权的地震野外采集质量监控系列软件系统、地震综合裂缝预测软件系统。下设物探方法研究室、物探技术应用研究室、软件研发室，是CNPC物探重点实验室非均值储层研究室挂靠单位。所长杨午阳。

数据处理研究所：承担地震资料数据精细处理任务，面向中石油海内外各探区开展资料处理、储层反演、构造解释等研究工作，在高分辨率处理、非线性静校正、地震速度建模、复杂山地构造成像、叠前偏移地震成像等领域形成技术优势。下设基础研发室、构造成像室、保真成像室、海外支持室、技术应用室、现场支持室。所长王小卫（代）。

计算机技术研究所：承担勘探开发大型计算机系统及网络系统集成、信息化及油气生产物联网系统建设任务，负责西北分院数据中心、园区网络和集团公司区域数据中心备份机房的运维管理工作。下设网络与系统运维室、基础设施运维室、勘探开发信息研究室、网络及综合信息研究室、数据中心建设研究室、物联网研究室。所长冯超敏。

机关职能处室包括：

办公室（党委办公室）：负责西北分院领导班子、西北分院党委日常办公和事务的安排，重要会议及活动的组织；负责西北分院重大决策、重要工作的督办和落实；负责重要文字材料的起草；负责文电处理，机要、保密和信访工作；做好与上级部门、友邻单位、地方及分院各部门之间的协调沟通；负责西北分院健康、安全、环境、质量、计量、标准化、节能以及维稳、保卫等方面的组织、协调和管理工作；负责西北分院社会治安综合治理、健康安全环境（HSE）、国家安全3个委员会（领导小组）日常工作。负责值班工作；负责计划生育相关工作；负责落实房产政策和日常管理工作。下设文秘保密科、质量安全环保科、综合管理科。主任雷振宇。

党群工作处：负责思想政治、宣传、群团和青年工作，以及企业文化策划、组织和推进；具体做好内外宣传、政研、统战、思想教育、舆情、文化建设、工会、共青团和青年等工作；负责精准扶贫工作。下设群团科、宣传科。处长赵永义。

科技管理处（国际合作处）：负责年度科研计划的编制与实施；纵向科研项目的组织、协调与管理；纵向科研经费的落实与使用监督；纵横项科研成果的评定、验收与评奖；科研条件建设与重点实验室管理；科技管理办法的制订与修订；负责国际交流引进、业务出访组织与管理；负责国际合作研究组织的协调与管理;负责与集团公司相关国际合作部门建立良好的沟通;负责西北分院涉外事务相关规定的制定与安全保密工作;负责外事与甘肃省石油学会的日常运行与管理。下设科研项目与综合管理科、科研成果与条件管理科、石油学会与外事办公室、专家办公室。处长马龙。

企管法规处:负责西北分院管理及改革政策的研究,法律事务管理及普法宣传,规章制度管理及执行监督,合同管理及执行监督,工商事务管理,合规管理及培训,内部控制管理及运行监督,风险管理及风险预警,资本运营管理及决策支持,招标管理及监督等业务工作;承担西北分院横向技术市场开发及横向科研生产项目的组织、协调和管理职能,行使院级质量监督及管理职责。下设企管法规科、技术推广科、项目运行科。处长关银录。

人事处(党委组织部):负责贯彻落实国家有关组织、干部、人事、劳资方面的政策;负责制定分院人事劳资相关政策制度;负责党建工作;负责党员管理和发展党员工作;负责党组织关系的接转、党费收缴管理等工作;负责领导班子建设、干部管理、薪酬福利、业绩考核、员工培训、员工管理、社会保险、人事档案管理;负责西北分院员工的补充医疗保险及企业年金工作;负责办理到达法定退休年龄退休人员的审批及退休金和待遇的发放工作。下设人力资源管理科、党建科、组织科、社会保险办公室。处长殷兆红。

计划财务处:承担西北分院规划计划、财务管理职能,负责投资计划、预算管理、资金管理、资产管理、会计核算、工程概决算等工作,下设财务一科、财务二科、规划计划科。处长余灵睿。

纪检监察处(审计处):负责西北分院纪检、监察、审计工作,包括纪律审查、监督检查、党风建设、信访举报、案件审理、内部巡视、审计管理、业务培训、制度建设等相关工作;负责纪委办公室日常工作;负责巡视办公室日常工作,协调巡视组开展工作。下设综合管理科。主任赵书贵。

公益后勤单位包括:

科技文献中心:承担《岩性油气藏》科技期刊的编辑出版、档案和图书资料管理以及科研成果报告的印刷装订等技术服务工作。下设《岩性油气藏》编辑部、科技信息服务室。主任吕锡敏。

综合服务处:承担西北分院的院区规划以及基本建设、水电暖动力保障、物业管理服务、宾馆接待与服务、器材采购、驻油田科研基地后勤保障服务等工作。下设动力站、汽车队、物业管理科、石油科技宾馆。处长胡洪武。

退休职工管理处:承担退休职工管理和服务工作。处长闫鸿。

截至2019年底,西北分院在册职工402人。其中男职工291人,女职工111人。博士后2人,博士52人,硕士174人,大学134人,大专27人,中专11人,高中及以下2人;教授级高级工程师7人,高级工程师186人,工程师153人,助工34人,工人10人;35岁以下95人,36—45岁144人,46—55岁134人,56岁以上29人。市场化员工85人。当年,李君、李兢、彭瑛、王斌婷、米九星、阎存凤、哈英明、罗君、贾义蓉退休。万传治、刘伟方、邓国鑫辞职。

【课题与成果】

2019年,西北分院承担科研课题73项,其中国家级重大专项10项,集团公司级课题44项,研究院级项目3项,其他项目(油田)16项。获国家级科技成果奖1项,省部级14项;获授权专利31项;出版专著1部;在国内外学术会议及期刊发表论文242篇,其中:SCI收录20篇,EI收录50篇。

西北分院2019年承担项目课题一览表

来源	序号	课题名称	负责人	起止时间
国家级课题	1	柴达木复杂构造区油气成藏、关键勘探技术与新领域目标优选	石亚军	2016—2020
	2	前陆冲断带及复杂构造区油气成藏分布规律及有利区评价	张虎权、马德龙	2016—2020
	3	前陆冲断带及复杂构造区地震成像关键技术与构造圈闭刻画	李斐、张虎权	2016—2020
	4	岩性地层油气藏区带、圈闭有效性评价预测技术	刘化清	2017—2020
	5	下古生界—前寒武系地球物理勘探关键技术研究	潘建国、王小卫	2016—2020
	6	多波地震勘探配套技术——多波地震、测井、地质资料裂缝预测软件升级	杨午阳	2017.1—2019.12
	7	天然气地球物理烃类检测、评价技术及应用	高建虎、王孝 杜斌山、刘应如	2016—2020
	8	面向对象的应用软件系统与示范	胡自多	2017.6—2021.5
	9	2018年陆相湖盆水下滑坡体的形成机制、识别标志及其石油地质意义	潘树新	2018.1—2021.12
	10	鄂尔多斯盆地延长组深水块状砂岩形成机理及沉积模式研究	李相博	2018.1—2021.12
集团公司级课题	11	高原咸化湖盆油气地质理论深化认识	张小军	2016—2020
	12	天然气规模发现领域评价与目标优选	马峰	2016—2020
	13	柴西地区石油勘探区带评价及目标优选	王建功、石亚军	2016—2020
	14	柴达木盆地老油区精细调整及提高采收率关键技术研究	严耀祖	2016—2020
	15	柴达木盆地新油区多类型油藏高效开发关键技术研究	杜斌山	2016—2020
	16	柴达木老气区控水稳气及新气区高效开发技术研究	杜斌山	2016—2020
	17	柴达木盆地高精度地震技术攻关	王宇超、李斐 石业军	2016—2020
	18	四川盆地老区气田稳产保效关键技术研究与应用	王建功	2017.8—2020.8
	19	远源、次生岩性地层油气藏输导体系刻画与成藏规律研究——柴达木专题	田光荣	2019—2020
	20	远源、次生岩性地层油气藏输导体系刻画与成藏规律研究-塔里木专题	陈军	2019—2020
	21	典型湖盆源—汇系统分析与岩相古地理重建——鄂尔多斯盆地源—汇系统解剖及延长组岩相古地理边图	李相博	2019—2020
	22	地震沉积分析及岩性地层圈闭识别关键技术研究及软件开发	苏明军	2019—2020
	23	非均质储层流体因子构建新方法研究	杨午阳	2019—2020
	24	人工智能地震采集处理关键技术研究	魏新建	2019—2020
	25	基于稀疏采样的地震采集新技术研究	杨午阳、徐中华	2019—2020

续表

来源	序号	课题名称	负责人	起止时间
集团公司级课题	26	基于深度学习的地震储层识别技术研究	曹宏、杨午阳	2018.4—2020.12
	27	海外天然气藏复杂储层精细评价与预测技术	赵万金	2018.3—2020.12
	28	复杂断块圈闭有效评价软件（TAS1.0）研制与应用（5）	苏玉平	2019—2020
	29	酒泉盆地精细地质研究及勘探目标优选（4）	龙礼文	2018—2020
	30	天然气地震综合预测技术与软件研发	高建虎	2019.1—2020.12
	31	基于地震物理模拟实验的深层—超深层弱信号增强技术研究	刘威、刘伟方	2017.9—2019.12
	32	直属院所基础科学研究和战略储备技术研究基金——沉积盆地水热条件下硫酸盐—干酪根相互作用机制研究	齐雯	2018.12—2020.12
	33	物联网重点实验室建设	罗洪武	2017.1—2019.12
	34	致密油形成地质条件与富集高产主控因素	潘树新	2017.1—2020.12
	35	油藏描述重点实验室完善建设2019D-5006-47	张小军	2019.4—2020.12
	36	柴西南斜坡区岩性油藏勘探潜力与目标优选	张平	2018.6—2021.6
	37	柴达木盆地侏罗系含油气系统综合地质研究与目标评价	马峰	2018.6—2021.6
	38	四川盆地二叠系重大接替领域研究及目标优选	石亚军	2018.6—2021.6
	39	鄂尔多斯盆地下古生界成藏条件与目标评价	黄军平	2018.6—2021.6
	40	塔西南坳陷及麦盖提斜坡石油地质条件研究与目标评价	田雷	2018.6—2021.6
	41	塔里木盆地塔北碎屑岩勘探目标评价与优选	陈军	2018.6—2021.6
	42	准噶尔盆地石炭系成藏条件与区带评价	王彦君	2018.6—2021.6
	43	准噶尔盆地二叠系、三叠系成藏条件与目标评价	黄林军	2018.6—2021.6
	44	吐哈盆地北部山前带成藏条件与目标评价	郝彬	2018.6—2021.6
	45	吐哈盆地前侏罗系石油地质条件研究及有利区评价	张晶	2018.6—2021.6
	46	智能化地震噪音压制技术研究及在塔里木沙漠区的应用	李海山	2018.6—2021.6
	47	地震资料采集处理质控软件完善与应用	魏新建	2018.6—2021.6
	48	西部双复杂探区地震成像技术跟踪与应用决策研究	王小卫	2019
	49	CNODC海外油气勘探开发综合研究与技术支持	石兰亭	2019.1—2019.12
	50	2019年海外风险勘探领域研究与目标评价	田鑫	2019
	51	苏丹重点盆地勘探领域评价与目标优选	石兰亭	2019
	52	油气生产物联网系统（A11）PetroChina-IT-2012-N111	李群	2019
	53	区域数据（网络）中心运维管理	郭晓东	2019.1—2019.12
	54	国内区域网络中心改进	罗洪武	2018.7—2019.12

续表

来源	序号	课题名称	负责人	起止时间
院级课题	55	储层与流体定量预测技术—各向异性渗透率预测技术-地物所	杨午阳	2019—2021
	56	2019年兰州区域网络中心(辅)运维	蔡长宁	2019
	57	地震数据处理及复杂成像技术-各向异性处理技术-专家工作室	胡自多	2019—2021
其他课题	58	复杂地表地震物理模拟研究	胡自多	2019.01—2020.06
	59	2018年准噶尔盆地腹部芳草1井西二维地震资料处理解释	王孝、陈永波	2019.1—2019.12
	60	乌尔逊凹陷铜钵庙组及以下地层精细构造解释与储层预测	陈广坡	2019.3—2019.12
	61	2018年度四川盆地大川中射洪—盐亭地区三维地震勘探处理解释	曾华会、陈更新	2019.4—2019.9
	62	2019年玉门探区重点勘探领域沉积储层研究与目标优选	廖建波	2019.5—2019.12
	63	通江地区须家河组裂缝发育规律研究	王国庆、马德龙	2019.6—2020.12
	64	苏里格东宽方位三维地震资料处理解释	边东辉、张猛刚	2019.6—2020.6
	65	致密储层三维地震各向异性裂缝检测方法试验	赵万金	2019.6—2020.5
	66	2019—2020年度滚动建产区块VSP驱动处理	孙甲庆	2019.6—2021.12
	67	柴达木盆地乌东斜坡区三维地震叠前深度偏移处理解释	肖明图、张平	2019.09—2020.06
	68	2019年酒泉盆地白垩系中深层沉积储层研究及目标优选	廖建波	2019.9—2020.6
	69	中东哈法亚油田次、非主力油气藏技术支持研究	张亚军	2019.10—2020.10
	70	大宁—吉县区块山23亚段致密气储层预测研究与有利目标优选	李国斌	2019.10—2020.3
	70	鄂尔多斯盆地延长组长9、长10砂体结构研究	廖建波	2019.10—2020.11
	72	滨里海盆地东缘中区块—扩边区下二叠统综合评价与目标优选	张亚军	2019.10—2020.12
	73	2019年度柯东构造带三维地震采集处理解释一体化攻关	雍运动、刘军	2019.10—2020.10

【科研工作情况】

2019年,西北分院以保障国家能源安全为己任,践行高质量发展理念,紧紧抓住"大打勘探开发进攻战"重大战略机遇,突出高效勘探、突出战略发现、突出技术创新引领,在油气勘探主战场奋勇争先、建功立业,在西北分院发展进程中书写出浓墨重彩的一笔。

一、提高站位、勇于担当,油气勘探领域捷报频传

风险勘探领域全面开花、硕果累累。梳理古老碳酸盐岩、深层-超深层、斜坡区岩性地层、页岩油、煤层气等大盆地重点领域,突出18个重点项目,开展40余个风险目标评价工作,油气重大发现成果质量实现大幅提升。22个风险勘探目标论证通过。风险勘探获得5项重大突破,创造西北分院风险勘探发现史新纪录。参与部署的3口井获集团公司勘探重大发现奖,准噶尔盆地玛页1井获突破,鄂尔多斯盆地城页1井、页2井组获高产,开辟页岩油勘探新领域。

重大预探领域成效显著:推举59口重点预探井通过论证;23口井获工业油气流,滨里海盆地T-11井实现南部扩展新区首口发现;3项成果获集团公司勘探重大突破奖。

二、矢志创新、攻坚克难,技术创新领域喜讯连连

一是深化物探前沿技术研发,打造撒手锏技术。地震成像方面,开展复杂各向异性介质纯 P 波逆时偏移技术研发与应用,取得 3 项创新性成果,有效应用于生产实践;超前研发最小二乘逆时偏移反演成像技术 3 项,实现模型驱动成像向数据驱动反演成像的转变。地震沉积学研究成功研发出基于邻层干涉定量分析的等时切片技术,大幅提高薄储层地震沉积分析精度。

二是持续开展储层地震岩石物理及地震物理模拟实验研究,为地震储层学学科发展奠定基础;开展强非均质致密砂岩储层数字岩芯及岩石物理研究,为储层预测新技术发展打下基础;创新成岩圈闭成因模式及储层临界物性图版为标志的储层地质理论认识。

三是加强软件产品研发升级,持续加大应用推广力度。自主研发形成地震处理质控软件系统和天然气预测软件系统。持续优化地震采集质量监控等 5 套软件系统,研发集成 100 余项创新技术,累计推广应用上千套。

四是加大智能物探投入力度,抢占技术高地。智能物探技术初步形成"应用地球物理+AI"技术系列,取得多项智能物探创新和科研成果,明确 3 个重要研究方向。研发形成业界领先的智能去噪技术系列与智能标签数据库,智能断层识别软件并成功应用于生产。

三、夯基固本、勇攀高峰,科研成果方面再创佳绩

一是鼎力推进陆相湖盆沉积、构造控藏、物联网等学科发展。陆相湖盆沉积中的深水沉积和湖相碳酸盐岩油气成藏研究均取得科研新成果。立足陆相盆地砂体搬运与沉积过程研究,在陆相盆地层序充填演化、沉积模式等研究方面取得新进展;建立咸化湖盆有序沉积模式,构建咸化湖盆微生物沉积模式与类别,成果在《Basin Research》(盆地研究)和《Marine and Petroleum Geology》(海洋和石油地质)期刊发表,SCI 论文影响因子再次突破 3.0。

二是构造控藏研究方面,与哈佛大学合作开展多滑脱层离散元数值模拟,双方合作迈出实质步伐;与南京大学联合召开分院构造地质学科推进会,整体推动构造地质学科发展。创新开展构造物理模拟实验和地震成像交叉学科研究,进一步提升中西部复杂构造带地质认识与地震成像方法的研究深度。在国际著名构造地质学期刊《Journal of Geodynamics》(地球动力学期刊)发表论文,进一步提升西北分院构造控藏学科影响力。

三是油气生产物联网研究行业引领作用逐渐显现。集团公司物联网重点实验室在西北分院建成投入使用,整体达到世界先进水平,集团公司油气生产业务与信息化、智能化融合水平提升。在第四届世界物联网博览会上,"中国石油油气生产物联网系统研发及应用"荣获新技术新产品新应用十大成果金奖。

四是地震物理模拟实验平台成功制作三维孔隙流体超大尺寸物理模型、河道砂体叠置低幅度构造和三角洲相复杂构造大模型,研发多阶微分宽频采集装置 1 套,探索出"双复杂"物理模型的制作方式,高性价比优选出深水勘探野外采集方式,定量分析处理解释技术对复杂构造、低幅度构造的影响和不同流体储层地震响应特征,为实际地震勘探提供理论依据。

五是提高行业领军人才的学术影响,构筑人尽其才、才尽其用的良好局面。通过深化与国内外高水平大学、研究机构"7+N"战略合作,为专家成长创造良好环境;邀请全球著名沉积学家、地质学家、构造地质学家和研究院、石油大学(北京)、哈尔滨工业大学专家等一批学者来研究院讲学授课 50 余场;落

实集团公司完全项目制管理相关指导意见，成立"地震物模实验与地震成像研究专家工作室"。

六是细化青年骨干激励成才措施，先后选派近百名科研人员到国外参加各种学术交流、技术交流和项目合作，举办"西北分院国际化人才培训班"；完善后备管理人才梯队，提任3名单位副职，完成1名副所长、7名研究所副总师以及10名研究所科室长的动议提名、民主推荐、组织考察等工作；选派近60名青年科研骨干参加管理培训；提升全员工作能力，拓宽专业培训渠道，丰富培训体系课程。

【管理与服务工作】

2019年，西北分院强化管理创新引领，大力实施"决策支撑有力、管理创新增效、服务保障提质"三大工程，提高服务质量，切实保障各项工作顺利开展。

一、强化精细管理，提质增效注活力

一是强化纵横向科研项目组织协调，完善全要素考核体系和绩效量化指标，精准兑现各项专项奖励，发挥考核激励正向作用；注重成果总结和提升，组织完成科技成果奖和专利申报工作。二是聚焦国内外油气重点探区拓展、勘探生产重大制约性关键技术研发、地球物理前沿技术发展等重点领域，向集团公司提交5篇《决策参考》，其中《关于新形势下中亚核心合作区高质量发展的思考与建议》受到高度肯定，《关于着力确保我国陆上第四大气区稳产增产的建议》《关于加大柴达木盆地页岩油气勘探开发利用的相关对策及建议》得到集团公司领导批示。三是《岩性油气藏》加大约稿力度、缩短出版时间，稿件质量和数量均实现攀升。四是依法合规治企水平不断提升，管理管控更加规范，保障院区安全和谐稳定大局。

二、强化服务意识，践行以人民为中心的发展理念

一是按期完成"三供一业"移交工作，加强与移交接收方的沟通和监督。二是持续推进宜工宜居科研园区建设，完成院区健身步道建、体育馆和职工活动室改造、物探楼1~5层卫生间改造、办公楼周边道路及场地整修改造等重点工程。三是离退休服务工作以"贴近生活、贴心服务"为出发点，开展适合老年人的丰富多彩的活动，传播正能量，营造团结、和谐的良好氛围。

三、强化整改落实，凝心聚力谋发展

一是不断强化责任担当，以问题整改促进单位发展。办公用房立行立改，加大公务车辆监管力度。二是坚决落实为基层减负，转变文风会风，公文数量压缩40%。三是不断完善资金授权审批制度，全面梳理资金业务风险，提高资金管理水平。四是加大全体员工合规管理教育，加强物资采购、科研项目运行、项目外委过程监管，有效降低廉洁风险。

【党建与精神文明建设】

截至2019年底，西北分院党委有党员256名。

西北分院党委：书记陈蟒蛟，副书记杨杰，委员陈蟒蛟、杨杰、卫平生、袁剑英、雍学善、陈启林。

西北分院纪委：书记陈蟒蛟，副书记赵永义，委员陈蟒蛟、赵永义、赵书贵、殷兆红、余灵睿。

西北分院工会：主席陈蟒蛟，副主席蔡萍。

西北分院团委（青年工作部）：副书记（副部长）韩小强。

西北分院设有12个院属单位党支部。

油气地质研究所党支部：书记谭开俊。

油藏描述研究所党支部：书记方乐华。

西部勘探研究所党支部：书记潘树新（代）。

油气战略规划研究所党支部：书记杨占龙。

数据处理研究所党支部：书记王小卫。
地球物理研究所党支部：书记高建虎。
计算机技术研究所党支部：书记陆育锋。
机关第一党支部：书记陶云光。
机关第二党支部：书记万延涛。
科技文献中心党支部：书记吕锡敏。
综合服务处党支部：书记郑周科。
退休职工管理处党支部：书记杜志坚。

2019年，西北分院党委滋养初心、引领使命，把握学习贯彻习近平新时代中国特色社会主义思想这条主线，落实全面从严治党，压紧压实党建责任，以高质量党建工作焕发出推动西北分院高质量发展的全新动能。

一、以习近平新时代中国特色社会主义思想为指导，加强政治建设，为西北分院发展把牢方向

抓好院所两级中心组学习，着力推动习近平新时代中国特色社会主义思想学习往深里走、往实里走、往心里走，全面贯彻党的十九大和十九届二中、三中、四中全会精神，深入学习习近平总书记重要指示批示精神，推动习近平重要指示批示精神在西北分院落地生根、开花结果，不断增强"四个意识"，坚定"四个自信"，做到"两个维护"。

二、以践行"四个诠释"为抓手，高标准开展"不忘初心、牢记使命"主题教育，为西北分院发展提供坚强思想保障

提高政治站位，按照集团公司党组"六个高质量"要求，坚持从严从实，准确把握目标任务，紧盯重点环节，加强组织领导，注重执行落实，强化基层调研，加大宣传引导，确保主题教育有力、有序、有效开展，受到集团公司第五巡回指导组和研究院主题教育第七巡回指导组肯定，并在集团公司"守初心担使命、践行四个诠释"交流研讨会及在京单位第二批"不忘初心、牢记使命"主题教育工作推进会作典型发言。

三、以落实党建工作责任制为重点，加强党建与业务工作的深度融合，为西北分院发展筑牢坚实战斗堡垒

全面落实新时代党的建设总要求和新时代党的组织路线，党建工作提质升级。研究院党委委员率先垂范，落实党建责任清单，有效推动形成"大党建"格局。支部书记担责履职意识越来越强，抓基层打基础力度越来越大，党员活动阵地按照"六有"标准全部建成，"三会一课"更加规范，主题党日形式多样。持续推动党建目标管理，基层党支部围绕工作侧重点，做好党建目标管理的工作谋划、推进和落实，党建工作与科研生产相融共进。履行社会责任，做好扶贫帮扶村脱贫工作，延长扶贫帮扶村产业链、扶持合作社，扶贫工作取得良好进展。

四、以推动和谐西北分院建设为目标，加强群团宣传工作，为西北分院发展凝聚强大合力

注重发挥民主管理、参与和监督职能，举办多种活动。为青年成长成才搭建平台，加强基层团建创新，服务青年岗位成才。强化意识形态工作与提升凝聚力，做好意识形态阵地管控，传播正能量。在石油主流媒体刊发文章20篇，制作《追梦玛湖》等以优秀科研团队为主题的宣传片，制作年度工作宣传片，营造浓厚干事创业氛围。

五、以强化治标、注重治本为原则，加强党风廉政建设，为分院发展营造风清气正良好政治生态

强化作风建设，坚持抓早抓小，开展审计廉洁风险防控警示教育。深入贯彻党的十九届四中全会精神，构建长效机制。细化党委、党委书记、班子成员党风廉政建设主体责任清单，修订《西北分院"三重一大"决策制度实施细则》和所属各单位《决策事项清单》，建立严格廉洁风险防控体系，严格执行公务接待、办公用房及装修、公务用车、会议管理办法等制度要求。

【大事记】

1月28日　西北分院召开2019年工作会议暨职代会。

3月15日　西北分院召开2019年风险勘探工作会。

3月15日　西北分院召开2019年党建工作推进会。

3月25日　西北分院与电子科技大学签署战略合作框架协议。

3月22日　西北分院召开2019年党建工作推进会。

3月　西北分院南苏丹37区研究团队荣获中油国际尼罗河公司科技进步奖一等奖。

3月　西北分院和同济大学联合举办地震波反演成像技术研讨会暨第十一届"上海论坛"。

4月11日　集团公司党组成员、副总经理焦方正到西北分院调研，集团公司科技管理部副总经理杜吉洲、生产经营管理部副总经理李军、政策研究室副总经济师潘涛等陪同调研。

4月15—16日　西北分院和深圳清华大学研究院在深圳举办"油气上游智能+"技术研讨会。

5月6日　2019年沉积学研究新进展国际研讨会在西北分院举行。

5月20—25日　西北分院党委书记陈蟒蛟带队到瑞典乌普萨拉大学国际著名构造物理模拟HRTL实验室访问并签订中长期合作框架协议。

6月25日　西北分院召开人才发展和学科建设工作会议。

6月28日　西北分院召开庆祝中国共产党成立98周年座谈会。

10月11日　研究院第七巡回指导组指导西北分院开展"不忘初心、牢记使命"主题教育党委班子调研成果交流会举行。

12月27日　中国石油第三届智能化物探（去噪）技术专题研讨会在北京召开，本次研讨会由勘探与生产分公司主办，西北分院协办。

（张光伟、雷振宇）

第五篇

杭州地质研究院

杭州地质研究院

【概况】

中国石油杭州地质研究院（简称杭州院）隶属中国石油勘探开发研究院，是2007年7月经股份公司批准，在原中国石油勘探开发研究院杭州地质研究所的基础上组建成立的，主要任务是组织海相、海洋油气勘探开发重大科研生产课题的攻关研究，提供有利勘探区带和目标，为股份公司海相、海洋油气勘探开发提供技术支持，并从事石油矿权储量信息技术和储层评价预测技术研究应用等工作。

2019年工作总体思路：深入学习贯彻党的十九大精神，以习近平新时代中国特色社会主义思想为指导，落实集团公司和研究院各项决策部署，把握集团公司大打勘探进攻仗、推动高质量发展这一根本要求，以"技术立院"和"人才立院"为宗旨，以集团公司业务发展需求为导向，根据研究院科技发展规划，围绕海相碳酸盐岩、海洋深水等重点业务领域，着力培育重大成果，服务于集团公司高质量发展；利用碳酸盐岩储层重点实验室、计算机处理解释、国际合作和油田现场服务等四个平台，加强创新体系建设，强化碳酸盐岩沉积储层、海洋深水沉积学等基础学科研究和人才梯队建设，持续把特色做优、把短板补长，力争在助力集团公司高质量发展中，做出更有分量的成果和更有影响力的贡献，成为中国石油在海相、海洋和深层等领域更具权威性和影响力的研究院，以优异成绩庆祝中华人民共和国成立70周年。

院长、党委副书记：熊湘华，负责杭州院行政工作。分管计划财务处、人事处（党委组织部）。

党委书记、副院长：姚根顺，负责杭州院党委工作。分管院（党委）办公室、人事处（党委组织部）、党群工作处（纪检审办公室）。

党委委员、副院长、纪委书记、工会主席兼安全总监：杨晓宁，主要负责党群、审计、保密、安全、后勤工作。分管院（党委）办公室、综合服务中心（3月11日退休）。

党委委员、副院长：郭庆新，主要负责技术管理工作，主抓学科建设与技术发展、学会及技术交流、标准化、培训。分管文献中心。代为履行杨晓宁退休后的工作职责（3月12日起）。

党委委员、副院长：斯春松，主要负责科研组织与运行、科技条件平台、物资设备采购与管理工作。分管科研研究所、科研管理处。

院副总经济师：陆富根，负责人事处（党委组织部）党建、意识形态与党风廉政建设工作。

杭州院下设5个科研单位，5个机关职能处室，2个公益后勤单位。

科研单位包括：

海相油气地质研究所：从事国内外海相领域油气勘探地质综合业务研究，围绕海相地层的油气突破与发现，做好海相盆地的评价和重大预探区带与目标的优选，为集团公司勘探提供新领域与重大目标。所长沈安江（正处级），党支部书记吴建鸣（正处级），副所长沈扬（副处级）、倪新锋（正科级）。

海洋油气地质研究所：从事国内外海洋领域油气勘探地质综合研究业务，为集团公司海洋战略决策提供技术支持,围绕海域油气勘探的重大突破,优选有利区带及目标,为海洋勘探部署提供技术支持。所长、副书记吕福亮(正处级),副所长、副书记李林(副处级),副所长邵大力(副处级)。

实验研究所:以碳酸盐岩重点实验室为依托,重点开展碳酸盐岩沉积储层、综合研究,为集团公司碳酸盐岩油气勘探开发提供技术支持与服务。党支部书记、副所长刘占国(副处级),副所长、副书记徐洋(正科级),副所长陈能贵(正科级)。

矿权储量技术研究所:立足集团公司矿权储量评价与管理需求,以发展矿权储量数据图形技术为核心,提供矿权储量技术支持。所长谢锦龙(正处级),党支部书记、副所长倪超(副处级),总地质师丁成豪(正科级)。

计算机应用研究所:立足海洋深水、海相碳酸盐岩油气勘探技术需求,为海相碳酸盐岩预测技术、海洋深水地震资料处理解释提供技术支持;负责计算机与网络的维护。所长、副书记范国章(正处级),党支部书记、副所长庄锡进(副处级),总工程师李立胜(正科级)。

机关职能处室包括:

办公室(党委办公室):负责党政领导日常办公和公务活动安排、日常事务管理管理、协调、监督和服务职能。负责文秘、保密、信访、内控、公务接待、企管法规、安全保卫、房地产管理等工作。主任董学伟(副处级)。

科研管理处:负责编制杭州院中长期科研发展规划和年度科研工作计划并组织实施与协调;负责科研项目经费预算审查;负责涉外事务联络与学会工作;负责科研项目的日常检查与成果总结等工作。处长邹伟宏(正处级),副处长张惠良(正处级)、徐志诚(正科级)。

计划财务处:负责财务管理、会计核算、资产和有关基建计划和投资统计等工作。处长苟均龙(副处级),副处长徐萌(正科级)。

人事处(党委组织部):负责人才招聘、培训、干部培养与选拔、专业技术人员管理、档案管理、业绩考核、薪酬管理、社会保险等工作;负责党的组织建设、党员发展、党费收缴等工作。院副总经济师、处长(部长)陆富根(正处级),副处长(副部长)李欢平(正科级)。

党群工作处(纪监审办公室):负责党群、纪检监察、审计、宣传、思想政治、共青团等工作。处长刘喆(副处级)。

公益后勤单位包括:

文献中心:负责《海相油气地质》期刊的组稿、编辑、出版、发行工作;为杭州院提供档案、资料、图书与信息等综合服务。主任张润合(副处级),副主任黄革萍(正科级)。

综合服务中心:负责全院水、电、通信、绿化、环境卫生、员工食堂等物业管理和生活服务工作等。主任余军(副处级)。

截至2019年底,杭州院在册职工227人,其中男职工171人,女职工56人;博士40人,硕士124人,本科44人,大专11人,中专1人,高中及以下7人;教授级高级工程师10人,高级工程师109人,工程师84人,助理工程师9人,无职称15人;35岁以下53人,36—45岁102人,46—55岁55人。当年,5人退休。

【课题与成果】

2019,杭州院承担各类科研课题88项。包括纵向科研课题47项,横向科研课题41项。获国家科技进步一等奖1项,省部级科技进步奖和基础研究奖2项,局级科技进步奖或技术创新奖15项。被授予发明专利5项。在国内外学术会议及期刊上发表论文89篇,其中SCI收录10篇,EI收录16篇。

2019年杭州院承担科研课题一览表

类别	序号	课题名称	负责人	起止时间
国家级课题	1	深层古老含油气系统成藏规律与目标评价	姚根顺	2017.1—2020.12
	2	寒武系—中新元古界碳酸盐岩规模储层形成与分布研究	沈安江	2016.1—2020.12
	3	山地页岩气甜点构造控因分析技术及应用	徐政语	2017.1—2020.12
	4	南海中建海域深水油气地质条件及目标评价	吕福亮	2017.1—2020.12
	5	大型岩性油气藏形成主控因素与有利区带评价	张惠良	2017.1—2020.12
	6	重点前陆冲断带储层改造机制与地质评价	张荣虎	2016.1—2020.12
	7	面向海洋深水资料的全波场成像方法研究	叶月明	2019.1—2122.12
	8	实验研究碳酸盐岩埋藏溶蚀机制及其有利条件	佘敏	2019.1—2121.12
	9	寒武系—中新元古界碳酸盐岩规模储层形成与分布研究	沈安江	2016.1—2020.12
集团公司级课题	10	古老深层海相碳酸盐岩定年、定温与微量-稀土元素面扫技术研发及应用	胡安平	2018.12—2021.11
	11	古老碳酸盐岩地球化学与同位素年代学实验新技术研发及应用	胡安平	2019.1—2020.12
	12	古老海相碳酸盐岩沉积环境与构造岩相古地理研究	郑剑锋	2019.1—2020.12
	13	白云岩化成因判识技术与孔隙效应分析	乔占峰	2019.1—2020.12
	14	碳酸盐岩储层重点实验室实验新技术开发	潘立银	2018.5—2020.05
	15	碳酸盐岩储层研究室建设	佘敏	2018.5—2020.12
	16	深层油气储层形成机理与分布规律	倪新锋	2018.1—2020.12
	17	深层-超深层油气富集规律与区带目标评价	付小东	2018.1—2020.12
	18	深层页岩气建产区优选技术现场试验	王鹏万	2019.6—2021.12
	19	中建海域深水油气成藏关键条件研究	李林	2017.1—2020.12
	20	天然气水合物富集与南海深水区有利区评价	李林	2019.6—2020.12
	21	南海油气形成条件与勘探技术研究及重大目标优选	鲁银涛	2019.6—2020.12
	22	海外海域油气地质条件与关键评价技术研究	邵大力	2019.6—2020.12
	23	大型陆相盆地砂体类型及控藏机制	刘占国	2019.1—2120.12
	24	非常规天然气SEC储量评估技术方法研究	孙秋分	2018.6—2020.5
	25	中国石油地质志修编（滇黔桂卷）	陈子炓	2018.1—2019.12
	26	Geoeast推广	金弟	2018.1—2018.12
	27	塔里木盆地寒武—奥陶系新层系新领域沉积储层研究与有利区评价	倪新锋	2018.1—2020.12
	28	鄂尔多斯盆地下古生界岩相古地理和沉积储层研究	吴兴宁	2018.1—2019.12
	29	南方构造稳定区非常规油气资源综合地质研究及有利区带优选	王鹏万	2018.1—2020.12
	30	碳酸盐岩岩相识别及储层孔隙结构测井评价技术研究	李昌	2018.1—2019.13
	31	塔里木盆地塔北地区志留系勘探开发潜力评价研究	曹鹏	2019.1—2019.12

续表

类别	序号	课题名称	负责人	起止时间
集团公司级课题	32	南海海域综合地质研究与勘探前景分析	杨志力	2018.1—2020.12
	33	南海探区"十三五"油气资源及经济、环境评价	张强	2017.7—2019.6
	34	塔里木盆地库车北部山前构造带中生界沉积储层研究与有利区带评价	张荣虎	2018.1—2019.12
	35	塔里木盆地塔北碎屑岩沉积储层研究与目标评价	刘春	2018.1—2019.12
	36	塔西南中、新生界沉积储层研究及目标评价	曾庆鲁	2018.1—2020.12
	37	柴达木盆地湖相碳酸盐岩沉积储层研究与区带评价	李森明	2018.6—2021.6
	38	准噶尔盆地南缘沉积储层研究和区带评价	司学强	2018.6—2021.7
	39	上市储量自评估研究	戴传瑞	2019.1—2019.12
	40	SEC准则油气储量评估方法与关键技术	王柏力	2019.1—2019.12
	41	SEC储量数据库建设与维护	赵启阳	2019.1—2019.12
	42	已开发气田可采储量标定方法研究	王霞	2019.1—2019.12
	43	对外合作项目SEC储量评估策略研究	冯乔	2019.1—2019.12
	44	股份公司矿权年检与管理平台决策支持	王晓星	2019.1—2019.12
	45	对外合作区块图形数据管理研究与矿权信息技术支持	黄冲	2019.1—2019.12
	46	对外合作业务生产经营动态分析研究	余和中	2019.1—2019.12
	47	人工智能地震层序地层解释方法研究	庄锡进、杨存	2019.1—2021.12
	48	海外海上勘探项目技术支持与综合研究	邵大力	2019.01—2019.12
	49	海外风险勘探重点领域研究与目标优选	范国章	2019.01—2019.12
	50	业务发展与资产评价研究（海洋）	杨柳	2019.01—2019.12
	51	海洋项目勘探动态分析与规划计划研究	张勇刚	2019.1—2019.12
	52	海外储量图形库建设	徐良	2019.1—2019.12
院级课题	53	塔里木、四川、鄂尔多斯盆地重点层系构造—岩相古地理编图	王鑫	2019.1—2021.12
	54	哈发亚油田主要灰岩油藏沉积储层与生产动态技术支持	乔占峰	2019.1—2020.12
	55	中国海域有利油气勘探靶区优选	吕福亮	2017.1—2019.12
	56	油气地球物理前沿理论与新技术—海洋多次波处理关键技术	叶月明	2019.1—2021.12
油田课题	57	古城—肖塘台缘带岩相古地理研究	张友	2019.1—2020.4
	58	古城地区碳酸盐岩储层特征及成因研究	朱茂	2019.1—2020.4
	59	古城鹰山组碳酸盐岩实验分析测试与研究	张友	2019.1—2020.4
	60	鄂尔多斯盆地中东部马家沟组马四一段白云岩储层展布规律与勘探目标评价	吴兴宁	2018.10—2019.9
	61	鄂尔多斯盆地古隆起东侧碳酸盐岩—膏盐岩体系储层发育特征及分布规律	周进高	2018.11—2020.6

续表

类别	序号	课题名称	负责人	起止时间
油田课题	62	鄂尔多斯盆地中东部奥陶系全取心井段岩石化学及储层特征分析测试	王少依	2018.8—2019.12
	63	鄂尔多斯盆地西缘下古生界天然气成藏条件综合研究	于洲	2019.10—2020.8
	64	塔里木盆地白云岩储层地质描述与建模	倪新锋	2017.8—2019.12
	65	昭通示范区中部YQ6、YQ7、YQ8井天然气地质综合评价	徐云俊	2018.12—2019.12
	66	2019年浙江油田矿权评价	鲁慧丽	2019.6—2020.6
	67	新加坡石油公司技术咨询服务项目	杨涛涛	2019.1—2019.12
	68	缅甸AD-1/8区AS-1井钻后地质评价	丁梁波	2018.11—2019.9
	69	缅甸AD-1/8区Aung Sihddi气藏评价部署研究	许小勇	2019.05—2020.05
	70	吐格尔明地区侏罗系克孜勒努尔组、阳霞组沉积体系研究及储层评价	张荣虎	2018.9—2020.3
	71	库车南斜坡多目的层沉积储层研究	陈戈	2017.9—2020.3
	72	克拉苏气田前期评价区块白垩系储层精细描述研究	王俊鹏	2017.10—2019.12
	73	辽河坳陷西部凹陷重点地层岩性目标区沉积储层研究	王波	2018.12—2019.10
	74	辽河坳陷西部凹陷高精度层序地层研究	刘少治	2018.12—2019.10
	75	高原咸化湖盆沉积-成岩动力学特征及控储机制	朱超	2016.1—2020.12
	76	柴西南富油凹陷岩性-致密油成藏机制与目标评价	王艳清	2016.1—2020.12
	77	柴西北区深层E_3^1砂岩储层和N_1-N_2^1细粒沉积物储层研究	夏志远	2016.1—2020.12
	78	柴西重点领域有利储层特征及区域优选	宫清顺	2018.8—2019.6
	79	湖相碳酸盐岩页岩油烃源岩及储层特征研究	宫清顺	2019.10—2020.10
	80	玛湖凹陷T1b、P3w重点区块精细沉积相研究与有利储层预测	郭华军	2020.1—2020.12
	81	全盆地P3w地质统层、差异性对比及区带目标评价	李亚哲	2020.1—2020.12
	82	玛湖凹陷P2w、P2x、P1f沉积相与砂体分布规律研究	厚刚福	2020.1—2020.12
	83	玛湖凹陷玛湖1、达13等重点区块二叠系、三叠系沉积相(火山岩相)研究及储层精细描述	孟祥超	2019.6—2020.6
	84	塔里木油田复杂区块SEC储量评估对策研究	孙秋分	2018.8—2019.7
	85	浙江油田2019年矿权区块数据图形动态评价建库及矿权保护方案研究	沈伟刚	2019.3—2019.11
	86	准噶尔盆地腹部莫南地区侏罗-白垩系地震叠前处理解释	叶月明、常少英	2019.8—2020.12
	87	南堡2号构造地震目标处理攻关	李立胜	2018.7—2019.6
	88	鄂尔多斯盆地西缘复杂构造带马家滩三维地震处理解释	陈见伟	2018.7—2019.6

【科研工作情况】

2019年,杭州院按照集团公司和研究院统一部署,紧紧围绕"一部三中心"职责定位和"技术立院""人才立院"发展战略,突出海相碳酸盐岩、海洋油气地质、碎屑岩沉积储层、矿权储量信息技术、物探技术等领域,依托国家和公司重大专项,利用碳酸盐岩储层重点实验室、国际合作等平台,加强关键技术攻关研究,着力培育重大成果,服务于集团公司发展,圆满完成年度业绩合同各项任务。

一、年度科研生产任务和重大科技专项全面完成

坚持科研为生产服务,研究人员常驻油田现场,及时掌握勘探生产面临的问题,随时与油田交流研究成果;高度重视基础工作与实物工作量的投入,强化区带优选与风险领域、风险目标准备。在海相碳酸盐岩、海洋油气地质、碎屑岩沉积储层、矿权储量信息技术、物探技术等方面,取得10项重要科研成果和进展。

一是海相碳酸盐岩基础研究取得重要成果,形成碳酸盐岩激光原位 U–Pb 同位素定年技术、微量稀土元素激光面扫描技术、埋藏溶蚀孔洞成因和预测技术,应用于四川盆地、塔里木盆地和鄂尔多斯盆地,解决古老碳酸盐岩定年、定温和埋藏溶蚀孔洞预测等技术难题。

二是塔里木盆地、鄂尔多斯盆地和南方海相地层风险勘探取得重要进展,塔东地区碳酸盐岩储层与成藏条件研究助推城探3、古城17井等上钻并获重大突破,为实现"塔东地区探明2000亿方,建产20亿方"提供技术支持;预测鄂尔多斯盆地寒武系—奥陶系深层优质碳酸盐岩储层分布,优选有利勘探区带2个,支撑10口探井部署,4口获工业气流;评价南方页岩气资源潜力,提出浅层页岩气勘探新领域,支撑太阳浅层气田1360亿立方米探明储量提交和YS203井勘探突破。

三是克拉通盆地构造岩相古地理编图取得新进展,制定构造—岩相古地理编图规范、流程和关键技术,完成构造—岩相古地理图12张,揭示我国小克拉通盆地普遍具有"隆坳"构造格局和"多台缘多滩带多台盆"岩相古地理特点,为中国三大海相克拉通台地中新元古界有利勘探区带评价提供支撑。

四是有效预测巴西桑托斯盆地盐下碳酸盐岩储层分布,建立盐下分隔型碳酸盐岩油气藏分布模式,集成盐下碳酸盐岩复杂油气藏目标评价技术,提出2口井部署建议,提交佩罗巴区块首口探井情况报告,报告获集团公司领导批示。

五是深化缅甸若开海域生物气成藏条件研究,持续开展 AS–1 井钻后评价与勘探潜力研究,优选有利勘探目标4个,提出井位部署建议4口,推动 AD–1/8 区块勘探延期1年,为缅甸项目勘探部署提供有力技术支撑。

六是密切跟踪中国海域勘探开发现状,参与全球海域新项目评价,提出投标建议3个,中标2个,为集团公司海上油气业务拓展提供重要技术支撑。

七是准噶尔盆地碎屑岩沉积储层研究支撑勘探领域重大发现:南缘深层优质储层预测支撑高探1井勘探获重大油气发现,创造中国石油陆上深层碎屑岩储层单井产量最高纪录;腹部盆1井西凹陷砂质碎屑流储集体的发现和预测支撑前哨2井勘探获重大油气发现;玛湖沉积储层研究,支撑坞湖1井区上乌尔禾组勘探发现和储量提交。

八是柴达木盆地沉积储层研究及有利勘探目标优选支撑油气勘探重大发现:建立扎哈泉凹陷区和英雄岭构造带滩坝砂体沉积模式和成藏模式,提出有利勘探区带3个,支撑切探2井部署并获高产油气流;提出中央古隆起带湖相碳酸盐岩沉积模式和有利储层发育区,支撑狮新58井、风西102井等井部署并获得高产,协助提交亿吨级地质储量,提出的决策建议得到中国石油天然气股份有限公司青海油田分公司(简称青海油田)采纳。

九是研发"SEC 油气储量管理系统 V2.0",获软件著作权,实现评估流程规范化管理,促进 SEC 储量评估与生产经营的融合管理,在股份公司和 16 家油气田全面推广应用,为集团公司油气储量评估提供重要技术支持。

十是建立深度域地震资料解释标准,形成深度域地震资料人工智能解释技术,在复杂断裂发育区获应用;研发鄂尔多斯盆地复杂构造成像与勘探目标评价一体化技术,大幅提高地震资料品质及解释精度,为复杂构造解释、储层预测与目标评价提供技术支撑,优选有利勘探目标 13 个,建议井位 7 口,被油田采纳 3 口。

二、加快推进"技术有形化",持续提升创新能力

立足前沿研究领域,设立 15 个基础、创新研究项目,为技术发展和创新能力提升奠定良好基础。一是开展微生物碳酸盐岩研究,分析典型微生物组构与体系域的配置关系,以及微结构对孔隙发育的影响,申请发明专利 1 项。二是开展细粒沉积岩孔隙成像及表征技术研究,设计场发射扫描电镜氩离子抛光样品台装置,2019 年申请实用新型专利 1 项。三是构建碳酸盐岩孔渗二元关系的岩石物理模型,研发"基于 EMD 的油气薄层分析"软件,获软件著作权 1 项。

三、加强科技平台建设,支撑项目研发和技术创新

进一步加强重点实验室和计算机处理解释平台建设和有效利用,为重大科研成果培育、技术创新能力提升和人才团队建设提供重要支撑。一是集团公司碳酸盐岩储层重点实验室完成稳定同位素比质谱仪和团簇同位素前处理装置等三套大型设备招标、安装调试及培训;形成碳酸盐岩微量稀土元素激光面扫描技术、碳酸盐岩团簇同位素测温技术、碳酸盐岩埋藏溶蚀孔洞成因和预测技术,解决古老碳酸盐岩定年、定温和溶蚀孔洞预测技术难题,为碳酸盐岩成岩环境分析和储层预测提供重要技术手段。二是计算机处理解释平台建设聚焦打造"地震处理解释一体化技术研发平台"和"计算机管理信息技术支持平台"。在地震资料处理解释方面,重点攻关海洋地震资料宽频保幅处理技术、陆地复杂构造地震资料处理解释一体化技术、人工智能地震解释技术。在计算机信息管理方面,重点提升大型操作系统和处理解释软件维护技术能力、网络信息与保密技术支持能力。全年完成 8 套处理解释工作站的安装测试、10 余套大型软件升级部署以及海量数据备份系统更新维护,完成 300 客户端的终端保密检查软件系统的实施部署;持续增强机房管理,确保设备安全、可靠地运行,为科研生产和技术创新服务。

四、强化培训,注重实践,队伍素质稳步提高

进一步加大各类培训力度,科研人员综合素质和创新能力显著提升。全年开展各类培训 54 项,培训 698 人次、14878 学时,人均 67 学时。一是选派 27 名中青年干部参加中青年干部素能提升培训班,进一步加强中青年干部身体素质,锻炼意志品质,形成过硬的工作作风,进一步增强管理水平。二是选派 34 名党支部书记或支部委员参加党支部书记、支部委员培训班,提升党性修养和履职能力。三是派出 5 名项目长到广州参加 PMP 项目管理培训班,提高项目管理能力。四是派遣 3 名青年科技骨干前往美国迈阿密大学和得克萨斯大学做访问学者,培养碳酸盐岩沉积储层、碎屑岩储层等研究领域的国际化人才。五是协助研究院举办两期科研骨干综合素质提升培训班,加强研究院科研技术骨干的队伍建设,提升科研骨干综合素质。六是开展储层预测、矿权储量评估、地震处理解释等地质和地球物理理论和技术培训。七是开展新员工入院教育培训,使新员工全面了解我院科研生产工作情况,快速适应岗位工作。

【交流与合作】

1月5—7日　英国帝国理工学院地球科学与工程系教授 Christopher Jackson 来杭州院开展深水沉积储层研究技术交流。

1月17日　美国得克萨斯大学奥斯汀分校教授 Ron Steel、副教授 Cornel Olariu 2人来杭州院开展碎屑岩沉积储层技术交流。

2月20日　北京瑞码恒杰科技有限公司总工程师张世荣来杭州院开展 Seismark 地震储层分析软件技术交流。

3月20日　美国得克萨斯大学奥斯汀分校博士张瑨宇来杭州院开展源—汇沉积体系技术交流。

4月7—15日　沈安江、周进高、胡安平、张杰、倪新锋、潘立银到美国参加 KICC2019 年会。

5月18—24日　姚根顺、吕福亮、乔占峰、许小勇、李东、张远泽到美国参加 AAPG2019 年会。

6月2—6日　斯春松、吕福亮、邵大力、王彬到英国帝国理工大学访问交流。

6月2—8日　鲁银涛、郭渊到英国参加 EAGE2019 年会。

6月21—28日　张晶晶到俄罗斯参加第六届世界石油理事会(WPC)青年论坛。

6月22—28日　田明智到俄罗斯参加第六届世界石油大会(WPC)。

7月20—26日　左国平到黎巴嫩参加第二次海上招标石油日调研。

7月30日—8月8日　熊湘华、范国章、王红平、王朝锋、杨柳到巴西参加里贝拉项目中区和东南区勘探技术交流。

8月18日—9月5日　张荣虎到西班牙参加2019年 Goldschmidt 地球化学会议。

8月26日—9月2日　沈安江、贺训云、乔占峰、张友、左国平到阿根廷参加 AAPG2019 年国际会议。

9月8—15日　张惠良、徐志诚、刘占国、郑剑锋到意大利参加34届 IAS 国际沉积学大会。

9月8—15日　范国章到美国和法国参加中石油与道达尔科技合作工作组会议。

10月5—13日　许小勇到美国参加定量碎屑岩实验室2019年会。

10月6—14日　常少英、李文正、邵冠铭、朱茂到美国参加 RCRL 碳酸盐岩储层表征技术交流。

10月20—29日　沈安江、贺训云、张杰、郑剑锋到美国参加 CSL 碳酸盐岩研究技术交流。

11月2—8日　陈能贵、唐鹏程、张荣虎、邹志文、刘春、夏志远到美国参加 FRAC 油气储层裂缝预测技术交流。

12月1—7日　姚倩颖到澳大利亚参加火山岩地质与沉积短期培训。

【管理与服务工作情况】

2019年,杭州院进一步改进科研管理方式,以培育和保障杭州院重大成果为主线对项目进行全过程管理;进一步推进 QHSE 和 HSE 体系建设,严格落实保密工作措施,全院管控能力得到加强,管理水平不断提升。

一、科研管理日臻规范,保障能力不断提升

一是加强科研项目全过程管理和目标管理。制定年度重大成果计划,明确工作任务;加强项目的检查和指导,起到监督、检查和指导的作用;坚持月报表制度,及时解决存在问题。二是加强科技成果管理,组织完成研究院和集团公司科技成果奖申报和科技成果转化创效奖励申报。全年评选杭州院科技成果奖12项,申报研究院科技成果奖5项。三是严格控制各类人员用工总量、控制机构等级、控制人工成本、规范薪酬管理和市场化用工管理。强化绩效导向作用,建立健全对各岗位人员的考核和评价,增强员工的竞争意识和责任感。四是持续加强计划财务管理,保障科研攻关、平台建设等各项重点工作顺利进行。

二、不断夯实基础管理工作,安全、保密、内控、合同管理富有成效

一是层层落实安全责任,加大监督检查力度,实现"四零"目标。先后制修订9个安全管理文件,安全应急处置卡覆盖各岗位;持续推进QHSE管理体系建设,强化日常监督管理,完善院区网格化安全管理;加大危险化学品管理力度,设立易制爆、易制毒危险化学品专用仓库;开展全院"安全生产月"活动,确保全年科研生产安全有序运行和"四零"目标实现。二是内控、合同管理得到有效管控。坚持合规价值导向,落实合规管理责任,内控体系有效运行,管控能力持续提升;加强合同管理,推广使用标准示范文本,严管事后合同;全面监管项目招投标过程,严把重大项目合同的谈判、法律文件的起草与审查,做到公开、公平、公正,无纠纷及投诉。三是保密工作得到加强。加大保密硬件配备,加快信息网络保密数据外发实时监测系统建设。购置计算机终端保密检查系统和外发文件保密检查设备,对疑似涉密数据信息进行实时在线监测阻断拦截,全年未发生保密数据外泄和非法系统入侵泄密事件。

三、持续不断改善民生,院区保持和谐稳定

践行发展为民和企业发展员工受益的思想,后勤服务保障能力持续增强,员工收入连年增加,员工获得感、幸福感、归属感不断增强。

【党建与精神文明建设】

截至2019年底,杭州院党委有党员188人。

杭州院党委:书记姚根顺,副书记熊湘华,委员斯春松、陆富根、倪超。

杭州院工会:主席姚根顺,委员刘喆、沈扬、鲁银涛、陈能贵、孙秋分、王启迪、张润合。

杭州院团委:书记田明智。

杭州院党委下设8个党支部。

机关党支部:书记张惠良,副书记苟均龙,组织委员章青,宣传委员刘喆,纪检委员桑宁燕,青年委员尤高会。

海相油气地质研究所党支部:书记吴建鸣,组织委员常少英,宣传委员胡安平,纪检委员王鹏万,青年委员王小芳。

海洋油气地质研究所党支部:副书记吕福亮、李林,组织委员左国平,宣传委员马宏霞,纪检委员王彬,青年委员王彬。

实验研究所党支部:书记刘占国,副书记徐洋,组织委员宫清顺,宣传委员李娴静,纪检委员单祥(兼),青年委员单祥。

矿权储量技术研究所党支部:书记倪超,组织委员王晓星,宣传委员孙秋分,纪检委员孙秋分(兼),青年委员王晓星(兼)。

计算机应用研究所党支部:书记庄锡进,副书记范国章,组织委员陈见伟,宣传委员金弟,纪检委员金弟(兼),青年委员陈见伟(兼)。

综合服务中心与文献中心联合党支部:书记余军,副书记张润合,组织委员刘江丽,宣传委员董庸,纪检委员董庸(兼)。

离退休党支部:书记邹鑫祜,组织委员葛芃芃,宣传委员茹桂荣。

杭州院工会:主席姚根顺。

机关工会:主席刘喆。

海相油气地质研究所工会:主席周进高。

海洋油气地质研究所工会:主席李林。

实验研究所工会:主席陈能贵。

矿权储量技术研究所工会:主席黄冲。

计算机应用研究所工会:主席王启迪。

综合服务中心与文献中心联合工会:主席张润合。

杭州院团委：副书记田明智。

2019年，杭州院党委以习近平新时代中国特色社会主义思想为指导，弘扬"我为祖国献石油"，继承发扬"苦干实干""三老四严"的石油精神，围绕中心、服务大局，圆满完成"不忘初心、牢记使命"主题教育各项任务，深入开展"两学一做""四合格四诠释"和弘扬石油精神等专题学习教育活动，坚持全面从严治党，推动党的政治建设、思想建设、组织建设、作风建设、纪律建设等各项任务落地落实，使党建和党风廉政工作取得新气象、新进展、新成效，为建设国际一流海相海洋油气地质研究院提供坚强有力的思想、政治和组织保证。

一、坚定信念、联系实际，党的十九大精神学习宣贯深入展开

始终把学习、宣传、贯彻好党的十九大精神作为首要政治任务。按照中央、集团公司党组和研究院党委的部署要求，认真学习、把握精髓，深刻领会精神实质，不折不扣落实部署要求，坚定执行党的政治路线，切实增强"四个意识"、坚定"四个自信"、自觉做到"两个维护"，在思想上、政治上和行动上同党中央和集团公司党组保持高度一致。

二、提高站位、严实标准，党的政治建设不断加强

身体力行，践行深学实做，坚持以政治建设统领党的建设。按照"融入科研抓党建，抓好党建促创新"的工作思路，让党对科研工作的领导落地，为科研工作保驾护航。

三、与时俱进、振奋精神，大力弘扬石油精神

坚持与时俱进，推动文化创新，结合杭州院发展实际，多种平台共同推进，筑牢共同的精神高地。

四、夯实根基、压实压紧，基层基础工作扎实推进

全面压实党建工作责任，推进基层基础工作，党的建设质量不断提高，为新时期科研生产和改革创新提供坚强的思想和组织保障。

五、科学部署、严把四关，干部队伍建设不断加强

坚持以政治标准作为干部队伍建设的首要标准，把党管干部、党管人才原则贯穿于选人用人和班子建设的全过程，统揽人才选择和培养，将基层干部和创新人才两支队伍建设作为杭州院的第一人力资源，抓紧抓好，进一步筑牢杭州院可持续发展根基。

六、真抓实干、持续发力，党组织的战斗堡垒作用和党员的先锋模范作用有效发挥

坚持从"规范基层组织、开展基层活动、健全基层制度、建好基层队伍"四项基础工作入手，创建先进基层党组织，发挥基层党组织战斗堡垒作用，让基层党组织和党员队伍成为基层干部员工心中的"神经中枢"。

七、加强监督、保持定力，党风廉政建设和反腐败工作持续深化

坚持贯彻从严治党、依法治企精神，将党风廉政建设纳入党建工作整体规划，以"反腐败永远在路上的坚韧和执着，抓好党风廉政建设，营造风清气正的良好政治生态"为目标，全面推进党的政治建设、思想建设、组织建设、作风建设、纪律建设，把制度建设贯穿其中，深入推进反腐败斗争，促进队伍作风的持续转变，为构建党风廉政建设长效机制奠定了基础。

八、围绕中心、凝心聚力，群团组织工作卓有成效

致力于发挥群团组织的凝心作用，加强有利于研发创新和和谐院区生态建设，形成

各级党组织纵向联结、机关基层党员干部合力服务的工作格局,杭州院和谐稳定发展局面得到进一步巩固和加强。

【大事记】

1月8日　新疆油田牵头的《凹陷区砾岩油藏勘探理论技术与玛湖特大型油田发现》项目获国家科技进步奖一等奖,杭州地质研究院实验研究所徐洋作为完成人之一参会并荣获国家科技进步奖一等奖证书。

2月13日　杭州院召开2019年工作会议暨职工代表大会。

2月14—15日　杭州院召开第十九届科技成果交流会。

3月19日　杭州院召开2019年质量安全环保工作会议。

3月27日　杭州院召开2019年党风廉政建设和反腐败工作会。

4月4日　西南油气田党委书记、总经理马新华来杭州院调研。

4月10—11日　研究院勘探一路2019年工作部署暨风险勘探推进会在杭州院召开。

4月17日　国家科技部重大专项司副司长杨哲来杭州院调研,集团公司科技管理部副总经理钟太贤等陪同调研。

5月31日　国家自然资源部油气资源战略研究中心主任谢承祥来杭州院调研。

6月22—23日　低渗透油气田勘探开发国家工程实验室、中国石油集团碳酸盐岩储层重点实验室联合举办的鄂尔多斯盆地碳酸盐岩勘探新领域研讨会在杭州院召开。

6月25日　"2019年油气矿权流转运行管理与考核评价技术交流会"在杭州院召开。

6月27日　杭州院召开党建和党风廉政建设工作会议。

11月25日　中国石油集团公司碳酸盐岩储层重点实验室2019年学术委员会会议在杭州院召开。

11月26—27日　塔里木油田勘探新区新领域与基础研究研讨会在杭州院召开。

11月27日　"缅甸海上勘探项目TCM技术交流会"在杭州院召开。

12月6日　中国石油大学(北京)副校长、中国工程院院士李根生一行来杭州院进行工作交流。

(桑宁燕、董学伟)

第六篇

科研成果

获奖成果

国家科学技术进步奖

一等奖

序号	成果名称	主要完成单位	获奖人员
1	中东巨厚复杂碳酸盐岩油藏亿吨级产能工程及高效开发	中国石油国际勘探开发有限公司,中国石油天然气股份有限公司勘探开发研究院,中国石油工程建设有限公司	宋新民,黄永章,王贵海,田昌炳,成忠良,李勇,范建平,刘合年,许岱文,郭睿,欧瑾,李保柱,冀成楼,朱光亚,穆龙新

二等奖

序号	成果名称	主要完成单位	主要完成人
1	多类型复杂油气藏叠前地震直接反演技术及基础软件工业化	中国石油大学(华东),中国石油化工股份有限公司胜利油田分公司,中海油研究总院有限责任公司,中国石油天然气股份有限公司勘探开发研究院西北分院	印兴耀,吴国忱,宗兆云,王兴谋,高建虎,杜向东,张广智,张繁昌,曹丹平,王玉梅

中国专利奖

银奖

序号	成果名称	主要完成单位	主要完成人
1	一种高成熟凝析油油源确定方法	中国石油天然气股份有限公司勘探开发研究院	朱光有

中国石油天然气集团公司科学技术进步奖

特等奖

序号	成果名称	主要完成单位	主要完成人
1	新疆浅层稠油、超稠油开发关键技术及应用	中国石油天然气股份有限公司新疆油田分公司,中国石油天然气股份有限公司勘探开发研究院(提高石油采收率国家重点实验室),中国石油工程建设有限公司	张学鲁,钱根葆,马德胜,孙新革,郑爱萍,李秀峦,黄伟强,王延杰,陈龙,蒋旭,游红娟,潘竟军,黄强,桑林翔,杨智,杨凤祥,梁向进,马鸿,木合塔尔,樊玉新,喻克全,王献,邹正银,冉蜀勇,周光华,单朝晖,席长丰,张胜飞,任标,章敬,赵长虹,杨兆臣,王群,丁超,杜雪彪,王如燕,路宗羽,陈森,罗池辉,黄后传,赵睿,陈雷,高亮,施小荣,王泽稼,杨萍萍,陈燕辉,吴伟栋,黎庆元

一等奖

序号	成果名称	主要完成单位	主要完成人
1	四川盆地安岳气田震旦系精细勘探评价理论技术创新与万亿方规模增储	中国石油天然气有限公司西南油气田分公司,中国石油天然气有限公司勘探开发研究院,东方地球物理勘探有限责任公司	沈平,罗冰,谢继容,杨雨,黄先平,赵路子,谢武仁,黄平辉,唐怡,邓素芬,夏茂龙,彭瀚霖,陈康,臧殿光,陈驰,姜华,王文之,田兴旺
2	克拉苏构造带天然气勘探理论技术创新与规模新发现	中国石油天然气有限公司塔里木油田分公司,中国石油天然气有限公司勘探开发研究院,东方地球物理勘探有限责任公司	杨海军,李勇,吴超,蔡振忠,雷刚林,唐雁刚,许安明,韩闯,莫涛,周鹏,卓勤功,温铁民,尚江伟,信毅,陈维力
3	新疆砾岩油藏无碱二元复合驱关键技术及规模化应用	中国石油天然气有限公司新疆油田分公司,中国石油工程建设有限公司,勘探开发研究院,克拉玛依石化有限责任公司,中国石油大学(北京)	许长福,程宏杰,聂小斌,刘卫东,赵美刚,顾鸿君,陈权生,李龙,聂振荣,吕建荣,牛春革,朱友益,郑帅,栾和鑫,方新湘,丁明华,李宜强,陈丽华

二等奖

序号	成果名称	主要完成单位	主要完成人
1	柴达木盆地非均质储层勘探理论技术创新及重大发现	中国石油天然气有限公司勘探开发研究院西北分院,中国石油天然气有限公司青海油田分公司	袁剑英,陈琰,王建功,张永庶,石亚军,王传武,马峰,李红哲,张平,孙秀建,倪祥龙,马新民
2	塔中奥陶系缝洞型凝析气田精细描述技术创新与开发实践	中国石油天然气有限公司塔里木油田分公司,中国石油天然气有限公司勘探开发研究院	李世银,韩剑发,关宝珠,孙贺东,邓兴梁,于红枫,江杰,王彭,沈春光,刘瑞东,杨凤英,赵龙飞
3	哈萨克斯坦高含水砂岩老油田二次开发调整技术及应用	中国石油天然气有限公司勘探开发研究院,哈萨克斯坦公司	许安著,王进财,曹克川,范子菲,赵伦,王春喜,倪军,宋珩,张祥忠,王成刚,傅礼兵,林雅平
4	南苏丹大型层状砂岩油藏二次开发关键技术	中国石油天然气有限公司勘探开发研究院,中国石油国际勘探开发有限公司	王瑞峰,佟鑫森,余国义,赵国良,冯敏,黄奇志,薛宗占,廖长霖,王敏,石广志,胡华君,黄中原

三等奖

序号	成果名称	主要完成单位	主要完成人
1	深斜井长效生产与高效测试关键技术与应用	中国石油天然气有限公司冀东油田分公司,中国石油天然气有限公司勘探开发研究院	王磊,赵瑞东,许晶晶,高翔,黄晓蒙,刘晓旭,刘宇飞,张喜顺

中国石油天然气集团公司科学技术发明奖

一等奖

序号	成果名称	主要完成单位	主要完成人
1	陆相页岩油关键地质参数测井评价技术及工业化应用	中国石油天然气有限公司新疆油田分公司,中国石油天然气有限公司勘探开发研究院	匡立春,孙中春,刘忠华,王振林,王伟,宋连腾,袁超,俞军,程相志,王志维
2	深层油气藏油气相态、油源识别及运移路径和富集区带定量表征技术	中国石油天然气股份有限公司勘探开发研究院	朱光有,王萌,赵斌,邢翔,王铜山,张斌,曹正林,李洪辉
3	页岩气多尺度储层物性与非线性流动实验方法、新型压裂液及应用	中国石油天然气股份有限公司西南油气田分公司,中国石油天然气股份有限公司勘探开发研究院	李武广,胡志明,张倩,吴建发,薛华庆,刘友权,樊怀才,顾兆斌,陈娟,沈瑞

二等奖

序号	成果名称	主要完成单位	主要完成人
1	核磁共振测井实验仿真与非常规储层信息提取技术	中国石油天然气股份有限公司勘探开发研究院	胡法龙,李长喜,徐红军,李潮流,王长胜,侯学理,赵建斌,李霞

中国石油天然气集团公司基础研究奖

一等奖

序号	成果名称	主要完成单位	主要完成人
1	碳酸盐岩双滩双台缘带模式、规模储层分布理论技术创新和应用实效	中国石油天然气股份有限公司勘探开发研究院杭州地质研究院	胡素云,沈安江,胡安平,乔占峰,倪新锋,郑剑锋,张建勇,姚根顺,佘敏,潘立银

二等奖

序号	成果名称	主要完成单位	主要完成人
1	不同类型储层地应力和岩石力学性质测试新理论与新方法	中国石油天然气股份有限公司勘探开发研究院	刘建东,熊春明,蒋卫东,张广明,金娟,程威,沈露禾,裴智超

中国石油和化学工业联合会科技进步奖

一等奖

序号	成果名称	主要完成单位	主要完成人
1	新疆深层大型储气库建设关键技术	中国石油天然气股份有限公司新疆油田分公司,中国石油天然气股份有限公司勘探开发研究院,北京大学	李道清,刘国良,师永民,赵凯,戴勇,王彬,张国红,张文波,廖伟,鲍颖俊,孙军昌,赵志卫,苏航,胥洪成

二等奖

序号	成果名称	主要完成单位	主要完成人
1	油气生产物联网关键技术研究及规模化应用	中国石油天然气股份有限公司勘探开发研究院西北分院,中国石油天然气股份有限公司勘探与生产分公司	汤林,龚仁彬,班兴安,李群,柴永财,王从镁,张仲宏,丁建宇,马龙,苗新康
2	致密储层多尺度渗流机理与高精度仿真模拟技术	中国石油大学(北京),中国石油天然气股份有限公司勘探开发研究院	程林松,曹仁义,杨正明,贾品,薛永超,熊生春,黄世军,李春兰,骆雨田,田虓丰
3	乍得邦戈尔盆地复杂地质条件关键钻完井技术与工业化应用	中国石油国际勘探开发有限公司,中国石油天然气股份有限公司勘探开发研究院,中国石油大学(北京),中国石油集团工程技术研究院有限公司	罗淮东,石李保,段德祥,张艳娜,贺垠博,张小宁,李万军,黎小刚,孔璐琳,曲兆峰
4	塔里木盆地超深层构造理论方法技术创新及应用	西南石油大学,中国石油天然气股份有限公司塔里木油田分公司,中国石油天然气股份有限公司勘探开发研究院,河海大学	邬光辉,杨海军,黄旭日,朱光有,黄少英,张云峰,张银涛,张传林,陈永权,赵军
5	委内瑞拉MPE3超重油油田千万吨产能稳产关键技术与应用	中国石油国际勘探开发有限公司,中国石油天然气股份有限公司勘探开发研究院	陈和平,李星民,秦洪运,黄文松,农贡,杨朝蓬,郭纯恩,吴永彬,李相相,沈杨
6	特/超低渗透油藏裂缝动态表征与开发调整应用	中国石油大学(北京),长庆油田勘探开发研究院,中国石油天然气股份有限公司勘探开发研究院,长庆油田第十二采油厂,长庆油田第四采油厂,延长油田吴起采油厂	程时清,于海洋,姚约东,安小平,雷征东,李芳玉,陈建文,陆军,高超利,汪洋

三等奖

序号	成果名称	主要完成单位	主要完成人
1	高含水油田精细水驱开发调整技术及一体化软件平台	中国石油天然气股份有限公司勘探开发研究院	邓宝荣,张吉群,宋杰,李莉,常军华
2	渤海湾盆地高温非均质碳酸盐岩高效改造关键技术及工业化应用	中国石油天然气股份有限公司勘探开发研究院,中国石油华北油田公司勘探事业部,中国石油大港油田公司石油工程研究院,中国石油渤海钻探工程有限公司井下作业分公司,中国石油辽河油田公司钻采工艺研究院	邱金平,才博,翟文,段贵府,高跃宾
3	复杂地表地震采集质控技术	中国石油天然气股份有限公司勘探开发研究院西北分院	杨午阳,魏新建,王万里,陈德武,何欣
4	超深层碳酸盐岩弱信号成像技术	中国石油天然气股份有限公司勘探开发研究院西北分院	王小卫,刘文卿,姚清洲,张涛,田彦灿
5	高原咸化湖相碳酸盐岩油藏钻完井储层保护技术及应用	中国石油天然气股份有限公司勘探开发研究院,西南石油大学,中国石油青海油田钻采工艺研究院	刘新云,张国辉,康毅力,张希文,谯世均
6	中东大型生物礁滩储层地震预测技术	中国石油天然气股份有限公司勘探开发研究院,中国石油中东公司哈法亚项目部	刘杏芳,王贵海,林腾飞,刘尊斗,朱光亚

续表

序号	成果名称	主要完成单位	主要完成人
7	柴北缘古隆起区天然气规模聚集规律	中国石油天然气股份有限公司勘探开发研究院西北分院	袁剑英,王建功,马峰,杨巍,白亚东
8	煤层气深度有效支撑压裂技术与应用	中国石油天然气股份有限公司勘探开发研究院,中国石油大学(华东),华北油田公司煤层气事业部,中石油煤层气有限责任公司韩城分公司	王欣,卢海兵,戴彩丽,易新斌,赵明伟
9	复杂构造带深层碳酸盐岩高精度成像与储层预测关键技术及应用	中国石油天然气股份有限公司勘探开发研究院西北分院	胡自多,王洪求,王述江,韩令贺,陈启艳

中国石油和化学工业联合会技术发明奖

一等奖

序号	成果名称	主要完成单位	主要完成人
1	陆相页岩油含油性评价关键技术及工业化应用	中国石油天然气股份有限公司新疆油田分公司,中国石油大学(北京),中国石油天然气股份有限公司勘探开发研究院	匡立春,孙中春,肖立志,支东明,王小军,刘忠华,宋永,廖广志,贾希玉,秦志军

二等奖

序号	成果名称	主要完成单位	主要完成人
1	不同模式多孔介质油气渗流实验新技术与应用	中国石油天然气股份有限公司勘探开发研究院,中国石油天然气集团有限公司,中国石油天然气集团公司咨询中心,中国石油天然气股份有限公司新疆油田分公司勘探开发研究院,长江大学	吕伟峰,姜林,贾宁洪,江航,许世京,洪峰,李军诗,杨胜建

河北省科技进步奖

三等奖

序号	成果名称	主要完成单位	主要完成人
1	青藏高原大型陆相盆地天然气成藏新认识及勘探突破	中国石油天然气股份有限公司勘探开发研究院廊坊分院,中国石油天然气股份有限公司青海油田分公司勘探事业部,中国石油大学(北京),中国石油辽河油田分公司勘探开发研究院	田继先,曾旭,杨少勇,刘成林,杨桂茹,孔骅,郭泽清,王宇斯,郝爱胜,管斌

甘肃省科技进步奖

二等奖

序号	成果名称	主要完成单位	主要完成人
1	甘肃省中西部中小盆地群致密油气勘探战略选区及油气重大突破	中国石油天然气股份有限公司勘探开发研究院西北分院、中国石油天然气股份有限公司玉门油田分公司	陈启林、杨占龙、黄军平、马国福、王建国、邸俊、周在华、廖建波、苏勤、陈彬滔

三等奖

序号	成果名称	主要完成单位	主要完成人
1	断陷盆地复杂断块油藏评价关键技术及应用	中国石油天然气股份有限公司勘探开发研究院西北分院	史忠生、卫平生、陈彬滔、薛罗、马轮、王磊、史江龙
2	深层碳酸盐岩复杂构造高精度成像与储层预测关键技术研究及应用	中国石油天然气股份有限公司勘探开发研究院西北分院	胡自多、高建虎、王洪求、谭开俊、杨哲、韩令贺
3	酒泉盆地精细勘探技术研究及目标优选	中国石油天然气股份有限公司玉门油田分公司、中国石油天然气股份有限公司勘探开发研究院、中国石油集团东方地球物理勘探有限责任公司、中国石油天然气股份有限公司勘探开发研究院西北分院	范铭涛、田多文、魏军、肖文华、陈建平、唐海忠、沈全意

中国石油勘探开发研究院科学技术奖

一等奖

序号	成果名称	主要完成单位	主要完成人
1	油气资源评价重点领域关键技术研究及应用成效	油气资源规划研究所	杨涛、郑民、郭秋麟、毕海滨、李欣、于京都、吴晓智、王建、徐小林、柳庄小雪、易庆、郑曼、黄福喜、黄金亮、梁坤、宋涛、陈晓明、汪少勇、李林、邓泽
2	中国石油风险勘探重大领域目标研究、部署实践与勘探突破	石油地质研究所 参与单位:总工程师办公室(专家室),西北分院,杭州地质院,油气地球物理研究所,石油地质实验研究中心,四川盆地研究中心,塔里木盆地研究中心,准噶尔盆地研究中心,油气资源规划研究所,测井与遥感技术研究所	张义杰、袁庆东、齐雪峰、方向、许大丰、李军、方杰、王彦君、司学强、冯有良、王居峰、袁选俊、卫延召、杨智、胡英
3	多次波识别与压制技术突破及其对深层油气勘探开发的意义	油气地球物理研究所 参与单位:四川盆地研究中心	甘利灯、戴晓峰、杨昊、徐右平、王兴、谢占安、魏超、李新豫、张明、刘卫东、曾同生、包世海、宋建勇、李艳东、秦楠

续表

序号	成果名称	主要完成单位	主要完成人
4	中高成熟度页岩油"甜点区"评价及应用	石油地质研究所 参与单位：测井与遥感技术研究所，油气资源规划研究所，油气地球物理研究所	罗霞，李长喜，赵忠英，郭彬程，王京红，胡法龙，林森虎，卢明辉，张丽君，詹路锋，杨智，杨志芳，杨帆，蔚远江，杨春
5	超低渗油藏转变注水开发方式关键技术及应用	油田开发研究所 参与单位：数模与软件中心	侯建锋，王文环，雷征东，吴忠宝，蔚涛，李佳鸿，彭缓缓，陶珍，赵辉，李蕾，平义，赵航，王锦芳，胡亚斐，张洋
6	伊朗北阿扎德甘油田400万吨建产稳产技术研究与应用	中东研究所	董俊昌，郭睿，杨双，刘玉梅，杜政学，聂臻，王伟俊，王鼐，林腾飞，李楠，冯明生，徐振永，衣英杰，王雪玲，刘辉
7	生屑灰岩油藏高渗条带静动态一体化表征技术与应用	迪拜技术支持分中心 参与单位：中东研究所，杭州地质院	王拥军，孙圆辉，杨思玉，朱光正，曹鹏，苏海洋，邵冠铭，韩海英，张杰，高敏，刘辉，衣丽萍，杜政学，刘杏芳，邵磊
8	基于物联网和大数据的油井智能生产技术及应用	采油采气工程研究所	赵瑞东，张喜顺，彭翼，陈诗雯，刘猛，邓峰，李洪铭，王才，孙艺真，陈冠宏，曹刚，张娜，伊然，周祥，张潇文
9	库车山前"三超一低"致密储层改造技术创新与规模应用	压裂酸化技术服务中心 参与单位：四川盆地研究中心，塔里木盆地研究中心	杨战伟，王丽伟，胥云，徐敏杰，高莹，王永辉，韩秀玲，李素珍，车明光，刘玉婷，王辽，刘云志，段瑶瑶，杨艳丽，段贵府
10	电潜直驱无杆举升技术	采油采气装备研究所	李益良，郝忠献，朱世佳，张立新，李辉，廖成龙，叶勤友，王全宾，陈新志，李明，王国庆，明尔扬，黄鹏，沈泽俊，黄红梅
11	大型气田控水开发理论技术与应用	气田开发研究所 参与单位：渗流流体力学研究所，四川盆地研究中心，鄂尔多斯盆地研究中心，塔里木盆地研究中心	贾爱林，陈建军，郭建林，刘晓华，高树生，钟世敏，孙贺东，冀光，罗瑞兰，叶礼友，甯波，胡勇，程立华，唐海发，郭振华，闫海军，赵昕，刘华勋，郭辉，王军磊
12	库车坳陷秋里塔格构造带油气成藏条件创新认识与中秋1重大发现	塔里木盆地研究中心 参与单位：天然气地质研究所，石油地质研究所，杭州地质院	易士威，张荣虎，李洪辉，李德江，冉启贵，陈戈，杨敏，曾庆鲁，赵一民，缪昱东，王珂，余朝丰，陶小晚，董才源，陈秀艳，刘春，林潼，王俊鹏，刘满仓，马卫
13	含汞气田脱汞技术及应用	天然气地质研究所	李剑，韩中喜，严启团，葛守国，王淑英，齐雪宁，陈亚兵，刘涛，王用良，荣少杰，吴国华，张锋
14	薄储层精准预测技术及安第斯项目亿吨级规模储量发现	美洲研究所	马中振，周玉冰，田作基，张志伟，刘亚明，王丹丹，赵永斌，张超前，孟征，徐立坤，张克鑫，刘剑，阳孝法，郭松伟，刘章聪
15	原油/盐水/岩石相互作用机制及注水离子匹配调控机理	采收率研究所	伍家忠，许世京，王敬瑶，严守国，钱禹辰，陈序，林庆霞，李思源，周朝辉

续表

序号	成果名称	主要完成单位	主要完成人
16	页岩气渗流基础理论及应用	渗流流体力学研究所 参与单位：四川盆地研究中心	胡志明,高树生,沈瑞,端祥刚,常进,刘华勋,顾兆斌,叶礼友,郭为,朱文卿
17	中西非被动裂谷盆地白垩系两类优质烃源岩发育模式	非洲研究所 参与单位：全球油气资源与勘探规划研究所	程顶胜,刘邦,张光亚,万仑坤,毛凤军,袁圣强,刘计国,胡瑛,窦立荣,宋换新
18	元素俘获能谱测井资料处理关键技术突破	测井与遥感技术研究所 参与单位：四川盆地研究中心	武宏亮,冯周,冯庆付,袁超,原野,王克文,王才志,田瀚,李伟忠,刘英明
19	构造变形与油气成藏实验技术与应用	石油地质实验研究中心	柳少波,陈竹新,鲁雪松,姜林,马行陟,范俊佳,田华,公言杰,卓勤功,桂丽黎
20	智能化分层注水技术及工业应用	采油采气装备研究所,数模与软件中心	郑立臣,贾德利,孙福超,张吉群,俞佳庆,王久宾,常军华,杨清海,高扬
21	工程技术服务市场化计价规则推广应用	物探钻井工程造价管理中心	司光,陈毓云,郭正,黄伟和,张云怡,丁丹红,孙晓军,刘海,陈鸿,李涛
22	《石油勘探与开发》国际化品牌战略与实践	科技文献中心	许怀先,宋立臣,单东柏,黄昌武,胡苇玮,张朝军,魏玮,刘恋,高日丽,张敏
23	我国致密油勘探开发潜力与发展对策研究	油气资源规划研究所 参与单位：油气开发战略规划研究所,石油地质研究所,数模与软件中心	郭彬程,白喜俊,庞正炼,詹路锋,陶士振,张虎俊,郑悦,陈福利,蔚远江,王社教
24	2019—2030年地下储气库发展战略规划	地下储库研究所	魏欢,张刚雄,祁红林,郑雅丽,胥洪成,李春,赵凯,邱小松,孙军昌,李康

二等奖

序号	成果名称	主要完成单位	主要完成人
1	塔里木盆地下奥陶统缓坡云化滩规模有效储层的发现及意义	杭州地质院	张友,贺训云,邵冠铭,熊冉,倪新锋,郑兴平,胡圆圆,陈娅娜,杨存,朱茂
2	碳酸盐岩多波保真处理解释新技术研发及工业化应用	西北分院 参与单位：油气地球物理研究所	边冬辉,王洪求,杨哲,李劲松,胡自多,郭欣,杨维,刘炳杨,袁焕,刘威
3	克拉苏构造带地震成像新技术及应用效果	油气地球物理研究所	曾同生,代春萌,宋雅莹,康敬程,王兴,张连群,王露,李璇,杨亚迪,王秀姣
4	四川盆地震旦—寒武系大型化成藏条件新认识及应用	四川盆地研究中心	谢武仁,姜华,付小东,李文正,马石玉,张建勇,石书缘,谷明峰,郝涛,陈娅娜
5	我国克拉通盆地膏盐岩-碳酸盐岩组合油气成藏理论研究及应用	石油地质研究所 参与单位：塔里木盆地研究中心、四川盆地研究中心	刘伟,徐安娜,赵振宇,黄擎宇,李洪辉,田翰,徐兆辉,翟秀芬,张月巧,高建荣
6	海相三角洲砂岩油藏沉积模式与精细表征技术及应用	油田开发研究所 参与单位：迪拜技术支持分中心、中东研究所、西北分院	王友净,秦国省,吕洲,刘辉,刘卓,郝晋进,高盛恩,代寒松,刘雄志,金蓉蓉

续表

序号	成果名称	主要完成单位	主要完成人
7	深层特低渗透难采储量地质—油藏—工程一体化设计技术	数模与软件中心 参与单位：压裂酸化技术服务中心、采油采气装备研究所	吴忠宝、孙福超、王春鹏、王俊文、甘俊奇、阎逸群、张原、刘达望、邓西里、杨阳
8	特/超低渗透油藏分类评价及水驱提高采收率技术	油田开发研究所	王文环、彭缓缓、雷征东、陶珍、蔚涛、侯建锋、胡亚斐、赵辉、秦勇、王友净
9	复杂稳定采出液处理新技术与应用	油田化学研究所	张付生、刘国良、李雪凝、卜家泰、马自俊、朱卓岩、苏慧敏
10	川渝页岩气钻井降本增效及投资测算方法研究	物探钻井工程造价管理中心 参与单位：油气开发战略规划研究所、工程技术研究所	黄伟和、刘海、孙玉平、张国辉、司光、张云怡、丁丹红、孙晓军、郭正、陈毓云
11	强非均质水侵砂岩气藏型储气库三维实时仿真模拟技术	地下储库研究所	孙军昌、石磊、赵凯、李春、武志德、张刚雄、胥洪成、钟荣、邱小松、魏欢
12	重点盆地砂岩型铀矿资源评价关键技术及应用	新能源研究所 参与单位：测井与遥感技术研究所、油气资源规划研究所	刘卫红、董大忠、刘人和、方朝合、申晋利、韩维峰、葛稚新、蔚远江、曹倩、肖红平
13	鄂尔多斯盆地东缘二叠系海陆过渡相页岩气储层特征与有利目标评价技术	非常规研究所	董大忠、孙莎莎、武瑾、施振生、昌燕、马超、拜文华、刘洪林
14	相国寺储气库注采方程建立与快速提产实践	地下储库研究所	唐立根、朱华银、宁飞、武志德、张敏、蒋华全、赵凯、王岩、魏欢、裴根
15	致密砂岩气藏储层精细描述技术	气田开发研究所	郭智、季丽丹、付晶、孟德伟、王国亭、程敏华、韩江晨、王丽娟、罗娜、邵艳伟
16	海上油气田效益开发技术研究与应用——以SPC上游项目为例	亚太研究所	胡云鹏、张晓玲、孙春柳、张文起、丁伟、刘晓燕、刘玲莉、崔泽宏、王建俊、段利江
17	深水沉积勘探目标评价关键技术研究与应用	杭州地质院	邵大力、左国平、王红平、叶月明、鲁银涛、丁梁波、马宏霞、许小勇、孙辉、王雪峰
18	卡沙甘异常高压高含H_2S、CO_2弱挥发性碳酸盐岩油藏注酸气混相驱开发技术及应用	中亚俄罗斯研究所	何聪鸽、曾行、罗二辉、林雅平、吴学林、张安刚、李建新、李孔绸、单发超、何军
19	南苏丹Melut盆地资源潜力评价与盆缘新区带勘探突破	西北分院 参与单位：非洲研究所	史忠生、陈彬滔、薛罗、马轮、王磊、史江龙、邹荃、刘雄志、王敏、田鑫
20	油气水井生产数据管理系统2.0建设与应用	计算机应用技术研究所	时付更、陈新燕、石兵波、胡福祥、孙瑶、宋梦馨
21	深层—超深层天然气生成机理与评价指标体系	石油地质实验研究中心	帅燕华、胡国艺、倪云燕、何坤、米敬奎、房忱琛、于聪、廖凤蓉
22	高黏油藏新型化学降黏剂研制	采收率研究所	张帆、田茂章、高建、樊剑、刘皖露、宋文枫、王云龙

续表

序号	成果名称	主要完成单位	主要完成人
23	基于周期性多因素耦合的油价预测研究	海外战略与开发规划所	王曦,常毓文,邵峰,赵喆,邓希,何欣,闫伟,彭云
24	非常规油气低成本石英砂规模化、效益化应用决策研究	压裂酸化技术服务中心	梁天成,蒙传幼,付海峰,才博,杨立峰,严玉忠,修乃岭,卢海兵
25	企业标准化体制机制改革研究	石油工业标准化研究所	王玉英,张玉,刁海燕,卜海,操建平,唐爽,丁飞
26	天然气开发前期评价决策支撑研究	气田开发研究所	庚勐,杜秀芳,邵艳伟,刘兆龙,路琳琳,赵昕,黄伟岗,初广震

所获专利

序号	授权专利号	专利名称	专利类别
1	ZL201511032277.3	一种对岩石密度和速度曲线调校的方法及装置	发明专利
2	ZL201610936438.X	凹槽的定量识别方法及装置	发明专利
3	ZL201610235894.1	一种确定油气藏开采程度数据的方法和装置	发明专利
4	ZL201610769680.2	一种确定页岩有机质孔隙度的方法及系统	发明专利
5	ZL2016111666797	一种非常规超压致密气有效储层的识别方法	发明专利
6	ZL201710004832.4	一种预测地质条件下致密砂岩中天然气扩散系数的方法	发明专利
7	ZL201710141407.X	油气源的确定方法和装置	发明专利
8	ZL201610564849.0	一种断层伴生裂缝发育程度的确定方法和装置	发明专利
9	ZL201610280470.7	一种确定页岩气开采程度的方法及装置	发明专利
10	ZL201610244258.5	油藏类型的确定方法和装置	发明专利
11	ZL201510626815.5	一种多地质因素定量评价排烃效率方法	发明专利
12	ZL201610353086.5	一种致密砂岩裂缝检测装置与方法	发明专利
13	ZL201611187954.3	一种页岩油成熟度的评价方法及其装置	发明专利
14	ZL201611197246.8	细粒沉积岩分析试验的样品优选方法及系统	发明专利
15	ZL201811083381.9	基于核磁共振的致密储层含油量测定方法	发明专利
16	ZL201710407665.8	一种判断背斜构造真实性的方法及装置	发明专利
17	US16/170914	Method for Determining Maturity in Oil Source Rock by Holographic Fluorescence	发明专利
18	ZL201710068707.X	目标区域的甜点区的确定方法与装置	发明专利
19	ZL201610474634.X	一种基于密度的泥页岩气体吸附气量校正方法及装置	发明专利
20	ZL201611202829.5	一种地质储层的三维成像装置和方法	发明专利
21	ZL201610590258.0	一种应用于扫描电镜中的散油方法及装置	发明专利
22	US10184904B1	Core Holder for Micron CT Observation and Experimental Method Thereof	发明专利
23	ZL201611069448.4	一种制备高纯干酪根的方法	发明专利
24	ZL201710742032.2	地质时间的确定方法和装置	发明专利
25	ZL201810057820.2	储层孔隙压力的确定方法和装置	发明专利
26	ZL201810412688.2	基于三维弹电岩石物理量版确定储层参数的方法及装置	发明专利
27	ZL201611046845.X	一种储层特征参数的预测方法及装置	发明专利
28	ZL201710951601.4	基于二维统计特征的测井曲线校正方法和装置	发明专利
29	ZL201810522334.3	一种多孔径深度偏移成像的方法、装置及系统	发明专利
30	ZL201810521842.X	一种深度域反假频方法、装置及系统	发明专利
31	ZL201611184357.5	裂缝确定方法和装置	发明专利

续表

序号	授权专利号	专利名称	专利类别
32	ZL201710939758.5	一种确定岩石物理模型的方法及装置	发明专利
33	ZL201611177648.1	一种基于地震属性的裂缝定量化预测的方法	发明专利
34	ZL201710826133.8	一种层析静校正的处理方法及装置	发明专利
35	ZL201510862806.6	基于流度的可采稠油油藏的监测方法及装置	发明专利
36	ZL201710851633.7	一种地震数据噪声压制方法及装置	发明专利
37	ZL201710839111.5	抗假频的地震数据加密方法和装置	发明专利
38	ZL201511029487.7	不规则地震数据的五维插值处理方法及装置	发明专利
39	ZL201810089303.3	地震反射系数的确定方法和装置	发明专利
40	ZL201710501254.5	一种确定储层参数的方法及装置	发明专利
41	ZL201810018424.9	一种多次波压制方法及装置	发明专利
42	ZL201710839118.7	抗假频的地震数据插值方法和装置	发明专利
43	ZL201710372337.9	地震叠前时间偏移速度的确定方法和装置	发明专利
44	ZL201711362899.1	裂缝的确定方法和装置	发明专利
45	ZL201610409535.3	一种含油污染水体的识别方法及装置	发明专利
46	ZL201610615891.0	一种确定地层矿物含量的方法和装置	发明专利
47	ZL201611077652.0	一种构建数字岩心的方法及装置	发明专利
48	ZL201611192098.0	一种测量储层岩石的脆性指数的方法	发明专利
49	ZL201611183911.8	一种动静态弹性参数的转换方法	发明专利
50	ZL201610656567.3	一种井壁渗透率计算方法及装置	发明专利
51	ZL201710678984.2	俘获伽马能谱的确定方法和装置	发明专利
52	ZL201710866241.8	一种电成像测井图像刻度方法及装置	发明专利
53	ZL201611129695.9	一种获取岩心孔隙度的方法、装置及系统	发明专利
54	ZL201610862241.6	获取水平井各向异性地层电阻率的方法及装置	发明专利
55	ZL201710993702.8	一种储层孔径分布获取方法及装置	发明专利
56	ZL201710834217.6	地层基质电阻率的确定方法和装置	发明专利
57	ZL201610632654.5	确定非均质碳酸盐岩储层胶结指数的方法	发明专利
58	ZL201510280351.7	水平压裂裂缝导流作用下油藏数值模拟方法及装置	发明专利
59	ZL201710660938.X	油水界面的确定方法和装置	发明专利
60	ZL201510855840.0	缝洞单元的生产动态预测方法及装置	发明专利
61	ZL201510419405.3	预测全油藏产区类型的方法及装置	发明专利
62	ZL201711095355.3	一种确定裂缝的方法及装置	发明专利
63	ZL201610251398.5	考虑应力干扰及压裂液滤失的致密油产能预测方法及系统	发明专利
64	ZL201510760748.6	致密油多重介质耦合渗流的全周期产能预测方法及其装置	发明专利
65	ZL201610134760.0	一种自动化油管运移装置	发明专利
66	ZL201611101164.9	一种电位测量装置及方法	发明专利
67	ZL201610855438.7	升泡仪的气泡追踪装置及方法	发明专利

续表

序号	授权专利号	专利名称	专利类别
68	ZL201610649581.0	边底水油藏开发岩心实验模拟方法	发明专利
69	ZL201610938770.X	一种无碱二元复合驱组合物及其在高温高盐油藏中的应用	发明专利
70	ZL201611043837.X	一种筛选油田注入水的离子组成与离子浓度的方法	发明专利
71	ZL201610835624.4	岩石水驱效率的确定方法及装置	发明专利
72	ZL201710759313.9	一种油藏本源微杆菌及其在石油开采中的应用	发明专利
73	ZL201610968366.7	油田注入水水处理剂的离子调整及净水效果模拟实验方法	发明专利
74	ZL201710242780.4	泡点压力值和拟泡点压力值的测试方法、及测试装置	发明专利
75	ZL201611241717.0	一种硫酸盐还原菌激活剂及其在微生物采油中的应用	发明专利
76	ZL201611236096.7	一种硫酸盐还原菌活性控制剂及其在微生物采油中的应用	发明专利
77	ZL201710325488.9	一种采油方法	发明专利
78	ZL201611242548.2	一种多孔介质材料内表面$CaCO_3$矿化方法及其产品	发明专利
79	ZL201511021599.8	检测微生物驱油过程中微生物代谢气体的装置和方法	发明专利
80	ZL201710325487.4	一种采油方法	发明专利
81	ZL201610284533.6	一种泡点压力测试装置及方法	发明专利
82	ZL201611177735.7	一种光学显微观察方法及装置	发明专利
83	ZL201610927353.5	一种三元复合驱组合物及其在化学驱中的应用	发明专利
84	ZL201610927352.0	一种三元复合驱组合物及其在高温高盐油藏中的应用	发明专利
85	ZL201610938767.8	一种长短链甜菜碱表面活性剂及其制备方法	发明专利
86	ZL201710242781.9	泡点压力值测试方法和装置	发明专利
87	ZL201710242786.1	一种确定泡沫油中气泡大小与数量的方法及装置	发明专利
88	ZL201611114279.1	一种改善SAGD开发效果的预处理方法	发明专利
89	ZL201511000122.1	稠油油藏的预热装置及方法	发明专利
90	ZL201611180383.0	一种稠油中溶剂浓度的测量方法	发明专利
91	ZL201510998871.1	稠油油藏的开采方法及装置	发明专利
92	ZL201611260277.3	一种采油方法及井网	发明专利
93	ZL201710950434.1	超稠油油藏用的井网结构以及采油方法	发明专利
94	ZL201710157069.9	一种利用纳米助燃剂点火进行火烧油层开采的方法	发明专利
95	ZL201611177620.8	一种气体在超稠油中物性参数的测试装置和方法	发明专利
96	ZL201510931327.5	注空气开发采油井气体组分检测仪及检测方法	发明专利
97	ZL201611144920.6	对SAGD双水平井穿过的油层进行加热的方法及装置	发明专利
98	ZL201611144695.6	火烧油层点火方法及装置	发明专利
99	ZL201710615889.8	气体泡沫辅助蒸汽驱开采稠油模拟实验装置以及实验方法	发明专利
100	ZL201611187914.9	一种水平井蒸汽辅助重力泄油启动方法及装置	发明专利
101	ZL201611182949.3	井下电加热结构	发明专利
102	ZL201611182948.9	井下电加热水平井管柱结构及其油层加热方法	发明专利

续表

序号	授权专利号	专利名称	专利类别
103	ZL201611182676.2	井下电加热生产井管柱结构及其采油方法	发明专利
104	ZL201610670096.1	油品配样器及其配样方法	发明专利
105	ZL201610363576.3	一种表面活性剂复配组合物及其制备方法和应用	发明专利
106	ZL201610621336.9	黑油油藏模拟方法及装置	发明专利
107	ZL201820724353.X	一种油井渗流场的传热模拟装置	实用新型
108	ZL201710350037.0	一种确定火成岩储层次生溶蚀孔隙发育度的方法及装置	发明专利
109	ZL201511030935.5	一种获取油藏压力的方法及装置	发明专利
110	ZL201611145372.9	一种高黏度低流度致密油在不同温压条件下的微观可流动性的评价方法	发明专利
111	ZL201710301343.5	多层低渗透砂岩油藏高含水期菱形反九点井网的调整方法	发明专利
112	ZL201611046603.0	直井体积压裂和线状注水组合开发超低渗透油藏的方法	发明专利
113	ZL201710844809.6	一种确定多相流体组分流量的方法及装置	发明专利
114	ZL201710144337.3	一种横观各向同性岩石力学测试和分析方法	发明专利
115	ZL201710141098.6	一种静态横观各向同性岩石力学的实验与分析方法	发明专利
116	ZL201710610233.7	一种气井排水采气用多功能消泡用评价装置与评价方法	发明专利
117	ZL201611224268.9	一种评价缓蚀剂缓蚀效率的方法	发明专利
118	ZL201611224267.4	一种评价缓蚀剂缓蚀效率的系统	发明专利
119	ZL201821799170.0	用于核磁共振流体分析仪的天线	实用新型
120	ZL201610916145.5	一种地应力的确定方法和装置	发明专利
121	ZL201511020881.4	抽油机示功图诊断系统和诊断方法	发明专利
122	ZL201820965955.4	抽油机井工况检查装置	实用新型
123	ZL201821658892.4	一种模块化水力旋流分离装置	实用新型
124	ZL201821409238.X	离心泵	实用新型
125	ZL201510934349.7	一种井下声波测试装置	发明专利
126	ZL201511030650.1	一种恒磁式电磁流量计	发明专利
127	ZL201710063177.X	井下作业工具	发明专利
128	ZL201611214766.5	一种化学解封压缩式压裂封隔器	发明专利
129	ZL201611214776.9	一种化学解封压缩式卡瓦压裂封隔器	发明专利
130	ZL201610649755.3	柔性钻杆	发明专利
131	ZL201611214767.X	化学解封压缩式封隔器分压管柱及油井压裂方法	发明专利
132	ZL201611101353.6	一种闭式扩张式自解封封隔器	发明专利
133	ZL201820393025.6	防喷器胶芯	实用新型
134	ZL201610649752.X	柔性取心工具	发明专利
135	ZL201611013316.X	水平井钻具	发明专利
136	ZL201820593200.6	用于连接内置电缆的复合连续油管的金属管接头	实用新型
137	ZL201821136061.0	一种抽油机井口双封封井器	实用新型

续表

序号	授权专利号	专利名称	专利类别
138	ZL201820596069.9	基于内置电缆的复合连续油管的缆控分层注水系统	实用新型
139	ZL201711372951.1	用于非粘接型复合连续油管的连接装置以及油管短节	发明专利
140	ZL201711318580.9	完井管柱、完井方法和燃气喷射器机构	发明专利
141	ZL201710492522.1	用于低产低效老油井的重复压裂方法	发明专利
142	ZL201611234666.9	一种交联型两性黄原胶及其制备方法	发明专利
143	ZL201610851286.3	用于水力压裂模拟实验的裂缝表征方法	发明专利
144	ZL201710170058.4	裂缝型碳酸盐岩储层暂堵转向和裂缝支撑一体化改造方法	发明专利
145	ZL201710674739.4	具有双亲特性和双粒子结构的纳米二氧化硅分散液及制法	发明专利
146	ZL201610993865.1	一种纳米纤维素晶体疏水接枝的改性方法	发明专利
147	ZL201810445643.5	一种含单全氟辛基的氟硅表面活性剂以及油基泡沫驱油剂	发明专利
148	ZL201710778132.0	一种pH响应型改性聚丙烯酰胺驱油剂及其制备方法	发明专利
149	ZL201710691654.7	一种N十八烷基乙亚胺酸甲酯及其合成方法	发明专利
150	ZL201710691133.1	一种N十二烷基乙亚胺酸甲酯及其合成方法	发明专利
151	ZL201710691329.0	一种N十四烷基乙亚胺酸甲酯及其合成方法	发明专利
152	ZL201710691671.0	一种N十六烷基乙亚胺酸甲酯及其合成方法	发明专利
153	ZL201710156625.0	一种油田采出污水的深度处理系统及方法	发明专利
154	ZL201610720831.5	一种确定地层岩性的处理方法及装置	发明专利
155	ZL201821287925.9	用于天然气脱汞剂性能评价的吸附管结构	实用新型
156	ZL201821624589.2	一种用于评价天然气用脱汞剂的脱汞性能的实验装置	实用新型
157	ZL201610736748.7	一种铜基脱汞吸附剂的脱汞及再生方法	发明专利
158	ZL201610506168.9	基于微压差自动注入的岩石扩散系数测定装置和方法	发明专利
159	ZL201610803901.3	一种判识天然气成因类型的方法及装置	发明专利
160	ZL201610380415.5	一种判识天然气中CO_2成因和来源的方法及其应用	发明专利
161	ZL201710789516.2	一种基于核磁共振的烃源岩含水量无损检测的方法	发明专利
162	ZL201710821274.0	地层条件下岩心可动水饱和度在线检测方法	发明专利
163	ZL201610256757.6	一种确定致密气藏开发指标的方法及装置	发明专利
164	ZL201811456867.2	页岩气藏不同传质扩散机理对储层渗流能力贡献率的定量评价方法	发明专利
165	ZL201821918198.1	基于稳态法测气水相对渗透率用的活塞式气水注入容器	实用新型
166	ZL201610436211.9	一种动态储量计算方法及装置	发明专利
167	US10422733B2	Method and Device for Testing Wettability of Tight Oil Reservoir	发明专利
168	EP2765409	Nuclear Magnetic Resonance Rock Sample Analysis Method and Instrument with Conatant Gradient Field	发明专利
169	ZL201510952658.7	一种模拟气藏水侵的实验装置及方法	发明专利
170	ZL201611092918.9	页岩气扩散能力测试系统	发明专利
171	ZL201820675017.0	一种确定储层边界层厚度的系统	实用新型

续表

序号	授权专利号	专利名称	专利类别
172	ZL201710546265.5	岩样加工设备	发明专利
173	ZL201511029876.X	盐穴储库造腔参数测试装置和方法	发明专利
174	ZL201710865736.9	一种水性荧光示踪剂及其制备方法	发明专利
175	ZL201820829179.5	一种页岩气解吸过程观测装置	实用新型
176	ZL201610799188.X	岩石气体吸附相体积测量方法及装置	发明专利
177	ZL201821146542.X	一种干热岩地热系统	实用新型
178	ZL201821093301.3	一种U型水平井	实用新型
179	ZL201821077802.2	开发增强型地热的井网结构	实用新型
180	ZL201710001802.8	一种陶瓷膜的修饰改性方法及改性陶瓷膜	发明专利
181	ZL201610708450.5	确定直井页岩气藏地层参数的方法和系统	发明专利
182	ZL201610705715.6	确定水平井页岩气藏地层参数的方法和系统	发明专利
183	ZL201610725811.7	一种岩石含气数据的测定方法及装置	发明专利
184	ZL201710389361.3	一种确定油水界面位置的方法及装置	发明专利
185	ZL201820263251.2	油田大罐含油沉砂超声波清洗装置	实用新型
186	ZL201610513922.1	确定油藏含水率与油采出程度关系的方法及装置	发明专利
187	ZL201610564683.2	双水平井蒸汽辅助重力泄油过程中的循环预热方法及装置	发明专利
188	ZL201710256713.8	一种确定储层非均质性的方法和装置	发明专利
189	ZL201711005676.X	切削冲击齿、冲击钻头及其使用方法	发明专利
190	ZL201711005669.X	冲击钻头齿、冲击钻头及冲击钻头齿的安装方法	发明专利
191	ZL201610522612.6	一种水平井轨迹校正方法及装置	发明专利
192	ZL201710696640.4	一种确定断层断距的方法及装置	发明专利
193	ZL201710247321.5	一种断层识别方法及装置	发明专利
194	ZL201611106601.6	隔夹层井间预测方法及装置	发明专利
195	ZL201710173035.9	一种碎屑岩稠油储层识别方法及装置	发明专利
196	ZL201820145379.9	模拟厚油层油藏二维可视化填砂模型	实用新型
197	ZL201510816016.4	预测致密油待评价区域可采储量的方法及装置	发明专利
198	ZL201710990471.5	开采泡沫型超重油的方法	发明专利
199	ZL201710990460.7	改善泡沫油开发效果的方法及装置	发明专利
200	ZL201710890153.1	薄夹层的确定方法和装置	发明专利
201	ZL201610503316.1	建立盐膏岩矿物成分与岩石速度关系模版的方法及装置	发明专利
202	ZL201610703084.4	钻井参数的控制方法及装置	发明专利
203	ZL201610478587.6	一种水平井造斜段造斜率优化取值方法及装置	发明专利
204	ZL201610697080.X	水平井钻井摩阻的控制优化方法及装置	发明专利
205	ZL201511000346.2	钻井工具	发明专利
206	ZL201610806233.X	分段完井管柱、分段改造管柱及油井改造装置	发明专利

续表

序号	授权专利号	专利名称	专利类别
207	ZL201821597299.3	堵漏评价系统	实用新型
208	ZL201710946183.X	一种裂缝性碳酸盐地层钻完井方法及系统	发明专利
209	ZL201711007291.7	水平井井眼轨迹全角变化率控制方法及装置	发明专利
210	ZL201610962322.3	一种生成储层预测属性数据的处理方法、装置及系统	发明专利
211	ZL201610705753.1	一种确定地震剖面显示数据的方法及装置	发明专利
212	ZL201610258471.1	一种古地貌的恢复方法及装置	发明专利
213	CA2916567	Physical Simulation Method and Experiment Device of Fracture Cavity Carbonate Reservoir Hyfrocarbon	发明专利
214	ZL201610591933.1	一种低渗含水气藏建产选区的方法及装置	发明专利
215	ZL201510795357.8	一种地层组分最优化确定方法及装置	发明专利
216	ZL201511000241.7	一种测井解释模型的处理方法及装置	发明专利
217	ZL201610173734.9	一种定量确定超深层致密砂岩裂缝有效性的方法	发明专利
218	ZL201610954181.0	一种确定油气储量和水体规模方法及装置	发明专利
219	ZL201710231142.2	一种判断高压压汞注失的方法及装置	发明专利
220	ZL201511019829.7	致密基岩中基质孔隙储集天然气能力的分析方法	发明专利
221	ZL201611241836.6	一种均方根速度的确定方法和装置	发明专利
222	ZL201710192739.0	基于阻抗域属性预测优质储层的方法和装置	发明专利
223	ZL201710728639.5	储层流体因子的确定方法和装置	发明专利
224	ZL201710066799.8	断层封堵性的确定方法和装置	发明专利
225	ZL201810198628.5	多通阀、驱替实验系统及方法	发明专利
226	ZL201710397033.8	微地貌的确定方法和装置	发明专利
227	ZL201611261876.7	微观溶蚀孔隙地球物理二维表征确定方法和装置	发明专利
228	ZL201611257222.7	基于二维叠后地震资料微观裂缝表征确定方法和装置	发明专利
229	ZL201711145503.8	分流河道位置确定方法和装置	发明专利
230	ZL201711089163.1	一种高维地震数据输入下去除沉积背景的方法及装置	发明专利
231	ZL201711089145.3	一种去除沉积背景的方法及装置	发明专利
232	ZL201710953271.2	薄层的沉积相图和沉积体厚度的确定方法和装置	发明专利
233	ZL201711381206.3	一种拾取地震波初至的方法及装置	发明专利
234	ZL201710778207.5	自由表面多次波的压制方法及装置	发明专利
235	ZL201711127598.0	油气储层的确定方法和装置	发明专利
236	ZL201611152828.4	确定背景炮的方法及装置	发明专利
237	ZL201610591502.5	一种叠后地震数据的处理方法及装置	发明专利
238	ZL201410613566.1	一种应用开发系统及方法	发明专利
239	ZL201410852292.1	一种抽油机示功图数据压缩存储方法及装置	发明专利
240	ZL201610491589.9	地震数据处理系统和方法	发明专利

续表

序号	授权专利号	专利名称	专利类别
241	ZL201611199335.6	故障监控方法和装置	发明专利
242	ZL201611214790.9	一种批量编辑初至的方法及装置	发明专利
243	ZL201821918199.6	钻柱防磨减阻接头	实用新型
244	ZL201711075901.7	一种白云岩成因类型的岩石学和地球化学识别方法及系统	发明专利
245	ZL201611251311.0	一种确定三维数字露头地质模型的方法及系统	发明专利
246	ZL201610971350.1	一种成像方法和装置	发明专利
247	ZL201710301335.0	深度域地震子波的确定方法和装置	发明专利
248	ZL201610173734.9	一种定量确定超深层致密砂岩裂缝有效性的方法	发明专利
249	ZL201810029800.4	致密油甜点区评价方法与装置	发明专利
250	ZL201710740530.3	一种原油中烷基苯酚的分离方法	发明专利
251	ZL201611131126.8	一种确定致密储层天然气成藏期注入压力的方法	发明专利
252	ZL201711400122.X	一种确定地层岩性特征的解释数据方法和装置	发明专利
253	ZL201810418162.5	一种消除并行成像处理痕迹的方法、装置及系统	发明专利
254	ZL201610849336.4	一种地震资料解释数据的修正方法及装置	发明专利
255	ZL201810579839.3	一种多次波识别方法及装置	发明专利
256	ZL201810522325.4	一种三维起伏地表地震资料偏移成像方法、装置及系统	发明专利
257	ZL201810400207.6	一种近地表散射波的获取方法、装置及系统	发明专利
258	ZL201810521830.7	对井旁地层中缝洞异常体发育状况评价方法、装置及系统	发明专利
259	ZL201610932948.X	一种致密砂岩岩电参数获取方法及装置	发明专利
260	ZL201611024319.3	一种确定岩心不同孔隙组分渗透率贡献值的方法及装置	发明专利
261	ZL201710617828.5	一种确定储层渗透率的方法及装置	发明专利
262	US10401311B2	Method and Device for Measuring Formation Elemental Capture Gamma Ray Spectra	发明专利
263	ZL201610668365.0	一种白云岩储层质量的确定方法及装置	发明专利
264	ZL201510731206.6	一种烷基糖苷磺酸盐表面活性剂及其制备方法与应用	发明专利
265	ZL201710325488.9	一种采油方法	发明专利
266	ZL201610831781.8	判断隔夹层破坏的方法及装置	发明专利
267	ZL201710821274.0	地层条件下岩心可动水饱和度在线检测方法	发明专利
268	ZL201711381288.1	柔性密闭取心工具	发明专利
269	ZL201511005560.7	一种电控智能完井测调系统和方法	发明专利
270	ZL201611013518.4	柔性取心工具	发明专利
271	ZL201710811402.3	储层改造体积的确定方法和装置	发明专利
272	ZL201510909649.X	一种预测油水界面位置的方法及装置	发明专利
273	ZL201611183314.5	液动锤性能参数测试装置及其测试方法	发明专利
274	ZL201510762245.2	一种确定渗透率的方法和装置	发明专利
275	ZL201711010901.9	气举用柱塞	发明专利

续表

序号	授权专利号	专利名称	专利类别
276	ZL201610601584.7	一种基于四图叠合法预测岩性油藏有利区的方法及装置	发明专利
277	ZL201611199335.6	故障监控方法和装置	发明专利
278	ZL201911238604.9	孔隙性白云岩的识别方法及装置	发明专利
279	ZL201810445569.7	岩层内裂缝发育特征的定量表征方法及装置	发明专利
280	ZL201710542341.5	低渗透砂砾岩成岩圈闭的识别方法及装置	发明专利
281	ZL201710397033.8	微地貌的确定方法和装置	发明专利
282	ZL201810244000.4	一种消除频散效应的方法、装置及系统	发明专利
283	ZL201710740537.5	地层倾角的确定方法和装置	发明专利
284	ZL201611214790.9	一种批量编辑初至的方法及装置	发明专利
285	ZL201810100160.1	一种确定地层品质因子的方法、装置及系统	发明专利
286	ZL201711127598.0	油气储层的确定方法和装置	发明专利
287	ZL201710706057.7	裂缝孔隙度的确定方法和装置	发明专利
288	ZL201711112999.9	一种微生物碳酸盐岩岩相识别方法	发明专利
289	ZL201810014751.7	一种岩溶型碳酸盐岩储层横波预测方法及装置	发明专利

软件产品

序号	软件名称	国家版权登记号
1	单井产量多方法快速预测软件 V1.0	2019SR0493778
2	油气勘探综合研究项目库系统[简称：ERPD] V1.0	2019SR0136512
3	单井气油比快速计算软件 V1.0	2019SR0498206
4	高产井井位快速评价软件 V1.0	2019SR0491693
5	PetroV 油气成藏可视化系统 V1.0	2019SR216197
6	致密油（页岩油）储层储集有效性定量模拟评价软件	2019SR1089751
7	三维输导体系建模与油气运聚模拟系统 PathMA3D	2019SR0144636
8	页岩油资源评价系统 ShalOilv1.0	2019SR0889770
9	单元热储法地热资源评价系统	2019SR0141429
10	致密油地质甜点预测软件	2019SR0055413
11	油气资源经济性评价系统	2019SR0909333
12	类比法地热资源评价系统	2019SR0142022
13	资源规划信息平台 UPlan	2019SR0609918
14	前陆盆地地层压力模拟与源储配置定量评价软件	2019SR0150657
15	地震数据交互显示系统	2019SR0328677
16	初至波走时层析反演建模系统	2019SR0326960
17	地震波叠前正演软件 V1.0	2019SR0324315
18	可压裂性评价指数计算软件 V1.0	2019SR0324323
19	地震成像与定量预测软件系统	2019SR0307054
20	反射波网格层析反演建模系统	2019SR0328669
21	裂缝储层有效弹性性质和各向异性建模软件 V1.0	2019SR0330057
22	QSEITOOLS 地震信号分析与特色处理软件	2019SR0329783
23	基于 HTI 介质的 AVAZ 反演软件 V1.0	2019SR0329983
24	近地表吸收结构反演系统 V1.0	2019SR0146139
25	三维岩石物理反演软件 V1.0	2019SR0136807
26	直接烃类指示因子计算软件 V1.0	2019SR0614976
27	致密油水平井测井交互式评价系统	2019SR0148082
28	"锐鹰"数字露头仿真软件	2019SR0603385
29	CIFLog-HWDataImporter 随钻测井数据导入系统	2019SR0324230
30	测井脚本快速处理系统	2019SR0326958
31	测井三维交会图解释系统	2019SR0326490

续表

序号	软件名称	国家版权登记号
32	三维井孔声场弹性波数值模拟系统	2019SR0140854
33	地层模型优化系统	2019SR0203141
34	CIFLog-POR 单孔隙度测井分析处理软件	2019SR0149691
35	多极子阵列声波处理解释系统	2019SR0140388
36	PetroImage-油气田环境遥感监测与分析系统[简称:WAPIEM]	2019SR0138433
37	CIFLog-IBRAE 电成像测井储层各向异性评价系统	2019SR0598363
38	CIFLog-ImageLabel 成像测井图像特征标记系统	2019SR0116435
39	夹层定量识别与解释软件	2019SR0328757
40	致密油压裂渗吸数值模拟软件	2019SR0053103
41	地震分频反演软件	2019SR0136799
42	储层构型分析系统	2019SR0329363
43	致密油井网优化设计软件	2019SR0603203
44	基于图形变形及线性插值的剖面图绘制软件	2019SR0329588
45	超低渗与致密砂岩储层甜点评价软件	2019SR0141670
46	超低渗/致密砂岩储层岩石力学参数建模软件	2019SR0141700
47	超低渗与致密砂岩储层地应力建模软件	2019SR0145934
48	油田注采动态大图绘制软件	2019SR0901441
49	气藏动态储量计算辅助系统 V1.0	2019SR0310302
50	新一代精细油藏描述软件 ResFrame	2019SR0052380
51	动态监测数据管理系统	2019SR0328718
52	地震资料精细解释软件 2.0	2019SR0914528
53	天然气利用动态分析软件	2019SR0326440
54	油气田开发地质数据模拟分析系统 v1.0	2019SR0328763
55	气井数据管理平台	2019SR0142448
56	地质开发工程三维可视化建模系统 v1.0	2019SR0600780
57	页岩气开发规模预测软件	2019SR0301184
58	已开发油藏分类查询系统	2019SR0145519
59	油田开发综合含水分级查询系统	2019SR0327006
60	上游业务资源优化平台(网络版)V3.0	2019SR0158931
61	石油尾矿评价系统	2019SR0147818
62	原油缺失组分恢复计算软件[简称:ComR]	2019SR0144085
63	气相色谱数据处理软件[简称:GCDA]	2019SR0892171
64	三次采油评价系统 2.0	2019SR0199625
65	三次采油技术优选软件	2019SR0414143

续表

序号	软件名称	国家版权登记号
66	三次采油方法优选与评价系统	2019SR0907595
67	化学驱潜力预测与优化软件	2019SR0893151
68	提高采收率方法分类优选软件	2019SR0893159
69	重大开发试验生产数据管理系统	2019SR0326608
70	泡沫复合驱方法筛选及潜力评价系统	2019SR0603215
71	SAGD蒸汽腔前缘扩展分析软件	2019SR0603248
72	热采二维可视物模实验数据采集与控制软件	2019SR0598317
73	基于微纳米CT扫描的致密油赋存状态及可流动性评价软件	2019SR0907533
74	陆相致密油不同温度压力条件下可流动性评价分析软件	2019SR0907548
75	陆相致密油储层喉道下限评价分析软件	2019SR0049206
76	井斜坐标计算软件	2019SR0600844
77	致密油产能预测与开发优化软件V1.0	2019SR0142490
78	多组分复杂渗流机理模拟软件	2019SR0142230
79	多组分相态分析软件	2019SR0145946
80	超低渗油气藏临界纳米孔隙半径计算软件[简称:NanoFSim]V1.0	2019SR0140632
81	采油气井移动生产管理平台[简称:PetroPE-M]V2.0	2019SR0152524
82	采油采气工程优化设计与决策支持系统[简称:PetroPE]V4.0	2019SR0906412
83	油气井完井方式智能决策系统	2019SR0603298
84	油气井移动作业监督平台[简称:PetroPE-MOS]V1.0	2019SR0329359
85	电参数转示功图诊断分析平台[简称:PetroPE-EPID]V1.0	2019SR0144705
86	注采管柱临界冲蚀流量计算软件V1.0	2019SR0142347
87	体积压裂地应力变化分析系统	2019SR0146107
88	气井排水采气效果分析评价软件V2.0	2019SR0156935
89	垂向非均质平面均质地应力解释软件[简称:VTISTRESS]V1.0	2019SR0146122
90	三维地震勘探区块成效评价系统V1.0	2019SR1056233
91	页岩气井生产动态分析及评价软件V1.0	2019SR0140767
92	气藏实验分析数字化管理平台	2019SR0329977
93	方案模型实时更新软件V1.0	2019SR0898399
94	致密储层数字岩心多尺度三维重构及动态模拟系统	2019SR0150745
95	注水井污染原因识别及污染程度定量描述软件	2019SR0136823
96	页岩基质供气数值模拟软件V1.0	2019SR0547053
97	中石油勘探开发研究院地下储气库经济评价软件	2019SR0893918
98	气藏型储气库优化设计软件V2.0	2019SR0151291
99	煤体结构解译软件	2019SR0615602

续表

序号	软件名称	国家版权登记号
100	基于MATLAB的地层基础数据统计软件V1.0	2019SR0907107
101	细粒沉积纹层成因数值模拟系统V1.0	2019SR0800995
102	低煤阶多源数据综合处理与分析软件V1.0	2019SR0280596
103	砂岩型铀矿资源评价系统软件	2019SR0146162
104	页岩气藏多尺度双重介质-离散裂缝模型数值模拟软件	2019SR1006261
105	黏土矿物定量计算软件V1.0	2019SR0598350
106	煤层气井地应力预测及井壁稳定分析软件[简称:CBM地应力及井壁稳定分析]V1.0	2019SR0831810
107	油气地质GIS辅助制图系统V1.0	2019SR0046490
108	公开文献管理系统V1.0	2019SR0051695
109	EPIMS与海外共享平台集成系统1.0	2019SR0600771
110	海外项目内部储量数据管理平台	2019SR0146120
111	中国石油海外项目邮件智能解析软件	2019SR0157629
112	海外油气开发资产优选评价指标管理系统V1.0	2019SR0330882
113	海外油气开发资产优选系统V1.0	2019SR0334235
114	油田储量动用程度计算软件	2019SR0136483
115	直井及水平井多轮次吞吐加热范围计算软件	2019SR0141521
116	多层油藏笼统调剖工艺参数优化设计软件	2019SR0136815
117	稠油注蒸汽综合热效率评价软件	2019SR0138930
118	凝析气藏无因次产能评价软件	2019SR0137996
119	水平井试井曲线绘制软件	2019SR0142442
120	老井复查储层参数提取软件	2019SR0329013
121	基于改进混合单元格法的最小混相压力预测软件	2019SR0137262
122	水驱储量动用程度计算软件	2019SR0800993
123	潜山基岩油藏裂缝识别及预测系统	2019SR0139579
124	项目协同办公管理软件[简称:ProCOM]V1.0	2019SR0326741
125	项目一体化数据管理软件[简称:ProIDM]V1.0	2019SR0326466
126	项目云盘管理软件[简称:ProCDM]V1.0	2019SR0327042
127	断裂(裂缝)蚂蚁智能检测系统	2019SR0603263
128	夹层影响下渗透率粗化系统[简称:渗透率粗化系统]V1.0	2019SR0147290
129	井位部署系统软件[简称:WPD]V1.0	2019SR0599355
130	动态产量预测软件	2019AR0141924
131	页岩气井动态评价系统	2019SR0140848
132	阿姆河右岸开发规划及产能部署设计软件	2019SR0330749
133	油气藏数据分析与管理软件	2019SR1106641

续表

序号	软件名称	国家版权登记号
134	连续气举系统效率评价与分析软件[简称:气举系统效率计算与分析软件]V1.0	2019SR0146118
135	压裂选井选层软件	2019SR0141847
136	投球暂堵分层压裂优化设计与分析	2019SR0142234
137	哈法亚油田动态防砂优化与管控软件	2019SR0329075
138	集中报销信息平台2.0	2019SR0626956
139	办公管理系统SOA集成平台	2019SR0899715
140	会议管理系统	2019SR0889551
141	合同管理系统2.0	2019SR0620773
142	合同数据集成监控平台	2019SR0890353
143	办公管理平台	2019SR0144430
144	合规报表管理系统	2019SR0144093
145	中油工程综合办公管理系统	2019SR0324902
146	研究院主门户新闻上报审批流程系统	2019SR0603252
147	煤层气公司气水井生产数据管理系统(A2)	2019SR0332755
148	办公管理智能客服系统	2019SR0892727
149	中国石油专利管理信息系统	2019SR0344877
150	电子公文系统2.0	2019SR0621774
151	油气水井生产管理系统流程定制系统V1.0	2019SR0306909
152	油气水井生产数据管理系统(A2)基础数据管理模块软件(简称:CDMT)	2019SR0598371
153	数据质量检验系统[简称:DQEMS]	2019SR0603227
154	中国石油对外合作部项目管理系统	2019SR0324570
155	会议室预定系统V1.0	2019SR0801559
156	KNN-outlier电成像测井图像清洗系统	2019SR0142063
157	基于二分类的价值数据提取系统	2019SR0801073
158	四川盆地钻测井数据批量整理软件	2019SR0141518
159	钻井井位与地质露头信息平面加载软件	2019SR0600834
160	多参数储层建模与地震正演模拟软件	2019SR0819054
161	天然气勘探项目评价模型软件	2019SR0146109
162	缝洞型油气藏可动用储量预测软件	2019SR0327093
163	低孔致密砂岩储层裂缝综合评价软件	2019SR0236684
164	海相碳酸盐岩礁滩相高渗储层评价软件[简称:MaCReHPI_HFY]V1.0	2019SR0050642
165	基于差异性渗流的海相碳酸盐岩隔夹层界定与识别软件[简称:MaCLaINL_HFY]V1.0	2019SR0053179
166	海相碳酸盐岩潟湖相薄互储层有效性评价软件[简称:MaCLaTIV_HFY]V1.0	2019SR0050559
167	地震属性井校分析软件[简称:SAWA]	2019SR0329929

续表

序号	软件名称	国家版权登记号
168	稀疏井网区基于多属性的含砂率-沉积微相一体化预测软件[简称:SEDFA]	2019SR0602013
169	砂泥岩地层压实趋势分析系统	2019SR0141782
170	多维度AVO正演模拟软件	2019SR0141434
171	基于喷射流多尺度裂缝介质正演软件	2019SR0146076
172	基于White模型的岩石物理模板评价分析软件	2019SR0328597
173	断层油气藏断层地层交接关系处理软件	2019SR0603268
174	断层封闭性评价的定量Allen图解软件	2019SR0598355
175	岩性并置型断层封闭评价软件JuxtaposModelV1.0	2019SR0141564
176	断块圈闭油水界面分析软件:OWCAS	2019SR0611844
177	断块油气藏封闭性评价属性建模软件:FAMS	2019SR0601830
178	断块圈闭有效性评价断层建模软件:FSM	2019SR0611844
179	匹配追踪时频分析软件V1.0	2019SR0324892
180	多属性波形聚类软件V1.0	2019SR0903487
181	古地貌分析软件V2.0	2019SR1013649
182	单属性波形聚类软件V1.0	2019SR0326593
183	地质绘图软件[简称:CEMAP] V1.0	2019SR0325231
184	GeoSed地震沉积分析软件底层数据管理软件	2019SR0903498
185	二维标量声波方程混合网格有限差分数值模拟及逆时偏移软件V1.0	2019SR0324886
186	多属性旋转储层物性参数预测软件	2019SR0140191
187	模型约束储层参数预测软件系统	2019SR0084379
188	天然气地震综合预测软件系统	2019SR0137794
189	测井定量裂缝参数预测软件系统V1.0	2019SR0145509
190	地震综合储层饱和度预测软件系统V1.0	2019SR0326700
191	叠前道集频变AVO反演软件系统V1.0	2019SR0329077
192	反射率法全波场模拟与AVO分析软件系统V1.0	2019SR0328776
193	智能化物探标签数据集构建软件V1.0	2019SR0601853
194	节能节水离线填报客户端软件	2019SR0236680
195	基于Web应用的自动化部署系统	2019SR0909619
196	野外剖面图像转换测井数据软件	2019SR0141668
197	铸体薄片孔隙结构评价软件	2019SR0899056
198	沉积物源方向分析软件	2019SR0895606
199	碳酸盐岩岩相识别及储层孔隙结构测井评价软件	2019SR0893704
200	电成像岩石构造特征参数提取软件	2019SR0142367
201	复杂砂砾岩储层泥质含量计算软件	2019SR0890222

续表

序号	软件名称	国家版权登记号
202	高压环境下砂泥岩可压指数表征软件	2019SR0139393
203	储层测井数据管理系统 V1.0	2019SR0145516
204	SEC 油气储量管理系统 V2.0	2019SR0157406
205	中国石油矿权年检管理系统（公示版）	2019SR0161372
206	基于 EMD 的油气薄层分析软件	2019SR0324579
207	地震数据备份信息管理系统	2019SR0137284
208	断层封闭性三角图分析处理系统 V1.0	2019SR0896343
209	断块油藏曲线处理系统 V1.0	2019SR0892584
210	油气云聚模拟软件[简称:OGTA] V1.0	2019SR1297364
211	测井多井一致性处理软件 V1.0	2019SR1301488
212	暂堵剂用量优化设计软件	2019SR1392164
213	致密油甜点区评价优选软件[简称:Toil] V1.0	2019SR1294944
214	协同文档编制及自动生成系统	2019SR1295861
215	油田生产动态图册智能生成系统 V1.0	2019SR1297111
216	新项目油田产量快速规划评价系统[简称:OPQE_V0] V1.0	2019SR1301061
217	储层属性随机建模软件	2019SR1301129
218	任务督办管理系统	2019SR1301083
219	石油行业专业应用许可精细化管理系统	2019SR1298324
220	勘探开发高性能图形资源负载均衡调度管理系统	2019SR1301321
221	基于砂岩储层含水基线的流体预测软件	2019SR1301075
222	双相裂缝介质衰减特性分析软件	2019SR1340145
223	基于多组数据快速成图软件	2019SR1301494
224	断块油气藏断面属性投影显示分析软件系统 FPAS V1.0	2019SR0798014
225	断层垂向封闭性能评价分析软件系统 FVS V1.0	2019SR0800997
226	断面压力预测分析软件系统	2019SR0812858
227	复杂断块圈闭烃柱高度预测分析软件系统	2019SR0798019
228	基于 N 次根倾斜叠加的弱信号增强软件	2019SR1322510
229	基于混合 LSMR 算法的拖缆鬼波压制软件	2019SR1301114

（杨胜建）

第七篇

书刊论文

期刊杂志

《石油勘探与开发》

《石油勘探与开发》创刊于1974年,以促进石油地质勘探、油气田开发及石油工程领域理论技术发展与学术交流为办刊宗旨,开设"油气勘探""油气田开发""石油工程""综合研究"和"学术讨论"栏目,报道中国与世界石油勘探地质、油气田开发、石油工程最新理论技术发展动态与研究成果,读者对象为国内外石油天然气科技工作者。编委会主任:赵文智。副主任:周海民。主编:戴金星。执行主编:许怀先。副主编:王东良、单东柏。

《石油勘探与开发》为SCI、EI双收录期刊,中文、英文两种语言全球同步发行。该期刊先后被美国石油文摘(PA)、美国地质文献信息系统(Geo-Ref)、美国剑桥科学文摘(CSA:MI)、《中国核心期刊(遴选)数据库》《中国科技论文与引文数据库》《中国期刊全文数据库》等国内外各大数据库收录。

2019年,《石油勘探与开发》全年来稿1010篇,国外投稿163篇。召开定稿会10次,评估稿件154篇,录用120篇。1—6期刊出论文120篇,刊出国外来稿8篇,刊出本院来稿38篇。基金论文比90%。

2019年,《石油勘探与开发》业绩显著:

在SCI数据库JCR期刊引证报告中表现出色,被引频次2858次,影响因子2.540,影响因子在SCI石油工程类期刊中排名第3,位于Q1区,地学类Q2区。英文版在ScienceDirect平台上下载量和读者分布地区数逐年增加,2019年下载量19.4万篇次,读者分布在美国、英国、荷兰、马来西亚、加拿大、澳大利亚、巴西、印度尼西亚等116个国家和地区。

根据国家科技部中国科学技术信息研究所发布的结果显示:《石油勘探与开发》2018年度影响因子为3.093(核心他引率92%),在全国2049种科技核心期刊中排名第5。期刊被收录为"中国科技核心期刊"(中国科技论文统计源期刊)。

被评为2018年度"百种中国杰出学术期刊",是《石油勘探与开发》第16次获此殊荣;连续8次入选"中国最具国际影响力学术期刊";22篇论文入选"中国精品科技期刊顶尖学术论文(F5000)"。

"2019中国学术期刊未来论坛"发布《世界学术期刊影响力指数WAJCI年报》,按照237个学科领域对世界范围内13088种学术期刊发布WAJCI指数,我国有5种科技期刊的WAJCI指数进入世界前5%,《石油勘探与开发》为5种之一;我国有89种科技期刊进入世界Q1区,《石油勘探与开发》在地球科学综合、地质工程、石油天然气工业3个学科均位于Q1区,均排名入选Q1区中国期刊的第1位。《石油勘探与开发》2014年第1期刊出的郭彤楼教授论文《四川盆地焦石坝页岩气田形成与富集高产模式》入选"中国百篇最具影响国内学术论文"(被引263次),是该文第2次入选,本刊一共13篇次论文入选。

《石油科技动态》

《石油科技动态》原名《国外石油动态》,创刊于1998年3月9日,半月刊,为科技文献中心自办的内部刊物。2009年更名为《石油科技动态》,月刊。办刊宗旨为介绍国外创新的工艺、技术、理论和概念,追踪热点地区的勘探开发动态,追踪国际大石油公司的勘探、开发和投资动向。期刊服务于领导科技决策和科研工作者，重点发表石油领域的新理论、新技术、新方法论文信息。

2019年，《石油科技动态》紧跟集团公司和研究院重大科研项目及领导关注的热点领域，积极组织有关勘探开发新理论、新方法、工程技术、前沿基础理论方面的翻译文章，同时刊登新能源方面的文章，全年编辑出版12期，每期印刷530本，全部赠阅。

《天然气文集》

《天然气文集》刊出内容主要涉及天然气勘探开发、储层改造、非常规气和新能源4个方面，2019年收到稿件97篇，刊出文章58篇，刊出文字约40万字。《天然气文集》分上、下两卷出版发行，总印数1600册（上、下卷各800册），分别发送至院属科研所和中国石油、中国石化等油田公司的研究单位。

《岩性油气藏》

《岩性油气藏》（Lithologic Reservoirs）期刊，原名《西北油气勘探》，1989年创刊，2006年经国家新闻出版总署批准更名，自2007年起在国内外公开发行（季刊），2011年变更为双月刊。期刊编委会主任：贾承造。主编：陈启林。副主编：吕锡敏（常务）。国际标准刊号：ISSN 1673-8926。国内统一刊号：CN62-1195/TE。

根据国新出审[2019]2601号文件，《岩性油气藏》主办单位由中国石油集团西北地质研究所、甘肃省石油学会变更为中国石油集团西北地质研究所有限公司、甘肃省石油学会；主管单位由中国石油天然气集团公司更名中国石油天然气集团有限公司。

办刊宗旨：建设国际化学术交流平台，探讨油气勘探开发规律，发展油气勘探开发地质理论，创新油气勘探开发方法，提高油气勘探开发技术，促进学术交流和学科建设，加速油气勘探人才的发现和培养，力求创新，为广大石油科技工作者提供展示才华的舞台。

该期刊先后被《中国科学引文数据库》（CSCD）《中国期刊全文数据库》《中国优秀博硕士学位论文全文数据库》《中国引文数据库》《中文科技期刊数据库》《中国核心期刊（遴选）数据库》、《中国石油文摘》等数据库和检索系统列为固定收录期刊。2014年成为"中国科技核心期刊"，2015年成为"中文核心期刊"和"中国核心学术期刊"，2016年成为CSCD核心期刊，2018年被美国石油文摘（PA）收录。入编北京大学《中文核心期刊要目总览》（2017版）。根据CNKI引证报告，该刊2019年度综合影响因子提升为2.392，在石油天然气类（TE）90种期刊中排名第6，影响力为第15位。

2019年，《岩性油气藏》收到各类稿件650篇，全年出版正刊6期，刊登文章109篇，发行3600本。《岩性油气藏》加强品牌建设，以作者为中心，树立良好口碑，推出"优质稿件快速出版"服务，更好地发挥人才培养平台的作用，发表教授文章12篇。期刊编校质量稳中向好，2019年该刊编校差错率为万分之0.28，居省科技期刊榜首。

《海相油气地质》

《海相油气地质》是由中国石油杭州地质研究院主编的季刊。1996年3月创刊，刊号ISSN 1672-9854、CN 33-1328/P。1996年3月创刊。编委会主任：贾承造。副主任：熊湘华。主编：熊湘华。副主编：张润合、黄革萍。

办刊宗旨：报道海相油气地质勘探理论、技术、方法的进展，引领海相油气地质研究，推动中国海相油气勘探，为我国石油工业的发展服务。

该期刊先后被《中国科学引文数据库》（CSCD）《中国期刊全文数据库》《中国数字化期刊群（万方数据）》《中国引文数据库》《中文科技期刊数据库（维普资讯）》《中国石油文摘》《美国石油文摘》等数据库和检索系统列为固定收录期刊。2019年，期刊在《中国学术期刊影响因子年报(2019年)》中的复合影响因子为1.205,比2018年度(0.87)有较大幅度提升;期刊与中国知网合作实现网络首发,有效缩短论文发表周期,提高论文时效性。

2019年,《海相油气地质》继续秉承办刊宗旨,编辑加工始终坚持以"严谨、细致、规范"为特色,审校工作一丝不苟,严守标准与规范,精雕文字与图表,在注重内容的同时,力求版式编排的精美。全年刊发论文41篇,其中,综述评论栏目1篇,讨论探索栏目2篇,勘探评价栏目15篇,盆地构造栏目2篇,沉积储层栏目12篇,技术应用栏目3篇,机理模式栏目2篇,油气藏栏目1篇,成果专栏3篇,共计72万余字。

(张朝军、张光伟、桑宁燕)

书籍出版

序号	书名	作者	出版社名称
1	全球油气勘探开发形势及油公司动态(2019)	中国石油勘探开发研究院	石油工业出版社
2	天然气开发理论与实践(第七辑)	贾爱林,郭建林,韩永新	石油工业出版社
3	油田开发基础理论	窦宏恩	石油工业出版社
4	页岩气开发钻井降本增效案例	黄伟和,刘海	石油工业出版社
5	奥连特前陆盆地勘探技术与实践	张志伟,马中振,周玉冰,阳孝法	石油工业出版社
6	深水油气勘探开发概论	姚根顺,吕福亮,范国章,刘艳红,许小勇	石油工业出版社
7	四川盆地构造特征与油气	魏国齐,贾东,杨威	科学出版社
8	油气成藏物理模拟实验技术与应用	姜林,洪峰	科学出版社
9	精细油藏描述	陈欢庆	石油工业出版社
10	油气资源结构定量表征及应用	郑民	石油工业出版社
11	第四次油气资源评价	李建忠,郑民	石油工业出版社
12	深层油气地质理论与勘探实践	姚根顺	石油工业出版社
13	碳酸盐岩沉积学(译著)	沈安江,王小芳,郑剑锋,乔占峰,郑兴平	石油工业出版社
14	微生物碳酸盐岩:对全球油气勘探与开发的意义(译著)	王小芳,杜东,李文正,潘立银,胡安平	石油工业出版社
15	世界典型碳酸盐岩油气田储层	卫平生,蔡忠贤,潘建国,张虎权,孙东	石油工业出版社
16	深海沉积体系	范国章,邵大力,许小勇,马宏霞,鲁银涛	石油工业出版社
17	页岩储层微观评价与开发模拟实验技术	胡志明,刘先贵,沈瑞,吴建发,端祥刚	科学出版社
18	石油地质理论与配套技术新进展	赵文智,胡素云,张水昌	石油工业出版社
19	砾岩储层精细结构表征	李顺明,何辉	石油工业出版社
20	孔隙尺度多相流动	秦勇,李保柱,郝明强	石油工业出版社
21	井下作业	雷群,李益良	石油工业出版社
22	派恩代尔巨型致密气砂岩储层表征	张荣虎,王俊鹏,常少英,宋兵,杨钊	石油工业出版社
23	超重油油藏冷采开发理论与技术	陈和平,李星民,黄文松,杨朝蓬,刘章聪	石油工业出版社
24	采油工程——中国石油科技进展丛书(2006—2015年)	刘合,李益良,张立新,郑立臣	石油工业出版社
25	致密砂岩气藏产水机理与提高采收率对策	高树生,叶礼友,刘华勋,朱文卿,熊伟	石油工业出版社
26	中国天然气形成与分布	张水昌,胡国艺,柳少波,张斌,米敬奎	石油工业出版社
27	低孔低渗储层测井评价技术	周灿灿,李长喜	石油工业出版社
28	采油工程	刘合	石油工业出版社

续表

序号	书名	作者	出版社名称
29	盐穴储气库建设项目投资管理及控制	丁国生,完颜祺琪,罗天宝	石油工业出版社
30	陆相油藏开发地震技术	甘利灯,张研,陈树民	石油工业出版社
31	鄂尔多斯盆地西部奥陶系古岩溶储层形成机理	张春林,李剑,曾旭	地质出版社
32	构造变形物理模拟与构造建模技术及应用	陈竹新,雷永良,贾东,陈汉林	科学出版社
33	石油地质概论	周川闽,丁立华,张志杰	石油工业出版社
34	高温强非均质碳酸盐岩储层酸压改造技术	张以明,才博,吴刚,何春明,蔡军	地质出版社
35	低渗透-致密油藏微观储层特征及有效开发技术	李熙喆,翁定为,梁宏波	石油工业出版社
36	煤层气勘探开发技术	温声明,王欣,才博,卢海兵,姜伟	石油工业出版社
37	全球石油和天然气行业——管理、战略和财务	尹秀玲,孙杜芬,李杰,邹倩	石油工业出版社
38	非常规油气资源评价与开发	崔景伟,朱如凯,毛治国	石油工业出版社
39	低渗透油气藏已开发井最终可采量评估	毕海滨,郑婧,徐小林	石油工业出版社
40	异常高压气藏产能评价方法与应用	张晶,夏静,罗凯,李勇	石油工业出版社
41	中亚含盐盆地石油地质理论与勘探实践	郑俊章,王震,薛良清,王燕琨	石油工业出版社
42	老油田特高含水期水驱提高采收率技术	宋新民,王凤兰,高兴军,罗凯,杜庆龙	石油工业出版社
43	全球油气地质与资源潜力评价	张光亚,田作基,王红军,温志新,王兆明	石油工业出版社
44	海外砂岩油田高速开发理论与实践	吴向红,赵伦,张祥忠,马凯,王进财	石油工业出版社
45	中国石油科技进展丛书(2006—2015年)——提高采收率	马德胜	石油工业出版社
46	油气藏流体的相态特征(第二版)	张可	石油工业出版社
47	天然裂缝性储层地质分析	刘春,刘占国,荣辉,王俊鹏,赵继龙	石油工业出版社
48	石油资产的收购与剥离(第二版)	王青,李谦,张宁宁,史洺宇	石油工业出版社
49	第十七届石油工业标准化学术论坛论文集	欧阳坚	石油工业出版社
50	被动大陆边缘盆地油气地质特征	温志新,童晓光,王兆明	科学出版社
51	中西非被动裂谷盆地石油地质理论与勘探实践	潘校华,万仑坤,史卜庆	石油工业出版社
52	非常规油气勘探开发	邹才能,王红岩,董大忠,赵群	石油工业出版社
53	北美非常规油气资源经济性分析	高世葵,董大忠	中国经济出版社
54	缝洞型碳酸盐岩气藏动态描述技术	江同文,孙贺东,邓兴梁	石油工业出版社
55	页岩气开发理论与实践(第二辑)	贾爱林,位云生	石油工业出版社
56	致密气勘探开发技术	雷群,贾爱林	石油工业出版社

续表

序号	书名	作者	出版社名称
57	致密气藏提高采收率技术	贾爱林	石油工业出版社
58	澳大利亚西北大陆架石油地质特征	祝厚勤,赵文光,白振华,洪国良,马玉霞	石油工业出版社
59	Microscopic Occurrence Characteristics and Seepage Mechanism of Tight Oil	李海波,郭和坤,杨正明,王学武,沈瑞	Ausasia Scence and Technology Press
60	Petrophysical Characterization and Fluids	周尚文,王红岩	Elsevier
61	Dynamic Description Technology of Fractured Vuggy Carbonate Gas Reservoirs	江同文,孙贺东,邓兴梁	Elsevier
62	Petrophysical Characterization and Fluids Transport in Unconventional Reservoirs	甯波	Elsevier

发表论文

序号	论文题目	期刊杂志名称/会议名称/出版社	作者	被收录情况
1	滑溜水在裂缝性碳酸盐岩体积酸压中的研究与应用	钻井液与完井液;36(4)	段贵府,何春明,才博,张辉,吴刚	
2	钻井液用膨润土评价标准研究	钻井液与完井液;35(6)	王金芬,耿东士,仪晓玲,马君涵,江路明	
3	钻井液处理剂对长宁地区页岩抗压强度的影响研究	钻采工艺;42(3)	晏军,张潇,梁冲,赫安乐,吴波	
4	南海西沙海域天然气水合物识别与分布预测	重庆科技学院学报;21(4)	杨志力,王彬,李丽,李东,张强	
5	中国页岩气资源财税扶持政策对产业发展的影响	中外能源;24(3)	赵群,姜馨淳,杨慎,王南,孙钦平	ISTP
6	微生物驱数值模拟研究进展	中南大学学报(自然科学版);50(6)	修建龙,王天源,崔庆锋,黄立信,马原栋	EI
7	延伸的弹性波阻抗反演在东非始新世深水沉积体系刻画中的应用	中国造船;60(4)	鲁银涛,范国章,杨慧良,史卜庆,冉伟民	EI
8	多次波成像技术在深海油气勘探中的应用	中国造船;60(4)	叶月明,范国章,李林,李立胜	EI
9	鄂尔多斯盆地寒武系张夏组构造岩相古地理与储层发育规律	中国石油学会海相碳酸盐岩储层形成机理与预测方法国际研讨会:北京	周进高	
10	裂缝性有水气藏水侵及开发对策实验研究	中国石油学会第十一届青年学术年会:安徽合肥	徐轩,韩永新,梅青艳,胡勇	
11	层间多次波压制处理技术及其应用	中国石油学会2019年物探技术研讨会:四川成都	戴晓峰,甘利灯,徐右平,杨昊,魏超	ISTP
12	基于广义泊松阻尼因子的流体检测技术与应用	中国石油学会2019年物探技术研讨会:四川成都	王磊,徐中华,雷明,何巍巍	
13	全方位局部角度域偏移成像在山地复杂构造带中的应用	中国石油学会2019年物探技术研讨会:四川成都	臧胜涛,赵玉合,王小卫	
14	转换波叠前时间偏移VTI速度建模研究	中国石油学会2019年物探技术研讨会:四川成都	杨哲	
15	Q层析建模在超深层薄层成像中的应用	中国石油学会2019年物探技术研讨会:四川成都	杨哲	
16	地质构造约束速度建模技术在MTY地区低幅度构造成像中的应用	中国石油学会2019年物探技术研讨会:四川成都	田彦灿,石文武,王国庆,雍运动,徐中华	

续表

序号	论文题目	期刊杂志名称/会议名称/出版社	作者	被收录情况
17	龙马溪组页岩地震岩石物理特征分析	中国石油学会2019年物探技术研讨会：四川成都	徐中华,胡自多,王国庆,蒋春玲,田彦灿	
18	初至自动拾取在地震采集质控中的应用	中国石油学会2019年物探技术研讨会：四川成都	王万里	
19	宽方位地震资料处理技术——以松辽盆地薄储层小断裂成像为例	中国石油学会2019年物探技术研讨会：四川成都	曾华会,苏勤,郐树海,吕磊,孟会杰	
20	束线三维复杂构造成像技术	中国石油学会2019年物探技术研讨会：四川成都	王艳香,胡自多,刘威,韩令贺,苏勤	
21	"双复杂"介质高精度地震成像方法研究与应用	中国石油学会2019年物探技术研讨会：四川成都	肖明图,苏勤,余国祥,蒋永祥,李斐	
22	多信息约束模型层析反演技术研究与应用	中国石油学会2019年物探技术研讨会：四川成都	刘伟明	
23	叠前同时反演储层预测技术应用——以东非鲁伍马盆地Y区块为例	中国石油学会2019年物探技术研讨会：四川成都	曹全斌,左国平,鲁银涛	
24	海洋深水沉积体系描述与储层预测技术	中国石油学会2019年物探技术研讨会：四川成都	左国平,吕福亮,邵大力,丁梁波,马宏霞	
25	海域勘探早期地震反演预测超压	中国石油学会2019年物探技术研讨会：四川成都	张勇刚,王朝锋,王红平,左国平,刘艳红	
26	基于地震旋回体分析的高分辨率处理技术——在四川盆地LG地区的应用	中国石油学会2019年物探技术研讨会：四川成都	史晓辉	
27	塔东火成岩下碳酸盐岩深度偏移速度建模技术	中国石油学会2019年物探技术研讨会：四川成都	吴杰,郐树海,苏勤,杨维,凌越	
28	基于最佳匹配追踪法的规则化方法在中国西北地区的应用与研究	中国石油学会2019年物探技术研讨会：四川成都	凌越,张小美,刘伟明,苏勤,王小卫	
29	OVT域偏移压制多次波的研究与应用	中国石油学会2019年物探技术研讨会：四川成都	凌越,吴杰,杨维,苏勤,王小卫	
30	勘探开发大数据平台构建与应用初探	中国石油石化企业云计算、大数据及信息安全技术应用研讨会：陕西西安	宋梦馨,时付更	
31	水驱油藏层内作用力及对开发效果影响研究	中国石油石化科技与装备创新发展技术交流会：北京	吴桐,李冠林,高子昂,钱其豪,毛小龙	
32	改进的烃源岩生烃潜力模型及关键参数模板	中国石油勘探：24(5)	郭秋麟,米敬奎,王建,李景坤,李永新	
33	中国陆上深层——超深层天然气勘探领域及潜力	中国石油勘探：24(4)	李剑,佘源琦,高阳,杨桂茹,李明鹏	
34	开江—梁平海槽东侧长兴组台缘生物礁发育特征及油气地质勘探意义	中国石油勘探：24(4)	武赛军,魏国齐	
35	库车坳陷北部迪北段致密油气来源与勘探方向	中国石油勘探：24(4)	李谨	

续表

序号	论文题目	期刊杂志名称/会议名称/出版社	作者	被收录情况
36	准噶尔盆地玛湖凹陷侏罗系油气藏特征及勘探潜力	中国石油勘探:24(3)	宋涛,黄福喜,汪少勇,吕维宁	ISTP
37	哈萨克斯坦阿克纠宾长位移水平井段提速实践	中国石油勘探:24(3)	张小宁,石李保	
38	低渗透薄层难动用边际油藏地质工程一体化技术——以滨里海盆地 Zanazour 油田为例	中国石油勘探:24(2)	张合文,崔明月,张宝瑞,赫安乐,晏军	
39	塔中地区志留系柯坪塔格组上3亚段沉积体系类型及分布规律	中国石油勘探:24(1)	曾庆鲁,王力宝,王朝锋,王俊鹏,王平	
40	勘探对标管理指标体系模型研究及应用	中国石油勘探:24(1)	林世国	
41	柴达木盆地英雄岭构造带新近系碎屑岩发育特征及油气勘探方向	中国石油勘探:24(1)	王艳清,刘占国,杨少勇	
42	准噶尔盆地上二叠统风险领域分析与沙湾凹陷战略发现	中国石油勘探:24(1)	徐洋	
43	笔石生物演化与地层年代标定在页岩气勘探开发中的重大意义	中国石油勘探:24(1)	邹才能,龚剑明,王红岩,施振生	
44	四川盆地川西地区雷口坡组岩溶储层特征与分布	中国石油勘探:24(1)	卞从胜,汪泽成,江青春,池英柳,徐兆辉	
45	吉木萨尔凹陷芦草沟组致密油、页岩油地质特征与勘探潜力	中国石油勘探:23(4)	杨智	
46	鄂尔多斯盆地盒8段致密砂岩气储层微观特征及其形成机理	中国石油勘探:23(4)	张春林,李剑	
47	苏里格气田差异化井网加密设计方法——以苏X井区为例	中国石油和化工标准与质量:38(15)	赵昕,郭智,甯波,莫邵元	
48	压裂用瓜豆片含水率和表观黏度检测方法及指标	中国石油和化工标准与质量:38(10)	刘萍,王海燕,管保山,程芳,梁利	
49	国内外油田注入水质指标优化研究	中国石油和化工标准与质量:38(1)	魏亮,蒋伟娜,苏海洋	
50	油气田在线腐蚀检测装置的设计与应用	中国石油工程监督:53	朱培珂,李令东,闫伟,王胜启,段保平	
51	新疆七中区聚合物注入性能研究	中国石油第八届化学驱提高采收率技术年会:山东青岛	刘卫东,李杰瑞,孙灵辉,丛苏男,杨烨	
52	可控溶胀时间聚合物调驱剂的研发	中国石油第八届化学驱提高采收率技术年会:山东青岛	薛俊杰,侯庆锋,魏发林,孙建峰,刘强	
53	N-长链烷基-N,N-二甲基乙脒的温度响应性能研究	中国石油第八届化学驱提高采收率技术年会:山东青岛	侯庆锋,王源源,郑晓波	
54	耐高温、高矿化度油藏深部液流转向调驱剂研究	中国石油第八届化学驱提高采收率技术年会:山东青岛	刘平德,魏发林,李伟涛	

续表

序号	论文题目	期刊杂志名称/会议名称/出版社	作者	被收录情况
55	新聚合物驱技术理论探索与实践	中国石油第八届化学驱提高采收率技术年会:山东青岛	吴行才	
56	强发泡高稳定泡沫驱油体系耐油稳定机制研究	中国石油第八届化学驱提高采收率技术年会:山东青岛	罗文利	
57	两相滴定法测定水基泡沫用起泡剂YFP286含量影响因素研究	中国石油第八届化学驱提高采收率技术年会:山东青岛	邹新源	
58	长庆油田耿271长8油藏低成本泡沫驱油体系研究	中国石油第八届化学驱提高采收率技术年会:山东青岛	黄丽	
59	甜菜碱与双链阴离子表面活性剂协同增效机制研究	中国石油第八届化学驱提高采收率技术年会:山东青岛	韩璐	
60	中高渗砂砾岩油藏二元复配体系性能评价与应用——以克拉玛依油田八区530井区八道湾组油藏为例	中国石油第八届化学驱提高采收率技术年会:山东青岛	桑国强	
61	高通量测序技术分析吉林油田低温高凝油区块微生物多样性	中国石油第八届化学驱提高采收率技术年会:山东青岛	许颖	
62	准噶尔盆地中拐地区上乌尔禾组储集层绿泥石膜成因及其对储集层物性的影响	中国石油大学学报(自然科学版):43(6)	单祥,郭华军,徐洋	EI
63	川西北地区ST3井泥盆系油气地球化学特征及来源	中国石油大学学报(自然科学版):43(4)	魏国齐,董才源,谢增业,李剑,国建英	EI
64	曲流河点坝储层构型表征与剩余油分布模式	中国石油大学学报(自然科学版):43(3)	王珏,高兴军,周新茂	EI
65	柴北缘全吉地区晚震旦世冰川沉积特征及地质意义	中国石油大学学报(自然科学版):43(3)	马帅,周兆华,陈世悦,贾贝贝,孙娇鹏	EI
66	湖相叠层石生排烃模拟及微生物碳酸盐岩生烃潜力	中国石油大学学报(自然科学版):43(1)	佘敏,胡安平,王鑫,付小东,王艳清	EI
67	基于PSR模型的中国石油安全评价研究	中国能源:41(6)	梁坤,张国生,孟昊,郑婧,苏健	
68	中石油天然气未开发储量分类评价及潜力分析	中国能源:41(3)	罗娜,王丽娟,何东博	
69	五峰组—龙马溪组页岩地化特征及沉积环境——以四川盆地西南缘为例	中国矿业大学学报:48(6)	拜文华	EI
70	高原咸化湖盆晚期构造高丰度油藏形成机制——以柴达木盆地英东地区为例	中国矿业大学学报:48(5)	石亚军,薛建勤,马新民	EI
71	湖盆凹陷区砂质碎屑流沉积特征与模式——以准噶尔盆盆1井西凹陷侏罗系三工河组为例	中国矿业大学学报:48(4)	厚刚福,宋明星	EI

序号	论文题目	期刊杂志名称/会议名称/出版社	作者	被收录情况
72	川中合川气田须二段致密砂岩储层甜点研究	中国矿业大学学报:48(4)	张满郎,谷江锐,孔凡志	EI
73	海相页岩有效产气储层特征——以四川盆地五峰组—龙马溪组页岩为例	中国矿业大学学报:48(2)	雷丹凤,李熙喆,位云生,邱振,卢斌	EI
74	盆缘凹陷区甜点储层主控因素与源下成藏模式——以柴达木盆地扎哈泉地区渐新统为例	中国矿业大学学报:48(1)	倪祥龙	
75	英西湖相碳酸盐岩储层成因与含油性分析	中国矿业大学学报:48(1)	王建功	
76	准噶尔盆地东部地区天然气地化特征与成因来源	中国矿业大学学报:48(1)	龚德瑜	EI
77	砂砾岩油藏储层非均质性及对剩余油分布影响——以柴达木盆地昆北油田切12区为例	中国矿业大学学报:48(1)	宫清顺,刘占国,庞旭	EI
78	国际油价基本面因素的新变化及走势展望	中国矿业:28(2)	周波,冉启全,冯金德,徐鹏,王东辉	
79	国际石油合同比较方法分析	中国矿业:28(9)	孙杜芬,李祖欣,刘申奥艺,张晋	
80	沁水盆地煤层气资源潜力及开发利用前景	中国矿业:28(7)	刘思彤,庚勐	
81	不灌浆条件下的最大安全起钻高度计算	中国矿业:28(5)	聂臻,梁奇敏,游子卫	
82	基于扭矩的安全钻进控制	中国矿业:28(5)	梁奇敏,李剑,聂臻,游子卫	
83	油价回升后国际石油公司战略动向	中国矿业:28(2)	安琪儿,曲德斌,吴梅	
84	油气行业弃置费支付模式及案例分析	中国矿业:28(10)	李嘉,彭云,徐海东,梁涛,韩杰	
85	油价触底回升后我国石油公司上游业务发展对策和建议	中国矿业:28(1)	曲德斌,安琪儿,诸鸣	
86	启动压力梯度对致密油藏水平井裂缝参数的影响	中国矿业:28(5)	林旺,范洪富,车树芹,王少军,闫林	
87	北京西郊寒武系第二统昌平组核形石特征及成因	中国矿物岩石地球化学学会第17届学术年会:杭州	白莹	
88	泥页岩生储油潜力及页岩油经济性评价	中国矿物岩石地球化学学会第17届学术年会:杭州	王兆云	
89	微生物碳酸盐岩生烃生酸模拟实验及地质意义	中国矿物岩石地球化学学会第17届学术年会:杭州	佘敏,沈安江,王鑫,陈薇	
90	火山喷发间歇期的微生物碳酸盐岩沉积特征——以浙江象山下白垩统石浦组为例	中国矿物岩石地球化学学会第17届学术年会:杭州	王小芳,谭秀成,张哨楠,沈安江,王鑫	

续表

序号	论文题目	期刊杂志名称/会议名称/出版社	作者	被收录情况
91	复杂构造区富有机质页岩含气量影响因素分析——以昭通示范区A井为例	中国矿物岩石地球化学学会第17届学术年会:杭州	贺训云,熊绍云,吴敬武	
92	塔里木盆地下寒武统肖尔布拉克组微生物岩特征及成储意义	中国矿物岩石地球化学学会第17届学术年会:杭州	郑剑锋,潘文庆,黄理力	
93	微生物白云岩典型沉积组构序列及储层发育特征——以塔里木盆地下寒武统为例	中国矿物岩石地球化学学会第17届学术年会:杭州	黄理力,郑剑锋,潘文庆,袁文芳,倪新锋	
94	海陆相叠层石碳酸盐岩沉积特征对比及其石油地质意义	中国矿物岩石地球化学学会第17届学术年会:杭州	吴因业,冯荣昌,方向,袁苗,吕佳蕾	
95	渤海湾盆地晚中生代构造地层划分及对比:对燕山运动的启示	中国科学:地球科学:50(1)	朱吉昌,冯有良	ISTP
96	中国元古宇烃源岩成烃特征及勘探前景	中国科学:地球科学:49(6)	赵文智,王晓梅,胡素云,张水昌,王华建	SCI
97	原油易挥发组分对后期裂解中金刚烷演化特征的影响	中国科学:地球科学:49(10)	房忱琛	SCI
98	一种基于模糊聚类的毛管力曲线分类方法	中国科技论文在线精品论文:2019(5)	林旺,范洪富,陈福利,王少军,闫林	
99	页岩油藏应力敏感实验研究	中国科技论文:2019	李海波,郭和坤,杨正明,高铁宁,戴仪心	
100	炼化企业成本管理的决策意义研究	中国管理信息化:22(7)	王春河,李第	
101	复配纳米催化剂在稠油降黏中的应用及其机理	中国粉体技术:26(1)	黄佳	
102	圭亚那盆地深水油气地质特征及勘探前景	中国地质学会2019年学术年会:昆明	闫春,王红平,王雪峰,曹全斌,刘艳红	
103	火山岩储层FESEM微纳米孔隙表征与成因研究——以四川盆地永探1井为例	中国地质学会2019年学术年会:昆明	陈薇,秦玉娟,胡圆圆	
104	塔里木盆地柯坪地区肖尔布拉克组储层特征研究	中国地质学会2019年学术年会:昆明	胡圆圆,胡再元,王莹	
105	方解石LA-ICP-MS U-Pb定年	中国地质学会2019年学术年会:昆明	梁峰	
106	电感耦合等离子质谱外标定量校准方法	中国地质学会2019年学术年会:昆明	罗宪婴	
107	碳酸盐岩埋藏溶蚀孔洞分布规律与预测——以四川盆地龙王庙组为例	中国地质学会2019年学术年会:昆明	佘敏,沈安江,乔占峰,胡安平,吕玉珍	
108	受火山活动影响的微生物碳酸盐岩的宏微观特征	中国地质学会2019年学术年会:昆明	王小芳,谭秀成,张哨楠,沈安江,王鑫	
109	基于核主成分分析技术页岩气地质甜点预测方法及应用	中国地质学会2019年学术年会:昆明	鲁慧丽,常少英,徐政语	
110	黔南坳陷下石炭统页岩气成藏特征与勘探前景	中国地质学会2019年学术年会:昆明	武金云,徐政语,徐云俊	

续表

序号	论文题目	期刊杂志名称/会议名称/出版社	作者	被收录情况
111	塔里木盆地下寒武统玉尔吐斯组烃源岩分布及特征	中国地质学会2019年学术年会:昆明	武金云,贺训云,倪新峰,黄理力	
112	洛旺向斜浅层页岩气成藏地质条件分析	中国地质学会2019年学术年会:昆明	徐云俊,徐政语,王鹏万	
113	昭通示范区浅层页岩气勘探突破的意义——以太阳—大寨背斜区为例	中国地质学会2019年学术年会:昆明	徐政语	
114	昭通示范区页岩变形特征及页岩气保存条件	中国地质学会2019年学术年会:昆明	徐政语,鲁慧丽	
115	昭通示范区页岩气富集高产的主控因素	中国地质学会2019年学术年会:昆明	王鹏万,黄羚,李娴静,贾丹	
116	埋藏溶蚀可明显改造深层碳酸盐岩储层:高温高压溶蚀模拟实验证据	中国地质学会2019年学术年会:昆明	贺训云,沈安江,佘敏	
117	塔东古城地区奥陶系鹰山组三段白云岩特征及孔隙成因	中国地质学会2019年学术年会:昆明	朱茂	
118	塔里木盆地寒武系岩溶型白云岩储层特征及成因分析	中国地质学会2019年学术年会:昆明	黄理力	
119	孟加拉湾东北部缅甸若开海域深水生物气成藏条件及油气勘探方向	中国地质学会2019年学术年会:昆明	丁梁波,张颖,邵大力,马宏霞,王雪峰	
120	安岳气田震旦系气藏叠合岩溶储层发育模式与主控因素	中国地质学会2019年学术年会:昆明	闫海军,夏钦禹	
121	深层-超深层砂岩储层成岩响应及其对储层孔隙度的制约	中国地质学会2019年学术年会:昆明	刘春	
122	鄂尔多斯盆地中东部奥陶系风化壳岩溶储层孔隙充填组合类型及分布规律	中国地质学会2019年学术年会:昆明	于洲	
123	含浊沸石砂砾岩储层定量预测及潜在油气富集区优选	中国地质学会2019年学术年会:昆明	孟祥超,陈扬,郭华军,窦洋	
124	四川盆地灯影组微生物岩测井识别方法及分布规律	中国地质学会2019年学术年会:昆明	冯庆付	
125	川东地区晚古生代奉节古隆起特征及其天然气勘探意义	中国地质学会2019年学术年会:昆明	杨荣军	
126	川中—川西印支期不同构造区岩溶地质差异	中国地质学会2019年学术年会:昆明	辛勇光,田瀚,张豪	
127	面向碳酸盐岩缝洞体系储层准确定位的随钻处理技术	2019年油气地球物理学术年会:南京	王靖,刘伟明,肖明图	ISTP
128	遥感多光谱、自然电位和化探综合油气探测技术在长庆西缘冲断带油气检测中的应用	中国地球科学联合学术年会2019:北京	于世勇,张友焱,文百红,杨辉	
129	基于岩石物理模板的非均质储层流体因子构建方法及应用	中国地球科学联合学术年会2019:北京	蔡生娟,李红兵,潘豪杰	

续表

序号	论文题目	期刊杂志名称/会议名称/出版社	作者	被收录情况
130	基于三维岩石物理模板的碳酸盐岩气藏检测方法	中国地球科学联合学术年会2019:北京	蔡生娟,李红兵,潘豪杰	
131	油化剂产品标准制定需求分析	中国标准化:2019(6)(上)	肖啸,侯勇,刘长跃,杨涵舒	
132	车载石油装备设计规范研究	中国标准化:2019(12)(上)	陈俊峰,张玉,聂红芳	
133	浅谈油气企业技术陈国标准有形化问题	中国标准化:2018(12)	刁海燕,王玉英	
134	边底水油藏水驱规律在转注调整中的应用	中高含水油气田开发技术研讨会:北京	刘剑,齐梅,李云波	
135	中高含水低压油藏举升效率优化及气举接替技术——以哈萨克斯坦R油田为例	中高含水油气田开发技术研讨会:北京	邹洪岚,王青华,杨军征,齐丹	
136	致密砂岩气藏地震处理技术与应用	长江大学学报(自然科学版):16(8)	许建权,刘秋良,王宝江,边冬辉,周齐刚	
137	中东地区大型生屑灰岩油藏地震数据采集脚印压制方法	长江大学学报(自然科学版):16(7)	林腾飞,王雪玲,张庆春	
138	致密储层纳米流度改性剂的微流控模拟评价	油田化学:36(2)	耿向飞	
139	天然气输送联动联锁安全控制研究应用	油气田环境保护:29(3)	张昀,赵昕	
140	致密油藏压裂水平井Blasingame曲线分析	油气地质与采收率:26(6)	林旺,范洪富,王少军,闫林,陈福利	
141	致密油藏分段多簇压裂水平井复杂缝网表征及产能分析	油气地质与采收率:26(5)	徐加祥,丁云宏,杨立峰,高睿,刘哲	
142	盐穴地下储气库的建设与运行特征	油气储运:38(7)	冉莉娜,郑得文,罗天宝,完颜祺琪,垢艳侠	
143	中亚—里海地区油气管道战略前景及对中国能源安全的影响	油气储运:2019.1	史洺宇,齐梅,易成高,陈荣	
144	低渗透油藏混相气驱生产气油比预测	油气藏评价与开发:9(3)	王高峰	
145	化学剂浓度对大庆油田乳状液稳定性的影响	应用化工:48(9)	孙灵辉,赵红运,刘卫东,萧汉敏,丛苏男	
146	复合离子聚合物调驱体系研究与应用进展	应用化工:49(1)	刘卫东,贾瑞轩,孙灵辉,丛苏男,李杰瑞	
147	微晶结构对碳酸盐岩地震弹性与储层物性特征变化规律的影响	应用地球物理:16(4)	潘建国,李闯,王宏斌,赵建国	SCI
148	集成一体化传感器技术及窄带低功耗传输技术在油气生产物联网建设中的应用	仪器仪表用户:2019(7)	李群	
149	盐穴储气库残渣空间利用实验研究	盐科学与化工:48(11)	郑雅丽,邱小松,丁国生,赵艳杰,张敏	
150	盐穴储气库不同类型盐岩溶蚀特性实验研究	盐科学与化工:281	张敏,朱华银,武志德,石磊	

序号	论文题目	期刊杂志名称/会议名称/出版社	作者	被收录情况
151	致密砂岩气藏可动流体分布特征及其控制因素——以苏里格气田西区盒8段与山1段为例	岩性油气藏:31(6)	柳娜,周兆华	
152	澳大利亚M区块低煤阶煤层气井产能主控因素及合理开发方式	岩性油气藏:31(5)	苏朋辉,夏朝辉,刘玲莉,段利江,王建俊	
153	粗粒沉积次生孔隙发育模式-以准噶尔盆地西北缘二叠系夏子街组为例	岩性油气藏:31(5)	马永平	
154	通道压裂支撑剂嵌入幂率模型的建立与分析	岩性油气藏:31(5)	许国庆,石阳,江昀,杨贤友	
155	柴达木盆地西南地区基底断裂的控藏作用与有利区带	岩性油气藏:31(4)	倪祥龙,王建功,郭佳佳,杜斌山,易定红	
156	测井约束下高精度叠前地震速度预测	岩性油气藏:31(4)	杜斌山,雍学善,王建功,倪祥龙	
157	致密砂岩气藏黏土矿物特征及其对储层性质的影响——以鄂尔多斯盆地苏里格气田为例	岩性油气藏:31(4)	任大忠,周兆华	
158	柴达木盆地英西地区E32碳酸盐岩沉积演化特征	岩性油气藏:31(2)	易定红,王建功,石兰亭,王鹏,陈娟	
159	基于地震波形指示反演的砂砾岩储层预测	岩性油气藏:31(2)	李亚哲,王力宝,郭华军,单祥,邹志文	
160	加权MPFI方法及其在三维连片处理中的应用	岩性油气藏:31(1)	徐兴荣	
161	玛湖地区三叠系克拉玛依组浅水辫状河三角洲沉积特征	岩性油气藏:31(1)	杨帆,曹正林,卫延召	
162	四川盆地磨溪地区灯四上亚段风化壳岩溶储层特征	岩性油气藏:31(6)	杨帆,刘立峰,冉启全,孔金平,黄苏琦	
163	基于非达西流动的自支撑剪切裂缝导流能力实验研究	岩土力学:40(s1)	修乃岭,严玉忠,胥云,王欣,管保山	EI
164	考虑滑脱效应的低阶煤动态渗透率预测新模型	岩土力学:40(11)	东振	EI
165	中东地区阿普特阶Shuaiba组碳酸盐岩沉积体系特征及模式探究	岩石学报:35(4)	罗贝维,张庆春,段海岗,吕明胜,贾民强	SCI
166	非洲Muglad多旋回陆内被动裂谷盆地演化及其控油气作用	岩石学报:35(4)	张光亚,黄彤飞,刘计国,余朝华,赵岩	SCI
167	中东扎格罗斯盆地:沿走向变化的构造及油气特征	岩石学报:35(4)	刘小兵,温志新,贺正军,王兆明,李曰俊	SCI
168	中非Muglad盆地Sufyan凹陷现今地层残余结构特征与成因	岩石学报:35(4)	黄彤飞,张光亚	SCI

续表

序号	论文题目	期刊杂志名称/会议名称/出版社	作者	被收录情况
169	尼日尔 Termit 盆地白垩系储层岩石学特征及控制因素分析	岩石学报:35(4)	毛凤军,刘邦,刘计国,姜虹,袁圣强	SCI
170	Muglad 盆地 Sufyan 凹陷下白垩统 AG 组 2 段沉积特征与成因模式	岩石学报:35(4)	袁圣强	
171	乍得 Bongor 盆地基岩潜山储层特征与影响因素研究	岩石学报:35(4)	余朝华	SCI
172	基于原位多元素成像分析龙马溪组笔石成因及地质意义	岩矿测试:38(3)	竺成林,王华建,叶云涛,王晓梅,黄家旋	
173	一种基于服务化技术的办公软件开发平台设计与实现	信息系统工程:2019(8)	李昆颖,李效恋,时迎,帅训波	
174	机房专用空调冷凝系统常见故障分析与处理	信息系统工程:2019(8)	张谦,李长春,乔蕴林	
175	基于机器学习的油田产量预测的方法比较	信息系统工程:2019(8)	林霞,武博宇	
176	基于 TestNG 的批量单元测试	信息系统工程:2019(7)	林霞	
177	SVM 参数优化及其在储集层评价中的应用研究	信息系统工程:2019(7)	任义丽,米兰,冯周	
178	人工模拟环境物联设备互联互通检测试验方法研究	信息系统工程:2019(6)	付占宝,罗洪武,王成	
179	企业内部智能客服系统的研究与设计	信息系统工程:2019(6)	李昆颖,乔德新,李效恋,李琴	
180	基于机器学习的储集层含油气性评价	信息系统工程:2019(6)	任义丽,周相广	
181	卷积神经网络过拟合问题研究	信息系统工程:2019(5)	任义丽,罗路	
182	工业控制网络安全探究	信息系统工程:2019(4)	柏东明,曾丽花	
183	当前网络威胁情报分类和实用性研究	信息系统工程:2019(4)	陈曦,冯梅,李青	
184	基于物联网的油气生产管理系统的设计与实现	信息系统工程:2019(12)	蔡凤翔	
185	地震地质协同工作云平台 IP 地址转换研究	信息系统工程:2019(12)	蔡长宁,刘树仁,穆斌	
186	高性能集群 BIOS 自动配置研究	信息系统工程:2019(12)	朱启伟,李书平,王西林	
187	基于机器学习的产油量主控因素分析	信息系统工程:2019(12)	林霞,刘宗尚,高宇,武博宇	
188	数据中心专用温湿度计	信息系统工程:2019(12)	王卫国,马瑞,孙长虹,王贤	
189	人工智能技术下的企业数据中心监控系统发展趋势分析	信息系统工程:2019(11)	郭晓东,姚建强	
190	基于 hadoop 技术的油田大数据应用浅析	信息系统工程:2019(10)	高寒,姚刚	
191	基于 Jenkins 及 Ansible 的持续集成交付方案设计	信息系统工程:2019(10)	王亦然	

续表

序号	论文题目	期刊杂志名称/会议名称/出版社	作者	被收录情况
192	一种精细古地貌恢复方法以塔中西部下奥陶统碳酸盐岩潜山为例	新疆石油天然气:15(1)	龚洪林,姚清洲	
193	水系与构造复合作用下的冲积扇沉积演化——以南天山山前黄水沟冲积扇为例	新疆石油地质:40(6)	高志勇,石雨昕,冯佳睿,周川闽,翟羿程	
194	库车坳陷东部下侏罗统煤系地层碎屑岩中长石溶蚀对储集层物性的影响	新疆石油地质:40(6)	伍劲,王波,朱超	
195	柴达木盆地扎哈泉地区致密油有效烃源岩识别与预测	新疆石油地质:40(5)	田明智,刘占国,宋光永	
196	陆相致密油藏差异化含油控制因素及分布模式	新疆石油地质:40(3)	闫林,袁大伟,陈福利,高阳,王少军	
197	原油降解菌苍白杆菌属的性能及菌株筛选	新疆石油地质:40(2)	俞理,徐兵,马原栋,黄立信,刘彬	
198	库车坳陷克拉苏构造带白垩系储集层多期溶蚀物理模拟	新疆石油地质:40(1)	张荣虎	
199	多层泥岩滑脱构造变形机制、构造建模与构造样式	新疆前陆盆地深层大构造地质理论与勘探技术研讨会:克拉玛依	王彦君	
200	准噶尔盆地南缘早侏罗世盆地原型及油气地质意义	新疆地质:2019(4)	魏彩茹,王彦君,李忠春,马德龙	
201	新型低张力泡沫驱油体系性能研究	现代化工:39(4)	郭东红,李睿博,孙建峰,崔晓东	
202	北京西郊丁家滩剖面寒武系第二统昌平组核形石特征及成因	现代地质:33(3)	白莹	
203	鄂尔多斯盆地南缘上二叠统—中下三叠统地球化学特征及其古气候、古环境指示意义	现代地质:33(3)	谭聪,袁选俊,于炳松,刘策,李雯	
204	论能源革命与科技使命	西南石油大学学报(自然科学版):9(3)	邹才能,潘松圻	
205	咸化湖盆过渡相组沉积控储作用浅析	西南石油大学学报(自然科学版):41(4)	夏志远,李森明,庞皓	ISTP
206	神木气田低渗致密储层特征与水平井开发评价	西南石油大学学报(自然科学版):41(3)	王国亭,孙建伟,黄锦袖,韩江晨,朱玉杰	
207	英买X1白云岩油藏非均质性定量表征及建模研究	西南石油大学学报(自然科学版):41(1)	曹鹏,戴传瑞,张超,常少英,刘江丽	
208	注气驱油技术发展应用及海上油田启示	西南石油大学学报(自然科学版):41(1)	冯高城,胡云鹏	
209	沉积条件和埋藏过程对深层地层超压的影响	西北地质:52(1)	张凤奇,鲁雪松,钟红利	
210	准噶尔盆地环玛湖地区三叠系层序地层发育特征及充填模式	西安石油大学学报(自然科学版):34(s1)	杨帆,瞿建华,曹正林,卫延召,王瑞菊	

续表

序号	论文题目	期刊杂志名称/会议名称/出版社	作者	被收录情况
211	低渗低黏油藏 CO_2 气水交替注入主控因素分析	西安石油大学学报(自然科学版):34(4)	董江艳,吴淑红,邢国强	
212	基于对时变子波进行分频段处理的反褶积方法在薄层预测中的应用	物探化探计算技术:41(5)	黄林军,郭欣,刘力辉,张寒	
213	巴西桑托斯盆地S油田火成岩地震预测	物探化探计算技术:40(5)	王朝锋,王红平,邵大力,张勇刚,李东	
214	油气生产物联网生产管理子系统的设计与实现	物联网技术:2019(10)	蔡凤翔	
215	基于实证分析的钻井米成本预测模型研究	统计学与应用:8(2)	陈荣,罗彩珍	
216	页岩气开采模拟实验方法研究	天然气与石油:37(2)	端祥刚,胡志明,彭辉,李武广,常进	
217	阿姆河右岸扬恰地区碳酸盐岩气田富集高产因素	天然气勘探与开发:42(1)	张良杰,王红军,蒋凌志,冷有恒,刘荣和	
218	页岩气藏三重介质渗流机理数值模拟	天然气开发技术:太原	李宁,闫林,李莉,袁大伟	
219	注采条件下地下储气库盖层密封性研究	天然气技术与经济:13(s1)	武志德,陈家文,张敏,孟芳	
220	中国天然气供需形势分析及发展建议	天然气技术与经济:13(6)	佘源琦,王小勇,高阳,李明鹏,杨慎	
221	安岳气田灯影组内幕优质储层的重新认识与意义	天然气工业:39(9)	戴晓峰,杜本强,张明,李军,唐廷科	EI
222	碳酸盐岩岩溶储层多井评价方法及地质应用	天然气工业:39(9)	冯庆付,江青春	EI
223	抑制我国天然气对外依存度过快增长的对策与建议	天然气工业:39(8)	陆家亮,唐红君,孙玉平	EI
224	致密砂岩气藏井网密度优化与采收率评价新方法	天然气工业:39(8)	高树生,刘华勋,叶礼友,温志杰,朱文卿	EI
225	四川盆地荷包场地区二叠系岩溶储层地球物理特征与分布预测	天然气工业:39(7)	陈晓月,李建忠,江青春,黄士鹏	EI
226	覆压水化作用对页岩水力压裂缝扩展的影响	天然气工业:39(6)	王欣,李德旗,姜伟,卢海兵,易新斌	EI
227	页岩气压裂水平井控压生产动态预测模型及其应用	天然气工业:39(6)	贾爱林,位云生,刘成,王军磊,齐亚东	EI
228	四川盆地大气田分布、主控因素与勘探方向	天然气工业:39(6)	魏国齐,杨威,刘满仓	EI
229	鄂尔多斯盆地西缘克里摩里组白云岩储层特征及成因	天然气工业:39(6)	吴东旭,孙六一,周进高,吴兴宁,黄正良	EI
230	盐穴地下储气库选址与评价新技术	天然气工业:39(6)	郑雅丽,完颜祺琪,邱小松,垢艳侠,冉莉娜	EI

续表

序号	论文题目	期刊杂志名称/会议名称/出版社	作者	被收录情况
231	塔里木盆地秋里塔格构造带深部碎屑岩储层特征及控制因素	天然气工业:39(4)	陈戈,赵继龙,杨宪彰,刘春,邓毅	EI
232	塔里木盆地中秋1凝析气藏成藏条件及演化过程	天然气工业:39(4)	刘春,徐振平,陈戈,邓毅,王俊鹏	EI
233	对中国页岩气压裂工程技术发展和工程管理的思考与建议	天然气工业:39(4)	刘合,孟思炜	EI
234	基于幂函数形式物质平衡方法的高压、超高压气藏储量评价	天然气工业:39(3)	孙贺东,王宏宇,朱松柏,聂海峰,刘杨	EI
235	塔里木盆地西北部中下寒武统混积岩沉积特征	天然气工业:39(12)	徐安娜,白莹,刘伟,赵振宇	EI
236	四川盆地下志留统龙马溪组结核体发育特征及沉积环境意义	天然气工业:39(10)	王玉满,李新景	EI
237	四川盆地南缘昭通页岩气示范区构造变形特征及页岩气保存条件	天然气工业:39(10)	徐政语,鲁慧丽	EI
238	对中国页岩气压裂工程技术发展和工程管理思考与建议	天然气工业:39(1)	刘合,孟思炜,苏健,张广明,陈琳	EI
239	人工制氢及氢工业在我国"能源自主"中的战略地位	天然气工业:39(1)	张福东	
240	四川盆地威远区块典型平台页岩气水平井动态特征及开发建议	天然气工业:39(1)	位云生,齐亚东,贾成业,金亦秋,袁贺	EI
241	四川盆地川中古隆起及周缘下寒武统筇竹寺组页岩有机质石墨化区预测	天然气工业:38(10)	姜珊,王玉满	EI
242	四川盆地五峰组—龙马溪组页岩脆性评价与"甜点层"预测	天然气工业:36(9)	张晨晨,王玉满	EI
243	基于孔隙结构控制的致密砂岩可动流体评价——以鄂尔多斯盆地华庆地区上三叠统长6致密砂岩为例	天然气地质学:30(8)	吴松涛,林士尧,晁代君,翟秀芬,王晓瑞	EI
244	层序演化对三角洲—滩坝沉积体系有利储层类型与分布的控制作用	天然气地球科学:30(9)	张天舒,陶士振,吴因业,杨家静,庞正炼	ISTP
245	基于四参数随机生长模型的页岩储层应力敏感分析	天然气地球科学:30(9)	徐加祥,杨立峰,丁云宏,刘哲,高睿	
246	鄂尔多斯盆地东部奥陶系盐下古地貌恢复及其对滩体的控制作用	天然气地球科学:30(9)	张春林,李剑	
247	三维地质建模在页岩气甜点定量表征中的应用	天然气地球科学:30(9)	张磊夫,董大忠,孙莎莎,于荣泽	EI
248	四川盆地侏罗系大安寨段致密油多尺度差异化富集及主控因素	天然气地球科学:30(9)	庞正炼,陶士振	

续表

序号	论文题目	期刊杂志名称/会议名称/出版社	作者	被收录情况
249	砂质辫状河隔夹层成因及分布控制因素分析——以苏里格气田盒8段为例	天然气地球科学:30(9)	罗超,郭建林,李易隆,冀光	
250	中国陆相致密油富集规律及勘探开发关键技术研究进展	天然气地球科学:30(8)	胡素云,陶士振	SCI
251	中国重点盆地致密油资源分级评价标准及勘探潜力	天然气地球科学:30(8)	方向	
252	湖相碳酸盐岩-混积岩储层有利相带分析——以柴达木盆地古近系为例	天然气地球科学:30(8)	吴因业,吕佳蕾,方向,杨智,王岚	EI
253	渤海湾断陷湖盆页岩油富集控制因素及勘探潜力	天然气地球科学:30(8)	刘海涛	
254	次生生物甲烷与生物降解作用的判识——以准噶尔盆地腹部陆梁油气田为例	天然气地球科学:30(7)	龚德瑜	
255	库车前陆盆地东西部油气成藏过程差异性分析——以吐北1和迪那2构造为例	天然气地球科学:30(7)	吴海,严少怀,赵孟军	
256	坳陷湖盆烃源岩发育样式及其对石油聚集的控制——以鄂尔多斯盆地三叠系延长组长7油层组为例	天然气地球科学:30(7)	崔景伟,朱如凯,李森,齐亚林,时晓章	
257	准噶尔盆地阜东地区石炭系松喀尔苏组烃源岩评价及气源对比	天然气地球科学:30(7)	杨帆,宋勇,陈洪,龚德瑜	
258	塔里木盆地柯坪—巴楚地区肖尔布拉克组储层特征与主控因素	天然气地球科学:30(6)	王珊	
259	渤海湾盆地天然气成因类型与勘探潜力分析	天然气地球科学:30(6)	赵长毅,李永新,王居峰,刘海涛	
260	川中地区须家河组天然气氢同位素特征及其对水体咸化的指示意义	天然气地球科学:30(6)	倪云燕,廖凤蓉,姚立邈,高金亮	
261	世界巨型气田分布特征及其启示	天然气地球科学:30(6)	廖凤蓉,洪峰	
262	四川盆地中部地区海相储层煤成气来源	天然气地球科学:30(6)	秦胜飞,白斌	
263	塔里木盆地英吉苏凹陷煤成气前景良好	天然气地球科学:30(6)	戴金星,洪峰,倪云燕,廖凤蓉	
264	准噶尔盆地陆梁隆起东部滴北凸起天然气成因来源再认识	天然气地球科学:30(6)	卫延召,宋志华,奇瑞,王伟,龚德瑜	
265	中国西北地区侏罗系煤成气地球化学特征与勘探潜力	天然气地球科学:30(6)	李剑	
266	塔里木盆地库车坳陷深层大气田气水分布与开发对策	天然气地球科学:30(6)	贾爱林,唐海发,韩永新,吕志凯,刘群明	
267	致密砂岩气藏多段压裂水平井优化部署	天然气地球科学:30(6)	位云生,贾爱林,郭智,孟德伟,王国亭	
268	基于支持向量机模型的烃源岩有机碳含量预测	天然气地球科学:30(5)	张成龙,陶士振,白斌	SCI

续表

序号	论文题目	期刊杂志名称/会议名称/出版社	作者	被收录情况
269	新时期我国天然气勘探形势及战略思考	天然气地球科学;30(5)	佘源琦,高阳,杨桂茹,李剑,李君	
270	碳酸盐岩缝合线研究现状及其油气开发的意义	天然气地球科学;30(4)	李长海,赵伦,李伟强,李建新,丁宇韬	
271	盖层厚度对天然气封闭能力的实验分析	天然气地球科学;30(3)	林潼	
272	源外远源油气藏的内涵和特征——以准噶尔盆地盆1井西富烃凹陷为例	天然气地球科学;30(3)	潘建国,黄林军	
273	鄂尔多斯盆地天环地区盒8段致密砂岩岩石矿物特征及其对储层质量的影响	天然气地球科学;30(2)	高阳,王志章,易世威,佘源琦,林世国	
274	页岩气储层迂曲微裂缝二维重构及多点起裂分析	天然气地球科学;30(2)	徐加祥,丁云宏,杨立峰,刘哲,陈挺	
275	烃源岩前处理过程对金刚烷类化合物定量分析的影响	天然气地球科学;30(2)	翟佳,房忱琛,胡国艺,黄凌,刘红缨	
276	塔里木盆地下寒武统烃源岩分布	天然气地球科学;30(11)	闫磊,朱光有	
277	渤海湾盆地歧口凹陷南部高斜坡馆陶组不整合面及其油气成藏特征	天然气地球科学;30(10)	张洪,赵贤正,王居峰,刘海涛,姜文亚	ISTP
278	致密砂岩气藏产水机理及其对渗流能力的影响	天然气地球科学;30(10)	高树生,张杰,李熙喆,叶礼友,刘华勋	
279	裂缝性边水气藏水侵机理及治水对策实验	天然气地球科学;30(10)	徐轩,万玉金,陈颖丽	
280	塔里木盆地哈拉哈塘地区东河砂岩段成岩作用及对孔渗影响	天然气地球科学;30(1)	陈秀艳,贾进华,崔文娟,张立平,周波	
281	基于Arps产量递减模型的页岩损失气量计算方法	天然气地球科学;30(1)	周尚文,王红岩,刘浩,郭伟,陈浩	EI
282	松辽盆地齐家—古龙凹陷青山口组黑色页岩岩相类型与沉积环境研究	天然气地球科学;30(8)	王岚	
283	塔里木盆地库车坳陷北部构造带中东段中下侏罗统砂体特征及油气勘探意义	天然气地球科学;30(9)	张荣虎,余朝丰,杨钊,伍劲	
284	塔里木盆地哈拉哈塘地区二叠系火成岩体对下伏地层地震成像影响	天然气地球科学;29(12)	孙东,石小茜,王振卿,陈利新,王靖	
285	页岩油气储层测井评价技术及应用	天然气地球科学;26(5)	李霞	
286	水驱特征曲线在低渗透油藏开发中的应用	特种油气藏;26(6)	王柏力,冯乔,江海英,孙秋分,戴传瑞	
287	页岩气与煤层气开发特征模拟实验研究	特种油气藏;26(4)	胡志明,端祥刚,常进,李武广,沈瑞	
288	渤海湾盆地缓坡外带成藏特征与勘探潜力分析	特种油气藏;26(4)	汪少勇,黄福喜,宋涛,吕维宁,刘策	ISTP
289	页岩储层气体流动能力实验研究	特种油气藏;26(3)	端祥刚,胡志明,常进,李武广,姬伟强	

续表

序号	论文题目	期刊杂志名称/会议名称/出版社	作者	被收录情况
290	滨里海盆地东缘构造缝形成期次及低角度构造缝成因	特种油气藏:26(3)	李长海,赵伦,李建新,王淑琴,李伟强	
291	基于机器学习的页岩气产能非确定性预测方法研究	特种油气藏:26(2)	孙玉平,张静平,马文礼,李治平,邓思哲	
292	龙王庙组气藏X井区储层非均质性精细描述	特种油气藏:26(2)	袁春晖,万玉金	
293	致密砂岩孔隙中气水分布规律可视化实验	特种油气藏:26(2)	吕金龙,胡勇	
294	裂缝对致密储层渗流能力影响实验研究	特种油气藏:26(2)	吕金龙,胡勇	
295	机器学习方法在储层分类中的应用	数学的实践与认识:49(13)	焦春艳,刘华勋,刘鹏飞,宫红方	
296	三元段塞组合结合数值化方案对微观剩余油研究	数学的实践与认识:49(10)	孙灵辉,郑太毅,萧汉敏	
297	多井协同开发水侵规律物理模拟实验研究	实验室研究与探索:38(5)	高树生,方飞飞,刘华勋,肖前华,马小登	
298	非均质气藏水侵规律物理模拟实验研究	实验室研究与探索:38(3)	刘华勋,方飞飞,肖前华,青红艳,杨琴垚	
299	石油地质实验室管理系统开发	实验室研究与探索:2020	江日念	
300	水力压裂裂缝扩展声发射破裂机制判定方法研究	实验力学:34(2)	梁天成,付海峰,刘云志,修乃岭,严玉忠	
301	产水气田排水采气技术国内外研究现状及发展方向	石油钻采工艺:网络首发	曹光强,姜晓华,李楠,贾敏,张义	
302	产水气田排水采气技术研究进展与发展趋势	石油钻采工艺:2019(5)	曹光强	
303	松辽盆地北部西斜坡中浅层油气优势运移路径恢复	石油与天然气地质:网络首发	卞从胜,李建忠,闫伟鹏,周海燕	EI
304	中国陆相致密油形成机理与富集规律	石油与天然气地质:40(6)	朱如凯,邹才能,吴松涛,杨智,毛治国	
305	基于三维SGR模型的断层侧向封闭性定量表征——以尼日尔M油田为例	石油与天然气地质:40(6)	雷诚,袁新涛,杨轩宇,徐庆岩,王敏	EI
306	柴北缘深层天然气成藏条件及有利勘探方向	石油与天然气地质:40(5)	田继先	
307	自生"加大"含铁白云石胶结物特征及对致密砂岩储层的影响——以鄂尔多斯盆地陇东地区延长组4+5段为例	石油与天然气地质:40(5)	高阳	EI
308	辽西雷家地区沙四段中—低熟烃源岩排烃效率与致密油-页岩油勘探前景	石油与天然气地质:40(4)	王媛,汪少勇,李建忠,张义杰	
309	塔里木盆地下寒武统肖尔布拉克组丘滩体系类型及其勘探意义	石油与天然气地质:40(2)	乔占峰,沈安江,倪新锋,朱永进	EI

续表

序号	论文题目	期刊杂志名称/会议名称/出版社	作者	被收录情况
310	东非鲁武马盆地渐新统深水沉积层序地层格架组成和时空分布	石油与天然气地质:40(1)	孙辉	EI
311	渤海湾盆地束鹿凹陷古近系沙河街组湖相混积泥灰岩致密油储层特征	石油与天然气地质:40(1)	付小东,吴健平	EI
312	鄂尔多斯盆地奥陶系中组合内幕气源特征及勘探方向	石油学报:40(8)	徐旺林,胡素云,李宁熙,魏新善,高建荣	EI
313	压裂支撑剂在迂曲微裂缝中输送与分布规律	石油学报:40(8)	徐加祥,丁云宏,杨立峰,刘哲,高睿	EI
314	准噶尔盆地腹部侏罗系—白垩系次生油气藏的形成机制及分布特征	石油学报:40(8)	刘刚,卫延召,陈棡,贾开富,龚德瑜	EI
315	酒泉盆地酒西坳陷原油油源	石油学报:40(7)	陈建平,陈建军,倪云燕,范铭涛,廖凤蓉	EI
316	中东地区巨厚强非均质碳酸盐岩储层分类与预测——以伊拉克W油田中白垩统Mishrif组为例	石油学报:40(6)	刘航宇,田中元,刘波,郭睿,石开波	EI
317	鄂尔多斯盆地西缘中—晚三叠世构造-物源-古地貌体系演化——来自碎屑锆石、地球化学和岩石学的证据	石油学报:40(6)	谭聪,刘策	EI
318	重庆南川地区中奥陶统—上奥陶统牙形石序列及地质意义	石油学报:40(5)	马雪莹,樊茹,卢远征,罗忠,邓胜徽	EI
319	准噶尔盆地南缘齐古油田油气成藏再认识及勘探启示	石油学报:40(5)	鲁雪松,赵孟军,陈竹新,李学义,胡瀚文	EI
320	沁水煤层气田成藏条件及勘探开发关键技术	石油学报:40(5)	宋岩,马行陟,柳少波,洪峰,秦义	EI
321	新疆博斯腾湖北缘现代冲积扇与扇三角洲平原分支河流体系的沉积特征与意义	石油学报:40(5)	石雨昕,高志勇,周川闽,翟弈程,樊小容	EI
322	重庆南川地区中上奥陶统牙形石序列及其地质意义	石油学报:40(5)	马雪莹,樊茹,卢远征,罗忠,邓胜徽	EI
323	深层天然气资源评价方法	石油学报:40(4)	郭秋麟,武娜,闫伟,陈宁生	EI
324	考虑油藏环境因素和微生物因子的微生物采油数学模型	石油学报:40(4)	修建龙,王天源,黄立信,崔庆锋,马原栋	EI
325	柴达木盆地昆北油田冲积扇厚层砂砾岩储集层内部隔夹层	石油学报:40(2)	宫清顺,刘占国,宋光永	EI
326	中国地下储气库地质理论与应用	石油学报:40(12)	魏国齐,郑雅丽,邱小松,孙军昌,石磊	EI

续表

序号	论文题目	期刊杂志名称/会议名称/出版社	作者	被收录情况
327	酒泉盆地酒西坳陷油气成藏控制因素与有利勘探方向	石油学报;40(11)	陈建平,陈建军,倪云燕,范铭涛,廖凤蓉	EI
328	塔里木盆地寒武系盐下勘探领域重大突破方向	石油学报;40(11)	易士威,李明鹏,郭绪杰,杨帆,缪卫东	
329	三角洲前缘-湖盆深水区沉积模式及其意义——以准噶尔盆地盆1井西凹陷三工河组二段一砂组为例	石油学报;40(10)	厚刚福,徐洋,王力宝,郭华军,李亚哲	EI
330	复杂地表地震采集质量评价技术	石油物探;59(1)	魏新建	
331	二甲基二苯并噻吩生成实验及地球化学意义	石油实验地质;41(2)	吴嘉,齐雯	
332	鄂尔多斯盆地延长组长7页岩层段岩石热导率特征及启示	石油实验地质;41(2)	崔景伟,侯连华,朱如凯,李士祥,吴松涛	
333	石油样品中金刚烷类化合物的定量分析新方法	石油实验地质;41	王汇彤,翁娜,张水昌,魏彩云,张朝军	
334	石油需求峰值——怎么看怎么办	石油商报;2019年5月22日	安琪儿	
335	能源转型,石油公司准备好了吗	石油商报;2019年4月17日	安琪儿	
336	国际石油公司天然气战略剖析	石油商报;2019年4月10日	安琪儿	
337	全球油气勘探特点与启示	石油科技论坛;38(6)	刘小兵,边海光,汪永华,杨紫,栾天思	
338	IRes软件研发模式探索与启示	石油科技论坛;38(5)	李心浩,常军华,张吉群,李夏宁,陈建阳	
339	新形势下编制油气上游业务规划的思考	石油科技论坛;38(3)	唐玮,尹得来,冯金德,王东辉	
340	技术创新驱动油公司降本增效案例解析	石油科技论坛;38(2)	安琪儿,张虎俊,曲德斌	
341	国际油公司勘探区块收并购趋势与启示	石油科技论坛;38(1)	张宁宁,王青,王建君,李浩武	
342	中国石油海外油气勘探理论和技术进展与发展方向	石油勘探与开发;46(6)	穆龙新,计智锋	SCI
343	塔里木盆地北部早寒武世同沉积构造——兼论寒武系盐下和深层勘探	石油勘探与开发;46(6)	管树巍,张春宇,任荣,张水昌,吴林	EI,SCI
344	塔里木盆地古城地区下古生界碳酸盐岩油气地质条件与勘探潜力	石油勘探与开发;46(6)	曹颖辉,王珊,杨敏	SCI
345	激光原位U-Pb定年技术及其在碳酸盐岩成岩—孔隙演化中的应用	石油勘探与开发;46(6)	沈安江,胡安平,程婷,梁峰,潘文庆	SCI
346	各向异性地层阵列侧向电阻率响应仿真模拟及应用	石油勘探与开发;46(6)	袁超,李潮流,周灿灿	SCI,EI

续表

序号	论文题目	期刊杂志名称/会议名称/出版社	作者	被收录情况
347	稠油油藏蒸汽驱后期CO_2辅助蒸汽驱技术	石油勘探与开发:46(6)	席长丰	SCI
348	中国致密油气发展特征与发展方向	石油勘探与开发:46(6)	孙龙德,邹才能,贾爱林,位云生,朱如凯	EI
349	碳酸盐岩-膏盐岩共生体系白云岩成因及储盖组合	石油勘探与开发:46(5)	胡安平,沈安江,杨翰轩,张杰,王鑫	SCI
350	复杂多孔介质主流通道定量判识标准	石油勘探与开发:46(5)	李熙喆,卢德唐,罗瑞兰	SCI
351	基于孔隙结构参数的相控渗透率地震预测方法	石油勘探与开发:46(5)	甘利灯,王峣钧,罗贤哲,张明,李贤斌	SCI,EI
352	适应中国主要气田的纳米粒子泡排剂系列	石油勘探与开发:46(5)	曹光强,张建军,李楠,李隽,张娜	SCI,EI
353	纳米驱油剂扩大水驱波及体积机理	石油勘探与开发:46(5)	雷群	
354	全球岩相古地理演化与油气分布(二)	石油勘探与开发:46(5)	张光亚	SCI
355	鄂尔多斯盆地寒武纪断裂特征及其对沉积储层的控制	石油勘探与开发:46(5)	魏国齐,朱秋影,杨威,张春林,莫午零	SCI,EI
356	基于多井模型的压裂参数—开发井距系统优化	石油勘探与开发:46(5)	王军磊,贾爱林,位云生,贾成业,齐亚东	EI
357	四川盆地东部上奥陶统五峰组—下志留统龙马溪组斑脱岩发育特征及地质意义	石油勘探与开发:46(4)	王玉满,李新景	SCI
358	致密储集层渗吸影响因素分析与渗吸作用效果评价	石油勘探与开发:46(4)	杨正明,刘学伟,李海波	SCI
359	中国CO_2驱油与埋存技术及实践	石油勘探与开发:46(4)	胡永乐,郝明强,陈国利,孙锐艳,李实	SCI
360	强天然水驱油藏开发后期产液结构自动优化技术	石油勘探与开发:46(4)	雷占祥,穆龙新,赵辉,刘剑,陈和平	EI
361	全球岩相古地理演化与油气分布(一)	石油勘探与开发:46(4)	张光亚,童晓光	SCI
362	双水平井蒸汽辅助重力泄油蒸汽腔扩展速度计算模型及其应用	石油勘探与开发:46(4)	周游	
363	塔里木盆地大北气田凝析油中分子化合物组成与成因	石油勘探与开发:46(3)	朱光有,李婷婷	SCI
364	井下直驱螺杆泵无杆举升技术	石油勘探与开发:46(3)	郝忠献,朱世佳,裴晓含,黄鹏,童征	SCI,EI
365	煤系天然气的资源类型、形成分布与发展前景	石油勘探与开发:46(3)	邹才能,杨智	SCI,EI
366	吐哈盆地台北凹陷天然气碳氢同位素组成特征	石油勘探与开发:46(3)	倪云燕,廖凤蓉,龚德瑜	SCI

续表

序号	论文题目	期刊杂志名称/会议名称/出版社	作者	被收录情况
367	烷烃气稳定氢同位素组成影响因素及应用	石油勘探与开发:46(3)	黄士鹏,段书府,汪泽成,江青春	SCI
368	四川盆地中部三叠系须家河组煤成气丁烷和戊烷的异正构比与成熟度关系	石油勘探与开发:46(3)	秦胜飞	EI
369	中国煤成大气田天然气汞的分布及成因	石油勘探与开发:46(3)	李剑,韩中喜,严启团,王淑英,葛守国	SCI,EI
370	准噶尔盆地南缘天然气成因类型与气源	石油勘探与开发:46(3)	陈建平,王绪龙,倪云燕,向宝力,廖凤蓉	SCI
371	大型致密砂岩气田有效开发与提高采收率技术对策——以鄂尔多斯盆地苏里格气田为例	石油勘探与开发:46(3)	冀光,贾爱林,孟德伟,郭智,王国亭	EI
372	柴达木盆地坪西地区副变质岩储集层特征	石油勘探与开发:46(2)	夏志远,刘占国,李森明	SCI
373	川南地区中二叠统茅口组岩溶储集层类型与分布规律	石油勘探与开发:46(2)	黄士鹏,江青春,冯庆付	SCI,EI
374	川西北地区构造地质结构与深层勘探层系分区	石油勘探与开发:46(2)	陈竹新,李伟,王丽宁,雷永良,杨光	SCI
375	煤炭地下气化及对中国天然气发展的战略意义	石油勘探与开发:46(2)	陈艳鹏	SCI,EI
376	四川盆地及周缘地区中上寒武统洗象池群层序地层与岩相古地理演化特征	石油勘探与开发:46(2)	李伟,樊茹,贾鹏	SCI
377	鄂尔多斯盆地二叠系盒8段沉积模式重建及其勘探意义	石油勘探与开发:46(2)	肖红平	SCI,EI
378	中国石油油气开采工程技术进展与发展方向	石油勘探与开发:46(1)	雷群,翁定为,罗健辉,张建军,李益良	SCI
379	英西地区湖相碳酸盐岩角砾岩成因机制与勘探意义	石油勘探与开发:46(1)	王艳清,刘占国,宋光永	SCI
380	"进源找油":源岩油气内涵与前景	石油勘探与开发:46(1)	杨智,邹才能	SCI,EI
381	超稠油油藏蒸汽辅助重力泄油后期注空气开采技术	石油勘探与开发:46(1)	高永荣,郭二鹏,沈德煌,王伯军	SCI,EI
382	生烃动力学模拟在页岩油原位转化中的应用	石油勘探与开发:46(6)	张斌,于聪,崔景伟,米敬奎,李化冬	SCI
383	岩石中烃类气体扩散系数测定技术细节浅析	石油和化工设备:22(5)	张璐	
384	信息化项目合同管理风险分析与应对策略研究	石油规划设计:30(6)	何晓梅,郭以东	

续表

序号	论文题目	期刊杂志名称/会议名称/出版社	作者	被收录情况
385	地下储气库扩容达产阶段配产配注方法	石油管材与仪器:5(2)	李春,钟荣,王皆明,张士杰,孙军昌	
386	井控设计现状及提升其质量的管理对策	石油工业技术监督:35(9)	滕新兴,毛蕴才,张晓辉	
387	提升工程项目监督工作的做法	石油工业技术监督:35(9)	高振果,毕国强,吴虹,杨德凤	
388	采用新型测试装置在高含 H_2S 油田现场监测腐蚀	石油工业技术监督:35(9)	朱培珂,崔明月,杨军征,路辉	
389	石油石化用化学剂产品质量认可对质量把控的分析	石油工业技术监督:34(12)	肖啸,刘长跃,杨涵舒	
390	油气矿业权管理中应用2000国家大地坐标系的有关问题分析	石油工业计算机应用:27(104)	向峰云	
391	利用广义S变换频谱分解不连续性检测技术预测断溶体油藏	石油地球物理勘探:54(6)	姜晓宇,宋涛,杜文辉,戴晓峰,范兴燕	EI
392	表层Q值确定性求取与空变补偿方法	石油地球物理勘探:54(5)	苏勤,曾华会,田彦灿,徐兴荣,肖明图	EI
393	利用点扩散函数的深度域地震记录合成方法	石油地球物理勘探:54(4)	张金陵,徐美茹,叶月明,王兆旗,王宗仁	EI
394	基于粒子群优化和保幅成像条件的广义屏偏移	石油地球物理勘探:54(4)	何润,闫国亮	EI
395	数据驱动的控制束偏移方法	石油地球物理勘探:54(4)	吕考考,徐基祥,张才,李凌高,孙夕平	EI
396	页岩储层压裂缝网模拟研究进展	石油地球物理勘探:54(2)	刘先贵,李亚龙,胡志明,端祥刚	EI
397	基于最小炮检距道快速检测炮点偏移方法	石油地球物理勘探:54(2)	魏新建	EI
398	塔北地区上奥陶统良里塔格组台缘带分段性及石油地质意义	石油地球物理勘探:54(1)	马德波,李洪辉	
399	川中深层—超深层多次波识别和压制技术	石油地球物理勘探:54(1)	戴晓峰,徐右平,甘利灯	EI
400	最小二乘叠前时间偏移在地震数据规则化中的应用	石油地球物理勘探:54(1)	吴丹,王从镔	
401	玛湖凹陷斜坡区KE89-MAh9古鼻凸的发现及油气勘探意义	石油地球物理勘探:54(1)	孟祥超,陈扬,窦洋	EI
402	高石梯—磨溪地区寒武系储层主控因素的地震地层学解释	石油地球物理勘探:54(1)	李劲松,于豪,李文科,马晓宇	EI
403	塔北地区上奥陶统良里塔格组台缘带分带性及石油地质意义	石油地球物理勘探:54(1)	马德波,李洪辉	EI

续表

序号	论文题目	期刊杂志名称/会议名称/出版社	作者	被收录情况
404	山地复杂构造带地震资料处理方法	石油地球物理勘探:53(S1)	臧胜涛,苏勤,王建华,徐兴荣,赵玉合	EI
405	基于微测井分步约束的近地表速度层析反演	石油地球物理勘探:53(S1)	王孝,曾华会,刘文卿,寇龙江,谢俊法	EI
406	中东地区大型碳酸盐岩油藏水驱效率影响因素研究	石化技术:2019(5)	魏亮,蒋伟娜,苏海洋	
407	制度信任对农民参与环境治理决策意愿影响研究	软科学:33(7)	孙玉平,魏东,刘鸿渊	SCI
408	ASP 三元复合驱油体系在长岩心中的运移规律	日用化学工业:49	孙灵辉,萧汉敏,顾兆斌	
409	塔里木盆地重点勘探领域及方向	全国天然气年会:合肥	魏国齐,李君,董才源,倪新锋,余建平	
410	中俄能源合作的历史、现状及前景	齐齐哈尔大学学报:2019(11)	何旭鸿	
411	基于三重介质等效缝网的页岩气产能预测新模型	煤炭学报:4 月 22 日网络首发	刘先贵,李亚龙,胡志明,端祥刚,张杰	EI
412	准噶尔盆地深、浅层煤层气富集模式对比分析	煤炭学报:7 月 9 日网络首发	杨敏芳,孙斌,鲁静,田文广	EI
413	国内外低阶煤煤层气储层特征对比研究	煤炭科学技术:47(9)	王涛,邓泽,胡海燕,曹明亮,张宝鑫	
414	我国利用废弃矿井建设地下储气库可行性研究及建议	煤炭经济:2019(5)	武志德,郑得文,李东旭,邓雪杰	
415	基于等温吸附的页岩水分传输特征研究	力学学报:51(3)	沈伟军,李熙喆,鲁晓兵	EI
416	页岩气开采中的若干力学前沿问题	力学进展:2019,49	胡志明,端祥刚,高树生,沈瑞,常进	EI
417	提高采收率用石油磺酸盐的分析研究进展	理化检验-化学分册:2019,55	陈国浩,郭东红	
418	致密油藏分段压裂水平井二氧化碳蓄能吞吐方式	科学技术与工程:19(4)	杨正明,郑太毅,王志远,董长春,何英	
419	一种基于数字岩心表面弛豫率确定的新方法	科学技术与工程:19(35)	周灿灿	
420	低渗透油藏二氧化碳驱同步埋存量计算	科学技术与工程:19(27)	王高峰	
421	压裂致密油藏产能递减分析方法	科学技术与工程:19(18)	赖令彬,潘婷婷,张虎俊,邹存友,石建姿	
422	相对渗透率与含水饱和度关系微观机理	科学技术与工程:19(12)	赖令彬,潘婷婷,张虎俊,邹存友,石建姿	
423	陆梁水驱油藏内源微生物激活配方优化及性能	科学技术与工程:19(10)	修建龙,徐兵,俞理,崔庆锋	

续表

序号	论文题目	期刊杂志名称/会议名称/出版社	作者	被收录情况
424	低压深井连续油管气举工艺的应用	科学技术与工程:19(5)	孙杰文	
425	致密气储层水敏水锁伤害机理实验研究	科技通报:35(8)	郭和坤,刘朋志,张新旺,沈瑞,李海波	
426	致密油储层孔喉微观结构表征技术研究进展	科技导报:37(5)	杨正明,赵新礼,熊生春,骆雨田,张亚蒲	
427	中国页岩气开发管理模式探讨	科技导报:37(19)	黄伟和,刘海	
428	高效利用复杂连通老腔新方法与效果分析	科技创新导报:2019(29)	垢艳侠,完颜祺琪,丁国生,郑雅丽,邱小松	
429	科技期刊在科学传播共同体中的作用	科技传播:11(17)	张朝军	
430	科学传播共同体:推动科技创新的轴心	科技传播:11(03)	张朝军	
431	盐穴储气库高效造腔技术	科技成果管理与研究:2019(9)	郑雅丽,丁国生,完颜祺琪	
432	国内三次采油用石油磺酸盐合成研究进展	精品与专用化学品:27(1)	陈国浩	
433	静水中气泡上升运动及阻力系数研究	计算力学学报:36(3)	史洺宇,齐梅,易成高,王建君,陈荣	EI
434	基于XML配置的动态数据查询技术	计算机系统应用:28(8)	江日念,许锟,林霞	
435	审批流程模型的路径选择策略研究	计算机技术与发展:30(1)	江日念,林霞,许锟	
436	基于分级存储的石油勘探地震处理应用研究	计算机工程与应用:55(13)	刘树仁,冯超敏,蔡长宁	
437	塔里木盆地巴楚隆起北缘吐木休克弧形基底卷入斜向滑移构造	吉林大学学报(地球科学版):49(5)	杨庚,陈竹新,刘银河,王晓波	
438	低渗透储层孔隙结构影响因素及其定量评价	吉林大学学报(地球科学版):49(3)	单祥,郭华军,邹志文,李亚哲,王力宝	
439	激光表面处理技术在石油机械中的应用	激光与光电子学进展:56(3)	黄俊媛,沈泽俊,张立新,魏松波,杨盈莹	
440	中国页岩气开发现状及前景预判	环境影响评价:41(1)	赵群,杨慎,王红岩,姜馨淳,刘德勋	ISTP
441	基于油藏CO_2驱油潜力的CCUS源汇匹配	环境工程:37(2)	汪芳	
442	我国油气藏增产酸液体系的发展历程及进展	河南化工:36(7)	王丽伟,石阳	
443	深水复合水道体系沉积特征及时空演化规律——以东非鲁武马盆地中中新统为例	海洋学报:41(1)	孙辉	
444	加里曼丹岛库泰盆地海相成藏组合特征及油气富集区分带性	海洋科学:43(1)	鲁银涛	
445	碳酸盐岩多孔介质等效孔隙结构参数反演及应用	海洋工程装备与技术:2019(s1)	曹晓初,常少英,李立胜,叶月明	

续表

序号	论文题目	期刊杂志名称/会议名称/出版社	作者	被收录情况
446	Q叠前深度偏移处理技术在深海资料处理中的应用	海洋工程装备与技术:2019(s1)	陈见伟,范国章,叶月明,李立胜,王兆旗	
447	东海陆架盆地西部坳陷带中生界残留盆地分布特征与	海洋地质与第四纪地质:6(39)	钟锴,王雪峰	
448	中国海相碳酸盐岩储层研究进展及油气勘探意义	海相油气地质:24(4)	沈安江,陈娅娜,蒙绍兴,郑剑锋,乔占峰	
449	四川盆地中西部栖霞组—茅口组孔洞型白云岩储层成因与分布	海相油气地质:24(4)	周进高,郝毅,邓红婴,谷明峰,潘立银	
450	中国海相含油气盆地构造岩相古地理特征	海相油气地质:24(4)	周进高,刘新社,沈安江,邓红婴,朱永进	
451	西非海岸盆地油气成藏组合及资源潜力	海相油气地质:24(3)	王红平	
452	南海油气藏类型及分布规律	海相油气地质:24(3)	吴敬武,孙国忠,鲁银涛,张强,王彬	
453	碳酸盐岩风化壳岩溶地震弱振幅储层识别技术的应用——以塔里木盆地TZ62井区为例	海相油气地质:24(3)	常少英,乔占峰	
454	我国常规与非常规石油资源潜力及未来重点勘探领域	海相油气地质:24(2)	郑民,李建忠	ISTP
455	鄂尔多斯盆地马家沟组中下组合岩相古地理再认识及储层分布	海相碳酸盐岩储层成因机理与预测方法国际学术研讨会:北京	吴兴宁	
456	四川盆地震旦世-寒武世台地演化与储层分布规律	海相碳酸盐岩储层成因机理与预测方法国际学术研讨会:北京	李文正,汪泽成	
457	塔里木盆地肖尔布拉克期缓坡沉积背景下的三大丘滩体发育特征及其控储作用	海相碳酸盐岩储层成因机理与预测方法:北京	倪新锋,陈永权,朱永进,郑剑锋,乔占峰	
458	油气资源评价中石油运聚系数的量化分析与预测模型建立	海相石油地质:2019(4)	柳庄小雪	ISTP
459	基于烃类组分检测与相态模拟的液态烃混合物赋存深度下限预测技术	海相石油地质:2019(4)	于京都,郑民	
460	基于偏最小二乘法的高光谱水面油膜厚度估算	国土资源遥感:31(2)	邢学文,刘松	
461	塔西南坳陷下白垩统砂岩元素地球化学及岩相古地理环境指示意义	桂林理工大学学报:38(专刊)	曾庆鲁,刘春,夏九峰,张先龙	
462	玛湖凹陷风城组地球化学特征及岩相古地理	桂林理工大学学报:20(2)	厚刚福,王力宝,李亚哲	
463	伊犁盆地石炭系烃源岩特征及生烃能力评价	桂林理工大学学报:20(2)	李亚哲,王力宝,窦洋	
464	塔里木盆地肖尔布拉克露头区肖尔布拉克组沉积相建模及其勘探意义	古地理学报:21(4)	郑剑锋,袁文芳,黄理力,潘文庆,乔占峰	

续表

序号	论文题目	期刊杂志名称/会议名称/出版社	作者	被收录情况
465	油气田开发中构造地质成因分析进展	高校地质学报:25(3)	陈欢庆	
466	1960年以来青海湖沉积物粒度的时空分布及其控制因素	高校地质学报:25(4)	张志杰,周玉文,陈嵘,周川闽,孙伟伟	
467	基于层次分析法的海外断块油田群经济高效动用顺序优化	复杂油气藏:12(4)	徐庆岩,雷诚,袁新涛	
468	塔中隆起断裂演化特征及耦合关系研究	断裂构造解析及控储控藏作用研讨会:四川成都	杨丽莎	
469	塔中隆起塔中5构造带断裂构造解析	断裂构造解析及控储控藏作用研讨会:四川成都	房启飞	
470	孟加拉湾浅层气发育区地震资料处理关键技术	断块油气田:26(5)	王兆旗	
471	支撑剂变形及嵌入程度对裂缝导流能力的影响	断块油气田:26(6)	徐加祥,杨立峰,丁云宏,刘哲,高睿	
472	致密油藏水驱可动用性研究	断块油气田:26(2)	刘卫东,周义博,孙灵辉,丛苏男,严玉忠	
473	辽河海南洼陷沙一二段地震相精细研究	东北石油大学学报:40(4)	宋志慧,王居峰	
474	聚焦离子束扫描电镜在石油地质研究中的综合应用	电子显微学报:38(3)	王晓琦,金旭,李建明,焦航,吴松涛	
475	DevOps在办公管理平台建设项目中的应用	第五届全国石油石化信息技术与智能化创新发展论坛:北京	李昆颖,李效恋,时迎	
476	逻辑回归与梯度提升决策树算法在套损套变的应用实践	第五届全国石油石化信息技术与智能化创新发展论坛:北京	周相广,缪红萍,帅训波	
477	海外油气开发一体化研究平台研制与数据库建设	第五届全国石油石化信息技术与智能化创新发展论坛:北京	王克铭,邹倩,王作乾,张新顺,李文正	
478	石油专业软件许可智能化管理平台构建及应用实践	第四届中国油气田地面工程技术交流大会:四川成都	宋梦馨,申鹏,冯梅	
479	巴西桑托斯盆地大油气田形成的关键条件与勘探方向	第四届中国石油勘探开发青年学术交流会:北京	王红平	
480	原始低含油饱和度油藏开采潜力研究	第四届提高采收率国际会议:西安	桑国强	
481	页岩气一体化开发钻井投资优化分析方法研究	第四届地质工程一体化论坛:北京	黄伟和,刘海	
482	油气生产物联网标准体系研究	第十七届石油工业标准化学术论坛:北京	柴永财,李群	
483	油田化学品安全环保管控标准探讨	第十七届石油工业标准化学术论坛:北京	贺丽鹏,苏慧敏,王金芬	
484	钻井液试验用标准土研制与性能评价	第十七届石油工业标准化学术论坛:北京	卜海,张玉,陈俊锋	

续表

序号	论文题目	期刊杂志名称/会议名称/出版社	作者	被收录情况
485	中扬子龙马溪组优质页岩气层地化特征与分布趋势	第十七届全国有机地球化学学术会议:福建福州	马立桥,王鹏万,黄羚,于硕,李君军	
486	昭通页岩气示范区旧司组古环境特征	第十七届全国有机地球化学学术会议:福建福州	王鹏万,李君军,黄羚,蒋立伟,李娴静	
487	海拉尔盆地伊敏凹陷南二段烃源岩生烃动力学研究	第十七届全国有机地球化学学术会议:福建福州	谢明贤,陈广坡,马凤良	
488	库车南斜坡中—新生界油气运移充注地球化学示踪	第十七届全国有机地球化学学术会议:福建福州	刘春	
489	松辽北部西斜坡凹陷区有效烃源岩优选及斜坡区油气来源分析	第十七届全国有机地球化学学术会议:福建福州	毕赫,周海燕,周学先,王岚,商斐	
490	柴达木盆地西部下干柴沟组烃源岩特征	第十七届全国有机地球化学学术会议:福建福州	方向	
491	煤层CO_2封存过程中矿物质化学反应对煤岩孔渗特性的影响研究	第十七届全国有机地球化学学术会议:福州	范晶晶,郭慧,黄福喜,宋涛,吕维宁	
492	塔里木盆地南华—震旦系优质烃源岩的发现及意义	第十七届全国有机地球化学学术会议:福建福州	陶小晚	
493	高温酸化缓蚀剂的原位合成与性能评价	第十九届石油工程油田化学技术研讨会:江苏南京	王萌,徐敏杰,车明光,石阳,高莹	
494	聚合物稠化高密度氯化钙盐水交联冻胶破胶技术研究	第十九届石油工程油田化学技术研讨会:江苏南京	高莹,徐敏杰,王丽伟,杨战伟,李向东	
495	高携砂能力滑溜水压裂技术述评	第十九届石油工程油田化学技术研讨会:江苏南京	杨艳丽,卢海兵,姜伟,易新斌,徐敏杰	
496	经济学理论解析中国页岩气开发管理模式	第十届全国天然气藏高效开发技术研讨会:山西太原	黄伟和,刘海	
497	推动我国致密气快速上产的财政补贴建议	第十届全国天然气藏高效开发技术研讨会:山西太原	唐红君,孙玉平,王亚莉	
498	四川盆地高磨地区震旦系岩溶型储层特征及开发建议	第十届全国天然气藏高效开发技术研讨会:山西太原	张林,李熙喆,张满郎	
499	九龙山气田珍珠冲组砂砾岩储层精细评价	第十届全国天然气藏高效开发技术研讨会:山西太原	张满郎,谷江锐,孔凡志	
500	超重油油藏再生泡沫油提高采收率技术研究	第三届全国油气藏提高采收率技术研讨会:北京	李星民,吴永彬,沈杨,杨朝蓬,史晓星	
501	浅层超重油水平井多元热流体吞吐增产技术研究	第三届全国油气藏提高采收率技术研讨会:北京	刘章聪,陈长春,杨朝蓬,李星民,沈杨	
502	稠油热采水平井用耐高温堵剂的研究与应用	第三届全国油气藏提高采收率技术研讨会:北京	刘强	
503	钻井液用加重剂重晶石粉磁性物含量检测方法的研究	第三届全国油气藏提高采收率技术研讨会:北京	江路明,王金芬,耿东士,贺丽鹏,仪晓玲	

续表

序号	论文题目	期刊杂志名称/会议名称/出版社	作者	被收录情况
504	化学驱机理新认识及发展方向	第三届全国油气藏提高采收率技术研讨会:北京	吴行才	
505	微生物岩储层发育的主控因素——来自岩石学和地球化学的证据	第三届江浙青年地球科学论坛:浙江衢州	张天付,黄理力,倪新锋,郑剑锋,熊冉	
506	中国石油高质量发展钻井管理改革配套措施研究	第六届全国石油经济学术年会:重庆	黄伟和,刘海	
507	中石油原油上产面临的主要挑战与对策	第六届全国石油经济学术年会:重庆	王小林,匡明	
508	激光微区碳酸盐在线取样碳氧同位素测试方法	第二届全国气体同位素技术与地球科学应用研讨会:甘肃兰州	王永生	
509	缅甸若开海域生物气源岩特征及勘探潜力	第二届全国气体同位素技术与地球科学应用研讨会:甘肃兰州	许小勇,王雪峰,邵大力,丁梁波,马宏霞	
510	四川盆地川中地区深层走滑断层构造特征与天然气成藏意义	第二届构造地质学与地球动力学青年学术论坛:江苏南京	马德波	
511	塔里木盆地群苦恰克地区东河砂岩碎屑组成、地球化学特征与物源分析	第二届构造地质学与地球动力学青年学术论坛:江苏南京	陈秀艳,贾进华,李洪辉,张立平	
512	四川盆地东部五峰组—龙马溪组斑脱岩发育特征及地质意义	第八届中国石油地质年会:北京	王玉满,李新景	
513	开放型陆缘深水沉积盆地生物气成藏主控因素研究——以缅甸若开盆地为例	第八届中国石油地质年会:北京	王雪峰,邵大力,丁梁波,刘艳红,毛超林	
514	富砂粗粒深水朵体复合体特征及影响因素	第八届中国石油地质年会:北京	孙辉,刘少治,吕福亮,范国章,左国平	
515	碳酸盐岩溶蚀孔洞分布规律与预测技术及流程——以四川盆地下寒武统龙王庙组为例	第八届中国石油地质年会:北京	胡安平,蒙绍兴,余敏,王鑫	
516	碳酸盐岩—膏盐岩组合白云岩的成因与成储作用	第八届中国石油地质年会:北京	沈安江,蒙绍兴,张杰,王鑫,杨柳	
517	塔里木盆地晚震旦世—中寒武世构造—沉积充填过程及油气勘探地位	第八届中国石油地质年会:北京	刘玲利,朱永进,沈安江,倪新峰,俞广	
518	玛湖凹陷三叠系百口泉组砂砾岩"甜点"储层成因及综合预测技术	第八届中国石油地质年会:北京	陈永波	
519	塔里木盆地下寒武统肖尔布拉克组碳酸盐岩缓坡丘滩体地震地质预测及勘探领域分析	第八届中国石油地质年会:北京	熊冉,黄理力,张天付	
520	塔里木盆地阿克苏露头区肖尔布拉克组白云岩储层地质建模及意义	第八届中国石油地质年会:北京	郑剑锋,袁文芳,黄理力,杨果,倪新锋	

续表

序号	论文题目	期刊杂志名称/会议名称/出版社	作者	被收录情况
521	塔里木盆地寒武系微生物白云岩沉积组构特征及控储机理	第八届中国石油地质年会:北京	黄理力,郑剑锋,潘文庆,袁文芳,乔占峰	
522	东非海域鲁伍马盆地深水沉积体系特征及油气富集规律	第八届中国石油地质年会:北京	左国平,吕福亮,邵大力,孙辉,许小勇	
523	东爪哇海盆地抱球虫灰岩储层特征及沉积环境分析	第八届中国石油地质年会:北京	郭沫贞,李林,杨涛涛,李东	
524	巴西桑托斯盆地盐下富含CO_2油气藏特征与成藏模式	第八届中国石油地质年会:北京	王红平,于兴河,范国章,邵大力,左国平	
525	南海大中型油气田形成条件研究	第八届中国石油地质年会:北京	张强	
526	南海北部陆缘盆地差异伸展的分段及机制	第八届中国石油地质年会:北京	张远泽,王彬,李林,毛超林	
527	埕海断裂构造带构造特征及控藏分析	第八届中国石油地质年会:北京	张洪,王居峰,刘海涛	
528	鄂尔多斯盆地新安边地区长7段致密储层成因类型及有利储层分布	第八届中国石油地质年会:北京	张天舒,白斌,陶士振,庞正炼,徐旺林	ISTP
529	油气流体聚集张性空间精细分析	第八届中国石油地质年会:北京	余和中,傅瑾君	
530	塔里木盆地塔西南山前带油气成藏地质特征与勘探方向	第八届中国石油地质年会:北京	曾庆鲁,夏九峰	
531	库车前陆冲断带超深层致密砂岩储层裂缝成因分析及意义	第八届中国石油地质年会:北京	王俊鹏,王珂	
532	陆相页岩油甜点地震勘探关键技术	第八届中国石油地质年会:北京	卢明辉,曹宏,董世泰,杨志芳,陈胜	
533	南堡凹陷西部新生代火成岩分布特征及其控藏作用	第八届中国石油地质年会:北京	李文科,吴小洲,李艳东,杨晓利	
534	准噶尔盆地阜康凹陷清水河组低位域充填模式及意义	第八届中国石油地质年会:北京	厚刚福,徐洋,王力宝,陈扬,沈金龙	
535	鄂尔多斯盆地中东部奥陶系马五段盐下储层特征、成因及分布	第八届中国石油地质年会:北京	于洲	
536	逆冲山前带巨厚砂岩差异化规模成储特征与油气勘探意义——以库车坳陷北部构造带下侏罗统阿合组为例	第八届中国石油地质年会:北京	张荣虎,杨海军,余朝丰,魏红兴,杨钊	
537	岩性地层油气藏地球物理关键技术研究与应用	第八届中国石油地质年会:北京	孙夕平,于永才,李凌高,张明,张昕	
538	基于机器学习的多分量地震数据重建算法研究	第八届中国石油地质年会:北京	候思安	
539	四川盆地川东地区寒武系碳酸盐岩-膏盐组合构造变形研究	第八届中国石油地质年会:北京	徐安娜,胡素云	
540	四川盆地震旦系碳酸盐岩气藏沉积微相测井识别方法及应用	第八届中国石油地质年会:北京	冯庆付	

续表

序号	论文题目	期刊杂志名称/会议名称/出版社	作者	被收录情况
541	川东开江古隆起地区石炭系成藏条件分析及地层圈闭评价	第八届中国石油地质年会:北京	杨荣军,张静	
542	非均质气藏敏感因子构建及其在致密砂岩中的应用	第八届中国石油地质年会:北京	蔡生娟,李红兵,潘豪杰	
543	松辽盆地青山口组富有机质页岩成因机理研究及启示	第八届中国石油地质年会:北京	王岚	
544	四川盆地洗象池组滩相岩溶储层特征及勘探方向	第八届中国石油地质年会:北京	李文正,段书府	
545	柴西致密砂岩成藏条件与富集规律	第八届中国石油地质年会:北京	方向	ISTP
546	非洲Muglad多旋回陆内被动裂谷盆地演化及其控油气作用	第八届中国石油地质年会:北京	张光亚	
547	渤海湾盆地缓坡外带成藏特征与勘探潜力分析	第八届中国石油地质年会:北京	汪少勇,黄福喜,宋涛,吕维宁,刘策	
548	玛湖凹陷斜坡区克89-玛湖9古凸的发现及油气勘探意义	第八届中国石油地质年会:北京	窦洋,孟祥超,陈扬	
549	复杂断块油气藏精细地质评价与应用	第八届中国石油地质年会:北京	刘海涛	
550	南海海域不同类型油气藏时空分布规律	第八届中国石油地质年会:北京	吴敬武,孙国忠,鲁银涛,张强	
551	孟加拉湾东北部若开盆地深水沉积结构单元类型及沉积演化特征	第八届中国石油地质年会:北京	马宏霞,张颖,丁梁波,邓红婴,郭渊	
552	墨西哥东部海域油气地质特征及勘探潜力	第八届石油地质学年会:北京	刘艳红,邵大力,王雪峰,马宏霞	
553	南海中建海域深水盆地深水水道特征及油气勘探意义	第八届石油地质学年会:北京	杨志力,王彬,鲁银涛,杨涛涛,李丽	
554	南海西北部多种海底地貌特征及成因分析	第八届石油地质学年会:北京	杨涛涛,吕福亮,李林,吴敬武	
555	中国石油海洋油气勘探进展与前景展望	第5届能源论坛:北京	吕福亮	
556	页岩气降本增效高质量开发模式研究	第31届全国天然气学术年会:合肥	黄伟和,刘海	
557	基于大数据分析的气田开发指标预测方法	第31届全国天然气学术年会:合肥	孙玉平,唐红君	
558	油气藏型储气库地质体完整性内涵、评价技术及意义	第31届全国天然气学术年会:合肥	郑雅丽,孙军昌,邱小松,赖欣,刘建东	
559	气藏型储气库先导试验方案设计方法	第31届全国天然气学术年会:合肥	胥洪成,李彬,郑得文,宋丽娜,赵凯	
560	R气藏型储气库井控诊断拟合与评价	第31届全国天然气学术年会:合肥	钟荣,李春,孙军昌,唐立根,朱思南	

续表

序号	论文题目	期刊杂志名称/会议名称/出版社	作者	被收录情况
561	含水层地下储气库发展现状及建库地质评价技术概述	第31届全国天然气学术年会:合肥	刘先山,孙军昌,王皆明,李春,钟荣	
562	煤层气水平井旋流解堵技术机理研究	第31届全国天然气学术年会:合肥	张义,曾良君,李隽,王浩宇	
563	台南气区井底积液量计算及泡排剂加注制度研究	第31届全国天然气学术年会:合肥	王浩宇,曹光强,李楠,贾敏	
564	出水气田高效低成本纳米粒子泡排剂排水采气技术研究与应用	第31届全国天然气学术年会:合肥	曹光强,李楠,王浩宇,贾敏	
565	新型高效环空保护液研究与应用	第31届全国天然气学术年会:合肥	王云,李隽,刘岩	
566	致密气层束缚水活化特征及开发对策	第31届全国天然气学术年会:合肥	石强	
567	东非被动大陆边缘盆地演化及大气田形成主控因素:以鲁武马盆地为例	第31届全国天然气学术年会:合肥	张光亚,刘小兵,张荻萩,黄彤飞,张磊	
568	超高压动态储量评价中几个关键问题探讨	第31届全国天然气学术年会:合肥	孙贺东,曹雯,李君,贾伟,李原杰	
569	裂缝边底水气藏水侵及优化治水物理模拟研究	第31届全国天然气学术年会:合肥	徐轩,胡勇,韩永新	
570	辫状河储层构型规模表征及心滩位置确定新方法——以苏6区块密井网区盒8段为例	第31届全国天然气年会:合肥	董硕,郭建林	
571	气藏开发全生命周期不同储量的意义及计算方法	第31届全国天然气年会:合肥	位云生,贾爱林,徐艳梅,方建龙	
572	裂缝孔隙型边底水气藏水侵机理与控制水侵技术研究	第31届全国天然气年会:合肥	胡勇,梅青燕,陈颖莉	
573	大型致密气田井网加密提高采收率技术对策——以鄂尔多斯盆地苏里格气田为例	第31届全国天然气年会:合肥	王国亭,贾爱林,孟德伟,郭智	
574	库车坳陷克深2气藏综合多资料裂缝描述及分布规律研究	第31届全国天然气年会:合肥	刘群明,唐海发	
575	陕西岐山蓟县系碳氧同位素特征及其古环境意义	地质学报:93(8)	宋昊南,卢远征,谭聪,李鑫,王训练	
576	四川盆地高石梯—磨溪地区震旦系-寒武系天然气TSR效应及气源启示	地质学报:93(7)	帅燕华,张水昌,胡国艺,李伟,王铜山	EI
577	东非鲁武马盆地渐新统富砂深水朵体复合体特征及影响因素	地质学报:93(5)	孙辉	EI
578	华北克拉通西南缘高山河组凝灰岩锆石U-Pb年龄及其地质意义	地质学报:93(5)	谭聪,卢远征,宋昊南,吕奇奇,邓胜徽	

续表

序号	论文题目	期刊杂志名称/会议名称/出版社	作者	被收录情况
579	准噶尔盆地南缘天然气成藏及勘探方向	地质学报;93(5)	陈建平,王绪龙,倪云燕,向宝力,廖凤蓉	EI
580	中国前陆冲断带油气勘探、理论与技术主要进展和展望	地质学报;93(3)	蔚远江,杨涛,郭彬程,詹路锋	EI
581	川东南地区洗象池组碳氧同位素特征、古海洋环境及其与储集层的关系	地质学报;93(2)	李文正,张建勇,郝毅	EI
582	酒西坳陷石北次凹油气生成、运移成藏及勘探方向	地质学报;93(1)	陈建平,陈建军,倪云燕,范铭涛,魏军	EI
583	页岩层系油气资源有序共生及其勘探意义——以鄂尔多斯盆地延长组长7页岩层系为例	地质通报;38(6)	崔景伟,朱如凯,范春怡,李士祥,毛治国	
584	微生物碳酸盐岩生烃生酸模拟及其地质意义	地质论评;65(s1)	佘敏,王鑫,陈薇	
585	油气田开发中油气藏地质成因分析	地质科学;54(1)	陈欢庆	
586	非洲中部Muglad盆地Fula凹陷断裂特征分析	地质科学;54(1)	王彦奇,张光亚,刘爱香,黄彤飞,客伟利	
587	海域天然气水合物富集成藏评价方法:以墨西哥湾AC818#1区域为例	地质科技情报;38(4)	张金华	
588	层序地层划分方法进展及展望	地质科技情报;38(4)	李峰峰,郭睿,余义常	
589	含气页岩实验评价指标与测试方法综述	地质科技情报;38(2)	马超	
590	柴达木盆地切12区沉积层序及对油气富集的控制作用	地学前缘;26(4)	刘占国,宫清顺,朱超	EI
591	华南上奥陶统宝塔组天文年代格架及其地质意义	地学前缘;26(2)	马雪莹,邓胜徽,卢远征,吴怀春,罗忠	EI
592	准噶尔盆地南缘前陆冲断带深层地质结构及对油气藏的控制作用	地学前缘;26(1)	马德龙	EI
593	塔西北地区早寒武世玉尔吐斯组热液作用及沉积模式	地学前缘;26(1)	张春宇,管树巍,吴林,任荣	EI
594	塔里木盆地深层走滑断层分段特征及对油气富集的控制:以塔北地区哈拉哈塘油田奥陶系走滑断层为例	地学前缘;26(1)	马德波	EI
595	准噶尔盆地玛湖凹陷百口泉组砾岩储层特征及其主控因素	地学前缘;26(1)	肖萌,袁选俊,吴松涛,曹正林,唐勇	
596	盐矿地下空间利用技术	地下空间与工程学报;15(s2)	郑雅丽,完颜祺琪,垢艳侠,李康,赖欣	
597	基于岩石物理模板的孔隙度非敏感流体因子构建方法及应用	地球物理学进展;9月网络首发	蔡生娟,李红兵,潘豪杰	SCI

续表

序号	论文题目	期刊杂志名称/会议名称/出版社	作者	被收录情况
598	碳酸盐岩孔洞储层地震岩石物理建模及应用	地球物理学进展:34(6)	曹晓初,常少英,李立胜,邵萌珠,王宗仁	
599	西沙海域上新统—全新统高伽马地层的发现及地质分析	地球物理学进展:34(6)	杨涛涛,吕福亮,李林,王霞,鲁银涛	
600	基于3D半密度卷积神经网络的断裂检测	地球物理学进展:34(5)	段艳廷,郑晓东,胡莲莲,吴朝东	SCI
601	应用水平井信息提高地震反演精度	地球物理学进展:34(1)	王丹丹,阳孝法,周玉冰,马中振,刘亚明	
602	Q偏移技术在深海地震资料处理中的应用研究	地球物理学进展:34(1)	王兆旗	
603	一种多波联合预测油气技术研究及应用	地球物理学进展:34(1)	刘军迎,张静,杨荣军	
604	基于数字岩心岩石电性数值模拟方法综述	地球物理学进展:34(2)	周灿灿	
605	二维弹性多波时空域高斯束偏移方法	地球物理学报:63(2)	胡自多,吕庆达,韩令贺,刘威,黄建平	SCI
606	解耦纵横波反射波走时反演	地球物理学报:62(8)	宋建勇,李劲松	SCI
607	复杂孔隙储层三维岩石物理模版	地球物理学报:62(7)	李红兵,张佳佳,蔡生娟,潘豪杰	SCI
608	不同阶次自由表面相关多次波预测与成像方法	地球物理学报:62(6)	叶月明,姚根顺,庄锡进	SCI
609	一种缝洞型碳酸盐岩储层胶结指数 m 计算新方法	地球物理学报:62(6)	田瀚,沈安江	SCI
610	矿物组分对龙马溪组页岩动、静态弹性特征的影响	地球物理学报:62(12)	王斌,邓继新	SCI
611	伊拉克哈法业油田白垩系 Nahr Umr 组砂岩储层物性控制因素	地球科学与环境学报:41(6)	吕洲,王玉普,王友净,代寒松,朱光亚	
612	我国氦气资源现状及首个特大型富氦储量的发现:和田河气田	地球科学:44(3)	陶小晚	EI
613	我国主要含油气盆地油气资源潜力及未来重点勘探领域	地球科学:44(1)	郑民,李建忠	EI
614	重庆南川三泉奥陶系宝塔组碳同位素特征及地层对比	地层学杂志:43(1)	马雪莹,卢远征,罗忠,樊茹,李鑫	
615	长庆超低渗透油田二次超前注水技术的思考	低渗透油田扩大波及体积新技术新方法研讨会:陕西西安	王锦芳,王正茂,田昌炳,李保柱,焦军	
616	低压超低渗透油藏线性水驱提高采收率技术探索	低渗透油田扩大波及体积新技术新方法研讨会:陕西西安	王锦芳,郑兴范,平义,谭习群,高建	
617	套管损坏机理研究流程和方法	低渗透油气田套损井防治技术研讨会:西安	刘建东,金娟,熊春明,张广明,沈露禾	

续表

序号	论文题目	期刊杂志名称/会议名称/出版社	作者	被收录情况
618	纳米驱油剂:从实验室到工业化生产及其评价指标的初步建立	低渗透油藏水驱提高采收率新技术研讨会:定边	肖沛文	
619	低渗油田保护油气层钻井液体系研究	当代化工:48(6)	印树明,赵洋	
620	回注污水水质对油藏储层渗透率影响规律	当代化工:48(4)	孙灵辉,冯春,萧汉敏,王春丽,刘卫东	
621	基于模糊聚类分析方法的高含水期油藏层系优化	当代化工:48(11)	李小波,刘威,李健	
622	裂缝对致密砂岩储层物性及产气能力影响实验	大庆石油地质与开发:38(4)	王威,胡勇	
623	川西南威远地区页岩气效益"甜点区"地震综合预测方法及其应用	大庆石油地质与开发:38(2)	邓宇,陈胜,欧阳永林,曾庆才,苏旺	
624	低渗致密气藏开发动态物理模拟实验相似准则	大庆石油地质与开发:38(1)	焦春艳	
625	致密油水平井体积压裂产能影响因素	大庆石油地质与开发:38(8)	徐加祥,杨立峰,丁云宏,高睿,刘哲	
626	中国陆相致密油"甜点"富集高产控制因素及勘探建议	成都理工大学学报(自然科学版):46(6)	汪少勇,黄福喜,宋涛,吕维宁,贾鹏	ISTP
627	塔里木盆地奥陶系蓬莱坝组碳酸盐岩缓坡沉积特征及油气勘探意义	沉积与特提斯地质:39(1)	熊冉,张天付,乔占峰,贺训云,王慧	
628	裂后沉降期碳酸盐岩缓坡沉积响应及成储特征——以塔里木盆地下寒武统肖尔布拉克组为例	沉积学报:37(5)	朱永进,倪新锋,刘玲利,乔占峰,陈永权	
629	不同古地貌单元水下分流河道沉积特征及其意义	沉积学报:37(4)	厚刚福,王力宝,李亚哲	
630	四川盆地及周缘五峰组—龙马溪组富有机质页岩沉积演化模式	沉积学报:37(4)	梁峰,张琴	
631	塔里木盆地塔中Ⅲ区奥陶系碳酸盐岩油气成藏主控因素及有利区带	沉积学报:37(4)	孙东,潘建国,胡再元,杨丽莎,周俊峰	
632	砾石分析在扇三角洲与湖岸线演化关系中的应用——以准噶尔盆地玛湖凹陷周缘百口泉组为例	沉积学报:37(3)	高志勇,石雨昕,周川闽,冯佳睿,翟羿程	
633	脉冲中子氯能谱测井的蒙特卡罗模拟研究	测井技术:43(3)	袁超	
634	碳酸盐岩缝洞型储层有效性评价新方法	测井技术:2	田瀚,冯庆付	
635	控氧对注水井管柱腐蚀行为的影响	材料保护:52(5)	裴智超,张玉楠,叶正荣,杨志文,王睿	

续表

序号	论文题目	期刊杂志名称/会议名称/出版社	作者	被收录情况
636	油田注水井的腐蚀风险研究	材料保护:52(3)	杨军征,张玉楠,邹洪岚,李大鹏,王青华	
637	准噶尔盆地沙湾凹陷滩坝砂石油地质特征及勘探意义	AAPG GTW 北京研讨会:北京	关新	
638	高浓度氯化钙—瓜胶交联冻胶技术	2019 中国油气开采工程新技术交流大会:北京	徐敏杰,高莹,杨艳丽,王丽伟,石阳	
639	底水厚砂岩气藏水平井多段压裂参数优化及设计	2019 中国油气开采工程新技术交流大会:北京	韩秀玲,杨战伟,孙侃,王辽,高莹	
640	井下油水分离技术在高含水油田开发的应用	2019 中国油气开采工程新技术交流大会:北京	高扬,俞佳庆,李益良,师国臣,李涛	
641	水平井选择性堵水技术研究及矿场应用	2019 中国油气开采工程新技术交流大会:北京	李宜坤,才程,党杨斌,陆海伟,林远平	
642	波及控制靶向驱油理论探索与实践	2019 中国油气开采工程新技术交流大会:北京	吴行才	
643	复杂碳酸盐岩长水平井定剖面精确布酸设计与应用研究	2019 中国油气开采工程新技术交流大会:北京	邹洪岚,崔明月,梁冲,张合文,温晓红	
644	油气行业关键信息基础设施认定规则探索	2019 中国石油石化企业信息技术交流大会:北京	冯梅,李青,陈曦	
645	新型自生酸酸岩反应动力学研究及其现场应用	2019 油气藏增产与提高采收率技术研讨会:海口	高莹,李向东,徐敏杰,石阳,韩秀玲	
646	鲁武马盆地上始新统深水重力流沉积天然气藏识别特征	2019 深海能源大会:海南	鲁银涛	
647	南海海域新生界沉积盆地油气资源潜力及勘探方向	2019 深海能源大会:海南	王彬	
648	南海中建海域深水陆隆碳酸盐岩礁沉积特征及油气勘探方向	2019 深海能源大会:海南	李林	
649	钻井级膨润土性能评价研究	2019 全国油田化学技术交流研讨会:西宁	贺丽鹏,王金芬,仪晓玲	
650	稠油热采水平井用封窜剂的研究与应用	2019 全国油田化学技术交流研讨会:西宁	刘强	
651	煤层气水平井旋流解堵工艺研究与应用	2019 全国页岩气、煤层气勘探开发利用技术交流研讨会:太原	张义,曾良君,李隽,王浩宇	
652	基于正演和属性融合的裂缝储层预测技术	2019 全国石油物探会:成都	陈更新,乐幸福	ISTP
653	基于表层 Q 补偿法的分级提高分辨率技术在四川盆地栖霞组白云岩储层识别中的应用	2019 全国石油物探会:成都	乐幸福,姚军	ISTP

续表

序号	论文题目	期刊杂志名称/会议名称/出版社	作者	被收录情况
654	OVT 处理技术在川中地区的研究及应用	2019 全国石油物探会;成都	凌越,王小卫,李斐	ISTP
655	地质导向相干技术在双鱼石工区的应用	2019 全国石油物探会;成都	李胜军	
656	松辽盆地北部 L 井区"两宽一高"地震资料分析及在断层检测中的应用	2019 全国石油物探会;成都	王海龙	
657	"两宽一高"地震资料在深层储层预测中的应用	2019 全国石油物探会;成都	李海亮	
658	基于 N 次根非线性叠加的弱信号增强技术	2019 全国石油物探会;成都	李斐,谢俊法,肖明图,刘伟明	ISTP
659	多数据融合处理技术在库车地区地震资料处理中的应用	2019 全国石油物探会;成都	赵玉合,臧胜涛,刘文卿,谢俊法	
660	近似真地表叠前深度偏移在复杂山地的应用	2019 全国石油物探会;成都	王建华,谢俊法,邵喜春,刘伟明	
661	基于经验模态分解与局部投影法相结合的微地震信号识别	2019 全国石油物探会;成都	孟会杰,苏勤,曾华会,王小卫,刘桓	ISTP
662	近地表综合补偿技术在鄂尔多斯盆地复杂地表区的应用	2019 全国石油物探会;成都	刘桓,李斐,冯心远,曾华会,孟会杰	
663	面向碳酸盐岩缝洞体系储层准确定位的随钻处理技术——中国西部实例	2019 全国石油物探会;成都	王靖,王小卫,孙甲庆,刘伟明	
664	川西北宽方位数据 OVT 域处理及裂缝预测应用	2019 全国石油物探会;成都	雍运动,王小卫,寇龙江,王鹏,杨哲	ISTP
665	"两宽一高"地震资料处理技术在松辽盆地中深层复杂构造成像中的应用	2019 全国石油物探会;成都	苏勤,曾华会,张小美,吕磊,刘桓	
666	一种复杂岩性的速度建模方法及应用	2019 全国石油物探会;成都	张涛,王小卫,刘文卿,臧胜涛,谢俊法	
667	盐下地震网格层析建模技术研究及应用	2019 全国石油物探会;成都	寇龙江,苏勤,雍运动,赵玉合,刘娟娟	ISTP
668	层间多次波分步压制方法在准噶尔盆地克百断裂带的应用	2019 全国石油物探会;成都	王孝,禄娟,刘文卿,曾华会,丁彩琴	
669	TTI 介质纯 qP 波稳定逆时偏移方法方法研究	2019 全国石油物探会;成都	刘文卿,高建虎	
670	耐高温氯化钙加重压裂液体系研究	2019 全国石油石化科技创新发展论坛;四川成都	高莹,徐敏杰,王丽伟,杨战伟,石阳	
671	我国煤层气经济规模开发经验与建议	2019 全国煤层气学术研讨会;南京	穆福元	
672	三合一功图诊断量液技术在油井工况诊断产量计量中应用	2019 年中国石油石化企业信息技术交流大会;北京	李群	

续表

序号	论文题目	期刊杂志名称/会议名称/出版社	作者	被收录情况
673	油气生产物联网管理子系统的设计与实现	2019年中国石油石化企业信息技术交流大会:北京	蔡凤翔	
674	基于分词改进的朴素贝叶斯web渗透行为分类	2019年中国石油石化企业信息技术交流大会:北京	柏东明,曾丽花	
675	基于人工智能的能耗预测在油气田企业的应用	2019年中国石油石化企业信息技术交流大会:北京	李峻	
676	基于机器学习的储层裂缝预测	2019年中国石油石化企业信息技术交流大会:北京	江日念,林霞,龚仁彬	
677	潜油螺杆泵用永磁电机技术研究	2019年中国电机工程学会年会:北京	朱世佳,郝忠献,刘雪琦,崔重印,李德印	
678	近地表补偿技术在浅层致密气勘探中的应用	2019年油气地球物理学术年会:南京	刘桓,苏勤,邹树海	ISTP
679	径向变换与奇异值分解联合去噪方法在面波压制中的研究及应用	2019年油气地球物理学术年会:南京	孟会杰,苏勤,曾华会,刘桓	ISTP
680	川东北地区岩溶储层相控高分辨率反演技术研究与应用	2019年油气地球物理学术年会:南京	张静,杜炳毅	
681	地震属性最佳因子技术在川东石炭系天然气预测中的应用	2019年油气地球物理学术年会:南京	史晓辉	
682	基于横向约束的混合域稀疏反褶积	2019年油气地球物理年会:中国北京	王伟,魏新建	
683	一种炮点位置偏移实时监测方法实现及应用	2019年油气地球物理年会:中国北京	魏新建	
684	生物礁储层预测方法研究与应用——以川东W区块为例	2019年天然气学术年会:合肥	李新豫	
685	滨里海盆地东缘中区块下石炭统纬宪阶油气成藏特征	2019年全国第九届油气运移学术研讨会:安徽合肥	梁爽,郑俊章,尹继全,王燕琨,王震	
686	塔里木盆地奥陶系"断溶体"裂缝发育特征、期次及控储作用	2019年全国第九届油气运移学术研讨会:安徽合肥	倪新锋,杨海军,沈安江,乔占峰,韦东晓	
687	苏丹Muglad盆地AS凹陷含油气系统模拟与油气运聚特征	2019年全国第九届油气运移学术研讨会:安徽合肥	李志,万仑坤,刘爱香,史艳丽	
688	四川盆地新生代走滑断裂系统特征及油气地质意义	2019年全国第九届油气运移学术研讨会:安徽合肥	苏楠,郝翠果,范晶晶	
689	断陷盆地斜坡区油气运聚差异性定量表征方法及应用	2019年全国第九届油气运移学术研讨会:安徽合肥	刘海涛	
690	煤系源岩烃类赋存与排驱机理	2019年全国第九届油气运移学术研讨会:安徽合肥	赵长毅	
691	准噶尔盆地白家海凸起煤层气富集模式及勘探方向	2019年煤层气学术研讨会:南京	杨敏芳,孙斌,田文广	

续表

序号	论文题目	期刊杂志名称/会议名称/出版社	作者	被收录情况
692	井控设计现状与质量管理提升对策研究	2019年度石油石化企业管理现代化创新优秀论文:广西南宁	滕新兴,毛蕴才,张晓辉,杨德凤,张绍辉	
693	工程监督资格数字化管理模式应用研究	2019年度石油石化企业管理现代化创新优秀论文:广西南宁	包永玲,赵星,刘盈,高魁旭,王凯	
694	提升工程项目监督工作层次的创新意识、思维和方法	2019年度石油石化企业管理现代化创新优秀论文:广西南宁	高振果,毕国强,吴虹,杨德凤	
695	录井技术应用与监督管理在油气勘探中的相互促进作用	2019年度石油石化企业管理现代化创新优秀论文:广西南宁	秦礼曹,邢立,张晓辉,杨姝,张绍辉	
696	抗盐纳米乳液制备及其性能评价	2019年度全国钻井液完井液学组工作会议暨技术交流研讨会:江西赣州	杨峥,刘盈,徐栋,刘峰报,冯杰	
697	支撑剂破碎率影响因素分析	2019年第九届油气藏改造压裂酸化技术研讨会:四川成都	梁天成,蒙传幼,朱文,付海峰	
698	水平井段内多簇压裂暂堵技术数模研究及现场应用	2019年第九届油气藏改造压裂酸化技术研讨会:四川成都	王天一,卢海兵,易新斌,姜伟	
699	驱油压裂液在长庆致密油藏中的应用	2019年第九届油气藏改造压裂酸化技术研讨会:四川成都	邱晓惠,舒玉华,许可,陈彦东	
700	高浓度二价离子盐形成耐高温交联冻胶性能研究	2019年第九届油气藏改造压裂酸化技术研讨会:四川成都	高莹,徐敏杰,王丽伟,杨战伟,石阳	
701	致密凝析气藏重复改造技术研究	2019年第九届油气藏改造压裂酸化技术研讨会:四川成都	韩秀玲,李素珍,杨战伟,高莹,王丽伟	
702	多级暂堵酸压暂堵剂用量优化与应用	2019年第九届油气藏改造压裂酸化技术研讨会:四川成都	王辽,车明光,杨战伟,李素珍	
703	页岩气开发对地下水污染影响数值模拟研究	2019第七届非常规天然气勘探开发研讨会暨煤层气、页岩气新技术峰会:中国	王才,熊春明,师俊峰,赵瑞东,张喜顺	
704	基于视等效井径模型的页岩气压裂水平井产能计算方法	2019第七届非常规天然气勘探开发研讨会暨煤层气、页岩气新技术峰会:中国	王才	
705	基于集成学习的油气储层岩性识别	2019年全国石油石化科技创新发展论坛:四川成都	任义丽,罗路	
706	泡沫油型超重油油藏冷采特征评价方法与应用	2018中国油气开发技术大会:北京	李星民,杨朝蓬,沈杨,张凡芹	
707	准噶尔盆地西北缘二叠系佳木河组火山岩储层裂缝发育特征集及分布预测	2018中国油气开发技术大会:北京	何辉,刘畅	
708	特低渗透油藏动态裂缝与基质双重作用的剩余油表征	2018中国油气开发技术大会:北京	王友净	

续表

序号	论文题目	期刊杂志名称/会议名称/出版社	作者	被收录情况
709	油藏注CO_2驱油前沿确定方法研究	2018年中国油气开发技术大会:中国北京	袁江如,雷征东	
710	Oil Demand under a Carbon Dioxide Emission Constraint	中国控制会议:广州	闫伟,常毓文	EI
711	Experimental Study of Injection Rate Influence on Hydraulic Fracturing	美国岩石力学会议:美国纽约	梁天成,蒙传幼,付海峰,才博,王欣	EI
712	Anisotropy of Shear Behaviors in Shale Based on an Open-box-style Inclined Shear Test	美国岩石力学会议:美国纽约	陈铭,修乃岭,胥云,张士诚	EI
713	Study on Data-driven Controlled Beam Migration Method	中国地球科学联合学术年会2019:北京	罗腾腾,徐基祥,吕考考,张才	
714	Global Shale Gas Development Trend and Suggestions on International Cooperation on Standardization	页岩气技术及标准化国际研讨会:四川成都	张磊夫,王红岩,刘洪林,刘德勋	
715	Structural Style and Evolution of Fold-and-thrust Belts Associated with Multiple Detachments in the Eastern Sichuan Basin, South China	美国地球物理联合会(AGU):美国	谷志东,姜华,付玲,翟秀芬	
716	Development Strategies for Keshen 2 Gasfield, an Ulsandtradeep Naturally Fractured Tight Sandstone Gas Reservoir in Tarim Basin	世界天然气联盟第23届委员会第三次会议(IGU):西班牙马德里	王泽龙,贾爱林	
717	Mechanism of Natural Fractures Opening in Ultra-deep Fractured Reservoir during Stimulation	日本岩石力学会议(YS-RM2019 &REIF2019):日本冲绳	韩秀玲,熊春明,杨战伟,石阳,王丽伟	
718	Multi-fracture Temporary Blocking Steering Mechanism and Experimental Research in Ultra-deep Fractured Reservoir	日本岩石力学会议(YS-RM2019 &REIF2019):日本冲绳	王丽伟,韩秀玲,熊春明,王博,杨战伟	
719	Research and Development of Oil Country Tubular Goods Standards	石油管及装备材料国际会议(TEC 2019):中国西安	徐婷,丁飞	
720	Optimal Structure of Primary Energy Consumption Based on Multi-factor Orthogonal Decomposition	国际数学地球科学年会:美国斯泰特科利奇	闫伟	
721	Research on a Model of Oil Production Forecast Based on Technical Development and Dynamic Change of Reserves	第四届能源资源与环境工程研究进展国际学术会议:成都	易洁芯	EI
722	Application of Discrete Fracture Network Model in the Simulation of Massive Fracturing in Tight Oil Reservoi	第四届矿产资源、岩土与土木工程国际会议:上海	何春明,石善志,张辉,李帅,陈进	EI
723	Characteristics and Controlling Factors of Tuff Tight Reservoir in Tiaohu Formation of Malang Sag, Santanghu Basin	第四届国际古地理会议:中国北京	司学强,王鑫,徐洋	

续表

序号	论文题目	期刊杂志名称/会议名称/出版社	作者	被收录情况
724	Characteristics and Influence Factors of the Middle-lower Jurassic Tight Sandstone Reservoirs in the Taibei Sag, Turpan-hami Basin	第十一届国际石油技术大会：北京	司学强,徐洋,王鑫,郭华军,李亚哲	EI
725	Lithological Types and Characteristics of Carbonate Open Platform in Pre-caspian Basin	第三届能源工程与环境保护国际学术会议：三亚	范子菲,李建新,王淑琴	EI
726	A New Method of Hydrocarbon Detection with Seismic Data in Tight Reservoirs	第六届石油理事会WPC青年论坛(俄罗斯)：俄罗斯莫斯科	姜仁,刘成林	
727	Well Deployment Technique For Subwater Distributary Channel Sand Body Reservoir Architecture Of Tight Gas	第六届石油理事会WPC青年论坛(俄罗斯)：俄罗斯莫斯科	刘群明,唐海发	
728	Reservoir Oil-bearing Evaluation Based on Machine Learning	第六届石油理事会WPC青年论坛(俄罗斯)：俄罗斯莫斯科	任义丽,冯周,罗路	
729	Elastic Reverse Time Migration in 2D TTI Media	第六届地质资源管理与可持续发展国际学术会议：北京	周超,张剑利,屈泰来,王青,李浩武	EI
730	Petroleum Geology and Exploration Discoveries of Central-western African Rift Basins	第九届世界华人地质科学研讨会：USA	张光亚	EI
731	Evolutionary Sequence of Normal Fault Patterns in Extensional Basin	第九届世界华人地质科学研讨会：USA	黄彤飞,张光亚	EI
732	Key Concerns on Proved Reserves Evaluation in Different Development Stage for International Cooperated Assets Under SEC Rules	第二届材料合成与加工前沿国际会议：海南	衣艳静	EI
733	Approximate True Surface Prestack Depth Migration: Application to Qilian Piedmont in China	第89届SEG年会：美国圣安东尼奥	肖明图,苏勤,李斐	EI,ISTP
734	Multi-information Constrained Model-based tomographic Inversion in Complex Structure Imaging - case Study from Qaidam Basin, Western China	第89届SEG年会：美国圣安东尼奥	刘伟明,胡书华,李斐,王靖,冯心远	EI,ISTP
735	Modeling and Analysis of Seismic Wave Attenuation Based on Rock Physics Models	第89届SEG年会：美国圣安东尼奥	王磊,郑茜	EI
736	Hydrocarbon Prediction from Seismic Elastic Inversion Using General Poisson Dampening Factor	第89届SEG年会：美国圣安东尼奥	王磊,郑茜	
737	Research on an Improved Anisotropic Diffusion Filtering Method	第89届SEG年会：美国圣安东尼奥	丰超	EI
738	Static Correction Strategy for Converted Wave data: a Case Study from Western China	第89届SEG年会：美国圣安东尼奥	边冬辉,王小卫,杨哲	ISTP
739	Registration of PS and PP Image Volumes Based on 3D Non-rigid Matching: A Case Study from Sichuan Basin, China	第89届SEG年会：美国圣安东尼奥	杨哲,王小卫,边冬辉	ISTP

续表

序号	论文题目	期刊杂志名称/会议名称/出版社	作者	被收录情况
740	Converted Wave Velocity Model Building with VTI Anisotropy Case Study from Sichuan Basin, China	第89届SEG年会:美国圣安东尼奥	王小卫,杨哲,边冬辉	ISTP
741	Processing While Drilling Technology for Efficient and Accurate Location of Carbonate Fracture-Cavity Reservoirs: A Case Study in the Western China	第89届SEG年会:美国圣安东尼奥	王靖,王小卫,孙甲庆,刘伟明	ISTP
742	Application of Tomographic Static Correction Method without Ray Tracing in Piedmont Area of Western China	第89届SEG年会:美国圣安东尼奥	吴杰,臧胜涛,王小卫,孙甲庆,袁焕	
743	Pre-stack Depth Migration Velocity Modeling of Low-amplitude Structure in Matouying Area	第89届SEG年会:美国圣安东尼奥	王鹏,张永峰,王小卫,雍运动,郄树海	
744	Internal Multiple Attenation by OVT Migration and its Application in Carbonate Rock Environment	第89届SEG年会:美国圣安东尼奥	凌越,胡书华	EI
745	Traveltime Calculation and Raytracing Based on Fast Marching Method with a Staggered Grid	第89届SEG年会:美国圣安东尼奥	胡自多,刘威,韩令贺	ISTP
746	Impedance Inversion of the Karst Reservoir Using Diffraction	第89届SEG年会:美国圣安东尼奥	韩令贺,向坤,Evgeny Landa	ISTP
747	Nonlinear AVO Inversion Based on the Reflectivity Method in Depth Domain	第89届SEG年会:美国圣安东尼奥	何润,闫国亮	ISTP
748	Using the Azimuthal Derivative of the Amplitude for Fracture Detection	第89届SEG年会:美国圣安东尼奥	谢春辉	ISTP
749	Seismic Data Interpolation with Conditional Generative Adversarial Networks	第89届SEG年会:美国圣安东尼奥	常德宽,杨午阳	
750	An Improved Asymptotic Inversion Based Reverse Time Migration and Its Application	第89届SEG年会:美国圣安东尼奥	刘文卿,杨午阳	
751	Anisotropic Model Building Based on Multi-well Constraint Full-azimuthal Tomography: Case Study from Pre-Caspian Basin	第89届SEG年会:美国圣安东尼奥	刘文卿,杨午阳	
752	Approximate True Surface Prestack Depth Migration: Application to Qilian Piedmont in China	第89届SEG年会:美国圣安东尼奥	肖明图,苏勤,李斐,余国祥,王彦君	
753	Converted Wave Velocity Model Building with VTI Anisotropy: Case Study from Sichuan Basin, Southwest China	第89届SEG年会:美国圣安东尼奥	王小卫	
754	Multi-information Constrained Model-based Tomographic Inversion in Complex Structure Imaging Case Study from Qaidam Basin, Western China	第89届SEG年会:美国圣安东尼奥	刘伟明	

续表

序号	论文题目	期刊杂志名称/会议名称/出版社	作者	被收录情况
755	Impedance Inversion of the Karst Reservoir Using Diffraction1	第89届SEG年会:美国圣安东尼奥	韩令贺	
756	Traveltime Calculation and Raytracing Based on Fast Marching Method with a Staggered Grid Finite-difference Scheme	第89届SEG年会:美国圣安东尼奥	胡自多	
757	Processing Technology of Broadband, Wide-azimuth and High-density (BWH) Seismic Data: Case Study of Mid-deep Imaging in Songliao Basin, Northeast China	第89届SEG年会:美国圣安东尼奥	苏勤	
758	Interlayer Multiple Suppression Method for Conglomerate Reservoirs in Mahu Area, Western China	第89届SEG年会:美国圣安东尼奥	王孝	
759	Anisotropic Model Building Based on Multi-well Constriant Full-azimuthal Tomography: Case Study from Pre-Caspian Basin	第89届SEG年会:美国圣安东尼奥	王宇超	
760	High-Resolution Processing Technology for Thin Sand Bodies: Mahu Slope Area of Junggar Basin	第89届SEG年会:美国圣安东尼奥	赵玉合	
761	Application of Logging Rock Physical Analysis in Reservoir Characterization: A Case Study of Carbonate Reservoir in Sichuan Basin	第89届SEG年会:美国圣安东尼奥	魏超,杨昊	
762	Estimation of Seismic Dip and Azimuth Based on Neural Network Learning	第89届SEG年会:美国圣安东尼奥	杨昊,魏超	
763	Application of Comprehensive Modeling of Gypsum-containing Complex Tectonic Belt in Seismic Imaging	第89届SEG年会:美国圣安东尼奥	徐光成,王春明,陈竹新,刘杏芳	
764	A Porosity-insensitive Normalized Fluid Factor Based on Rock Physics Templates	第89届SEG年会:美国圣安东尼奥	李红兵,蔡生娟,潘豪杰	
765	Hybrid High Order Fast Sweep Method for Factored Eikonal Equation	第89届SEG年会:美国圣安东尼奥	崔栋,张玉洁,胡英,王春明,首皓	
766	3D Elastic Rock Physics Template Inversion for Reservoir Parameters of Gas Hydrate-bearing Sediments	第89届SEG年会:美国圣安东尼奥	李红兵,张研,潘豪杰,蔡生娟	
767	Intergrated Characterization of Tidal Channel and Its Affection on Production: A Case from Middle East	第89届SEG年会:美国圣安东尼奥	刘杏芳,孙圆辉,邵冠铭,林腾飞	
768	High-resolution Inversion Based on Lithology Faces-control of Karst Reservoir: a Case Study from Sichuan Basin, China	第89届SEG年会:美国圣安东尼奥	张静,杜炳毅	

续表

序号	论文题目	期刊杂志名称/会议名称/出版社	作者	被收录情况
769	Comparison of Predicted Fractures by Three Wide-azimuth Methods: a Shale Reservoir Fracture	第89届SEG年会:美国圣安东尼奥	郭同翠,王红军	
770	Fracture Prediction Based on an Improved Anisotropy Inversion:a Shale Reservoir Fracture	第89届SEG年会:美国圣安东尼奥	郭同翠,王红军	
771	Analysis on Variation Characteristics of Remote Sensing Reflectance and its Influencing Factors in Oil-polluted Water	第40周亚洲遥感会议(ACRS2019):韩国	黄妙芬,刘杨,邢旭峰,张楠楠	EI
772	A Remote Sensing Model for Retrieving Oil Concentration in Water Based on Absorption Coefficient of Reference Band	第39届国际地球科学与遥感大会(IGARSS):日本	黄妙芬,刘杨,邢旭峰,赵祖龙	EI
773	Hydrocarbon Prospectivity of Doseo Depression in South Chad Basin	第36届国际地质大会:印度	肖坤叶,王景春,王利,胡瑛,张新顺	EI
774	Characteristics of Collapsed Paleokarst-cave Systems and Controlling Factors of Paleokarst Cave Development in the Lianglitage Formation, Halahatang Oilfield Tarim Basin, NW China	第34届国际沉积学大会(34th IAS Meeting of Sedimentology):罗马	宁超众	ISTP
775	Development Model of Secondary Pores in Tight Glutenite Reservoir	第34届国际沉积学大会(34th IAS Meeting of Sedimentology):罗马	马永平	
776	Sedimentary Characteristics and Model of Sandy Debris Flow in Lacustrine Basin Depression Area of Triassic Baikouquan Formation in Junggar Basin	第34届国际沉积学大会(34th IAS Meeting of Sedimentology):罗马	黄林军	
777	Evolution and Seismic Prediction of Subaqueous Distributary Channel Sand Bodies in the Braided River Delta	第34届国际沉积学大会(34th IAS Meeting of Sedimentology):罗马	许多年	
778	Characteristics of Deep Water Sediment Waves in the Channel-lobe Transition Zone of Rovuma Basin	第34届国际沉积学大会(34th IAS Meeting of Sedimentology):罗马	孙辉	
779	Deepwater Architectural Elements and Reservoirs in the Ruvuma Basin	第34届国际沉积学大会(34th IAS Meeting of Sedimentology):罗马	徐志诚,吕福亮	
780	A Kind of Neglected Source Rock——Sedimentary Volcanic Dust Tuff	第34届国际沉积学大会(34th IAS Meeting of Sedimentology):罗马	闫春,吕玉珍,吕学菊,曹全斌,王雪峰	

续表

序号	论文题目	期刊杂志名称/会议名称/出版社	作者	被收录情况
781	Lithofacies, Cyclicity and Sedimentary Models of a Lacustrine Microbialite System the Paleocene Ganchaigou Formation of Qaidam Basin (NW China)	第34届国际沉积学大会(34th IAS Meeting of Sedimentology):罗马	刘占国	SCI
782	Integrated Reef-shoal Complexes Characterization of Seismic with Geology Modeling A Case Study in Tarim Basin, NW China	第34届国际沉积学大会(34th IAS Meeting of Sedimentology):罗马	熊冉,张天付,黄理力	
783	Study on Sedimentary Characteristics and Sandbody Distribution of the Jurassic in the Southern Margin of Junggar Basin	第34届国际沉积学大会(34th IAS Meeting of Sedimentology):罗马	司学强,徐洋,郭华军,陈能贵,沈金龙	EI
784	Geochemical Attributes in Lower-ordovician Dolostones from Tarim Basin: Implications for Genesis of Dolomite and Porosity	第34届国际沉积学大会(34th IAS Meeting of Sedimentology):罗马	张友,郑兴平,邵冠铭,朱茂	
785	The Features and Genesis of Lower Cambrian pre-salt Microbial Dolomite Reservoir in Tarim Basin, NW China	第34届国际沉积学大会(34th IAS Meeting of Sedimentology):罗马	郑剑锋,沈安江,黄理力,潘文庆,乔占峰	
786	A Triassic Turbidite Outcrop at Jianza-tongren Area in Qinghai Province, China An Example of Lobe Deposition in an Axial Basin	第34届国际沉积学大会(34th IAS Meeting of Sedimentology):罗马	马宏霞,徐志诚,王彬,王雪峰,郭渊	
787	Deepwater Channel Characteristics and Hydrocarbon Accumulation in Zhongjian Area	第34届国际沉积学大会(34th IAS Meeting of Sedimentology):罗马	杨志力,王彬,李丽,张强,李东	
788	Features and Evolution of Miocene Channel System Around Xisha Uplift in South China Sea	第34届国际沉积学大会(34th IAS Meeting of Sedimentology):罗马	李丽,杨志力,杨涛涛,王彬,鲁银涛	
789	Characteristics of Barrier and Baffle in Jeribe and Upper Kirkuk Reservoir, Halfaya Oilfield, Iraq	第34届国际沉积学大会(34th IAS Meeting of Sedimentology):罗马	王友净,宋新民	
790	Seismic Sedimentologic Study of Facies and Reservoir in Middle Triassic Karamay Formation Mahu Sag, Junggar Basin, China	第34届国际沉积学大会(34th IAS Meeting of Sedimentology):罗马	徐兆辉	
791	Outlook of Deep Learning in Upstream of Petroleum Industry	第20届国际数学地质年会:美国	李大伟,周相广,樊长江	
792	Integrated Application of Seismic Reservoir Prediction Technology in Deep Dolomite Reservoir: A Case Study of Cambrian Longwangmiao Formation, Gaoshiti-Moxi Area, Sichuan Basin, China	第14届理论与计算声学会议:北京	姜仁,刘成林	EI

续表

序号	论文题目	期刊杂志名称/会议名称/出版社	作者	被收录情况
793	NMR Experimental Study of Gas Driving Oil of Tight Oil Reservoir	第11届国际多孔介质协会学术年会(InterPore2019):西班牙	李海波,郭和坤,杨正明,高铁宁,张亚蒲	
794	Precisely Studies on Petrophysical Parameters and Interface Properties of Cores from Tight Oil Reservoirs	第11届国际多孔介质协会学术年会(InterPore2019):西班牙	杨正明,张亚蒲,骆雨田	
795	An Research and Application of Yield Variation Law of Fractured Wells in Tight Oil Straight Well A Case of the Daqing Oilfield, China	第11届国际多孔介质协会学术年会(InterPore2019):西班牙	杨正明,赵新礼,陈挺,骆雨田,王文明	
796	Research and Application of Numerical Method of Evaluation of Fracturing Effects in Large Scale Volume Reform of Vertical Wells	第11届国际多孔介质协会学术年会(InterPore2019):西班牙	杨正明,夏德斌,张亚蒲,骆雨田	
797	Application of Online Nuclear Magnetic Resonance Technology to Analysis of Displacement Process in Tightoil Cores	第11届国际多孔介质协会学术年会(InterPore2019):西班牙	杨正明,陈挺,骆雨田,熊生春	
798	The Influence of Fracture on the Gas Reservoir Development	第11届国际多孔介质协会学术年会(InterPore2019):西班牙	焦春艳,胡勇,徐轩	
799	Reducing Fracturing Pressure by Using Novel Stimulating Technique for Ultra-tight Rock	地质工程与信息技术	杨战伟,胥云	EI
800	Gravity Assisted Steam Flooding with Vertical-horizontal Wells in Foamy Extra-heavy Oil Reservoirs	World Heavy Oil Congress 2019:阿曼	杨朝蓬,陈和平,李星民,沈杨,史晓星	
801	Produced Gas Reinjection Based Cyclic Solvent Process to Enhance Oil Recovery of Foamy Oil Reservoirs	World Heavy Oil Congress 2019:阿曼	李星民,杨朝蓬,史晓星,沈杨	
802	A Numerical Simulator for Modeling the Coupling Processes of Subsurface Fluid Flow and Reactive Transport Processes in Fractured Carbonate Rocks	Water:2019,11,1957	袁涛,魏晨吉	SCI
803	Multiscale Digital Porous Rock Reconstruction Using Template Matching	Water Resources Research: 0043-1397	杨正明,林伟,李熙喆,Michael Manga,傅潇静	SCI
804	Thermal Maturity Determination for Oil Prone Organic Matter Based on the Raman Spectra of Artificial Matured Samples	Vibrational Spectroscopy:104	米敬奎,何坤,范俊佳	SCI

续表

序号	论文题目	期刊杂志名称/会议名称/出版社	作者	被收录情况
805	What Do Hydraulic Fractures Look Like in Different Types of Reservoirs: Implications from a Series of Large-Scale Polyaxial Hydraulic Fracturing Experiments from Conventional to Unconventional	URTeC;Denver,Corolado,USA	彭翼	EI
806	Innovative Deep Autoencoder and Machine Learning Algorithms Applied in Production Metering for Sucker-Rod Pumping Wells	URTeC;Denver,Colorada,USA	彭翼	EI
807	Valuable Data Extraction for Resistivity Imaging Logging Interpretation	Tsinghua Science and Technology;ISSN 1007-0214	任义丽,龚仁彬,冯周,李美超	SCI
808	Geochemical Features and Genetic Mechanism of Deep-water Source Rocks in the Senegal Basin,West Africa	Thermal Science;23	吴义平,王建君,王青,李浩武,张宁宁	SCI
809	Research and Application of Rod/Tubing Wearing Prediction and Anti-Wear Method in Sucker Rod Pumping Wells	the SPE Middle East Oil and Gas Show and Conference;Manama,Bahrain	赵瑞东	EI
810	New Workflow of Facies Modeling Based on Deposition Study,Seismic Data and Artificial Modification:A Case Study for the Mishrif Formation of the H Oilfield,Iraq	the SPE Middle East Oil and Gas Show and Conference;Manama,Bahrain	韩如冰,李顺明,宋本彪,田昌炳	EI
811	A Casing Damage Prediction Method Based on Principal Component Analysis and Gradient Boosting Decision Tree Algorithm	the SPE Middle East Oil and Gas Show and Conference;Manama,Bahrain	宋梦馨,周相广	EI
812	Application and Challenge of Flow Improver for the Development of Heavy Oil and Waxy Crude	The Second International Conference on Materials Chemistry and Environmental Protection;三亚	张付生,管保山,刘国良,李雪凝	EI
813	Analysis of Global Upstream Oil and Gas Assets Deal Characteristics and Regional Influencing Factors	The Fourth International Conference on Energy Engineering and Environmental Protection;厦门	邹倩,尹秀玲	EI
814	Performance Evaluation of a Novel Viscosity-reducing Agent for Heavy Oil	The Fourth International Conference on Energy Engineering and Environmental Protection;福建	刘国良,李雪凝,张付生,朱卓岩	EI,ISTP
815	The Physical and Chemical Technologies for Oily Sludge Treatment and Their Applications	The Fourth International Conference on Energy Engineering and Environmental Protection;福建	李雪凝,张付生,管保山,孙江河,廖龚晴	EI,ISTP
816	Fault-Controlled on Hydrocarbon Migration and Accumulation of Baodao Northern Slope in the Qiongdongnan Basin,South China Sea	the Arabian Journal of Geosciences (CAJG-1);Tunisia	张新顺	EI

续表

序号	论文题目	期刊杂志名称/会议名称/出版社	作者	被收录情况
817	Identification and Distribution of Jurassic Paleo-reservoirs in the Central Junggar Basin, NW China	the Arabian Journal of Geosciences (CAJG-1): Tunisia	刘刚	
818	Development of a Smart Slickwater with Highproppant-carrying Capability for Shale Reservoirs	The Abu Dhabi Intelnational Petroleum Exhibition&Conference: 阿布扎比	许可, 卢拥军, 王欣, 石阳, 徐敏杰	
819	Characterization of Glutenite Reservoirs Using Bayesian Adaptive Impedance Inversion and Rock Physics	The 81st EAGE Conference & Exhibition 2019: London	杨亚迪, 曾庆才, 代春萌, 王秀姣	EI
820	Gold Tube Pyrolysis Simulation and Geological Application of Lower Cretaceous Source Rock in Hailaer Basin, China	The 81st EAGE Conference & Exhibition 2019: London	谢明贤, 陈广坡, 马凤良	
821	Seismic Evaluation Method for Fault Sealing: a Case of Yingdong in Qaidam Basin	The 81st EAGE Conference & Exhibition 2019: London	高妍芳	EI
822	Forming Conditions and Characteristics of Far-source Lithologic Reservoirs of Paleocene Yabus Formation, Melut Basin	The 81st EAGE Conference & Exhibition 2019: London	史忠生, 薛罗, 陈彬滔	EI
823	Micro-fault System Detection by Machine Learning	The 81st EAGE Conference & Exhibition 2019: London	杜炳毅, 雍学善, 闫国亮	EI
824	Joint Using PP-wave and PS-wave Elastic Impedance to Construct Reservoir Sensitive Elastic Parameters	The 81st EAGE Conference & Exhibition 2019: London	桂金咏, 高建虎	EI
825	Gas and Water Detection in Dolomite Reservoirs Based on Multi-Wave Amplitude Attribute	The 81st EAGE Conference & Exhibition 2019: London	高建虎, 王洪求, 郭欣, 桂金咏, 陈启艳	EI
826	Seismic Traveltime Calculation Using Fast Marching Methods with a Rotated Staggered Grid Finite-difference Scheme	The 81st EAGE Conference & Exhibition 2019: London	胡自多, 刘威, 徐兴荣, 杨哲, 吴丹	EI
827	Application of Near-surface Q Compensation Technology in TZ Area of Western China	The 81st EAGE Conference & Exhibition 2019: London	吴杰, 苏勤, 杨维, 凌越, 郄树海	
828	Adaptive Partical Swarm Optimization Assisted MCMC for Stochastic Inversion	The 81st EAGE Conference & Exhibition 2019: London	向坤, 韩令贺	EI
829	On Frequency and Resolution of Viscoelastic Least-squares Reverse Time Migration	The 81st EAGE Conference & Exhibition 2019: London	胡书华, 王小卫, 刘文卿, G. McMechan, P. Guo	EI
830	U-net & Residual Neural Networks for Seismic Fault Interpretation	The 81st EAGE Conference & Exhibition 2019: London	常德宽, 杨午阳	EI
831	Application of Viscoelastic Pre-stack Time Migration in Thin Sand Reservoir Imaging	The 81st EAGE Conference & Exhibition 2019: London	曾华会, 苏勤, 吕磊, 袁刚, 刘桓	EI

续表

序号	论文题目	期刊杂志名称/会议名称/出版社	作者	被收录情况
832	Simultaneous Inversion of Shear Wave Velocity and Layer Thickness by Surface-Wave Dispersion Curves	The 81st EAGE Conference & Exhibition 2019;London	伍敦仕,王小卫,苏勤,胡自多,谢俊法	EI
833	Approximate True Surface Prestack Depth Migration and Its Application in Piedmont of East Sichuan	The 81st EAGE Conference & Exhibition 2019;London	谢俊法,王建华,李斐,赵玉莲,杨哲	EI
834	Identification of Gas Layers Based on Dispersion Analysis in Offshore Deep-water	The 81st EAGE Conference & Exhibition 2019;London	郭渊,左国平,丁梁波,张颖,李东	
835	Waterflooding Management and Optimization for Reservoir Simulation with Coupled Geomechanics and Dynamic Fractures Using Streamline-based Information	The 81st EAGE Conference & Exhibition 2019;London	雷征东	EI
836	Gravity Sediment System in the Margin of Middle Miocene Carbonate Slope in Northwest South China Sea	The 81st EAGE Conference & Exhibition 2019;London	鲁银涛,吕福亮,姚根顺,许小勇,杨涛涛	
837	Barrier Correlation, Distribution and Modelling of a Braided River Reservoir in Sudan	The 81st EAGE Conference & Exhibition 2019;London	王珏,高兴军,周新茂,刘卓	EI
838	The Application of High-resolution AVO inversion for Dolomite Reservoir Identification in Sichuan Basin,China	The 81st EAGE Conference & Exhibition 2019;London	葛强,杨志芳,曹宏,晏信飞,李晓明	EI
839	Characterization of Glutenite Reservoirs Using Bayesian Adaptive	The 81st EAGE Conference & Exhibition 2019;London	杨亚迪,罗亚能,曾庆才,代春萌,王秀姣	EI
840	Using Convolutional Neural Networks (CNN) and Seismic Data to Predict Gas Content in Shales Gas Reservoirs: A Case Study from the Lower Silurian Longmaxi Formation, Sichuan Basin, China	The 81st EAGE Conference & Exhibition 2019;London	陈胜,贺佩,王秀姣,杨青,邓宇	
841	3D Elastic-electrical Rock Physics Template Inversion for Reservoir Parameters of Gas Hydrate Bearing Sediment	The 81st EAGE Conference & Exhibition 2019;London	李红兵,潘豪杰,张研,蔡生娟	EI
842	Elastic Properties of Deep Carbonate Gas Reservoirs	The 81st EAGE Conference & Exhibition 2019;London	晏信飞,杨志芳,胡莲莲,李晓明	EI
843	Unsupervised Seismic Data Interpolation Via Deep Convolutional Autoencoder	The 81st EAGE Conference & Exhibition 2019;London	郑晓东,胡莲莲,段艳廷,晏信飞	EI
844	Measurement and Analysis of Internal Flow Field Characteristics of Downhole Bionic Power Generator Based on PIV	The 6th International Conference of Bionic Engineering:长春	杨清海,谯意,明尔扬,付涛,张勇	EI
845	Influence of Horizontal Bedding on Vertical Extension of Hydraulic Fracture and Stimulation Performance in Shale Reservoir	the 53rd US Rock Mechanics/Geomechanics Symposium:New York,NY,USA	修乃岭,胥云,严玉忠,王欣,梁天成	EI

续表

序号	论文题目	期刊杂志名称/会议名称/出版社	作者	被收录情况
846	Application of Least Squares Surface Method in Prediction of Reserves Growth Trend in Oil and Gas Fields	The 14th International Conference on Computer Science & Education:多伦多	张倩,杨紫	
847	Characteristics and Hydrocarbon Generation History of the Lower Cambrian Yuertus Formation Source Rocks in the Tarim Basin, NW China-1	The 10th International Conference on Petroleum Geochemistry and Exploration in the Afro-Asian Region:广州	武金云,贺训云,倪新峰,黄理力	
848	New Play Discoveries in the South Sumatra Basin, Indonesia-exploration	The 10th International Conference on Petroleum Geochemistry and Exploration in the Afro-Asian Region:广州	李铭,孔祥文,洪国良,胡广成,祝厚勤	
849	Measures for Cost Reduction and Efficiency Improvement through Human Resources Management Innovation	tekno scienze publisher&event organiser:36	兰君,常毓文,王恺,法贵方,傅礼兵	SCI
850	Research and Development of B/S-Based Data Mining System for Petroleum Information	Springer:Springer-C-CTP-01	张倩,米石云,刘鑫宇	SCI
851	Fracture Characteristics and the Main Control Factors of Reef Flat Reservoirs in Central Region of Amu Darya Right Bank Block	Springer Series in Geomechanics and Geoengineering:ISSN 1866-8755	徐芳,黄文松	SCI
852	The Orinoco Heavy Oil Belt "Meteoritic Water Flushed Zone Logging Identification and Influence on Reservoir Development Strategy	Springer Series in Geomechanics and Geoengineering:ISSN 1866-8755	郭松伟	SCI
853	Improved Stochastic Simulation Using Stratigraphic Forward Modeling A Case Study of The Lithological Distribution of Tide-dominated Estuary in JE-AW Oilfield, Ecuador	Springer Series in Geomechanics and Geoengineering:ISSN 1866-8755	张克鑫,陈和平,张超前,王玉生,郭松伟	SCI
854	Impact of Interlayer Distribution on SAGD Performance and Countermeasures in Oil Sands Project	Springer Series in Geomechanics and Geoengineering:ISSN 1866-8755	梁光跃,刘尚奇,刘章聪,刘洋	SCI
855	Dynamic Variation of Rheological Behavior and Displacement of Polymer Flooding in Mid-low Permeability Cores	Springer Series in Geomechanics and Geoengineering:ISSN 1866-8755	刘剑,雷占祥,李云波	SCI
856	Production Decline Characteristic and Development Strategy of Strong Natural Water Drive Reservoir with High Water Cut	Springer Series in Geomechanics and Geoengineerin:ISSN 1866-8755	刘剑,贾芬淑,雷占祥,李云波,徐立坤	SCI

续表

序号	论文题目	期刊杂志名称/会议名称/出版社	作者	被收录情况
857	Integrated Technology of Seismic Acquisition, Processing and Interpretation of Broadband, Wide-azimuth and High-density (bwh) Data: Case Study of Thin Sand Reservoir Imaging In Songliao Basin, Northeast China	SPE2019, Abu Dhabi International Petroleum Exhibition & Conference; Abu Dhabi, UAE	曾华会,苏勤,王小卫,王孝,刘桓	ISTP
858	Application of Broadband, Wide-azimuth And High-density (BWH) Seismic Data Processing Technology in Complex Structure Imaging of Songliao Basin	SPE2019, Abu Dhabi International Petroleum Exhibition & Conference; Abu Dhabi, UAE	苏勤,曾华会,张小美,吕磊,郜树海	ISTP
859	Miscible Gas Injection in Heterogeneous Carbonate Reservoirs with Extensive Baffles	SPE2019, Abu Dhabi International Petroleum Exhibition & Conference; Abu Dhabi, UAE	魏晨吉,王玉合,李保柱	EI
860	An Alternative BEM Modeling of Transient Pressure Response of Fractured Reservoir by Use of a Semi-analytical Approach	SPE2019, Abu Dhabi International Petroleum Exhibition & Conference; Abu Dhabi, UAE	王军磊,贾爱林,位云生,齐亚东	EI
861	A Case Study of Miscible CO_2 Flooding in a Giant Middle East Carbonate Reservoir	SPE/IATMI Asia Pacific Oil & Gas Conference and Exhibition; Bali, Indonesia	吴淑红,范天一,赵丽莎,彭晖,童敏	
862	Economic Analysis and Risk Management in Development of Tight-Low Permeability Reservoir	SPE/IATMI Asia Pacific Oil & Gas Conference and Exhibition; Bali, Indonesia	蔚涛,李保柱,雷征东,安小平,王文环	EI
863	Deep Autoencoder-derived Features Applied in Virtual Flow Metering for Sucker-rod Pumping Wells	SPE/IATMI Asia Pacific Oil & Gas Conference and Exhibition; Bali, Indonesia	彭翼,张建军,熊春明,师俊峰,赵瑞东	EI
864	Present Situation and New Problems about Deliquification of the Four Major Gas Provinces	SPE/IATMI Asia Pacific Oil & Gas Conference and Exhibition; Bali, Indonesia	贾敏,李楠,张建军,师俊峰,李隽	EI
865	A Case Study of Miscible CO_2 Flooding in a Giant Middle East Carbonate Reservoir	SPE/IATMI Asia Pacific Oil & Gas Conference and Exhibition; Bali, Indonesia	吴淑红,范天一,赵丽莎,彭晖,童敏	
866	A Scalable Parallel In-Situ Combustion Reservoir Simulator for Large Scale Models	SPE/IATMI Asia Pacific Oil & Gas Conference and Exhibition; Bali, Indonesia	何瑞健,吴淑红,陈掌星,杨博,刘辉	
867	Artificial Neural Network Accelerated Flash Calculation for Compositional Simulations	SPE Russian Petroleum Technology Conference; Moscow, Russia	闫林,陈福利	
868	An Adaptive Preconditioning Strategy to Speed up Parallel Reservoir Simulations	SPE Russian Petroleum Technology Conference; Moscow, Russia	闫林,陈福利	

续表

序号	论文题目	期刊杂志名称/会议名称/出版社	作者	被收录情况
869	Optimization on Well Energy Supplement and Cluster Spacing Based Upon Fracture Controlling Fracturing Technology & Reservoir Simulation—An Ordos Basin Case Study	SPE Russian Petroleum Technology Conference;Moscow,Russia	郭英,翁定为,王欣,段瑶瑶,修建龙	EI
870	A Research of High-quality Sandstone Reservoirs in Deep Formation in the Central Depression of the Fergana Basin, Central Asia	SPE Russian Petroleum Technology Conference;Moscow,Russia	林雅平,吴铁壮,孔令洪,郑俊章,宋连腾	EI
871	CO_2 Assisted Steam Flooding Technology after Steam Flooding—A Case Study in Block J6 of Xinjiang Oilfield	SPE Russian Petroleum Technology Conference;Moscow,Russia	席长丰	EI
872	Case Study: Sand Control Technology During CSS in Liaohe and Xinjiang Heavy Oil Reservoirs	SPE Russian Petroleum Technology Conference;Moscow,Russia	杜宣	EI
873	Three Typical SAGD Horizontal Producer Temperature Modes and EnhancedMeasures in Heterogeneous Super Heavy Oil Reservoir—A Case Study in FCProject of Xinjiang Oilfield	SPE Russian Petroleum Technology Conference;Moscow,Russia	席长丰	EI
874	An Integrated Approach to Optimize Bottomhole-pressure-drawdown Management for a Hydraulically Fractured Well Using a Transient Inflow Performance Relationship	SPE Reservoir Evaluation & Engineering;23(1)	王军磊,罗万静,陈志明	SCI
875	Effect of Fluid Pressure and Pore Structure on Tight-Sand Gas Saturation—Evidence from Micro-CT Simulation Experiment	SPE Reservoir Evaluation & Engineering;23(3)	公言杰,赵孟军,卓勤功,刘可禹	SCI
876	Development Optimization for Improving Oil Recovery of Cold Production in a Foamy Extra-Heavy Oil Reservoir	SPE Oil and Gas India Conference and Exhibition;印度孟买	杨朝蓬,李星民,陈和平,沈杨	EI
877	Innovative Geomodeling, History Matching and Optimization Methods of a Complex Oil Sands SAGD Project with Centimeter-level Thin Shale Laminae	SPE Kuwait Oil & Gas Show and Conference;科威特	梁光跃,聂志泉,黄继新,刘洋,周久宁	EI
878	A unified Approach to Optimize Fracture Design of a Horizontal Well Intercepted by Primary-and Secondary-fracture Networks	SPE Journal;24(3)	王军磊,位云生,罗万表	SCI,EI
879	PDEA-Based Amphiphilic Polymer Enables pH-Responsive Emulsions for a Rapid Demulsification	SPE International Conference on Oilfield Chemistry;Galveston, Texas, USA	侯庆锋,郑晓波,朱友益	EI

序号	论文题目	期刊杂志名称/会议名称/出版社	作者	被收录情况
880	Guerbet Alkoxy Betaine Surfactant for Surfactant-polymer Flooding in High Temperature	SPE International Conference on Oilfield Chemistry: Galveston, Texas, USA	蔡红岩	
881	Roles of the Hydrophobic Tail Groups on the Properties of CO_2-switchable Surfactants	SPE International Conference on Oilfield Chemistry: Galveston, Texas, USA	侯庆锋	EI
882	A Cable-controlled Zonal Production Technology with Real-time Monitoring and Controlling	SPE CTCE2019: 阿塞拜疆	杨清海,王全宾,于川,贾德利,李明	EI
883	Innovative Convolutional Neural Networks Applied in Dynamometer Cards Generation	SPE Conference: California, USA	彭翼,赵瑞东,张喜顺,师俊峰,陈诗雯	EI
884	Applicability Evaluation of SRV Concept in Tight and Shale Reservoirs via Large-scale Rock Block Experiments	SPE Asia Pacific Unconventional Resources Technology Conference: Brisbane, Australia	李帅,王欣,何春明,梁天成,付海峰	EI
885	Integrated Workflow for Optimizing Stimulation Design of a Multi-well Pad in Unconventional Reservoirs	SPE Asia Pacific Unconventional Resources Technology Conference: Brisbane, Australia	位云生,王军磊,贾爱林	
886	Artificial Intelligence Applied in Sucker Rod Pumping Wells: Intelligent Dynamometer Card Generation, Diagnosis, and Failure Detection Using Deep Neural Networks	SPE Annual Technical Conference and Exhibition: Calgary, Alberta, Canada	彭翼	EI
887	Application of Downhole Well Integrity Technology in the Petroleum Industry, A Case Study in the Horizontal Wellbore	SPE Annual Technical Conference and Exhibition: Calgary, Alberta, Canada	李涛,陈强,孙强,韩伟业,黄守志	EI
888	Low-rank Coal Reservoir Character and CBM Exploration Potential in Junggar Basin——A New Exploration Frontier Case from Xinjiang, NW China	SPE Annual Technical Conference and Exhibition: Calgary, Alberta, Canada	蔚远江,汪永华	EI
889	Wetting of Polymer Surfaces by Aqueous Solutions of Branched Cationic Gemini Surfactants	Soft Matter: 15(4)	吕伟峰	SCI
890	Designed Formation of Hybrid Nanobox Composed of Carbon Sheathed CoSe2 Anchored on Nitrogen-doped Carbon Skeleton as Ultrastable Anode for Sodium-ion Batteries	Small: 15(42)	李建明,李保强,Yi Liu,金旭,焦淑红	SCI
891	Multi-scenario Analysis of Petroleum Investment: Confronting Great Risks and Opportunities in Venezuela	SIS Global Forum 2019: 摩纳哥	李嘉,常毓文,彭云,郑黛烨,王前阔	
892	Application of Gaussian Beam Prestack Depth Migration in Complex Piedmont Zone	SEG workshop: 四川成都	张涛,李斐,刘文卿,赵玉莲,谢俊法	

续表

序号	论文题目	期刊杂志名称/会议名称/出版社	作者	被收录情况
893	Permeability Regain and Aqueous Phase Migration during Hydraulic Fracturing Shut-ins	SCIENTIFIC REPORTS:9(1)	李帅,雷群,王欣,才博,刘广峰	SCI
894	Natural Halloysites-Based Janus Platelet Surfactants for the Formation of Pickering Emulsion and Enhanced Oil Recovery	Scientific Reports:9(1)	张乐诚,雷群	
895	VO_2(B) Nanobeltsreduced Graphene Oxide Composites for High-performance Flexible All-solid-state Supercapacitors	Scientific Reports:9(1)	吕伟峰	SCI
896	Application of Gyro Shock-damping Tool Combining with PDC Bit in Granite Buried Hill Formation in Chad	REES 2019:中国	石李保,张小宁,张艳娜,贺振国	EI
897	Geochemical Characteristics and Logging Quantitative Prediction Model Establishment of Source Rocks in Saline Lake Basin—Take the Paleogene of Qaidam Basin as an Example	Proceedings of the International Field Exploration and Development Conference 2019:新加坡	苟迎春	EI
898	Experimental Simulation Study of the Sedimentary Characteristics of Braided Deltas in a Paleogene Salty Lake,Qaidam Basin,China	Proceedings of the International Field Exploration and Development Conference 2019:新加坡	张小军	EI
899	Organic-rich Duvernay Shale Lithofacies Classification and Distribution Analysis in the West Canadian Sedimentary Basin	Proceedings of The International Field Exploration and Development Conference 2017:成都	祝厚勤,孔祥文,赵文光,龙淮山	SCI
900	A Integraed Approach to Uncertainty Assessment for Coalbed Methane Model	Proceedings of The International Field Exploration and Development Conference 2017:成都	杨勇,张铭,别爱芳,崔泽宏,夏朝辉	SCI
901	Realizing Geothermal Well Liquid Extraction Technology by Reconstructing the Abandoned Oil Wells	Proceedings of the 7th Academic Conference of Geology Resource Management and Sustainable Development:中国	曹倩	EI
902	Build-up Analysis of Multi-Well System in Naturally Fractured HTHP Gas Reservoirs	Proceedings of the International Field Exploration and Development Conference:西安	孙贺东,崔永平,王小裴,张建业,曹雯	SCI
903	RPN-FCN Based Rust Detection on Power Equipment	Procedia Computer Science:147(349)	袁江如	SCI
904	Excellent Source Rocks Discovered in the Cryogenian Interglacial Deposits in South China: Geology, Geochemistry, and Hydrocarbon Potential	Precambrian Research:333(105455)	朱光有,李婷婷	SCI
905	Evaluation of Oil Production Potential in Fractured Porous Media	Physics of Fluids:31(5)	李海波,郭和坤,周尚文	SCI

续表

序号	论文题目	期刊杂志名称/会议名称/出版社	作者	被收录情况
906	Joint Interpretation of Elastic and Electrical Data for Petrophysical Properties of Gas-Hydrate-Bearing Sediments Using Inverse Rock Physics Modeling Method	Petrophysics;60(6)	李红兵,李红兵,张研	SCI
907	Joint Interpretation of Elastic and Electrical Data for Petrophysical Properties of Gas Hydrate-bearing Sediments Using Inverse Rock Physics Modelling Method	Petrophysics;60(6)	李红兵,潘豪杰,张研,Jingyi Chen,蔡生娟	SCI
908	Multifunctional Anti-wax Coatings for Paraffin Control in Oil Pipelines	Petroleum Science;16(3)	白杰,金旭,吴俊涛	SCI
909	Sedimentary and Geochemical Characteristics of the Triassic Chang 7 Member Shale in the Southeastern Ordos Basin, Central China	Petroleum Science;16(2)	崔景伟,朱如凯,罗忠,李森	SCI
910	The forming Mechanism of High Quality Glutenite Reservoirs in Baikouquan Formation at the Eastern Slope of Mahu Sag of the Junggar Basin China	Petroleum Science and Technology;37(14)	黄林军	SCI
911	Biomarker Characteristics and Geological Significance of Middle and Upper Permian Source Rocks in the Southeastern Junggar Basin	Petroleum Science and Technology;37(3)	曲永强	SCI
912	Evaluation of a New Alkaline/Microbe/Polymer Flooding System for Enhancing Heavy Oil Recovery	Petroleum Science and Technology;37(2)	王小通,李熙喆	SCI,EI
913	Formation Condition of Deep Gas Reservoirs in Tight Sandstones in Kuqa Foreland Basin	Petroleum Research;16(3)	鲁雪松,赵孟军,刘可禹,卓勤功,范俊佳	
914	The Study on Exploitation Potential of Original Low Oil Aturation Reservoirs	Petroleum Research;16(6)	孙盈盈	
915	Bedding-scale Geomodeling for Effective Permeability Estimation in Upper McMurray Formation, Northeastern Alberta, Canada	Petroleum Geoscience;25(1)	黄继新	SCI
916	Cambrian Faults and Their Control on the Sedimentation and Reservoirs in the Ordos Basin, NW China	Petroleum Exploration and Development;46(5)	魏国齐,朱秋影,杨威,张春林,莫午零	SCI
917	Nanoparticle Foaming Agents for Major Gas Fields in China	Petroleum Exploration and Development;46(5)	熊春明,曹光强,张建军,李楠,李隽	SCI
918	Quantitative Criteria for Identification of Main Flow Channels in Complex Porous Media	Petroleum Exploration and Development;46(5)	李熙喆,卢德唐,罗瑞兰	SCI,EI
919	Optimization Workflow for Stimulation-well Spacing Design	Petroleum Exploration and Development;46(5)	王军磊,贾爱林,位云生,贾成业,齐亚东	SCI

续表

序号	论文题目	期刊杂志名称/会议名称/出版社	作者	被收录情况
920	Correct Understanding and Applying of Waterflooding Characteristic Curve	Petroleum Exploration and Development;46(4)	窦宏恩,张虎俊,沈思博	SCI
921	Relationships of the iC4/nC4 and iC5/nC5 Ratios with Maturity of Coal-derived Gases of Triassic Xujiahe Formation in Central Sichuan Basin, SW China	Petroleum Exploration and Development;46(3)	秦胜飞	SCI
922	Stable Carbon and Hydrogen Isotopic Characteristics of Natural Gas from Taibei Sag, Turpan-Hami Basin, NW China	Petroleum Exploration and Development;46(3)	倪云燕,廖凤蓉,龚德瑜,焦立新,高金亮	SCI
923	Genetic Type and Source of Natural Gas in the Southern Margin of Junggar Basin, NW China	Petroleum Exploration and Development;46(3)	陈建平,王绪龙,倪云燕,向宝力,廖凤蓉	SCI,EI
924	Technical Strategies for Effective Development and Gas Recovery Enhancement of a Large Tight Gas Field	Petroleum Exploration and Development;46(3)	冀光,贾爱林,孟德伟,郭智,王国亭	SCI
925	Sequence Stratigraphy and Lithofacies Paleogeography of the Middle-upper Cambrian Xixiangchi Group in the Sichuan Basin and its Adjacent Area, SW China	Petroleum Exploration and Development;46(2)	李伟,樊茹,贾鹏,卢远征,张志杰	SCI,EI
926	Characteristics of Parametamorphic Rock Reservoir in Pingxi Area, Qaidam Basin, NW China	Petroleum Exploration and Development;46(2)	夏志远,刘占国,李森明	SCI
927	Structural Geology and Favorable Exploration Prospect Belts in Northwestern Sichuan Basin, SW China	Petroleum Exploration and Development;46(2)	陈竹新,李伟,王丽宁,雷永良,杨光	SCI
928	Sedimentary Model Reconstruction and Exploration Significance of Permian He 8 Member in Ordos Basin, NW China	Petroleum Exploration and Development;46(2)	肖红平	SCI
929	Underground Coal Gasification and its Strategic Significance Development of Natural Gas Industry in China	Petroleum Exploration and Development;46(2)	陈艳鹏	SCI,EI
930	Genesis of Lacustrine Carbonate Breccia and its Significance for Hydrocarbon Exploration in Yingxi Region, Qaidam Basin	Petroleum Exploration and Development;46(1)	王艳清	SCI
931	Early Cambrian Syndepositional Structure of the Northern Tarim Basin and a Discussion of Cambrian Subsalt and Deep Exploration	Petroleum Exploration and Development; 46(6)	管树巍,张春宇,任荣,张水昌,吴林	SCI
932	Correct Understanding and Application of Waterflooding Characteristic Curves	Petroleum Exploration and Development; 46(4)	窦宏恩	SCI,EI

序号	论文题目	期刊杂志名称/会议名称/出版社	作者	被收录情况
933	Reconstruction of Paleoceanic Redox Conditions of the Lower Cambrian Niutitang Shales in Northern Guizhou,Upper Yangtze Region	Palaeogeography, Palaeoclimatology,Palaeoecology	吴陈君,张磊夫	SCI
934	An Integrated Heat Efficiency Model for Superheated Steam Injection in Heavy Oil Reservoirs	Oil & Gas Science and Technology:Rev. IFP Energies nouvelles 74,7	何聪鸽,许安著,范子菲,赵伦,张安刚	SCI
935	An Evaluation on Mechanisms of Miscibility Development in Acid Gas Injection for Volatile Oil Reservoirs	Oil & Gas Science and Technology:Rev. IFP Energies Nouvelles 74,59	罗二辉,范子菲,胡永乐,赵伦,王建俊	SCI
936	Phase Behavior and Miscible Mechanism in the Displacement of Crude Oil with Associated Sour Gas	Oil & Gas Science and Technology:Rev. IFP Energies Nouvelles 74,54	何聪鸽,穆龙新,许安著,赵伦,何军	SCI
937	Formation Damage due to Asphaltene Precipitation during CO_2 Flooding Processes with NMR Technique	Oil & Gas Science and Technology:Rev. IFP Energies Nouvelles 74,11	窦宏恩	SCI
938	Reserve Evaluation of High Pressure and Ultra-high Pressure Reservoirs with Power Function Material Balance Method	Natural Gas Industry B:6(5)	孙贺东,王宏宇,朱松柏,聂海峰	EI
939	Factors Influencing Biogenic Gas Production of Low-rank Coal Beds in the Jiergalangtu Sag,Erlian Basin	Natural Gas Industry B:6(7)	陈浩,邓泽	
940	Non-destructive Pore-scale Approach to Evaluate Elastic Properties of Shale Samples by Imaging	Nanoscience and Nanotecnology letters:11	吕伟峰	SCI
941	Numerical Simulation Study on Casing Strength of Underground Gas Storage and an Optimization Method of Casing	MMSTA2019:厦门	张广明,金娟,程威,张潇文,刘建东	EI
942	Analytical Solutions for Non-Darcy Transient Flow with the Threshold Pressure Gradient in Multiple-porosity Media	Mathematical Problems in Engineering:2019,1-13	罗二辉,王晓冬,胡永乐,王建俊,刘丽	SCI
943	Assessment of Geothermal Resources in Petroliferous Basins in China	Mathematical Geosciences:51(3)	王社教,胡俊文,闫家泓	SCI
944	Fabricating the Superhydrophobic Nickel and Improving its Antifriction Performance by the Laser Surface Texturing	Materials:2019,12,1155	黄俊媛,魏松波,张立新,杨盈莹,杨松	SCI,EI
945	Overview of Emulsified Viscosity Reducer for Enhancing Heavy Oil Recovery	Materials Science and Engineering:479	张付生,刘国良,李雪凝,朱卓岩	EI,ISTP

续表

序号	论文题目	期刊杂志名称/会议名称/出版社	作者	被收录情况
946	Parameterization of SiO_2 Nanoparticles Preparation Route and Evaluation of the Reaction Parameters Using Fuzzy Mathematics	Materials Science and Engineering:2019	萧汉敏,赵红运,秦利霞,李向清,杨宇翔	
947	Oil-bearing Heterogeneity and Thre Sholdoftights and Stonereservoirs:Acase Studyon Triassic Chang 7 Member, Ordos Basin	Marineand Petroleum Geology:104	崔景伟	
948	Geostatisticrecognition of Genetically Distincts Hale Faciesinupper Triassic Chang 7 Section, the Ordos Basin, North China	Marine and Petroleum Geology:102	林森虎	
949	Composition Effects on Pore Structure of Transitional Shale: A Case Study of the Upper Carboniferous Taiyuan Formation in the Eastern Uplift of the Liaohe Depression, China	Marine and Petroleum Geology:110	张琴,熊小林,庞正炼	SCI
950	Characterization of Fracture Formation in Organic-rich shales—An Experimental and Real Time Study of the Permian Lucaogou Formation, Junggar Basin, Northwestern China	Marine and Petroleum Geology:107	吴松涛,翟秀芬,杨智	SCI
951	Seismic Sedimentologic Study of Facies and Reservoir in Middle Triassic Karamay Formation of the Mahu Sag, Junggar Basin, China	Marine and Petroleum Geology:107	徐兆辉	SCI
952	A Modified BET Equation to Investigate Supercritical Methane Adsorption Mechanisms in Shale	Marine and Petroleum Geology:105	周尚文,王红岩	SCI
953	Quantitative Characterization of Gas Hydrate Bearing Sediment Using 3D Elastic-electrical Rock Physics Models	Marine and Petroleum Geology:105	李红兵,潘豪杰,Dario Granab,张研,刘堂晏	SCI
954	Oil-bearing Heterogeneity and Threshold of Tight Sandstone Reservoirs—A Case Study on Triassic Chang7 Member, Ordos Basin	Marine and Petroleum Geology:104	崔景伟,李森,毛治国	SCI
955	An Experimental Study of Organic Matter, Minerals and Porosity Evolution in Shales within High-temperature and High-pressure Constraints	Marine and Petroleum Geology:102	吴松涛,杨智	SCI
956	Geostatistic Recognition of Genetically Distinct Shale Facies in Upper Triassic Chang 7 Section, the Ordos Basin, North China	Marine and Petroleum Geology:102	林森虎	SCI
957	Experimental Study of High-temperature CO_2 Foam Flooding after Hot-water Injection in Developing Heavy Oil Reservoirs	JPSE 2019	刘鹏,石兰香	SCI

序号	论文题目	期刊杂志名称/会议名称/出版社	作者	被收录情况
958	Numerical Study of Herringbone Injector-horizontal Producer Steam Assisted Gravity Drainage (HI-SAGD) for Extra-heavy Oil Recovery	JPSE 2019	刘鹏,周游	SCI
959	Analytical Modeling of Oil Production Rate During the Entire Steam-assisted Gravity Drainage Process in Heavy Oil Reservoirs	JPSE 2019	石兰香	SCI
960	Effect of Emulsification on Surfactant Partitioning in Surfactant-Polymer Flooding	Journal of Surfactants and Detergents:22(6)	刘卫东,李杰瑞,孙灵辉,丛苏男,贾瑞轩	SCI
961	Characterizing the Influence of Interlayers on the Development and Distribution of Fractures in Deep Tight Sandstones Using Finite Element Method	Journal of Structural Geology:123	冯建伟,石石,周兆华,李熙喆	SCI,EI
962	Quantitative Analysis of Land Multiple Reflected Refractions	Journal of Seismic Exploration:28(2)	林潼,潘松圻	SCI
963	Application of Autonomous Monitoring Method Based on Distributed Environment Deployment in Network Fault	Journal of Physics:Conference Series:2019	李效恋,李昆颖,丁宇,魏代明,马先莹	EI
964	Message Queue Optimization Model Based on Periodic Execution and Category Priority	Journal of Physics:Conference Series:2019	李昆颖,李效恋,乔德新,丁宇,王丽玲	EI
965	Pore Throat Size Distribution and Oiliness of Tight Sands—A Case Study of the Southern Songliao Basin	Journal of Petroleum Science and Engineering:84(3)	公言杰,刘可禹	SCI
966	Evaluation of Gas Hydrate Resources Using Hydrate Morphology-dependent Rock Physics Templates	Journal of Petroleum Science and Engineering:182	李红兵,潘豪杰,陈竞一,张研,刘晓博	SCI
967	Robust Implementations of the 3D-EDFM Algorithm for Reservoir Simulation with Complicated Hydraulic Fractures	Journal of Petroleum Science and Engineering:181	冉启全,吴玉树	SCI
968	A Semi-analytical Model for Pressure Transient Analysis of Hydraulic Reorientation Fracture in an Anisotropic Reservoir	Journal of Petroleum Science and Engineering:179	吴淑红,邢国强,崔玉东,王宝华,史铭宇	SCI
969	Flow Unit Characteristics of Fan Delta Front Deposits and Its Influence on Reservoir Development—Taking Yulou Oil Bearing Sets in Some Experimentalarea in West Depression in Liaohe Basin in China as an Example	Journal of Petroleum Science and Engineering:179	陈欢庆	SCI
970	Hydrogen Isotopes of Hydrocarbon Gases from Different Organic Facies of the Zhongba Gas Field,Sichuan Basin,China	Journal of Petroleum Science and Engineering:179	倪云燕,廖凤蓉,高金亮,陈建平,姚立邈	SCI

续表

序号	论文题目	期刊杂志名称/会议名称/出版社	作者	被收录情况
971	Variations of Diamondoids Distributions in Petroleum Fluids during Migration Induced phase Fractionation: A Case Study from the Tazhong area, NW China	Journal of Petroleum Science and Engineering:179	张义杰,朱光有	
972	Blasingame Decline Analysis for Variable Ratevariable Pressure Drop	Journal of Petroleum Science and Engineering:178	孙玉平,卢婷,李治平,赖枫鹏,马文礼	SCI
973	The Genesis and Prediction of Dolomite Reservoir in Reef-shoal of Changxing Formation-feixianguan Formation in Sichuan Basinmain	Journal of Petroleum Science and Engineering:178	周进高,邓红婴,于洲	SCI
974	Evaluating Seepage Radius of Tight Oil Reservoir Using Digital Core Modeling Approach	Journal of Petroleum Science and Engineering:178	吕伟峰	
975	A Comparative Study on the Neutron-gamma Density and Gamma-Gamma Density Logging	Journal of Petroleum Science and Engineering:176	袁超	SCI
976	Down-hole Isolation Towards High-temperature Reservoir Using Packing Elements with Swellable Thermo-plastic Vulcanizates	Journal of Petroleum Science and Engineering:172	童征,叶勤友,钱杰,郝忠献,王林翔	SCI
977	An Expert Decision Support System for Sandstone Acidizing Design	Journal of Petroleum Exploration and Production Technology:9(3)	甯波	EI
978	Source-reservoir Chart for Tight Oil Sweet Spots Evaluation and its	Journal of Petroleum Exploration and Production Technology:9(3)	詹路锋,郭彬程,蔚远江,胡俊文	SCI
979	Effect of Proppant Deformation and Embedment on Fracture Conductivity after Fracturing Fluid Loss	Journal of Natural Gas Science and Engineering:71	徐加祥,丁云宏,杨立峰,刘哲,高睿	SCI
980	The Geochemical Characteristics and Origin Analysis of the Botryoidal Dolomite in the Upper Sinian Dengying Formation in the Sichuan Basin, China	Journal of Natural Gas Geosciences:4(2)	胡安平,沈安江,王莹,潘立银,王永生	
981	Resource Potential, Exploration Prospects, and Favorable Direction for Natural Gas in Deep Formations in China	Journal of Natural Gas Geoscience:3(6)	于京都	
982	Sources of Coal-derived Gas in the Marine Strata of Central Sichuan, China	Journal of Natural Gas Geoscience:4(6)	秦胜飞,白斌	
983	Geochemical Differences of Pyrolysis Gas of Various Coal-bearing Source Rocks and its Application in the Sulige Gas Field, Ordos Basin, China	Journal of Natural Gas Geoscience:4(3)	于聪,胡国艺,陈瑞银	SCI

续表

序号	论文题目	期刊杂志名称/会议名称/出版社	作者	被收录情况
984	Hydrogen Isotope of Natural Gas from the Xujiahe Formation and its Implications for Water Salinization in Central Sichuan Basin, China	Journal of Natural Gas Geoscience:4(4)	倪云燕,廖凤蓉,姚立邈,高金亮	
985	Re-examination of Genetic Types and Origins of Natural Gases from Dibei Bulge, Eastern Luliang Uplift, Junggar Basin, China	Journal of Natural Gas Geoscience:4(5)	卫延召,陈棡,卢山,宋志华,奇瑞	
986	Reservoir Characteristics and Forming Conditions for the Middle Triassic Leikoupo Formation in the Western Sichuan Basin, China	Journal of Natural Gas Geoscience:4(2)	田瀚,张建勇	
987	China's Conventional and Unconventional Natural Gas Resources: Potential and Exploration Targets	Journal of Natural Gas Geoscience:3(6)	郑民	
988	Wettability of a Polymethylmethacrylate Surface in the Presence of Benzyl-substituted Alkyl Betaines	Journal of Molecular Liquids:277	张群	
989	Facile Self-templated Synthesis of P2-type Na0.7CoO$_2$ Microsheets as a Long-term Cathode for High-energy Sodium-ion Batteries	Journal of Materials Chemistry A:7	李建明,彭博,孙志浩,焦淑红,李志	SCI
990	Directed Synthesis of SnO$_2$@BiVO$_4$/Co-Pi Photoanode for Highly Efficient Photoelectrochemical Water Splitting and Urea Oxidation	Journal of Materials Chemistry A:7	刘景超,李建明,Mingfei Shao,卫敏	SCI
991	Identifying and Predicting Multiples Based on Spread of Velocity Spectrum	Journal Of Geophysics and Engineering:23	戴晓峰,甘利灯,杨昊	SCI
992	Along-strike and Downdip Segmentation of the Pamir Frontal Thrust and its Association with the 1985 Mw 6.9 Wuqia Earthquake	Journal of Geophysical Research: Solid Earth:124(9)	李涛,陈竹新,陈杰,Jessica A. Thompson Jobe, Douglas W. Burbank	SCI
993	Geochemical Characteristics of the Organic Matter in UPPMRs and the Implication Forfluid-rock Exchange Due to the Retrograde Metamorphism in the Dabie-Sulu Orogenic Belt, North China	Journal of Earth System Science:235	苏劲,方玛,饶竹,方家虎,杨柳	SCI
994	Spatial and Temporal Associations of Traps and Sources Insights into Exploration in the Southern Junggar Foreland Basin, Northwestern China	Journal of Asian Earth Sciences:198(8)	王彦君	SCI

续表

序号	论文题目	期刊杂志名称/会议名称/出版社	作者	被收录情况
995	Reservoir Property Changes During CO_2-brine Flow-through Experiments in Tight Sandstone Implications for CO_2 Enhanced Oil Recovery in the Triassic Chang 7 Member Tight Sandstone, Ordos Basin, China	Journal of Asian Earth Sciences: 179(3)	吴松涛,邹才能	SCI
996	Assessment on Tight Oil Resources in Major Basin in China	Journal of Asian Earth Sciences: 179(7)	郭秋麟,王社教,陈晓明	SCI
997	Tectonic and Depositional Setting of the Lower Cambrian and Lower Silurian Marine Shales in the Yangtze Platform, South China: Implications for Shale Gas Exploration and Production	Journal of Asian Earth Sciences: 170(6)	徐政语,姚根顺,熊绍云	SCI
998	Experimental and Theoretical Studies on Kinetics for Thermochemical Sulfate Reduction of Oil, C2-5 and Methane	Journal of Analytical and Applied Pyrolysis: 139(2)	何坤,张水昌,米敬奎	SCI
999	Shale Oil and Gas Exploration Potential in the Tanezzuft Formation, Ghadames Basin, North Africa	Journal of African Earth Sciences: 153(1)	王兆明,史卜庆,温志新,童晓光,宋成鹏	SCI
1000	The Role of Deep-seated Half-grabens in the Evolution of Huoerguosi-manasi-tugulu Fold-and-thrust Belt, Northern Tian Shan, China	Journal of Geodynamics: 131	马德龙	SCI
1001	Fracture-cave Carbonate Reservoir Permeability Modelling Based on Conventional Log and Well Deliverability Predication: A Case Study of the Amu	IWEG 2019: 杭州	李铭,张铭,刘玲莉,郭同翠,张良杰	EI
1002	Exploitation and Utilization of Geothermal Resources in Liaohe Oilfield	IUGG General Assembly 2019: 加拿大	胡俊文,王社教,闫家泓	
1003	Sparse Spectral Attributes to Detect Hydrocarbons: A Case Study from Deep Dolomite Reservoirs	Interpretation: 7(3)	高建虎,刘炳杨,李胜军,王洪求	SCI,EI
1004	Geometric Seismic Attribute Estimation Using Data-adaptive Windows	Interpretation: 7(2)	林腾飞,张波,Kurt J Marfurt	SCI
1005	Gravity Fields and Their Correlation Analysis of Crustal Density Structure of Cratonic Basins in China	International Workshop on Gravity, Electric & Magnetic Methods and Their Applications, 西安	文百红,杨辉,魏强,张连群	
1006	Optimization of Separant Displacement in Artificial Barrier Height-Control Hydraulic Fracture	International Journal of Precious Engineering Research and Applications(IJPERA):4(3)	卢海兵,王欣,易新斌,姜伟,王天一	

续表

序号	论文题目	期刊杂志名称/会议名称/出版社	作者	被收录情况
1007	Study on a Polymer Profile Control Agent with Controllable Swelling Time	International Journal of Petroleum Technology:2048-787X	薛俊杰,郭东红,侯庆锋,孙建峰	SCI
1008	The Application of Illite Crystallinity(IC) to Reconstruct Thermal History of the Marine Carbonates:a Case Study from Northeast Sichuan Basin,Southwest China	International Journal of Petrochemical Science & Engineering:4(4)	王小芳,谭秀成,付小东,张哨楠,邱楠生	
1009	A Dual-porosity Dual-permeability Model for Acid Gas Injection Process Evaluation in Hydrogen-carbonate Reservoirs	International Journal of Hydrogen Energy 2019:44(46)	罗二辉,范子菲,胡永乐,赵伦,赵海燕	SCI
1010	Quantitative Characterization of Tight Sandstone Reservoir by Confocal Laser Scanning Microscopy	International Journal of Computational and Engineering:4(1)	王蓉	
1011	Pressure Transient Analysis of Multiple Vertical Fractures in a Composite Reservoir Model	International Journal of Oil,Gas and Coal Technology:21(2)	邢国强,王铭显,吴淑红,李华,童敏	SCI
1012	Fractal Study on Pore Structure of Tight Sandstone Based on Full-scale Map	International Journal of Oil,Gas and Coal Technology:22(2)	杨正明,赵新礼,林伟,熊生春,骆雨田	SCI,EI
1013	Development and Performance Evaluation of New High Temperature Resistant Bulk Expanded Polymer Material	International Field Exploration and Development Conference 2019(Proceedings):西安	邵黎明,房平亮,魏发林,李伟涛,戴明利	EI
1014	New Technology for Improving Water Flooding Efficiency by Adjusting Advantage Channels	International Field Exploration and Development Conference 2019(Proceedings):西安	邵黎明,房平亮,魏发林,戴明利,李伟涛	EI
1015	Thin Low-Permeability Layers Characterization and Geological Modeling of YMX Dolomite Reservoir,Tarim Basin,China	International Field Exploration and Development Conference 2019(Proceedings):西安	曹鹏,乔占峰,邵冠铭,张杰	SCI
1016	Naive Bayes for Web Penetration Behavior Classification Based on Word Segmentation Improvement	International Conference on Information Systems and Computer Aided Education:大连	柏东明	
1017	5 Years of CO_2 Waterless Fracturing in Jilin Oilfield - What We Have Learned	International Conference on Applied Energy 2019:瑞典威斯特罗斯	杨清海,孟思炜,付涛,李明,陈实	EI
1018	Influence of Natural Gas Thermodynamic Characteristics on Stability of Salt Cavern Gas Storage	Institute of Physics Publishing:三亚	刘华坤,张敏,刘梦瑜,曹琳	
1019	Study on Multi-cavern Optimization Allocation for Injection and Production Ofsalt Cavern Gas Storage	Institute of Physics Publishing:三亚	刘梦瑜,张敏,刘华坤,曹琳	

续表

序号	论文题目	期刊杂志名称/会议名称/出版社	作者	被收录情况
1020	Fabrication of Flower-like Sn_3O_4 Hierarchical Nanostructure and its Photocatalytic Activity for H_2 Evolution from Water	Inorganic Chemistry Communications:106	孙灵辉,萧汉敏,丛苏男,郝艳杰,薛梦儒	SCI
1021	Study of Three-Dimensional Digital Core Reconstruction Based on Multiple-Point Geostatistics in a Cylindrical Coordinate System	IEEE Access:7	张静	SCI
1022	Application of Variogram in Quantitative Characterization of Channel Sand Body Spatial Distribution	IEEE 2nd International Conference on Electronic Information and Communication Technology:哈尔滨	陈建阳,詹路锋,石石	
1023	Research Progress on Microbial Cold Production Technology of Heavy Oil	IEA-EOR:哥伦比亚	魏小芳	
1024	Automatic Identification of Conodonts Based on Deep Learning	ICSSSM2019	任义丽,罗路	EI
1025	Key Techniques of PaaS Platform for IOT of Oil and Gas Production	ICEPECA 2019:武汉	吴海莉,李群	EI
1026	Sediment-routing Distance as a Main Control of the Reservoir Quality: a Comparison of Aerially Extensive Bengal Versus Aerially Localized Rovuma Fans	ICE2019:阿根廷	邵大力,吕福亮,许小勇,马宏霞,丁梁波	
1027	Using Seismic Multi-attributes to Predict Pre-salt Carbonate Reservoir's Thickness in Block L Brazil	ICE2019:阿根廷	张勇刚,王红平,王朝锋,杨柳,左国平	
1028	Pre-stack Multi-attribute and Palaeogeomorphology Fusion Analysis Method of Carbonate Reservoir Prediction	ICE2019:阿根廷	左国平,郭渊,李东,张勇刚,王朝锋	
1029	Internatioanl Oil Companies' Low-Carbon Strategies: Confronting the Challenges and Opportunities of Global Energy Transition	ICAESEE(Internatioanl Conference on Advances in Energy Resources and Environment Engineering):中国成都	彭云,李嘉,易洁芯	EI
1030	Investigating the Thermal Evolution of Organic Matter in Salt Lakes under the Influence of Different Ions	Goldschmidt 2019: Barcelona, Spain	齐雯	EI
1031	Geochemical Characteristics of Ordovician Dolomite and its Genesis Mechanisms of in Gucheng Area, East Tarim Basin	Goldschmidt 2019: Barcelona, Spain	朱可丹,张友	

续表

序号	论文题目	期刊杂志名称/会议名称/出版社	作者	被收录情况
1032	Evolution of Diagenesis Fluid and Geochemical Characteristics of Ultra-Deep Tight Gas Reservoir——A Case of Cretaceous Bashijiqike Formation in Kuqa Depression of the Tarim Basin, China	Goldschmidt 2019: Barcelona, Spain	张荣虎,王俊鹏,王珂,曾庆鲁	
1033	The Application of Graptolites in Shale Gas Sweet Spots Optimization	Goldschmidt 2019: Barcelona, Spain	张琴,梁峰	ISTP
1034	Deformation Process of TheNeoproterozoic and Cambrian Paragenesis System in the Southern and Eastern Sichuan Basin	Goldschmidt 2019: Barcelona, Spain	徐安娜	
1035	Helium Resources and the Discovery of the First Supergiant Helium Reserve in China—Hetianhe Gas Field in Tarim Basin	Goldschmidt 2019: Barcelona, Spain	陶小晚	
1036	Pore Evolution Characteristics of Chinese Marine Shale in the Thermal Simulation Experiment and the Enlightenment for Gas Shale Evaluation in South China	Geosciences Journal;23(4)	崔会英	SCI
1037	Seismic Facies Analysis Based on Deep Convolutional Embedding Clustering	Geophysics;84(6)	段艳廷,郑晓东,胡莲莲,Luping Sun	SCI
1038	Shock-induced Stoneley Waves in Carbonate Rock Samples	Geophysics;84(5)	李宁,王克文,武宏亮	SCI
1039	Spherical Multifocusing Method for Irregular Topography	Geophysics;84(4)	常丁月,张才,胡天跃,王丹	SCI
1040	Matrix-fluid Decoupling-based Joint PP-PS-wave Seismic Inversion for Fluid Identification	Geophysics;84(3)	杜炳毅,杨午阳	SCI
1041	First-arrival Picking with a U-net Convolutional Network	Geophysics; 84(6)	胡莲莲,郑晓东,段艳廷,晏信飞,胡英	SCI
1042	Provenance of Newly Discovered Upper Ordovician Black Rock Units in the West Kunlun Orogen, China: Constraints from Detrital Zircon U-Pb Chronology and Whole-rock Geochemistry	Geological Journal	张义杰,朱光有	SCI
1043	Paleoenvironmental Proxies and What the Xiamaling Formation Tells us about the Mmid-Proterozoic Ocean	Geobiology;1	张水昌,王晓梅,王华建	SCI
1044	Nuclear Magnetic Resonance Simulations of Nano-scale Cores and Microscopic Mechanisms of Oil Shale	Fuel;256	程相志	

续表

序号	论文题目	期刊杂志名称/会议名称/出版社	作者	被收录情况
1045	Diamondoids as Tracers of Late Gas Charge in Oil Reservoirs: Example from the Tazhong Area, Tarim Basin, China	Fuel:253	朱光有	SCI
1046	The General Form of Transport Diffusivity of Shale Gas in Organic-rich Nano-slits—a Molecular Simulation Study Using Darkenapproximation	Fuel:249	李亚雄,胡志明,端祥刚,高树生,Wendong Wang	SCI
1047	The General Form of Transport Diffusivity of Shale Gas in Organic-rich Nano-slits-A Molecular Simulationn Study Using Darken Approximation	Fuel:249	胡志明,李亚雄,端祥刚	SCI
1048	Experimental Investigation on the Effect of Wettability on Rock-electricity Response in Sandstone Reservoirs	Fuel:239	韩玉娇,周灿灿,俞军,李潮流,胡法龙	SCI
1049	Pressure-dependant Equilibrium Molecular Simulation of Shale Gas and Its Distribution and Motion Characteristics in Organic-rich Nano-slit	Fuel:237	李亚雄,胡志明,刘先贵,端祥刚,高树生	SCI
1050	TSR, Deep Oil Cracking and Exploration Potential in the Hetianhe Gas Field, Tarim Basin, China	Fuel:236	朱光有,张颖,杜德道,李婷婷	SCI
1051	Cathodes with MnO_2 Catalysts for Metal Fuel Battery	Frontiers in Energy:13(1)	魏松波,刘合,魏然,陈琳	SCI,EI
1052	A Novel Supercritical CO_2 Foam Stabilized with a Mixture of Zwitterionic Surfactant and Silica Sol for Enhanced Oil Recovery	Frontiers in Chemistry:7	李伟涛,魏发林,熊春明,邵黎明,戴明利	SCI
1053	Accumulation of Unconventional Petroleum Resources and Their Coexistence Characteristics in Chang7 Shale Formations of Ordos Basin in Central China	Front. Earth Sci:13(3)	崔景伟,朱如凯,毛治国,李士祥	SCI
1054	Effect of Fractal Fractures on Permeability in Three-dimensional Digital Rocks	Fractals:1	吕伟峰	
1055	Technological Development on Improving Environmental Safety in Shale Gas Production in China	ESGI 2019 Environmental Safety in Gas Industry:俄罗斯莫斯科	张磊夫,王红岩,刘德勋	
1056	Experimental Study on Water Invasion Mechanism of Fractured Carbonate Gas Reservoirs in Longwangmiao Formation, Moxi Block, Sichuan Basin	Environmental Earth Sciences:2019,78	高树生,方飞飞,沈伟军,李熙喆,刘华勋	SCI

续表

序号	论文题目	期刊杂志名称/会议名称/出版社	作者	被收录情况
1057	Conductivity Analysis of Hydraulic Fractures Filled with Nonspherical Proppants in Tight Oil Reservoir	Engergy Science & Engineering:2019	徐加祥,丁云宏,杨立峰,刘哲,高睿	SCI
1058	Impacts of Thermochemical Sulfate Reduction, Oil Cracking, and Gas Mixing on the Petroleum Fluid Phase in the Tazhong Area, Tarim Basin, China	Energy&Fuels:33	张义杰,朱光有	SCI
1059	Feasibility Analysis on the Pilot Test of Acid Fracturing For	Energy Science & Engineering:7(3)	朱大伟,胡永乐,崔明月,陈彦东,梁冲	SCI
1060	A comparative Study of the Nanopore Structure Characteristics of Coals and Longmaxi Shales in China	Energy Science & Engineering:7	周尚文,刘洪林,陈浩,王红岩,郭伟	SCI
1061	An Integrated Model for Productivity Prediction of Cyclic Steam Stimulation with Horizontal Well	Energy Science & Engineering:7(3)	何聪鸽,许安著,范子菲,赵伦,单发超	SCI
1062	Influence of Shear on Rheology of the Crude Oil Treated by Flow Improver	Energy Reports:5	雷群,张付生,管保山,刘国良,李雪凝	SCI
1063	The Geochemical and Organic Petrological Characteristics of Coal Measures of the Xujiahe Formation in the Sichuan Basin, China	Energy Exploration & Exploitation:37(3)	周国晓,魏国齐,胡国艺	SCI
1064	Carbon and Hydrogen Isotope Fractionation for Methane from Non-isothermal Pyrolysis of Oil in Anhydrous and Hydrothermal Conditions	Energy Exploration & Exploitation:37(5)	何坤,张水昌,米敬奎	SCI
1065	Study on Mechanical Characteristics and Damage Mechanism of the Longmaxi Formation Shale in Southern Sichuan Basin, China	Energy Exploration & Exploitation:37(12)	郭伟,沈伟军,李熙喆	SCI
1066	Basin Evolution, Configuration Styles, and Hydrocarbon Accumulation of the South Atlantic Conjugate Margins	Energy Exploration & Exploitation:37(3)	温志新,蒋恕,宋成鹏,王兆明,贺正军	SCI
1067	Effect of Salinities on Supercritical CO_2 Foam Stabilized by Betaine Surfactant for Improving Oil Recovery	Energy & Fuels:9	李伟涛,魏发林,熊春明,戴明利,邵黎明	SCI
1068	Stochastic Modeling for Estimating Coalbed Methane Resources	Energy & Fuels:5	段利江,曲良超,夏朝辉,刘玲莉,王建俊	SCI
1069	Characterization of Acidic Compounds in Ancient Shale of Cambrian Formation Using Fourier Transform Ion Cyclotron Resonance Mass Spectrometry, Tarim Basin, China	Energy & Fuels:2	王萌,朱光有	SCI,EI

续表

序号	论文题目	期刊杂志名称/会议名称/出版社	作者	被收录情况
1070	Characterization of Pore Throat Size Distribution in Tight Sandstones with Nuclear Magnetic Resonance and High-Pressure Mercury Intrusion	Energies:12(8)	徐红军	SCI
1071	Pressure Transient Performance for a Horizontal Well Intercepted by Multiple Reorientation Fractures in a Tight Reservoir	Energies:12(22)	邢国强,吴淑红,王佳航,王铭显,王宝华	SCI
1072	Experimental Study on Factors Affecting the Performance of Foamy Oil Recovery	Energies:12(24)	吕伟峰	SCI
1073	Pseudo-Steady-State Parameters for a Well Penetrated by a Fracture with an Azimuth Angle in an Anisotropic Reservoir	Energies:12(12)	邢国强,王铭显,吴淑红,李华,董江艳	SCI
1074	Fractal and Multifractal Analysis of Pore Size Distribution in Low Permeability Reservoirs Based on Mercury Intrusion Porosimetry	energies:12(15)	苏朋辉,夏朝辉,汪萍,丁伟,胡云鹏	SCI
1075	Geochemical Characteristics of Carboniferous Coaly Source Rocks and Natural Natural Gases in the Southeastern Junggar Basin, NW China: Implications for New Hydrocarbon Explorations	Elsevier:202	龚德瑜	SCI
1076	Fabrication of Flower-like Sn_3O_4 Hierarchical Nanostructure and its Photocatalytic Activity for H_2 Evolution from Water	Elsevier Inorganic Chemistry Communications:106	孙灵辉,萧汉敏,丛苏男	SCI
1077	Global Pattern of International Uranium Trade and its Impact on Ecological Environment and its Various Aspects	Ekoloji:28(107)	兰君,王恺,法贵方	SCI
1078	Research on Integrative Multi-media Modelling and Simulation Method for Tight Formation Horizontal Well Development	EEEP 2019:厦门	董家辛,杨帆,刘立峰	EI
1079	Net Reserves Evaluation and Sensitivity Analysis of Shale Gas Project Under Royalty & Tax System	EEEP 2018:海南三亚	法贵方,原瑞娥,兰君,邹倩,李之宇	EI
1080	The Complexity, Secondary Geochemical Process, Genetic Mechanism and Distribution Prediction of Deep Marine Oil and Gas in the Tarim Basin, China	Earth-Science Reviews:198	朱光有,李婷婷	SCI
1081	Organic-matter-rich Shales of China	Earth-Science Reviews:189	邹才能,朱如凯	SCI

续表

序号	论文题目	期刊杂志名称/会议名称/出版社	作者	被收录情况
1082	Macro-micro Features of Microbial Carbonates Affected by Volcanism in Lower Cretaceous Shipu Group in Zhejiang Province, East China	Earth and Environmental Science:360(2019)012040	王小芳,谭秀成,张哨楠,沈安江,李昌	EI
1083	Geochemical Characteristics and Accumulation Model of Devonian Natural Gas in Northwestern Sichuan Basin, China	Earth and Environmental Science:360(2019)	谢增业	EI
1084	The Rock-Eval Pyrolysis and Hydrocarbon Generation Kinetic of Four Coal Samples from Different Areas, China	Earth and Environmental Science:360(2019)012036	孙玉,付小东	EI
1085	Increasing Drilling Speed in Long Horizontal Intervals in Aktobe Kazakstan	Earth and Environmental Science:360(2019)022029	张小宁,赫安乐,晏军,石李保,贺振国	EI
1086	Distribution and Characteristics of Paleo-oil Reservoirs in Cambrian Longwangmiao Formation in Anyue area of Sichuan Basin, China	Earth and Environmental Science:360(2019)012028	马行陟,柳少波,范俊佳,杨帆,孟庆洋	EI
1087	History of Hydrocarbon Accumulations Spanning Important Tectonic Phases and its Hydrocarbon Differential Accumulation of Sinian Dengying Formation in Sichuan Basin	Earth and Environmental Science:360(2019)012014	姜华	EI
1088	Characteristics of Lacustrine Mixed Marlstone Tight Oil Reservoir in Shahejie Formation of Shulu Sag, Bohai Bay Basin, North China	Earth and Environmental Science:360(2019)012010	付小东	EI
1089	Irradiation Caused Petroleum Generation: Evidence from Simulation Experiments at Room Temperature	Earth and Environmental Science:360	王华建,赵文智,蔡郁文,王晓梅,何坤	EI
1090	The Basic Principle of Enhancing Oil Recovery Technology in Heavy Oil Reservoirs	Earth and Environmental Science(IOP):228	孙江河,张付生,李雪凝,刘国良,朱卓岩	EI
1091	Water Management in Hydraulic Fracturing Technology	Earth and Environmental Science(IOP):228	李雪凝,刘国良,张付生,管保山,孙江河	EI
1092	Macromolecular Flow Improver Used for the Crude Oil Development	Earth and Environmental Science(IOP):228	张付生,单大龙,李雪凝,刘国良,朱卓岩	EI
1093	Tectonic Charateristics and Favourable Exploration Regions of Guaizihu Sag in Yin'e Basin	Earth and Environmental Science 360(2019)012047	杨润泽,赵长毅	EI
1094	A Discussion on the Transgression Model of Upper Paleozoic in	Earth and Environmental Science 360(2019)012016	李传明,赵长毅,刘海涛	EI
1095	Characteristics of Hydrocarbon Transport Systems and Migration in Slope Areas of Qikou Sag, Bohai Bay Basin	Earth and Environmental Science 360(2019)012007	邓焱,赵长毅	EI

续表

序号	论文题目	期刊杂志名称/会议名称/出版社	作者	被收录情况
1096	Study and Application of Novel Cellulose Fracturing Fluid in Ordos Basin	Earth and Environmental Science:(2018)022145	杨战伟,才博,胥云,车明光	EI
1097	A Numerical Model for Production Performance of MFHW in Low Viscosity Tight Oil Reservoirs	EAGE 2019 年会:北京	杨帆,刘立峰	
1098	Research Imaging Modeling Technology of Subsalt Structures-take the Caspian Sea Basin as an Example	EAGE Workshop:Mexico	苏勤,田彦灿,雍运动,徐兴荣,刘娟娟	ISTP
1099	Design of Informationized Operation and Maintenance System for Longdistance Oil and Gas Pipeline	CSAE 2019:三亚	李群,吴海莉	EI
1100	Evaluation of Erosion-Corrosion Behavior of N80 Steel Under High Velocity Wet Gas Condition	Corrosion 2019 Conference & Expo:美国休斯敦	王云,李隽,曹光强	EI
1101	The Gravelly Sedimentology of the Changcheng System and its Petroleum Geological Significance	CCOP 2019:Chiang Mai City,Thailand	吴因业,李建忠	
1102	A Multi-scale and Multi-medium Numerical Model of a Multi-fractured Horizontal Well in Tight Oil Reservoir of Daqing Oil Field	CCESEM 2019 会议:北京	杨帆,冉启全,董家辛	EI
1103	The Effect of Engineering Parameters on Production Capacity of a Fractured Horizontal Well in Tight Oil Reservoirs	CCESEM 2019 会议:北京	杨帆,冉启全	EI
1104	Oil and Gas Enrichment Patterns and Major Controlling Factors for Stable and High Production of Tight Lacustrine Carbonate Rocks,a Case Study of Yingxi Area in Qaidam Basin,West China	Carbonates and Evaporites:34	马新民	SCI
1105	Application of Prestack Simultaneous Inversion to Predict Gasbearing Dolomite Reservoir:A Case Study from Sichuan Basin,China	Carbonates and Evaporites:34	何巍巍	SCI
1106	Geochemical Characteristics and Geological Significance of the Bedded Chert During the Ordovician and Silurian Transition in the Shizhu Area,Chongqing,South China	Canadian Journal of Earth Sciences:56	卢斌	SCI
1107	Tribology Performance of Surface Texturing Plunger	Biomimetics:4(54)	魏松波,商宏飞,廖成龙,黄俊媛,石白茹	
1108	Fracturing with Pure Liquid CO_2:A Case Study	Asia Pacific Oil and Gas Conference and Exhibition 2018,Brisbane,Australia	孟思炜,杨清海	EI

续表

序号	论文题目	期刊杂志名称/会议名称/出版社	作者	被收录情况
1109	Study on Multiple-contact Phase Behavior in Natural Gas Injection for Enhanced Oil Recovery in Tarim Basin, China	Asia Pacific Journal of Chemical Engineering:14	张可	
1110	Mechanics and Paleo Structure of the Platform Margin of Dengying Formation in the Jiulongshan Field, Sichuan Basin, China	Asia Oceania Geosciences Society 16th Annual Meeting:Singpore	王丽宁	
1111	Thermal Evolutions Since the Middle-Late Triassic and its Profound Influence on Hydrocarbon Accumulation, Sichuan Basin, China	Asia Oceania Geosciences Society 16th Annual meeting:Singpore	王丽宁	
1112	Architectural Elements and Stratigraphy of a Deepwater Fan:A Case	Arabian Journal of Geosciences:12(6)	詹路锋,郭彬程,蔚远江	SCI
1113	Structure and Fracture-cavity Identification of Epimetamorphic Volcanic-sedimentary Rock Basement Reservoir:A Case Study from Central Hailar Basin, China	Arabian Journal of Geosciences:12(2)	李娟,陈广坡,张斌	SCI
1114	Influences of Heavy Oil Thermal Recovery on Reservoir Propertiesand Countermeasures of Yulou oil Bearing Sets in Liaohe Basin in China	Arabian Journal of Geosciences:12(11)	陈欢庆	SCI
1115	Fracture Study and its Applied in Oil and Gas Field Development	Arabian Journal of Geosciences:12(13)	陈欢庆	SCI
1116	A Rate Decline Model for Acidizing and Fracturing Wells in Closed Carbonate Reservoirs	Arabian Journal of Geosciences:12(7)	胡云鹏,王磊,丁伟,张晓玲	SCI
1117	A Novel Binary Compound Flooding System Based on DPG Particles for Enhancing Oil Recovery	Arabian Journal of Geosciences:12(7)	李伟涛,魏发林,熊春明,邵黎明,戴明利	SCI
1118	A Matlab Package for Calculating Partial Derivatives of Surface-wave Dispersion Curves by a Reduced Delta Matrix Method	Applied Sciences:9	伍敦仕,王小卫,苏勤,张涛	SCI
1119	An Experimental and Numerical Study of CO_2-Brine-Synthetic Sandstone Interactions Under High-Pressure(P)-Temperature(T) Reservoir Conditions	Applied Sciences:9	于志超,杨思玉	SCI
1120	N-th Root Slant Stack Based Weak Seismic Signal Enhancement Technology	Applied Geophysics:1	李斐,谢俊法,刘伟明,赵玉莲,王小卫	SCI
1121	Influence of Rock Fractures on the Amplitude of Dipole-source Reflected Shear Wave	Applied Geophysics:1	王才志,武宏亮,刘鹏,刘英明,原野	SCI

续表

序号	论文题目	期刊杂志名称/会议名称/出版社	作者	被收录情况
1122	Exploration and Casting of Large Scale Microscopic Pathways for Shale Using Electrodeposition	Applied Energy:247	金旭,王晓琦,闫伟鹏,孟思炜,刘晓丹	SCI
1123	Corrosion Behavior of N80 Steel in CO_2-saturated Formation Water	Anti-corrosion Methods and Materials:66(4)	裴智超,熊春明,叶正荣,周祥,王睿	SCI,EI
1124	Wellbore Anti-corrosion Technique Research in B Block on the Right Bank of Amu Darya River Sour Gas Field	Anti-corrosion Methods and Materials:66(1)	裴智超,熊春明,叶正荣,伊然,张娜	SCI,EI
1125	Experimental and Numerical Simulation of Water Adsorption and Diffusion in Shale Gas Reservoir Rocks	Advances in Geo-Energy Research:2	沈伟军,李熙喆	
1126	Investigation of the Isosteric Heat of Adsorption for Supercritical Methane on Shale Under High Pressure	Adsorption Science and Technology:37	周尚文,王红岩,张鹏宇,郭伟	SCI
1127	Application Of CNN Deep Learning to Well Pump Troubleshooting Via Power Cards	ADIPEC2019:阿联酋阿布扎比	周相广,刘晓华	EI
1128	Direct Inversion for Sensitive Elastic Parameters of Deep Reservoirs	Acta Geophysica:67	李胜军,桂金咏,高建虎	SCI,EI
1129	Gradual Evolution from Fluvial Dominated to Tide Dominated Deltas and Channel Type Transformation: A Case Study of MPE3 Block in the Orinoco Heavy Oil Belt of the Eastern Venezuelan Basin	Acta Geologica Sinica (english Edition):93(6)	黄文松,陈和平,徐芳,孟征,张凡芹	SCI
1130	Graptolite-Derived Organic Matter and Pore Characteristics in the Wufeng-Longmaxi Black Shale of the Sichuan Basin and Its Periphery	Acta Geologica Sinica (english Edition):93(4)	武瑾	SCI
1131	Heavy Oil and Oil Sands:Global Distribution and Resource Assessment	Acta Geologica Sinica (English Edition):1000-9515	刘祚冬,王红军,Graham BLACKBOURN,马锋,贺正军	
1132	High-precision Dating and Geological Significance of Chang 7 Tuff Zircon of the Triassic Yanchang Formation, Ordos Basin in Central China	Acta Geologica Sinica (english Edition):93(6)	朱如凯	SCI
1133	Reservoir Porosity Measurement Uncertainty and its Influence on Shale Gas Resource Assessment	Acta Geologica Sinica (english Edition):93(6)	田华,邹才能,柳少波,洪峰,范俊佳	SCI
1134	Controlling Factors of Organic Nanopore Development: A Case Study on Marine Shale in the Middle and Upper Yangtze Region, South China	Acta Geologica Sinica (english Edition):93(4)	梁峰,张琴,崔会英	SCI

续表

序号	论文题目	期刊杂志名称/会议名称/出版社	作者	被收录情况
1135	Occurrence and Origins of Thiols in Deep Strata Crude Oils, Tarim Basin, China	ACS Earth and Space Chemistry	朱光有	SCI
1136	Application of Stratigraphic Slice Technique Based on Seismic Inversion in Predicting Sub-salt Carbonate Reservoir	ACE 2019:美国	李东,郭渊,张勇刚,杨志力,王红平	
1137	The Deepwater Channels Migration and Evolution Under the Inference of Bottom Current in Offshore Mozambique, East Africa	ACE 2019:美国	许小勇,邵大力,左国平,鲁银涛,孙辉	
1138	Study and Application of Facies-controlled Reef Reservoir Prediction Method in Eastern Sichuan Basin, China	Academic Journal of Humanities & Social Sciences:2	李新豫,包世海	
1139	A New Polymer Flooding Technology For Improving Low Permeability Carbonate Reservoir Recovery-from Lab Study To Pilot Testcase Study From Oman	Abu Dhabi International Petroleum Exhibition & Conference: Abu Dhabi, UAE	吴行才	EI
1140	Natural Gas Hydrate Distribution Characteristics and Accumulation Model Prediction in Xisha Offshore of Northern South China Sea	AAPG 亚太分会:新西兰	杨涛涛,李林,鲁银涛	
1141	Geochemical Characteristics and Oil-source Correlation Implication in the Western Slope of Northern Songliao Basin, China	AAPG – New Tools, Challenges and Opportunities: Beijing, China	毕赫,周海燕,王岚,商斐	
1142	Evaluating Nitrogen Isotopes as Proxies for Depositional Redox Conditions in the Chang 7 Shale, North China	AAPG – New Tools, Challenges and Opportunities: Beijing, China	商斐	
1143	Evaluation of Carboniferous-Permian Exploration Potential in Southern Huanghua Depression	AAPG – New Tools, Challenges and Opportunities: Beijing, China	周海燕	
1144	Characteristics Of Deep Water Sedimentary Architecture Elements in the Rakhine	AAPG ICE 2019: Buenos Aires	王雪峰,毛超林,马宏霞,孙辉,丁梁波	
1145	Key Controlling Factors For Biogenic-gas Accumulation In Deep Water of Rakhine Basin	AAPG ICE 2019: Buenos Aires	王雪峰,邵大力,刘艳红,闫春,左国平	
1146	Hydrocarbon Enrichment Law in the Deep Water Area of The Northeastern Rovuma Basin, East Africa	AAPG ICE 2019: Buenos Aires	孙辉	
1147	Lower Cambrian Pre-salt Microbialite Mound: Lithofacies, Architecture, and Related Reservoir: a Case Study of Tarim Basin, NW China	AAPG ICE 2019: Buenos Aires	乔占峰	
1148	In-Situ U-Pb Dating By LA-MC-ICPMS: A Useful Tool for the Study of Diagenesis-Porosity Evolution History in Ancient Marine	AAPG ICE 2019: Buenos Aires	沈安江,胡安平,陈婷,梁峰,赵建新	

续表

序号	论文题目	期刊杂志名称/会议名称/出版社	作者	被收录情况
1149	Multi Geochemical Parameters Identification of Dolomite Genesis and Key Factors of Reservoir in Lower Ordovician of Gucheng Area, Tarim Basin, Northwest China	AAPG ICE 2019：Buenos Aires	张友,沈安江,郑兴平	
1150	Mesogenetic Dissolution Could Significantly Improve Carbonate Reservoir Quality：Evidence from Experimental Simulation	AAPG ICE 2019：Buenos Aires	贺训云,沈安江	
1151	Twin Platformedges Model of Ediacaran Dengying Formation and its Significance, Sichuan Basin, China	AAPG ICE 2019：Buenos Aires	周进高	
1152	Characteristics of Hydrocarbon Accumulation in Salt-bearing Basins	AAPG GTW Euroasian Mature Salt Basins：克拉科夫	王震	EI
1153	Formation and Preservation of a Giant Petroleum Accumulation in Superdeep Carbonate Reservoirs in the Southern Halahatang Oil Field Area, Tarim Basin, China	AAPG Bulletin：103(7)	朱光有	SCI
1154	Origin of Conventional and Shale Gas in Sinian-lower Paleozoic Strata in the Sichuan Basin：Relayed Gas Generation from Liquid Hydrocarbon Cracking	AAPG Bulletin：103(6)	赵文智,张水昌,何坤	SCI
1155	Resource Potential and Core Area Prediction of Lacustrine Tight Oil	AAPG Bulletin：103(6)	邹才能,郭秋麟,杨智,吴松涛,陈宁生	SCI
1156	Control of the Formation Mechanism on the Reservoir Quality for the Fracture-cave Carbonate Rocks: a Study on the Ordovician Carbonate Reservoirs in the Halahatang Oilfield, Tarim Basin, North West China	AAPG ACE 2019：Houston	宁超众	ISTP
1157	Characteristics of Sinian and Cambrian Natural Gases and Oil Cracking Conditions in China	AAAPG 2019：Guangzhou	王兆云,龚德瑜,李永新	
1158	Oil Generation Character of Mesoproterozoic Xiamaling Formation During Stepwise Pyrolysis	AAAPG 2019：Guangzhou	马巴翊,王晓梅,苏劲	EI
1159	Two Typical Accumulation Mechanisms of Marine Natural Gas Reservoirs in China：Case Comparison Between Tarim Basin and Sichuan Basin	AAAPG 2019：Guangzhou	苏劲,方玙,何坤,马巴翊,黄凌	EI
1160	Genesis and Origins of Naturalgases from Middle Assemblages of Majiagou form Ationin Ordovician, Ordos Basin	AAAPG 2019：Guangzhou	王晓波	

续表

序号	论文题目	期刊杂志名称/会议名称/出版社	作者	被收录情况
1161	Full-scale Porosity Quantitative Characterization and Evolution Refularity of Source Rockin High-over Mature Stage	AAAPG 2019:Guangzhou	王义凤	
1162	Overall Processes of Hydrocarbon Generation,Expulsion,Retention and Accumulation During Organic Matter Maturation:Evolution Model and Resource Potential	AAAPG 2019:Guangzhou	李剑	
1163	Exploring the Great Potential of EV Industry in Argentina	7th Latin American Energy Economics Meeting:阿根廷布宜诺斯艾利斯	邓希	
1164	Reserves Classification and Well Pattern Infilling Adjustment in Sulige Tight Sandstone Gas Field,Northwest China	72nd Annual Meeting of the American Physical Society's Division of Fluid Dynamics:美国西雅图	郭智	
1165	Technologies Advancement and Prospect of Natural Gas Development in China,Seattle	72nd Annual Meeting of the American Physical Society's Division of Fluid Dynamics:美国西雅图	贾爱林	
1166	Reserves Classification and Well Pattern Infilling Adjustment in Tight Sandstone Gas Field	6th International Conference on Renewable & Non-renewable Energy:美国迈阿密	郭智	
1167	Technologies Advancement and Prospect of Natural Gas Development in China	6th International Conference on Renewable & Non-renewable Energy:美国迈阿密	贾爱林	
1168	Sedimentary Characteristics of Microbial Carbonates in Intermittent Period of Volcanic Eruption	4th International Conference of Palaeogeography:北京	王小芳,谭秀成,张哨楠,沈安江,李昌	
1169	Thickening-upward Cycles in Deep-marine and Deep-lacutrine Turbidites	4th International Conference of Palaeogeography:北京	张磊夫,董大忠,刘德勋	
1170	The Trend and Outlook of Global Upstream Oil and Gas M&A Market	42nd International Association for Energy Economics(IAEE) Annual Conference:加拿大蒙特利尔	邓希,邰峰,王曦	
1171	Numerical Simulation of Foam Flow Pressure Drop in Coiled Tubing Spiral Section	3rd International Conference on Fluid Mechanics and Industrial Applications:中国	张小宁,赫安乐,贺振国,孔璐琳	EI
1172	Effect of Depositional Sequences on the Enrichment of Chang 7 Shale Organic Matter	36th TSOP Annual Meeting:Bloomington,IN,USA	张天舒,白斌,陶士振,陈燕燕,林森虎	
1173	The Development of EV and its Impact on Energy,Environment and Other Socioeconomic Aspects	2nd International Conference on Energy Economics and Energy Policy:葡萄牙科英布拉	邓希	

序号	论文题目	期刊杂志名称/会议名称/出版社	作者	被收录情况
1174	Experimental Investigation of Non-thermal EOR Methods in a Foamy Extra-Heavy Oil Reservoir	2019 20th European Symposium on Improved Oil Recovery：法国波城	杨朝蓬,李星民,沈杨,陈和平,刘章聪	EI
1175	Study on Lithology Identification and Prediction in PX Bedrock Reservoir	2019 油气田勘探与开发国际会议（IFEDC）：陕西西安	刘应如	EI
1176	Analysis of Carbonate Reservoir Characteristics and Main Controlling Factors of Iranian Azadegan Oil Field	2019 油气田勘探与开发国际会议（IFEDC）：陕西西安	衣英杰,郭睿,董俊昌,刘辉	
1177	阿布扎比R油田早白垩系Thamama组B段孔隙型碳酸盐岩储层三维地质建模研究	2019 油气田勘探与开发国际会议（IFEDC）：陕西西安	袁大伟	
1178	The Simulation Study of Fracture Vertical Progagation in 3D Model	2019 油气田勘探与开发国际会议（IFEDC）：陕西西安	付海峰,梁天成	EI
1179	Study on Water Flooding Characteristics of Carbonate Reservoirs Affected by High Permeability Layers and Micro-fractures——Taking K Reservoir in a Middle East Oilfield as an Example	2019 油气田勘探与开发国际会议（IFEDC）：陕西西安	刘达望,张文旗,侯秀林,杨阳,张原	EI
1180	Identification of Fracture Types and Characterization of Horizontal Well Development on Fractured-Carbonate Reservoir	2019 油气田勘探与开发国际会议（IFEDC）：陕西西安	张文旗,宋新民,杨阳,刘达望,张原	EI
1181	Characteristics of Continuing Water-Transgressive Sequences of the Lower Assemblage in BN Sub-sag, Bongor Basin	2019 油气田勘探与开发国际会议（IFEDC）：陕西西安	杜业波	EI
1182	Microscopic Oil Displacement Characteristics of Low Permeability Glutenite Reservoir in Qaidan Basin	2019 油气田勘探与开发国际会议（IFEDC）：陕西西安	胡亚斐,李保柱,吴峙颖,侯建锋,李勇	
1183	A New Method for Evaluating the Dominant Channel of Reservoir	2019 油气田勘探与开发国际会议（IFEDC）：陕西西安	胡亚斐,李保柱,吴峙颖,侯建锋,李勇	
1184	Seismic Prediction for Clastic Thin Reservoir Along Slope Zone of Oriente Basin in South America	2019 油气田勘探与开发国际会议（IFEDC）：陕西西安	周玉冰,马中振,田作基,阳孝法	
1185	Facies-controlled Modeling Constrained by 2D Seismic and Pseudo Well for Carbonate	2019 油气田勘探与开发国际会议（IFEDC）：陕西西安	刘玉梅,董俊昌,郭睿	
1186	评价油田开发潜力的先进指标追赶法	2019 油气田勘探与开发国际会议（IFEDC）：陕西西安	冯金德,刘婷,唐玮,王东辉,田雅洁	
1187	油藏分类现状分析及治理对策探讨	2019 油气田勘探与开发国际会议（IFEDC）：陕西西安	王东辉,胡海燕,冯金德,唐玮,邹存友	

续表

序号	论文题目	期刊杂志名称/会议名称/出版社	作者	被收录情况
1188	海域勘探早期地震反演和属性分析联合预测超压	2019油气田勘探与开发国际会议(IFEDC);陕西西安	张勇刚,王红平,王朝锋,邵大力,左国平	
1189	湖相碳酸盐岩古地貌恢复技术及应用-以南美洲桑托斯盆地S油田为例	2019油气田勘探与开发国际会议(IFEDC);陕西西安	王朝锋,王红平,杨柳,张勇刚,李东	
1190	西沙海域似海底反射地震特征及分布控制因素	2019油气田勘探与开发国际会议(IFEDC);陕西西安	李丽,杨志力,吴敬武,杨涛涛,鲁银涛	
1191	JUNIN4油田水平井电热带井筒降粘技术研究与应用	2019油气田勘探与开发国际会议(IFEDC);陕西西安	伊然,裴智超,刘翔,周祥	
1192	Effect of Stress Sensitivity on Gas Reserves Evaluation of Ultra-deep Fractured Tight Sand Gas Reservoirs	2019油气田勘探与开发国际会议(IFEDC);陕西西安	罗瑞兰,李熙喆,向辉	SCI,EI
1193	Characteristics of Fractures and Dissolved Vugs of LWM Formation Gas Reservoir in Moxi Block and its Influence on Gas Well Productivity	2019油气田勘探与开发国际会议(IFEDC);陕西西安	郭振华,李熙喆,李骞	SCI,EI
1194	Massive Acid Fracturing for Limy Dolostone in Ultra-deep Well: A Case Study	2019油气田勘探与开发国际会议(IFEDC);陕西西安	李帅,王欣,王佳,李阳,张辉	SCI,EI
1195	碳酸盐岩油藏多测试辅助单井历史拟合	2019油气田勘探与开发国际会议(IFEDC);陕西西安	徐立坤,齐梅,李云波,刘剑,李剑	
1196	浅层超稠油双水平井SAGD电预热启动关键参数优化设计	2019油气田勘探与开发国际会议(IFEDC);陕西西安	吴永彬	
1197	Production Mechanisms of IUP in Oil Shale Reservoirs Based on HT Pyrolysis Simulation	2019油气田勘探与开发国际会议(IFEDC);陕西西安	吴永彬	
1198	Experimental Study on the Indoor and Pilots of Guar Gum Temporary Plugging Agent	2019油气田勘探与开发国际会议(IFEDC);陕西西安	刘玉婷,梁利,刘倩	SCI,EI
1199	A Dynamic Classification Method of the Sinian Dengying Formation Heterogeneous Carbonate Reservoir	2019油气田勘探与开发国际会议(IFEDC);陕西西安	俞霁晨,罗瑞兰,张林	SCI,EI
1200	安岳气田龙王庙组储层特征及其形成主控因素	2019油气田勘探与开发国际会议(IFEDC);陕西西安	张满郎,郭振华,张林	SCI,EI
1201	The Simulation Study of Fracture Vertical Propagation in 3D Model	2019油气田勘探与开发国际会议(IFEDC);陕西西安	付海峰,梁天成,邱金平,才博,严玉忠	SCI,EI
1202	Automatic Extraction of Fractures in Digital Geological Outcrop of Carbonate Rocks and its Application	2019油气田勘探与开发国际会议(IFEDC);陕西西安	曾齐红,张友焱,叶勇	SCI,EI

续表

序号	论文题目	期刊杂志名称/会议名称/出版社	作者	被收录情况
1203	High Concentration Calcium Chloride–guar Gum Crosslinked Gel Technology	2019油气田勘探与开发国际会议（IFEDC）：陕西西安	高莹,徐敏杰,王丽伟,杨战伟,石阳	SCI,EI
1204	Application of Digital Core Technology in Selecting Stimulation Processes for Anyue Fractured Gas Reservoir	2019油气田勘探与开发国际会议（IFEDC）：陕西西安	李素珍,万玉金,李欣,杨战伟,王辽	SCI,EI
1205	Key Factors and Efficient Reservoir Stimulation Countermeasures in Thick and Ultra–Deep Naturally Fractured Reservoir	2019油气田勘探与开发国际会议（IFEDC）：陕西西安	韩秀玲,杨战伟,高莹,熊春明,石阳	SCI,EI
1206	基于深度学习的储层参数反演研究	2019油气田勘探与开发国际会议（IFEDC）：陕西西安	秦楠,饶颖,符力耘	
1207	页岩气甜点预测中的TOC参数反演	2019油气田勘探与开发国际会议（IFEDC）：陕西西安	秦楠,饶颖,符力耘	
1208	Study on Waterproof Lock Low Concentration High–density Fracturing Fluid System and its Field Application	2019油气田勘探与开发国际会议（IFEDC）：陕西西安	王丽伟,李素珍,杨战伟,王辽,韩秀玲	SCI,EI
1209	Research on Waterless Fracturing Technology in Tight Gas Formation in China	2019油气田勘探与开发国际会议（IFEDC）：陕西西安	段瑶瑶,胥云,翁定为,卢拥军,邱晓惠	SCI,EI
1210	Water Invasion Characterization by Integrating PLT and Production Data in Multi–layer Gas Reservoirs	2019油气田勘探与开发国际会议（IFEDC）：陕西西安	万玉金,罗万静	SCI,EI
1211	伊朗A油田构造–沉积演化对油气成藏的作用	2019油气田勘探与开发国际会议（IFEDC）：陕西西安	王鼐,林腾飞,李楠,董俊昌,杨双	
1212	伊拉克南部地区生屑灰岩潮道表征与建模研究	2019油气田勘探与开发国际会议（IFEDC）：陕西西安	徐振永,冯明生,陈美瑾,林腾飞,王伟俊	
1213	Evaluation Indicators System and Improved Multi–attribute Decision–making Model for Overseas Oil and Gas Venture	2019油气田勘探与开发国际会议（IFEDC）：陕西西安	杨超,齐梅,王友净,李顺明,史洺宇	
1214	中东地区生屑灰岩局限泻湖相中的潮道表征研究	2019油气田勘探与开发国际会议（IFEDC）：陕西西安	林腾飞,郭睿,张庆春,冯明生,徐振永	
1215	Characters and Petrophysical Evaluations of Different Super–permeability Zones in the Cretaceous Bioclastic Limestone Reservoirs	2019油气田勘探与开发国际会议（IFEDC）：陕西西安	田中元,郭睿,余国义,杨渔	
1216	Development of Overseas Oil and Gas Development Integration Research Platform and Database Construction	2019油气田勘探与开发国际会议（IFEDC）：陕西西安	王克铭,邹倩,王作乾,张新顺,李文正	SCI,EI
1217	滩坝砂储层地震预测技术及应用	2019油气田勘探与开发国际会议（IFEDC）：陕西西安	何巍巍,张静	
1218	Research and Application of Logging Evaluation Method for Lower Limit of "Dynamic" Physical Property of Tight Gas Reservoir	2019油气田勘探与开发国际会议（IFEDC）：陕西西安	石强,陈鹏	

续表

序号	论文题目	期刊杂志名称/会议名称/出版社	作者	被收录情况
1219	Potential Evaluation and Technical Strategies of Infilling Well Pattern of K Oilfield in Kazakhstan in High Water Cut Period	2019油气田勘探与开发国际会议(IFEDC):陕西西安	王作乾,许必锋,韦青,兰君,陈希	SCI,EI
1220	The Study of Depositional System Characteristics of P Fm in GB Area on the Northern Slope in Bongor Basin	2019油气田勘探与开发国际会议(IFEDC):陕西西安	袁志云,杜业波,王一帆,梁巧峰,胡瑛	EI
1221	Integrated Fault Identification Techniques and Application in Mature Exploration and Development Area in Block 6—Case Study in Fula Sub-basin, Muglad Basin	2019油气田勘探与开发国际会议(IFEDC):陕西西安	刘爱香,张光亚,史艳丽,邹荃,客伟利	EI
1222	The Comprehensive Evaluation of Basement Reservoir, Cap Rock and Favorable Area in Block 6, Sudan	2019油气田勘探与开发国际会议(IFEDC):陕西西安	邹荃,张光亚,刘爱香,客伟利,聂刚	EI
1223	Evolution Process Characteristics of and Differential Enrichment of Oil and Gas in Deep Water Gravity Flow Sandstone	2019油气田勘探与开发国际会议(IFEDC):陕西西安	陈建阳,王辉,刘达望,邹拓	EI
1224	U. S. Tight Oil Production Tendency Analysis	2019油气田勘探与开发国际会议(IFEDC):陕西西安	华蓓	SCI,EI
1225	关于致密油开发实践中降本增效的思考	2019油气田勘探与开发国际会议(IFEDC):陕西西安	闫林,袁大伟,陈福利,吴忠宝,王志平	EI
1226	Numerical Simulation of the Effect of Nanoconfinement on Hydrocarbon Phase Behavior in Nanometer Scale Pores	2019油气田勘探与开发国际会议(IFEDC):陕西西安	李宁,李莉,吴淑红,吴玉树	EI
1227	致密油水平井+密切割开发新模式下产能评价研究	2019油气田勘探与开发国际会议(IFEDC):陕西西安	王志平,闫林,陈福利,彭晖,王少军	EI
1228	尿素在SAGD条件下的转化率和储层伤害评价研究	2019油气田勘探与开发国际会议(IFEDC):陕西西安	张胜飞	EI
1229	Development Strategy Study Based on Improved Analytic Hierarchy Process for Complex Fault Block Oil Reservoirs	2019油气田勘探与开发国际会议(IFEDC):陕西西安	雷诚,徐庆岩,袁新涛,康楚娟,杨轩宇	EI
1230	Development Strategy for Gas Cap Reservoirs with Edge Water and Complicated Faults in Niger	2019油气田勘探与开发国际会议(IFEDC):陕西西安	徐庆岩,雷诚,袁新涛,杨轩宇	EI
1231	Composite Decline Rate Calculation Method Research of the Scrolling Development Gas Field	2019油气田勘探与开发国际会议(IFEDC):陕西西安	霍瑶	EI
1232	Analysis of Stimulation Effect and Optimization of Stimulation Mode for Ultra-deep Tight Gas Reservoir	2019油气田勘探与开发国际会议(IFEDC):陕西西安	王辽,李君,杨战伟,车明光,徐国伟	

续表

序号	论文题目	期刊杂志名称/会议名称/出版社	作者	被收录情况
1233	威远气田页岩气井产量影响因素综合分析	2019 油气田勘探与开发国际会议(IFEDC);陕西西安	何畅,万玉金	
1234	Sedimentary Characteristics and Reservoir Model of Distant Braided Delta Deposits A Case on Upper Cretaceous Yogou Formation of Termit Basin, Niger	2019 油气田勘探与开发国际会议(IFEDC);陕西西安	赵宁,张光亚,高霞	SCI
1235	The Influences of Microscopic Pore Structure on Spontaneous Imbibition of Tight Gas Reservoir	2019 油气田勘探与开发国际会议(IFEDC);陕西西安	韦青,张甜甜,刘保磊,陈希	SCI,EI
1236	A Study on Seepage Flow Characteristic Equation for High Water-cut Oilfields	2019 油气田勘探与开发国际会议(IFEDC);陕西西安	陈希,赵伦,王作乾,刘保磊,韦青	SCI,EI
1237	Permeability Evolution and the Inner Mechanism During Hydraulic Fracturing	2019 世界石油协会青年会议:俄罗斯圣彼得堡	李帅,王欣,才博,何春明,李阳	EI
1238	A New Type of High Density Fracturing Fluid System	2019 年土木工程、环境资源与能源材料国际学术会议:北京	高跃宾,才博,邱金平,何春明,段贵府	EI
1239	Application Research of Machine Learning Method Based on Distributed Cluster in Information Retrieval	2019 年通信、信息系统和计算机工程国际学术会议:海南	李效恋,李昆颖,乔德新	EI
1240	Zoning Characteristics of Gas Well Productivity in Superimposed Karst Carbonate Gas Reservoirs	2019 年 WCONG 会议:西班牙瓦伦西亚	闫海军,夏钦禹	
1241	Sedimentary Architecture of Alluvial Fan Controlled by Syn-sedimentary Reverse Fault Associated Fold	2019 年 WCONG 会议:西班牙瓦伦西亚	夏钦禹,闫海军	
1242	Application of ECS Logging Technology in Lithology Identification of Pre-salt Igneous Rocks in Santos Basin, Brazil	2019 年 SPWLA 专题研讨会:北京	庞旭,王红平,杨柳,王朝锋,李小辉	
1243	A Lacustrine Black Shale Depositional Model in the Songliao Basin, Northeastern China	2019 年 GSA 年会:美国菲尼克斯	王岚,林潼	
1244	Tight Oil Formation and Distribution of Middle Permian Lucaogou Formation in Jimsar sag, Junggar Basin, Northwestern China	2019 年 GSA 年会:美国菲尼克斯	方向,郭旭光,吴因业	
1245	Geometry and Kinematics of Intraplate Strike-slip Faults in Gaoshiti-Moxi Area, Sichuan Basin, SW China	2019 年 GSA 年会:美国菲尼克斯	马德波	
1246	Corrosion Investigation of Carbon and Low Alloy Steels, Supermartensitic Stainless Steels and Duplex Stainless Steels for Oil-gas-water Multiphase Flow Containing H_2S, CO_2 and Chloride	2019 国际腐蚀防护与应用大会:重庆	朱培珂,杨军征,崔明月,闫伟,王青华	

续表

序号	论文题目	期刊杂志名称/会议名称/出版社	作者	被收录情况
1247	Study and Evaluation of Wellbore Integrity Strategy for Unconventional Resources Restimulation Purpose	2019 SPE Western Regional Meeting:美国圣何塞	陈强,李涛,孙强,李益良,韩伟业	EI
1248	New Dilation Stimulation Technologies to Improve SAGD Performance: Two Cases Study and Practices	2019 SPE Western Regional Meeting:美国圣何塞	梁光跃,刘尚奇,刘洋,周久宁	EI
1249	Application Strategy of Grid Tomography Modeling and Beam Migration in Complex Piedmont Belt Imaging	2019 SEG Workshop:四川成都	杨哲	ISTP
1250	Global Modeling and Depth Imaging Method of Near-Surface and Deep Reflection - A Case Study of Mountainous Areas in Western China	2019 SEG Workshop:四川成都	肖明图,苏勤,李斐,王彦君,邵喜春	
1251	Application of Multi-information Constrained Model-based Tomographic Inversion in Complex Structure Imaging	2019 SEG Workshop:四川成都	刘伟明	
1252	Hydrocarbon Enrichment Law in the Deep Water Area of the Northeastern Rovuma Basin, East Africa	2019I CGG:云南昆明	孙辉,刘少治,左国平,许小勇,刘艳红	
1253	A New Method of Multiple Attributes Analysis for Carbonate Reservoir Prediction in Santos Basin	2019 ICGG:云南昆明	左国平,邵大力,丁梁波,郭渊,李东	
1254	Using Seismic Multi-attributes to Predict pre-salt Carbonate Reservoir's Thickness in Block L Brazil	2019 ICGG:云南昆明	张勇刚,王朝锋,王红平,邵大力,左国平	
1255	A New Method to Identify Lith of aciesof Complex Lacustrine Carbonate Reservoirs via Log Data	2019 World Petroleum Congress:俄罗斯	田明智	SCI
1256	Efficiently Stimulation Technology for the Tight Oil Reservoir	2019 SPIE Infrared Remote Sensing and Instrumentation XXVII:SPIE 11128-24	崔伟香,王春鹏,崔明月,晏军,王超	EI
1257	Thief Zone Characterization and its Impact on Well Performance Based on Surveillance Data, Experimental Data and Theoretical Analysis for a Carbonate Reservoir	2019 SPE Reservoir Characterization and Simulation Conference:Abu Dhabi,UAE	魏晨吉,郑洁	EI
1258	Data-driven Artificial Intelligence in Seismic Processing and Interpretation	2019 SEG 第三届国际数学地球物理研讨会:北京	郑晓东	
1259	Gas saturation Prediction Based on Solid-liquid Decoupling Parameters	2019 SEG Workshop:甘肃兰州	桂金咏	
1260	A bidirectional Coherence Method Based on High-resolution Seismic Data	2019 SEG Workshop:甘肃兰州	郭欣	

续表

序号	论文题目	期刊杂志名称/会议名称/出版社	作者	被收录情况
1261	Fracture Comprehensive Prediction Based on Azimuthal Anisotropy of Multi-attributes	2019 SEG Workshop：甘肃兰州	王洪求	
1262	A New Construction Method of Digital Rock with Fractures	2019 SEG Workshop：中国兰州	闫国亮	ISTP
1263	Fracture Prediction Based on the Azimuthal Derivative of the Amplitude	2019 SEG Workshop：甘肃兰州	谢春辉	ISTP
1264	The Application of Broadband, Wide-azimuth and High-density (BWH) Seismic Data Processing Technology in Deep Complex Structure Imaging of Songliao Basin	2019 SEG Workshop：甘肃兰州	曾华会,苏勤,郄树海,吕磊,袁刚	
1265	Wide-Azimuth Seismic Data Processing Technology for Small Fault and Crack Identification	2019 SEG Workshop：中国兰州	曾华会,王小卫,苏勤,吕磊,王一惠	ISTP
1266	Semantic Segmentation Network for 3D Seismic Fault System Detection	2019 SEG Workshop：中国兰州	常德宽,杨午阳	ISTP
1267	Integrated Identification and Prediction of Fractured Reservoir: a Case Study in Basement, Hailar Basin, China	2019 SEG Fractured Reservoir & Unconventional Resources Forum：兰州	李娟,陈广坡,张斌	
1268	Characterization and Modeling of Fractures in the Bereketli-Pirgui Carbonate Reservoir, The Right Bank of the Amu Darya	2019 International Field Exploration Development Conference：陕西西安	邢玉忠,郭春秋,程木伟,史海东,祝厚勤	EI
1269	The Methodology to Run CBM Reservoir Prediction by Maximum Utilizing Seismic and Well Data in Australia	2019 International Field Exploration Development Conference：陕西西安	张铭,王红军	EI
1270	CBM Field Proved Reserve Evaluation Based on Decline Curve Analysis and Type Curve: Case Study of Australia Surat CBM Gas Fields	2019 International Field Exploration Development Conference：陕西西安	李铭,夏朝辉,张铭,刘玲莉,崔泽宏	EI
1271	A Method for Quantitative Identification Lithology Based on Structural Components of Limestone by Well Logging: A Case Study on Carboniferous KT-II, Tucker Anticline, Caspian Basin	2019 International Field Exploration Development Conference：陕西西安	梁爽,郑俊章,尹继全,王燕琨,王震	EI,SCI
1272	Petroleum Geologic Characteristics and Exploration Fields in the Eastern Margin of Pre-Caspian Basin	2019 International Field Exploration Development Conference：陕西西安	王震	SCI,EI
1273	Formation and Characteristics of the Cryogenian High-Quality Source Rock, South China	2019 AAPG Annual Convention and Exhibition：San Antonio, Texas	李婷婷	

续表

序号	论文题目	期刊杂志名称/会议名称/出版社	作者	被收录情况
1274	Timing and Mechanism of Calcites in Fractures of Middle Ordovician of Northern Tarim Basin,Northwest China	2019 AAPG Annual Convention and Exhibition：San Antonio, Texas	乔占峰	
1275	Fine Lithology and Sedimentary Facies Prediction of Carbonate Using the Amplitude Attribute	2019 AAPG Annual Convention and Exhibition：San Antonio, Texas	王洪求	
1276	Segmentation and Mechanism of Differential Extension in the Continental Marginal Basins of the Northern South China Sea	2019 AAPG Annual Convention and Exhibition：San Antonio, Texas	张远泽,王彬,李林	
1277	Distribution Law of Helium in Leshan-longnvsi Paleo-uplift in Sichuan Basin,China	2019 AAPG Annual Convention and Exhibition：San Antonio, Texas	秦胜飞	
1278	The Challenges Brought by Oilfield Development Methods to Geological Modeling：Big Data Paradox and Modeling Strategies in Geological Modeling Based on Horizontal Wells Data	2019 AAPG Annual Convention and Exhibition：San Antonio, Texas	黄文松	SCI
1279	An New DFM Dynamic Modeling Workflow Through a Non-intrusive EDFM Method to Quickly Calibrate Fracture Model with Production Data：Practical Application on a Granite Reservoir Case	2019 AAPG Annual Convention and Exhibition：San Antonio, Texas	雷诚,李贤兵,苗继军,王瑞峰	
1280	Research Status and Prospect of Downhole Acceleration	2019 5th International Conference on Energy Materials and：Kuala Lumpur,Malaysia	张国辉,陈荣,张希文,胡贵	EI
1281	Low-cost Drilling Technology for Horizontal Wells with	2019 5th International Conference on Energy Materials and：Kuala Lumpur,Malaysia	张国辉,陈荣,胡贵,黄伟和,张希文	EI
1282	Analysis and Optimization of Information Retrieval Algorithms for Unstructured Data	2019 3rd International Conference on Computer Engineering：重庆	李昆颖,乔德新,李效恋	
1283	Adaptive Subtraction of Desert Dune Ringing Multiples Using Multichannel Analysis	2018 SEG Workshop：SEG Maximizing Asset Value Through Artificial Intelligence and Machine Learning：北京	吴杰,苏勤,王小卫,杨维,王靖	
1284	Semantic Segmentation Network for Automatic Salt Domes Interpretation	2018 SEG Workshop：SEG Maximizing Asset Value Through Artificial Intelligence and Machine Learning：北京	常德宽,杨午阳	ISTP

续表

序号	论文题目	期刊杂志名称/会议名称/出版社	作者	被收录情况
1285	U-net Convolutional Networks for First Arrival Picking	2018 SEG Workshop: SEG Maximizing Asset Value Through Artificial Intelligence and Machine Learning:北京	胡莲莲,郑晓东,段艳廷	
1286	Reserves Evaluation,Reporting and Sensitivity Analysis of Tight Gas Project Under Royalty & Tax System	2018 International Field Exploration and Development Conference:陕西西安	法贵方,王作乾,邹倩,蔡德超,李之宇	SCI,EI
1287	Reserves Estimation of Two-Layer Commingled Gas Well by Material Balance Method	2018 International Field Exploration and Development Conference:陕西西安	孙贺东,崔永平,曹雯,李艳春	SCI,EI
1288	Discussion on Gas Genesis and Origins of Middle and Lower Combinations of Jingbian Gas Field in the Ordos Basin,China	15th International Conference on Gas Geochemistry(2019)(ICGG15):意大利	王晓波	
1289	Research and Application of Big Data Analysis Platform for Oil & Gas Production	11th International Petroleum Technology Conference(IPTC):北京	赵瑞东	EI
1290	Artificial Lift Methods Optimising and Selecting Based on Big Data Analysis Technology	11th International Petroleum Technology Conference(IPTC):北京	师俊峰,陈诗雯,张喜顺,赵瑞东	EI
1291	An Innovative Simulated Experimental System for Evaluating PCP Elastomer's Dynamic Fatigue Properties	11th International Petroleum Technology Conference(IPTC):北京	曹刚	EI
1292	Comprehensive Evaluation of NMR Characteristics of Complex Volcanic Reservoirs with Different Types of Rock Lithology	11th International Petroleum Technology Conference(IPTC):北京	孙军昌	
1293	Bioclastic Limestone Reservoir Characterization of an Oilfield in the Middle East	11th International Petroleum Technology Conference(IPTC):北京	林腾飞,王鼐,王伟俊	EI
1294	Comprehensive Seismic Data Conditioning of the Bioclastic Limestone in the Middle East	11th International Petroleum Technology Conference(IPTC):北京	林腾飞,王雪玲,董俊昌	EI
1295	Evaluation of Dynamic Reserves in Ultra-deep Naturally Fractured Tight Sandstone Gas Reservoirs	11th International Petroleum Technology Conference(IPTC):北京	罗瑞兰,俞霁晨,万玉金	EI
1296	Prediction Methods of Key Development Indexes of Large Gas Fields Based	11th International Petroleum Technology Conference(IPTC):北京	孙玉平,关春晓,张静平,李俏静,唐红君	EI
1297	Feasibility,Application and Evaluation of Dilation by Polymer Injection Technology to Improve SAGD Process	11th International Petroleum Technology Conference(IPTC):北京	梁光跃,刘尚奇,刘洋,周久宁	EI

续表

序号	论文题目	期刊杂志名称/会议名称/出版社	作者	被收录情况
1298	Probing Hybrid Tight Oil with a Rock Physics Template Technique	11th International Petroleum Technology Conference（IPTC）：北京	卢明辉,曹宏,晏信飞,董世泰	EI
1299	Application of Dilation-Recompaction Model in Fracturing Optimisation in Tight Oil Reservoir	11th International Petroleum Technology Conference（IPTC）：北京	高睿,王欣,杨震,郑伟,杨立峰	EI
1300	Gas Physical Properties and Their Implication on Gas Saturation and	11th International Petroleum Technology Conference（IPTC）：北京	田华,邹才能,柳少波,张水昌,鲁雪松	EI
1301	Factors Affecting Water Alternating Hydrocarbon Gas Miscible Flooding in a Low Permeability Reservoir	11th International Petroleum Technology Conference（IPTC）：北京	董江艳,吴淑红,邢国强,范天一,李华	
1302	Systematic Assessing Overpressure Characterization By Using Lateral Transfer Reference Case In Basin Modelling	10th International Conference and Expo on Oil and Gas：英国伦敦	韩江晨,贾爱林,Gary.D.Couples,马京生	
1303	Distribution Characteristics and Exploration Prospects of Lower Cambrian High-quality Shale Gas Layers in Middle-upper Yangtze Region,China	"页岩油气勘探开发技术——前景与挑战"AAPG国际地质技术研讨会（GTW）：天津	马立桥,王鹏万,黄羚,贾丹,徐云俊	
1304	Analysis of Accumulation Geological Formation Conditions of Super Shallow Shale Gas	"页岩油气勘探开发技术——前景与挑战"AAPG国际地质技术研讨会（GTW）：天津	徐云俊,徐政语,贾丹	
1305	Shale Characteristics of Lower Carboniferous Dawuba Formation and Favorable Exploration Area for Shale Gas in Qiannan Depression	"页岩油气勘探开发技术——前景与挑战"AAPG国际地质技术研讨会（GTW）：天津	武金云,徐政语,徐云俊,鲁慧丽	
1306	Prediction Technology and Application of Sweet Spot of Shale Gas Based on Strong Reflection	"页岩油气勘探开发技术——前景与挑战"AAPG国际地质技术研讨会（GTW）：天津	鲁慧丽,常少英,徐政语	
1307	Controlling Factors of Marine Shale Gas Sweetspots in South	"页岩油气勘探开发技术——前景与挑战"AAPG国际地质技术研讨会（GTW）：天津	徐政语,鲁慧丽,徐云俊,武金云	
1308	Tectonic Events Influence of Qianzhong Uplift and Xuefeng Orogen during Geologic Transition Period from Late Ordovician to Early Silurian on Shale Gas Enrichment of the Wufeng-Longmaxi Formation	"页岩油气勘探开发技术——前景与挑战"AAPG国际地质技术研讨会（GTW）：天津	贾丹,王鹏万,徐云俊,黄羚	
1309	Practice and Research Progress of Shale Gas Exploration and Development in China	"页岩油气勘探开发技术——前景与挑战"AAPG国际地质技术研讨会（GTW）：天津	王红岩,张磊夫	

（巴丹,廖峻）

第八篇

大 事 记

中国石油勘探开发研究院 2019 年大事记

1 月

3 日,研究院召开 2018 年度院科技成果奖励天然气评审组会议。

4 日,郑海新任党组纪检组派驻勘探开发研究院纪检组副组长(勘研党干字〔2019〕4 号)。

同日,王晓梅任人事处副处长;王铜山任石油地质研究所副所长;师俊峰任采油采气工程研究所副所长(勘研人〔2019〕13 号)。

11 日,页岩油研发中心成立(勘研人〔2019〕8 号)。

14 日,研究院举办石油科学家培育计划李宁工作室挂牌仪式。

15 日,研究院召开集团公司党组第五巡视组巡视勘探开发研究院情况反馈会。

同日,全国人大常委会副委员长、民盟中央主席、中国科学院副院长丁仲礼来研究院看望李德生院士。

16 日,研究院院长赵文智、副书记郭三林一行赴廊坊院区调研慰问。

同日,《中国石油科技进展丛书(2006—2015)》首发式在研究院举行,研究院是该丛书编写单位之一。

同日,拉美公司副总经理、安第斯公司总经理杨华一行来研究院进行技术交流。

同日,研究院测井与遥感技术研究所牵头研发的地层元素全谱测井处理技术成果入选 2018 年中国石油十大科技进展。

22—23 日,集团公司副总经理、党组成员刘宏斌到川渝地区页岩气勘探开发现场调研,看望慰问一线员工,研究院作页岩气工作进展汇报。

23 日,研究院召开 2019 年工作会议暨职代会、党风廉政建设和反腐败工作会议。

24 日,研究院召开 2019 年党外人士座谈会。

同日,2018 年度中国石油工程技术新产品发布会在昌平石油科技交流中心举行,研究院装备所研发的"柔性钻具"作为工程板块外唯一工程利器入围发布。

25 日,研究院召开 2018 年度民主生活会。

28 日,研究院举办 2019 年离退休春节团拜会。

1 月,《石油勘探与开发》2018 年 SCI 影响因子首次突破 2.0,排名世界 SCI 石油工程类期刊第 3 名,继续位居 Q1 区;并再次荣获中国石油天然气集团有限公司"优秀科技期刊"一等奖。

2 月

1 日,集团公司科技管理部总经理匡立春来研究院开展工作调研。

12 日,集团公司总经理、党组副书记张伟到研究院调研。

14日，集团公司重大科技专项"大力提升勘探开发力度"研讨会在研究院召开。

17日，研究院召开油气开发重大专项战略研究报告研讨会。

19日，西南油气田副总经理徐春春、油田公司首席专家沈平、杨跃明，油气资源处处长赵路子、勘研院副院长文龙等到研究院四川盆地研究中心慰问员工。

20日，海外研究中心主任胡永乐一行到海外测井技术支持中心进行调研交流。

22日，研究院海外研究中心召开2019年工作会议。

23日，集团公司科技管理部杜吉洲副总经理一行来研究院石油工业标准化研究所调研。

26日，研究院举办2018年度领导班子及领导人员述职考核会议。

27日，国家能源局副局长李凡荣、油气司司长刘德顺、综合处处长何建宇、油气处处长王晶等一行到研究院廊坊院区进行页岩气和储气库专题调研。

同日，研究院召开2019年QHSE管理体系委员会工作会议。

28日，研究院召开大数据与人工智能在石油测井领域应用技术研讨会。

3月

1日，研究院召开2019年共青团和青年工作会议。

2日，中国工程院"海洋复合柔性管道多功能检测技术发展战略"研讨会在研究院举办。

4日，南苏丹石油部部长盖特库斯·埃扎克埃尔·鲁尔、南苏丹驻华大使约翰·安德鲁加·杜库等来研究院访问，集团公司中油国际尼罗河公司常务副总经理刘志勇、国际部驻南苏丹办事处及国际部合作交流处相关领导陪同来访，院长赵文智会见部长一行，海外研究中心党委书记史卜庆陪同会见并主持技术交流。

4日，王建强不再兼任工会常务副主席职务（勘研党干字〔2019〕6号）。

5日，韩玉堂任党组纪检组派驻勘探开发研究院纪检组副处级纪律检查员（勘研党干字〔2019〕10号）。

同日，研究院举办"弘扬雷锋精神、构建和谐社区"学习雷锋日主题活动。

6日，研究院召开2019年工会工作会议。

6—12日，研究院副院长邹才能先后到鄂尔多斯盆地研究中心、塔里木盆地研究中心和四川盆地研究中心调研指导。

7日，研究院召开院2019年科学技术委员会会议。

同日，研究院举办"新时代，健康美丽新女性"主题活动。

12日，研究院召开2019年宣传思想文化工作会议。

13日，研究院召开巡视整改督导视频会议。

14—15日，集团公司在北京召开集团公司中国深层油气理论技术创新与发展战略研讨会，研究院院长赵文智带队参加。

15日，研究院西北分院召开2019年风险勘探工作会，西北分院领导、机关各职能部门及研究所相关人员共计80余人参加会议。

同日，集团公司重点实验室、实验基地2019年建设项目和运行项目启动会在研究院召开。

同日,研究院召开党的建设工作领导小组会议。

4日—4月1日,应阿布扎比国家石油公司(ADNOC)邀请,研究院宋新民副院长一行16人先后到阿联酋开展工作交流。

18日,研究院依托集团公司广州培训中心举办的为期三个月的首届国际化青年英才能力提升培训班结业。

18日,杭州地质研究院召开党建工作推进会,杭州地质研究院党委书记姚根顺、副院长郭庆新、相关职能部门和各党支部书记共计20余人参加本次会议。

20日,中油国际陈曙东副总经理一行到海外研究中心调研。

21日,塔里木油田副总经理江同文、勘探与生产分公司天然气处副处长杨炳秀到研究院鄂尔多斯盆地研究中心调研交流。

22日,研究院西北分院召开2019年党建工作推进会。

同日,中油锐思技术开发有限责任公司总经理许世国一行来海外研究中心开展交流。

25日,研究院召开2019年保密委员会(密码工作领导小组)扩大会议。

26—28日,集团公司和沙特国家石油公司联合主办、研究院承办的第十一届国际石油技术大会(IPTC)在北京国际会议中心召开。

27日,海外研究中心胡永乐主任、史卜庆书记一行到海外物探分中心进行调研交流。

同日,研究院召开党委中心组(扩大)学习会议,集中学习《中共中央关于加强党的政治建设的意见》等文件精神。

同日,杭州地质研究院党委召开2019年党风廉政建设和反腐败工作会。

同日,参加第十一届国际石油技术大会(IPTC)学生教育周的留学生团到研究院参观。

28日,研究院天然气一路青年技术交流研讨会在廊坊院区召开。

29日,马来西亚国家石油公司代表团到研究院访问。

4月

3日,研究院郭三林副书记主持召开企管法规工作会议。

同日,国家油气战略中心召开2019年工作推进会。

3—4日,研究院副院长、国家能源页岩气研发(实验)中心主任邹才能院士一行到重庆地质矿产研究院和重庆市地震局开展页岩气技术交流及现场调研工作。

4日,西南油气田党委书记、总经理马新华到杭州地质研究院调研。

8日,勘探与生产分公司副总经理赵邦六到研究院油气地球物理研究所调研。

9—11日,海外研究中心胡永乐主任一行到四川成都海外天然气技术中心和地面工程技术中心进行调研交流。

10日,研究院勘探一路2019年工作部署暨风险勘探推进会在杭州地质研究院召开。

11日,集团公司党组成员、副总经理焦方正到研究院西北分院调研检查指导工作。

同日,研究院举办2019年计量器具管理和检定校准知识讲座。

12日,研究院北京院区举办2019年职工羽毛球比赛。

15日,阿姆河天然气公司副总经理陈怀龙一行到研究院廊坊院区进行技术调研和交流。

同日,研究院举办第四期复合型物探人才实训班。

同日,石油大院社区举办第十届居民委员会选举大会。

15—17日,研究院副院长宋新民一行到新疆油田进行调研交流。

18日,第五届全国大学生测井技能大赛在中国石油大学(华东)举行,全部参赛队伍自主选用研究院测井遥感所研发的CIFLog测井软件。

24日,中油国际勘探开发公司油气开发部在研究院组织召开2019年一季度海外生产动态分析会。

25日,中国工程院一局来研究院开展党支部主题党日活动。

26日,研究院举办纪念五四运动100周年"青春心向党·建功新时代"主题活动。

29日,研究院组织召开中国石油煤层气勘探开发规划(2019—2025)讨论会。

5月

6日,2019年沉积学研究新进展国际研讨会在研究院西北分院举行。

7日,研究院举办集团公司重点实验室认可准则宣贯和内审员培训班。

同日,研究院召开院党委第三轮巡察工作启动会。

同日,中国工程院"大数据驱动的油气勘探开发发展战略研究"重点咨询研究项目启动会在研究院召开。

9日,集团公司资金管理工作会议召开,研究院获集团公司资金管理先进单位。

同日,根据第十七次"形势、目标、任务、责任"组织安排,研究院副院长穆龙新作题为"贯彻落实中央和集团重大决策部署,准确把握国际油气业务合作特点,积极适应全球能源发展趋势"讲座。

12—18日,研究院副院长穆龙新带队到美国与斯坦福大学、得克萨斯大学奥斯汀分校及得克萨斯农工大学开展科技战略合作交流。

15日,国家能源致密油气研发中心页岩油研发部在研究院正式成立。

16日,研究院举办科学传播大讲坛。

23日,第四届复合型物探人才培训班结业典礼在研究院举办。

29日,伍德麦肯兹公司高管代表团一行来研究院例行访问并进行学术交流。

30日,研究院召开党委中心组(扩大)理论学习会议,专题学习习近平全面依法治国新理念新思想新战略与依法合规管理等有关内容。

31日,研究院召开网络安全培训会。

6月

2—5日,第八届中国石油地质年会在北京举行。

3日,研究院召开QHSE委员会会议。

5日,研究院召开2019年"安全生产月"活动启动视频会。

同日,研究院举办"弘扬石油精神,重塑良好形象"活动周公众开放日活动。

12日,中国石油天然气集团有限公司油气地下储库工程重点实验室2018-2019年度学术委员工作会议在研究院廊坊院区召开。

14日,美国工程院院士、得克萨斯大学奥斯汀分校经济地质局高级研究员Bridget Scanlon女士访问研究院并作学术报告。

17日,研究院参加2019年全国石油职工东部赛区围棋、象棋比赛,获体育道德风尚奖。

18日,国际知名油藏数值模拟专家、美国科罗拉多矿业大学石油工程系教授吴玉树应邀来研究院进行技术交流并做学术报告。

20日,科睿唯安发布2018年SCI期刊引证报告,《石油勘探与开发》以2.54影响因子在全球石油工程类SCI期刊中排名第3,位于Q1区;在全球地球科学类195种SCI期刊中排名第75,位于Q2区。

23—28日,第六届世界石油理事会(WPC)青年论坛——未来领导人论坛在俄罗斯圣彼得堡国立矿业大学举办,集团公司原董事长、WPC副主席周吉平同志参会,研究院院士刘合带队参会。

25日,研究院党委中心组召开"不忘初心、牢记使命"主题教育专题学习会。

同日,研究院西北分院召开人才发展和学科建设工作会议。

同日,美国得克萨斯大学奥斯汀分校经济地质局研究员、有机地球化学实验室主任张同伟教授访问研究院并作学术报告。

27日,研究院举行2019届研究生毕业典礼暨学位授予仪式。

28日,研究院西北分院召开庆祝中国共产党成立98周年座谈会。

7月

1日,研究院举办纪念建党98周年大会。

2日,研究院党委"不忘初心、牢记使命"主题教育读书班开班。

3日,集团公司副总经理焦方正听取研究院科技创新工作汇报。

5日,研究院党委召开"不忘初心、牢记使命"主题教育第一次专题研讨会。

8日,研究院副书记郭三林到综合服务中心调研。

同日,研究院召开国家油气战略研究中心上半年工作情况暨四川盆地天然气发展规划汇报会。

9日,研究院牵头组织编写的《页岩油地质评价方法》国家标准通过石油地质勘探专业标准化委员会组织的专家、委员会议审查,并正式提交国家标准化管理委员会审查。

10日,研究院院长、党委书记、主题教育组长赵文智到研究院四川盆地研究中心开展"不忘初心、牢记使命"主题教育专题调研,慰问前线科研人员。

12日,中国石油天然气集团有限公司盆地构造与油气成藏重点实验室2019年度学术委员会会议在研究院召开。

17日,阿布扎比国家石油公司陆上公司总裁YaserSaeedAlMazrouei一行来研究院访问。

同日,研究院召开2019年上半年海外开发生产形势分析。

同日,勘探与生产分公司在北京举办中国石油储气库地质与气藏技术交流会,会议由勘探与生产分公司处长何刚、研究院储库所所长郑得文、副所长王皆明共同主持,研究院副院长邹才能院士出席会议并讲话。

18日,研究院总工程师、海外中心主任胡永乐到工程技术研究所开展海外新项目评价及方案编制工作调研。

19日,研究院举行"不忘初心,牢记使命"主题教育党课,党委书记、院长赵文智讲授题为"不忘初心、牢记使命,为中国石油高质量发展提供强有力科技支撑"的党课。

23—24日,研究院承办国家能源局"我国页岩油勘探开发现状及发展前景"专题研讨会。

27日,集团公司政务信息专题讲座在研究院举办。

27—28日,集团公司2019年国际合作与外事工作会议在北京召开,研究院在集团公司2016—2018年度外事工作中成绩突出,综合评分排名第一,获外事工作先进单位称号。

29日,研究院召开学习传达集团公司2019年领导干部会议精神专题会议。

30日,研究院天然气一路在廊坊院区召开2019年度上半年科研集中检查工作会议。

29日—8月2日,研究院人事处(党委组织部)和党委青年工作部(团委)联合举办2019年新员工入院教育系列活动。

31日—8月4日,研究院准噶尔盆地研究中心与新疆油田联合开展新疆北部外围盆地古生界野外露头地质考察。

31日,研究院举行"我和我的祖国"大型快闪活动,近350名职工参加。

5—7月,研究院在中国石油广州培训中心举办三期领导干部培训班,院属各单位约260名领导干部参加培训。

8月

6日,研究院工程一路召开2019年度上半年科研集中检查会议。

8日,研究院开发一路2019年上半年科研检查会议。

9日,西南油气田副总经理徐春春在油田公司大楼专题听取研究院四川盆地研究中心勘探研究工作进展汇报。

同日,研究院举办2019年青年岗位管理创新大赛决赛。

同日,研究院海外研究中心召开2019年上半年海外油气田生产动态分析会。

16日,研究院召开勘探一路科研中期评估集中检查会。

20日,研究院召开2019年度档案工作会议。

20—21日,集团公司与俄罗斯国家石油

股份公司(ROSNEFT,简称俄石油)战略合作框架下的软件专题技术交流会在研究院召开。

21—25日,第二十六届北京国际图书博览会在中国国际展览中心新馆(顺义)举行,《石油勘探与开发》作为"新中国获奖期刊"入选"庆祝中华人民共和国成立70周年精品期刊展"。

22—23日,研究院2019年羽毛球比赛在西北分院举办。

25—28日,中国工程院采油工程国际工程科技战略高端论坛暨第二届微纳米机器国际会议(ICMNM)在哈尔滨召开,中国工程院院士赵文智主持新兴学科交叉论坛,院士刘合作《微纳米技术在石油工程应用的展望》报告。

27日,第七届"东方杯"全国大学生勘探地球物理大赛闭幕式暨颁奖典礼在中国石油大学(北京)落幕,由研究院2017级研究生胡莲莲和蔡生娟组成的团队荣获大赛特等奖,指导老师油气地球物理所郑晓东教授获"优秀指导教师"称号。

29日,英国RKS公司总裁Tommy Miller一行应邀来研究院进行学术交流讲座。

30日,塔里木油田副总经理田军一行到研究院塔里木盆地研究中心调研并专题听取风险勘探工作汇报。

同日,研究院召开领导班子"不忘初心、牢记使命"专题民主生活会。

9月

2—3日,由勘探地球物理学家协会、研究院西北分院主办,集团公司物探重点实验室、西南石油大学协办的2019年度SEG裂缝储层与非常规资源技术研讨会在西北分院召开,会议主题是"大数据时代的机遇与挑战"。

3日,由集团公司科技规划计划工程技术专业委员会主办,研究院压裂中心承办的集团公司储层改造技术业务发展规划专题讨论会在北京石油科技交流中心举行。

同日,自然资源部油气资源战略研究中心总工程师杨虎林一行到研究院非常规研究所开展油砂资源评价进展交流。

5日,中油国际和研究院海外研究中心联合邀请IHSMarkit首席战略专家BobFryklund来研究院访问交流。

7日,研究院项目"中国石油油气生产物联网系统研发及应用"获2019年世界物联网博览会新技术新产品新应用成果金奖。

9—10日,副院长雷群带队参加长庆油田水平井提质提速提产提效技术研讨会。

16—20日,研究院雷群副院长带队访问新西兰惠灵顿维多利亚大学(VUW),围绕"核磁共振多相流计量研制"国际科技合作项目及核磁共振、人工智能、新能源、新材料等众多学术领域开展技术交流,并与VUW签订合作谅解备忘录。

18—19日,研究院举办庆祝中华人民共和国成立70周年"我和我的祖国"中英文演讲比赛。

18日,地下储库研究所邀请美国NITEC公司储气库专家CharlesWeinstein来研究院访问并开展"不同类型储气库注采优化技术及应用"专题技术交流。

20日,研究院物业管理中心与石油大院社区居民委员会停止合署办公,石油大院社区居民委员会相关人员统一划转至综合服务中心(勘研人〔2019〕95号)。

22日,集团公司稠油开采重点实验室学术委员会2019年度工作会议在研究院召开。

23日,研究院物探钻井工程造价管理中心成立(勘研人〔2019〕97号)。

同日,研究院魏晨吉获"中央企业劳动模范"称号。

同日,研究院举办科学传播大讲堂,张玉清教授主讲全球能源转型与我国能源发展趋势。

23—25日,2019年页岩油岩石物理学术研讨会在新疆维吾尔自治区克拉玛依市召开。

25—27日,由研究院承办的第九届全国油气运移学术研讨会在安徽合肥召开,会议组织委员会主任、研究院总地质师胡素云代表承办单位致欢迎词,并作题为"中国陆上深层油气勘探现状与发展前景"的大会报告。

同日,研究院和长庆油田、中国石油学会石油工程专业委员会主办,低渗透油气田勘探开发国家工程实验室、中国石油纳米化学重点实验室、长庆油田油气工艺研究院联合承办低渗透油藏水驱提高采收率技术研讨会在西安召开。

26日,法国达索系统公司能源行业全球行业咨询总监Philippe Audrain一行来研究院访问并开展仿真技术交流。

29日,研究院党委召开中心组(扩大)学习会议,传达学习习近平总书记关于大庆油田发现60周年贺信的重要指示精神及国务院贺电等内容。

是月,研究院组织开展以"回归质量本源,聚焦质量提升,推进高质量发展"为主题的质量月活动。

10月

11日,研究院与法国国家科学技术研究中心(CNRS)签署国际科研项目合作协议并举行签约仪式。

同日,国家能源页岩气研发(实验)中心通过验收。

同日,秦皇岛海事局副局长周延富等一行来研究院调研并开展海上溢油遥感监测技术交流。

12日,"国家能源致密油气研发中心建设"项目通过验收。

14日,HIS Markit公司副总裁JimBurkhard一行访问研究院并做学术交流。

17日,研究院国际项目评价研究所牵头申报的《提升中石油海外可研项目规范化管理的体系建设与实施》获2019年度石油石化企业管理现代化创新优秀成果一等奖。

17—18日,研究院2019年职工篮球比赛在杭州地质研究院举办。

21日,加拿大阿尔伯塔大学化学工程和材料工程系教授、加拿大工程院曾宏波院士来研究院开展"工程体系中的分子间相互作用和界面科学:发展史、重要性及应用"技术交流。

22—28日,英国皇家科学院院士、牛津大学教授Anthony Watts与帝国理工学院博士Michele Paulatto一行来研究院访问交流。

28日,2019中国学术期刊未来论坛发布《中国学术期刊国际引证年报》,《石油勘探与开发》国际影响力指数CI值为181.629,排名位于4133种科技期刊TOP5%以内,连续第8次入选"中国最具国际影响力学术期刊"。

28—30日,得克萨斯州经济地质局(UTA-BEG)代理局长MarkShuster一行来研究院访问,并开展科技战略合作技术交流。

31日,阿布扎比国家石油公司(ADNOC)高级代表团到研究院访问,副院长宋新民会见代表团并主持座谈交流,中油国际中东公司副总经理姜明军一同来访。

30日—11月1日,由中国石油学会天然气专业委员会、四川省石油学会与石油工业出版社联合主办的第二届全国天然气产业链发展成果展在安徽合肥举行,研究院地下储库所牵头的"中国储气库"成果展受邀参展。

11月

1日,研究院党委召开中心组(扩大)学习会议,集体学习中央及集团公司干部政策规定、《中国共产党宣传工作条例》和党的十九届四中全会精神等内容。

5—7日,塔里木油田2019年勘探工作研讨会在新疆维吾尔自治区库尔勒召开,研究院副总地质师、塔里木盆地中心主任魏国齐带队出席并作大会发言。

12日,研究院举办《全球油气勘探开发形势及油公司动态(2019)》发布会。

12—13日,勘探与生产分公司主办、研究院承办的2019年水平井控水技术交流研讨会召开。

18日,研究院召开全院干部警示教育大会,派驻纪检组组长吴忠良作题为"深化纪检监察体制改革,推动全面从严治党向纵深发展"的专题报告。

18—24日,研究院装备所自主创新产品"超短半径侧钻柔性钻具"在中国创新方法大赛中获得一等奖。

19日,研究院召开企业文化手册编纂工作会议。

21日,研究院召开"十四五"发展规划编制工作启动会。

22日,中国石油天然气集团有限公司油气藏改造重点实验室学术委员会2019年会在北京召开。

同日,阿布扎比国家石油公司陆上公司代表团来访并参观研究院实验室。

26日,马新华任研究院院长,免去赵文智的研究院院长职务(石油任〔2019〕205号)。马新华任中国石油集团科学技术研究院有限公司执行董事、总经理,免去赵文智的中国石油集团科学技术研究院有限公司执行董事、总经理(中油任〔2019〕395号)。马新华任研究院党委委员、书记,免去赵文智的研究院党委委员、书记(中油党组〔2019〕154号)。

29日,研究院召开干部大会,宣布集团公司党组关于研究院主要领导调整的决定。集团公司党组成员、副总经理焦方正出席会议并作重要讲话。集团公司总经理助理、人事部总经理刘志华宣读集团公司党组关于研究院主要领导的任免文件,由马新华任研究院党委书记、院长,赵文智因达到退休年龄,免去研究院党委书记、院长职务。

12月

3日,研究院教授李宁当选中国工程院院士。

9日,研究院召开国家油气战略研究中心统筹空间发展与油气资源开发的重大问题研究研讨与对策报告会。

13日,国家科技项目抽查调研会在研究

院召开。

14日,研究院举办"复杂地质条件气藏型地下储气库关键技术及产业化"成果鉴定会。

16日,集团公司"弘扬爱国奋斗精神、建功立业新时代"总结表彰系列活动在长庆油田举行,研究院国家能源页岩气研发(实验)中心作为中美能源合作项目的一员,被授予"中美能源合作项目优秀合作伙伴"奖牌。

16—24日,研究院院长马新华先后听取人事处(党委组织部)、办公室(党委办公室)、计划财务处和科研管理处(信息管理处)工作汇报。

20日,免去刘合副总工程师职务;免去陈志勇副总地质师职务;免去熊春明副总工程师职务;免去魏国齐副总地质师职务;免去丁云宏副总工程师职务;免去李熙喆副总工程师职务;免去张研副总地质师职务;免去范子菲副总工程师职务;免去田昌炳副总工程师职务(勘研人〔2019〕127号)。

17—20日,研究院油气地球物理研究所举办"物探前沿与创新学术论坛",勘探与生产分公司副总经理赵邦六、研究院总地质师胡素云到会并致辞。

20日,中国石油集团公司三次采油重点实验室在北京组织召开学术委员会会议。

23日,提高石油采收率国家重点实验室(简称重点实验室)学术委员会会议在研究院召开。

同日,中国石油天然气股份有限公司测井重点实验室2019年度学术委员会会议在北京召开。

24日,研究院院长马新华与院首席专家座谈。

25日,2019年度油田化学重点实验室学术委员会工作会议在研究院召开。

26日,研究院在科技活动中心举办2020年首届新年音乐会。

26—27日,研究院在廊坊院区召开2019年务虚会,传达学习中央政治局12月6日会议精神、12月10—12日中央经济工作会议精神、《2019—2023年全国党政领导班子建设规划纲要》以及《领导干部报告个人有关事项》等内容,听取"十四五"发展规划编制总体情况汇报,并围绕改革发展、科技创新、人才队伍建设、体制机制调整、党建与反腐倡廉建设等主题进行交流发言,共同思考和谋划研究院"十四五"和未来发展。

12月,根据ESI(Essential Science Indicator)最新数据库显示,非常规研究所周尚文在《Fuel》(能源与燃料JCR1区期刊)上发表的论文《Experimental Study of Supercritical Methane Adsorption in Longmaxi Shale: Insights into the Density of Adsorbed Methane》入选能源与燃料领域ESI全球TOP1%高被引论文。该论文创新页岩气吸附相密度分析方法并首次阐明甲烷在页岩微纳米孔隙中的吸附机理。

(侯梅芳、孔娅)

第九篇

规章制度

2019年中国石油勘探开发研究院制修订规章制度目录

2019年,研究院持续完善一系列重要规章制度,共制修订规章制度22项,具体目录如下:

一、行政管理

(1)中国石油勘探开发研究院公务接待管理办法(勘研办〔2019〕33号)

(2)中国石油勘探开发研究院办公用房管理办法(勘研办〔2019〕34号)

(3)中国石油勘探开发研究院公务用车管理办法(勘研办〔2019〕35号)

(4)中国石油勘探开发研究院院属单位负责人履职待遇、业务支出管理规定(勘研办〔2019〕114号)

二、人事劳资管理

(1)中国石油勘探开发研究院退休院士聘用管理办法(勘研人〔2019〕11号)

三、计划财务管理

(1)中国石油勘探开发研究院固定资产管理实施细则(勘研财〔2019〕6号)

四、经营与法律事务管理

(1)中国石油勘探开发研究院市场准入管理办法(勘研企管〔2019〕103号)

(2)中国石油勘探开发研究院业务外包管理办法(勘研企管〔2019〕104号)

(3)中国石油勘探开发研究院规章制度管理办法(勘研企管〔2019〕105号)

(4)中国石油勘探开发研究院合同管理办法(勘研企管〔2019〕106号)

五、外事管理

(1)中国石油勘探开发研究院外事礼品管理办法(试行)(勘研外〔2019〕46号)

(2)中国石油勘探开发研究院国际科技合作项目管理办法(试行)(勘研外〔2019〕125号)

六、安全、环保管理

(1)中国石油勘探开发研究院安全生产应急预案管理规定(勘研安保〔2019〕79号)

(2)中国石油勘探开发研究院节能节水管理实施细则(勘研安保〔2019〕80号)

七、培训管理

(1)中国石油勘探开发研究院研究生招生工作管理规定(勘研培〔2019〕118号)

八、党务管理

(1)中国石油勘探开发研究院党委关于深入推进党风廉政建设和反腐败工作建立健全不敢腐不能腐不想腐有效机制的实施意见(勘研党字〔2019〕5号)

(2)中国石油勘探开发研究院党务公开工作实施细则(勘研党字〔2019〕11号)

(3)研究院党委落实党风廉政建设主体责任实施细则(勘研党字〔2019〕24号)

(4)勘探开发研究院联合监督工作实施办法(勘研党字〔2019〕27号)

(5)中国石油勘探开发研究院"三重一大"决策制度实施细则(勘研党字〔2019〕28号)

(6)中国石油勘探开发研究院党委关于进一步激励干部新时代新担当新作为实施工作意见(勘研党字〔2019〕23号)

(7)中国石油勘探开发研究院党内表彰管理办法(试行)(勘研党字〔2019〕32号)

(翟振宇)

第十篇

机构与人物

2019年中国石油勘探开发研究院组织机构图

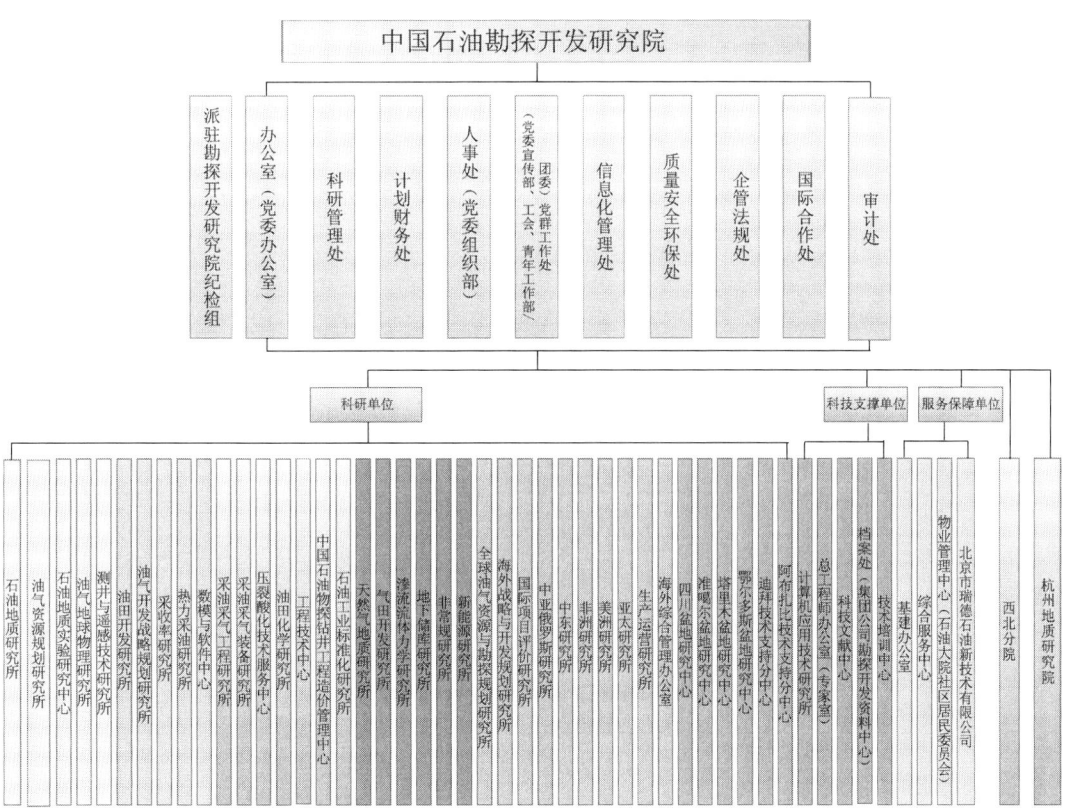

(马丽亚)

2019年中国石油勘探开发研究院总部及北京院区、廊坊院区处所主要领导

序号	单位	姓名	性别	职务	备注
1	院部	马新华	男	党委书记、院长	11月始
2	院部	赵文智	男	党委书记、院长	至11月
3	院部	雷群	男	党委委员、副院长	
4	院部	宋新民	男	党委委员、副院长	
5	院部	邹才能	男	党委委员、副院长	
6	院部	穆龙新	男	党委委员、副院长	
7	院部	胡素云	男	党委委员、总地质师	
8	院部	吴忠良	男	党委委员、派驻纪检组组长	
9	院部	郭三林	男	党委副书记、工会主席	
10	院部	胡永乐	男	党委委员、总工程师	
11	副总师	陈健	男	副总经济师	
12	副总师	李忠	男	副总会计师	
13	集团公司党组纪检组派驻勘探开发研究院纪检组	刘明锐	男	副组长	
14	集团公司党组纪检组派驻勘探开发研究院纪检组	宁宁	男	党支部书记、副组长	
15	集团公司党组纪检组派驻勘探开发研究院纪检组	郑海新	男	副组长	1月始
16	集团公司党组纪检组派驻勘探开发研究院纪检组	张瑞雪	女	正处级纪检监察员	
17	集团公司党组纪检组派驻勘探开发研究院纪检组	王子龙	男	副处级纪检监察员	
18	集团公司党组纪检组派驻勘探开发研究院纪检组	韩玉堂	男	副处级纪检监察员	4月始
19	办公室(党委办公室)	张宇	男	主任	
20	办公室(党委办公室)	刘志舟	男	党支部书记、副主任	
21	办公室(党委办公室)	张士清	男	副主任兼信访办主任(正处级)	
22	办公室(党委办公室)	李芬	女	副主任、党支部副书记	
23	办公室(党委办公室)	熊波	男	副主任	
24	办公室(党委办公室)	张红超	男	副主任	
25	科研管理处(信息管理处)	韩永科	男	处长、党支部副书记	

续表

序号	单位	姓名	性别	职务	备注
26	科研管理处(信息管理处)	陈建军	男	常务副处长(正处级)	
27	科研管理处(信息管理处)	赵明清	男	副处长(正处级)	
28	科研管理处(信息管理处)	关德师	男	副处长(正处级)	
29	计划财务处	李东堂	男	党支部书记、副处长	
30	计划财务处	赵清	男	常务副处长	
31	计划财务处	高利生	男	副处长兼迪拜技术支持分中心副经理	
32	计划财务处	华山	女	副处长	
33	人事处(党委组织部)	王盛鹏	男	处长(部长)、党支部副书记	
34	人事处(党委组织部)	张德强	男	党支部书记、副处长(副部长)	
35	人事处(党委组织部)	王晓梅	女	副处长(副部长)	
36	人事处(党委组织部)	姚子修	男	副处长(副部长)	
37	党群工作处	王建强	男	处长(部长)、工会常务副主席、党支部副书记	
38	党群工作处	尹月辉	男	党支部书记、副处长、工会副主席	
39	党群工作处	梁忠辉	男	副处长	
40	党群工作处	闫建文	男	副处长(副部长)	
41	党群工作处	韦东洋	男	副处长、团委副书记	
42	企管法规处	王家禄	男	处长、党支部副书记	
43	企管法规处	陈东	男	党支部书记、副处长	
44	企管法规处	邹冬平	男	副处长	
45	企管法规处	王德建	男	副处长	
46	质量安全环保处	王新民	男	处长、党支部书记	
47	质量安全环保处	张宝林	男	副处长	
48	质量安全环保处	宋清源	男	副处长	
49	国际合作处	张兴阳	男	处长、党支部书记	
50	国际合作处	夏永江	男	副处长	
51	审计处	陈春	男	处长、党支部副书记	
52	审计处	严开涛	男	党支部书记、副处长	
53	石油地质研究所	李建忠	男	所长、党支部副书记兼准噶尔盆地研究中心主任	
54	石油地质研究所	侯连华	男	党支部书记、副所长	
55	石油地质研究所	王居峰	男	副所长	
56	石油地质研究所	王铜山	男	副所长	
57	油气资源规划研究所	杨涛	男	所长、党支部副书记	
58	油气资源规划研究所	张国生	男	党支部书记、副所长	

续表

序号	单位	姓名	性别	职务	备注
59	油气资源规划研究所	李欣	男	副所长	
60	石油地质实验研究中心	张水昌	男	主任、党支部副书记	
61	石油地质实验研究中心	闫伟鹏	男	党支部书记、副主任	
62	石油地质实验研究中心	柳少波	男	副主任	
63	石油地质实验研究中心	袁选俊	男	副主任	
64	石油地质实验研究中心	张斌	男	副主任	
65	油气地球物理研究所	曹宏	男	所长	
66	油气地球物理研究所	曾庆才	男	副所长	
67	油气地球物理研究所	董世泰	男	副所长	
68	油气地球物理研究所	杨遂发	男	党支部副书记	
69	测井与遥感技术研究所	周灿灿	男	所长、党支部书记	
70	测井与遥感技术研究所	李潮流	男	副所长	
71	测井与遥感技术研究所	王才志	男	副所长	
72	油田开发研究所	李保柱	男	所长、党支部副书记	
73	油田开发研究所	石成方	男	党支部书记、副所长	
74	油田开发研究所	朱怡翔	男	副所长	
75	油田开发研究所	高兴军	男	副所长	
76	油田开发研究所	李勇	男	副所长	
77	油气开发战略规划研究所	冉启全	男	所长、党支部副书记	
78	油气开发战略规划研究所	张虎俊	男	党支部书记、副所长	
79	油气开发战略规划研究所	唐玮	男	副所长	
80	采收率研究所	马德胜	男	所长兼准噶尔盆地研究中心党支部书记	
81	采收率研究所	朱友益	男	副所长	
82	采收率研究所	王强	男	副所长	
83	采收率研究所	吕伟峰	男	党支部副书记	
84	热力采油研究所	王红庄	男	所长、党支部副书记	
85	热力采油研究所	李秀峦	女	党支部书记、副所长	
86	热力采油研究所	蒋有伟	男	副所长	
87	数模与软件中心	李莉	女	主任、党支部书记	
88	数模与软件中心	宋杰	男	党支部书记、副主任	
89	数模与软件中心	肖毓祥	男	副主任	
90	数模与软件中心	吴淑红	女	副主任	
91	采油采气工程研究所	张建军	男	所长、党支部副书记	
92	采油采气工程研究所	李文魁	男	党支部书记、副所长	

续表

序号	单位	姓名	性别	职务	备注
93	采油采气工程研究所	蒋卫东	男	副所长	
94	采油采气工程研究所	师俊峰	男	副所长	
95	采油采气装备研究所	李益良	男	副所长(主持工作)	
96	采油采气装备研究所	张朝晖	女	党支部书记、副所长	
97	采油采气装备研究所	沈泽俊	男	副所长	
98	压裂酸化技术服务中心	王欣	女	主任、党支部副书记	
99	压裂酸化技术服务中心	卢拥军	男	党支部书记、副主任	
100	压裂酸化技术服务中心	王永辉	男	副主任	
101	压裂酸化技术服务中心	翁定为	男	副主任	
102	压裂酸化技术服务中心	才博	男	副主任	
103	油田化学研究所	管保山	男	所长、党支部副书记	
104	油田化学研究所	王胜启	男	党支部书记、副所长	
105	油田化学研究所	耿东士	男	副所长	
106	工程技术中心	高圣平	男	主任、党总支书记	
107	工程技术中心	毕国强	男	副主任	
108	工程技术中心	黄伟和	男	副主任	
109	工程技术中心	于文华	男	副主任	
110	工程技术中心	杨姝	男	副主任	
111	工程技术中心	司光	男	副主任	
112	石油工业标准化研究所	欧阳坚	男	所长、党支部副书记	
113	石油工业标准化研究所	孔祥亮	男	党支部书记、副所长	
114	石油工业标准化研究所	张玉	女	副所长	
115	天然气地质研究所	李剑	男	所长、党支部书记	
116	天然气地质研究所	杨威	男	党支部书记、副所长	
117	天然气地质研究所	易士威	男	副所长	
118	天然气地质研究所	李五忠	男	副所长	
119	气田开发所	贾爱林	男	所长、党支部副书记兼鄂尔多斯中心主任、党支部书记	
120	气田开发所	郭彦如	男	党支部书记、副所长	
121	气田开发所	韩永新	男	副所长	
122	气田开发所	位云生	男	副所长	
123	渗流流体力学研究所	刘先贵	男	所长、党支部书记	
124	渗流流体力学研究所	赵玉集	男	党支部书记、副所长	
125	渗流流体力学研究所	熊伟	男	副所长	
126	地下储库研究所	郑得文	男	所长、党支部副书记	

续表

序号	单位	姓名	性别	职务	备注
127	地下储库研究所	丁国生	男	党支部书记、副所长	
128	地下储库研究所	王皆明	男	副所长	
129	非常规研究所	王红岩	男	所长、党支部副书记	
130	非常规研究所	董大忠	男	副所长	
131	非常规研究所	穆福元	男	副所长	
132	新能源研究所	孙粉锦	男	所长、党支部副书记	
133	新能源研究所	张福东	男	党支部书记、副所长	
134	新能源研究所	刘人和	男	副所长	
135	全球油气资源与勘探规划研究所	万仑坤	男	所长、党支部书记	
136	全球油气资源与勘探规划研究所	计智锋	男	副所长	
137	全球油气资源与勘探规划研究所	温志新	男	副所长、党支部副书记	
138	海外战略与开发规划研究所	常毓文	男	所长、党支部副书记	
139	海外战略与开发规划研究所	张爱卿	男	党支部书记、副所长	
140	海外战略与开发规划研究所	杨桦	女	副所长	
141	国际项目评价研究所	王建君	男	所长、党支部书记	
142	国际项目评价研究所	王青	男	副所长	
143	国际项目评价研究所	雷占祥	男	副所长	
144	中亚俄罗斯研究所	郑俊章	男	所长、党支部副书记	
145	中亚俄罗斯研究所	赵伦	男	党支部书记、副所长	
146	中亚俄罗斯研究所	许安著	男	副所长	
147	中东研究所	郭睿	男	所长、党支部副书记	
148	中东研究所	张庆春	男	党支部书记、副所长	
149	中东研究所	冯明生	男	副所长	
150	非洲研究所	张光亚	男	所长、党支部副书记	
151	非洲研究所	肖坤叶	男	党支部书记、副所长	
152	非洲研究所	王瑞峰	男	副所长	
153	美洲研究所	陈和平	男	所长、党支部副书记	
154	美洲研究所	田作基	男	党支部书记、副所长	
155	美洲研究所	齐梅	女	副所长	
156	亚太研究所	王红军	男	所长、党支部副书记	
157	亚太研究所	夏朝辉	男	党支部书记、副所长	
158	亚太研究所	郭春秋	男	副所长	
159	计算机应用技术研究所	龚仁彬	男	所长、党支部副书记	
160	计算机应用技术研究所	胡福祥	男	党支部书记、副所长	
161	计算机应用技术研究所	乔德新	男	副所长	
162	总工程师办公室(专家室)	张研	男	总工程师办公室(专家室)主任、副书记	

续表

序号	单位	姓名	性别	职务	备注
163	总工程师办公室(专家室)	赵力民	男	党支部书记、副主任	
164	总工程师办公室(专家室)	王振彪	男	副主任(正处级)	
165	总工程师办公室(专家室)	罗健辉	男	副主任(正处级)	
166	总工程师办公室(专家室)	赵孟军	男	副主任	
167	科技文献中心	许怀先	男	主任、党支部副书记	
168	科技文献中心	王旭安	男	党支部书记、副主任	
169	科技文献中心	敬爱军	女	副主任	
170	档案处	贾进斗	男	处长、党支部副书记	
171	档案处	田春志	男	党支部书记、副处长	
172	技术培训中心	李小地	男	主任、党总支书记	
173	技术培训中心	张旻	女	党总支书记、副主任	
174	技术培训中心	张凤华	女	副主任	
175	离退休职工管理处	王凤江	男	处长、党总支书记	
176	离退休职工管理处	吴虹	女	党总支书记、副处长	
177	离退休职工管理处	王梅生	男	副处长	
178	离退休职工管理处	朱彤	男	副处长	
179	基建办公室	路金贵	男	主任、党支部副书记	
180	基建办公室	宋玉林	男	党支部书记、副主任	
181	基建办公室	徐玉琳	女	副主任	
182	基建办公室	鲁大维	男	副主任	
183	综合服务中心	孟明	男	主任	
184	综合服务中心	陈波	男	副主任	
185	综合服务中心	刘为公	男	党支部副书记、副主任	
186	综合服务中心	代自勇	男	副主任	
187	综合服务中心	曹锋	男	副主任	
188	物业管理中心(石油大院社区居民委员会)	刘晓	男	副经理(主持工作)	
189	物业管理中心(石油大院社区居民委员会)	黄建泰	男	党总支书记、副经理	
190	物业管理中心(石油大院社区居民委员会)	于兴国	男	副经理	
191	物业管理中心(石油大院社区居民委员会)	梅立红	女	副经理、党总支副书记	
192	物业管理中心(石油大院社区居民委员会)	李玉梅	女	副经理	

续表

序号	单位	姓名	性别	职务	备注
193	物业管理中心(石油大院社区居民委员会)	郭志超	男	副经理	
194	物业管理中心(石油大院社区居民委员会)	王强	男	居委会主任	
195	物业管理中心(石油大院社区居民委员会)	孙志林	男	居委会副主任	
196	北京市瑞德石油新技术有限公司	崔思华	男	常务副经理、党支部书记	
197	北京市瑞德石油新技术有限公司	聂涛	男	副经理	
198	四川盆地研究中心	姚根顺	男	主任	
199	四川盆地研究中心	李熙喆	男	书记	
200	四川盆地研究中心	李伟	男	常务副主任(正处级)	
201	四川盆地研究中心	段书府	男	副主任(正处级)	
202	四川盆地研究中心	王永辉	男	副主任	
203	四川盆地研究中心	张静	男	副主任	
204	准噶尔盆地研究中心	李建忠	男	主任	
205	准噶尔盆地研究中心	马德胜	男	党支部书记	
206	塔里木盆地研究中心	魏国齐	男	主任、党支部书记	
207	鄂尔多斯盆地研究中心	贾爱林	男	主任、党支部书记	
208	迪拜技术支持分中心	杨思玉	女	经理	
209	迪拜技术支持分中心	何东博	男	党支部书记、副经理兼阿布扎比技术支持分中心党支部书记、副经理	
210	迪拜技术支持分中心	潘志坚	男	副经理	
211	迪拜技术支持分中心	高利生	男	副经理	
212	阿布扎比技术支持分中心	裴晓含	男	经理	

2019年中国石油勘探开发研究院西北分院领导

序号	工作单位	姓名	性别	职务
1	西北分院领导	杨 杰	男	院长、党委副书记
2	西北分院领导	陈蟒蛟	男	党委书记、副院长、纪委书记、工会主席
3	西北分院领导	卫平生	男	副院长、安全总监、党委委员
4	西北分院领导	袁剑英	男	副院长、总地质师、党委委员
5	西北分院领导	雍学善	男	副院长、总工程师、党委委员
6	西北分院领导	陈启林	男	副院长、党委委员

2019年中国石油勘探开发研究院杭州地质研究院领导

序号	工作单位	姓名	性别	职务
1	杭州院领导	熊湘华	男	院长、党委副书记
2	杭州院领导	姚根顺	男	党委书记、副院长兼四川盆地研究中心主任
3	杭州院领导	杨晓宁	男	副院长、党委委员、工会主席、安全总监
4	杭州院领导	郭庆新	男	副院长、党委委员
5	杭州院领导	斯春松	男	副院长、党委委员

(韩冰洁、廖峻)

2019年中国石油勘探开发研究院两院院士

序号	姓名	性别	院士类别
1	李德生	男	中国科学院院士
2	郭尚平	男	中国科学院院士
3	戴金星	男	中国科学院院士
4	胡见义	男	中国工程院院士
5	韩大匡	男	中国工程院院士
6	赵文智	男	中国工程院院士
7	邹才能	男	中国科学院院士
8	刘合	男	中国工程院院士
9	李宁	男	中国工程院院士

2019年中国石油勘探开发研究院专家名录

研究院一级技术专家

(共20名,以姓氏笔画为序)

叶继根	田昌炳	刘 合	刘尚奇	李 宁	李熙喆	汪泽成	沈安江
张义杰	张志伟	陆家亮	陈志勇	范子菲	胡永乐	胥 云	曹 宏
熊春明	潘建国	潘校华	魏国齐				

研究院二级技术专家

(共70名,以姓氏笔画为序)

万玉金	王 欣	王才志	王友净	王兆明	王良善	王社教	毛凤军
尹秀玲	尹继全	邓胜徽	甘利灯	田中元	冯 梅	毕海滨	曲德斌
朱光有	朱如凯	任殿星	刘文岭	刘建东	刘洪林	关文龙	苏明军
杜政学	李 军	李 志	李红兵	李相博	李 群	李潮流	杨正明
杨贤友	杨思玉	时付更	吴忠宝	何鲁平	张友焱	张付生	张善严
易成高	罗文利	金凤鸣	周进高	周相广	郑立臣	郑雅丽	赵国良
赵 喆	胡 英	胡自多	祝厚勤	聂 臻	贾芬淑	夏 净	徐安娜
郭东红	郭建林	郭秋麟	唐 玮	唐孝芬	陶 冶	陶士振	黄文松
曹正林	董俊昌	谢锦龙	雷占祥	管树巍	翟光华		

2019年中国石油勘探开发研究院新晋教授级高级工程师

(共20名,以姓氏笔画为序)

王建君　王晓梅　师俊峰　朱光有　孙贺东　李　伟　李潮流　杨正明
张国生　张善严　陈建军　郑得文　胡国艺　贾进斗　夏朝辉　徐政语
曹正林　雷征东　窦宏恩　潘建国

(万洋、廖峻)

2019年中国石油勘探开发研究院退休职工简表

序号	姓名	性别	出生年月	退休前工作单位
1	于凤云	女	1964.09	办公室（党委办公室）
2	曹春萍	女	1964.01	办公室（党委办公室）
3	李长山	男	1959.02	科研管理处（信息管理处）
4	赵旭芳	女	1964.09	计划财务处
5	唐志奇	女	1964.06	石油地质研究所
6	单秀琴	女	1964.09	石油地质研究所
7	张绍胜	男	1959.02	天然气地质研究所
8	马成华	女	1964.01	天然气地质研究所
9	邓春萍	女	1964.04	石油地质实验研究中心
10	林鹏	男	1959.08	石油地质实验研究中心
11	高颖	女	1964.01	非常规研究所
12	吴向红	女	1964.11	非洲研究所
13	方慧	女	1964.01	工程技术中心
14	李淑白	女	1964.08	工程技术中心
15	孟庆昆	男	1959.09	工程技术中心
16	李赵洲	男	1959.08	测井与遥感技术研究所
17	邹立群	男	1959.11	测井与遥感技术研究所
18	张翼	女	1964.02	采收率研究所
19	陈钢	男	1959.12	采收率研究所
20	陈辉	女	1964.01	全球油气资源与勘探规划研究所
21	梁洪芹	女	1964.06	热力采油研究所
22	张建	男	1959.01	热力采油研究所
23	郝红	女	1969.12	渗流流体力学研究所
24	王贵峰	男	1959.04	压裂酸化技术服务中心
25	王春梅	女	1964.01	油气地球物理研究所
26	石玉梅	女	1964.04	油气地球物理研究所
27	梁淑贤	女	1964.09	油田开发研究所
28	汪平	男	1959.06	中亚俄罗斯研究所
29	徐维良	男	1959.09	基建办公室
30	杨开菊	女	1964.01	技术培训中心

续表

序号	姓名	性别	出生年月	退休前工作单位
31	张勤	女	1964.08	技术培训中心
32	王建忠	男	1959.11	档案处
33	闫晓冰	女	1964.11	离退休职工管理处
34	高军	男	1959.06	综合服务中心
35	蒲涛	女	1964.06	综合服务中心
36	王漫春	女	1969.08	综合服务中心
37	程家义	男	1959.11	综合服务中心
38	顾华	女	1969.12	综合服务中心
39	赵炳铎	男	1959.05	物业管理中心(石油大院社区居民委员会)
40	李玉胜	男	1959.06	物业管理中心(石油大院社区居民委员会)
41	翟振成	男	1959.07	物业管理中心(石油大院社区居民委员会)
42	吴彬	女	1969.08	物业管理中心(石油大院社区居民委员会)
43	冯子刚	男	1959.01	物业管理中心(石油大院社区居民委员会)
44	齐素良	男	1959.11	物业管理中心(石油大院社区居民委员会)
45	许爱敏	女	1964.01	北京市瑞德石油新技术公司
46	高宝贵	男	1969.12	北京市瑞德石油新技术公司
47	李君	男	1958.12	西北分院
48	李兢	男	1959.01	西北分院
49	彭瑛	女	1964.01	西北分院
50	王斌婷	女	1964.02	西北分院
51	米九星	男	1959.05	西北分院
52	阎存凤	女	1964.08	西北分院
53	哈英明	女	1964.08	西北分院
54	罗君	女	1969.08	西北分院
55	贾义蓉	女	1964.11	西北分院
56	韩守华	女	1964.11	杭州地质研究院
57	杨晓宁	男	1959.03	杭州地质研究院
58	韩君	女	1964.08	杭州地质研究院
59	王芳	女	1964.01	杭州地质研究院
60	费凤华	男	1959.11	杭州地质研究院
61	韩守华	女	1964.11	杭州地质研究院

(马丽亚)

第十一篇

各类荣誉

2019年中国石油勘探开发研究院各级各类荣誉

序号	荣誉称号	颁发单位	获奖单位/获奖个人
1	中央企业劳动模范	国务院、国资委、人社部	魏晨吉
2	国家"万人计划"青年拔尖人才	中组部	杨智
3	集团公司青年科技立业英才	集团公司	梁坤、杨立峰
4	集团公司2018年度质量管理先进个人	集团公司	梁英波、仪晓玲、刘长跃、刘岳峰
5	集团公司2018年度安全生产先进个人	集团公司	刘姝
6	集团公司2018年度节能节水先进个人	集团公司	曾丽花
7	集团公司2017—2018年度人力资源管理系统应用先进单位	集团公司	人事处(党委组织部)
8	集团公司宣传思想文化工作先进集体	集团公司	党群工作处(党委宣传部)、西北分院党群工作处
9	集团公司宣传思想文化工作先进个人	集团公司	闫建文、梁忠辉、刘喆、窦晶晶
10	集团公司资金管理先进单位	集团公司	勘探开发研究院
11	集团公司资金管理先进个人	集团公司	展坤
12	集团公司2018年度信息工作先进单位	集团公司	勘探开发研究院
13	集团公司2018年度信息工作先进个人	集团公司	刘志舟、徐斌
14	集团公司2018年度工程建设项目竣工验收工作先进个人	集团公司	曾博
15	集团公司人事档案工作先进工作者	集团公司	王莹莹
16	集团公司第十届"十大杰出青年"	集团公司	魏晨吉
17	集团公司青年文明号	集团公司	四川盆地研究中心勘探评价室
18	集团公司物资、招标与装备管理先进个人	集团公司	邹博华
19	集团公司2018年度直属机关五四红旗团支部	集团公司直属团委	计算机应用技术研究所青年工作站
20	集团公司2018年度直属机关优秀共青团员	集团公司直属团委	华蓓、王兰兰、陈鑫鑫
21	集团公司2018年度直属机关优秀共青团干部	集团公司直属团委	韩小强、刘哲、毛亚军

续表

序号	荣誉称号	颁发单位	获奖单位/获奖个人
22	集团公司2018年度直属机关青年岗位能手	集团公司直属团委	史洺宇、王启迪、刘威、姜虹
23	集团公司优秀党务工作者	集团公司	张爱卿、张德强
24	集团公司先进基层党组织	集团公司	石油地质研究所党支部、西北分院数据处理研究所党支部
25	集团公司2016—2018年度外事工作先进单位	集团公司	勘探开发研究院
26	集团公司2016—2018年度"一带一路"油气合作先进个人	集团公司	李莹、王青
27	集团公司2016—2018年度外事工作先进个人	集团公司	于爱丽
28	集团公司物资、招标信息化工作先进个人	集团公司	吴兵
29	集团公司2019年度物资授权集中采购先进个人	集团公司	刘长跃
30	集团公司党建信息化平台1.0项目建设先进个人	集团公司	江珊
31	集团公司党建信息化平台1.0项目推广应用先进个人	集团公司	韩小强、胡福祥、左国平
32	集团公司"弘扬爱国奋斗精神、建功立业新时代"活动"科技创新奋斗团队"荣誉称号	集团公司	新疆老油田二次挖潜创新团队
33	集团公司"弘扬爱国奋斗精神、建功立业新时代"活动"科技领军建功人才"荣誉称号	集团公司	沈安江
34	集团公司"弘扬爱国奋斗精神、建功立业新时代"活动"青年科技立业英才"荣誉称号	集团公司	杨立峰、陈竹新、梁坤
35	集团公司"弘扬爱国奋斗精神、建功立业新时代"活动"建功立业模范人物"荣誉称号	集团公司	李勇
36	集团公司2019年度统计工作先进单位	集团公司	勘探开发研究院
37	集团公司2018—2019年度统计工作先进个人	集团公司	种盛琦、王小岑、张磊、郭威、李效恋、冯芳、陆爽、郭翠翠
38	集团公司第四届"石油健康老人"	集团公司	胡见义
39	集团公司第二届"孝亲敬老好儿女"	集团公司	朱彤

续表

序号	荣誉称号	颁发单位	获奖单位/获奖个人
40	2018年度环境监测先进工作者	勘探与生产分公司	刘杨
41	2018年度质量计量标准化先进工作者	勘探与生产分公司	刘长跃
42	集团公司2018年度优秀能效示范站队	勘探与生产分公司	郭以东
43	科学中国人2018年度人物	《科学中国人》评奖委员会	金旭
44	行业标准《表面及界面张力测定方法(SY/T 5370—2018)》"优秀起草人"	油气田开发专业标准化委员会	刘玉婷
45	中国产学研合作促进奖	中国产学研合作促进会	张春林
46	发明创业奖(人物奖)	中国发明协会	朱光有
47	研究院2018年度先进集体	研究院	石油地质研究所、采收率研究所、压裂酸化技术服务中心、气田开发研究所、海外战略与开发规划研究所、党群工作处、物业管理中心(居委会)、阿布扎比技术支持分中心、西北分院数据处理研究所、杭州地质研究院海洋油气地质研究所
48	研究院2018年度先进工作者	研究院	齐雪峰、卞从胜、石昕、梁坤、何坤、李建明、卢明辉、王春明、刘杨、刘卓、周新茂、窦宏恩、伍家忠、田茂章、张忠义、童敏、朱光亚、罗贝维、裴智超、孙冬梅、杨立峰、高睿、丁彬、赵星、韩义萍、崔俊峰、佘源琦、初广震、冀光、李海波、赵凯、孙莎莎、曹倩、孙作兴、贺正军、王作乾、李祖欣、胡博、张国辉、王进财、陈忠民、李云波、史海东、李昆颖、宋梦馨、马蕾、王子龙、吴丹、刘磊、王小勇、刘烨、窦晶晶、邹博华、冯进千、赵亮东、王承卫、高晓辉、谢力、杜艳玲、宫广胜、陈立东、李靖、马力、刘月明、李春华、刘庆、徐海宁、杨立民、刘辉、邓西里、谢武仁、梁峰、孟广仁、庚勋、周炜、陈榈、马新民、曾华会、田雷、黄云峰、魏新建、吴海莉、王鑫、王小卫、张虎权、关银录、何辛、曹晓初、胡安平、王红平、朱超、戴传瑞、黄革萍
49	研究院"建功立业模范人物"	研究院	王铜山、李欣、武宏亮、万玉金、李勇、张善严、席长丰、吴淑红、司光、师俊峰、张玉、耿东士、完颜祺琪、田继先、胡志明、方朝合、陈烨菲、李星民、梁冲、卫国、李辉、梁忠辉、徐斌、邹冬平、冯梅、鲁大维、曹锋、王梅生、刘文卿、王建功、苏明军、吴海莉、徐洋、邵大力、乔占峰、王柏力

续表

序号	荣誉称号	颁发单位	获奖单位/获奖个人
50	研究院2018年度青年十大科技进展	研究院	1.《多相流磁共振在线检测样机研制》,第一完成人:邓峰,采油采气工程研究所 2.《各向异性地层阵列电阻率快速分级反演技术》,第一完成人:袁超,测井与遥感技术研究所 3.《哈拉哈塘缝洞型储层动态描述技术》,第一完成人:王琦,油田开发研究所 4.《基于微服务的系统集成技术研究与应用》,第一完成人:申端明,计算机应用技术研究所 5.《致密储层关键物性参数测试技术及应用》,第一完成人:骆雨田,渗流流体力学研究所 6.《安岳震旦系气藏岩溶储层发育新认识与高产井部署》,第一完成人:闫海军,四川盆地研究中心 7.《都沃内富含凝析油页岩气藏丛式水平井井网优化技术与应用》,第一完成人:汪萍,亚太研究所 8.《深水沉积结构单元三维地震定量表征技术与应用》,第一完成人:鲁银涛,杭州地质研究院海洋油气地质研究所 9.《柔性钻具侧钻在油层深部密闭取心中的应用》,第一完成人:孙强,采油采气装备研究所 10.《曲波变换多维去噪方法研究及应用》,第一完成人:袁焕,西北分院数据处理研究所
51	研究院2019年度科技创新奋斗团队	研究院	页岩油新理论新技术团队、勘探战略决策团队、哈法亚技术团队、新疆老油田二次挖潜团队、缝控压裂技术攻关团队、天然气地质理论与新技术团队、地下储库重大专项关键技术创新团队、海外大型天然气项目增储上产技术攻关团队、西北分院环玛湖砾岩油气藏科研团队、杭州地质研究院碳酸盐岩沉积储层研究团队
52	研究院2019年度科技领军建功人才	研究院	侯连华、黄福喜、朱光亚、才博、魏国齐、李剑、张光亚、夏朝辉、潘建国、沈安江
53	研究院2019年度青年科技立业英才	研究院	白斌、梁坤、陈竹新、宋本彪、唐君实、丁彬、杨立峰、孙强、孙莎莎、武志德、马中振、李香玲、傅礼兵、李昆颖、李胜军、倪长宽、边东辉、胡安平、叶月明、王红平
54	研究院2019年度先进基层党组织	研究院	石油地质研究所党支部、采收率研究所党支部、采油采气工程研究所党支部、气田开发研究所党支部、亚太研究所党支部、人事处(党委组织部)党支部、技术培训中心党总支、西北分院机关第一党支部、杭州地质研究院海洋油气地质研究所党支部

续表

序号	荣誉称号	颁发单位	获奖单位/获奖个人
55	研究院2019年度优秀共产党员	研究院	袁苗、郑民、高志勇、孙夕平、刘英明、李文正、周新茂、赵亮、江航、周游、田中元、高利生、张义、廖成龙、何春明、侯庆锋、张绍辉、陈俊峰、谢增业、魏铁军、沈瑞、陈艳鹏、徐兆辉、郭智、陈曦、王恺、张明军、张晋、王利、韩彬、彭建春、齐明明、董齐辉、梁英波、高日丽、郭正、廖杰、王铁军、杨丽、宋晓微、马新民、王朴、姚清洲、王彦君、洪亮、龙礼文、王鹏万、左国平、邹志文、孙秋分、章青、郑剑锋、郑重、庞长雄、张才尤、姜兰英
56	研究院2019年度优秀党务工作者	研究院	李建忠、黄金亮、宋杰、刘天宇、王胜启、高圣平、赵玉集、李君、张爱卿、贺正军、王建强、李芬、梅立红、吴世昌、赵永义、杨占龙、倪超、刘喆

(侯梅芳、廖峻)

内 容 提 要

本书是中国石油勘探开发研究院组织编纂的专业性年鉴,全面、系统、客观地记述了中国石油勘探开发研究院2019年的基本情况、发展状况、取得成绩等,为领导机关决策和规划及各界人士了解、研究该企业提供权威、可靠的资料。

本书可作为关注和需要了解中国石油勘探开发研究院发展状况的各界人士的参考用书。

图书在版编目(CIP)数据

中国石油勘探开发研究院年鉴. 2020 / 中国石油勘探开发研究院编. —北京：石油工业出版社,2024.6
ISBN 978-7-5183-5890-8

Ⅰ.①中… Ⅱ.①中… Ⅲ.①油气勘探-研究院-中国-2020-年鉴②油田开发-研究院-中国-2020-年鉴 Ⅳ.①TE-24

中国国家版本馆 CIP 数据核字(2023)第 030628 号

出版发行：石油工业出版社
　　　　　（北京安定门外安华里2区1号楼　100011）
　　　网　　址：www.petropub.com
　　　编辑部：(010)64250213　图书营销中心：(010)64523633
经　　销：全国新华书店
印　　刷：北京晨旭印刷厂

2024年6月第1版　2024年6月第1次印刷
787×1092毫米　开本：1/16　印张：29　插页：8
字数：700千字

定价：200.00元
（如出现印装质量问题,我社图书营销中心负责调换）
版权所有,翻印必究